35년 강의 경험의 명품 노하우 해설서

CAM 알기 쉽게 따라 하기

실기시험 완벽대비

윤경욱 저

COMPUTER AIDED MANUFACTURING

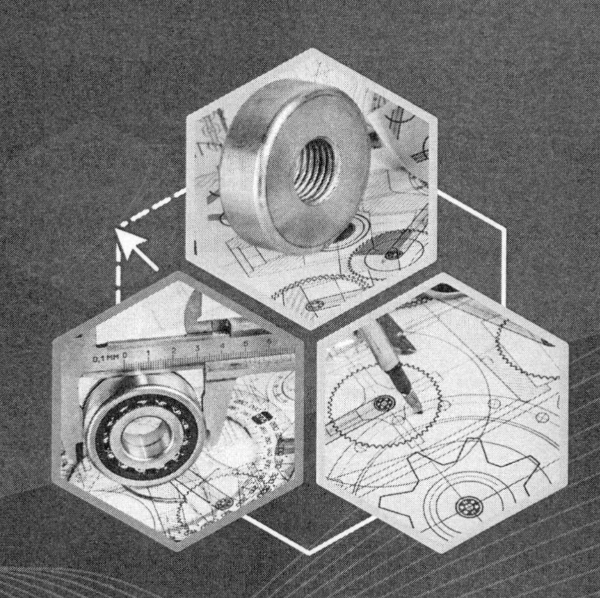

질의응답 사이트 운영 http://www.kkwbooks.com(도서출판 건기원)

PREFACE

머리말

기계가공분야의 발전은 더 빠르게 더 정밀하게 속도전으로 진보하는 현재, 기계가공의 프로그램을 사람의 손에 의해 작업하는 경우가 많은데 산업의 발전과 4차 산업의 급격한 변화에 따라 점차 심화되는 경쟁 속에서 컴퓨터에 의해 CAM 작업으로의 생산이 대세를 이루고 있다. 이러한 CAM 작업으로 인하여 효율성과 정밀도는 극도로 높아졌다.

제품의 설계와 가공에 있어서 대다수의 중소업체도 2차원 CAD 및 3차원 CAM을 사용하여 제조원가 단축과 원가절감을 하고 있지만 CAM소프트웨어의 발달로 인하여 아주 손쉽게 NC DATA를 산출하여 작업을 할 수 있도록 프로세스도 진보하고 있어 국제경쟁력을 통한 무한의 경쟁 속에서도 반드시 CAM을 통하여 가공을 하여야만 경쟁에 밀리지 않는 시점에 도달한 것이 냉정한 현실이다.

Mastercam으로 CNC선반의 CAM 작업순서를 CAM으로 가공하는 방법을 제시하였는데, 타 소프트웨어도 비슷한 개념으로 되어 있으므로 이 방법만 터득하면 어떠한 소프트웨어도 해결할 수 있도록 구성하였다. 이러한 이유로 본 저자가 교육현장에서 35년 간의 교육경험을 토대로 초보자도 쉽게 이해할 수 있도록 다양한 소프트웨어를 알기 쉽게 제시, 본인의 적성에 맞는 소프트웨어를 찾아 따라만 하여도 국가기술 자격 실기시험의 경우 기능사, 산업기사, 기능장의 과제를 프로그램하여 가공할 수 있도록 구성하였다.

PREFACE

책의 특징을 간략히 설명하면 다음과 같다.

1. 예제를 통해 충분한 이해가 되도록 구성하였으며, 국가기술 시험장에 많이 보급되어 있는 소프트웨어를 기준으로 UG, Catia, Solidworks, Edgecam, Mastercam의 가공 공정을 체계적으로 정리하여 처음 접하는 완전 초보자도 순서에 따라 하다보면 가공 방법을 쉽게 이해할 수 있도록 수록하였다.

2. 컴퓨터응용밀링기능사, 컴퓨터응용가공산업기사, 기계가공기능장의 머시닝센터도 충분히 해결할 수 있도록 구성하였고, 부록 편의 공작물 세팅 방법을 따라 하다 보면 실기시험에도 충분히 대비할 수 있게 하였다.

이 교재를 통하여 머시닝센터, CNC선반 프로그램을 학습하고, 국가자격검정의 실기시험에서 알찬 참고서로서 많은 도움이 되길 간절히 바라며, 앞으로도 더욱 보완하여 여러분의 기대에 부응하도록 하겠다.

끝으로 이 책이 나오기까지 도와주신 건기원의 직원 여러분께 진심으로 감사드린다.

저자 씀

CONTENTS

차 례

PART 1 기능사 CAM 따라 하기

CONTENTS

CONTENTS

차 례

PART 2 CNC 선반 CAM 따라 하기

PART 3 컴퓨터응용가공산업기사(기능장) CAM 따라 하기

CONTENTS

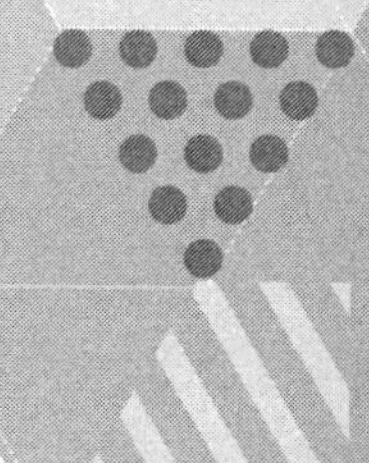

PART 4 부 록

기능사 CAM 따라 하기

- CHAPTER 1. UG CAM 컴퓨터응용밀링기능사 따라 하기
- CHAPTER 2. UG CAM 금형기능사 따라 하기
- CHAPTER 3. Mastercam 컴퓨터응용밀링기능사 따라 하기
- CHAPTER 4. CATIA CAM 컴퓨터응용밀링기능사 따라 하기
- CHAPTER 5. 솔리드 웍스 CAM 컴퓨터응용밀링기능사 따라 하기
- CHAPTER 6. CAD 도면 불러와서 Edgecam 컴퓨터응용밀링기능사 따라 하기

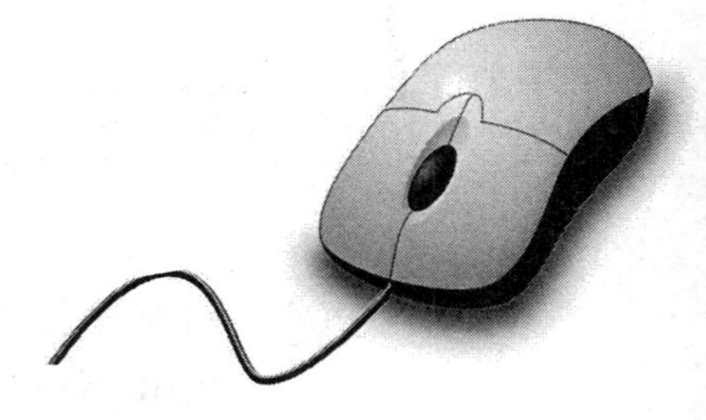

UG CAM
컴퓨터응용밀링기능사 따라 하기

1.1 초기조건 설정

1 파일 → 제조(Ctrl+Alt+M)를 클릭한다.

NX 10 - Gat

파일(F) 뷰 렌더 해석 도구 응용 프로그램

새로 만들기(N)... Ctrl+N
열기(O)... Ctrl+O
닫기(C)
저장(S)
환경설정(P)
인쇄(P)...
플로팅(L)... Ctrl+P
가져오기(I)
내보내기(L)
유틸리티(U)
실행(T)
특성(I)
도움말(H)
종료(X)

환경설정
어셈블리 로드 옵션(L)...
최근 열린 파트(Y)
1. E:₩2017_UG_MasterCam₩2018년 책 편집용₩컴퓨터응용밀링기능사11.19.prt
2. E:₩2017_UG_MasterCam₩2018년 책 편집용₩컴퓨터응용밀링기능사.prt
3. F:₩2017_UG_MasterCam₩17년UG₩AAAAAAAAA_UG_2017__Methed₩컴퓨터응용기능사과제₩36.prt
4. D:₩2017_UG_MasterCam₩2018년 책 편집용₩컴퓨터응용가공 산업기사 원본.prt
5. D:₩2017_UG_MasterCam₩2018년 책 편집용₩컴퓨터응용가공 산업기사.prt
6. D:₩2017_UG_MasterCam₩17년UG₩컴퓨터응용가공 산업기사2급 캠_1.prt
7. D:₩2017_UG_MasterCam₩17년UG₩2016MOLD2GRADE₩model3.prt
시작
모델링(D)... Ctrl+M
판금(L)... Ctrl+Shift+M
Shape Studio(T)... Ctrl+Alt+S
드래프팅(F)... Ctrl+Shift+D
고급 시뮬레이션(V)...
동작 시뮬레이션(U)
제조(R)... Ctrl+Alt+M
어셈블리(B)
PMI(P)
모든 응용 프로그램(A)

2 가공 환경 박스에서 CAM 세션 구성/cam_general 클릭 → 생성할 CAM 설정/drill 클릭 → 확인 버튼을 클릭한다.

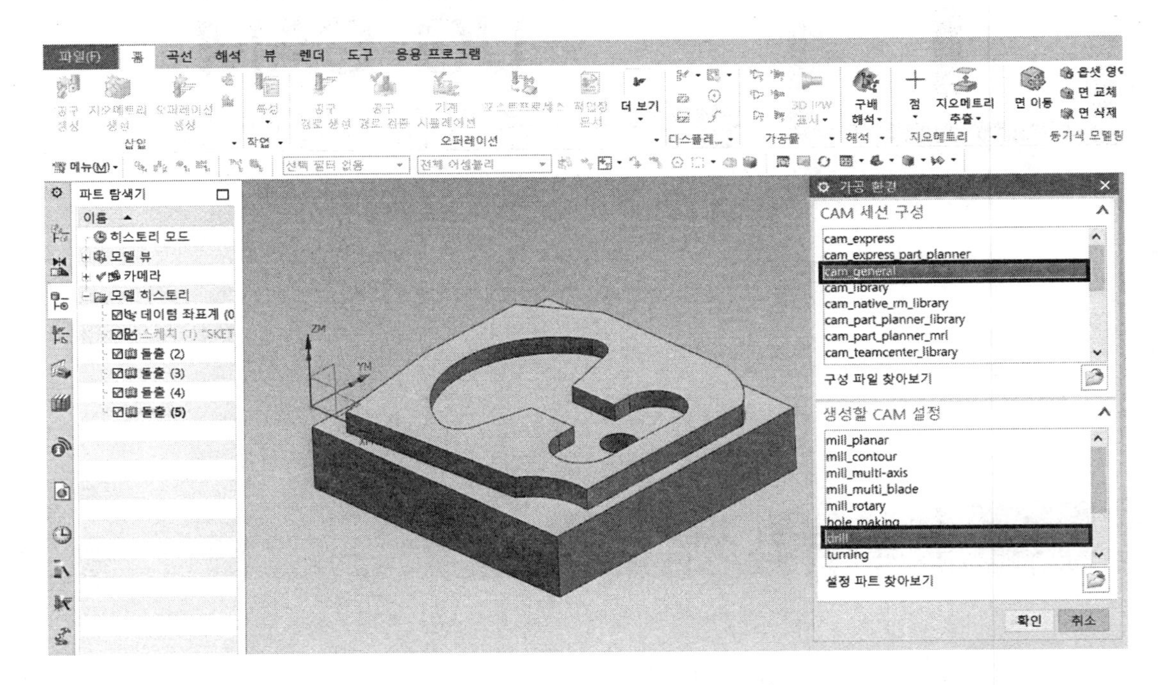

3 3번째 지오메트리 뷰 또는 오퍼레이션 → 탐색기 밑에서 오른쪽 마우스 클릭 → 3번째 지오메트리 뷰를 클릭한다.

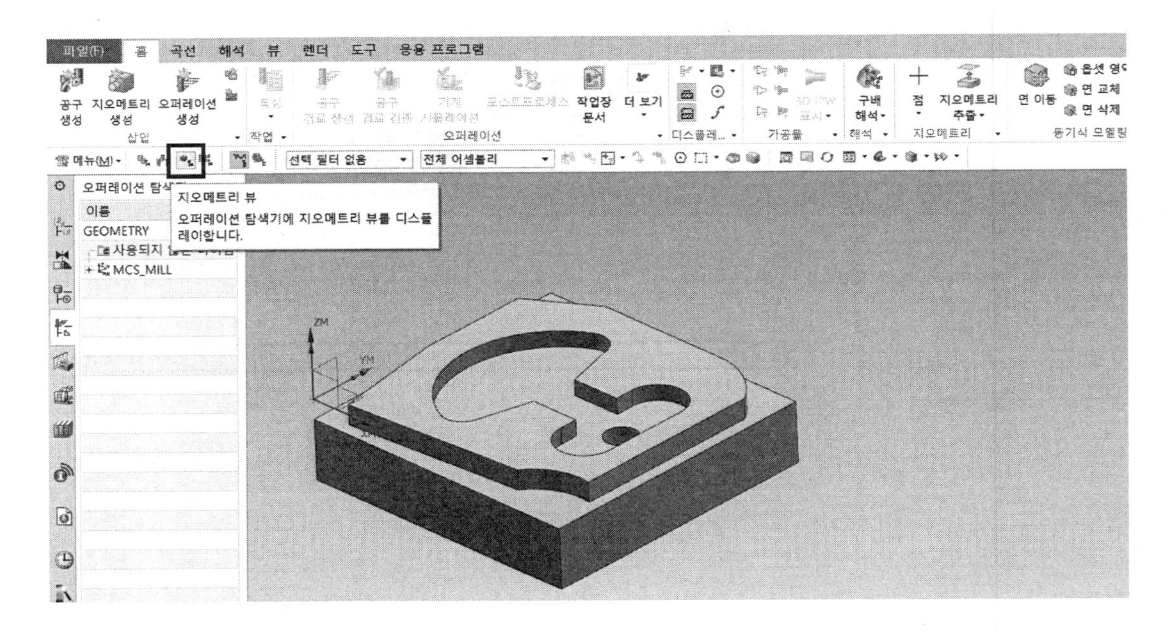

1.2 가공물의 원점을 설정

1 좌측 tree에서 MCS_MILL 더블클릭한다.

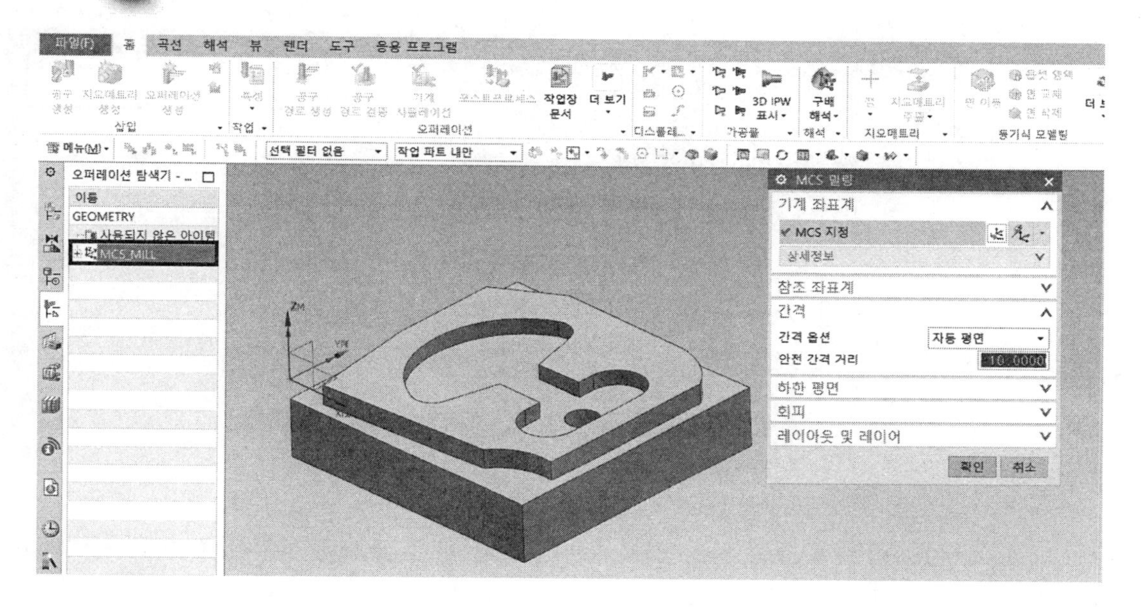

2 MCS 밀링 박스/기계 좌표계에서 MCS지정; 우측의 좌표계 다이얼로그 클릭한다.

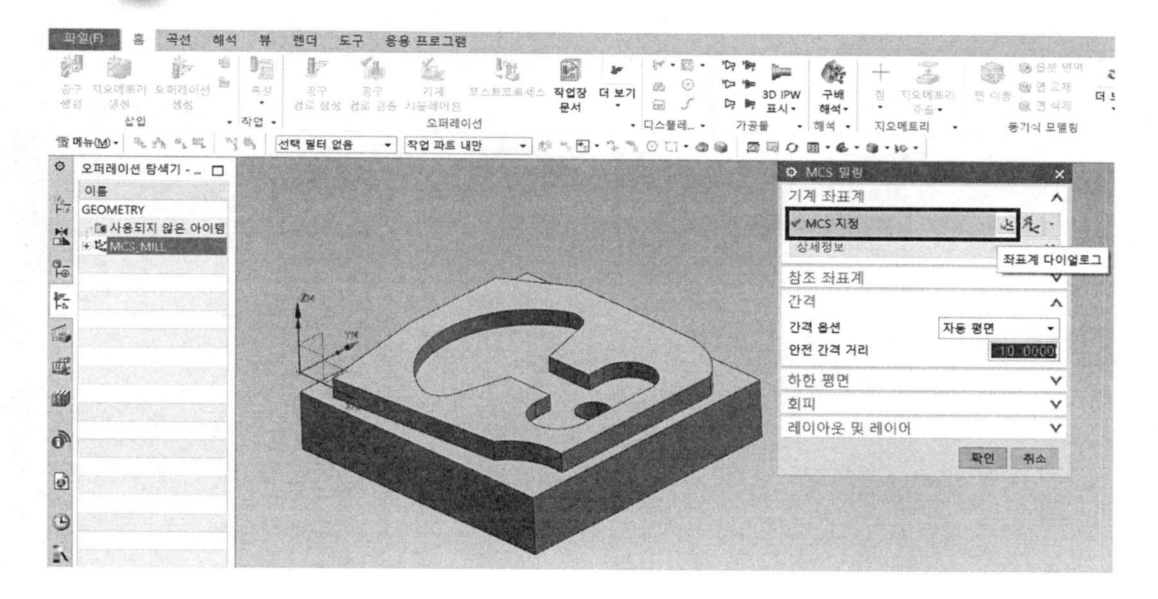

3 좌표계 박스/유형에서 동적을 선택하고, 원점 이동(화면에서 X, Y, Z부분을 0으로 입력)을 클릭한다.

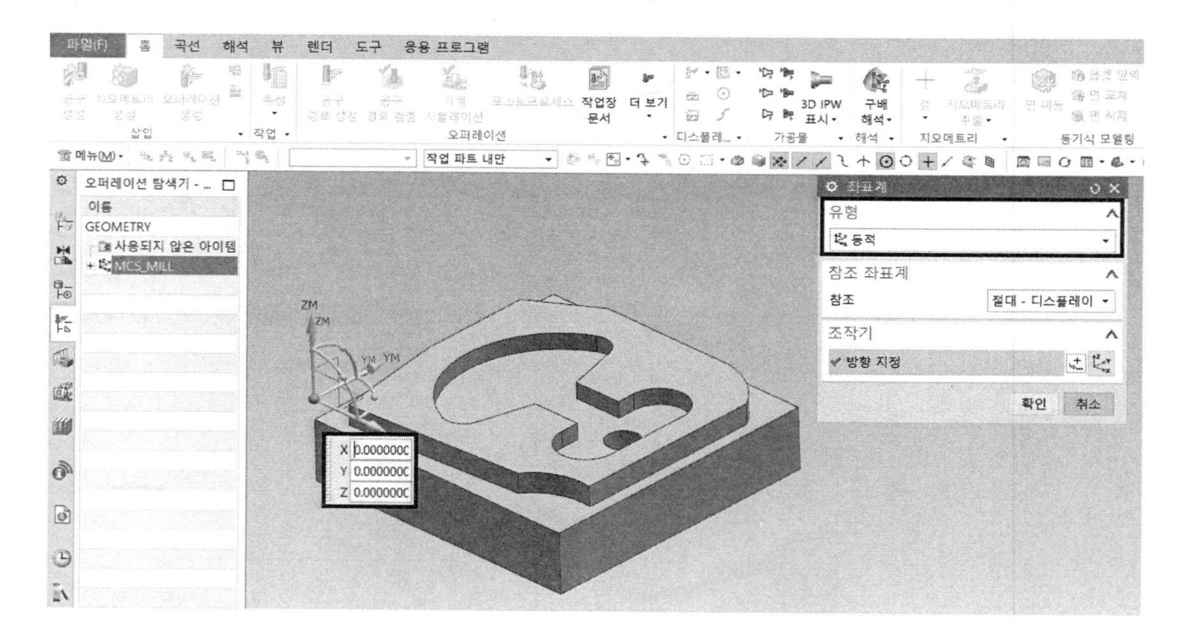

4 MCS 밀링 박스의 참조 좌표계/간격에서 간격 옵션을 자동 평면으로 선택하고, 안전 간격 거리는 10을 입력한다. → 확인 버튼을 클릭한다.

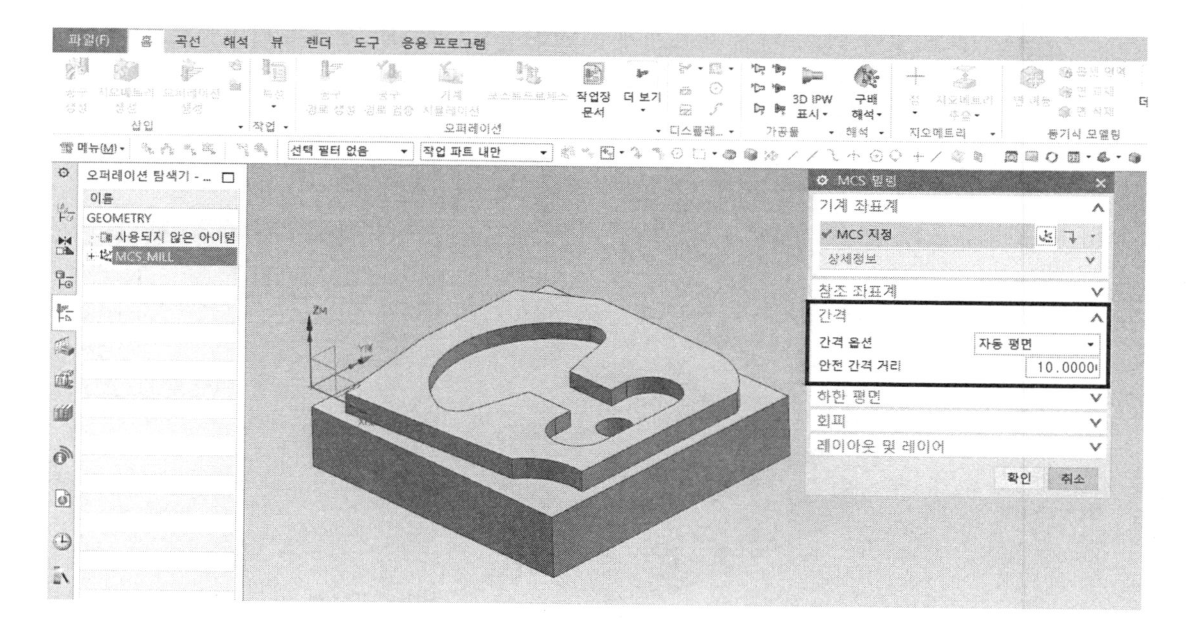

5 좌측 tree에서 MCS의 +를 클릭하여 -로 한다.

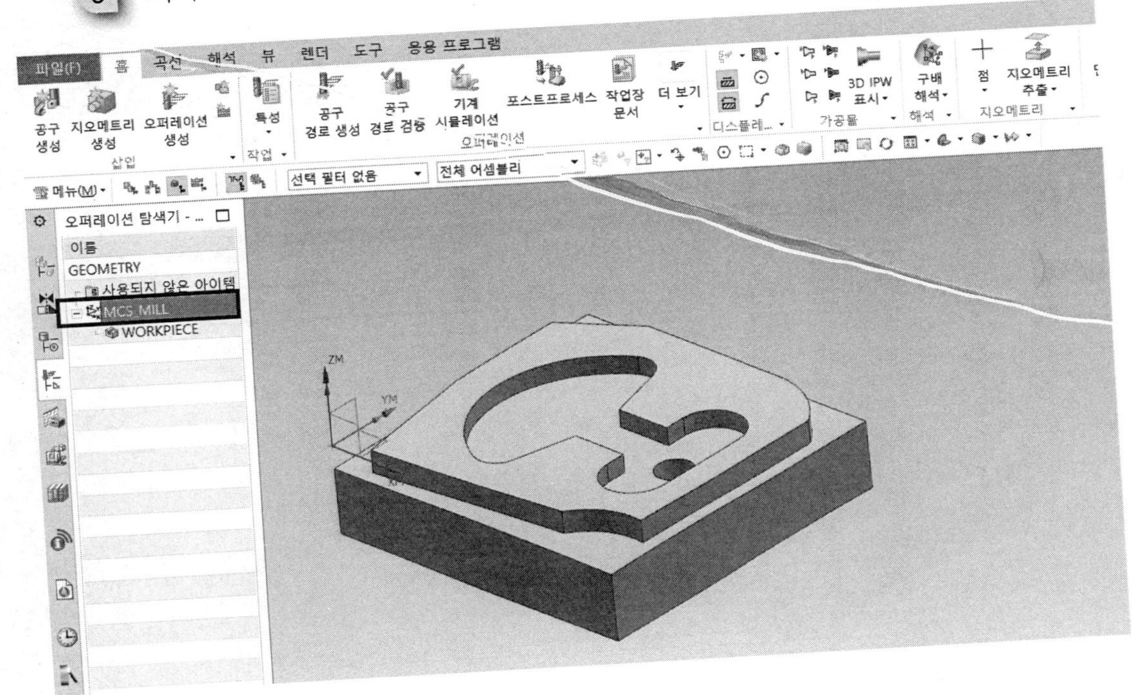

6 좌측 tree의 WORKPIECE를 더블클릭한다.

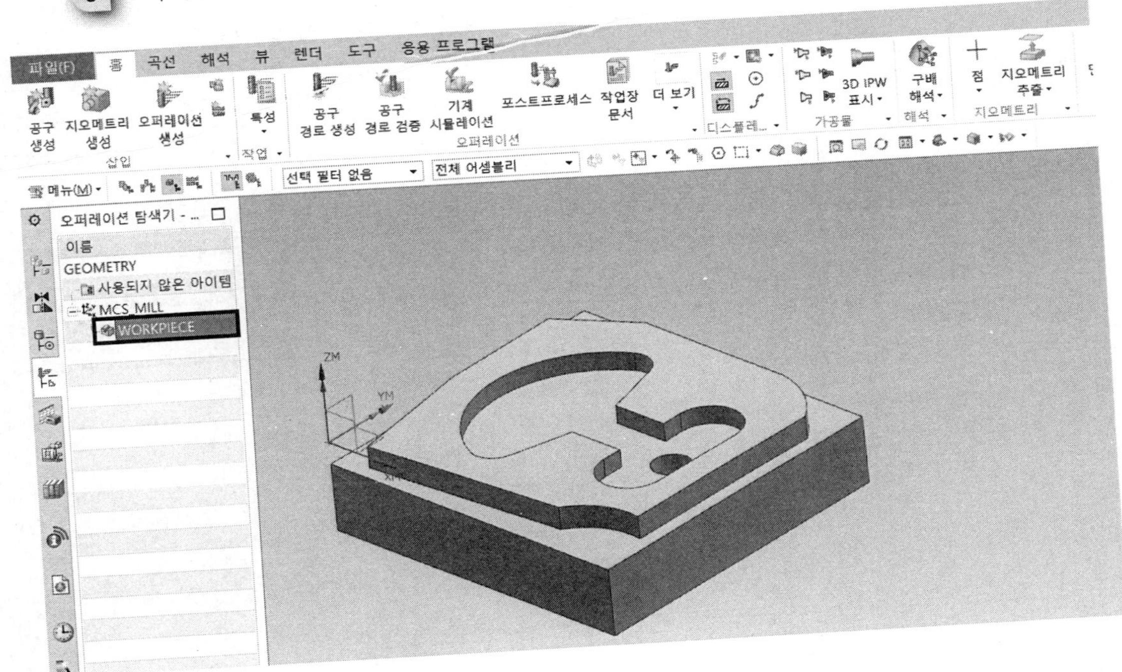

7 가공물 박스에서 지오메트리/파트 지정; 우측의 파트 지오메트리 선택 또는 편집 아이콘을 클릭한다.

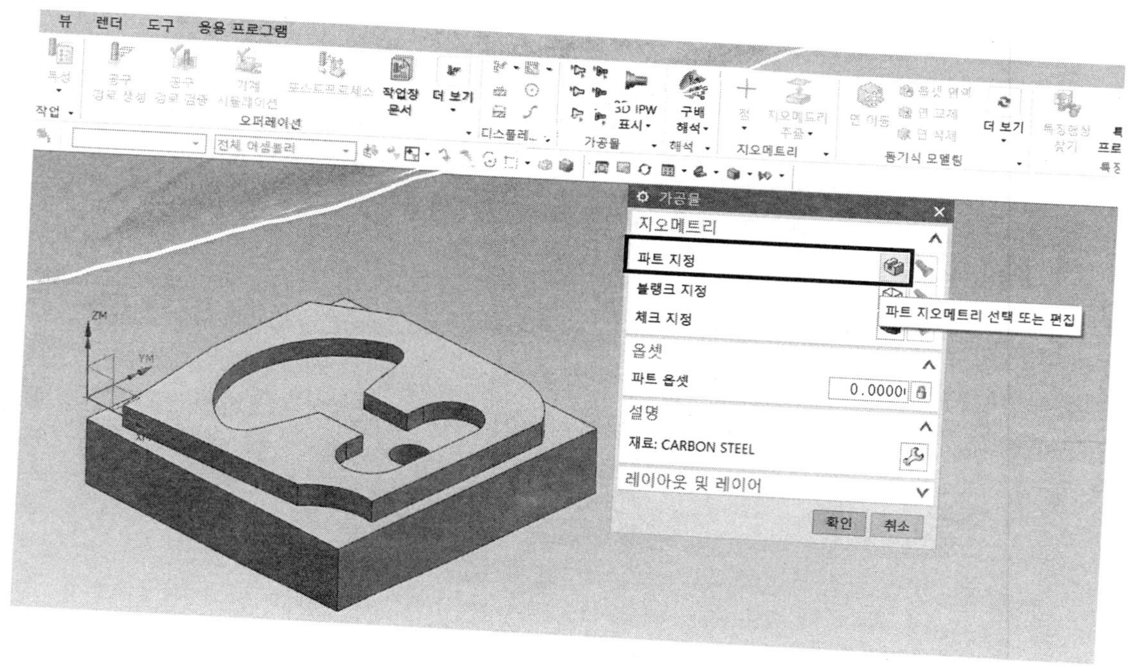

8 파트 지오메트리 박스에서 지오메트리/개체 선택(0) → 바탕화면의 물체를 클릭한다.(예: 개체 선택(1)로 변경됨) → 확인 버튼을 클릭한다.

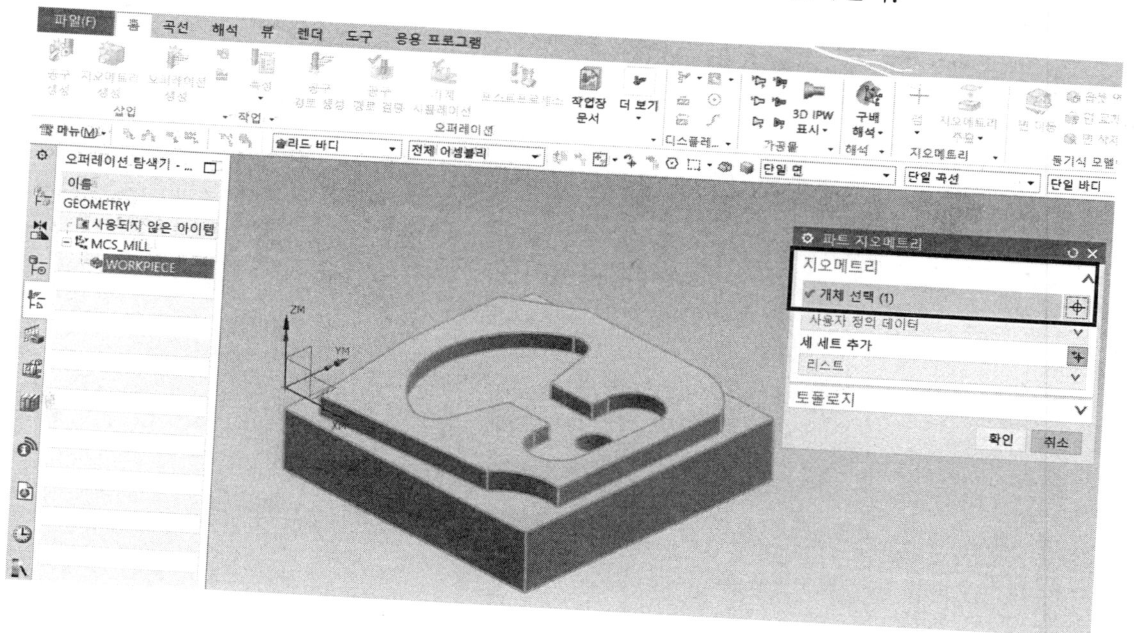

9 가공물 박스에서 지오메트리/블랭크 지정; 우측의 블랭크 지오메트리 선택 또는 편집 아이콘을 클릭한다.

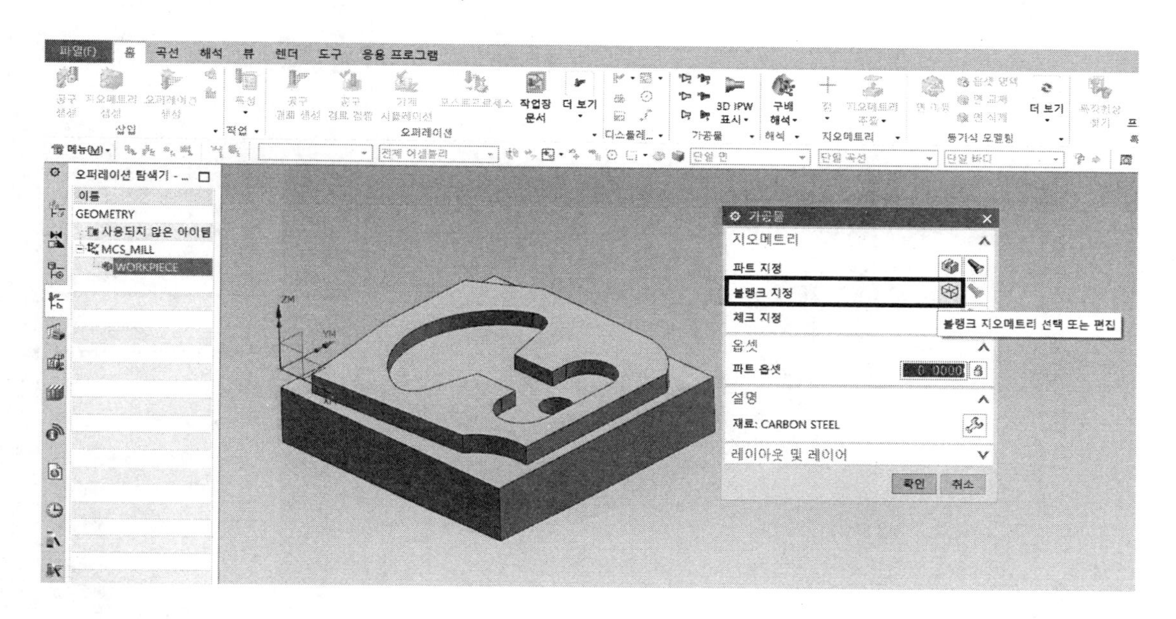

10 블랭크 지오메트리 박스에서 유형/경계 블록을 지정하고, 한계/ZM+ 우측에 2를 입력한다. → 확인 버튼을 클릭한다.

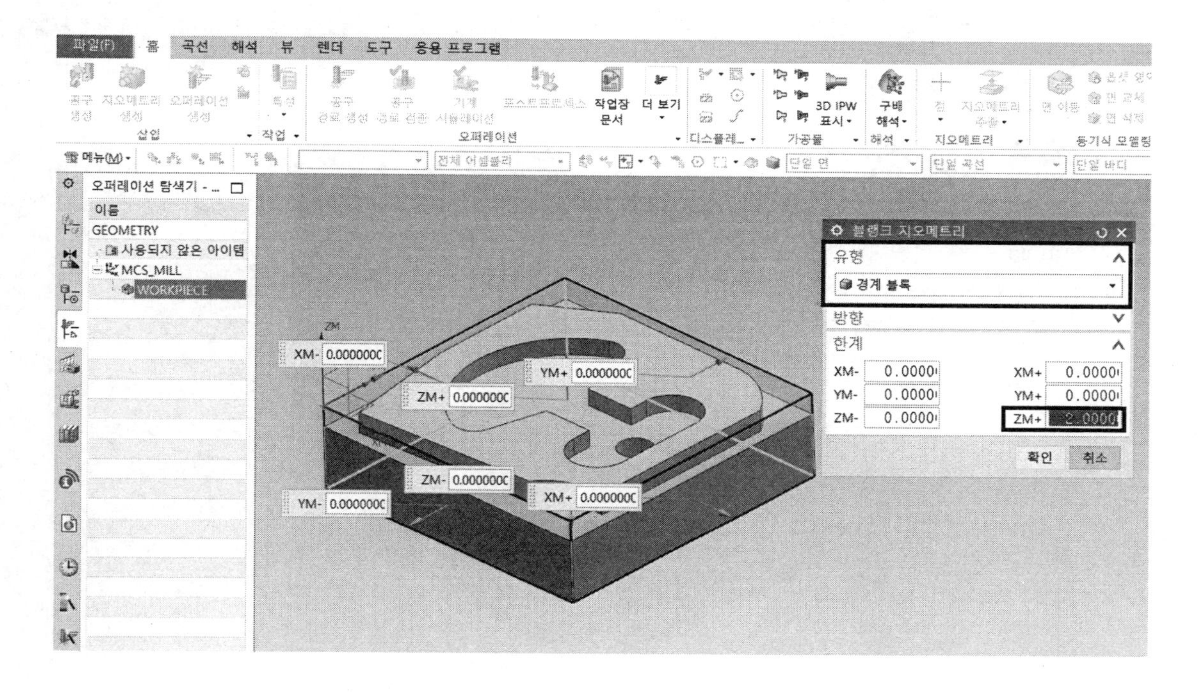

11 가공물 박스에서 지오메트리/옵셋; 파트 옵셋의 0.0000 상태에서 확인한다.

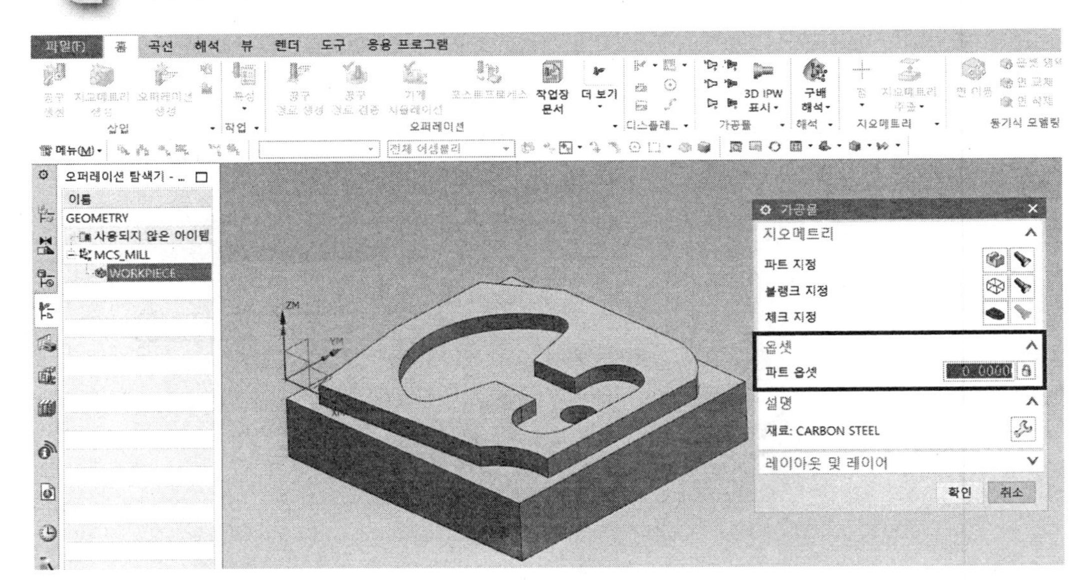

1.3 공구 생성

□ 2번 공구 생성

1 공구 생성을 클릭한다.

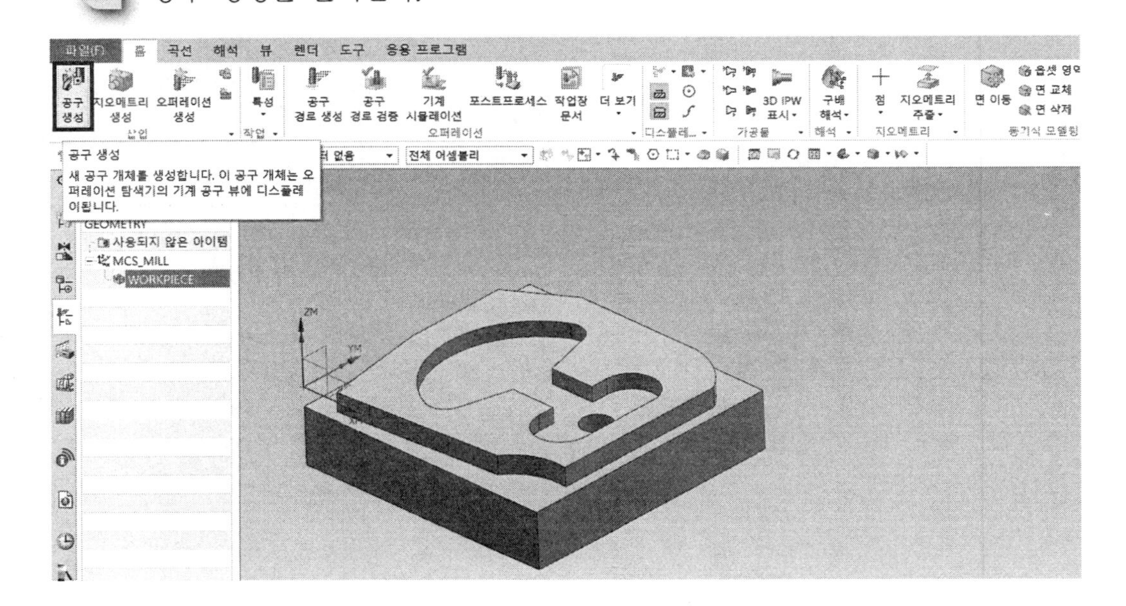

2 공구 생성 박스에서 유형/drill 선택 → 공구 하위 유형/DRILLING_TOOL을 선택한다.

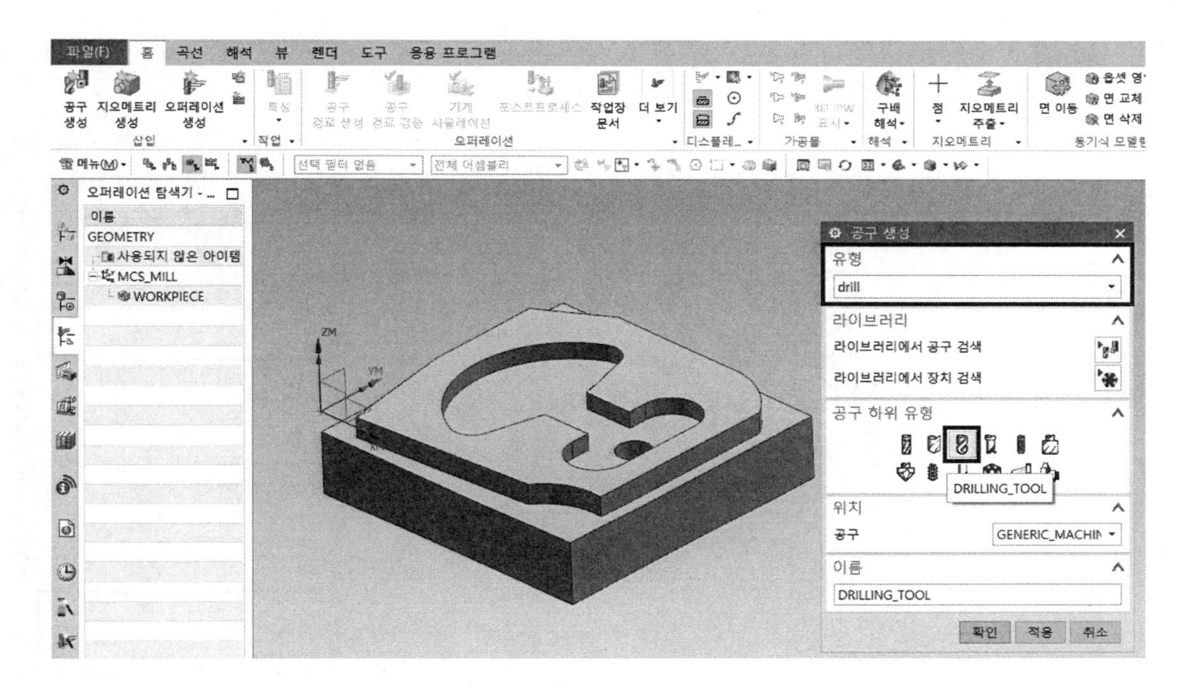

3 이름에 CENTER_DRILL_3을 입력하고 확인 버튼을 클릭한다.

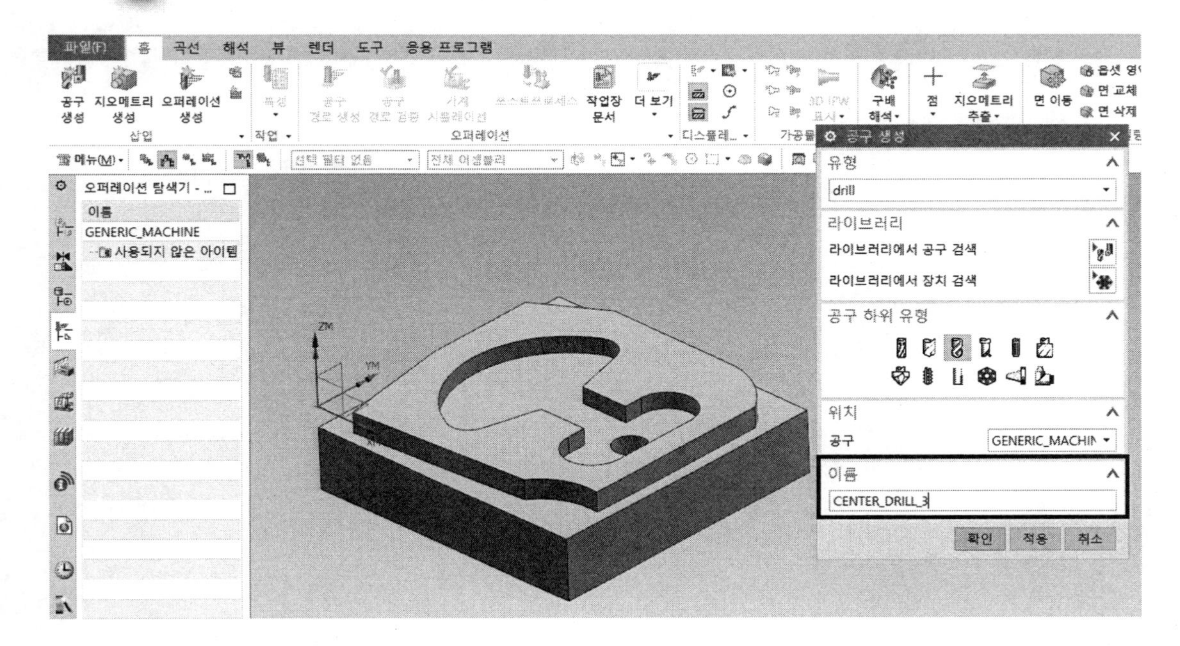

4 드릴링 공구 박스에서 치수/(D) 직경; 3을 입력 → 번호/공구 번호; 2, 조정 레지스터; 2를 입력 → 확인 버튼을 클릭한다.

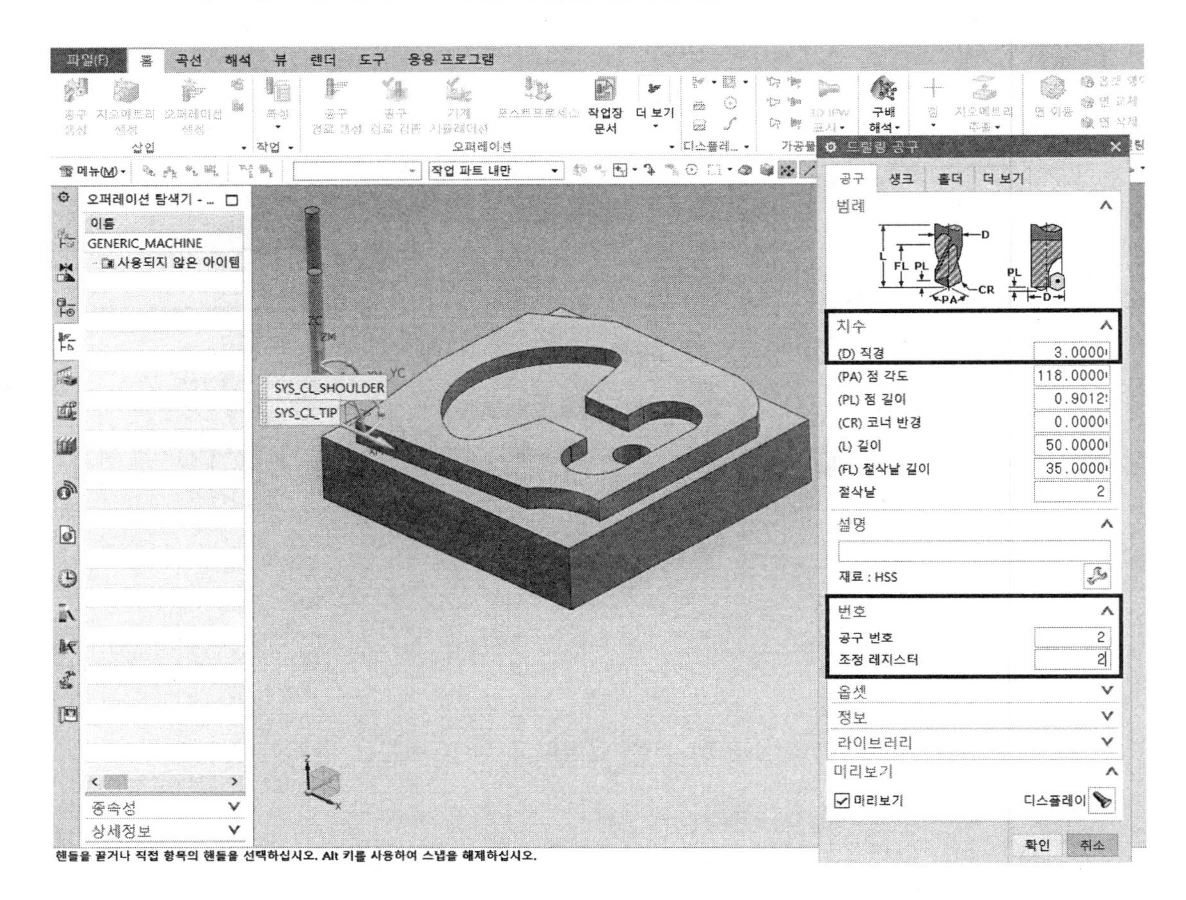

☐ 3번 공구 생성

1 공구 생성을 클릭한다.

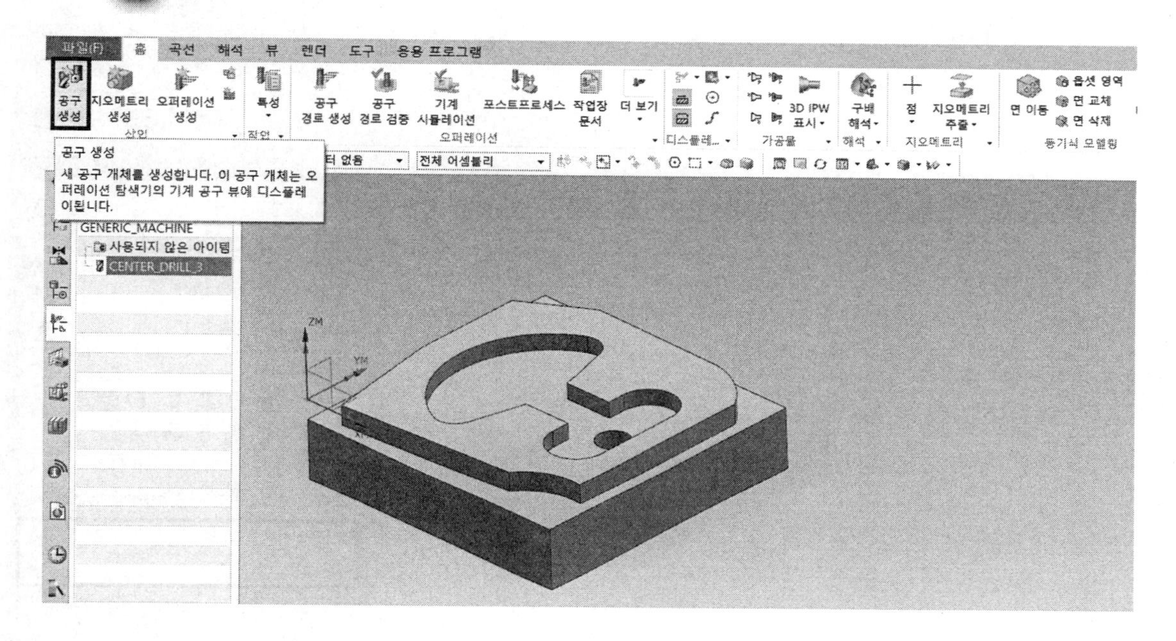

2 공구 생성 박스에서 유형/drill 선택 → 공구 하위 유형/DRILLING_TOOL 선택한다.

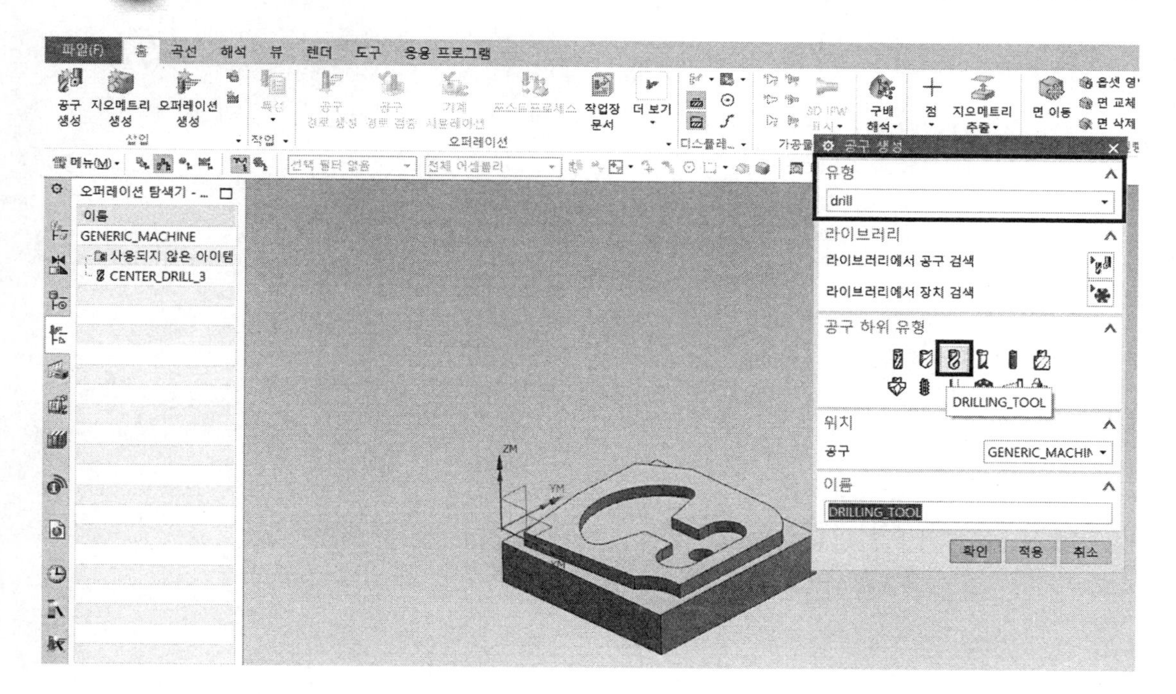

3 이름에 DRILL_8을 입력 → 확인 버튼을 클릭한다.

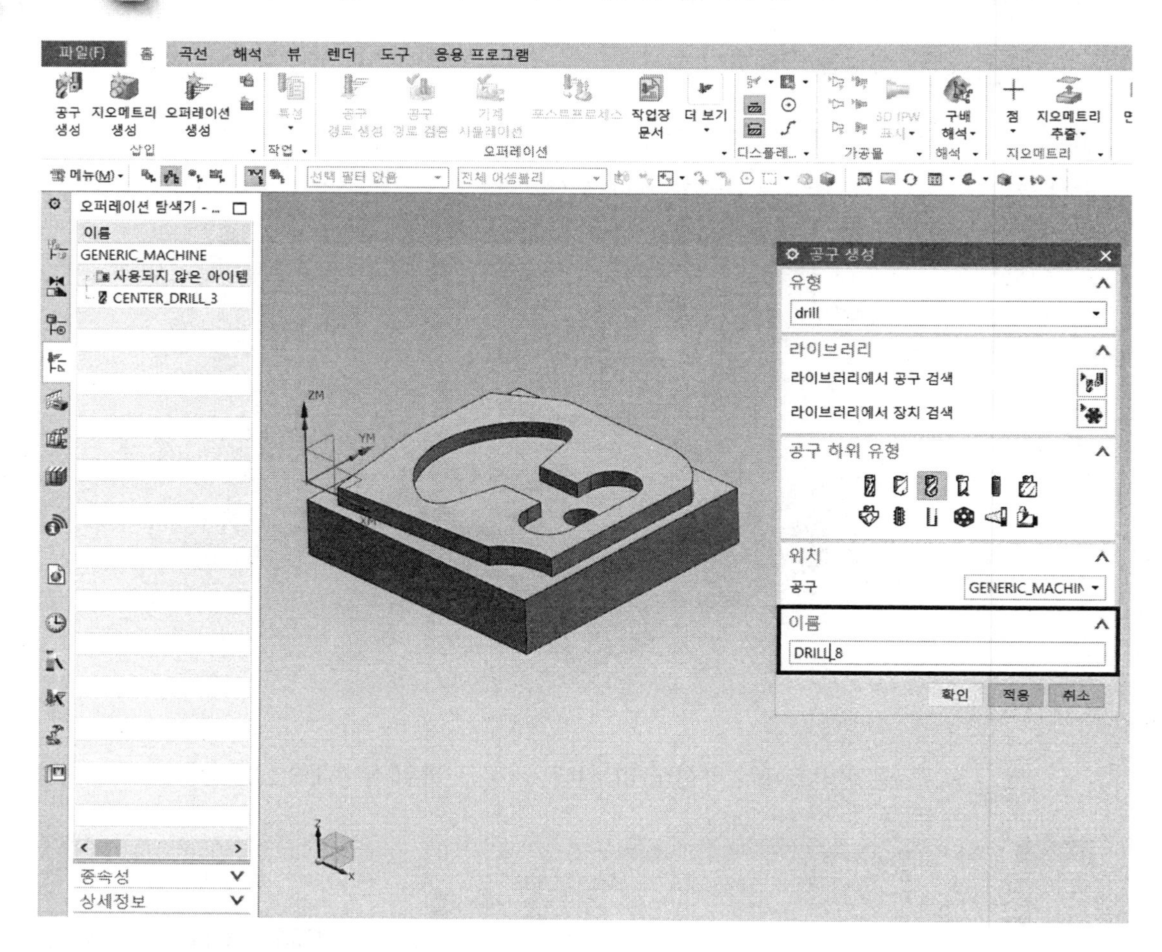

4 드릴링 공구 박스에서 치수/(D) 직경; 8을 입력 → 번호/공구 번호; 3, 조정 레지스터; 3을 입력 → 확인 버튼을 클릭한다.

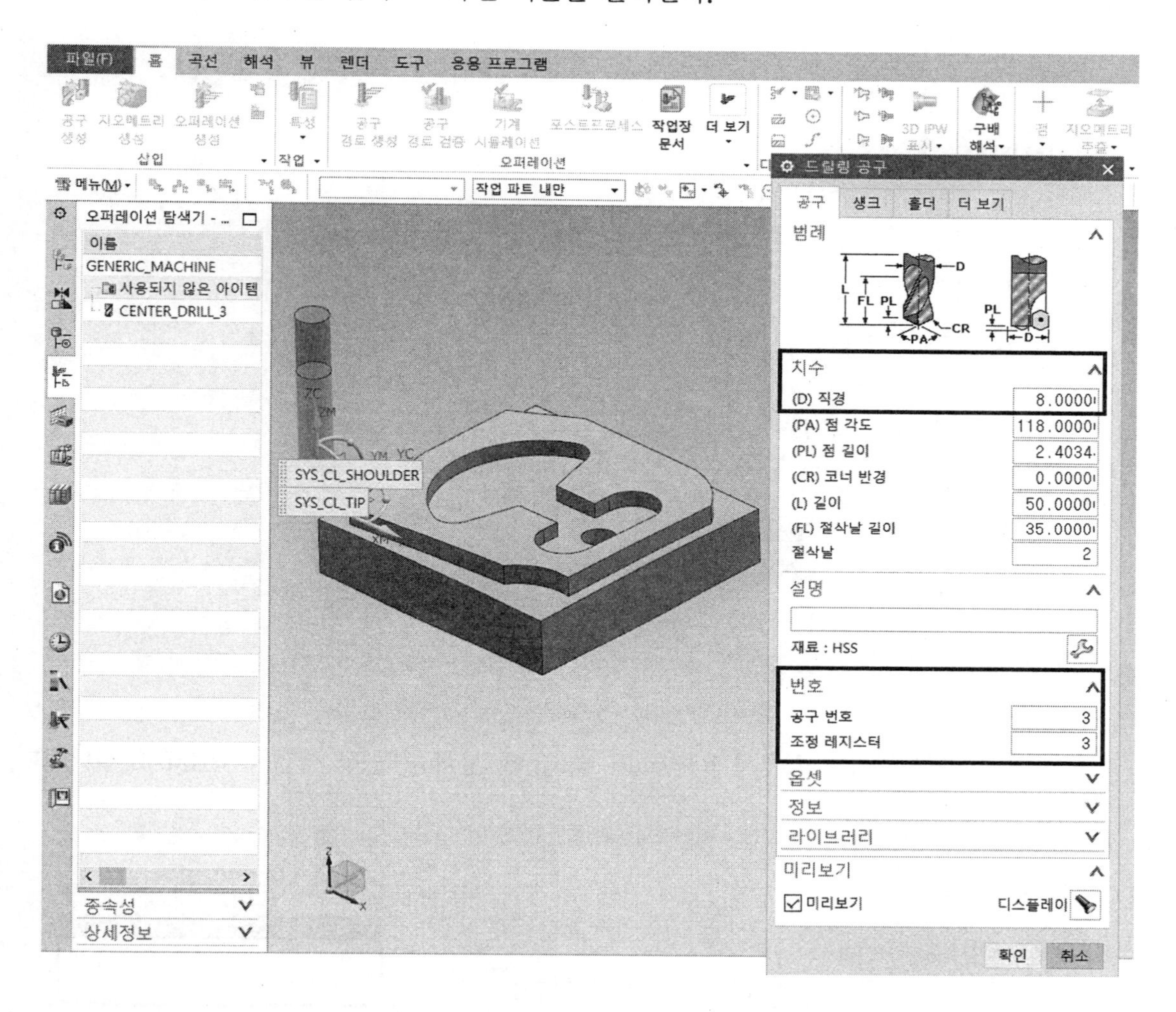

□ 1번 공구 생성

1 공구 생성을 클릭한다.

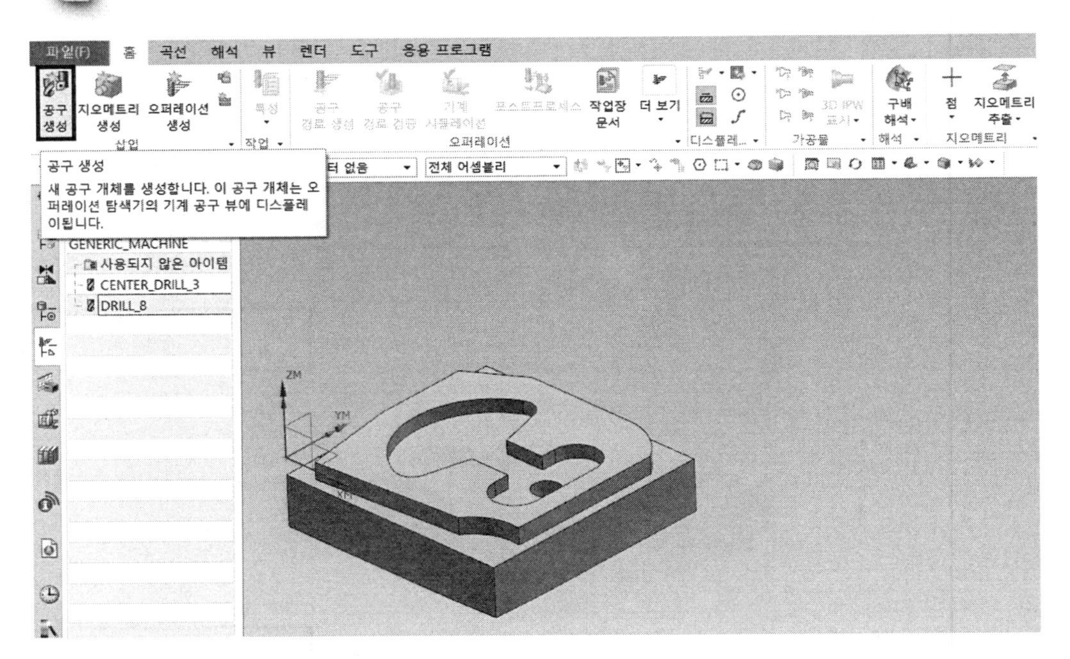

2 공구 생성 박스에서 유형/mill_contour 선택 → 공구 하위 유형/MILL 선택한다.

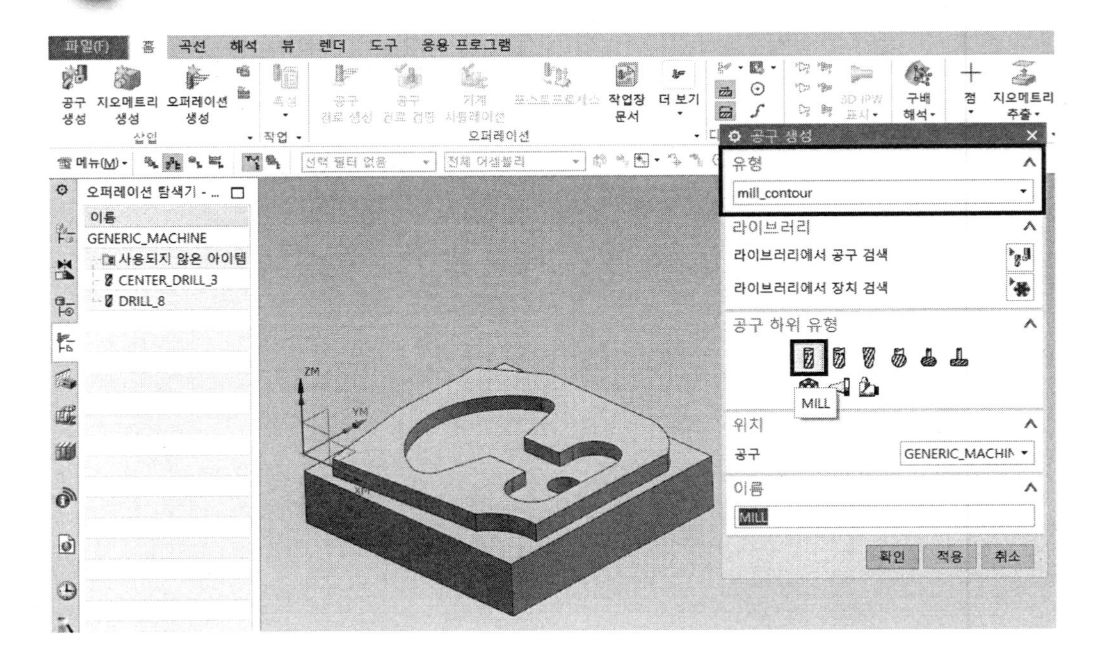

3 이름에 ENDMILL_10을 입력 → 확인 버튼을 클릭한다.

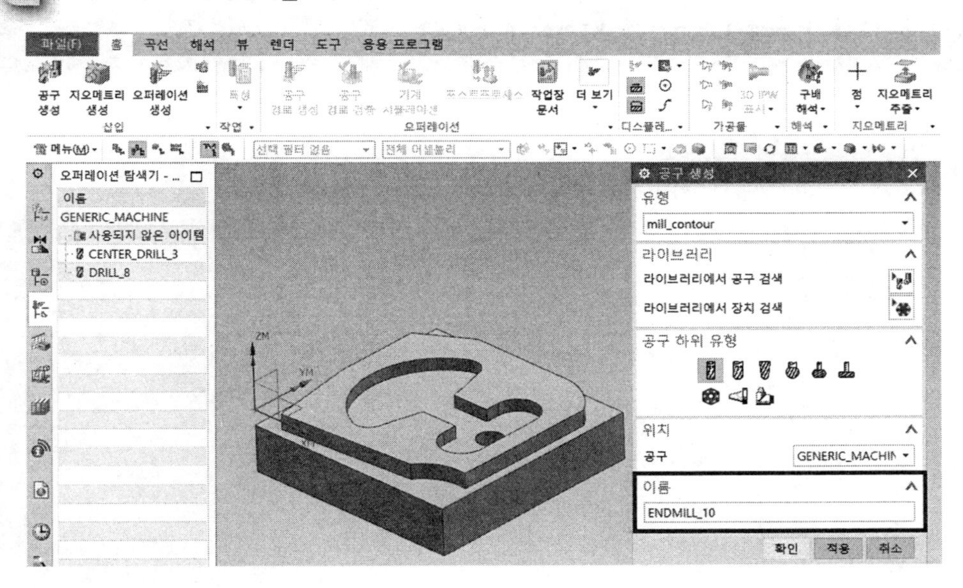

4 밀링 공구-5 매개변수 박스에서 치수/(D) 직경; 10을 입력 → 번호/공구 번호; 1, 조정 레지스터; 1을 입력 → 확인 버튼을 클릭한다.

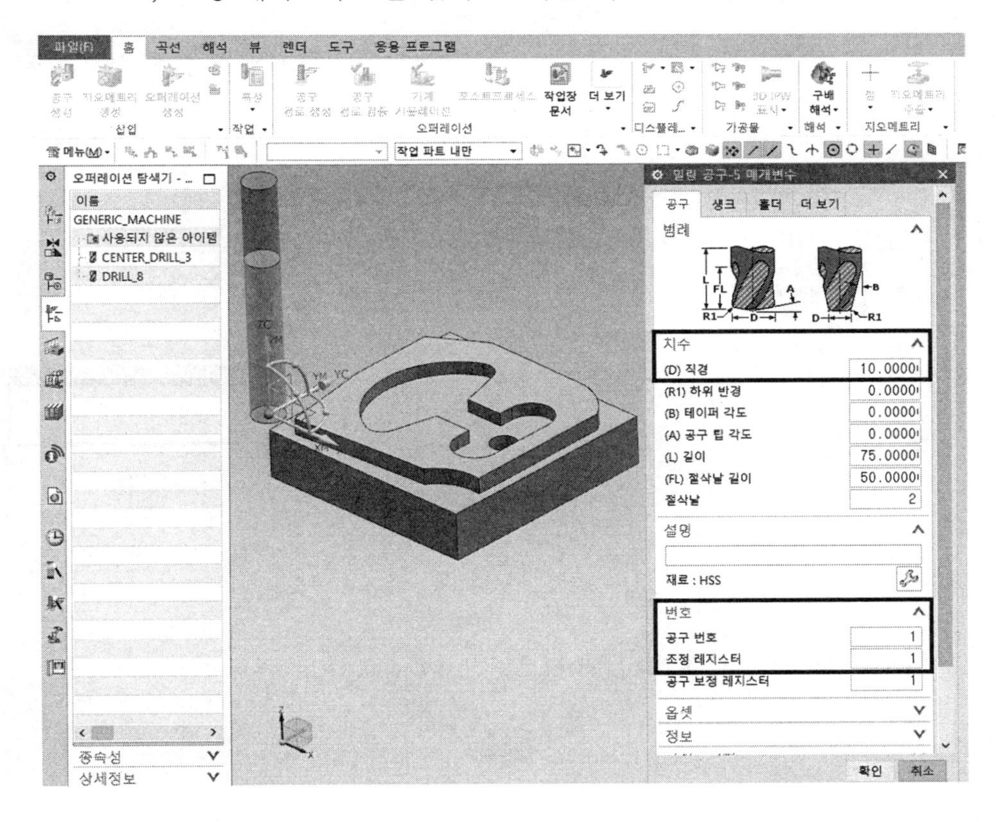

1.4 드릴 구멍의 위치 인식

1 지오메트리 생성을 클릭한다.

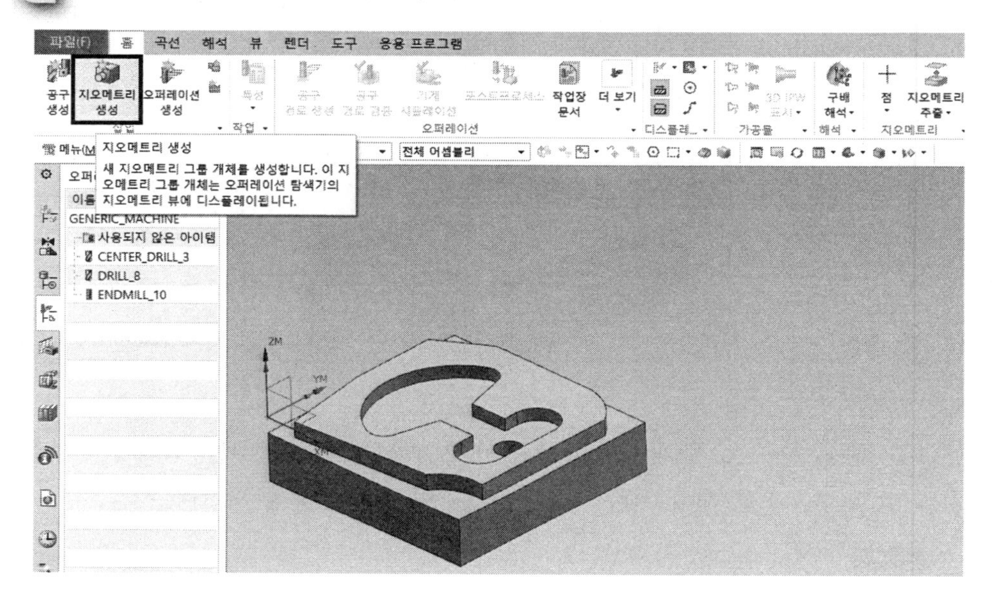

2 지오메트리 생성 박스에서 유형/drill 선택 → 지오메트리 하위 유형/3번째의 DRILL_GEOM을 선택한다.

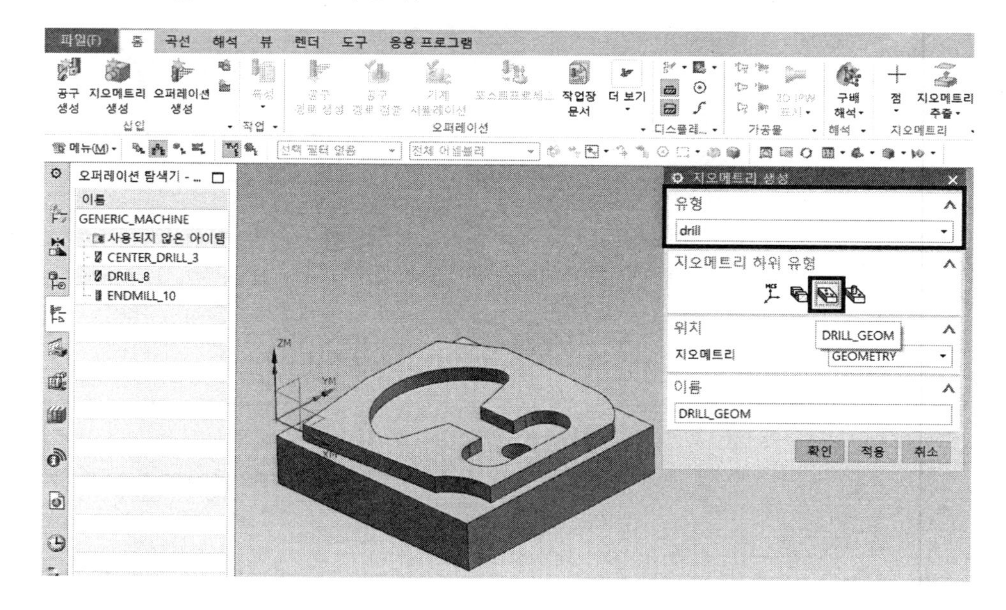

3 위치/지오메트리; WORKPIECE 선택 → 이름에 CENTERPOINT를 입력 → 확인 버튼을 클릭한다.

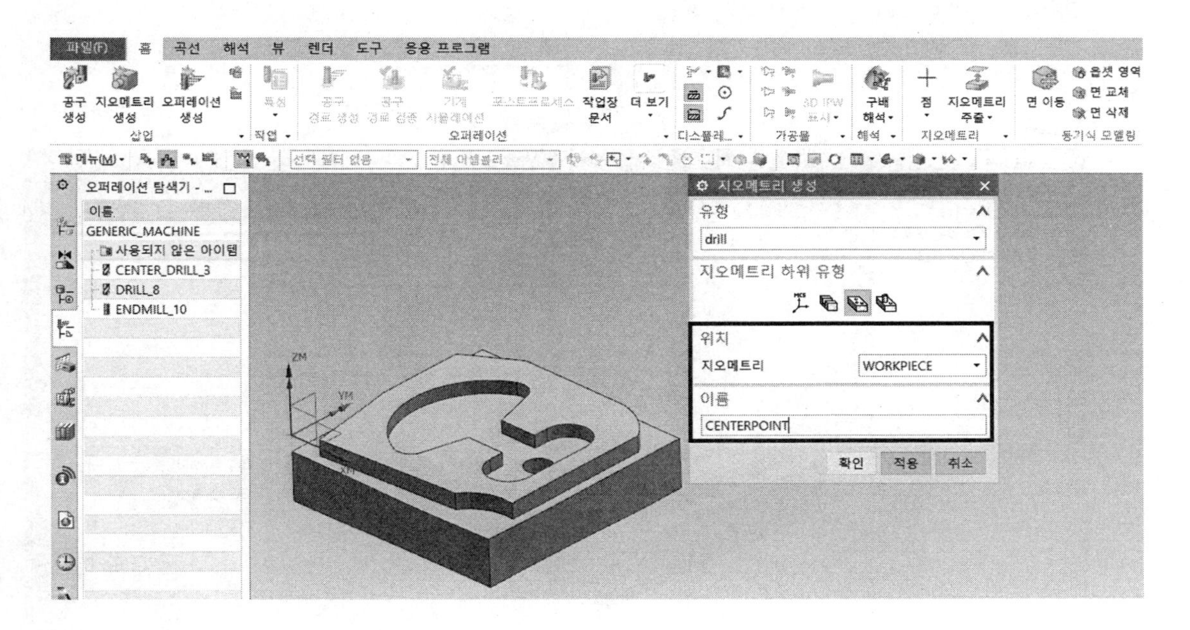

4 지오메트리/구멍 지정 → 우측의 구멍 지오메트리 선택 또는 편집을 클릭한다.

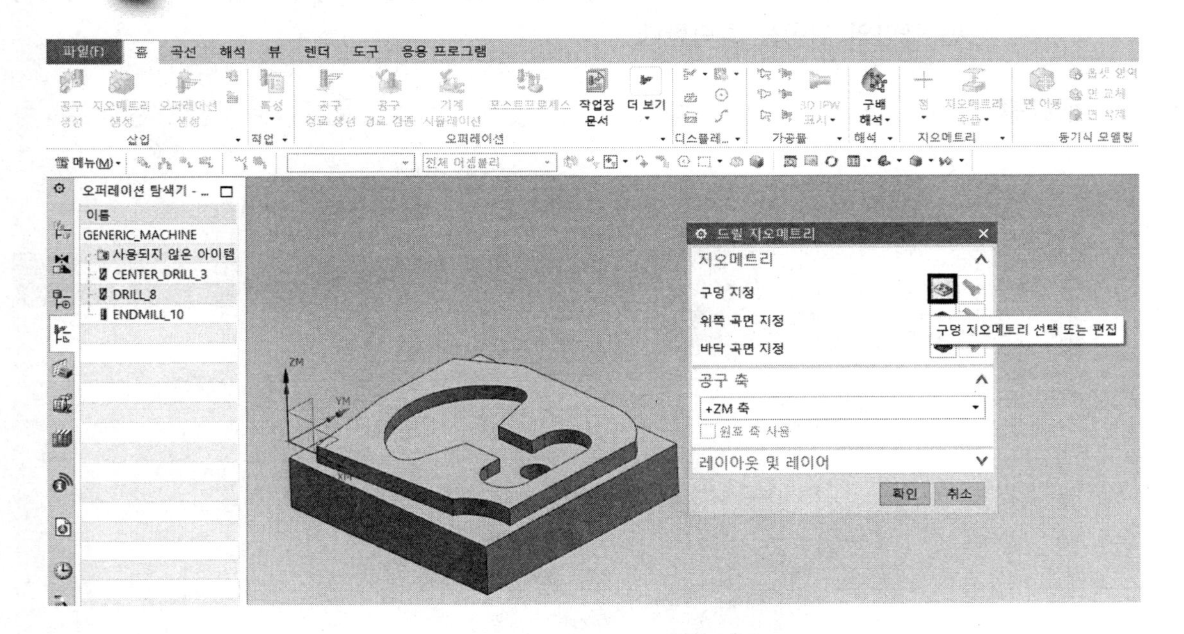

5 점 박스에서 선택 버튼을 클릭한다.

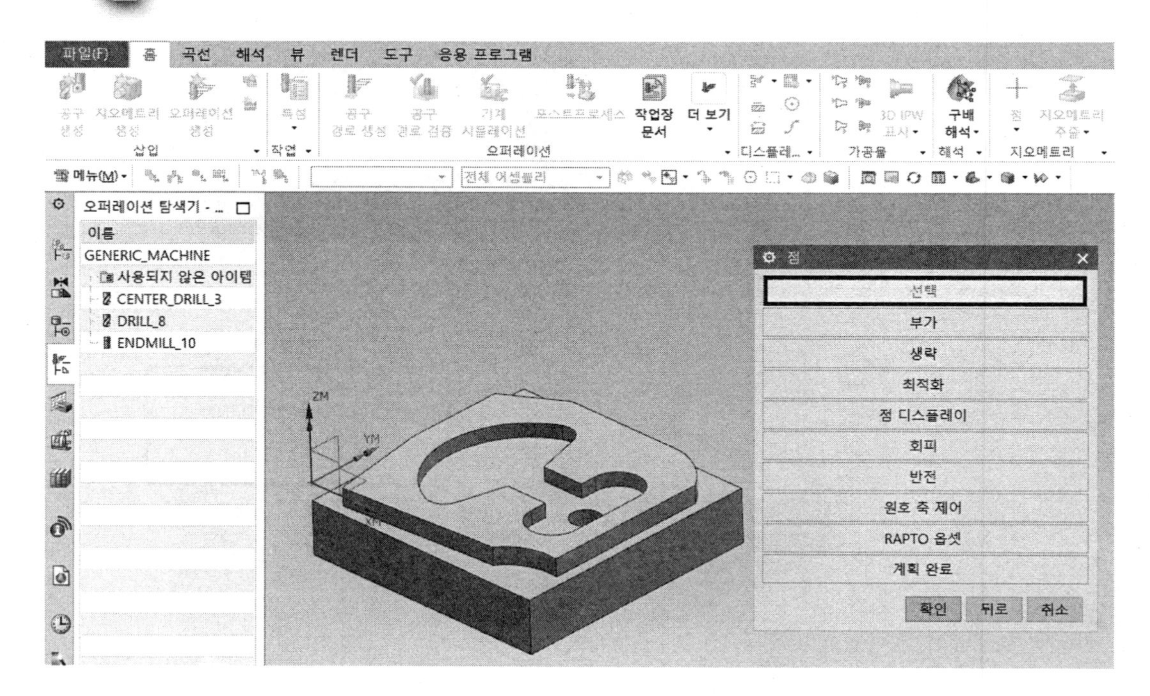

6 이 상태에서 구멍의 위쪽에 마우스를 접근시키면 모서리/돌출(5) 설명이 나타나면 구멍의 위쪽을 클릭한다.

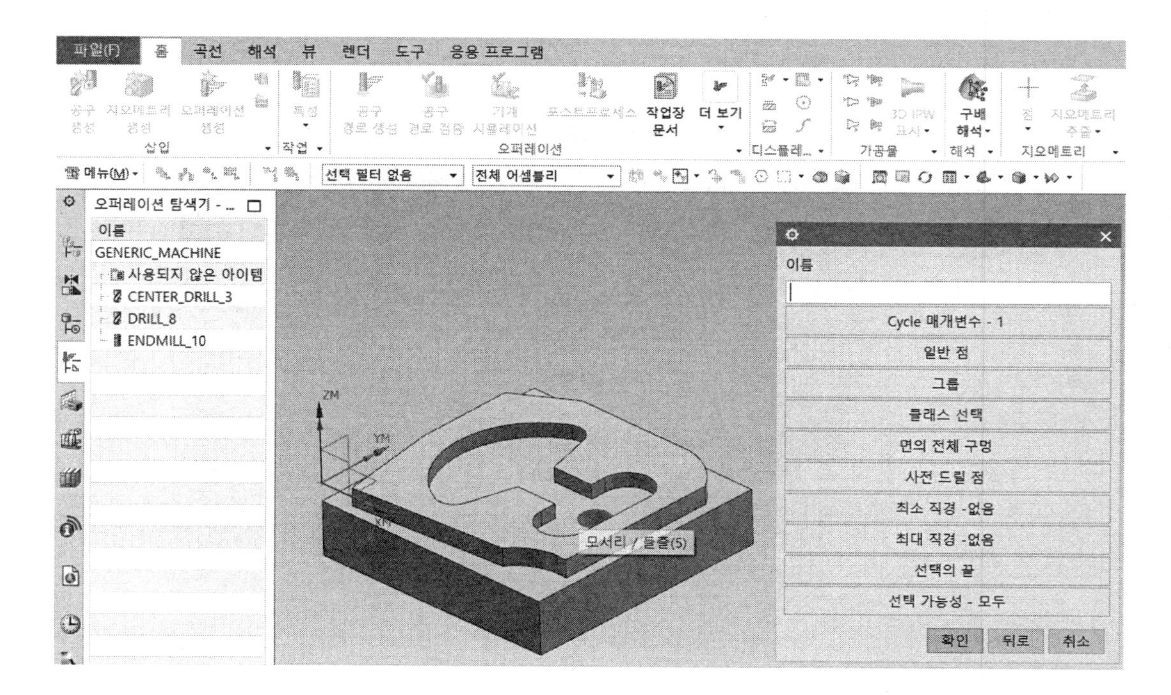

7 우측의 상태에서 확인을 클릭한다.

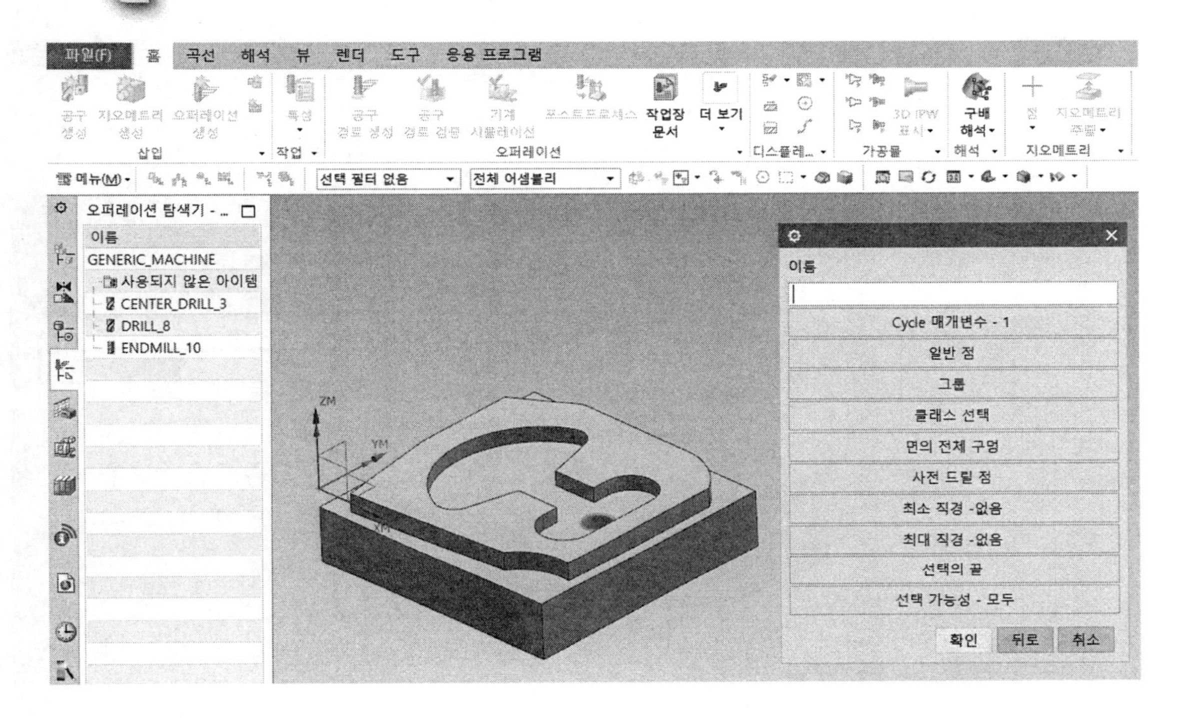

8 지오메트리/위쪽 곡면 지정 → 우측의 파트 곡면 지오메트리 선택 또는 편집을 클릭한다.

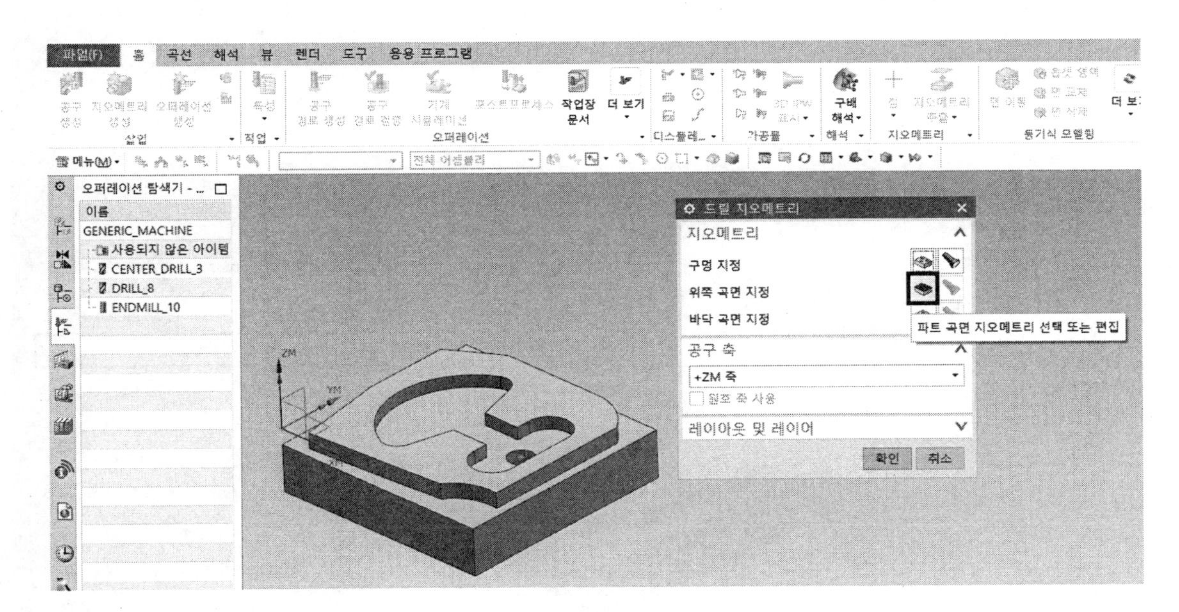

9 위쪽 곡면/위쪽 곡면 옵션 → 면을 선택한다. 화면의 그림에서 윗면을 클릭한다.

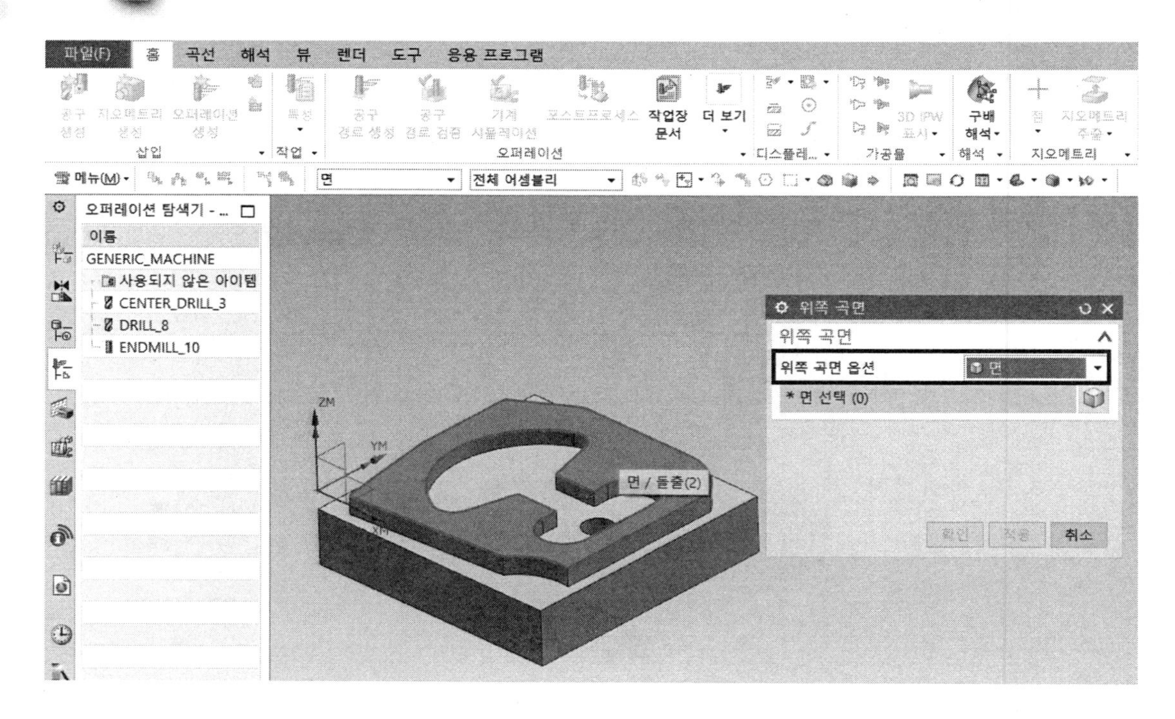

10 제일 윗면을 선택하고 확인한다.

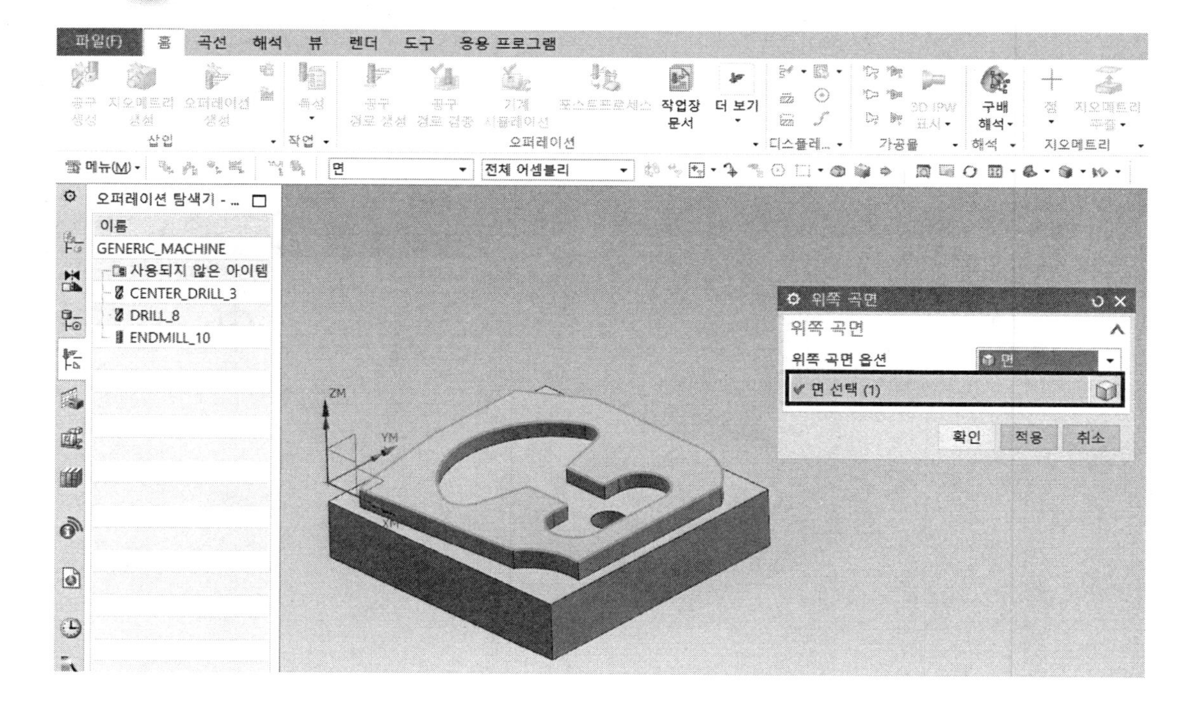

11 지오메트리/바닥 곡면 지정 → 우측의 바닥 곡면 지오메트리 선택 또는 편집을 클릭한다.

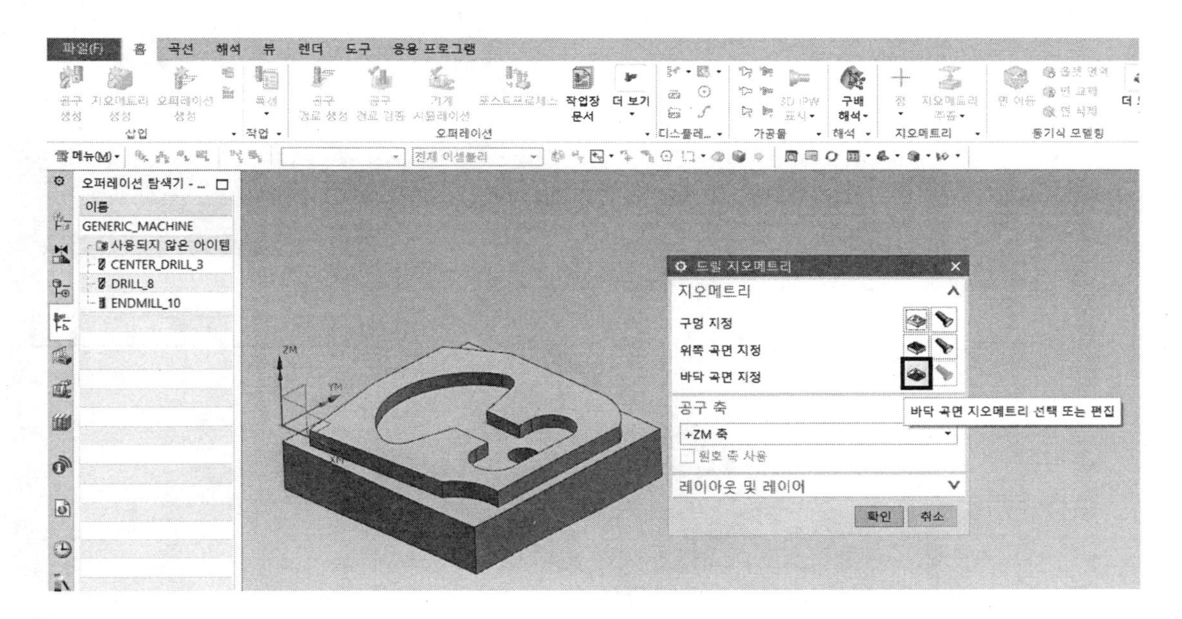

12 바닥 곡면/바닥 곡면 옵션 → 면을 선택한다. 화면의 그림에서 아랫면을 클릭한다.

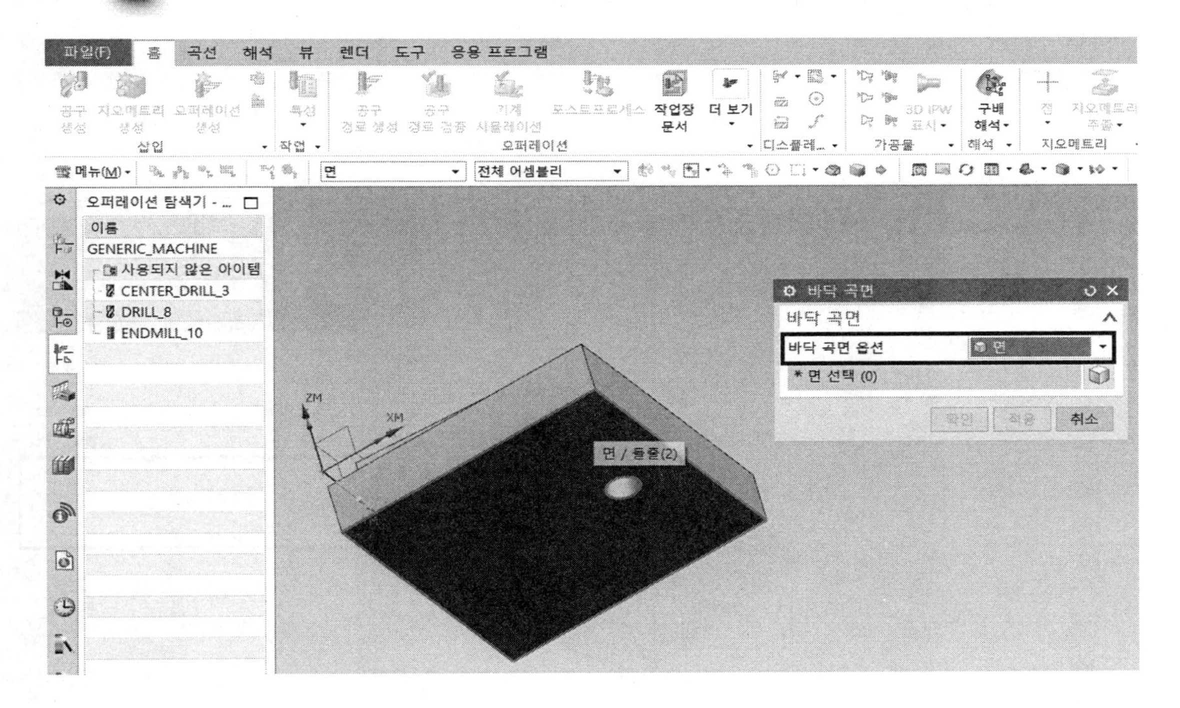

13 아랫면을 선택 → 확인한다.

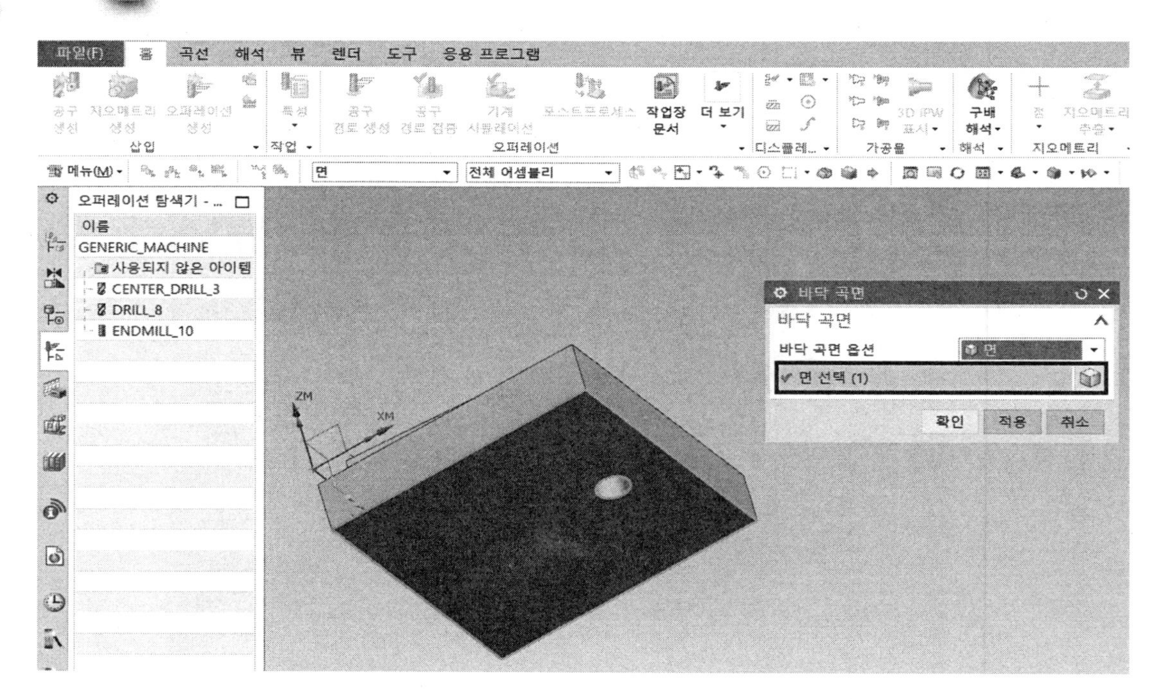

14 우측의 상태에서 확인을 클릭한다.

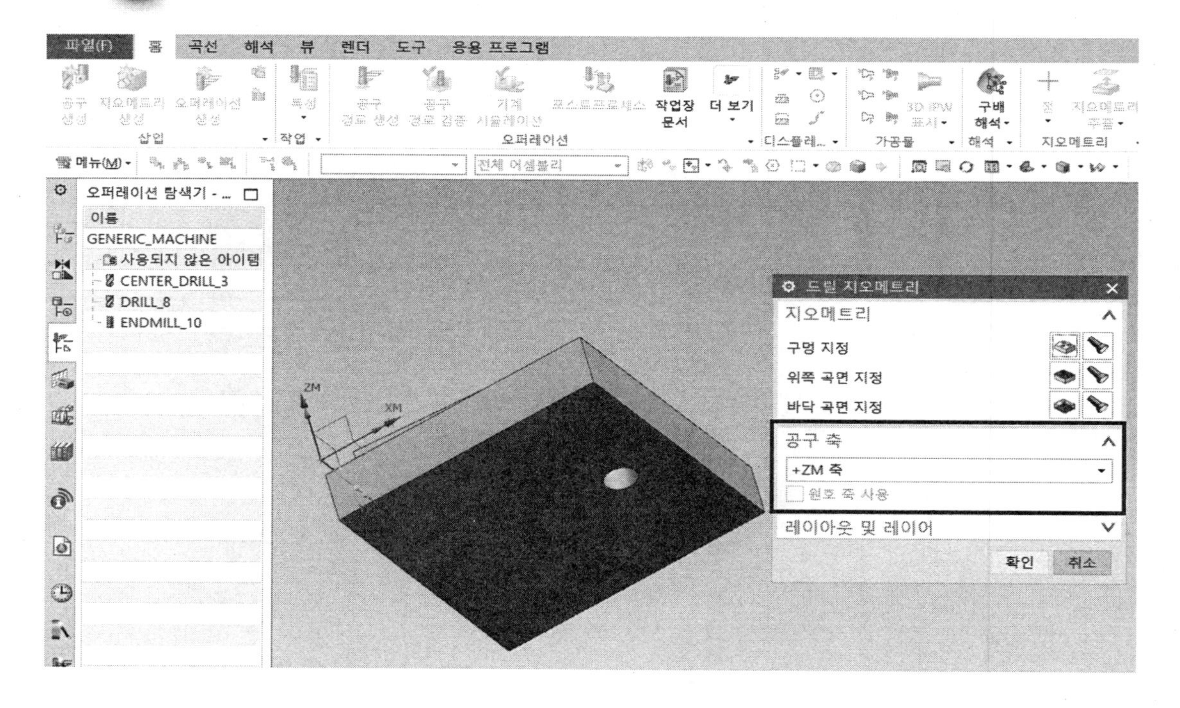

1.5 센터드릴 오퍼레이션 생성

1 오퍼레이션 생성을 클릭한다.

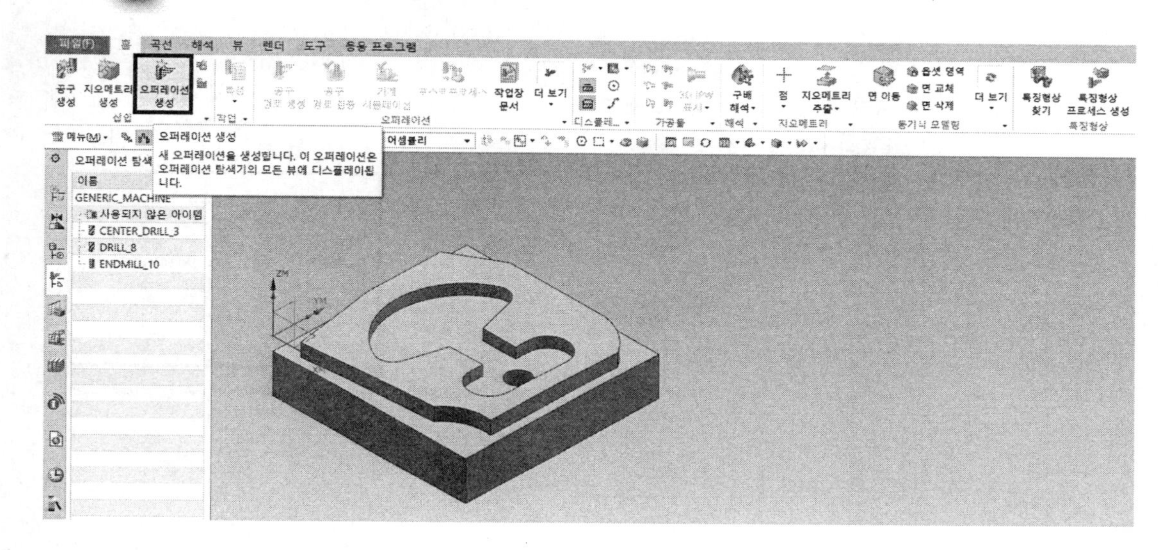

2 유형/drill 선택 → 오퍼레이션 하위 유형/3번째 드릴링을 선택한다.

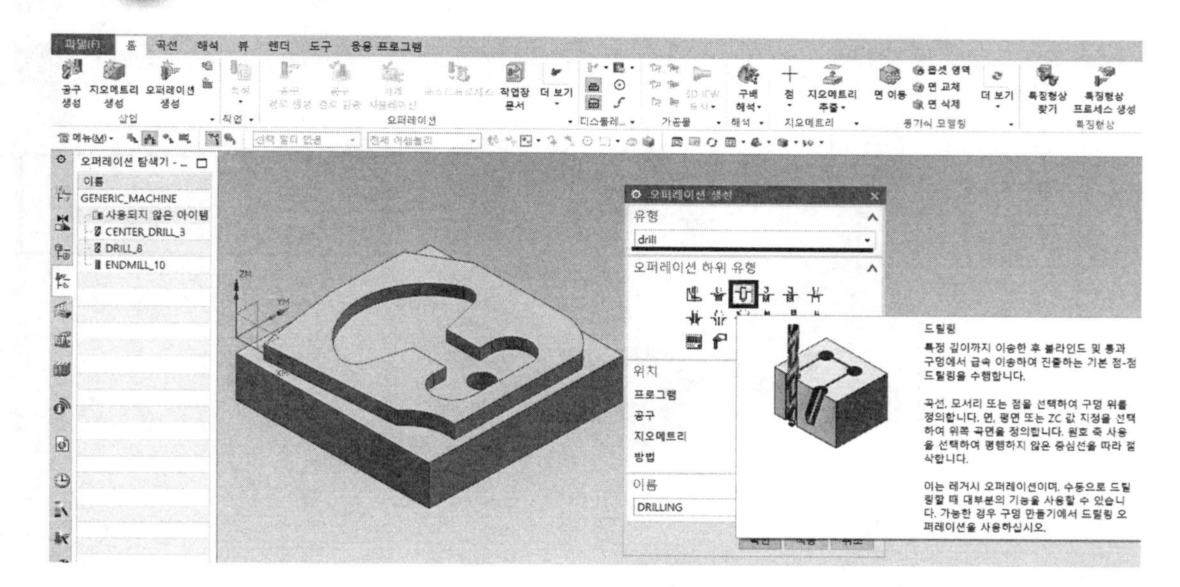

3 위치/프로그램; PROGRAM 선택 → 공구; CENTER_DRILL_3 선택 → 지오메트리; CENTERPOINT 선택 → 방법; DRILL_METHOD 선택한다.
이름에 CENTERDRILL을 입력한다.

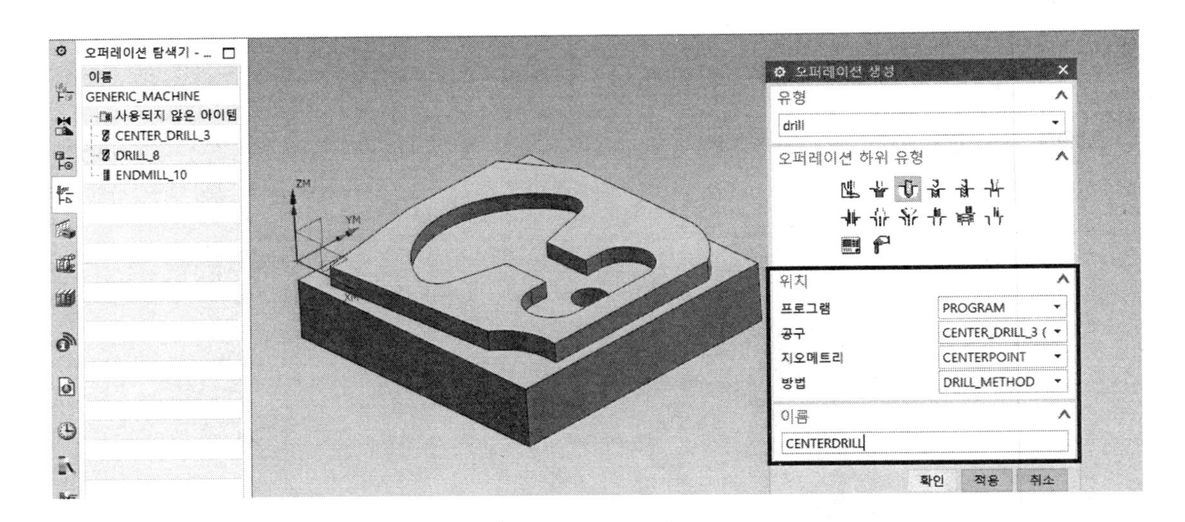

4 사이클 유형/매개변수 편집을 클릭한다.

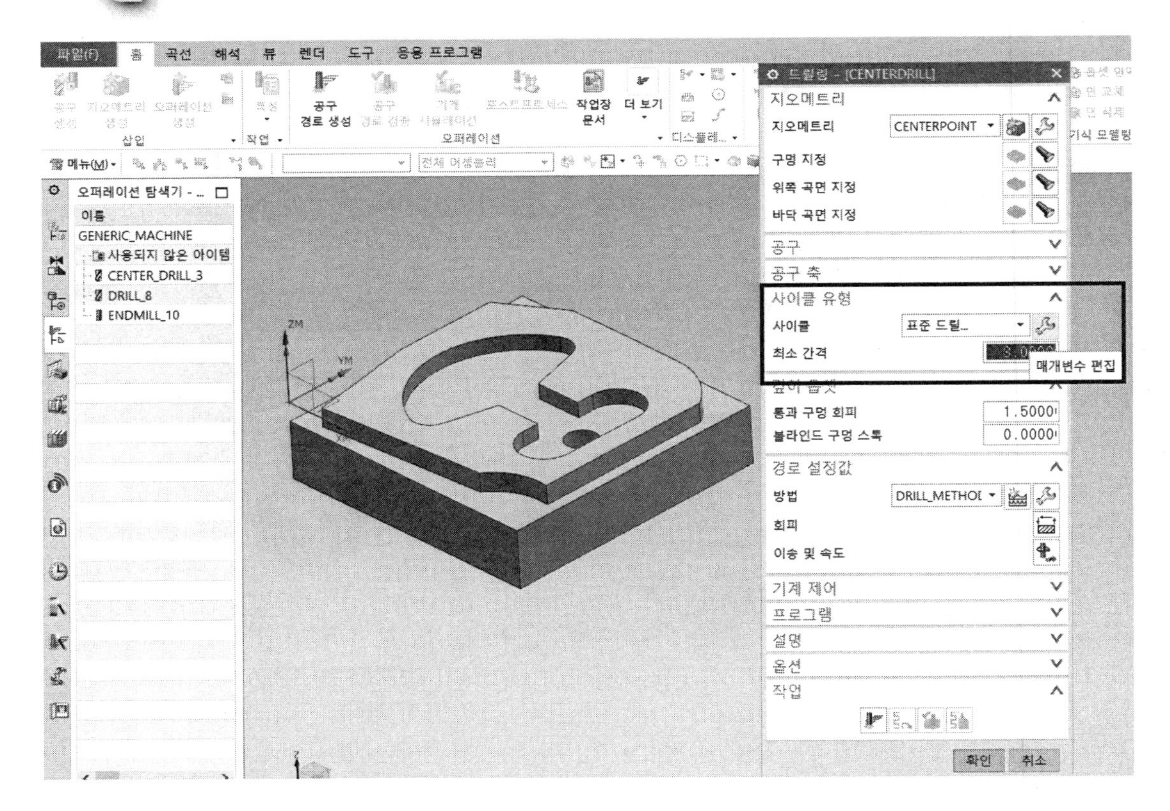

5 개수 지정에서 Number of Sets에서 1을 입력 → 확인 버튼을 클릭한다.

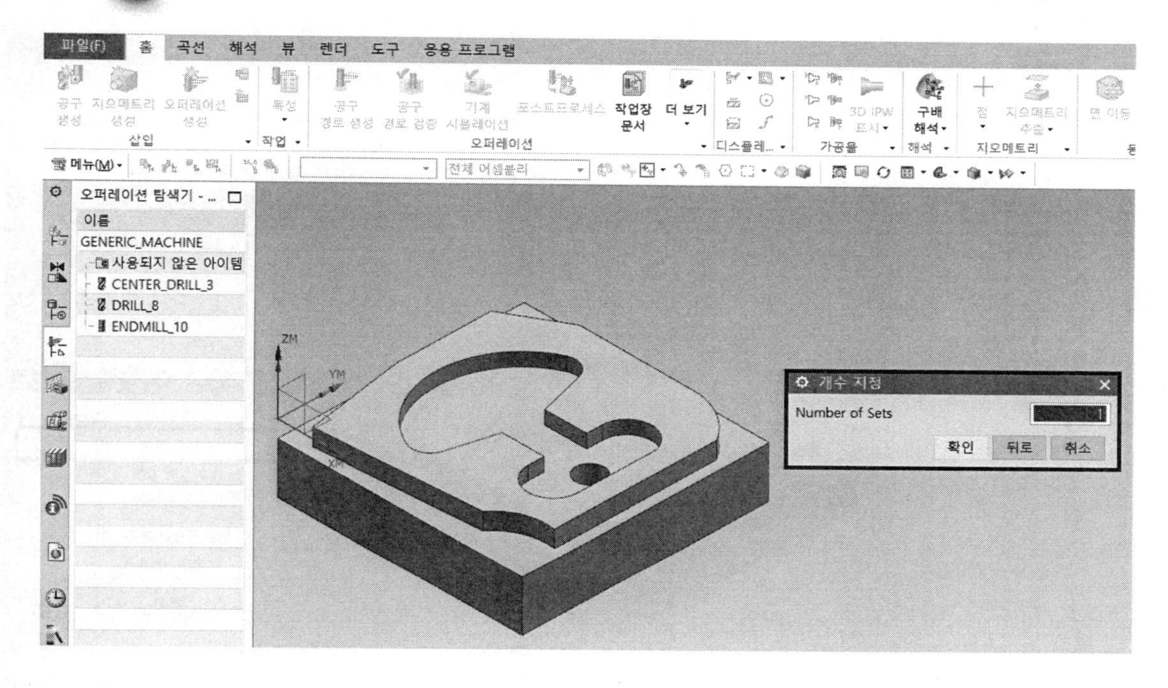

6 Depth – 모델 깊이를 클릭한다.

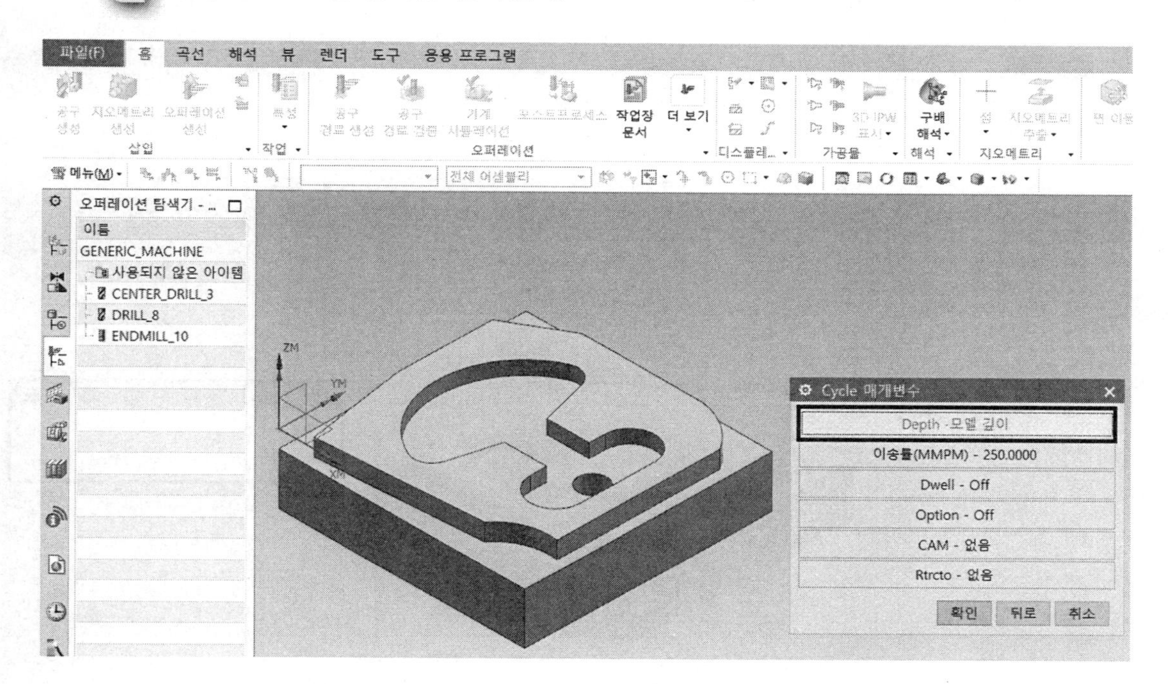

7 공구 팁 깊이를 클릭한다.

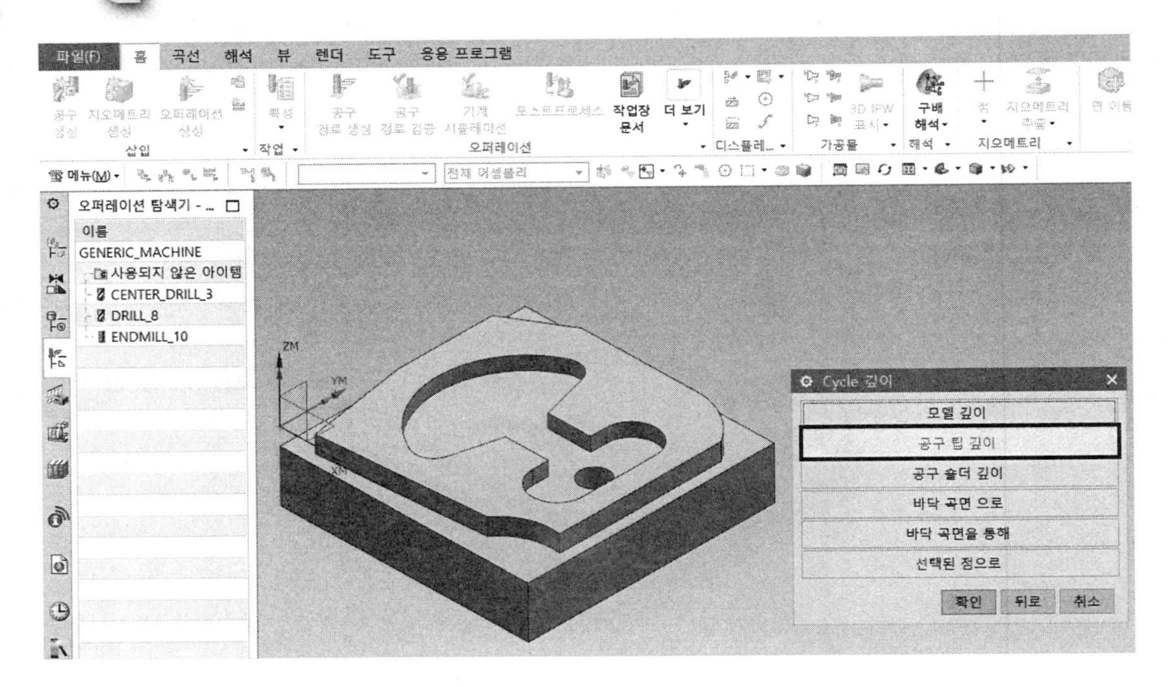

8 깊이에 5.0을 입력하고 확인한다.

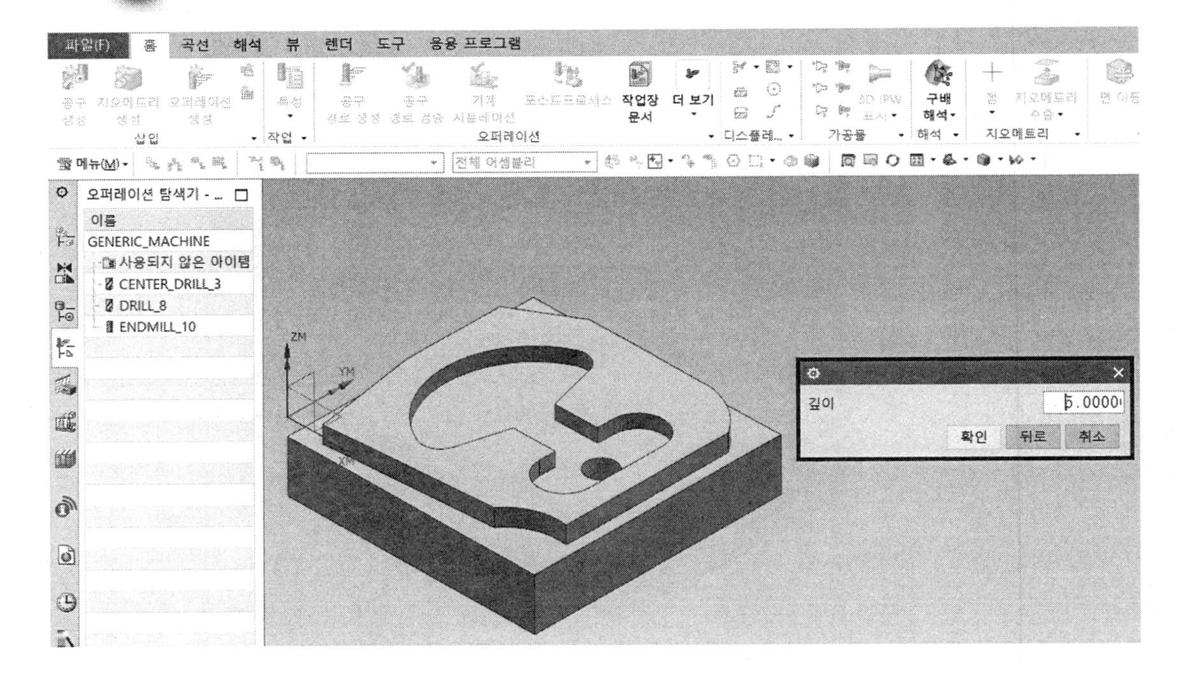

9 우측의 상태에서 확인을 클릭한다.

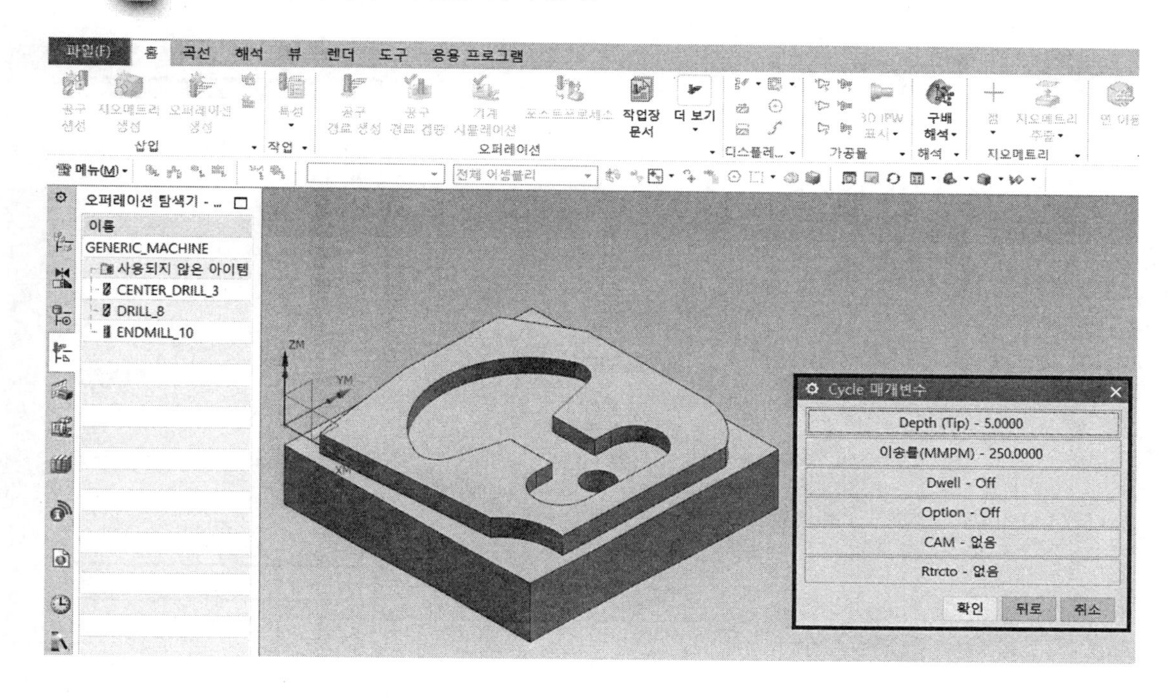

10 우측의 상태에서 확인을 클릭한다.

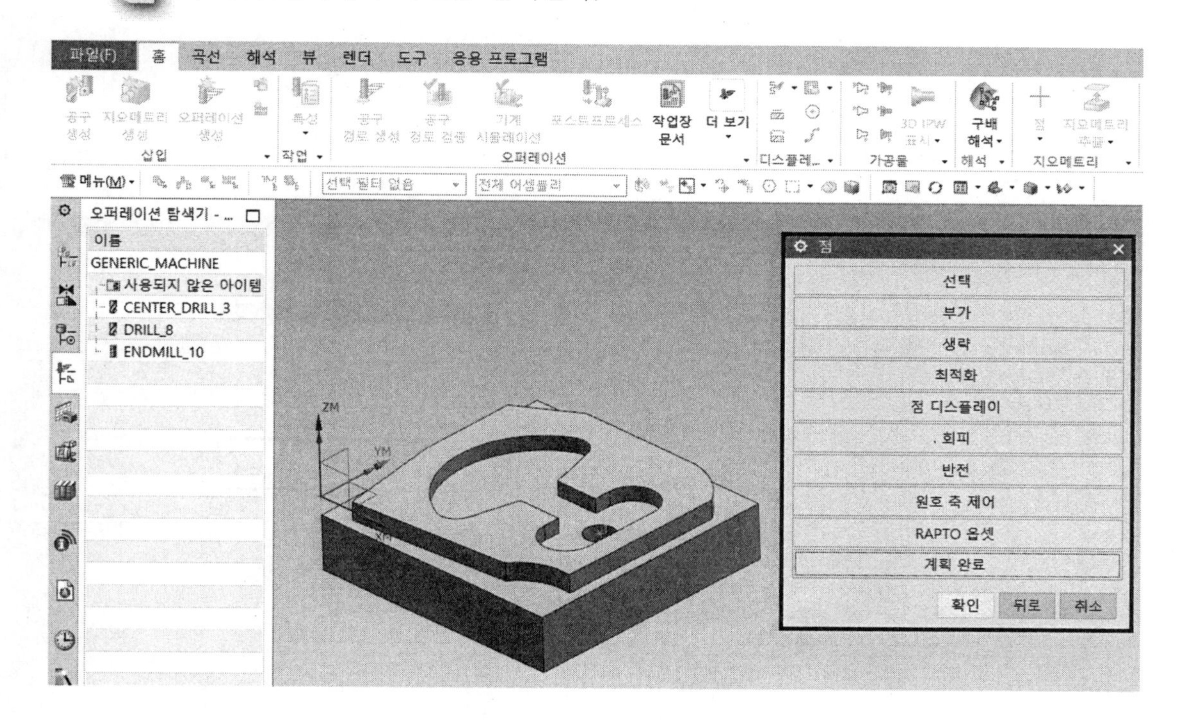

11 경로 설정값/이송 및 속도를 클릭한다.

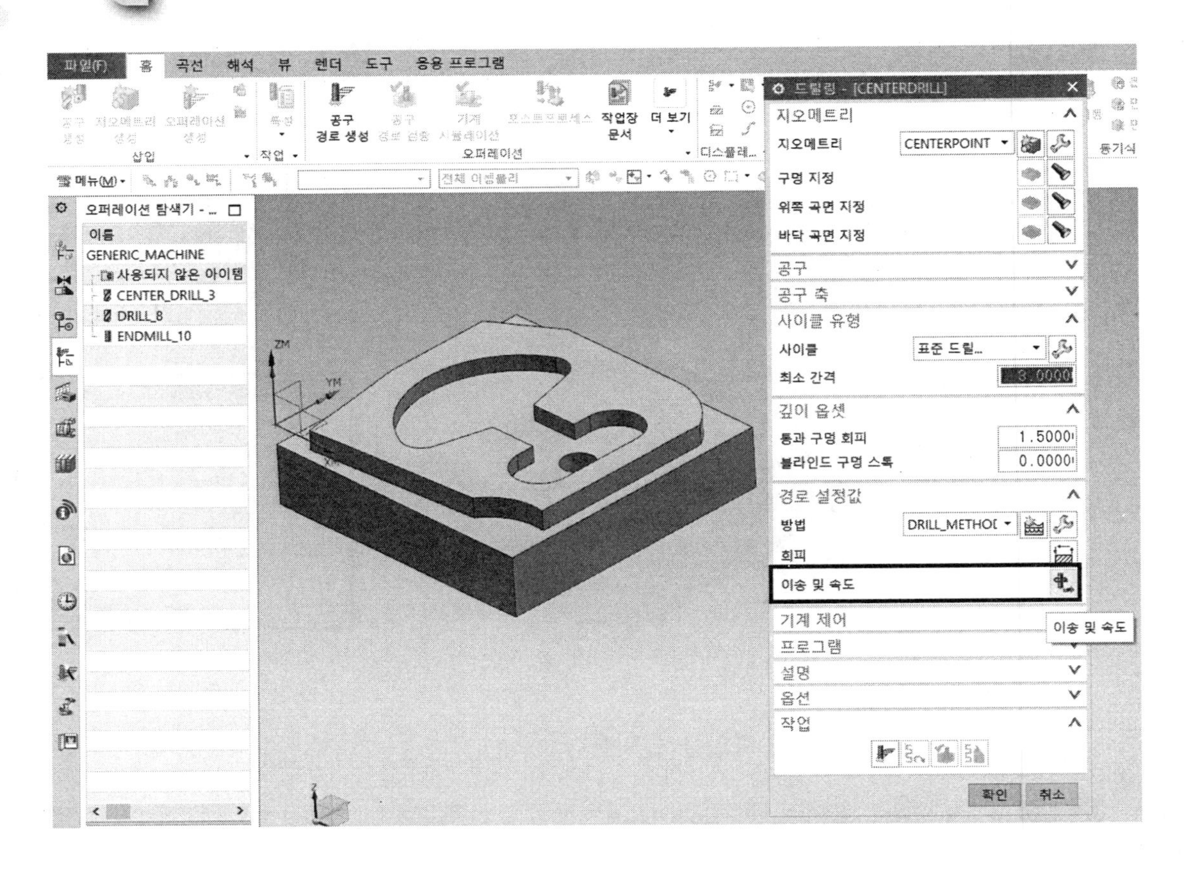

12 스핀들 속도/스핀들 속도(rpm); 1200을 입력 → 우측의 계산기를 클릭한다.

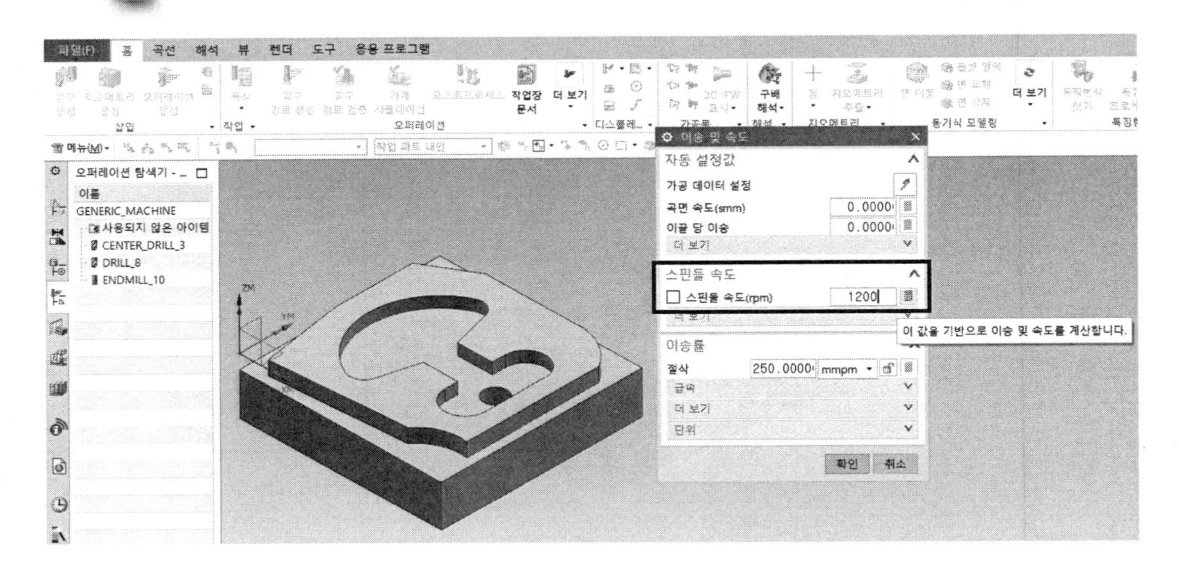

13 이송률/절삭; 100을 입력 → 우측의 계산기를 클릭한다.

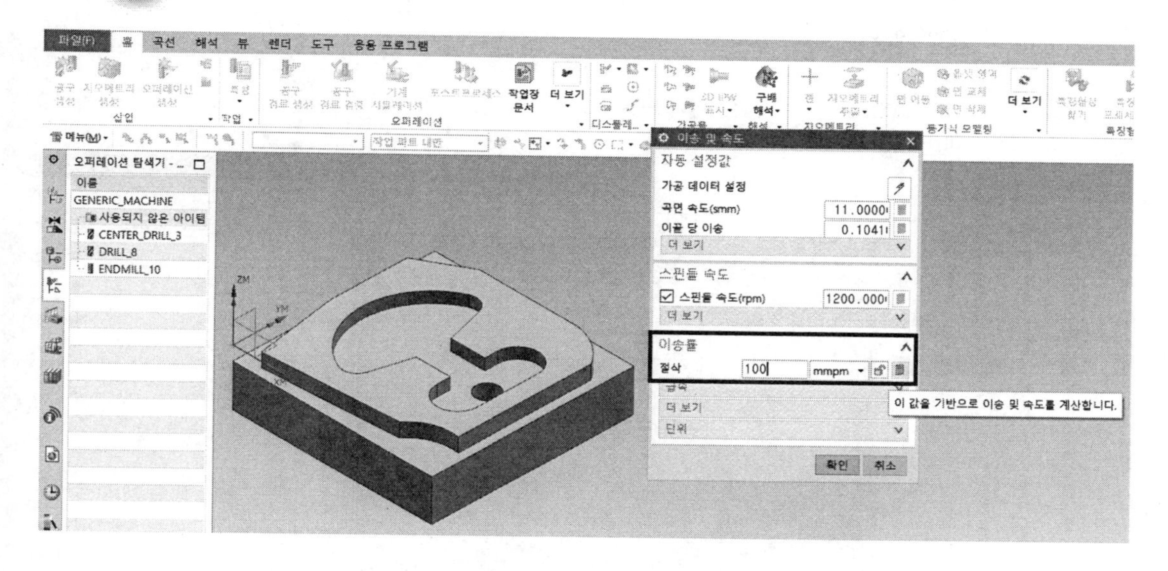

14 우측의 상태에서 확인을 클릭한다.

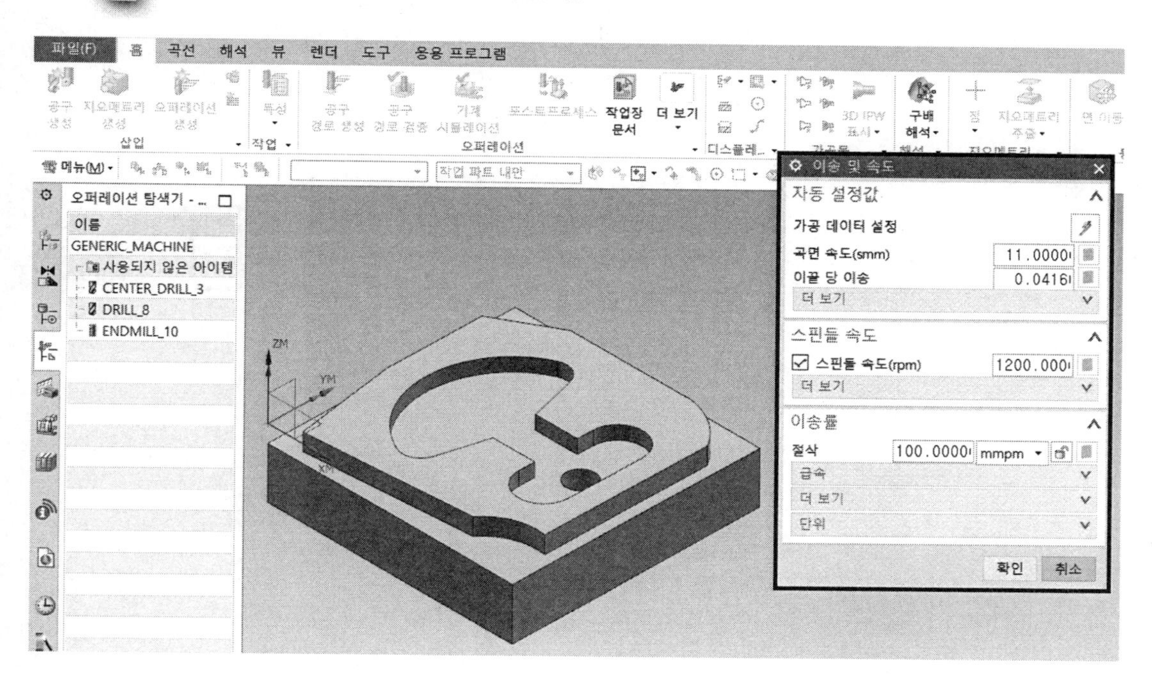

15 우측의 상태에서 제일 아래의 첫 번째 그림에 마우스를 접근시키고 생성 버튼을 클릭한다.

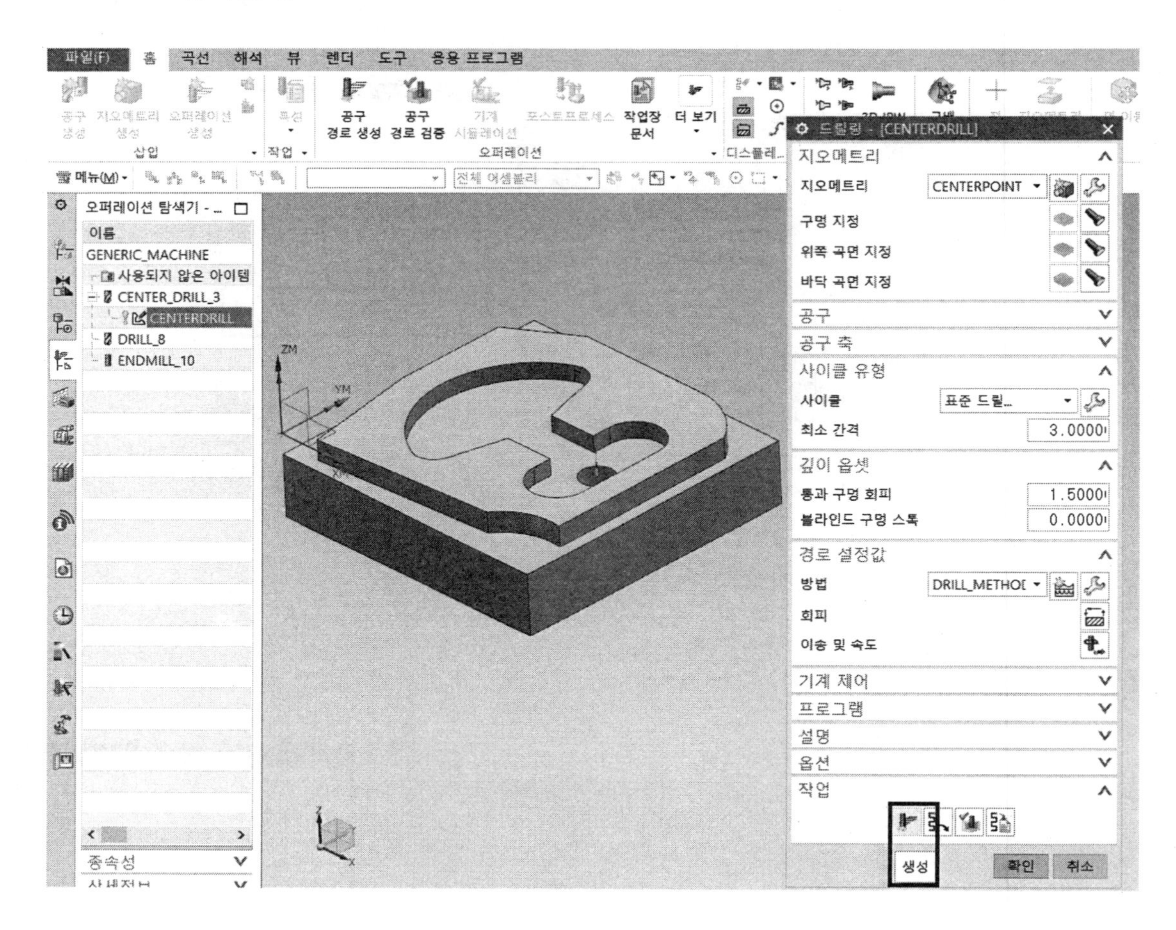

16 우측의 상태에서 확인을 클릭한다.

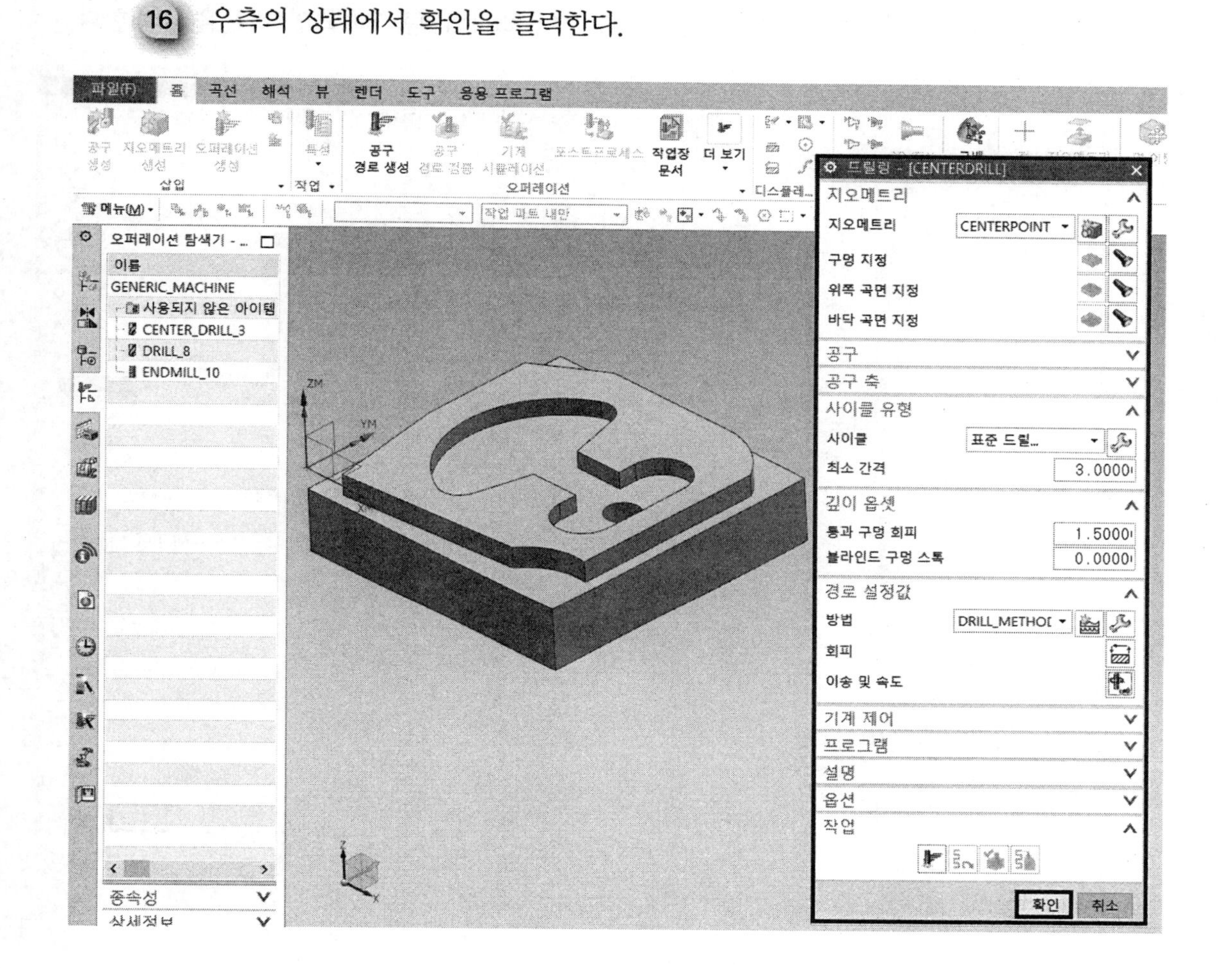

17 화면의 그림에서 센터드릴 가공형상이 표시되었음 → 확인 버튼을 클릭한다.

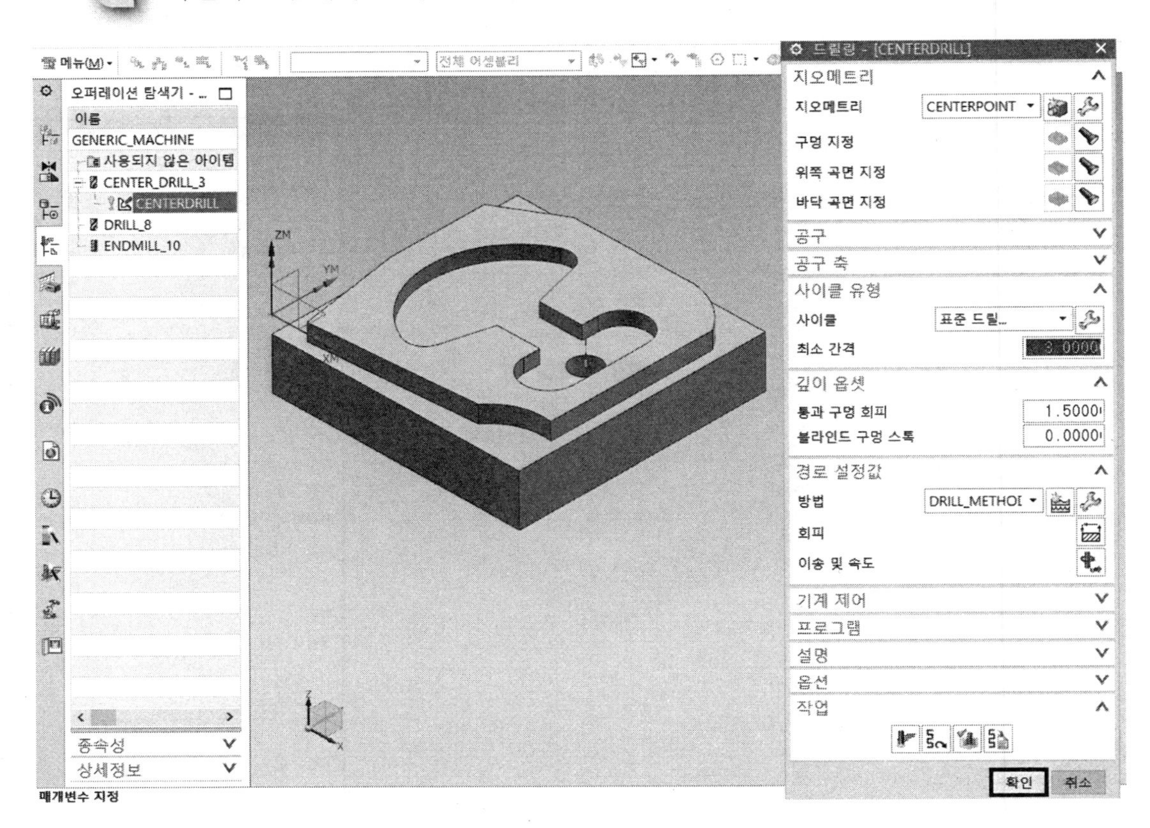

1.6 드릴 오퍼레이션 생성

1) 오퍼레이션 생성을 클릭한다.

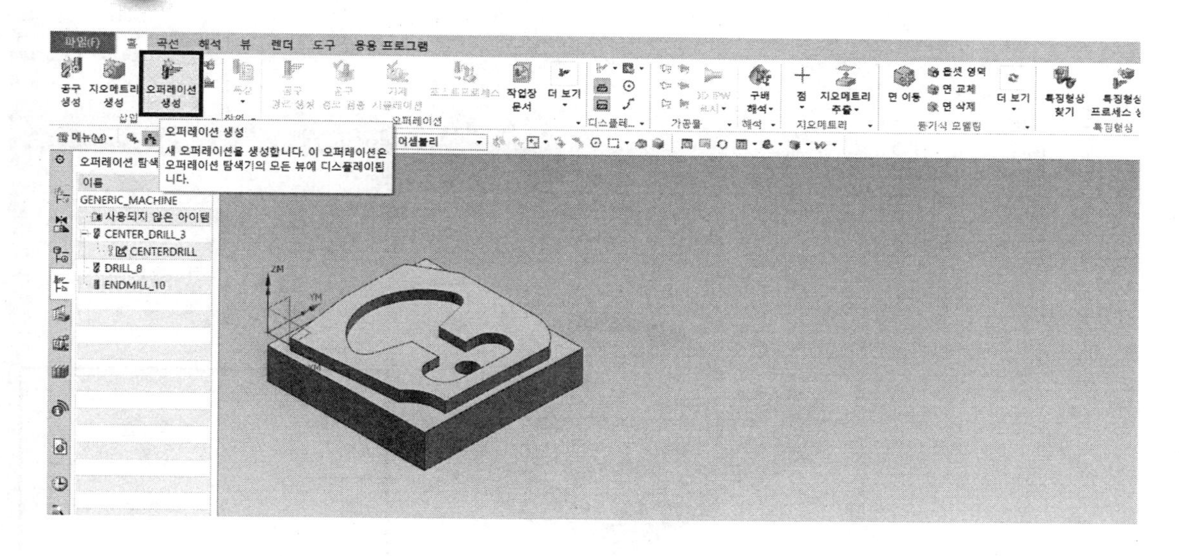

2) 오퍼레이션 생성 박스에서 유형/drill을 선택 → 오퍼레이션 하위 유형/5번째 브레이크 칩 드릴링을 선택한다.

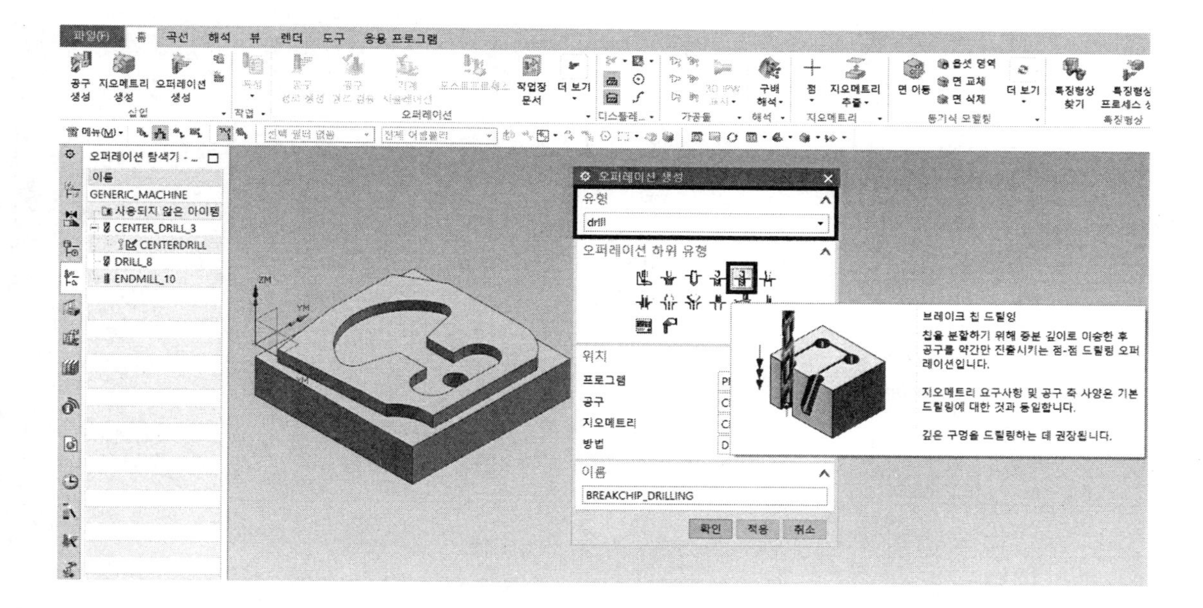

3 위치/프로그램; PROGRAM 선택 → 공구; DRILL_8 선택 → 지오메트리; CENTERPOINT 선택 → 방법; DRILL_METHOD를 선택 → 이름에 DRILL을 입력한다.

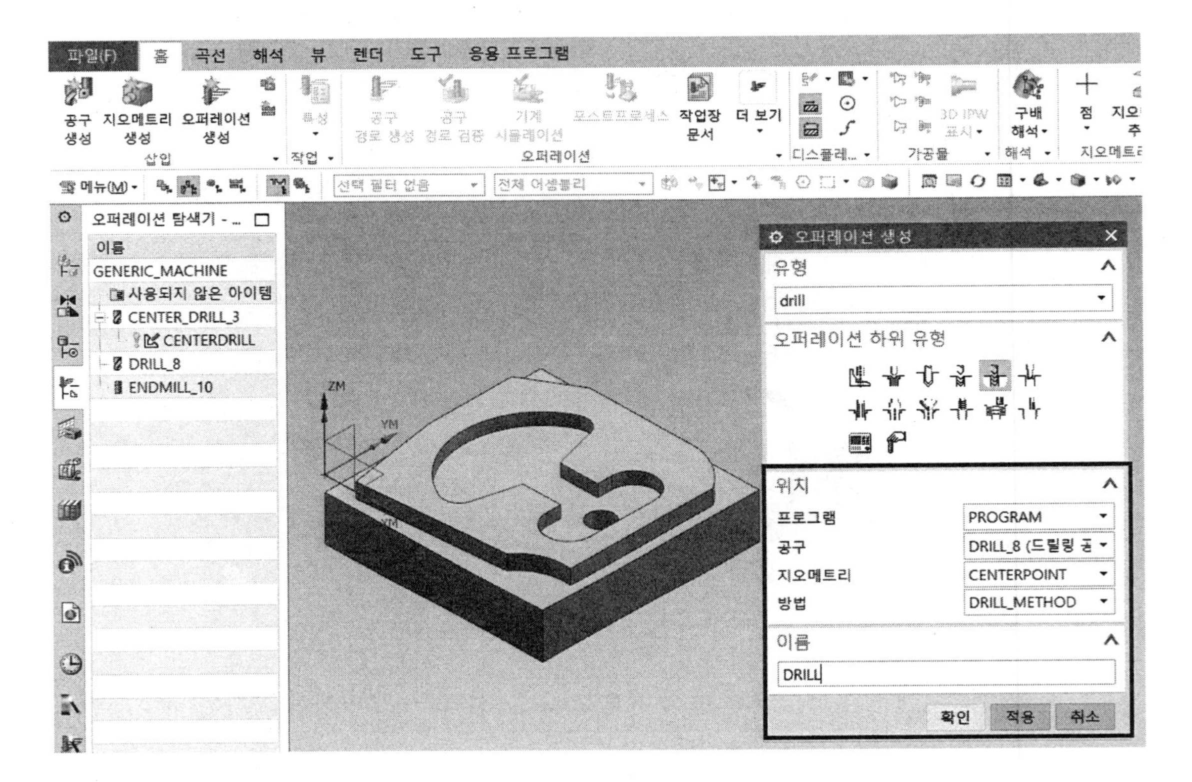

4 사이클 유형/매개변수 편집을 클릭한다.

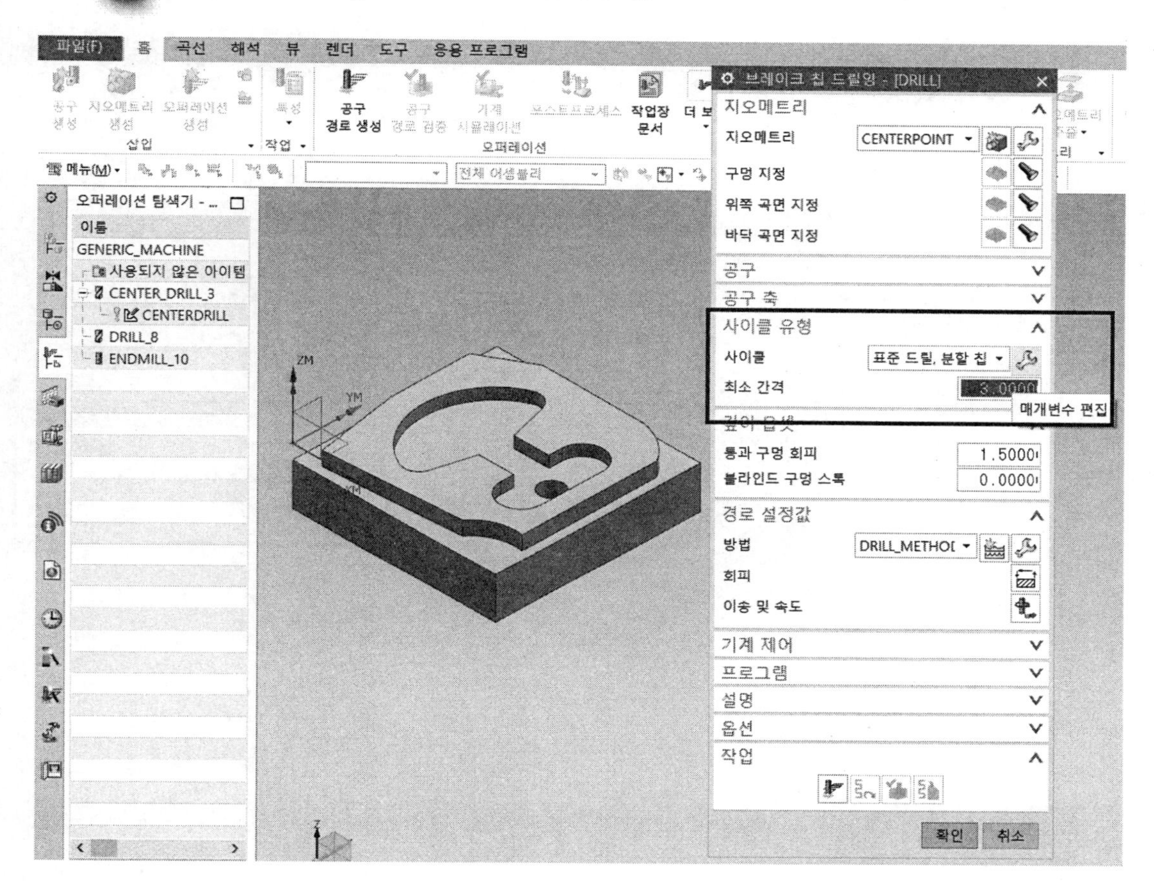

5 개수 지정에서 Number of Sets에서 1을 입력 → 확인 버튼을 클릭한다.

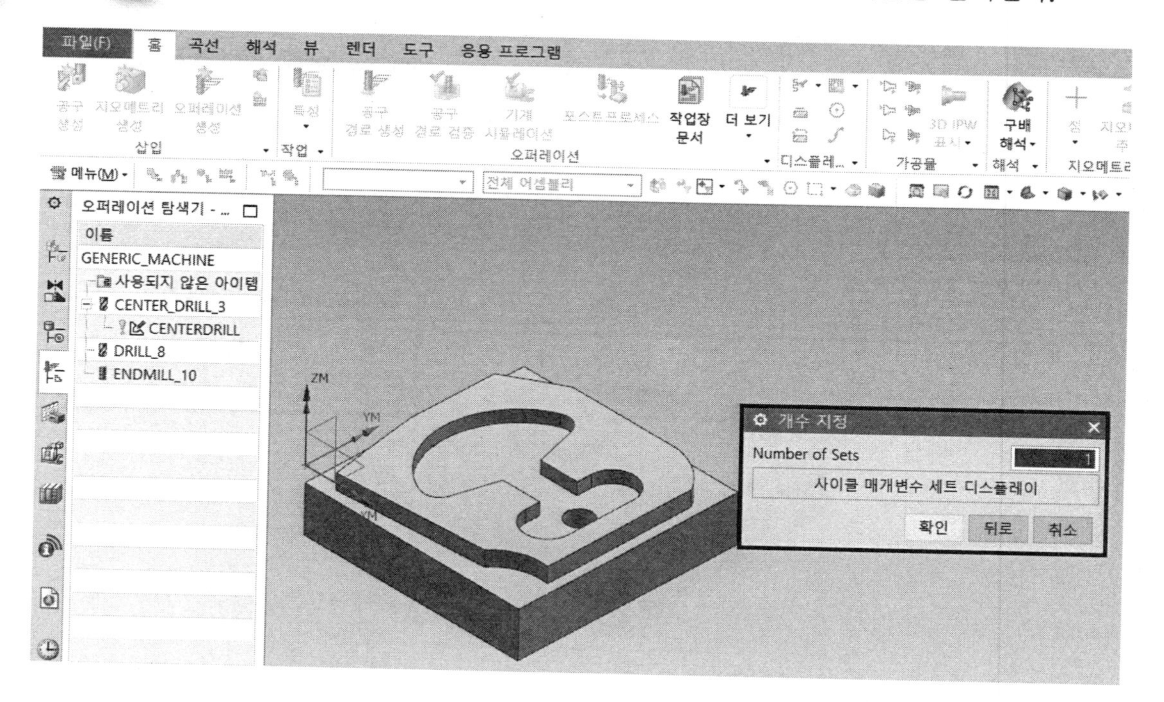

6 Cycle 매개변수 박스에서 Depth-모델 깊이를 클릭한다.

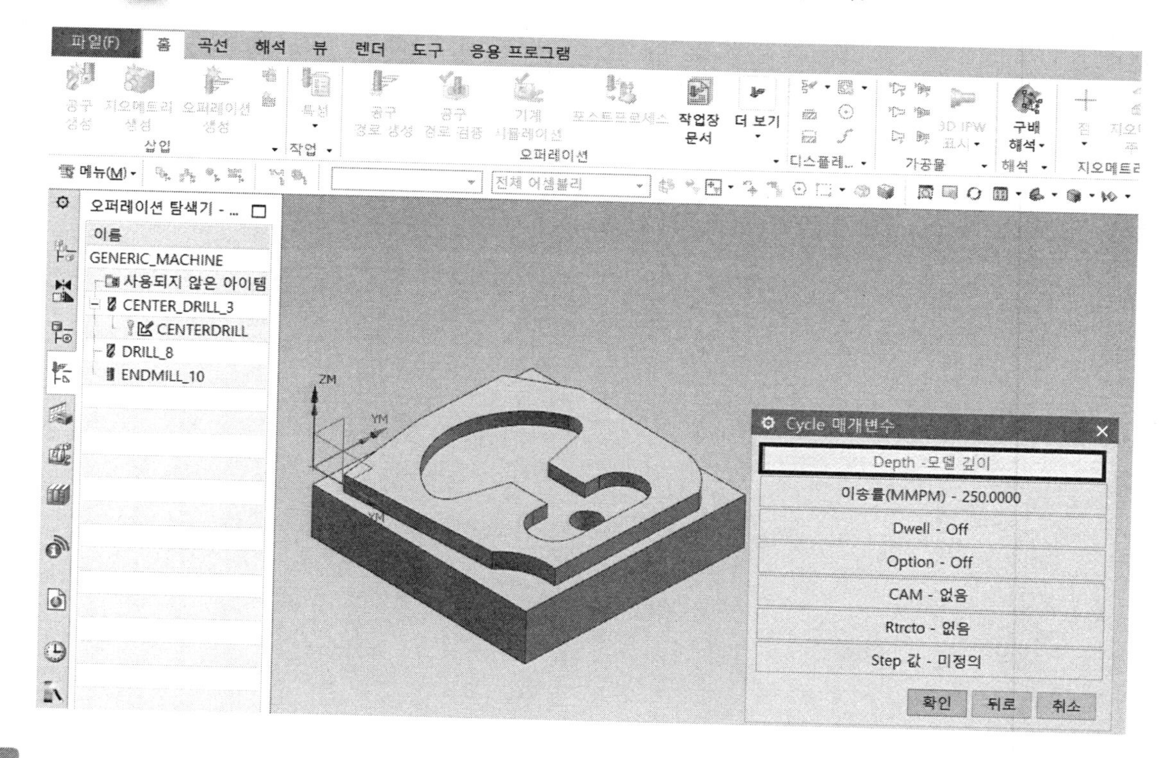

7 Cycle 깊이 박스에서 공구 팁 깊이를 클릭한다.

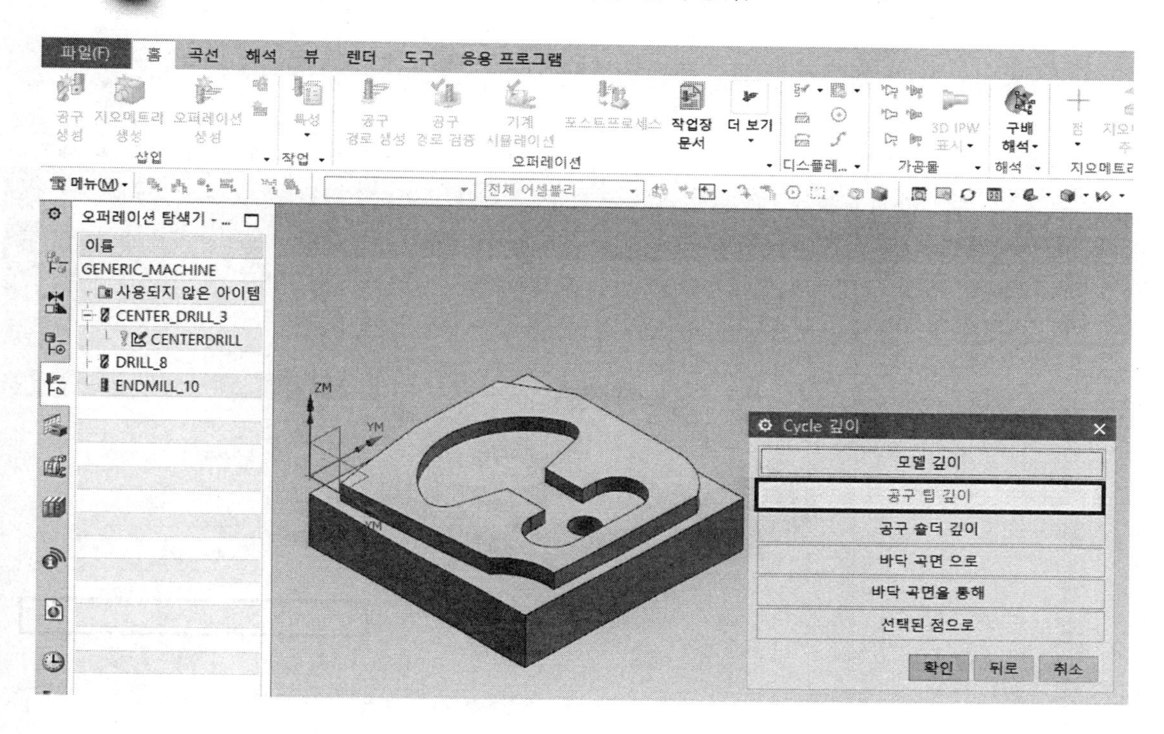

8 깊이 값은 25.0을 입력 → 확인 버튼을 클릭한다.

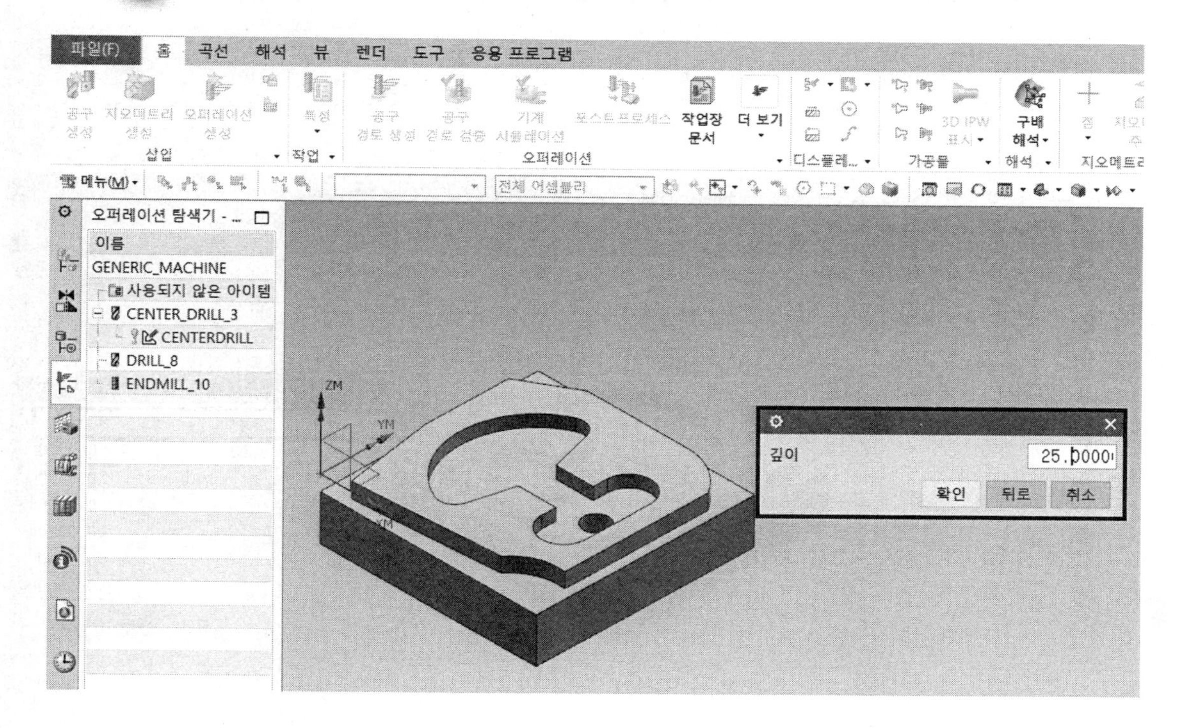

9 Step 값 – 미정의를 클릭한다.

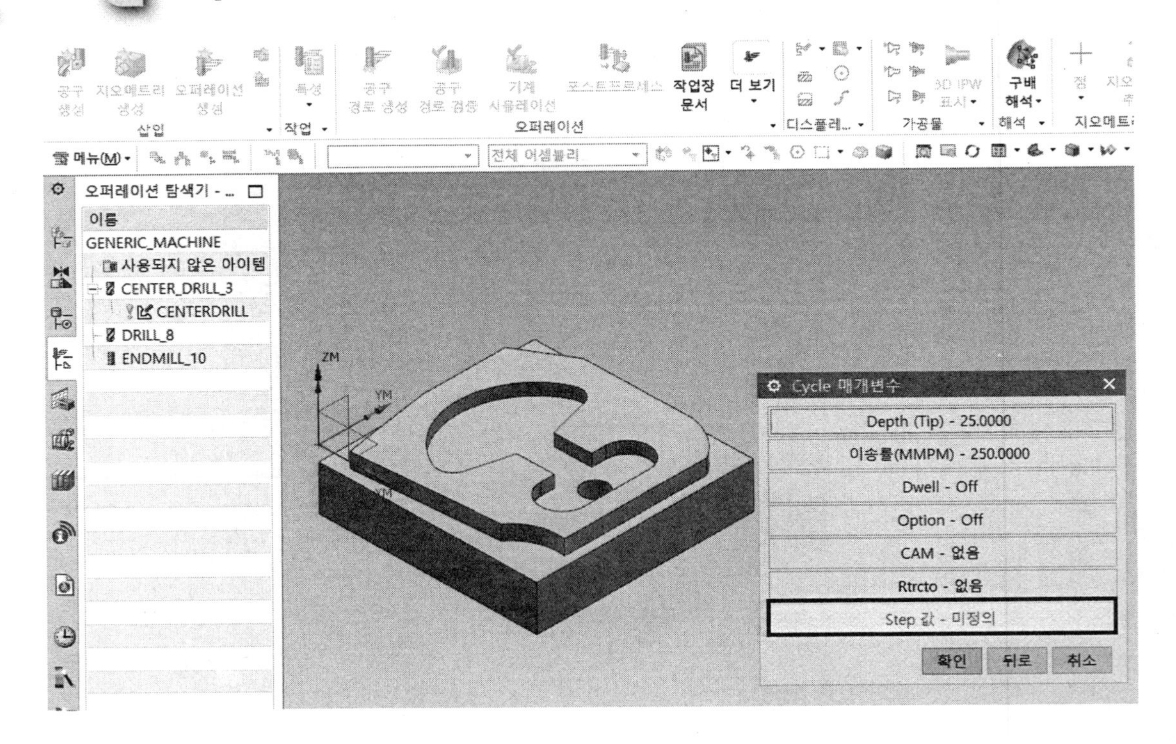

10 Step #1에 3.0을 입력 → 확인한다.

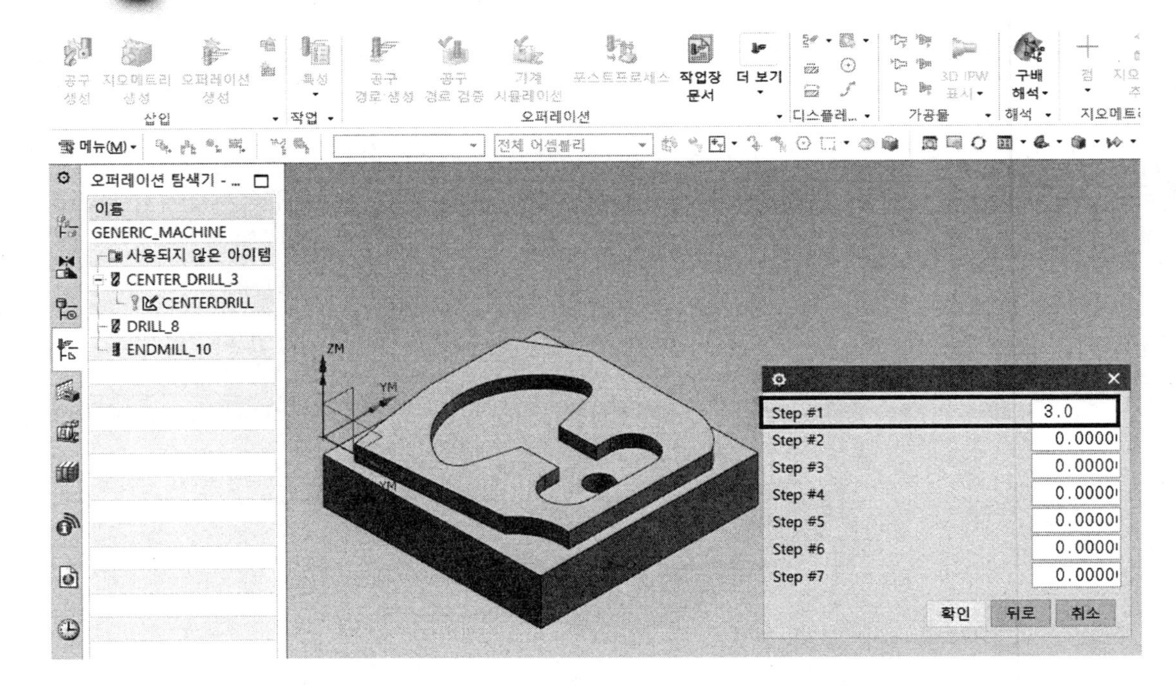

11 우측의 상태에서 확인을 클릭한다.

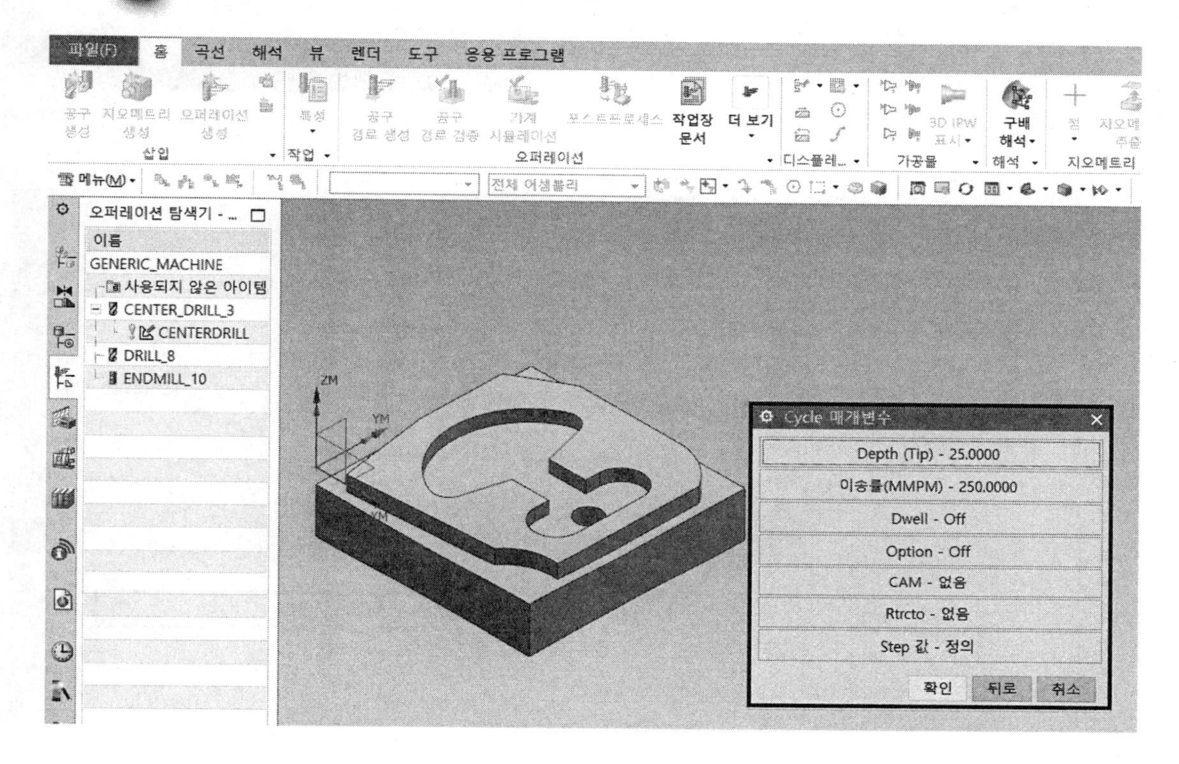

12 경로 설정값/이송 및 속도를 클릭한다.

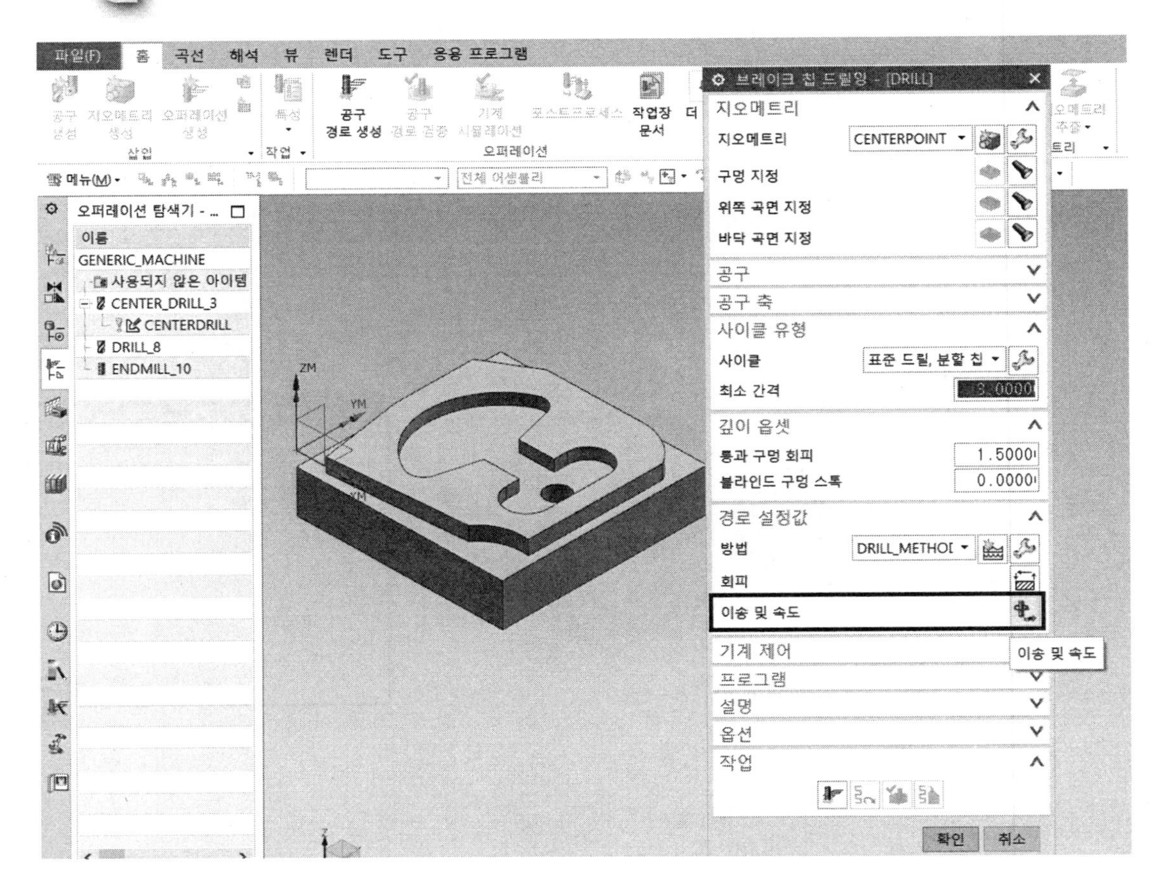

13 스핀들 속도/스핀들 속도(rpm); 2200을 입력한 후 엔터 클릭 → 우측의 계산기를 클릭한다.

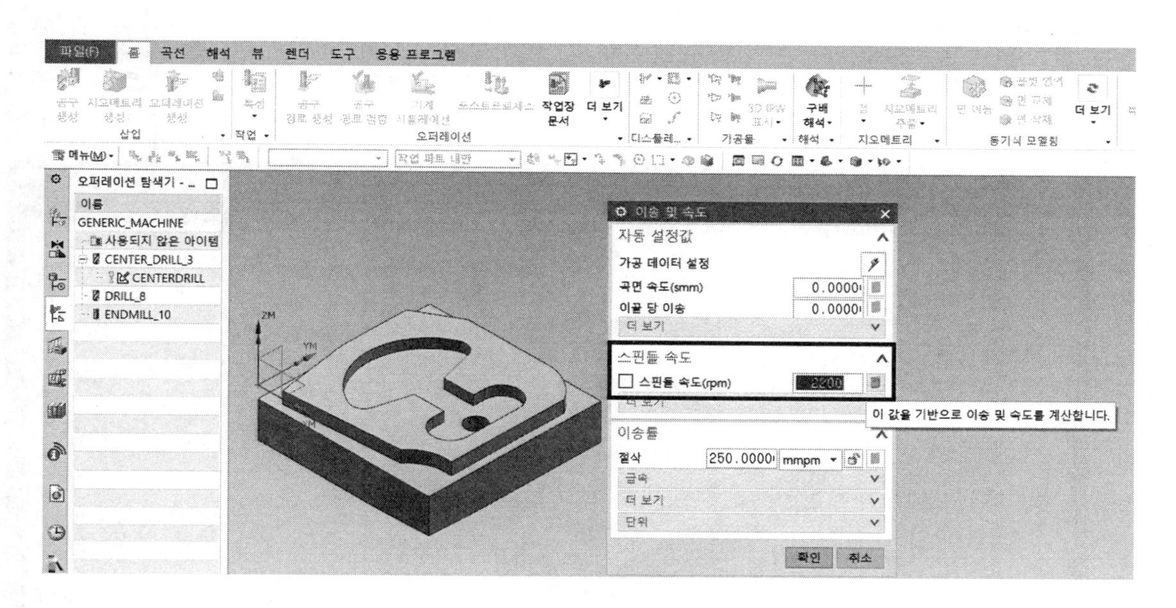

14 이송률/절삭; 90을 입력한 후 엔터 클릭 → 우측의 계산기를 클릭한다.

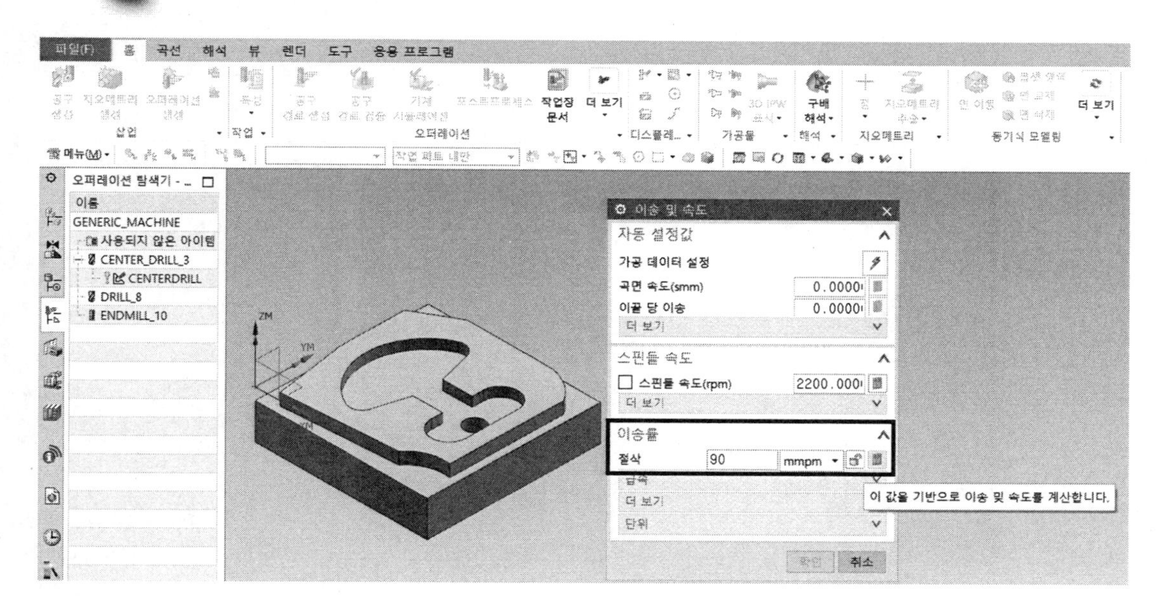

15 우측의 상태에 확인을 클릭한다.

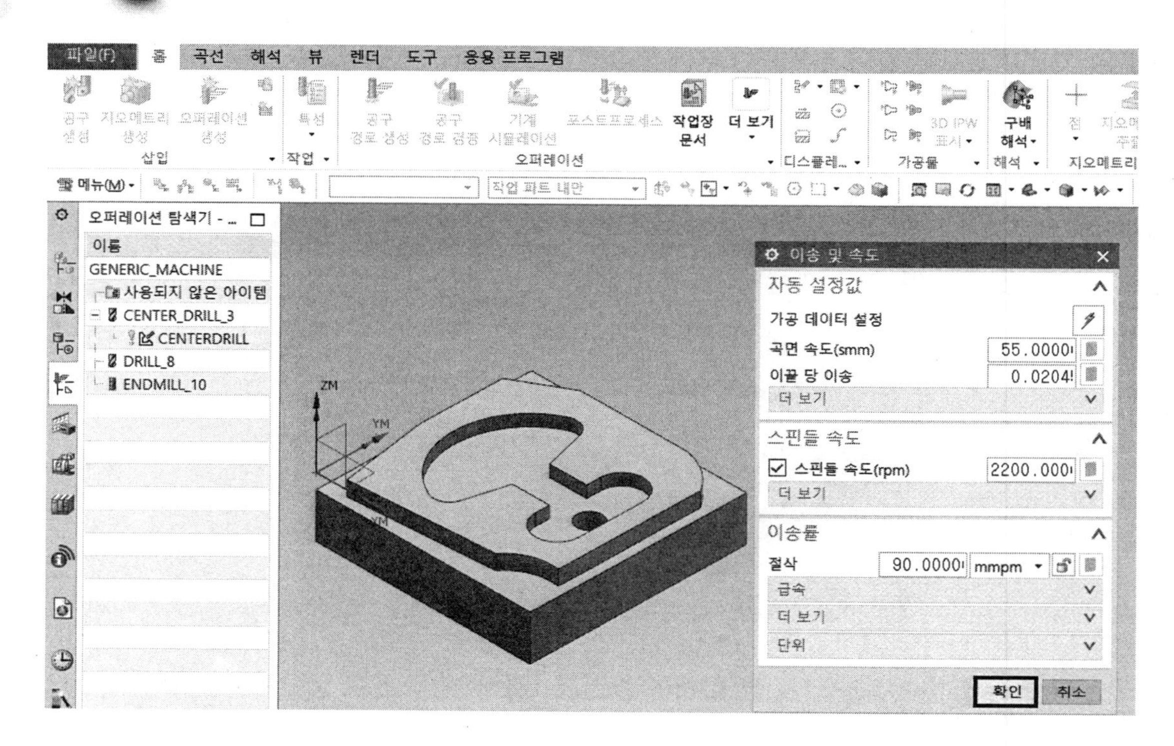

16 우측의 상태에서 제일 아래의 첫 번째 그림에 마우스를 접근시키고 생성 버튼을 클릭한다.

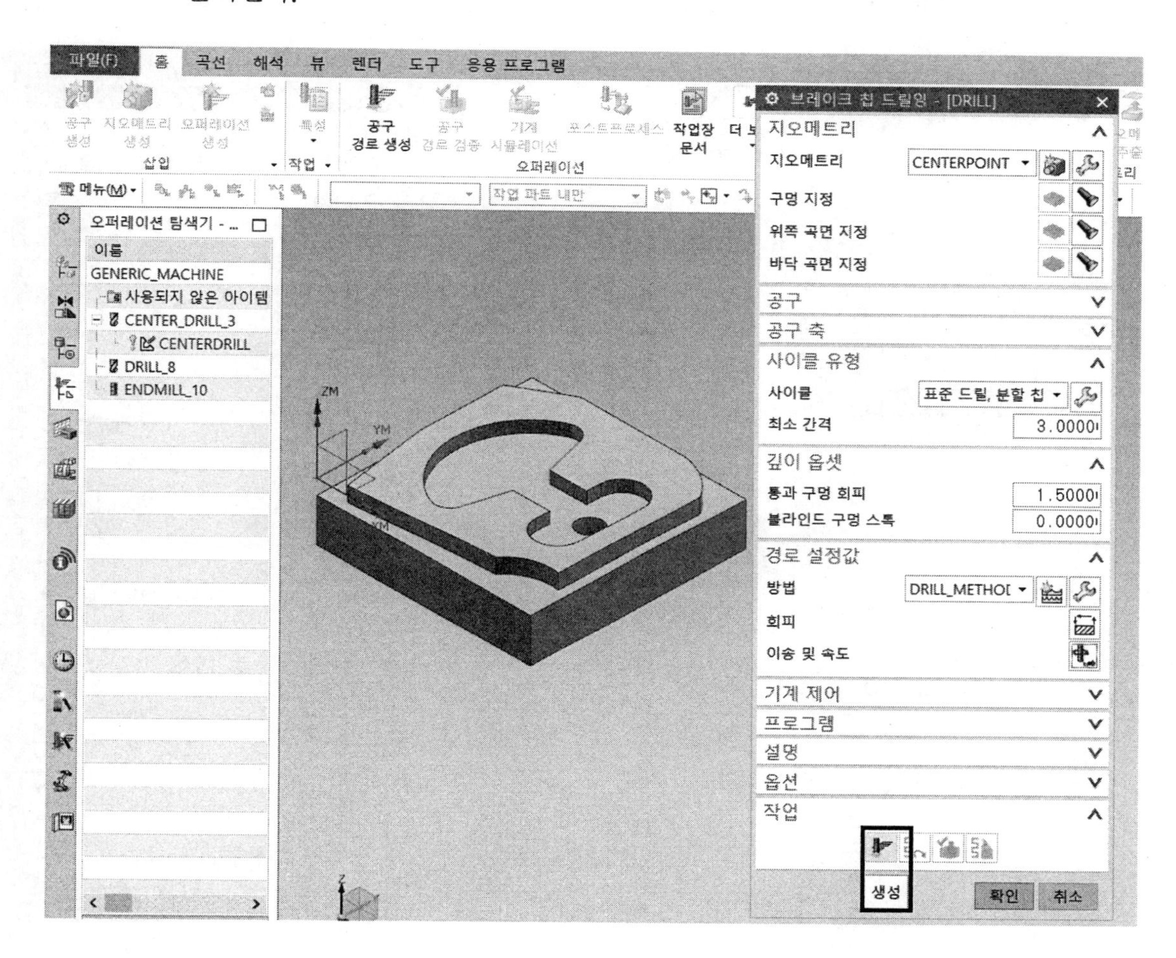

17 좌측 tree의 드릴 오퍼레이션이 생성되었다. → 브레이크 칩 드릴잉 박스의 제일 아래의 확인 버튼을 클릭한다.

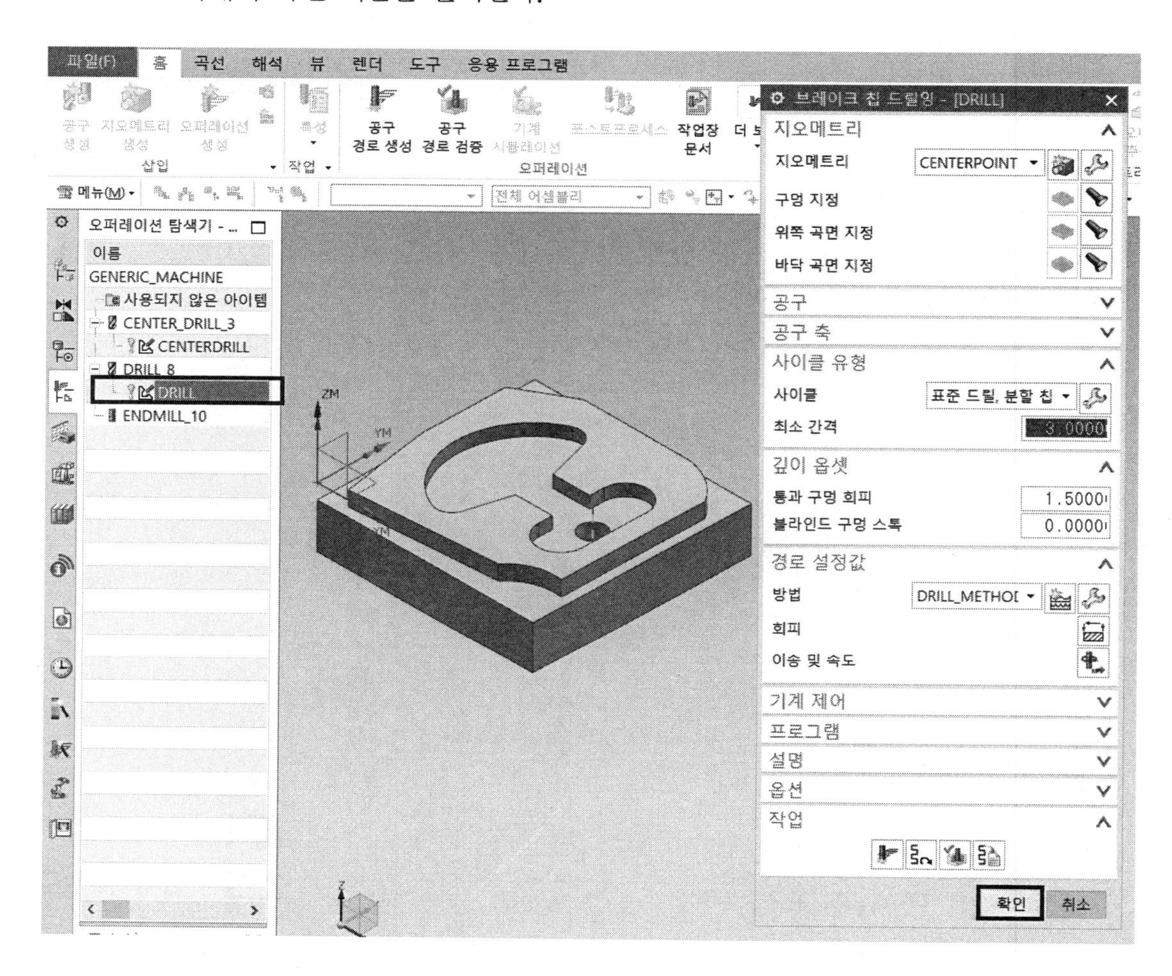

1.7 엔드밀 오퍼레이션 생성

1) 오퍼레이션 생성을 클릭한다.

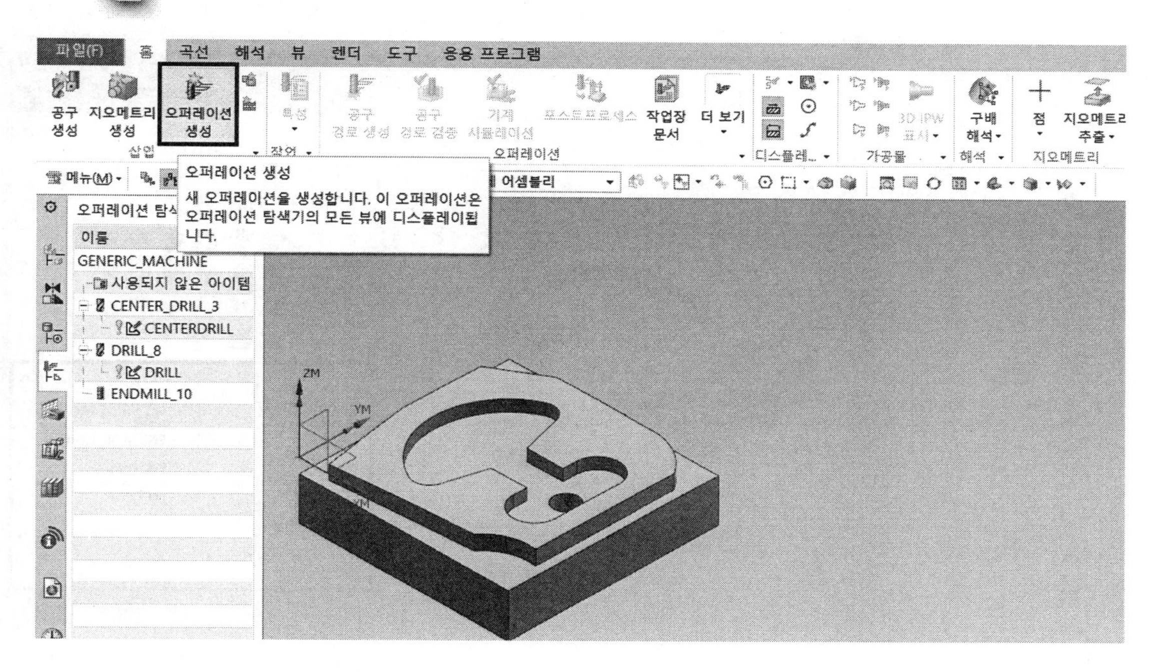

2) 유형/mill_contour를 선택 → 오퍼레이션 유형/1번째 캐비티 밀링을 선택한다.

3 위치/프로그램; PROGRAM 선택 → 공구; ENDMILL_10 선택 → 지오메트리; WORKPIECE 선택 → 방법; METHOD 선택 → 이름에 ENDMILL을 입력한다.

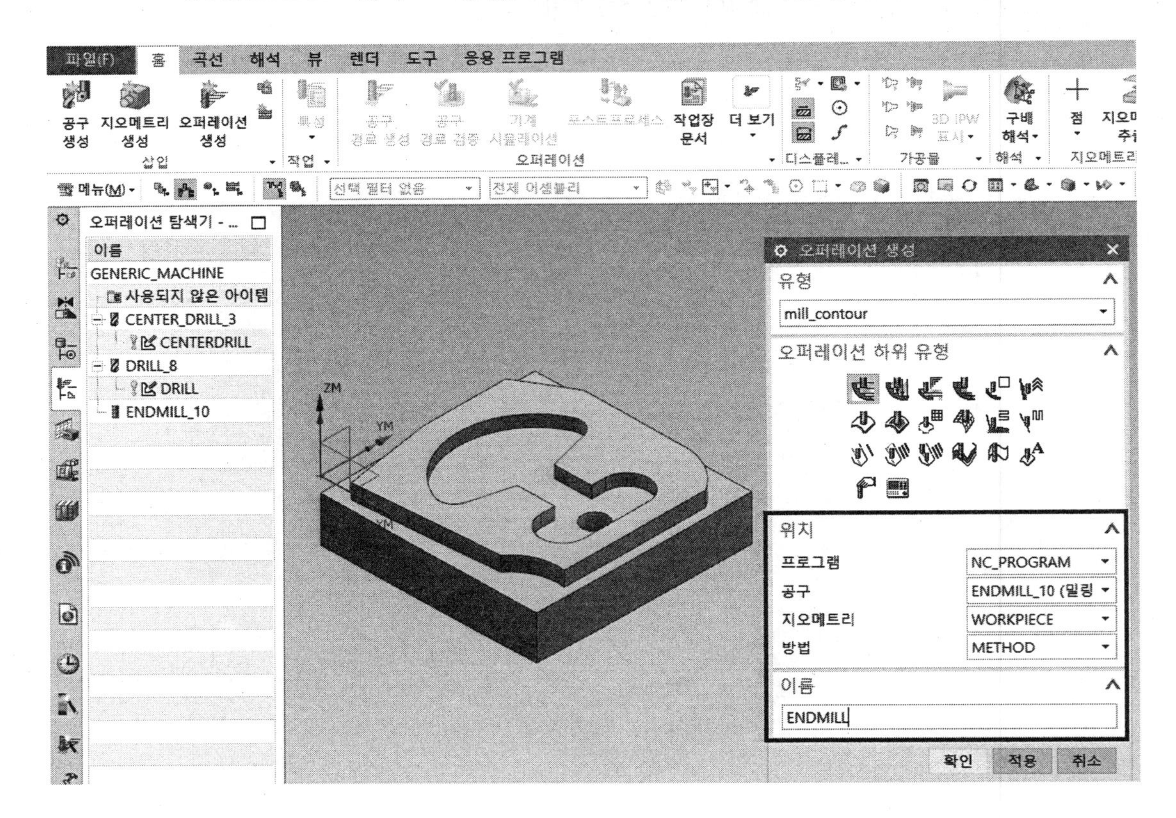

4 절삭 수준을 클릭한다.

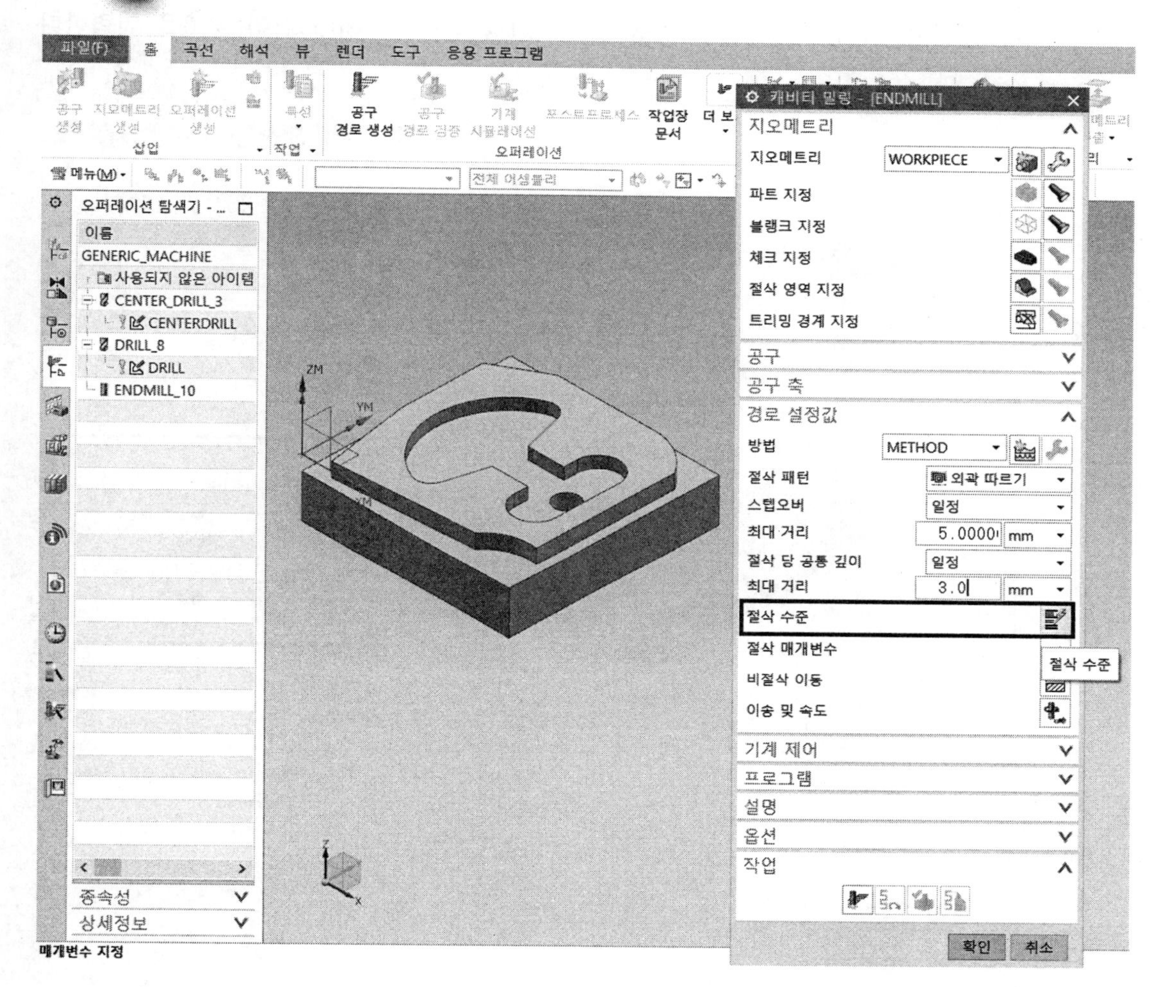

파일(F)
홈
곡선
해석
뷰
렌더
도구
응용 프로그램
공구 경로 생성
작업장 문서
오퍼레이션
캐비티 밀링 - [ENDMILL]
지오메트리
WORKPIECE
파트 지정
블랭크 지정
체크 지정
절삭 영역 지정
트리밍 경계 지정
공구
공구 축
경로 설정값
방법
METHOD
절삭 패턴
외곽 따르기
스텝오버
일정
최대 거리
5.0000
mm
절삭 당 공통 깊이
일정
최대 거리
3.0
mm
절삭 수준
절삭 매개변수
비절삭 이동
이송 및 속도
기계 제어
프로그램
설명
옵션
작업
확인
취소
오퍼레이션 탐색기
이름
GENERIC_MACHINE
사용되지 않은 아이템
CENTER_DRILL_3
CENTERDRILL
DRILL_8
DRILL
ENDMILL_10
종속성
상세정보
매개변수 지정

5 경로 설정값/절삭 패턴; 외곽 따르기 선택 → 스텝오버; 일정 선택 → 최대 거리; 5.0을 입력 → 절삭 당 공통 깊이; 일정 선택 → 최대 거리; 3.0을 입력한다.

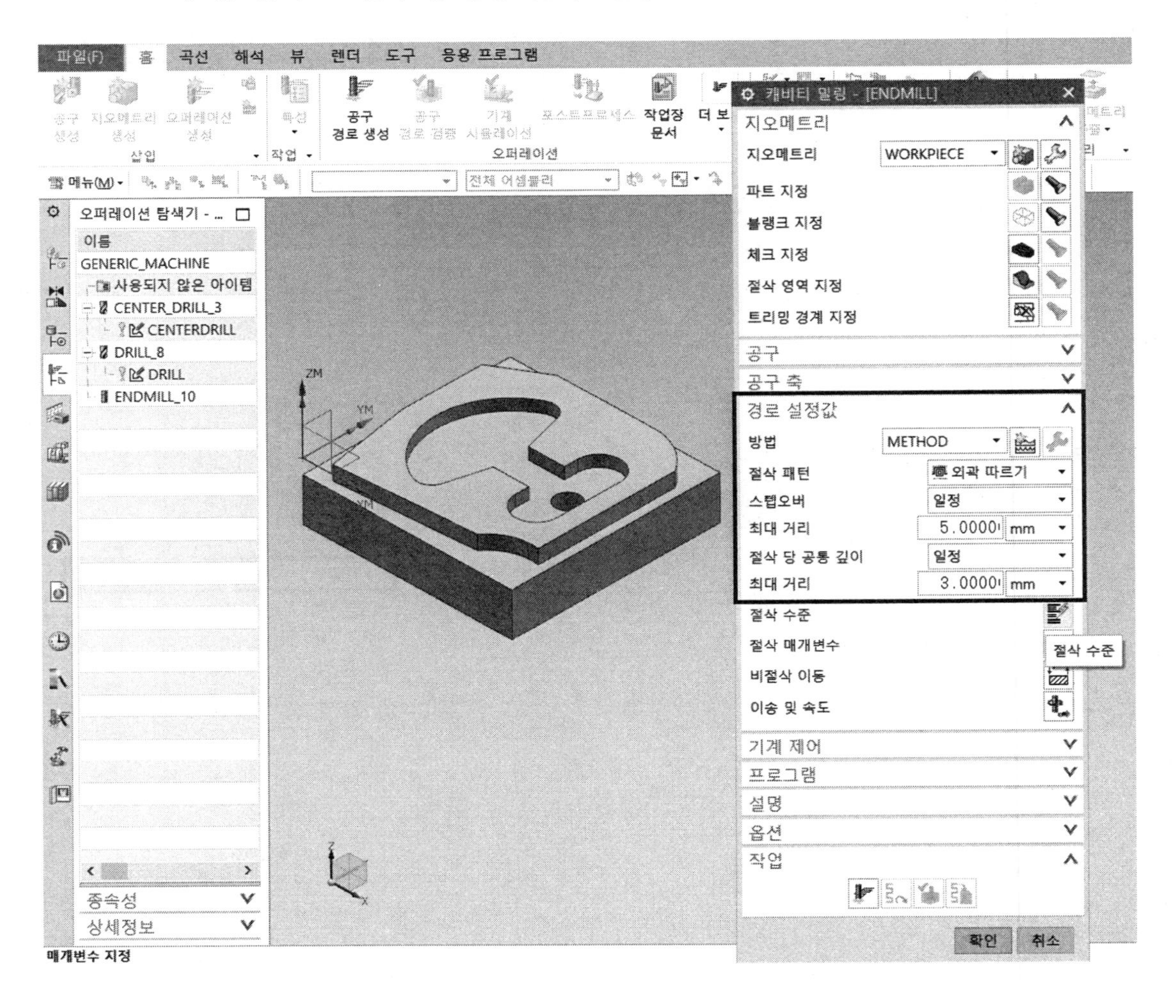

6 범위/범위 유형; 자동 선택 → 절삭 수준; 범위 아래만 선택 → 확인 버튼을 클릭한다.

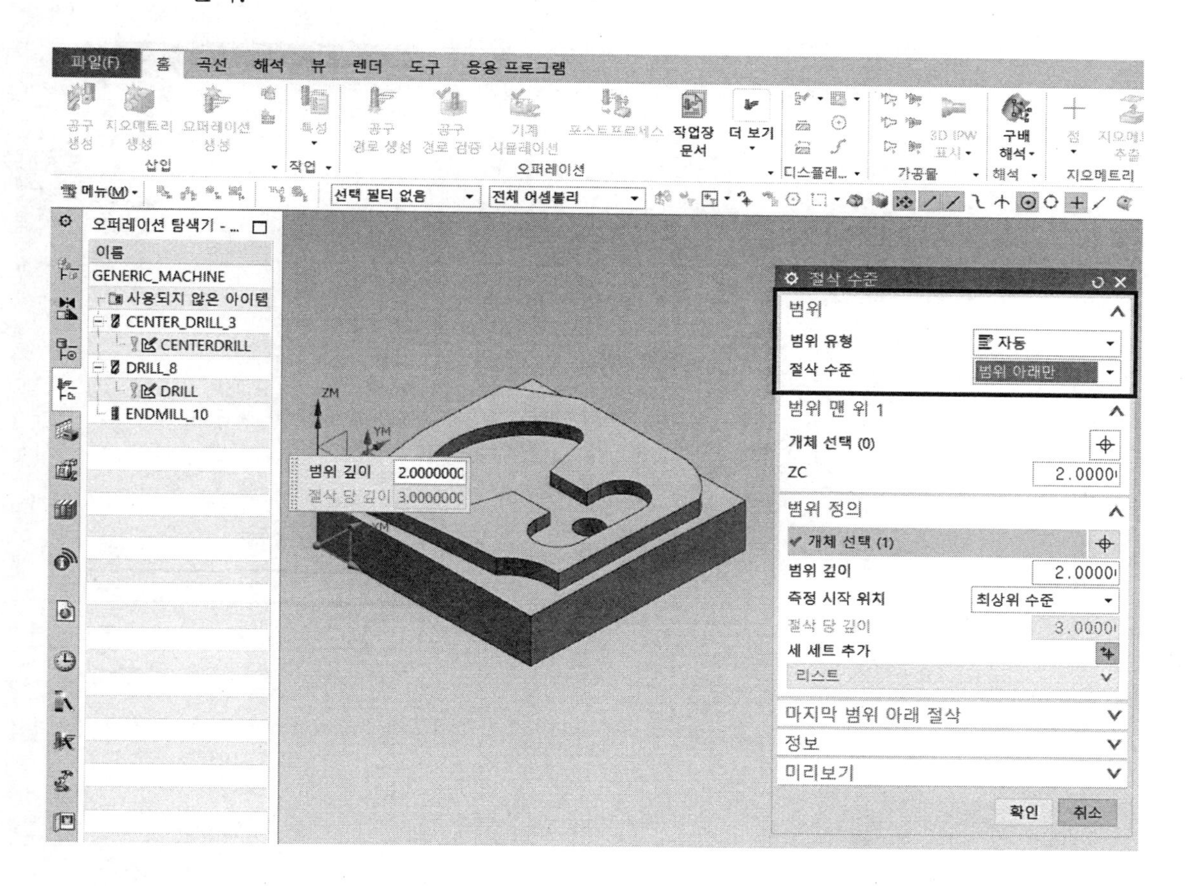

7 경로 설정값/절삭 매개변수를 클릭한다.

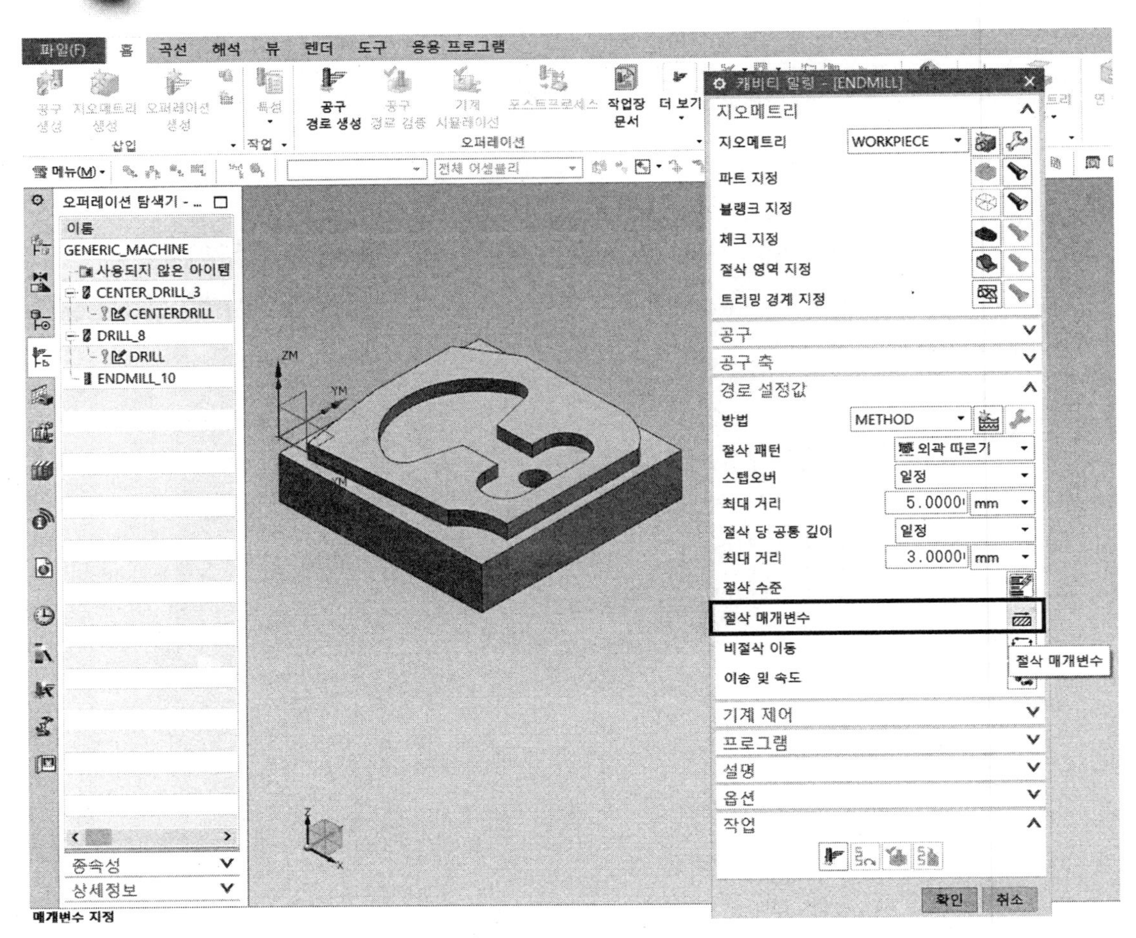

8 절삭 매개변수 박스에서 전략/절삭 방향; 하향 절삭 선택 → 절삭 순서; 깊이를 우선 선택 → 패턴 방향; 안쪽으로 선택한다.

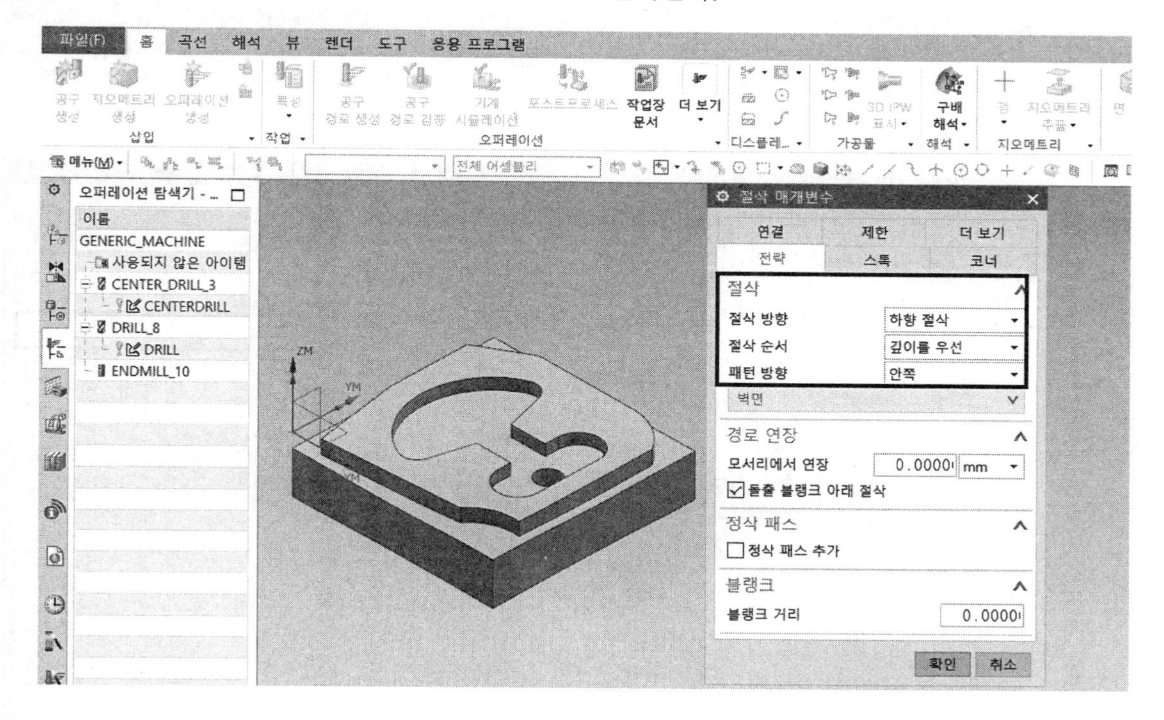

9 벽면 클릭 → 아일랜드 클린업 ☑ 체크 → 벽면 클린업; 자동 선택한다.

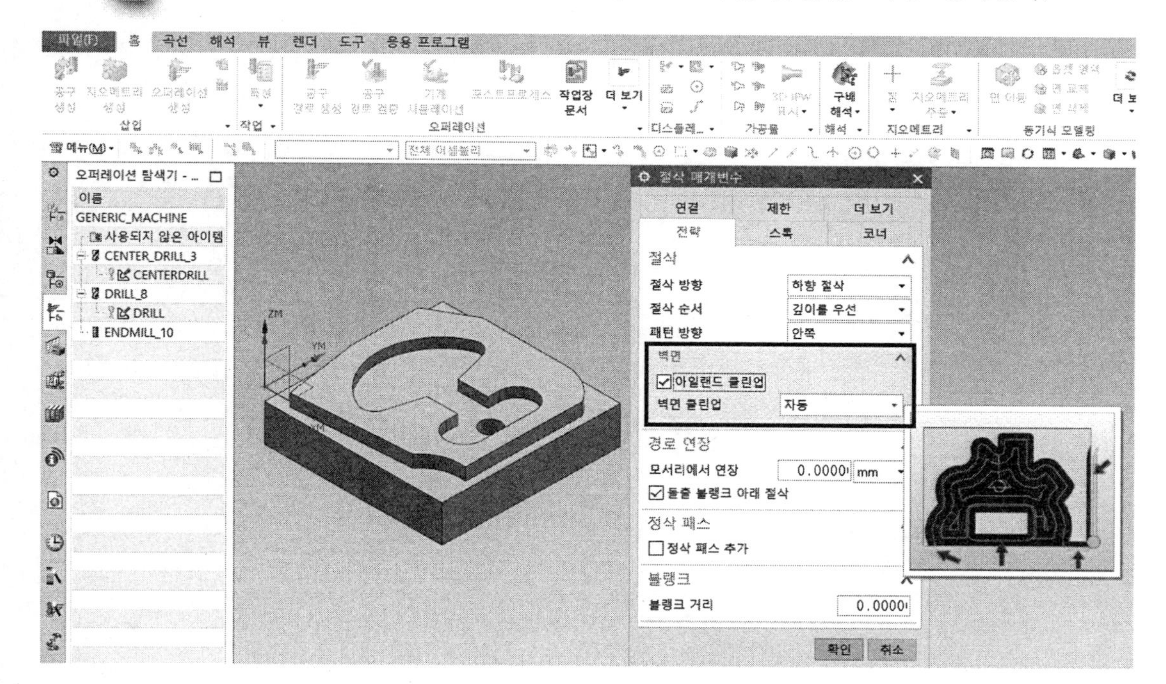

10 스톡/파트 측면 스톡; 0.0을 입력 → 확인 버튼을 클릭한다.

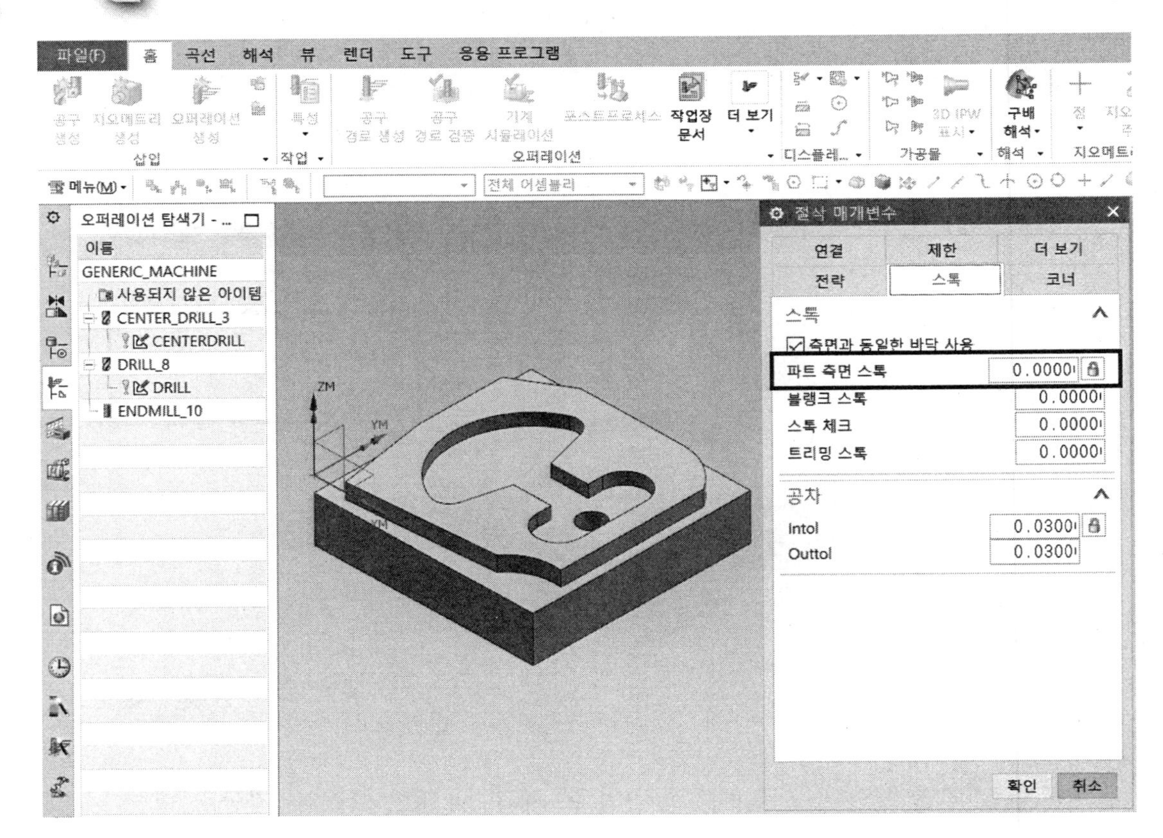

11 비절삭 이동을 선택한다.

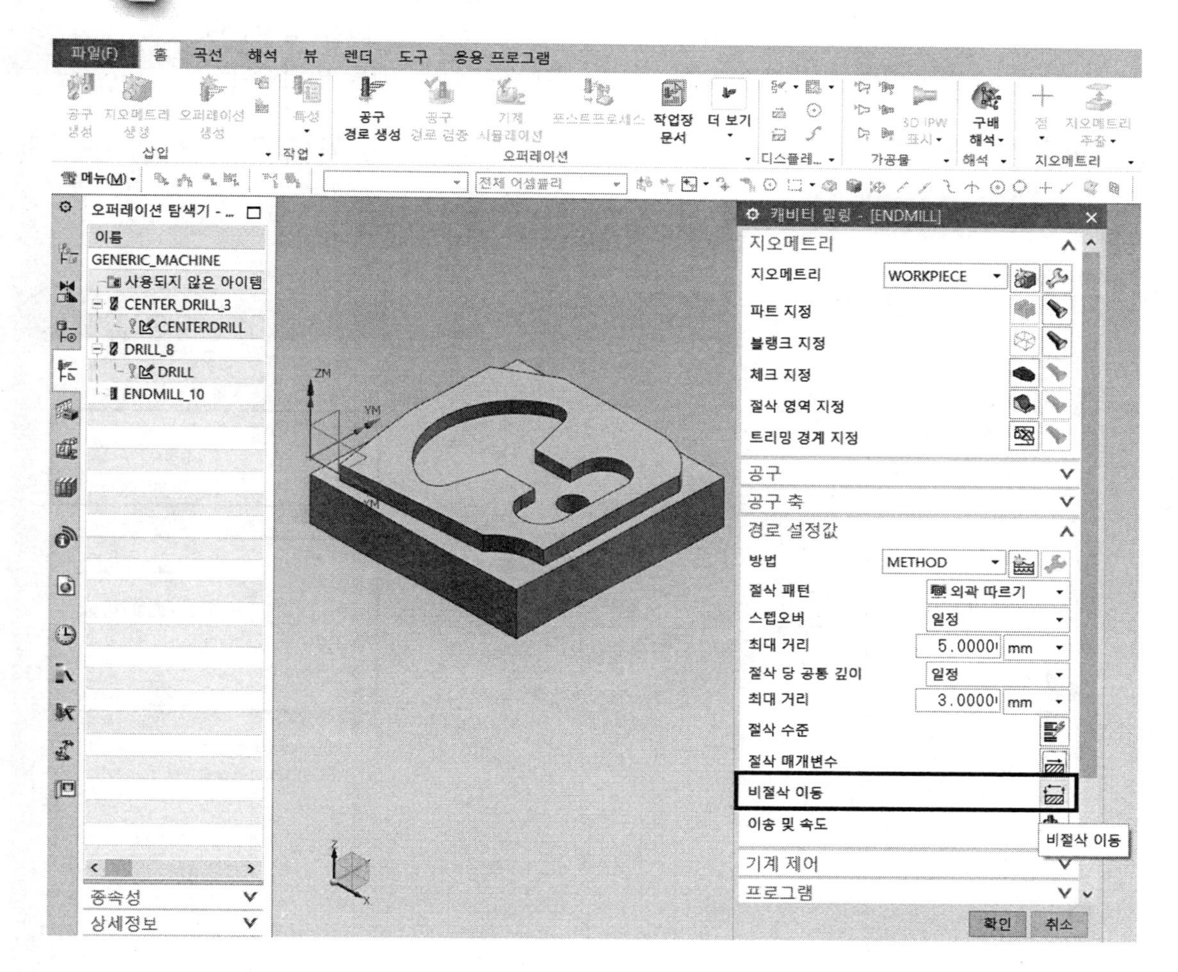

12 비절삭 이동 박스에서 진입 탭을 선택한다.
닫힌 영역에서 진입 유형; 플런지 선택 → 높이; 10을 입력한다.
열린 영역에서 진입 유형; 선형 선택 → 높이; 10을 입력한다.

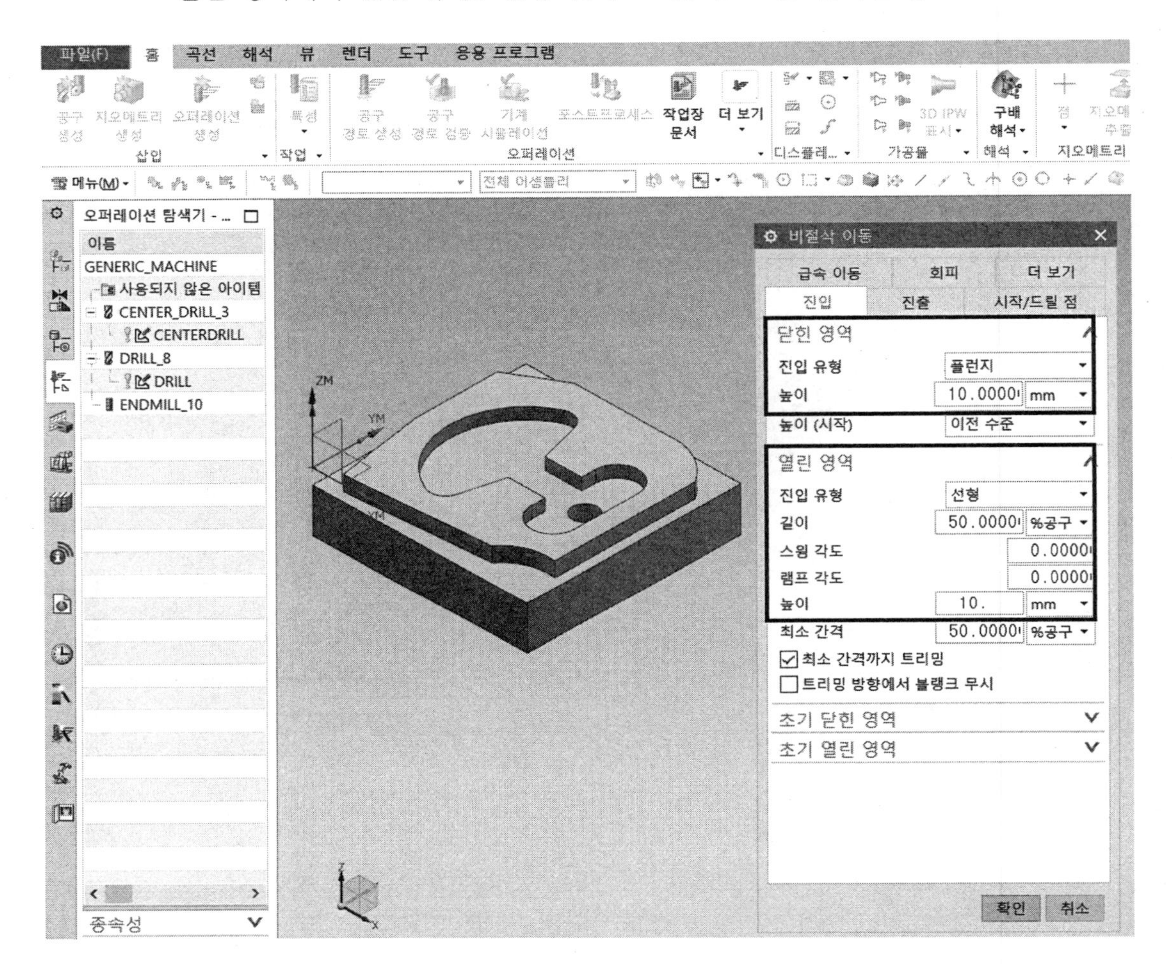

13 시작/드릴 점 탭을 선택한다.

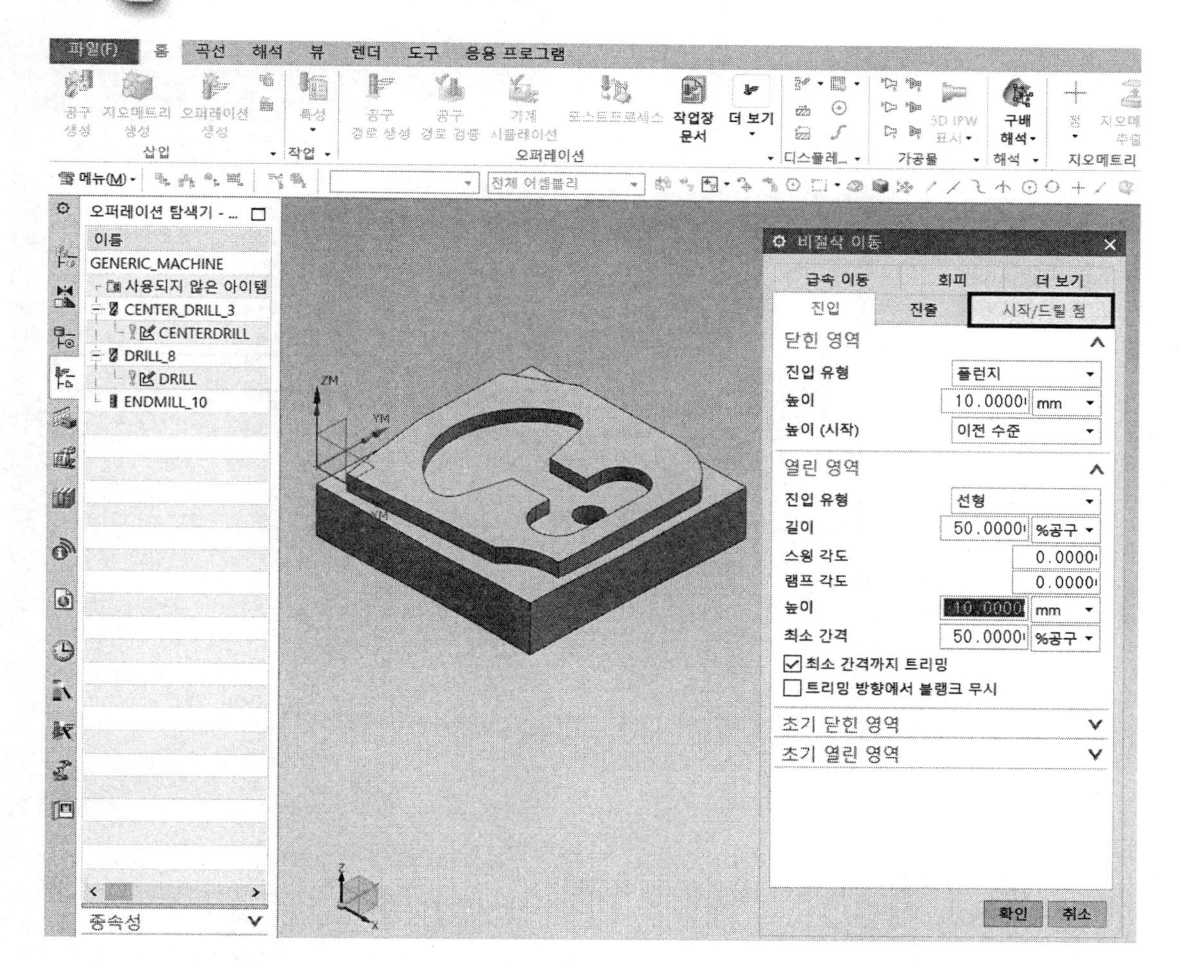

14 점 선택/점 지정 우측의 점 다이얼로그를 선택한다.

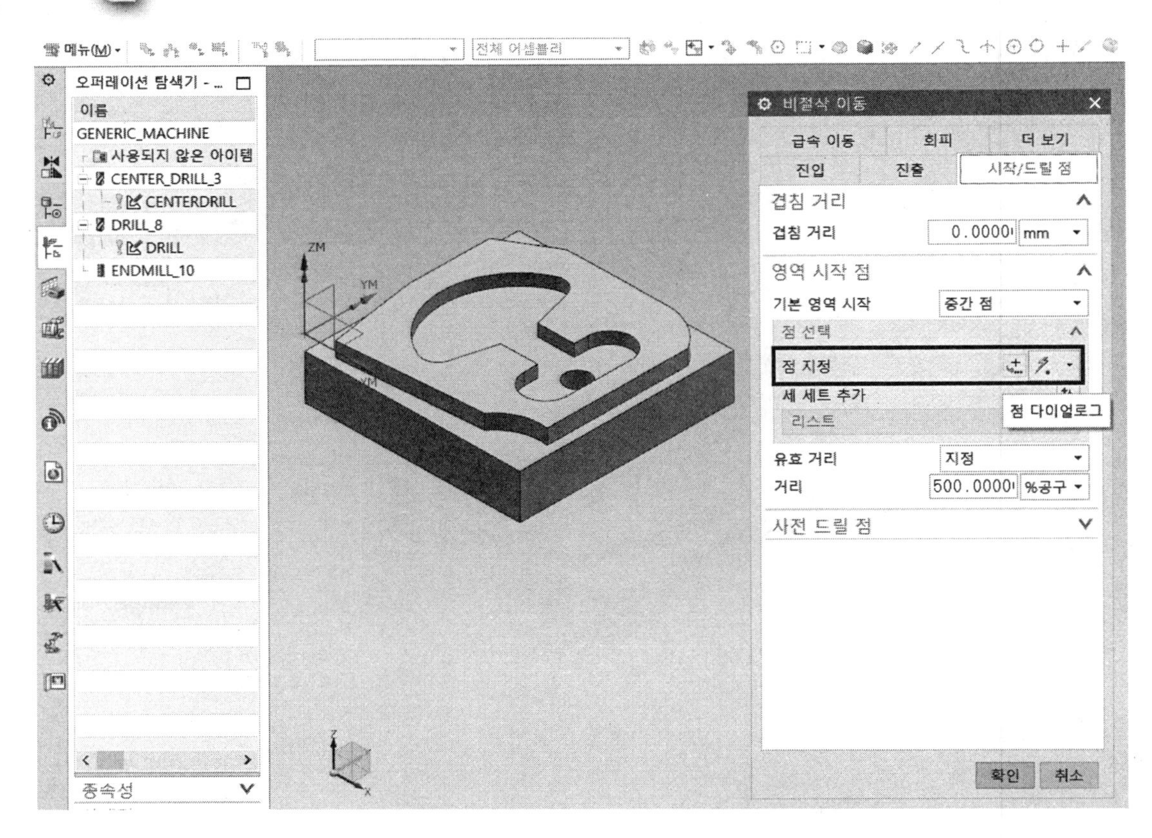

15 우측의 상태에서 확인을 클릭한다.

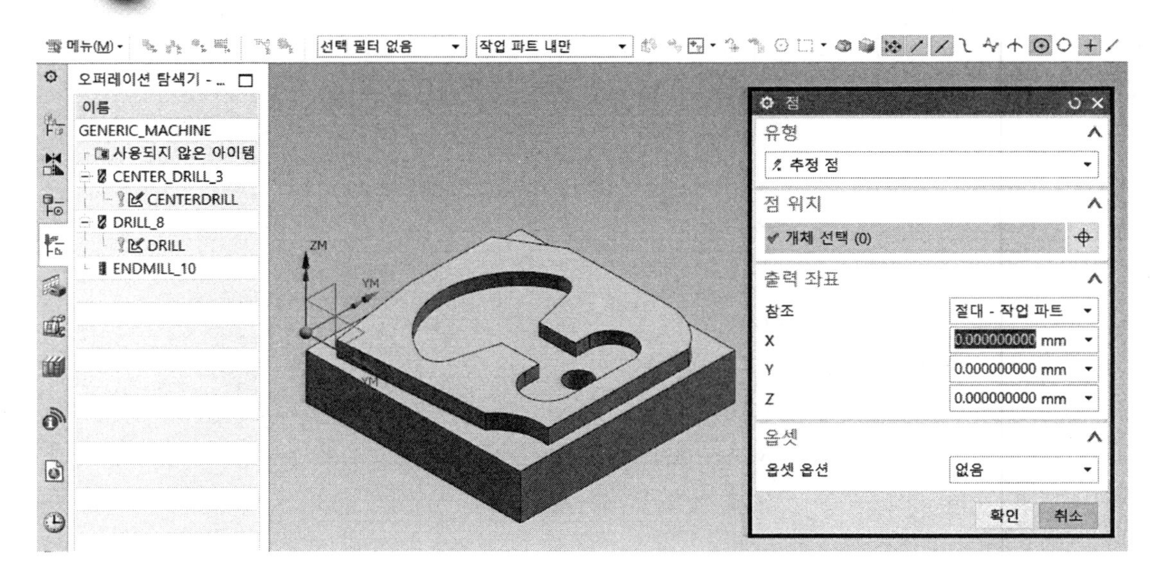

16 비절삭 이동 박스에서 사전 드릴 점을 클릭한다.

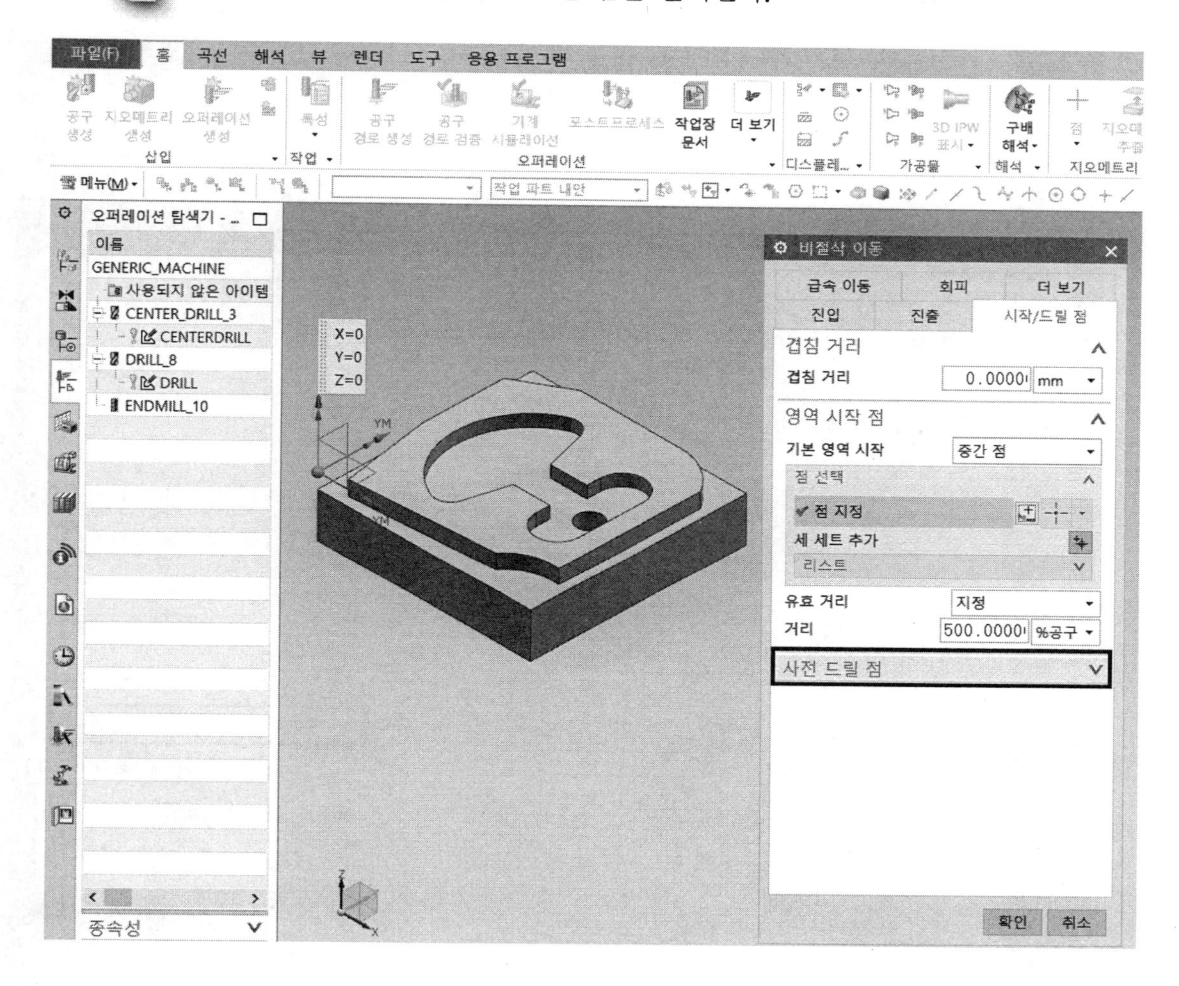

17 사전 드릴 점/점 지정 우측의 점 다이얼로그를 클릭한다.

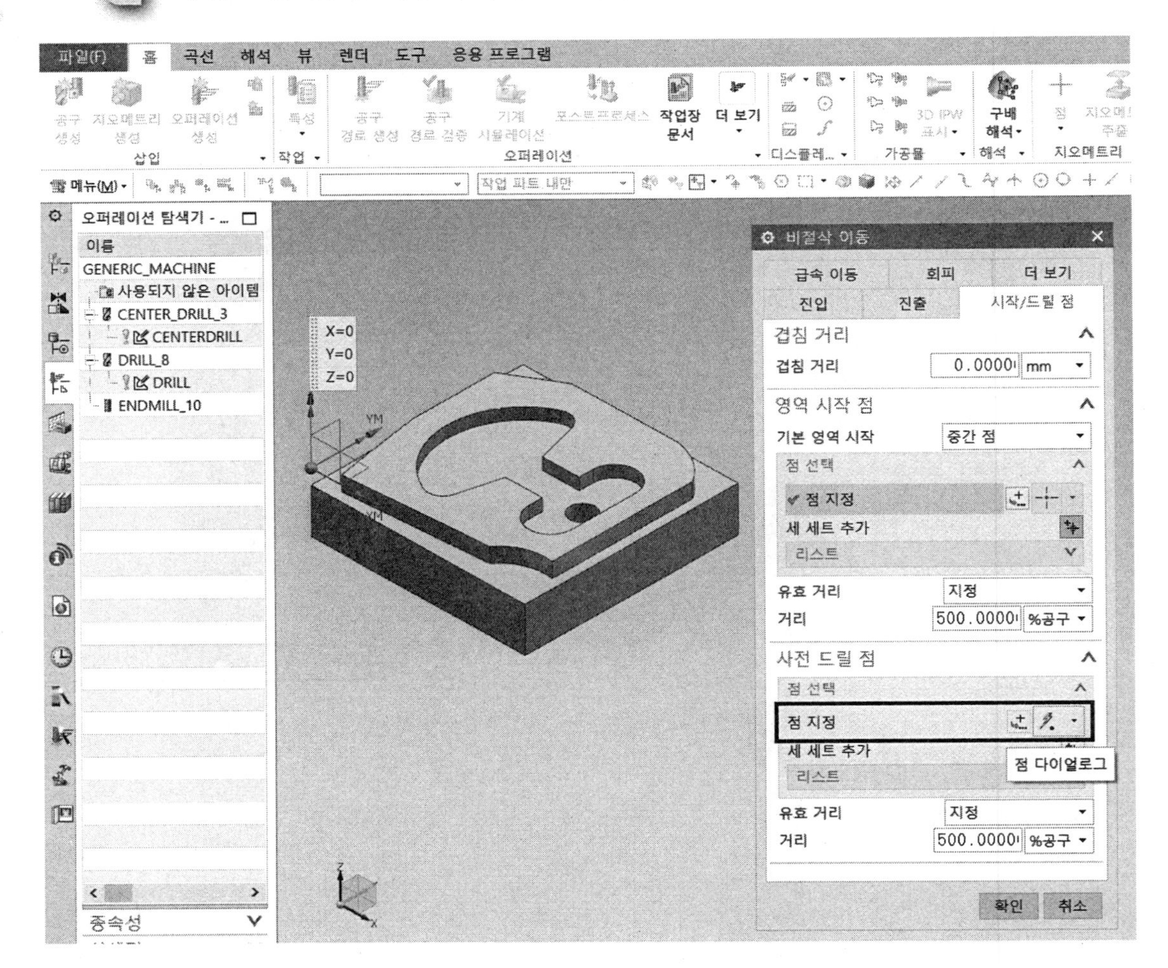

18 구멍의 중심점을 선택한다.

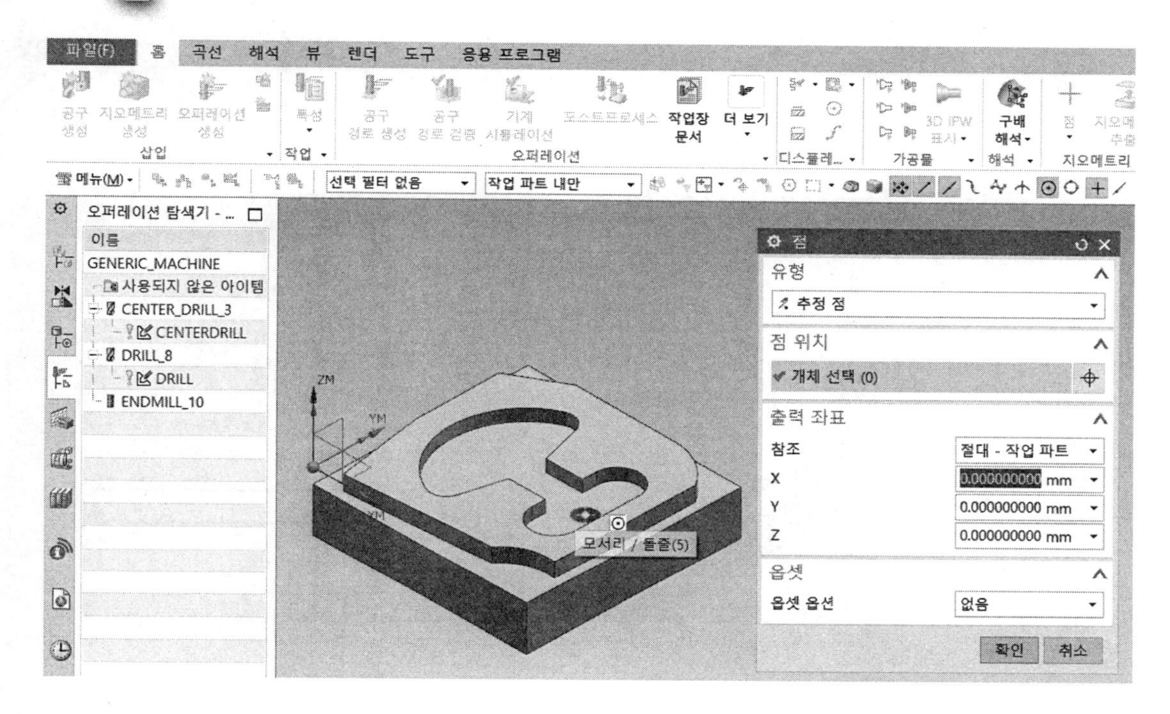

19 출력 좌표/X; 54, Y; 35, Z; −4.0의 점으로 나타난다.

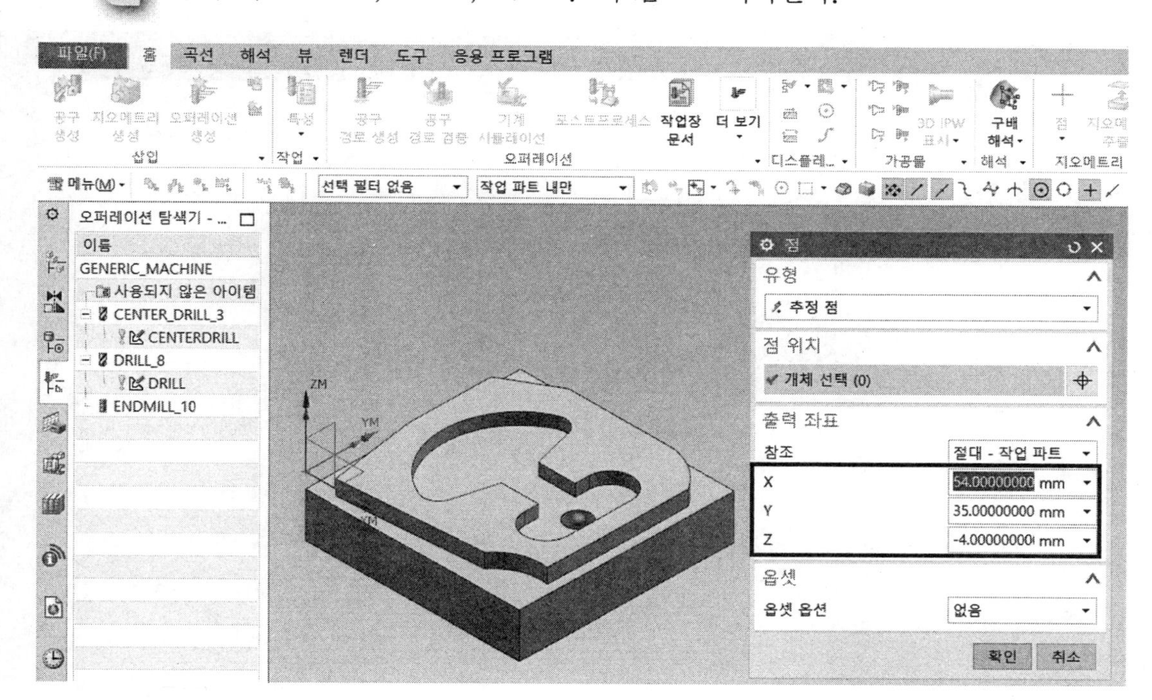

20 Z; 0.0으로 수정 입력하고, 확인 버튼을 클릭한다.

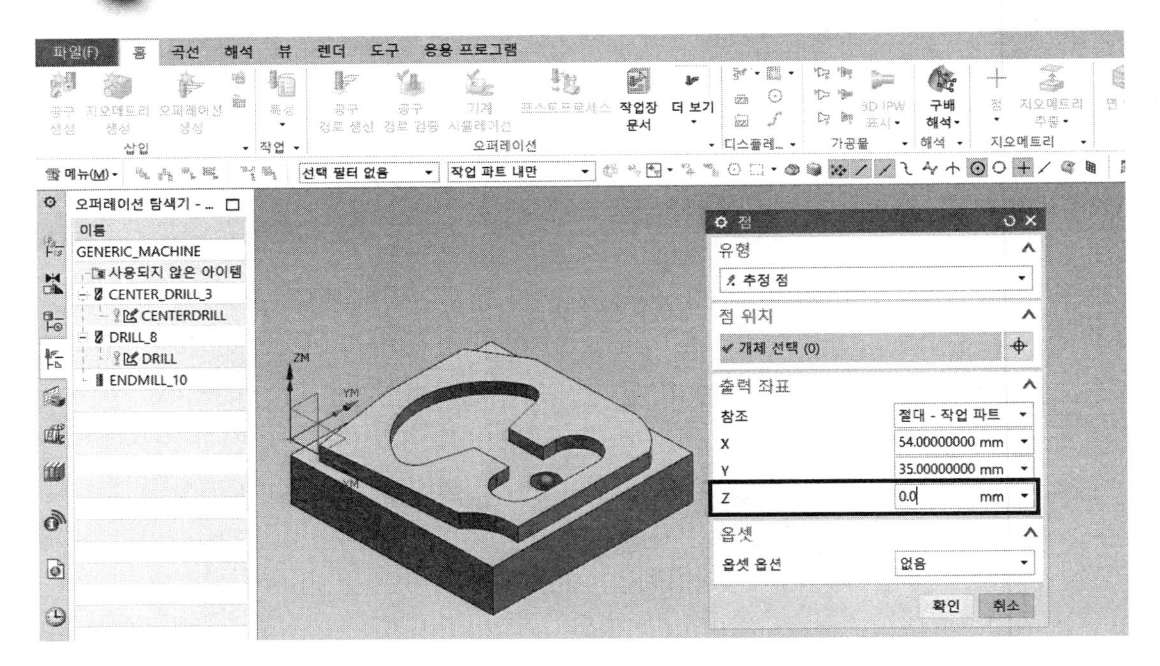

21 우측의 상태에서 확인을 클릭한다.

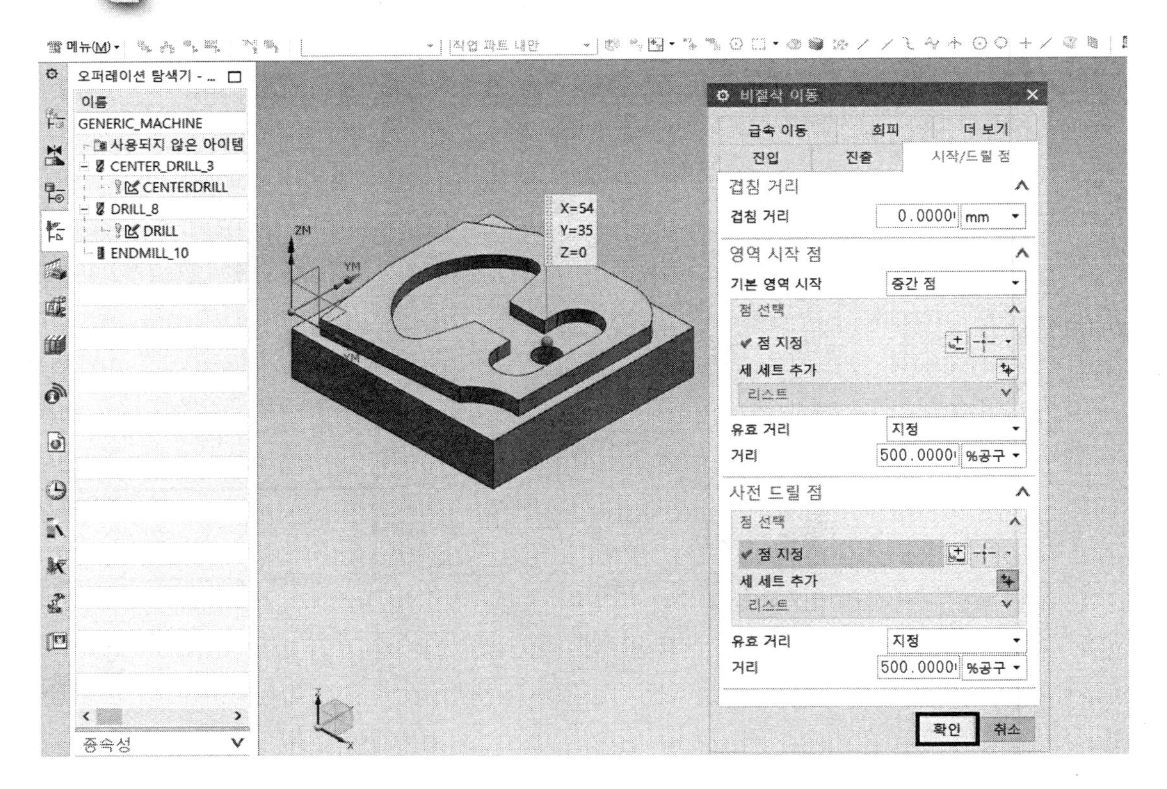

22 캐비티 밀링 박스에서 경로 설정값/이송 및 속도를 클릭한다.

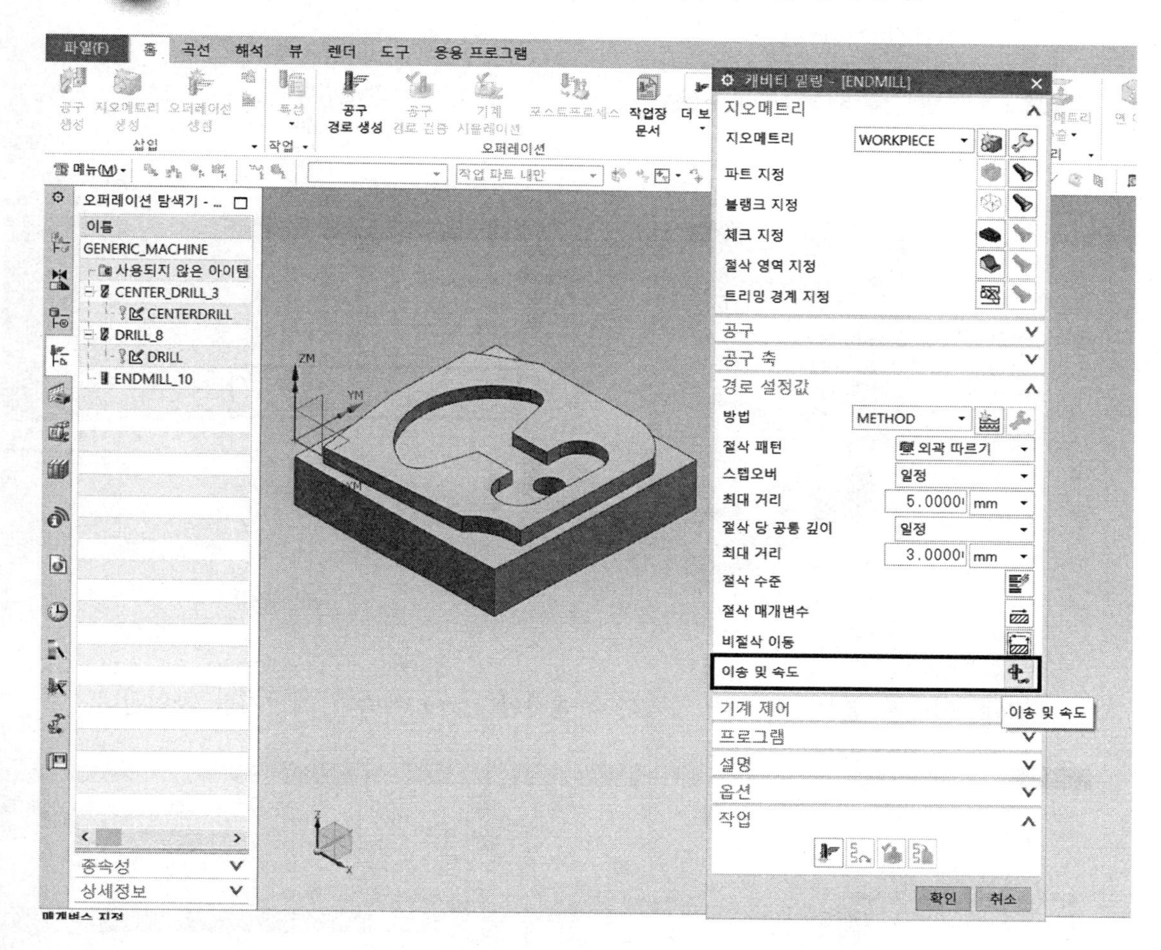

23 이송 및 속도 박스에서 스핀들 속도/스핀들 속도(rpm); 2200을 입력 → 우측의 계산기를 클릭한다.

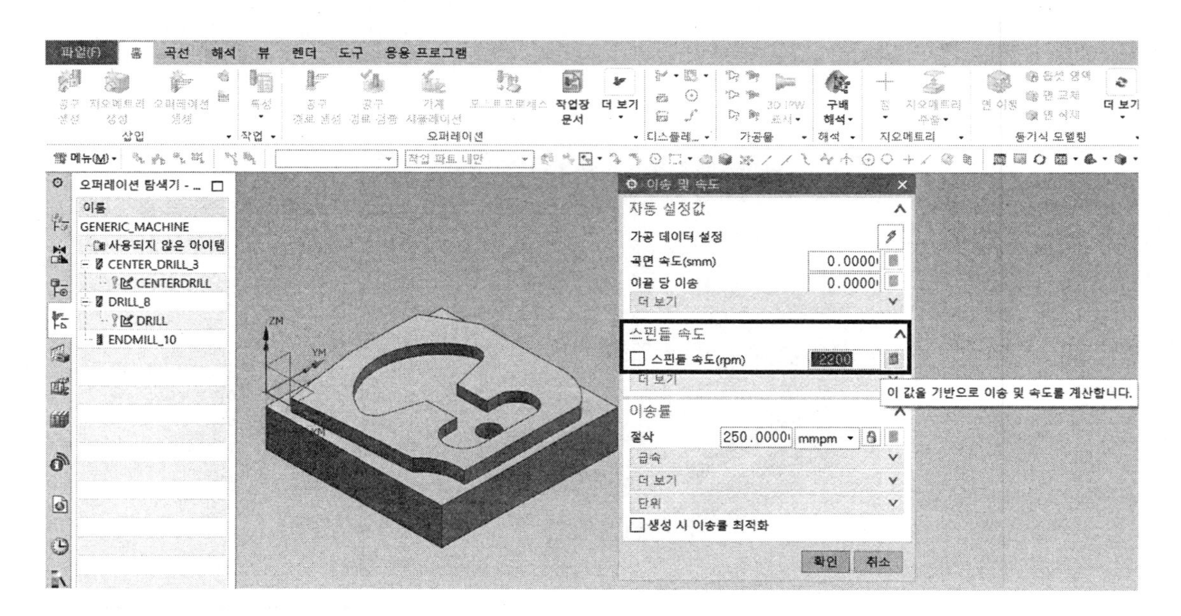

24 이송률/절삭; 80.0을 입력하고 엔터한다. → 우측의 계산기를 클릭한다.

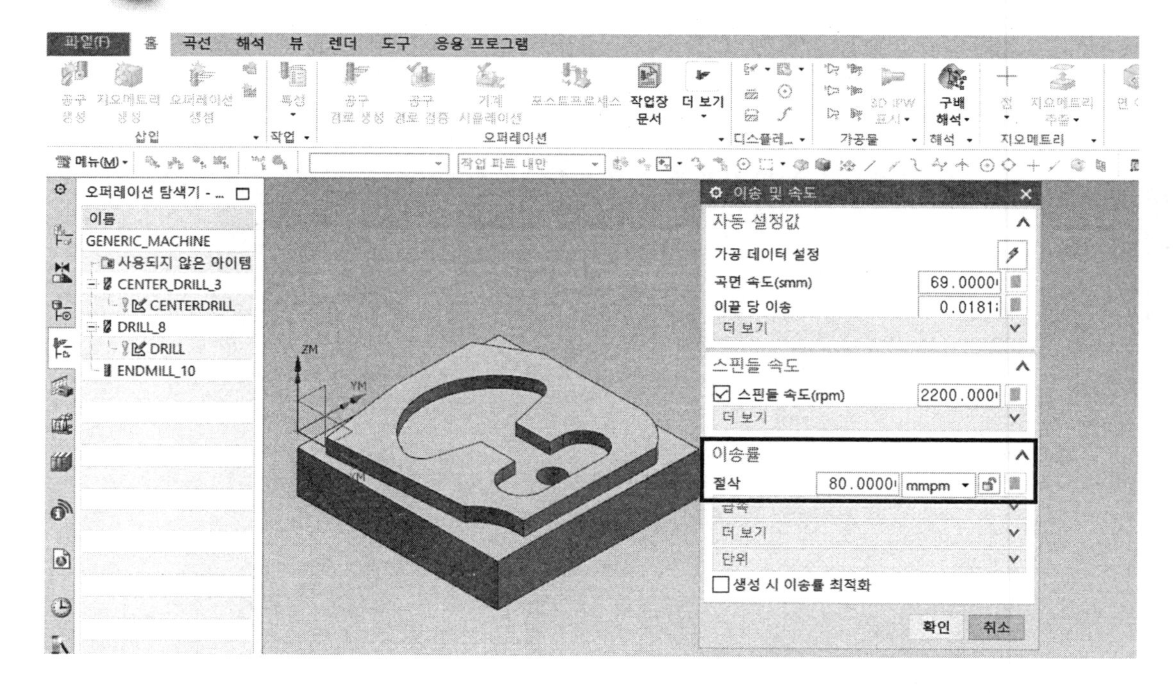

25 생성 버튼을 클릭한다.

26 엔드밀 툴패스가 생성된다.

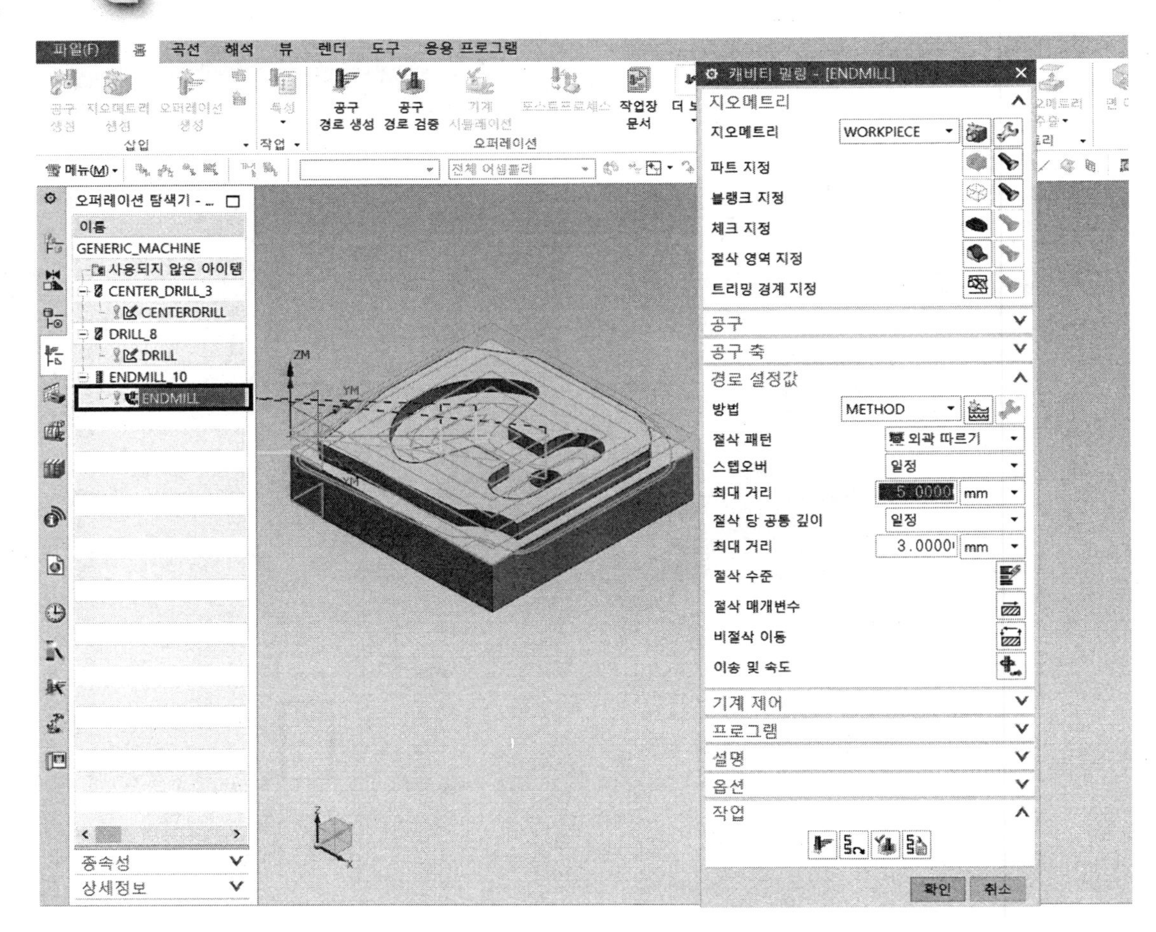

27 캐비티 밀링-[ENDMILL] 박스 하단의 검증 버튼을 클릭한다.

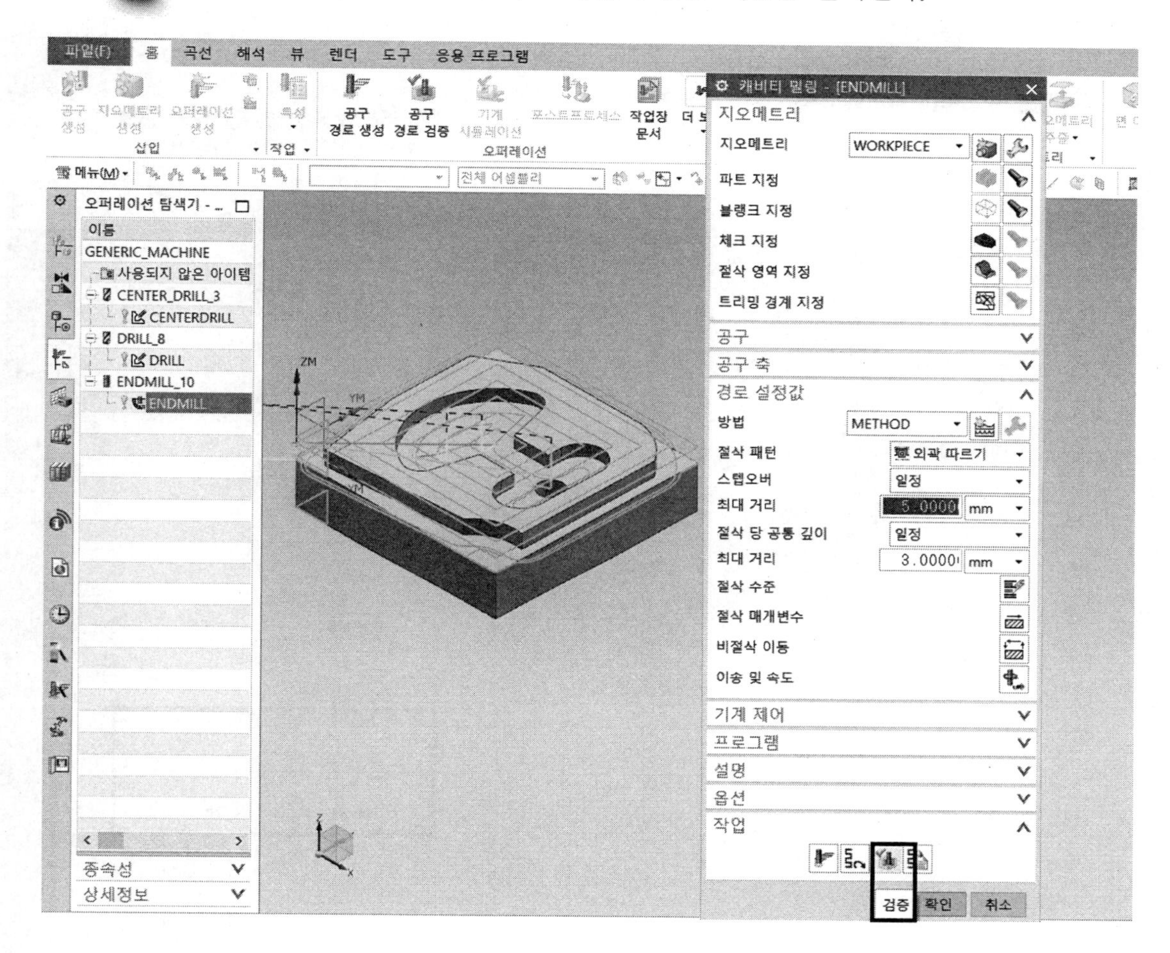

28 공구 경로 시각화 박스에서 3D 동적/애니메이션 속도; 6을 선택 → 재생 버튼을 클릭한다.

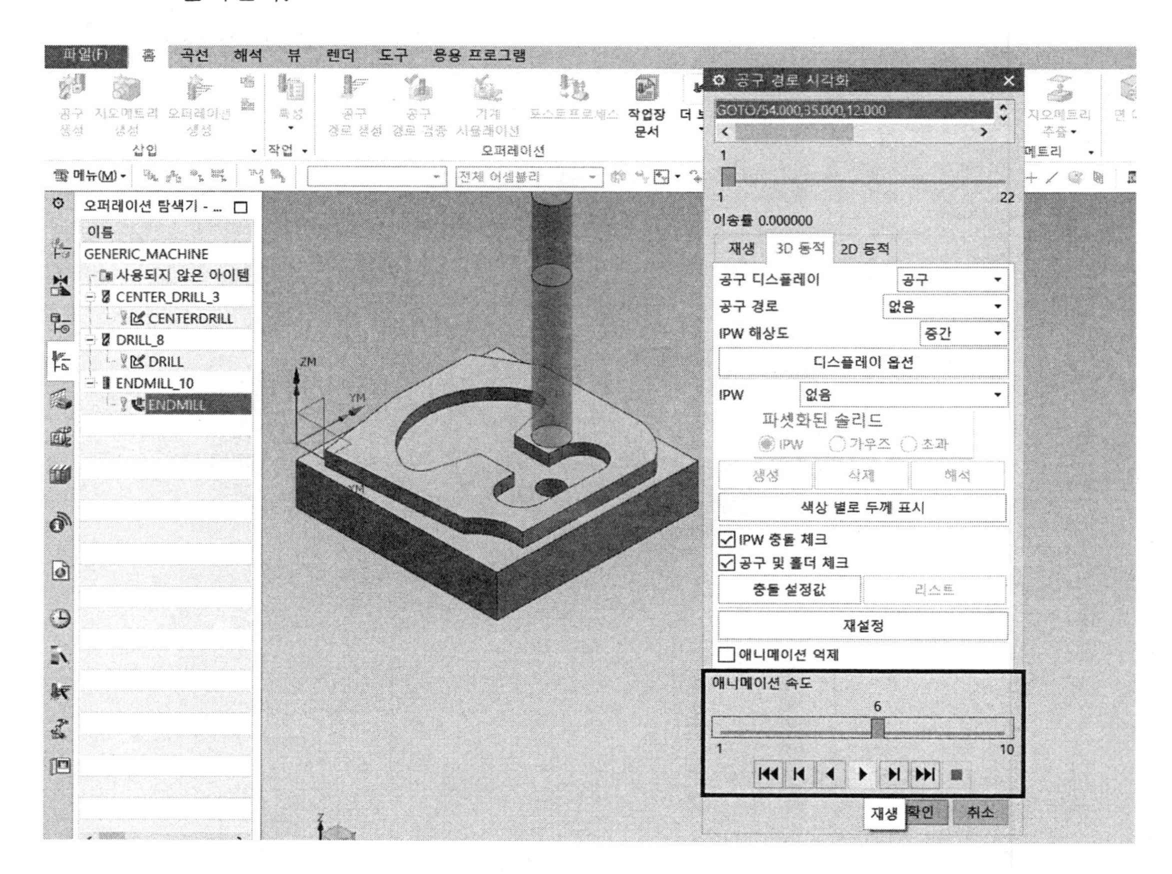

29 검증이 완성된다.

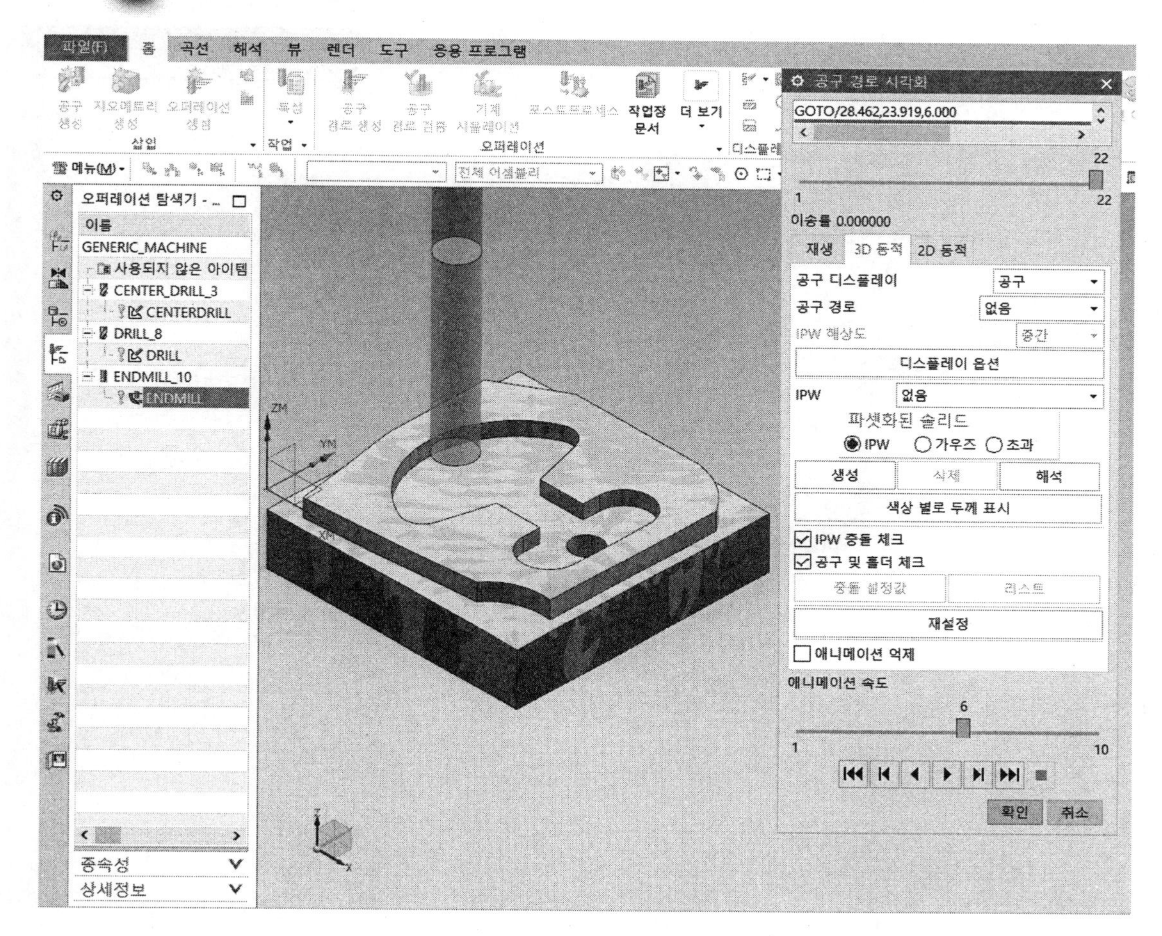
파일(F)
홈
곡선
해석
뷰
렌더
도구
응용 프로그램
작업장 문서
더 보기
오퍼레이션
메뉴(M)
오퍼레이션 탐색기
이름
GENERIC_MACHINE
사용되지 않은 아이템
CENTER_DRILL_3
CENTERDRILL
DRILL_8
DRILL
ENDMILL_10
ENDMILL
종속성
상세정보
공구 경로 시각화
GOTO/28.462,23.919,6.000
이송률 0.000000
재생
3D 동적
2D 동적
공구 디스플레이
공구
공구 경로
없음
디스플레이 옵션
IPW
없음
파셋화된 솔리드
가우즈
초과
생성
해석
색상 별로 두께 표시
IPW 충돌 체크
공구 및 홀더 체크
재설정
애니메이션 억제
애니메이션 속도
확인
취소

30 검증을 확인 후 확인 버튼을 클릭한다.

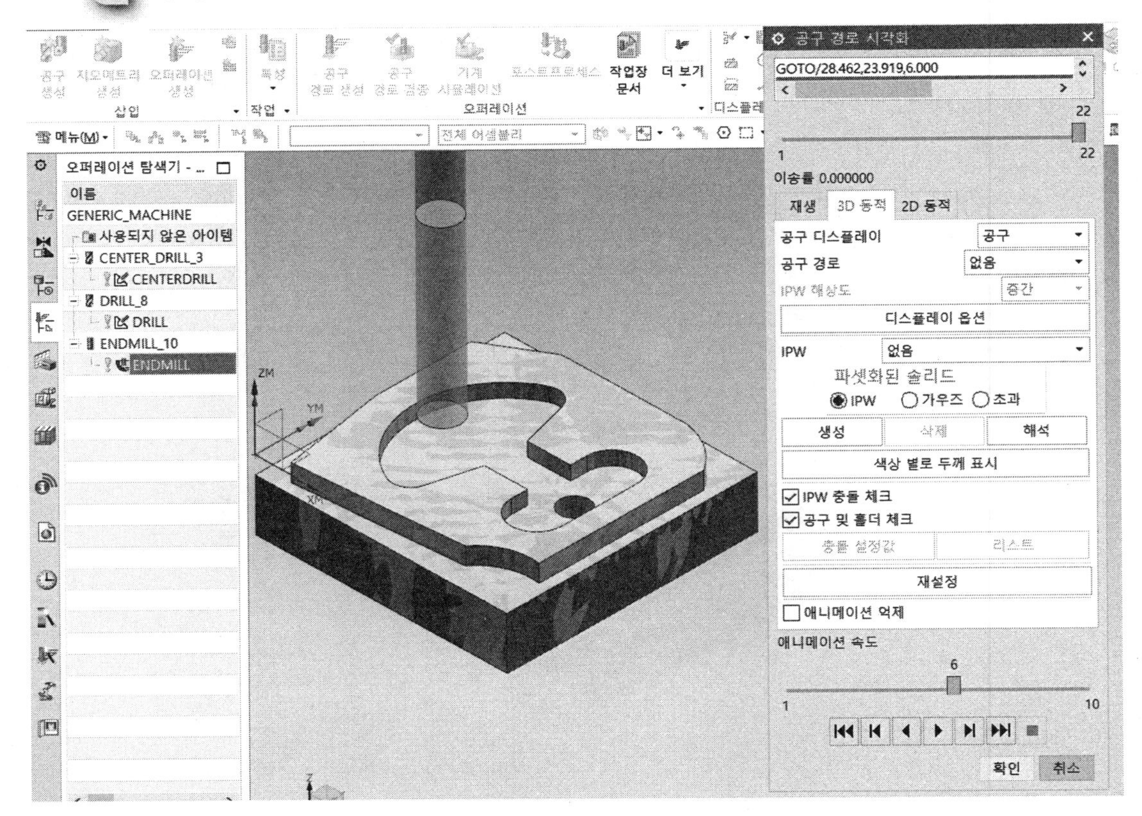

31 검증을 해제한다.

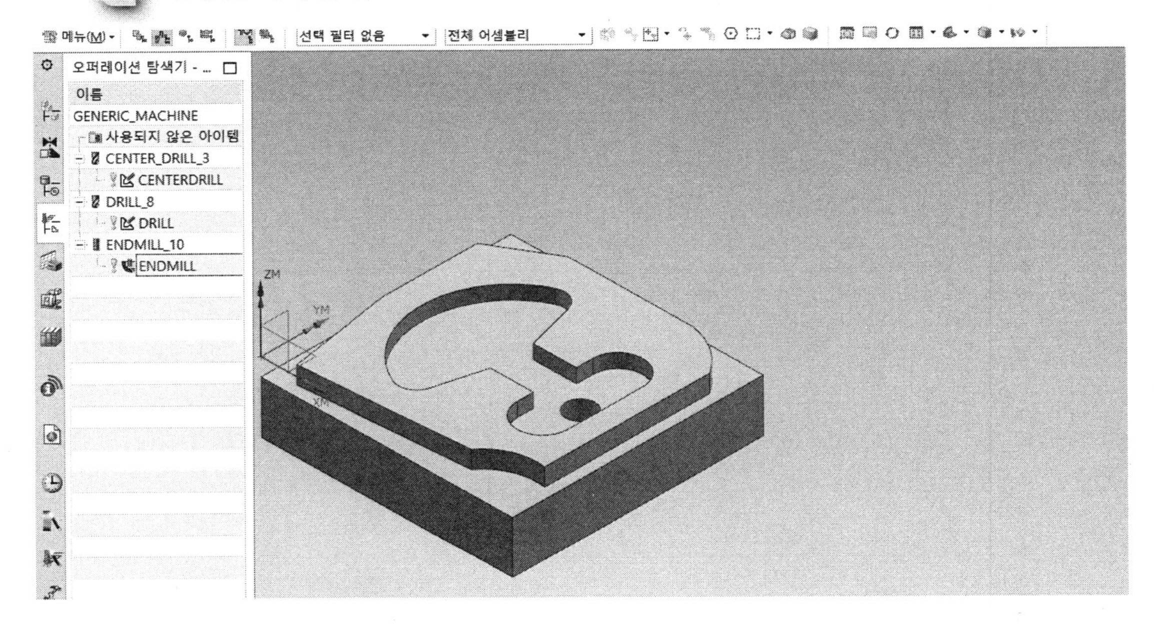

32 좌측 tree에서의 센터드릴, 드릴, 엔드밀의 개체를 각각 선택 지정한다.

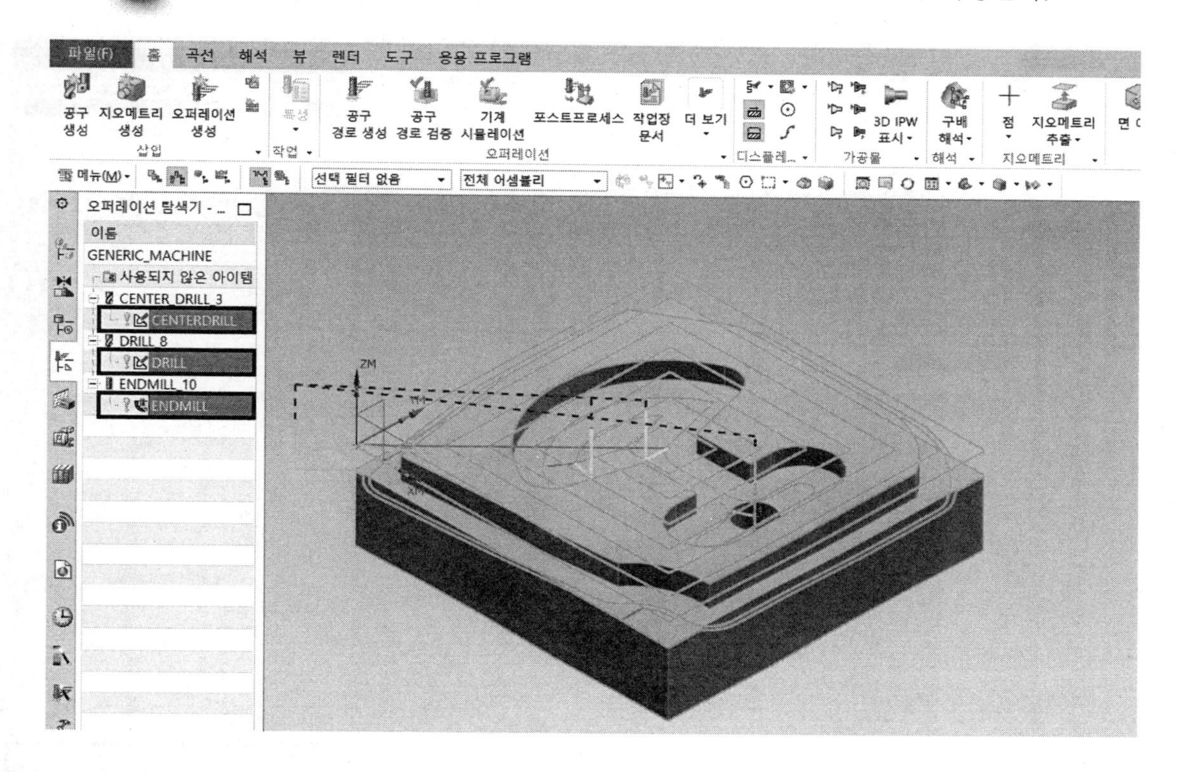

33 오른쪽 마우스 클릭 → 공구 경로 → 검증을 클릭한다.

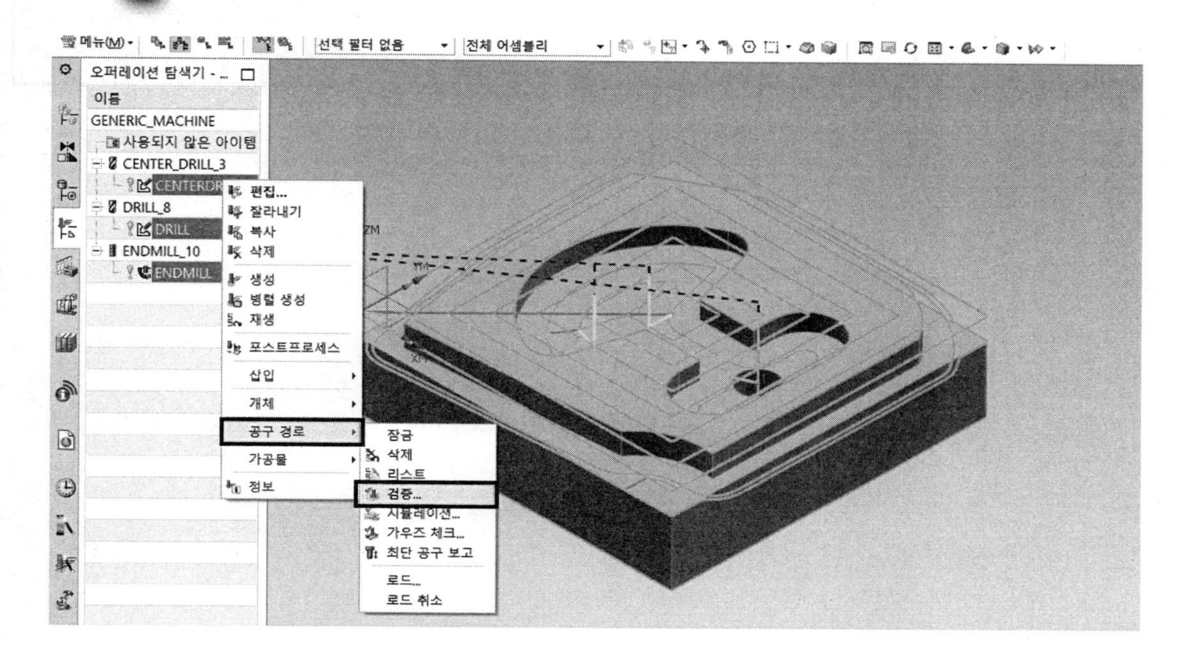

34 3D 동적/애니메이션 속도를 6으로 하고 재생 버튼을 클릭한다.

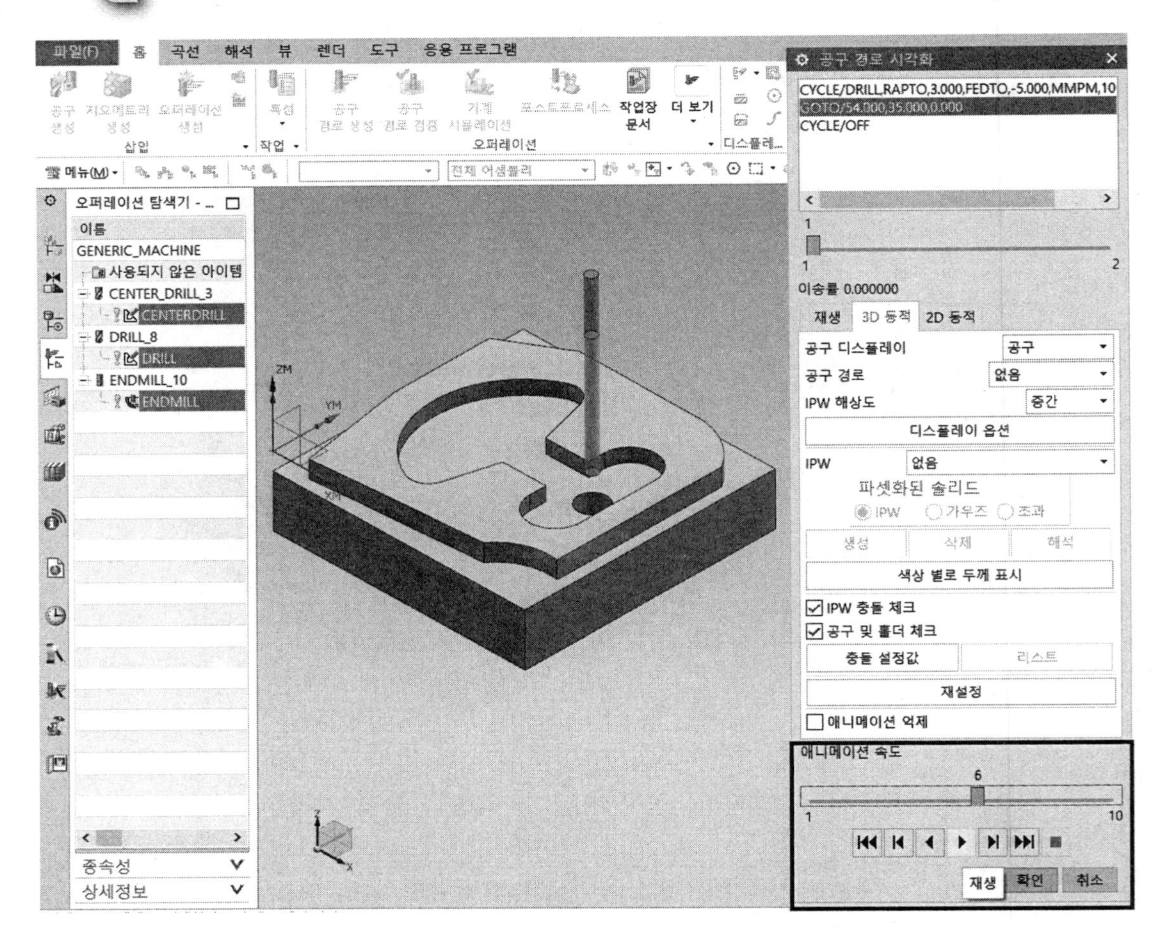

35 센터드릴, 드릴, 엔드밀의 가공 상태가 시뮬레이션으로 나타나고, 화면의 공작물에는 시뮬레이션이 이루어졌다는 표시로 공작물의 색이 변하여 나타난다.

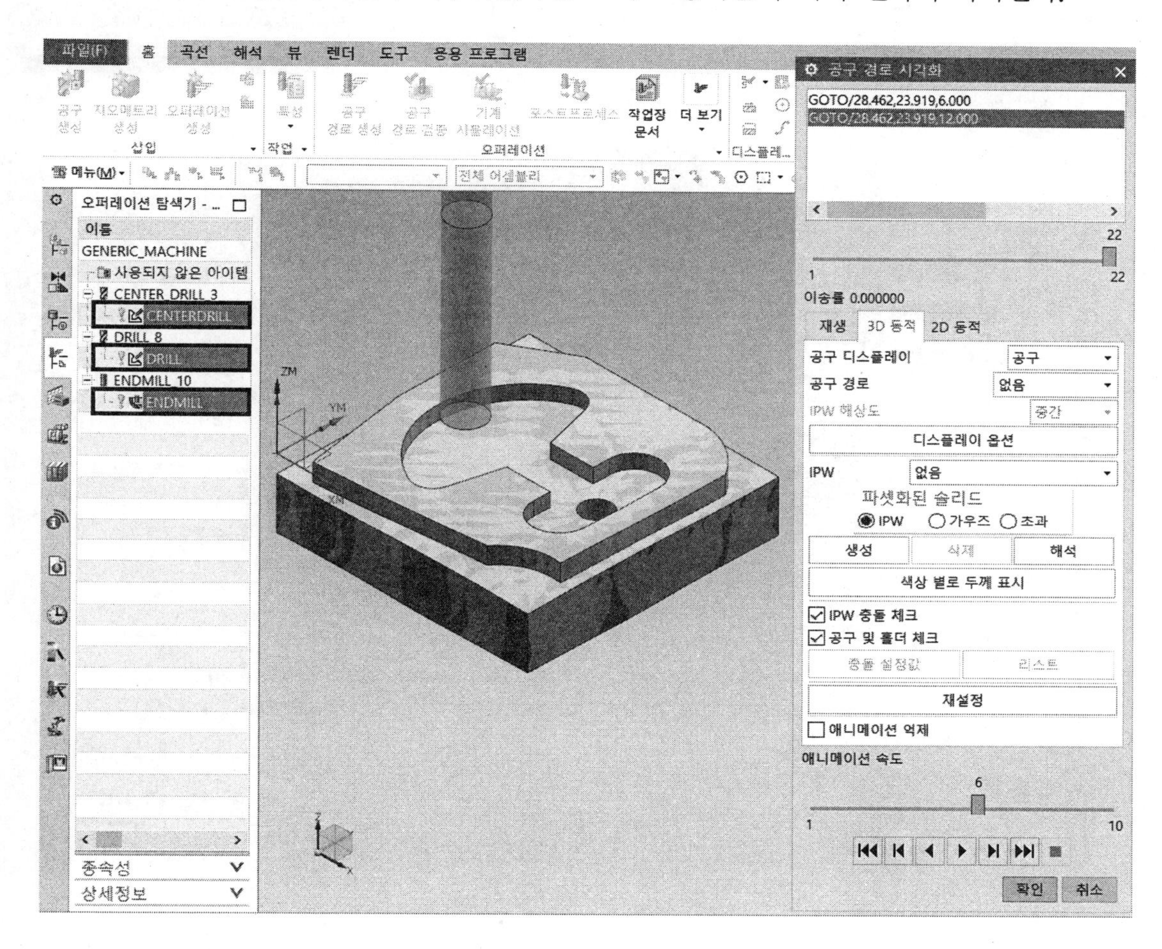

36 우측의 상태에서 확인을 클릭한다.

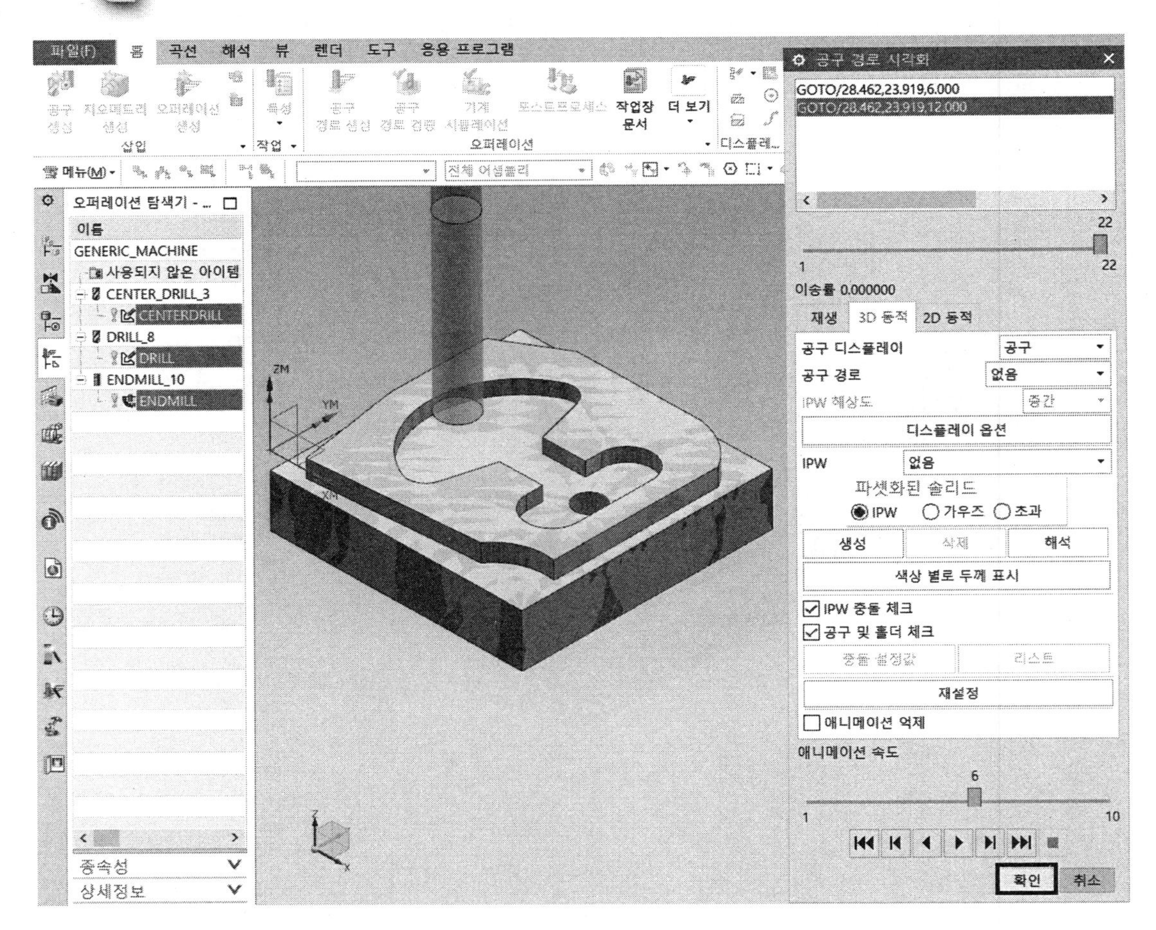

1.8 NC DATA 출력하기

❑ 엔드밀 NC DATA 1개만 출력하는 방법을 설명함

1 좌측 tree의 엔드밀(E) 선택 후 오른쪽 마우스 클릭 → 포스트프로세스를 클릭한다.

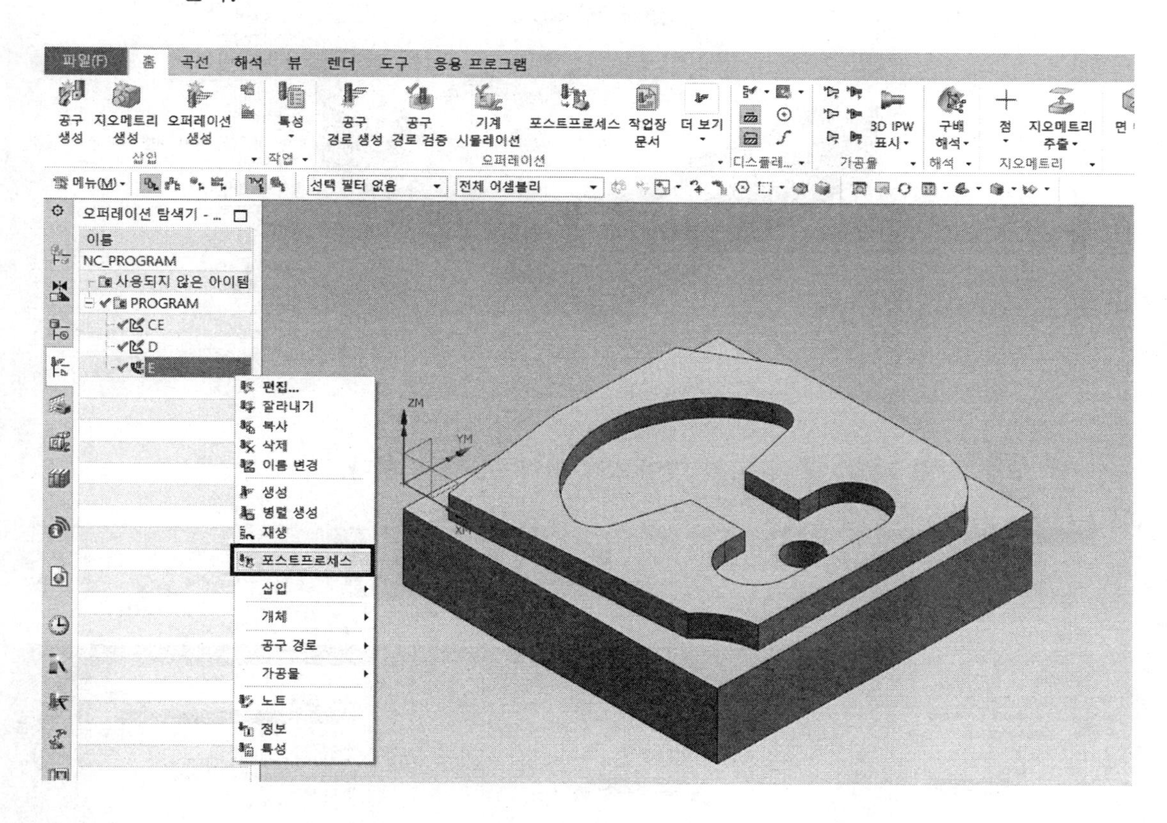

2 포스트프로세스 박스에서 MILL_3_AXIS를 선택한다.

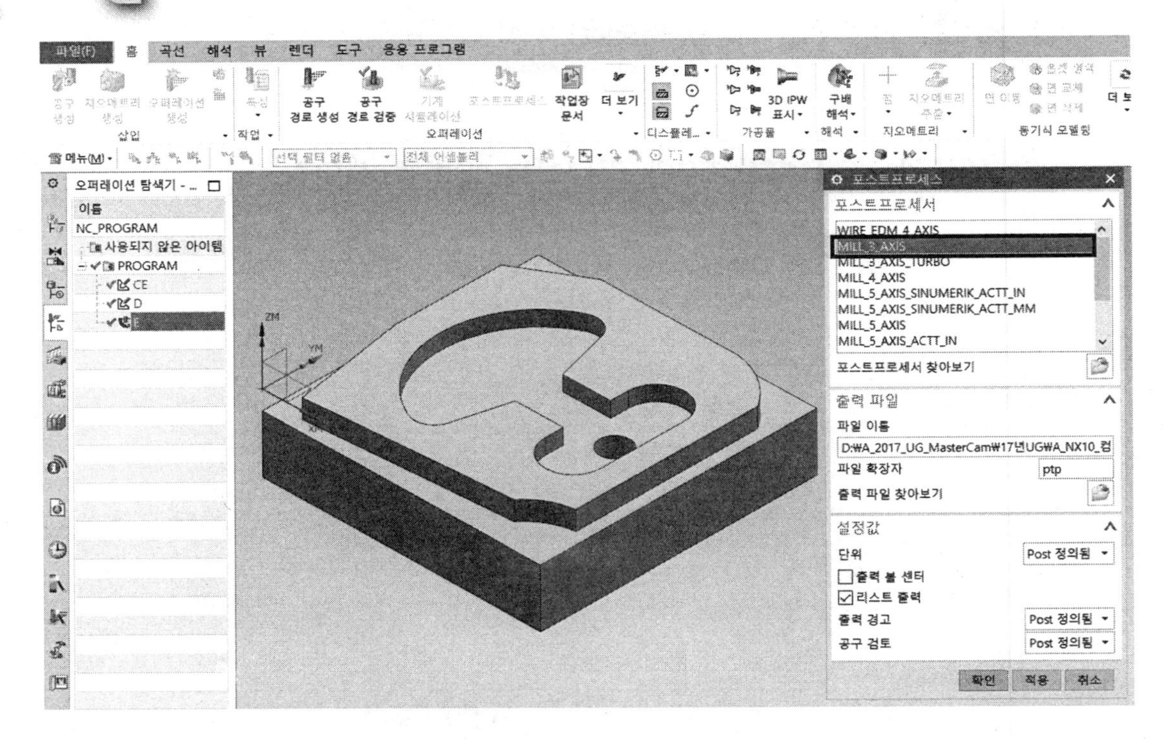

3 출력 파일; 출력 파일 찾아보기 아이콘을 클릭한다.

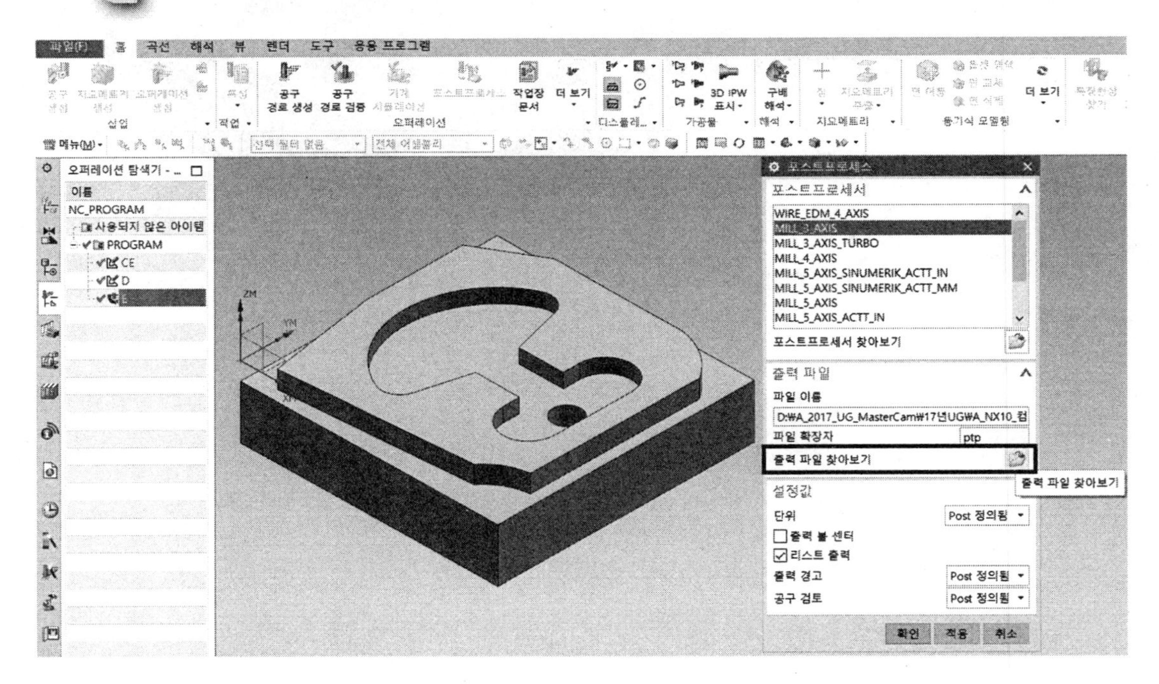

4 NC 출력 명세 박스에서 바탕화면/새 폴더 만들기를 클릭한다.

5 새 폴더 이름을 홍길동으로 변경한다. → 홍길동 폴더를 더블클릭한다.

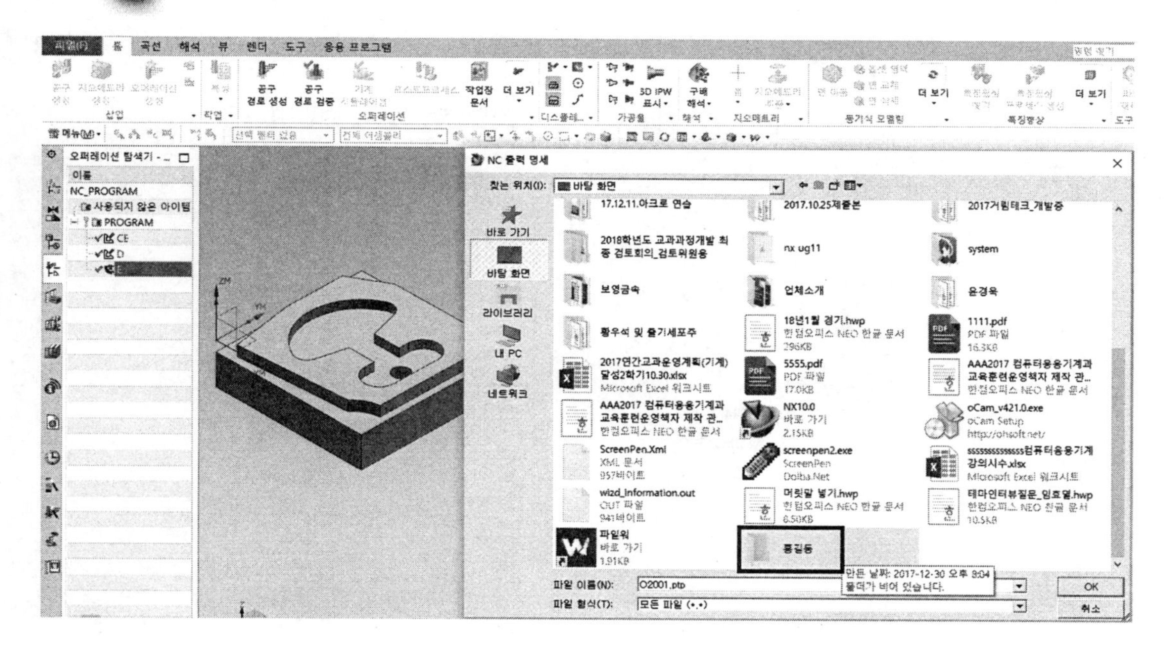

6 파일 이름(N)에 O2001.NC를 입력한다. → 파일 형식(T)은 모든 파일(*.*)을 선택한다. → OK 버튼을 클릭한다.

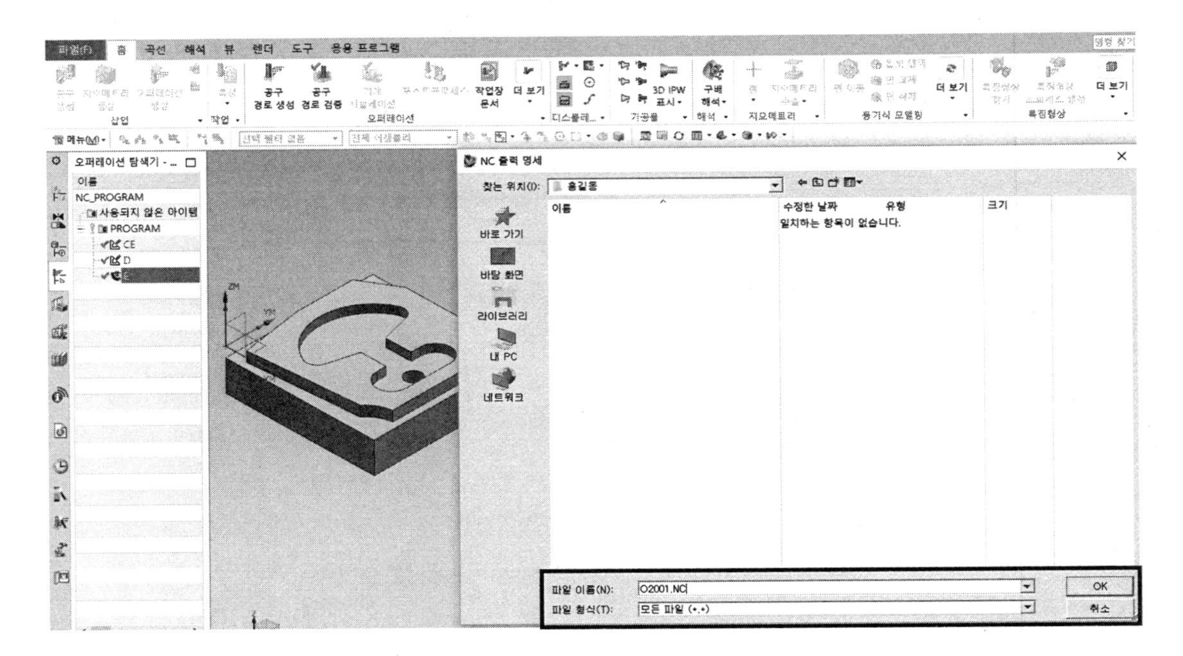

7 출력 파일/파일 확장자가 ptp → NC로 변한다.

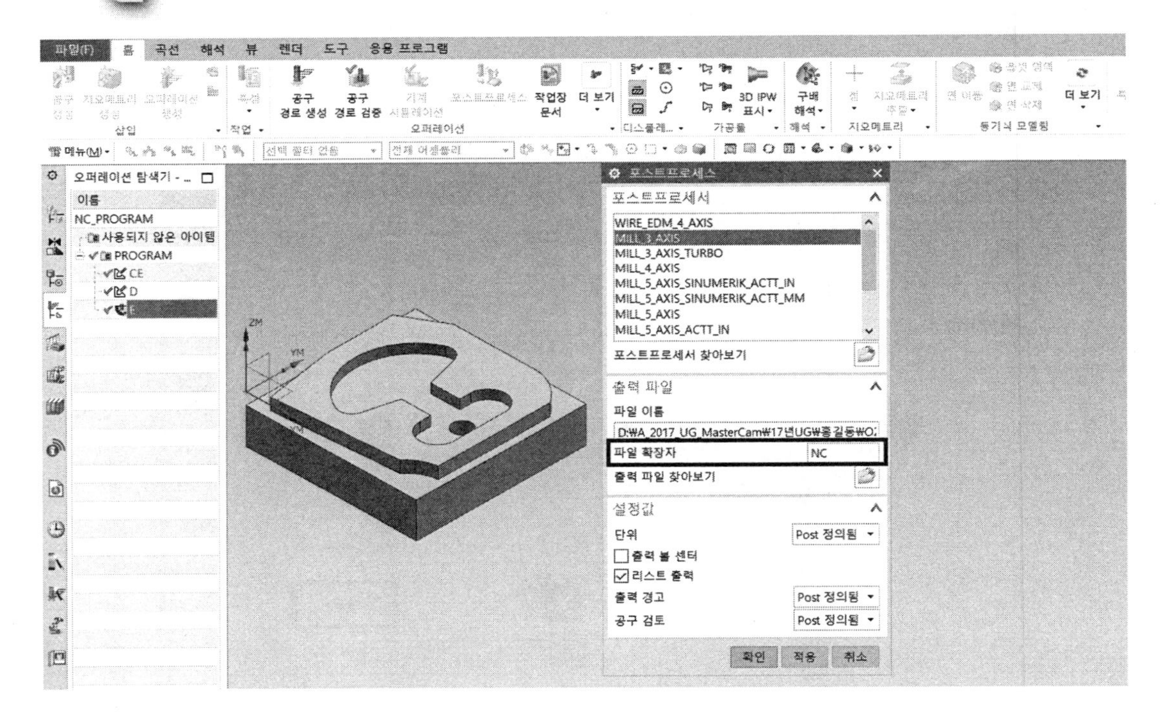

8 설정값/단위_미터법/파트를 클릭한다.

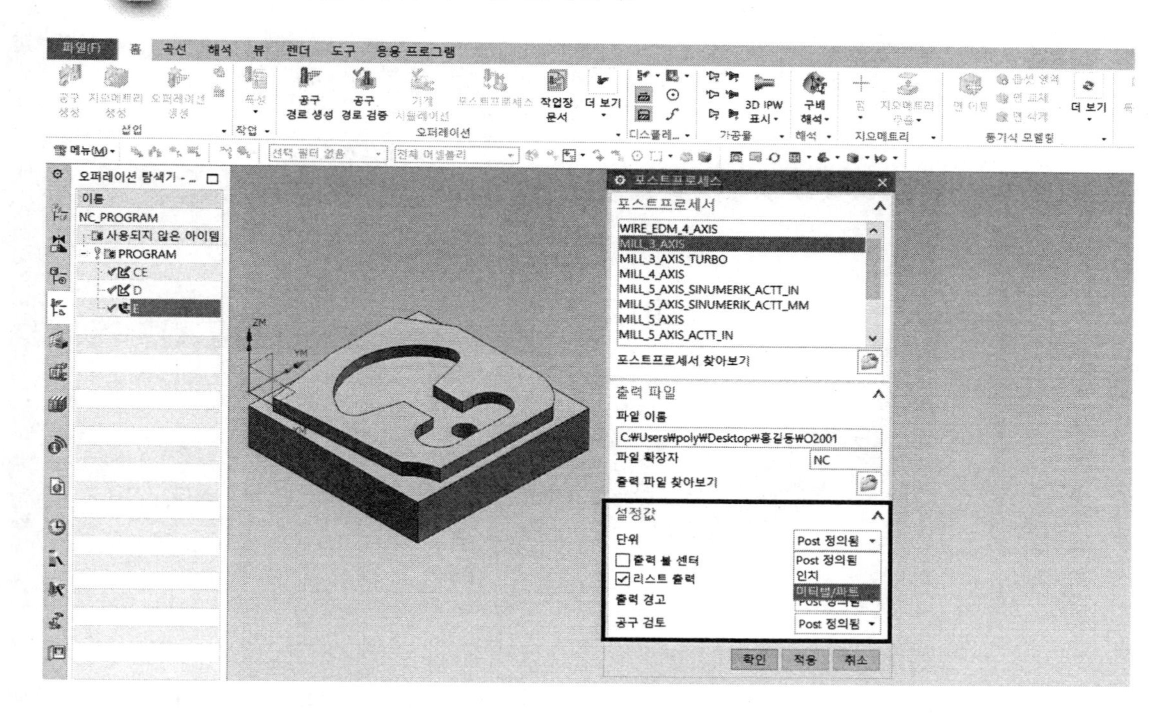

9 설정값/□리스트 출력의 ☑ 체크한 후 확인한다.

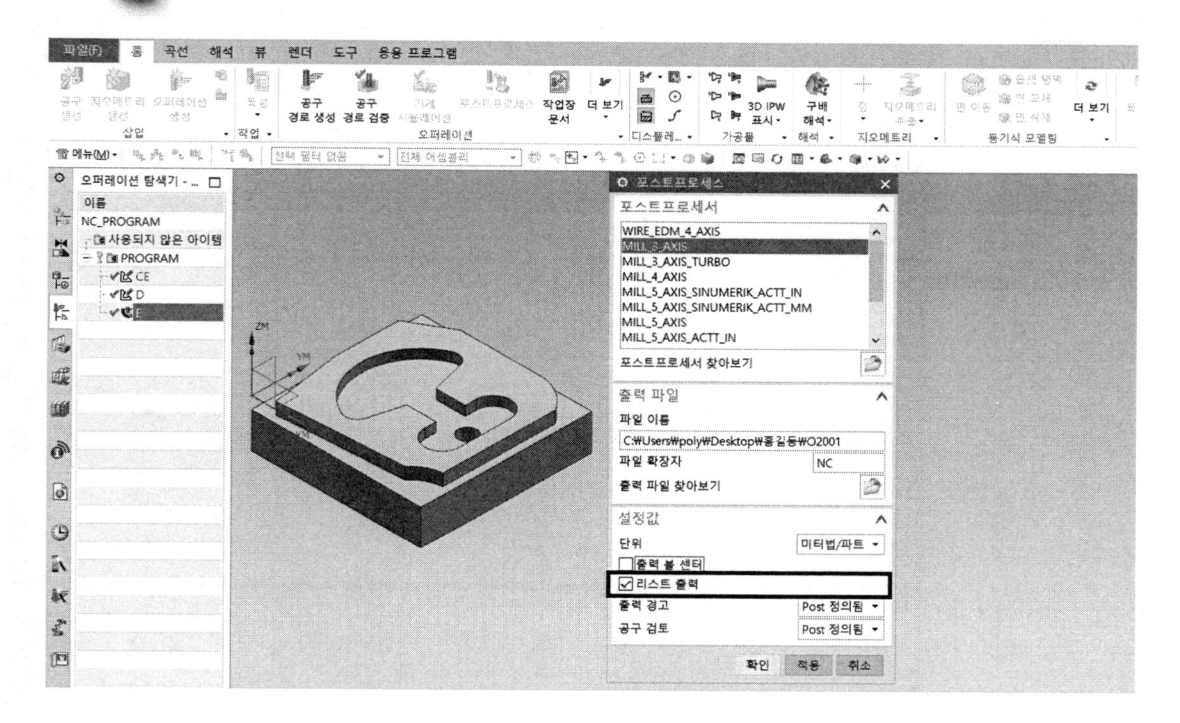

10 포스트프로세스에서 확인 버튼을 클릭한다.

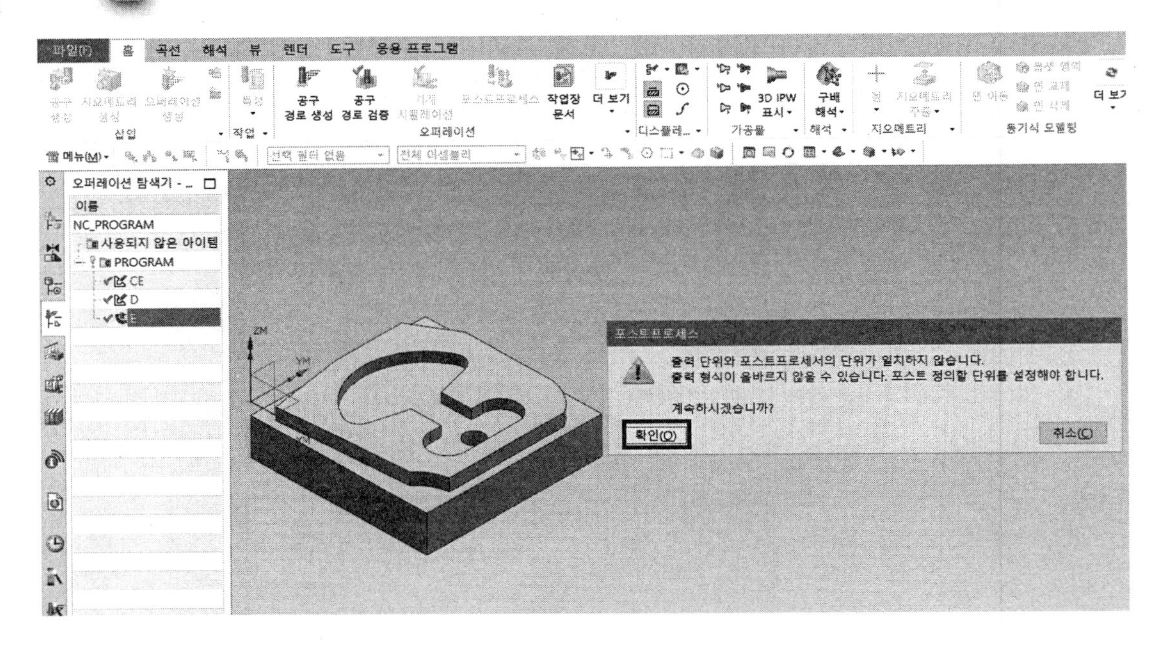

11 리스트 출력을 ☑ 체크하였기 때문에 NC DATA가 바로 나타난다. 리스트 출력을 ☑ 체크하지 않으면 바탕화면의 홍길동 폴더에 NC DATA가 나타난다.

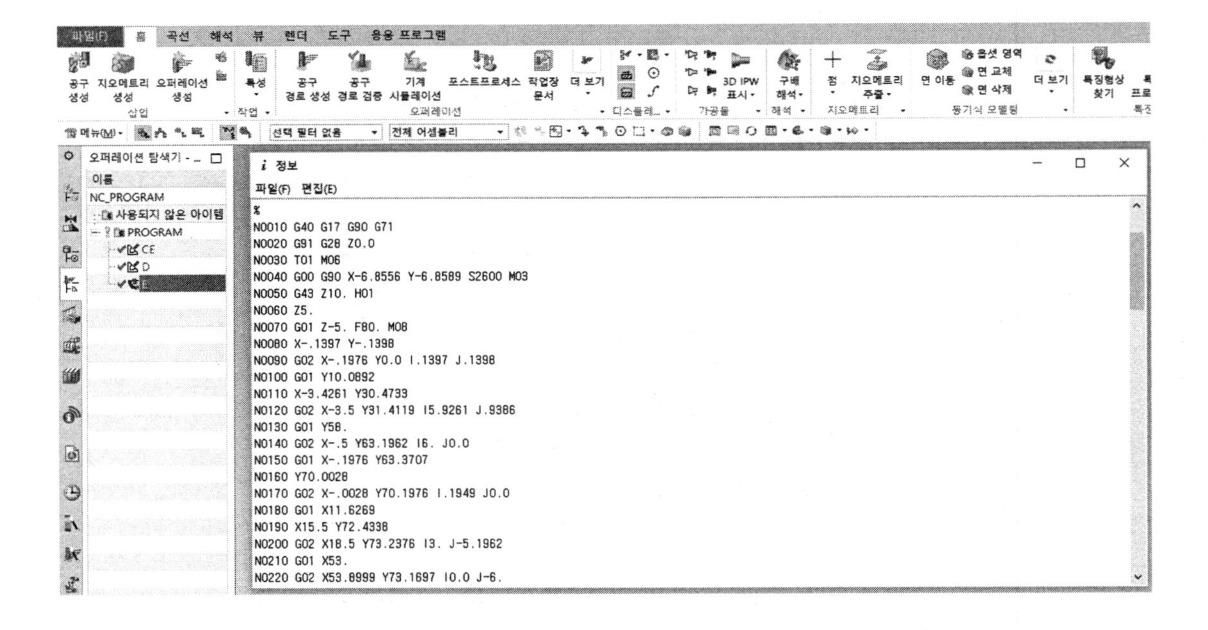

12 바탕화면에 가면 홍길동 밑에 NC. DATA가 생성되어 있다.

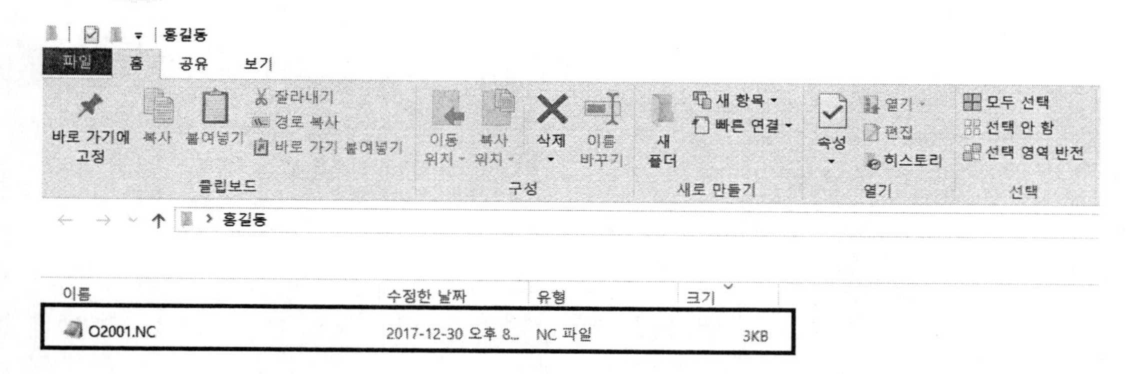

13 O2501.NC 파일을 더블클릭한다. → 추가 앱↓ 을 클릭한다.

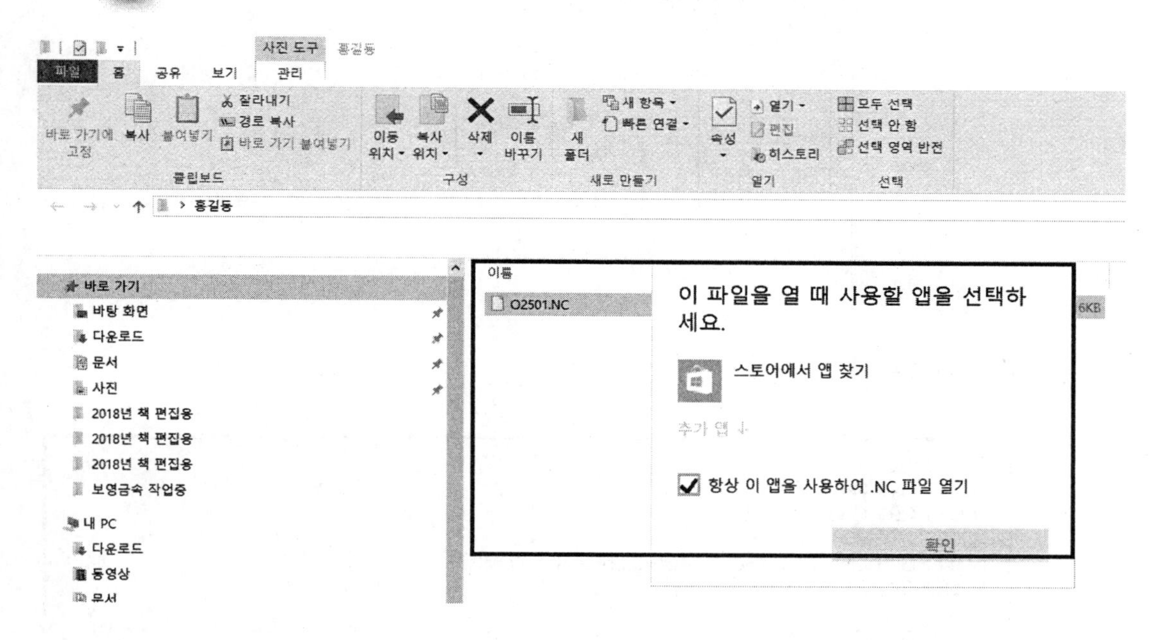

14 원본 NC DATA임. 원하는 출력 형태로 편집하여야 한다.

O2001.NC - 메모장

파일(F) 편집(E) 서식(O) 보기(V) 도움말(H)

```
%
N0010 G40 G17 G90 G71
N0020 G91 G28 Z0.0
N0030 T01 M06
N0040 G00 G90 X-6.8556 Y-6.8589 S2600 M03
N0050 G43 Z10. H01
N0060 Z5.
N0070 G01 Z-5. F80. M08
N0080 X-.1397 Y-.1398
N0090 G02 X-.1976 Y0.0 I.1397 J.1398
N0100 G01 Y10.0892
N0110 X-3.4261 Y30.4733
N0120 G02 X-3.5 Y31.4119 I5.9261 J.9386
N0130 G01 Y58.
N0140 G02 X-.5 Y63.1962 I6. J0.0
N0150 G01 X-.1976 Y63.3707
N0160 Y70.0028
N0170 G02 X-.0028 Y70.1976 I.1949 J0.0
N0180 G01 X11.6269
N0190 X15.5 Y72.4338
N0200 G02 X18.5 Y73.2376 I3. J-5.1962
N0210 G01 X53.
N0220 G02 X53.8999 Y73.1697 I0.0 J-6.
N0230 X62.6168 Y70.1976 I-3.8996 J-25.7059
N0240 G01 X70.001
N0250 G02 X70.1976 Y70.001 I0.0 J-.1966
N0260 G01 Y63.8367
N0270 G02 X72.0999 Y61.1608 I-20.1973 J-16.3728
N0280 X73. Y58. I-5.0999 J-3.1608
N0290 G01 Y12.
N0300 G02 X70.1976 Y6.9231 I-6. J0.0
N0310 G01 Y-.0039
N0320 G02 X70.0039 Y-.1976 I-.1937 J0.0
N0330 G01 X64.0408
N0340 Y4.8024
N0350 G02 X65.1976 Y5.3907 I4.6477 J-7.707
N0360 G01 X64.8097 Y6.3125
N0370 G03 X60.8962 Y3.3627 I3.8788 J-9.2171
N0380 G02 X57.3488 Y1.5085 I-3.8962 J3.1337
N0390 G01 X7.3488 Y-1.9878
```

15 다음과 같이 수정하여야 한다.

```
%
N0010 G40 G49 G80
N0020 G91 G30 Z0. M19
N0030 T01 M06
N0040 G00 G90 G54 X-6.8556 Y-6.8589 S2600 M03
N0050 G43 Z100. H01
N0060 Z5.
N0070 G01 Z-5. F80. M08
N0080 X-.1397 Y-.1398
```

(황삭, 정삭, 잔삭 모두 조건에 맞아야 함)
틀린 1개소 당 4점 감점

1.9 전체 NC DATA 3개 동시에 출력하는 방법

1. 좌측 tree에서 센터드릴(CE), 드릴(D), 엔드밀(E) 지정 선택한 후에 오른쪽 마우스 클릭 → 포스트프로세스를 클릭한다.

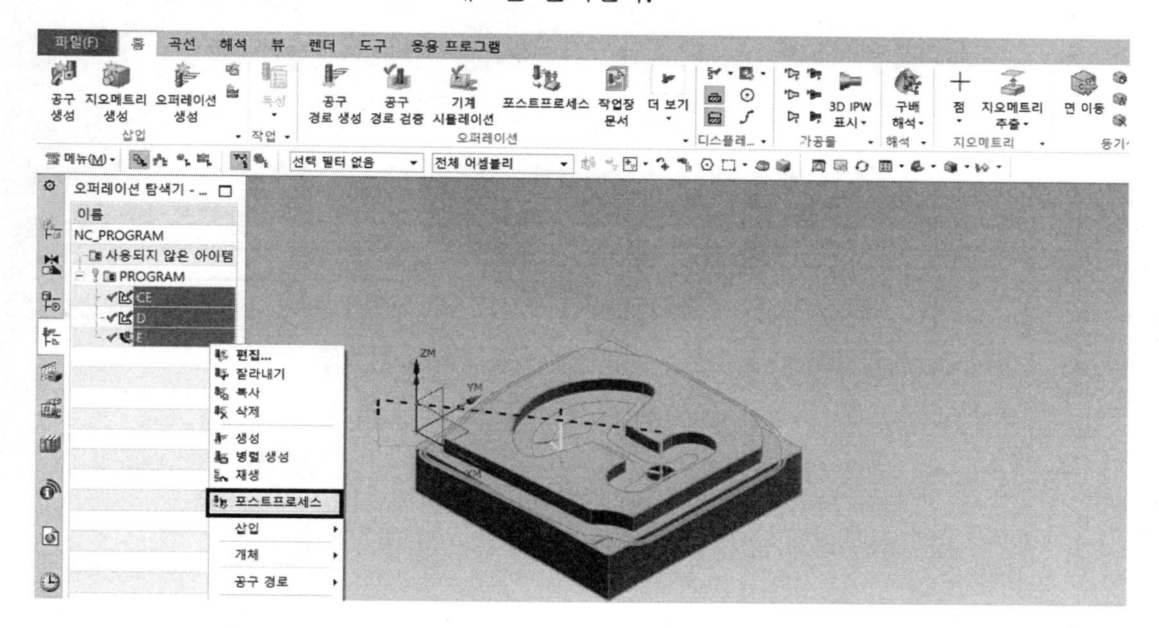

2. 포스트프로세스에서 MILL_3_AXIS를 선택한다.

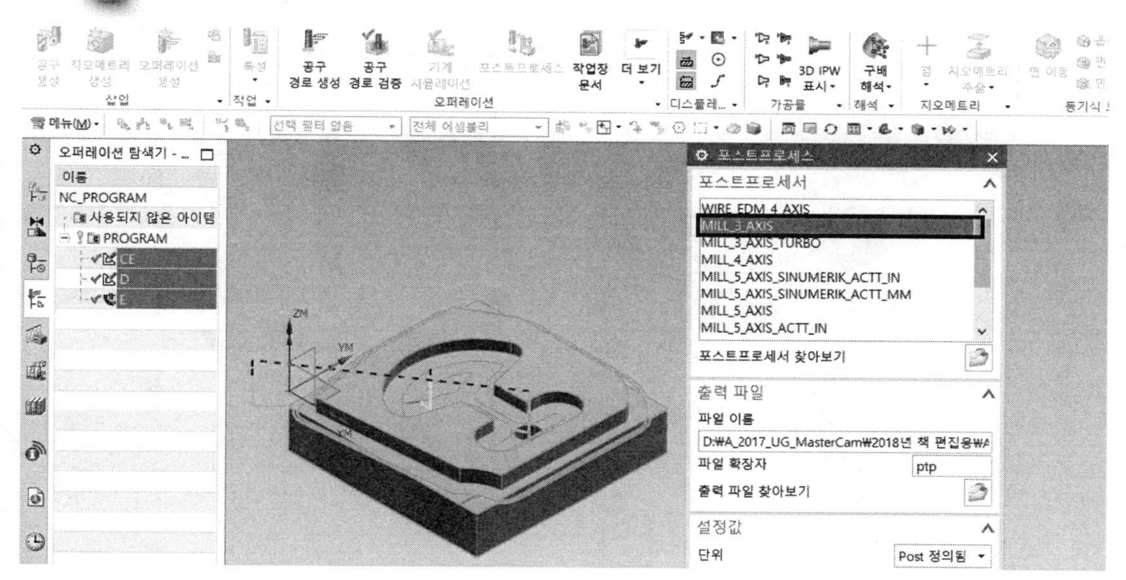

3 출력 파일/출력 파일 찾아보기 아이콘을 클릭한다.

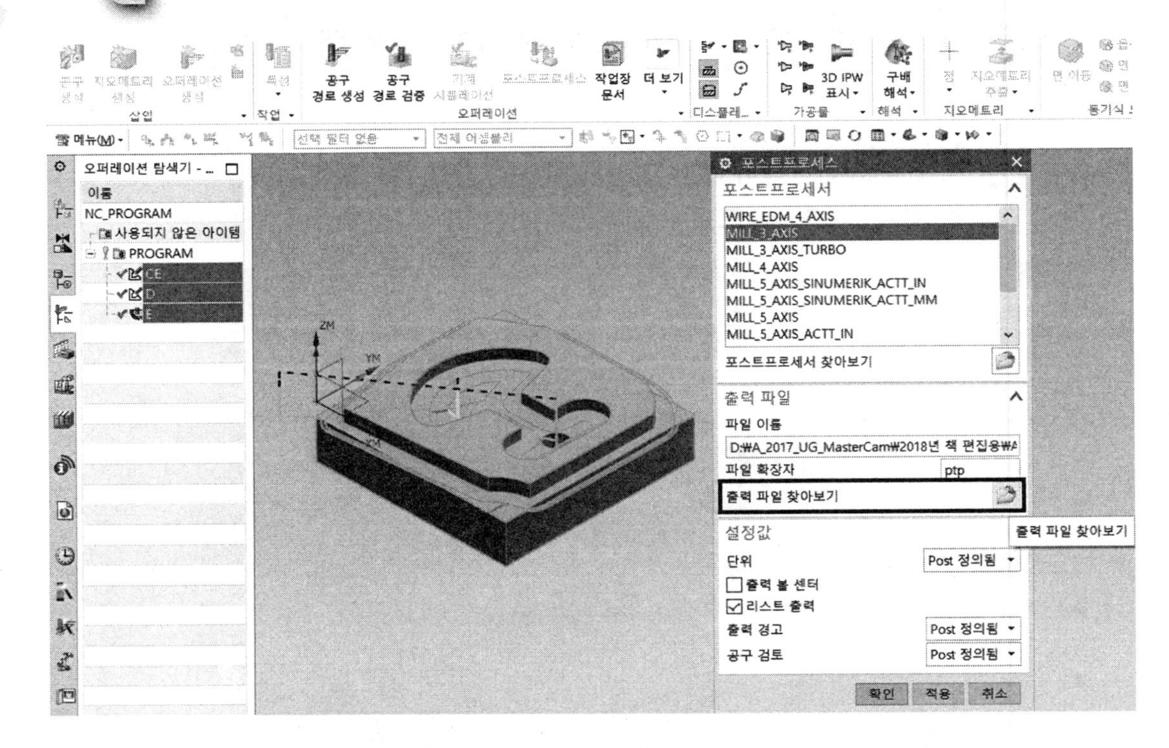

4 NC 출력 명세 박스에서 바탕화면/새 폴더 만들기를 클릭한다.

5 새 폴더를 만든 후 이름을 홍길동으로 변경한다. → 홍길동 폴더를 더블클릭한다.

6 파일 이름(N)에 O2001.NC로 입력한다. → 파일 형식(T)은 모든 파일(*.*)로 선택한다. → OK 버튼을 클릭한다.

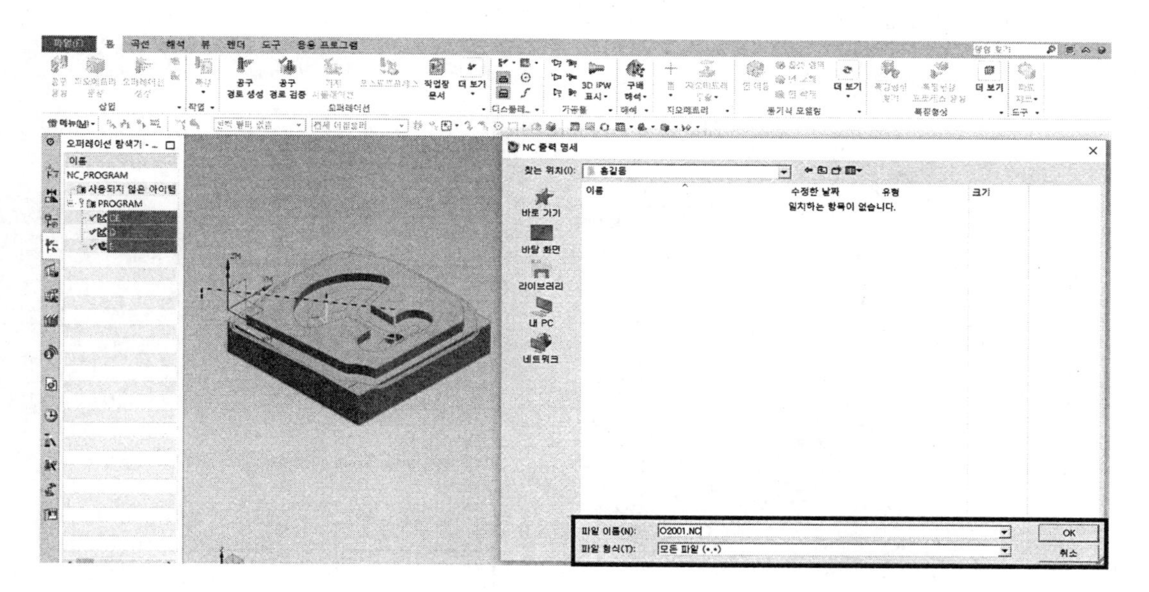

7 파일 확장자가 ptp → NC로 변한다.

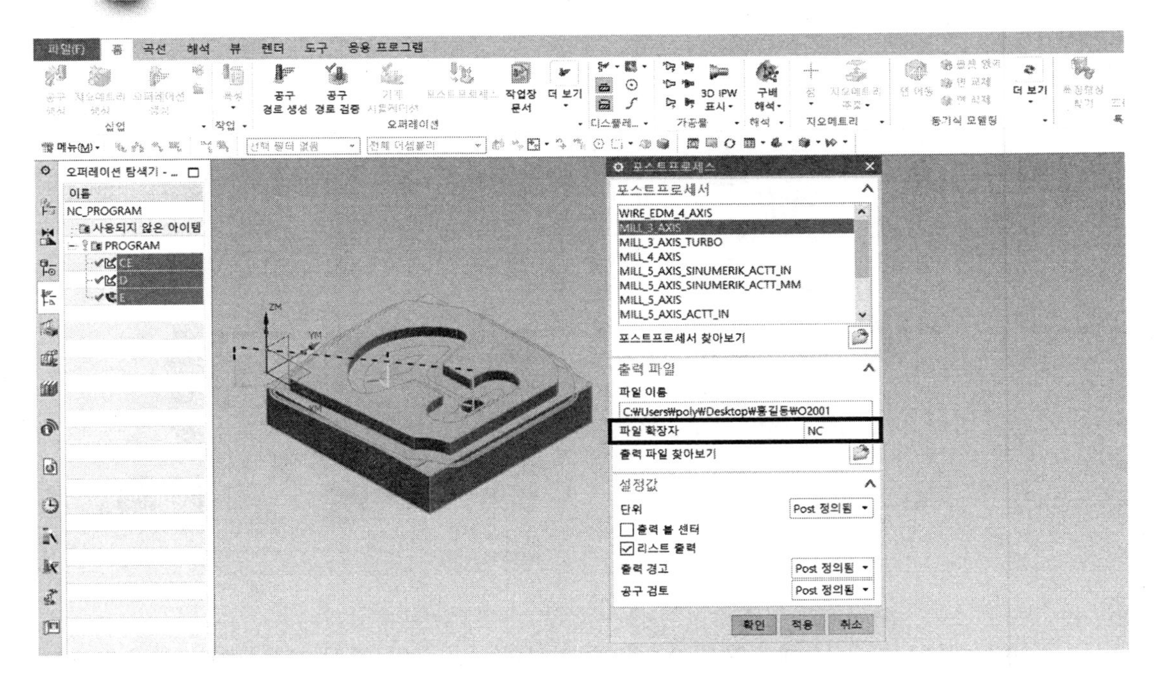

8 설정값/단위에서 미터법/파트를 클릭한다.

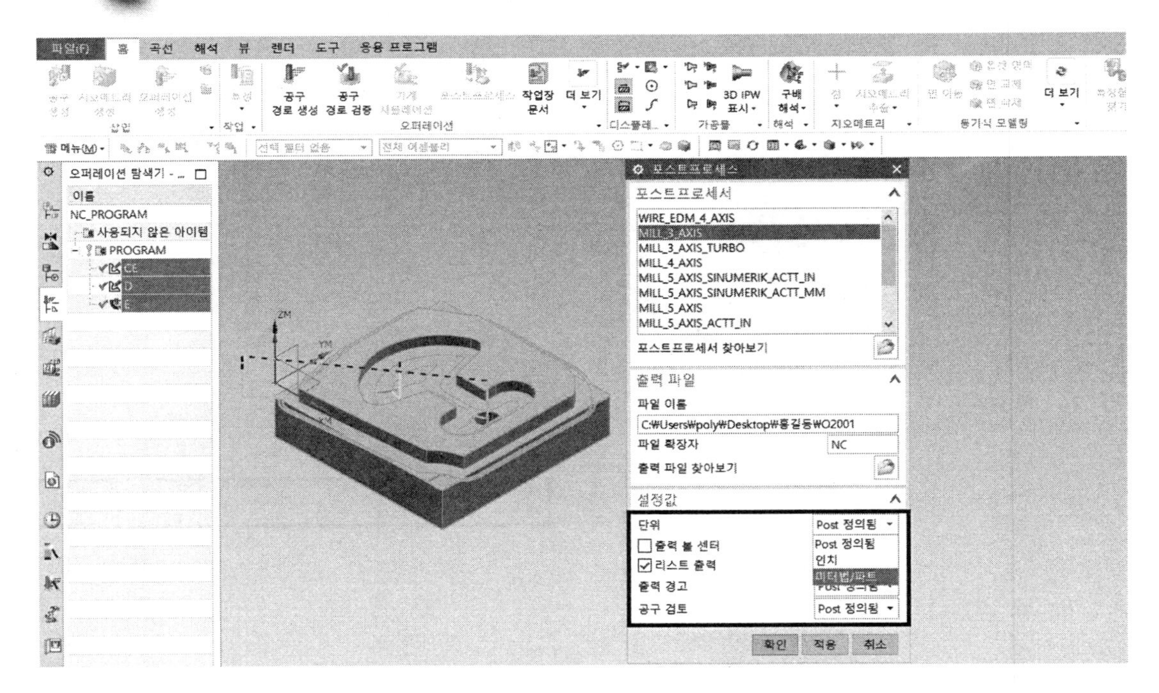

9 □리스트 출력에서 ☑을 체크 → 확인 버튼을 클릭한다.

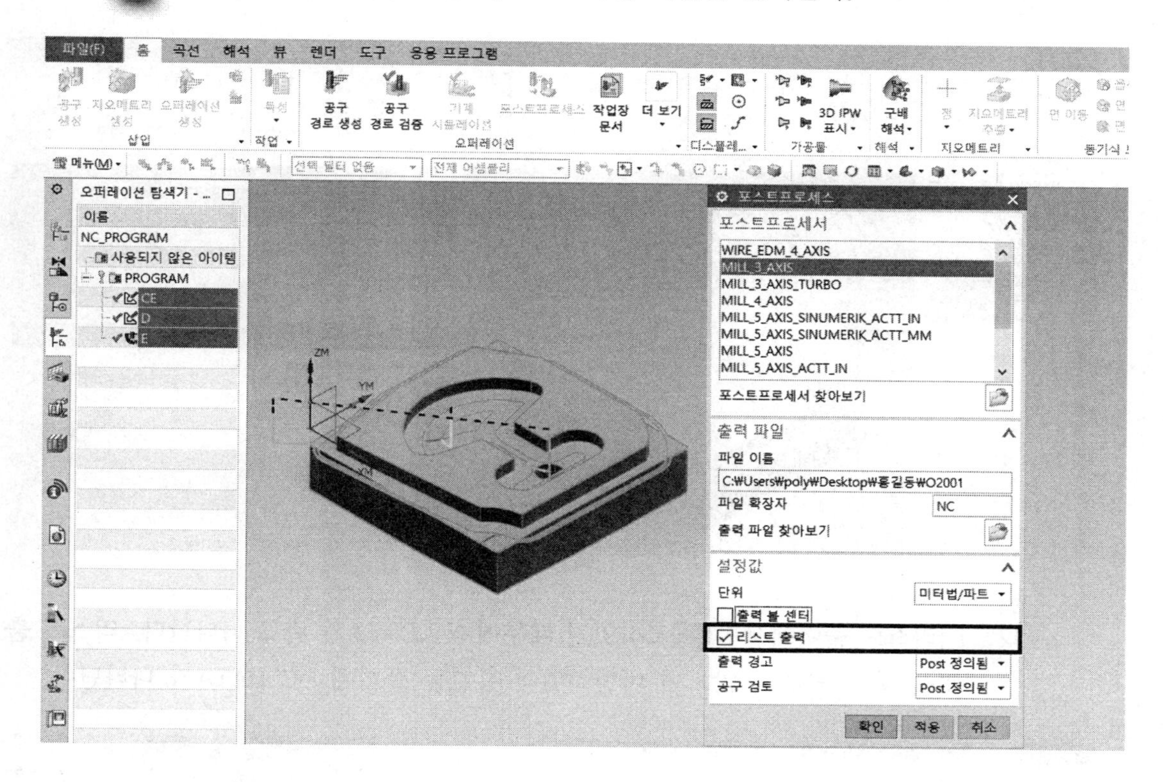

10 다중 선택 경고 → 확인 버튼을 클릭한다.

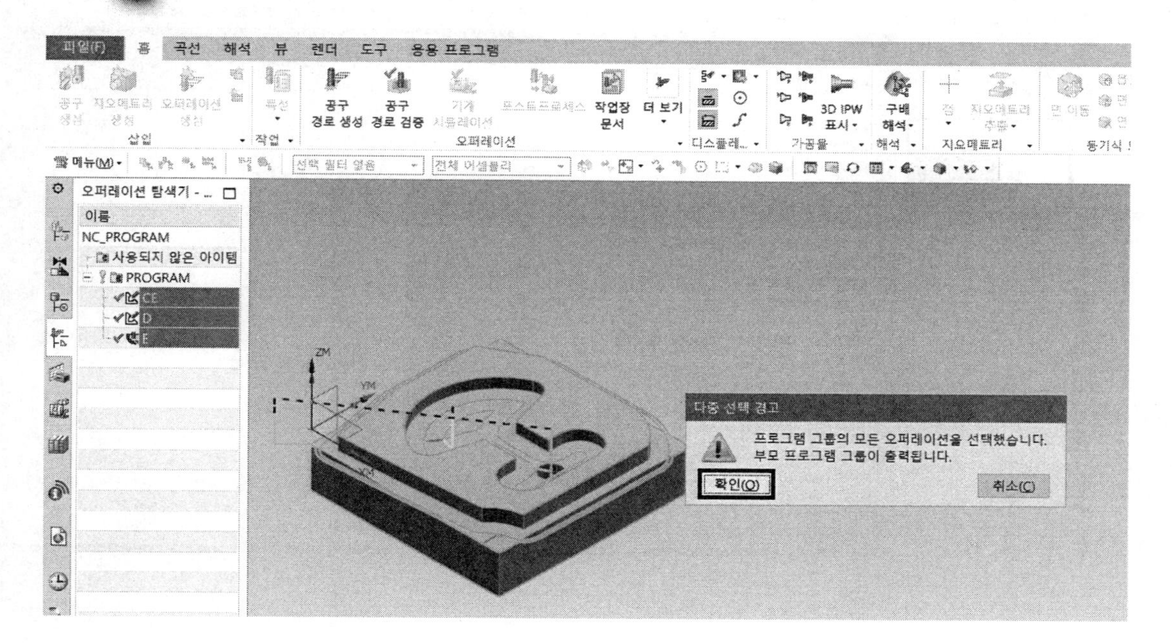

11 포스트프로세스 → 확인 버튼을 클릭한다.

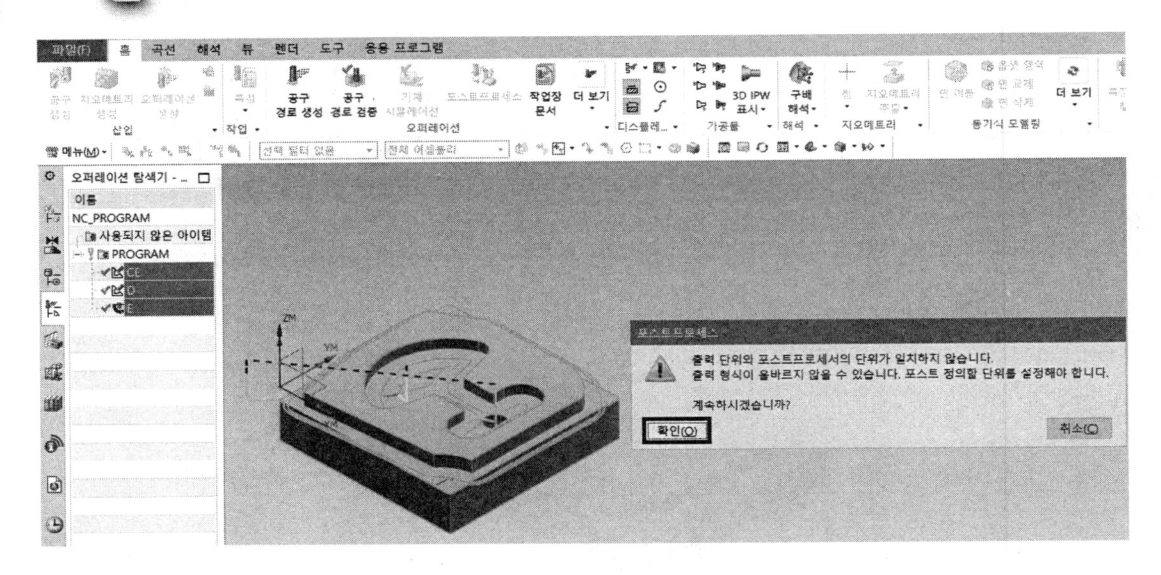

12 □리스트 출력에서 ☑ 체크하였기 때문에 NC DATA가 바로 나타난다. 리스트 출력을 ☑ 체크하지 않으면 바탕화면의 홍길동 폴더에 NC DATA가 나타난다.

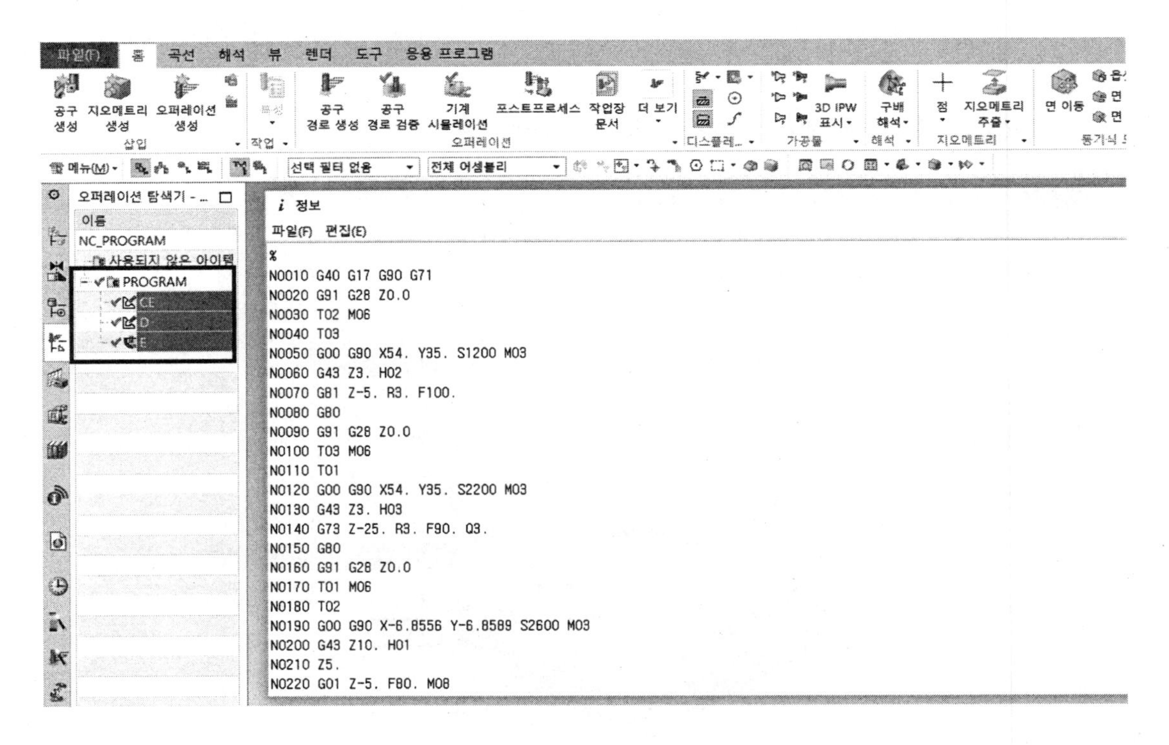

13 바탕화면에 가면 홍길동 밑에 NC. DATA가 생성되어 있다.

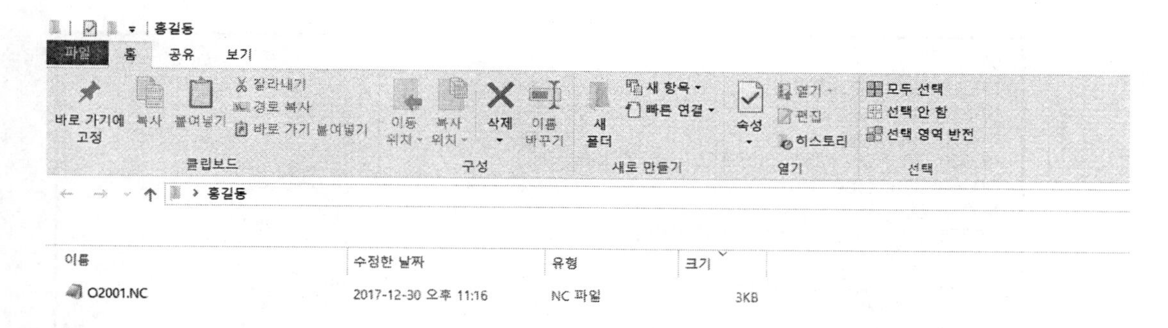

14 원본 NC.DATA를 원하는 출력 형태로 편집하여야 한다.

O2001.NC - 메모장

파일(F) 편집(E) 서식(O) 보기(V) 도움말(H)

```
%
N0010 G40 G17 G90 G71
N0020 G91 G28 Z0.0
N0030 T02 M06
N0040 T03
N0050 G00 G90 X54. Y35. S1200 M03
N0060 G43 Z3. H02
N0070 G81 Z-5. R3. F100.
N0080 G80
N0090 G91 G28 Z0.0
N0100 T03 M06
N0110 T01
N0120 G00 G90 X54. Y35. S2200 M03
N0130 G43 Z3. H03
N0140 G73 Z-25. R3. F90. Q3.
N0150 G80
N0160 G91 G28 Z0.0
N0170 T01 M06
N0180 T02
N0190 G00 G90 X-6.8556 Y-6.8589 S2600 M03
N0200 G43 Z10. H01
N0210 Z5.
N0220 G01 Z-5. F80. M08
N0230 X-.1397 Y-.1398
N0240 G02 X-.1976 Y0.0 I.1397 J.1398
N0250 G01 Y10.0892
N0260 X-3.4261 Y30.4733
N0270 G02 X-3.5 Y31.4119 I5.9261 J.9386
N0280 G01 Y58.
N0290 G02 X-.5 Y63.1962 I6. J0.0
N0300 G01 X-.1976 Y63.3707
N0310 Y70.0028
N0320 G02 X-.0028 Y70.1976 I.1949 J0.0
N0330 G01 X11.6269
N0340 X15.5 Y72.4338
N0350 G02 X18.5 Y73.2376 I3. J-5.1962
N0360 G01 X53.
N0370 G02 X53.8999 Y73.1697 I0.0 J-6.
N0380 X62.6168 Y70.1976 I-3.8996 J-25.7059
N0390 G01 X70.001
N0400 G02 X70.1976 Y70.001 I0.0 J-.1966
N0410 G01 Y63.8367
N0420 G02 X72.0999 Y61.1608 I-20.1973 J-16.3728
N0430 X73. Y58. I-5.0999 J-3.1608
N0440 G01 Y12.
N0450 G02 X70.1976 Y6.9231 I-6. J0.0
N0460 G01 Y-.0039
N0470 G02 X70.0039 Y-.1976 I-.1937 J0.0
N0480 G01 X64.0408
N0490 Y4.8024
N0500 G02 X65.1976 Y5.3907 I4.6477 J-7.707
N0510 G01 X64.8097 Y6.3125
N0520 G03 X60.8962 Y3.3627 I3.8788 J-9.2171
N0530 G02 X57.3488 Y1.5085 I-3.8962 J3.1337
N0540 G01 X7.3488 Y-1.9878
```

15 다음과 같이 수정하여야 한다.

```
%
N0010 G40 G49 G80
N0020 G91 G30 Z0. M19
N0030 T02 M06
N0040 G00 G90 G54 X54. Y35. S1200 M03
N0050 G43 Z100. H02
N0060 Z3.
N0070 G81 Z-5. R3. F100.
N0080 G80
N0090 G91 G30 Z0. M19
N0100 T03 M06
N0110 G00 G90 G54 X54. Y35. S2200 M03
N0120 G43 Z100. H03
N0130 Z3.
N0140 G73 Z-25. R3. F90. Q3.
N0150 G80
N0160 G91 G30 Z0. M19
N0170 T01 M06
N0180 G00 G90 G54 X-6.8556 Y-6.8589 S2600 M03
N0190 G43 Z100. H01
N0200 Z10.
N0210 Z5.
N0220 G01 Z-5. F80. M08
N0230 X-.1397 Y-.1398
N0240 G02 X-.1976 Y0.0 I.1397 J.1398
N0250 G01 Y10.0892
N0260 X-3.4261 Y30.4733
N0270 G02 X-3.5 Y31.4119 I5.9261 J.9386
N0280 G01 Y58.
N0290 G02 X-.5 Y63.1962 I6. J0.0
N0300 G01 X-.1976 Y63.3707
N0310 Y70.0028
```

TIP ›› 가공 전 반드시 확인사항

- 다음조건이 맞아야 함(확인 요소)
  1) T = 공구번호
  2) G54 또는 G92
  3) S = 회전수
  4) G43 또는 G44
  5) F = 이송 값
  6) D = 보정 값
     ∅10 이면 D=5.0
     ∅12 이면 D=6.0

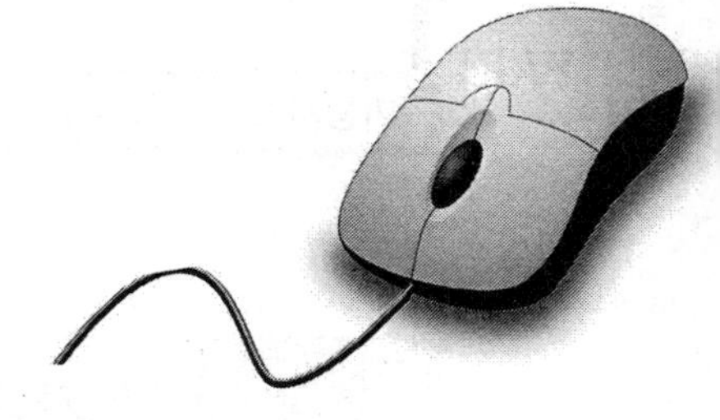

UG CAM 금형기능사 따라 하기

2.1 초기조건 설정

1. 시작 → 제조(R)를 클릭한다.

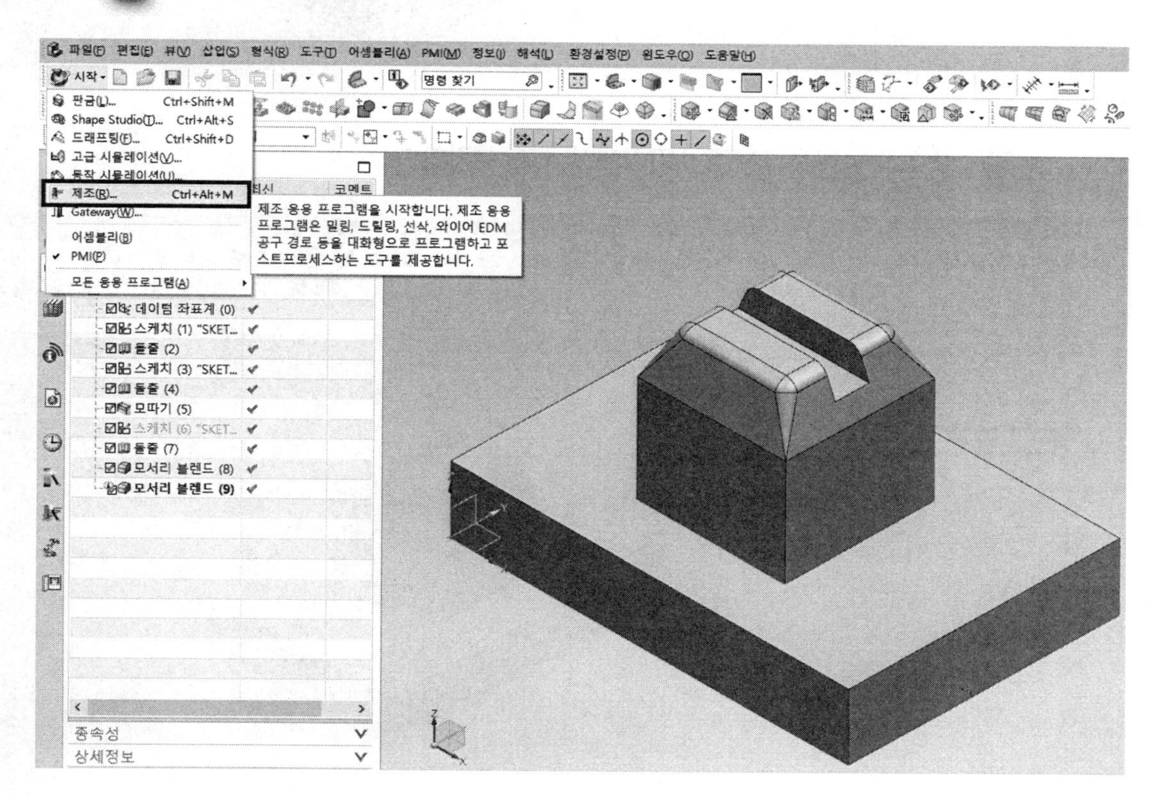

2.2 가공물의 원점을 설정함

1 도구 모음에서 탐색기; 지오메트리 뷰를 클릭한다.

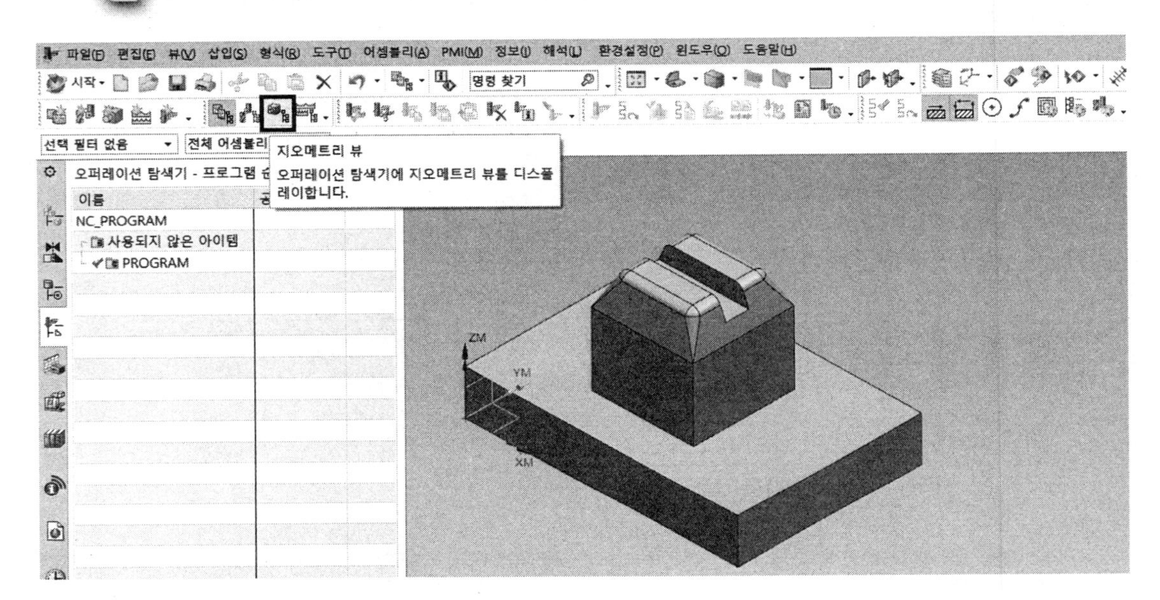

2 좌측 tree에서 +MCS_MILL에서 +를 클릭한다.

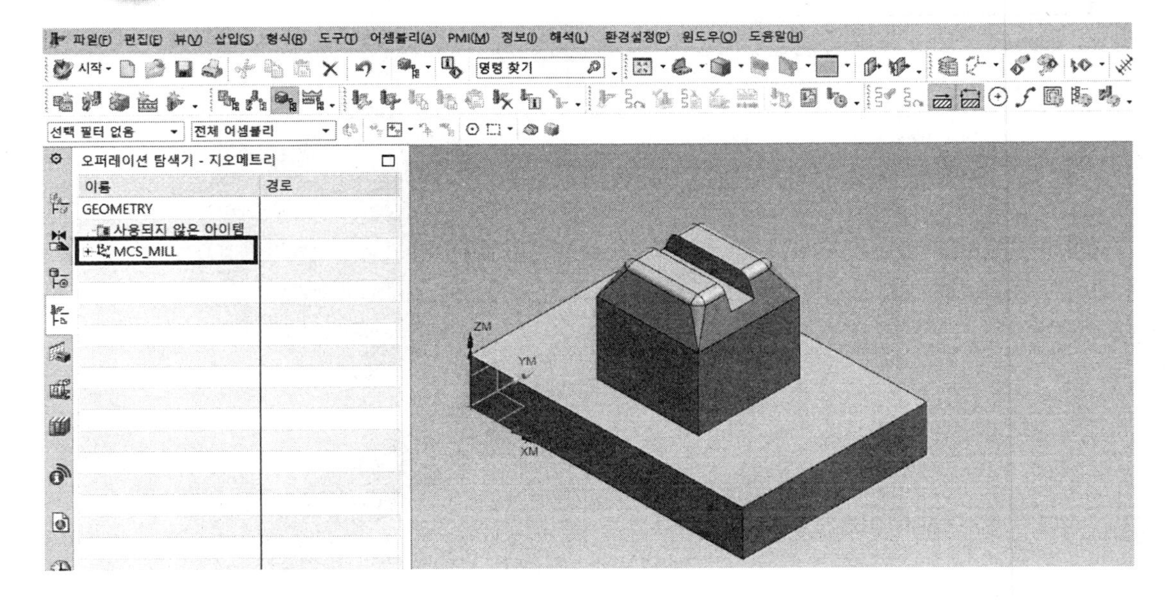

3 좌측 tree에서 -MCS_MILL을 더블클릭한다.

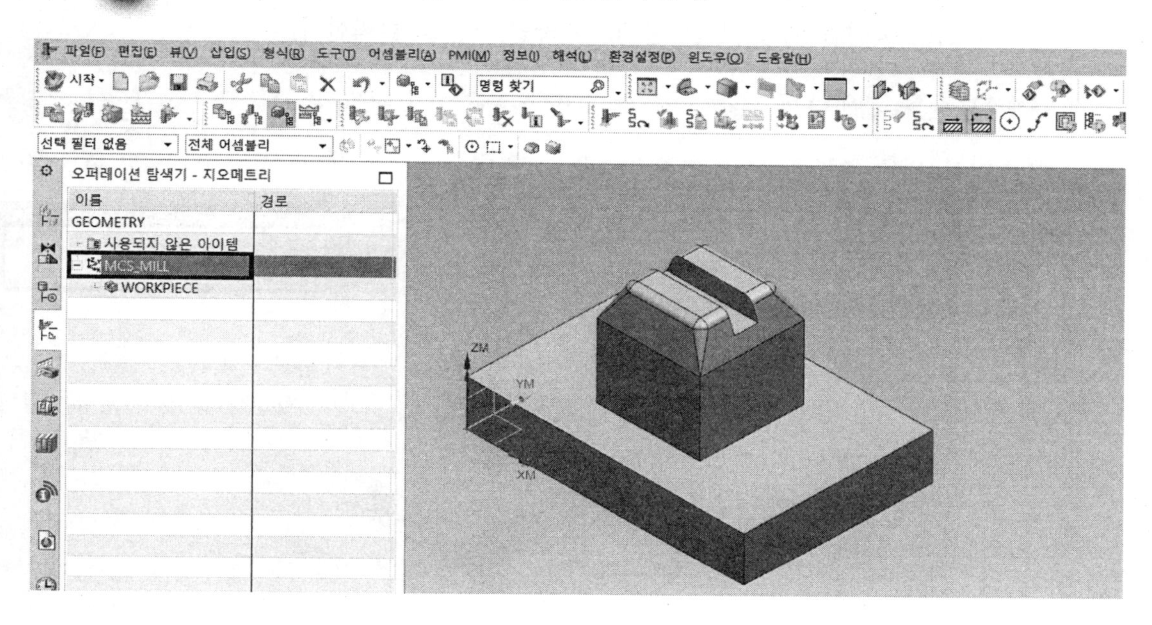

4 MCS 밀링 박스에서 기계 좌표계/MCS 지정; 우측의 좌표계 다이얼로그 클릭한다.

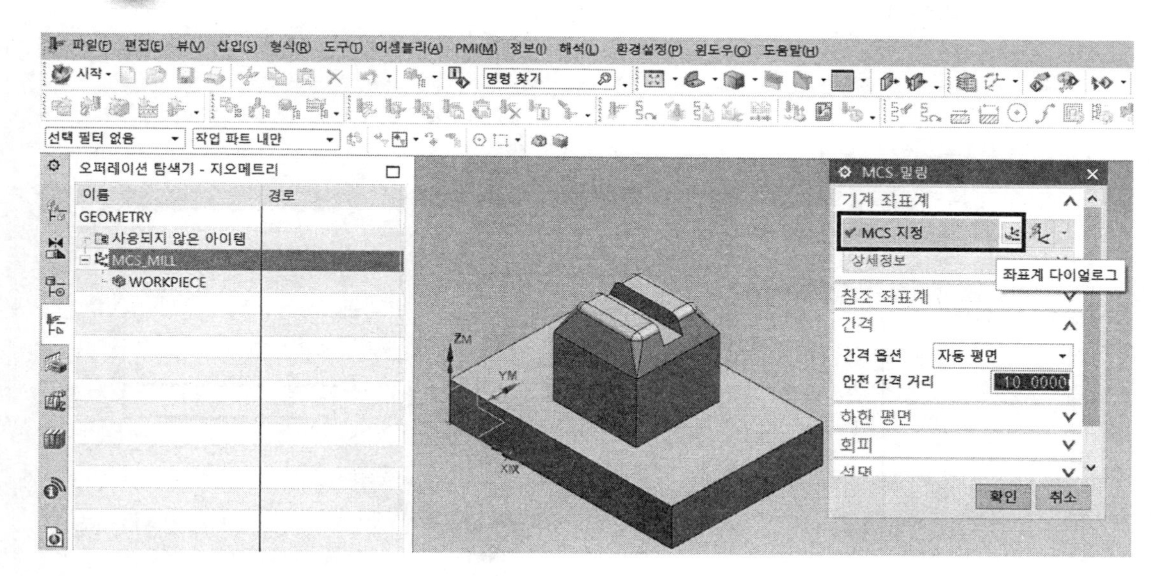

5 좌표계 박스에서 유형/동적 선택 → 화면에서 좌측 아래의 좌표 X는 0, Y는 0, Z는 0(원점 이동) 부분 클릭 → 확인 버튼을 클릭한다.

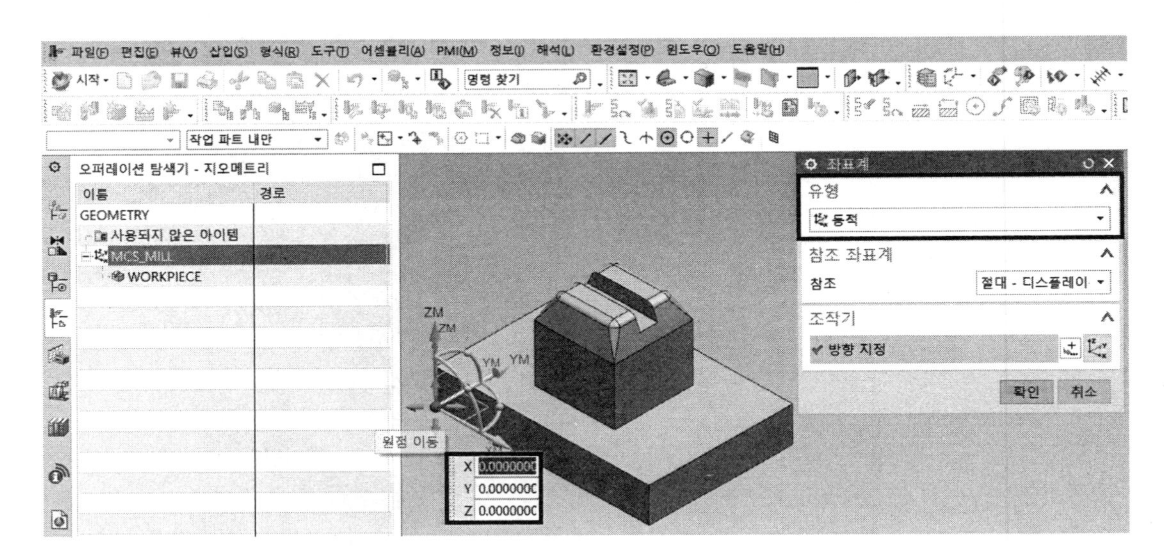

6 MCS 밀링 박스에서 간격/안전 간격 거리; 50으로 입력한다. → 확인 버튼을 클릭한다.

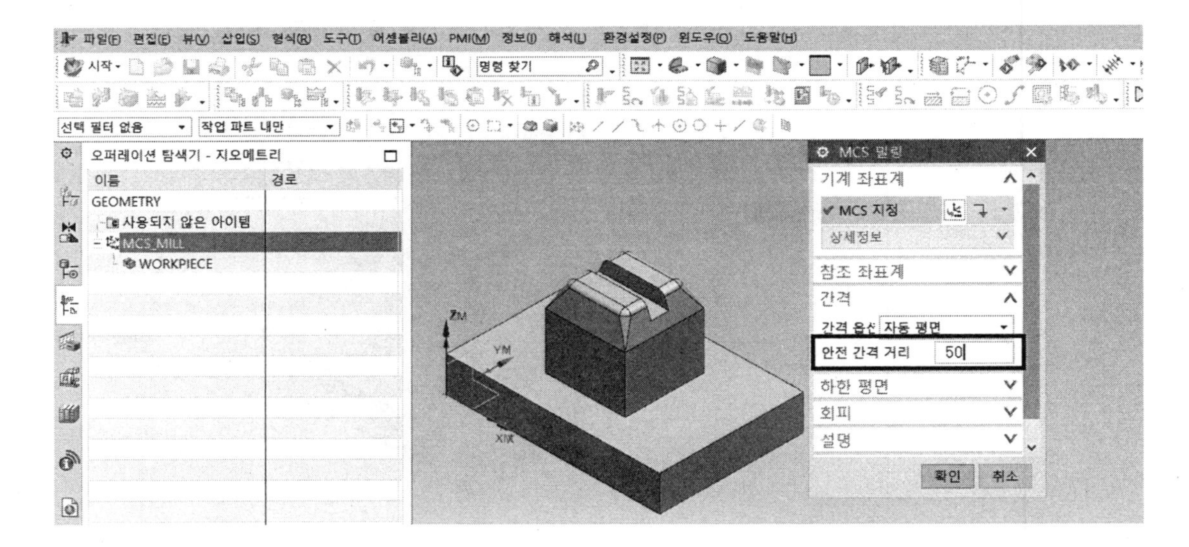

2.3 소재 인식

1 좌측 tree의 WORKPIECE를 더블클릭한다.

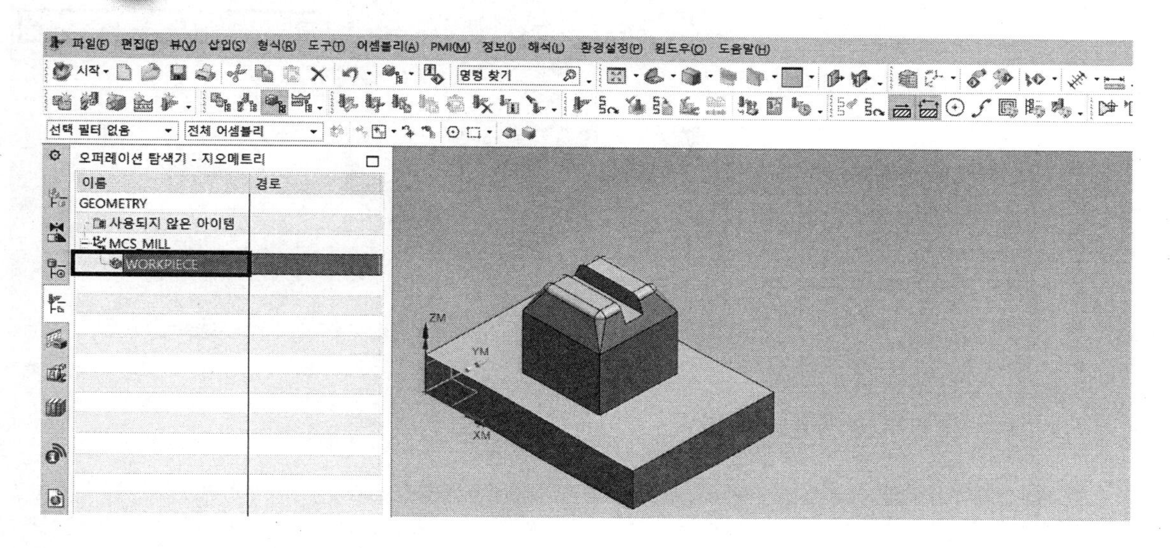

2 가공물 박스에서 지오메트리/파트 지정; 파트 지오메트리 선택 또는 편집을 클릭한다.

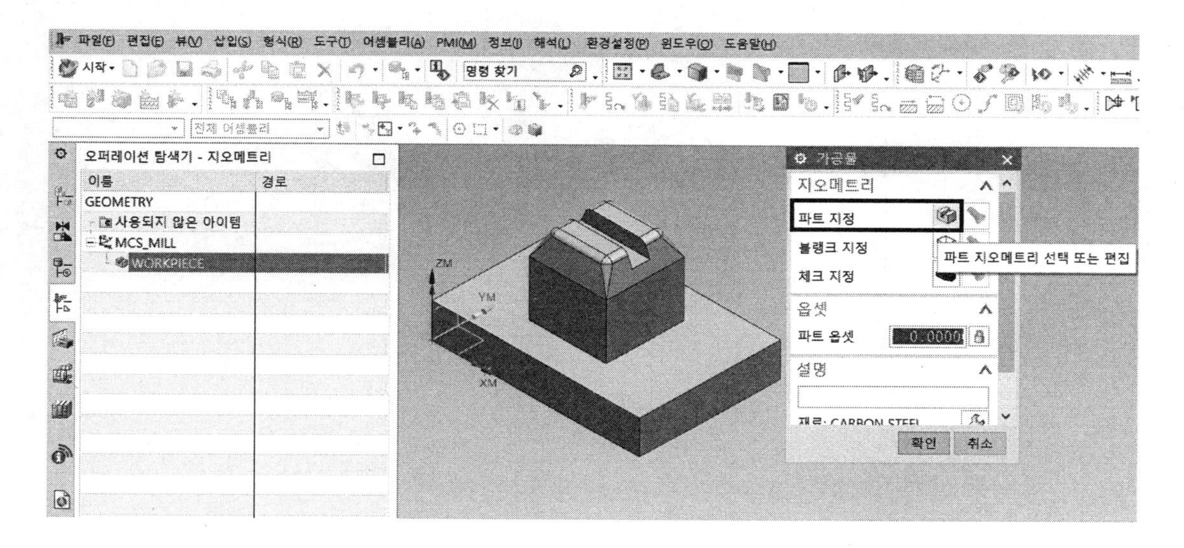

3 파트 지오메트리 박스에서 지오메트리; 개체 선택(0)을 클릭한다.

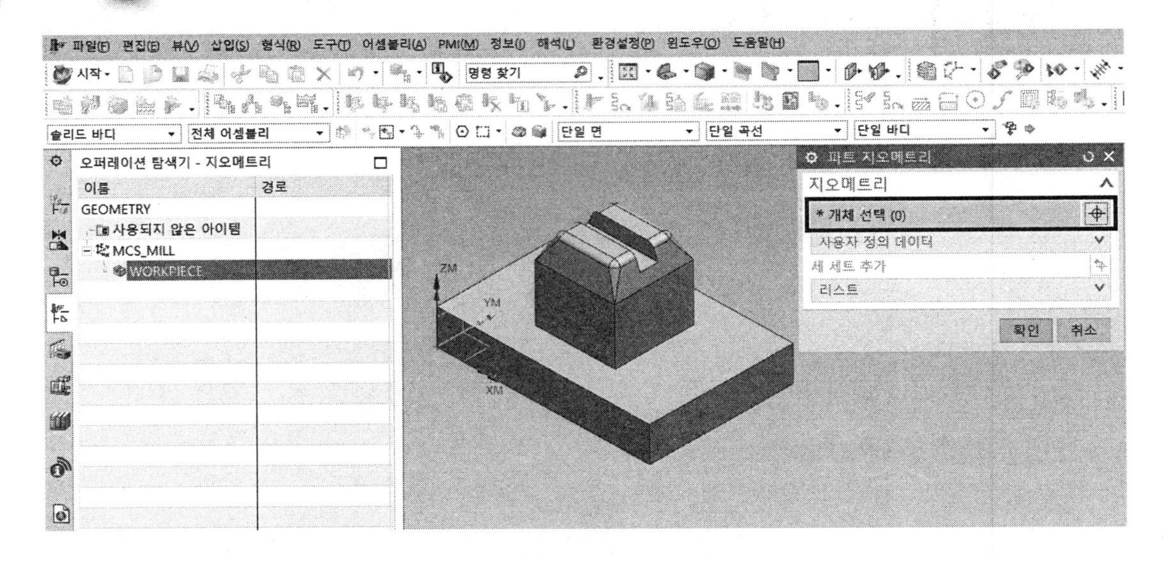

4 화면의 물체를 클릭한다.

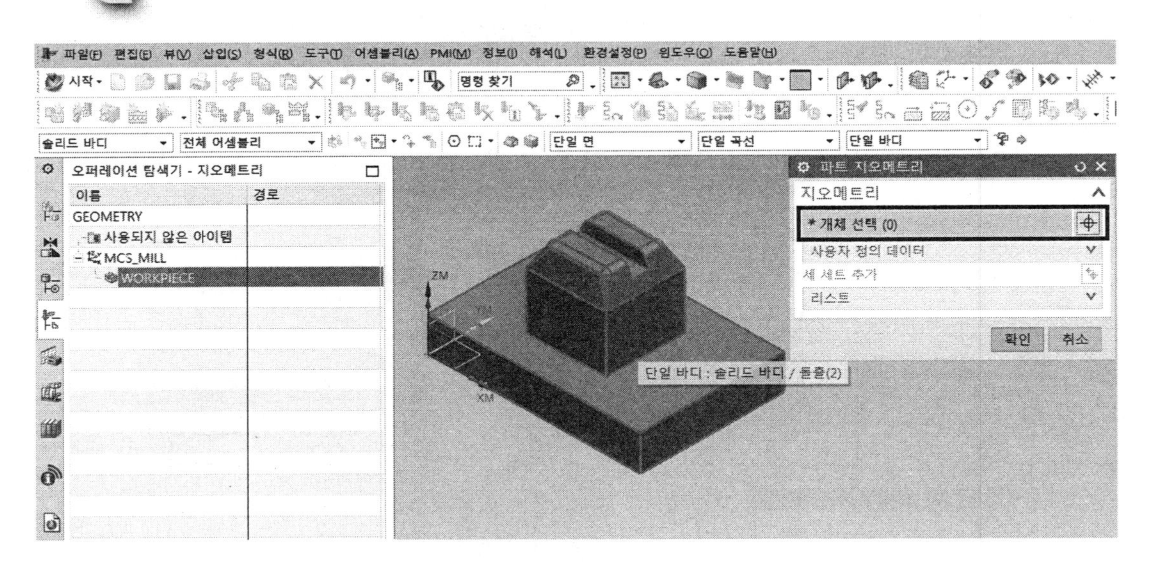

5 파트 지오메트리 박스에서 지오메트리; 개체 선택(1)로 됨을 확인한다.

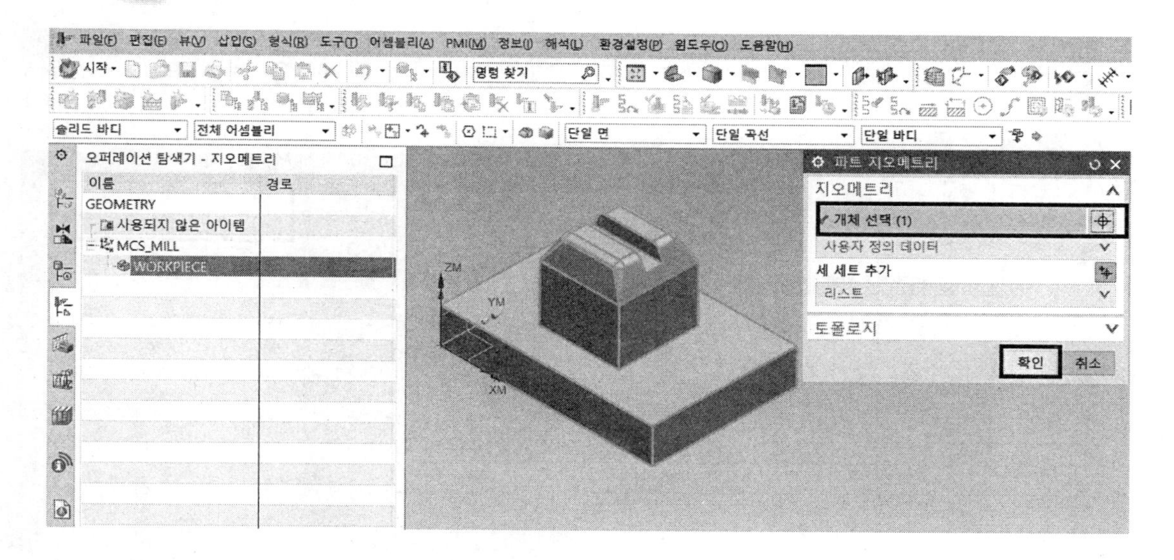

6 가공물 박스에서 지오메트리/블랭크 지정; 블랭크 지오메트리 선택 또는 편집을 클릭한다.

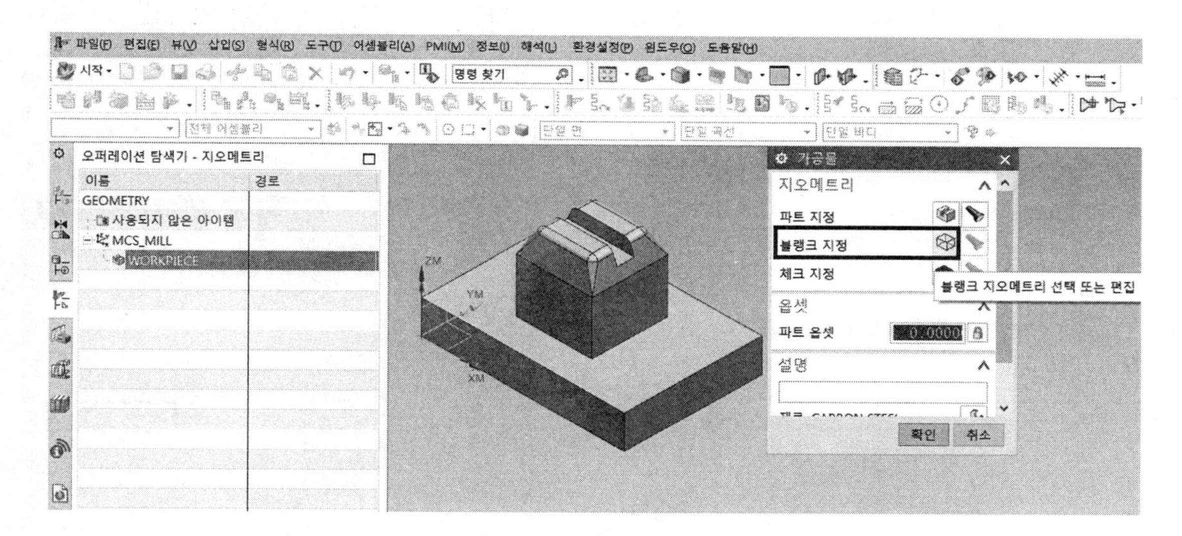

7 블랭크 지오메트리 박스에서 유형/경계 블록으로 지정한다.

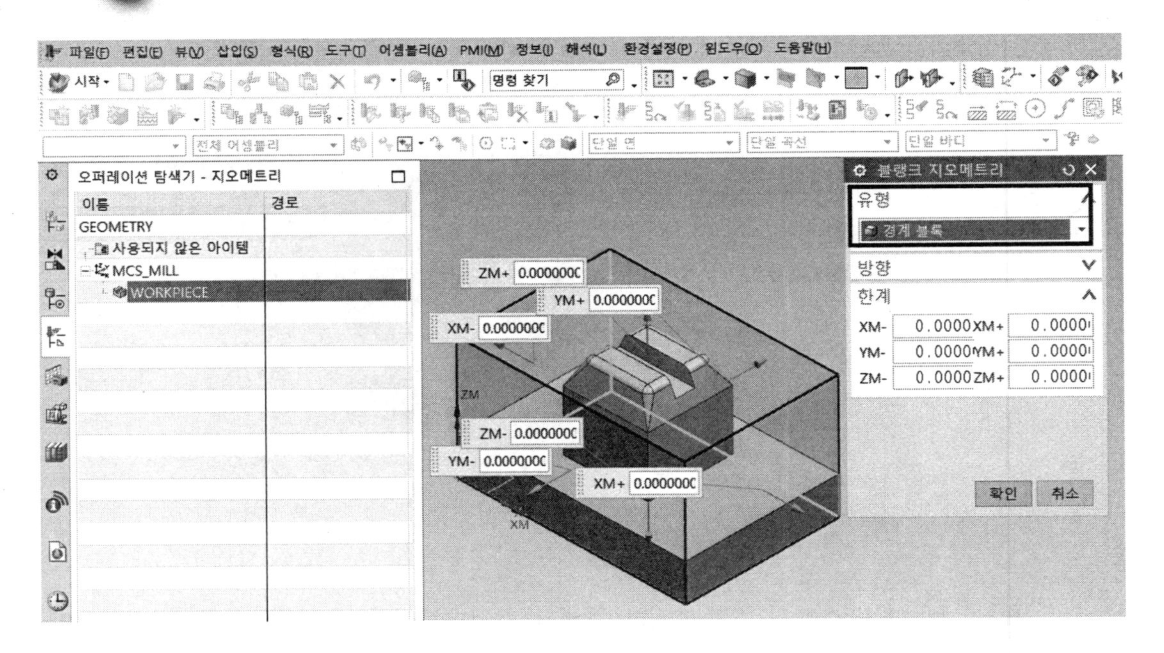

8 한계; ZM+ 우측에 2.0을 입력하고 엔터를 클릭한다. → 확인 버튼을 클릭한다.

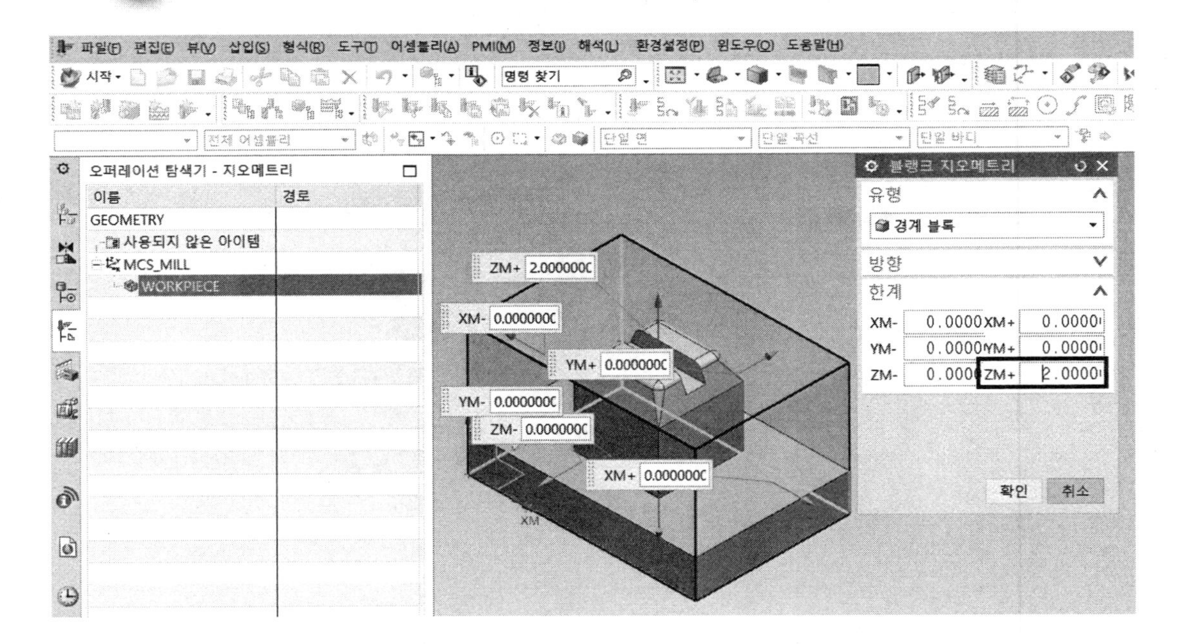

2.4 공구 생성

☐ 1번 공구 생성

1 도구모음: 삽입 아이콘을 클릭한다.

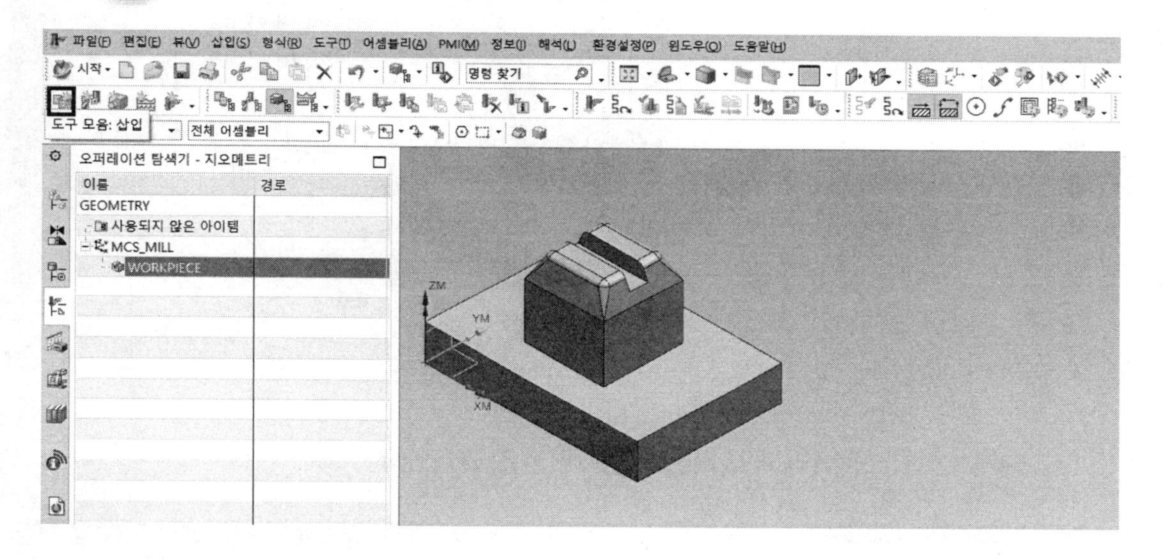

2 2번째 아이콘 공구 생성을 클릭한다.

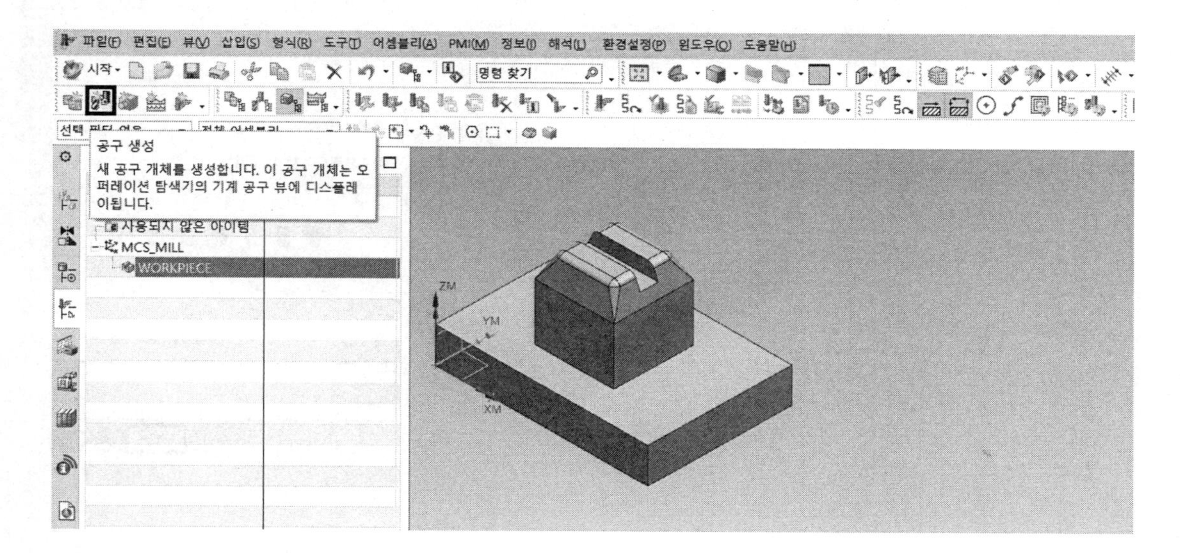

3 공구 생성 박스에서 유형/mill_contour 선택 → 공구 하위 유형/MILL을 선택한다.

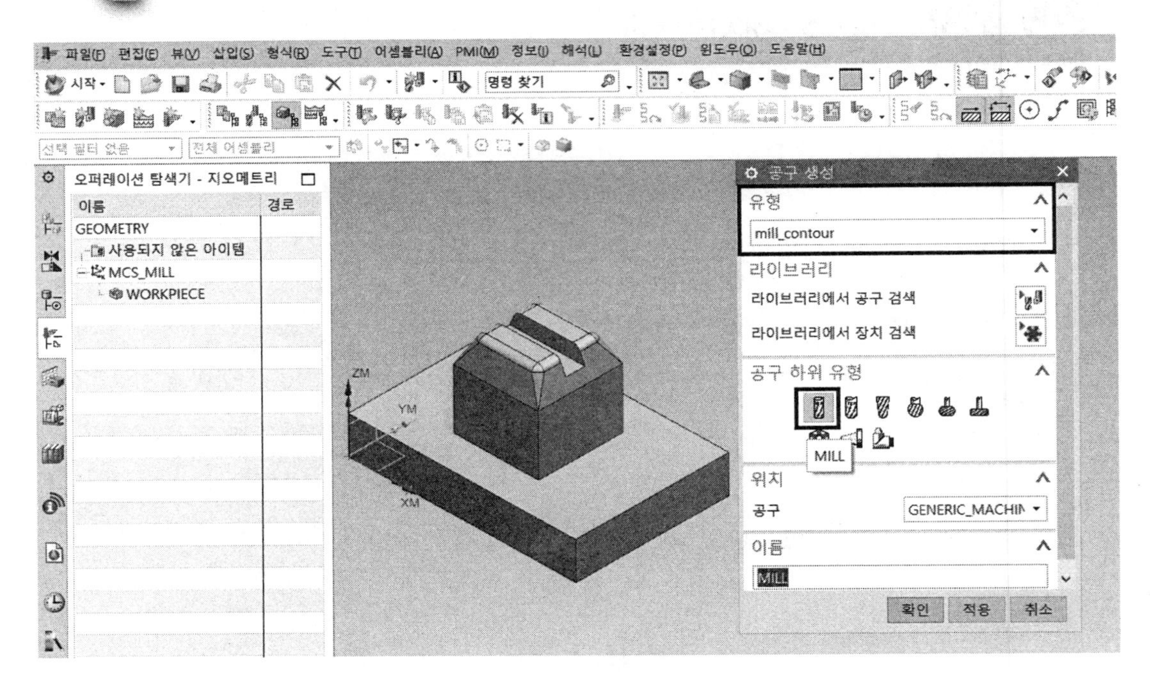

4 이름; 평6이라고 입력 → 적용 버튼을 클릭한다.

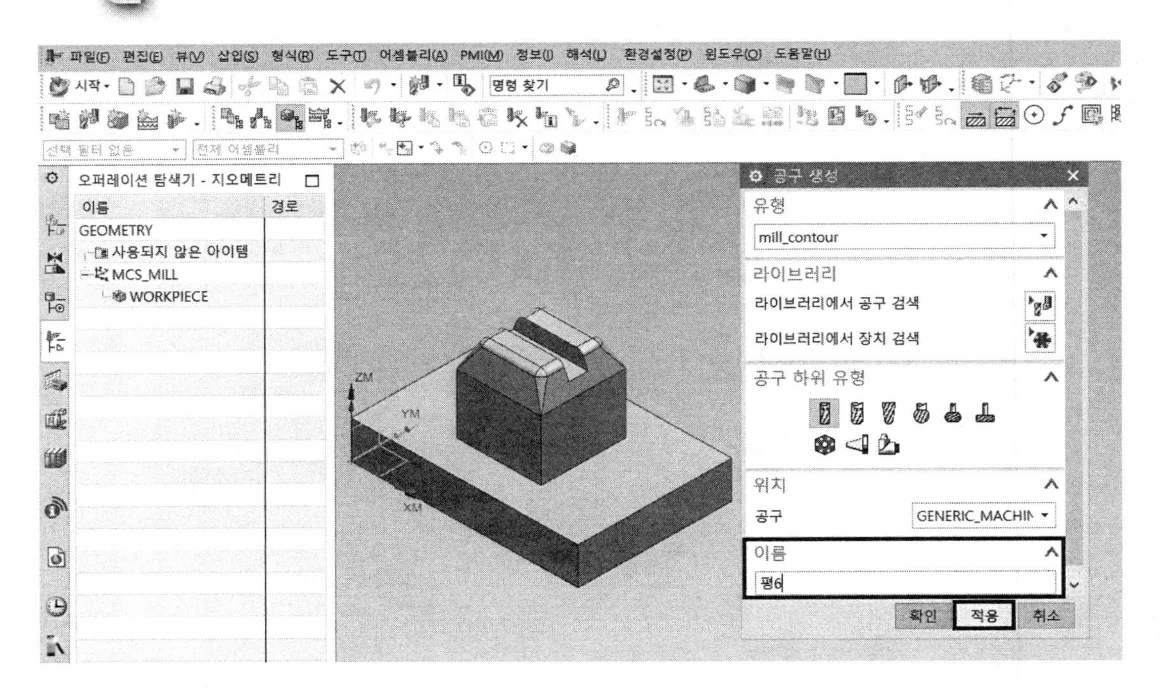

5 밀링 공구-5 매개변수 박스의 공구 탭에서
치수/(D) 직경; 6 입력 → 번호/공구 번호; 1 입력 → 조정 레지스터; 1 입력 →
공구 보정 레지스터; 1 입력 → 확인 버튼을 클릭한다.

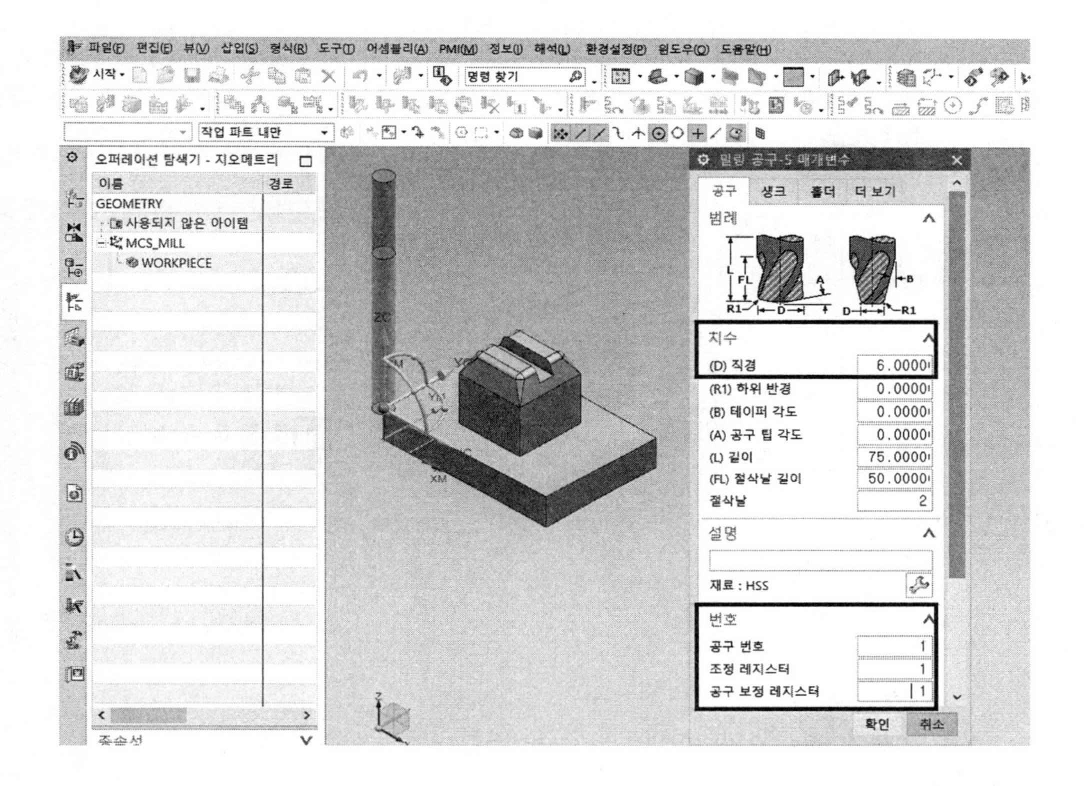

6 도구 모음에서 탐색기의 2번째 기계 공구 뷰 클릭 → 평6 공구가 생성되어 있다.

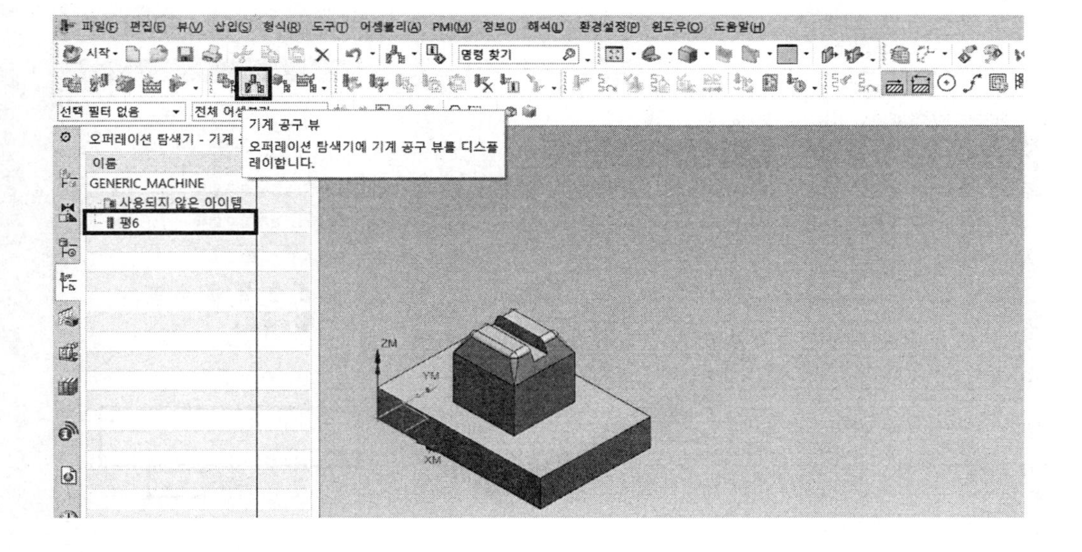

❑ 2번 공구 생성

1 2번째 아이콘 공구 생성을 클릭한다. → 공구 생성 박스에서 유형/mill_contour 선택 → 공구 하위 유형/MILL을 선택한다.

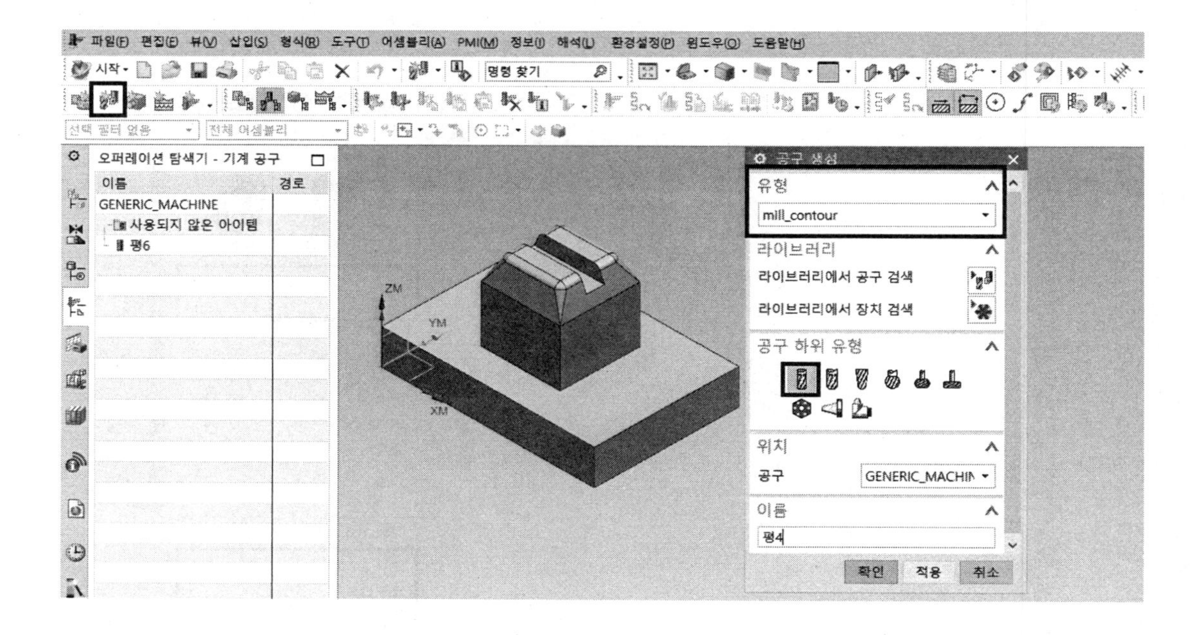

2 이름에 평4를 입력한다. → 적용 버튼을 클릭한다.

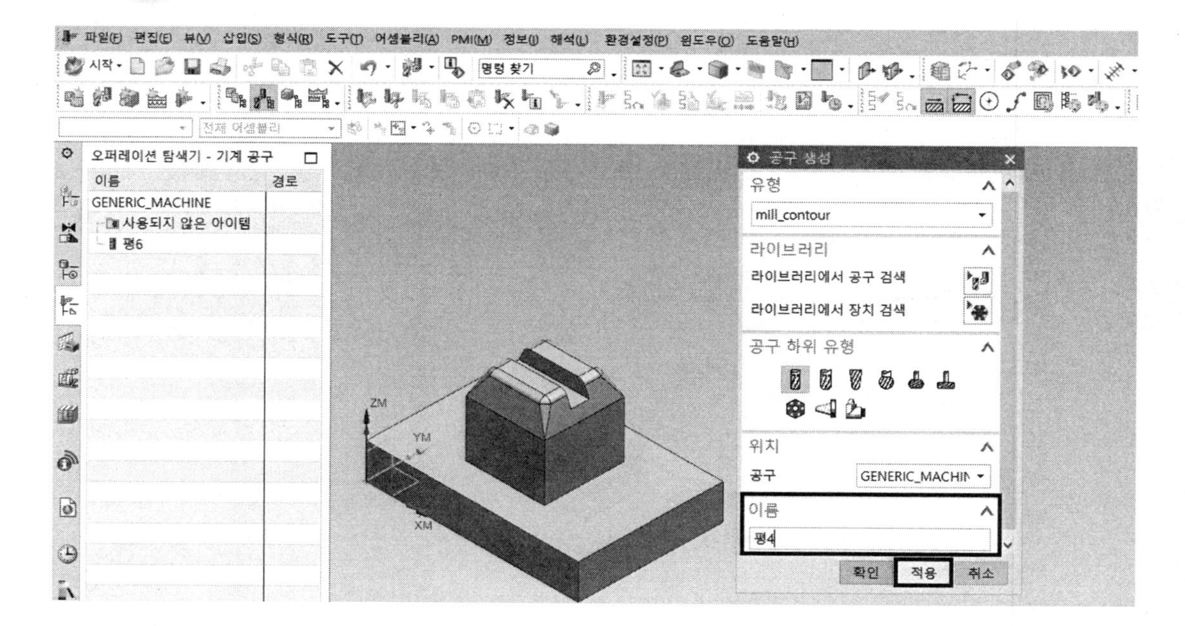

3 밀링 공구-5 매개변수 박스/공구 탭에서
치수/(D) 직경; 4 입력 → 번호/공구 번호; 2 입력 → 조정 레지스터; 2 입력 → 공구 보정 레지스터; 2 입력 → 확인 버튼을 클릭한다.

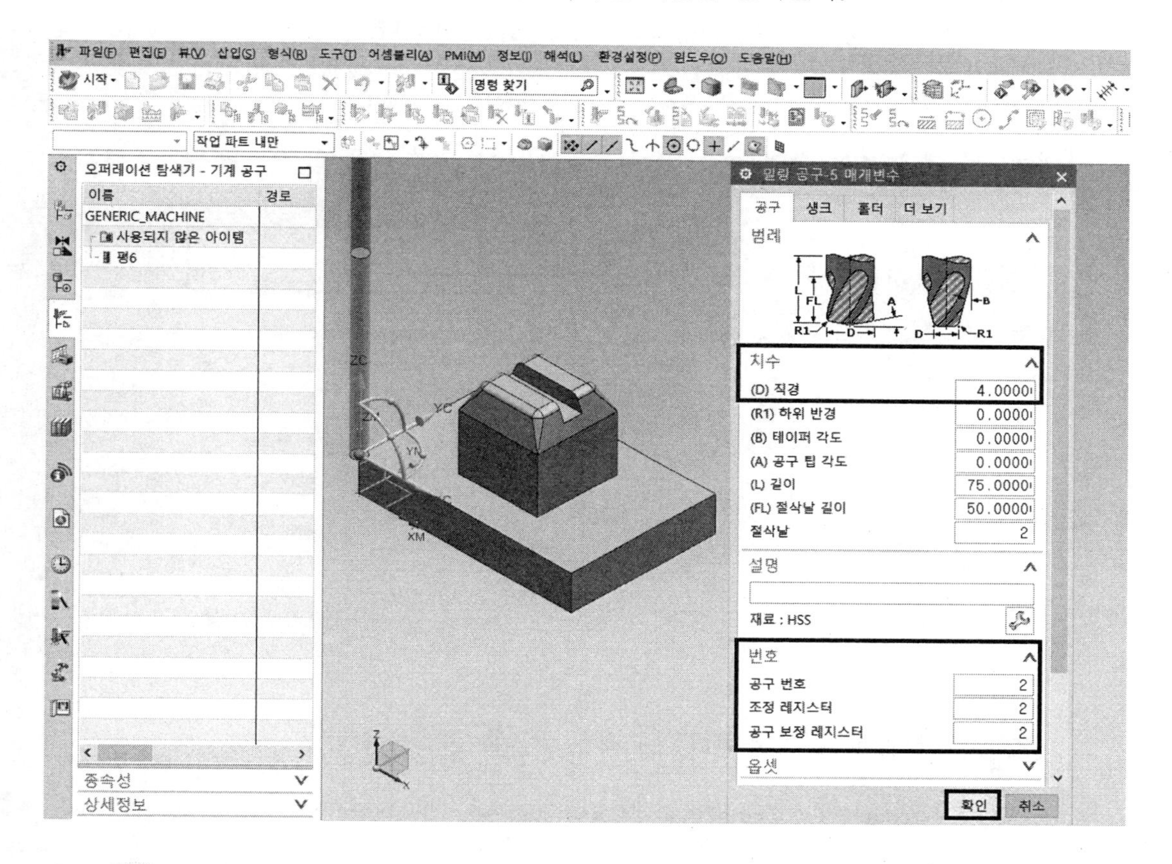

4 좌측 tree의 평4 공구가 생성되어 있다.

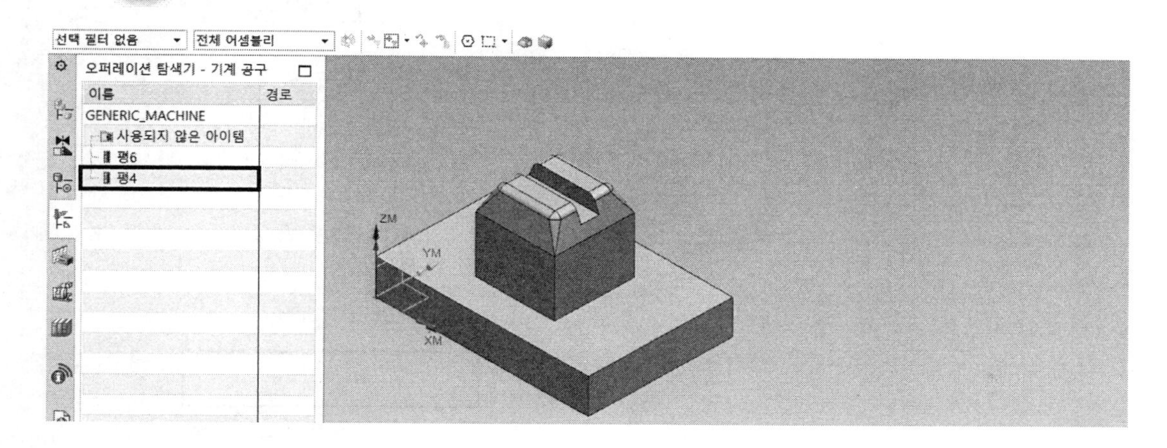

☐ 3번 공구 생성

1. 2번째 아이콘 공구 생성을 클릭한다. → 공구 생성 박스에서 유형/mill_contour 선택 → 공구 하위 유형/BALL_MILL을 선택한다.

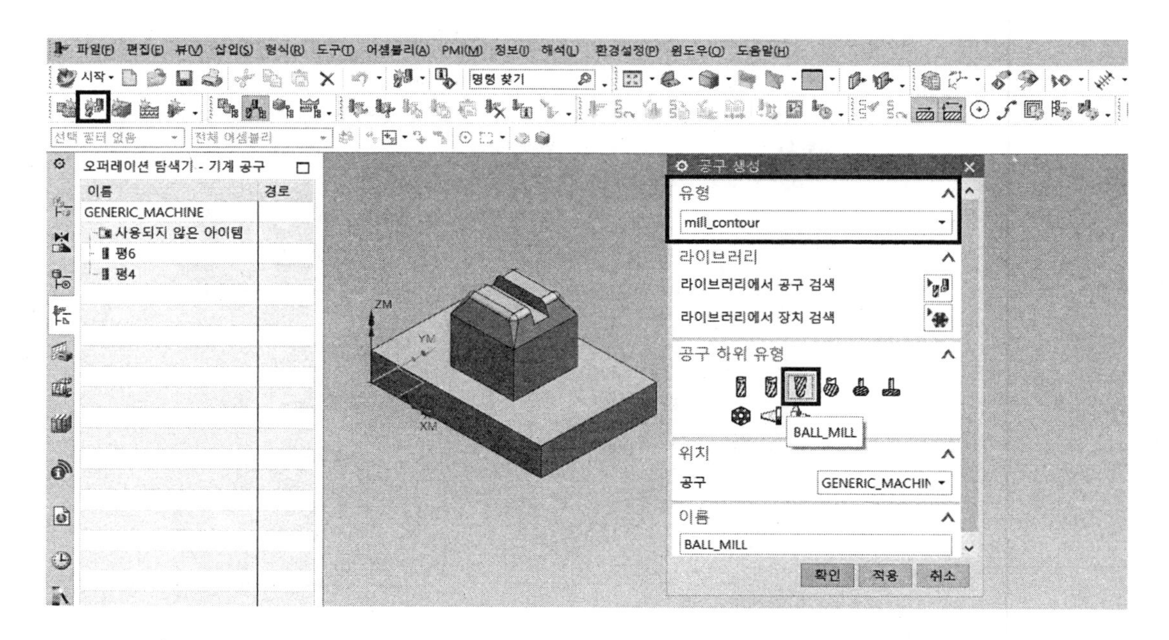

2. 이름에 볼4를 입력한다. → 적용 버튼을 클릭한다.

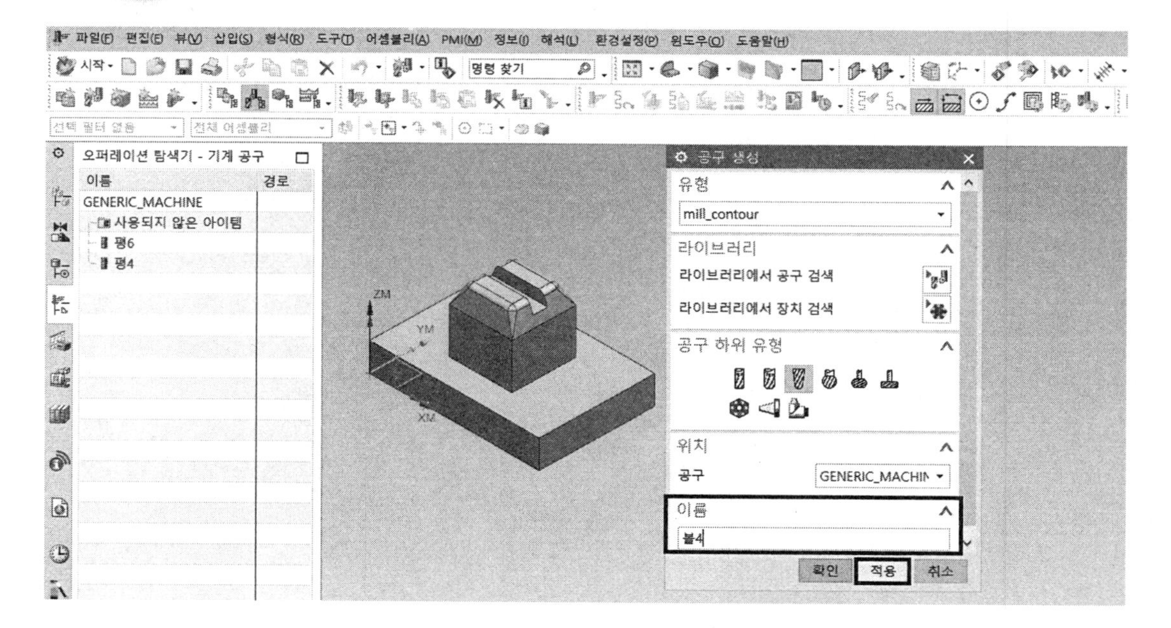

3 밀링 공구-볼 밀 박스/공구 탭에서
치수/(D) 볼 직경; 4 입력 → 번호/공구 번호; 3 입력 → 조정 레지스터; 3 입력 → 공구 보정 레지스터; 3 입력 → 확인 버튼을 클릭한다.

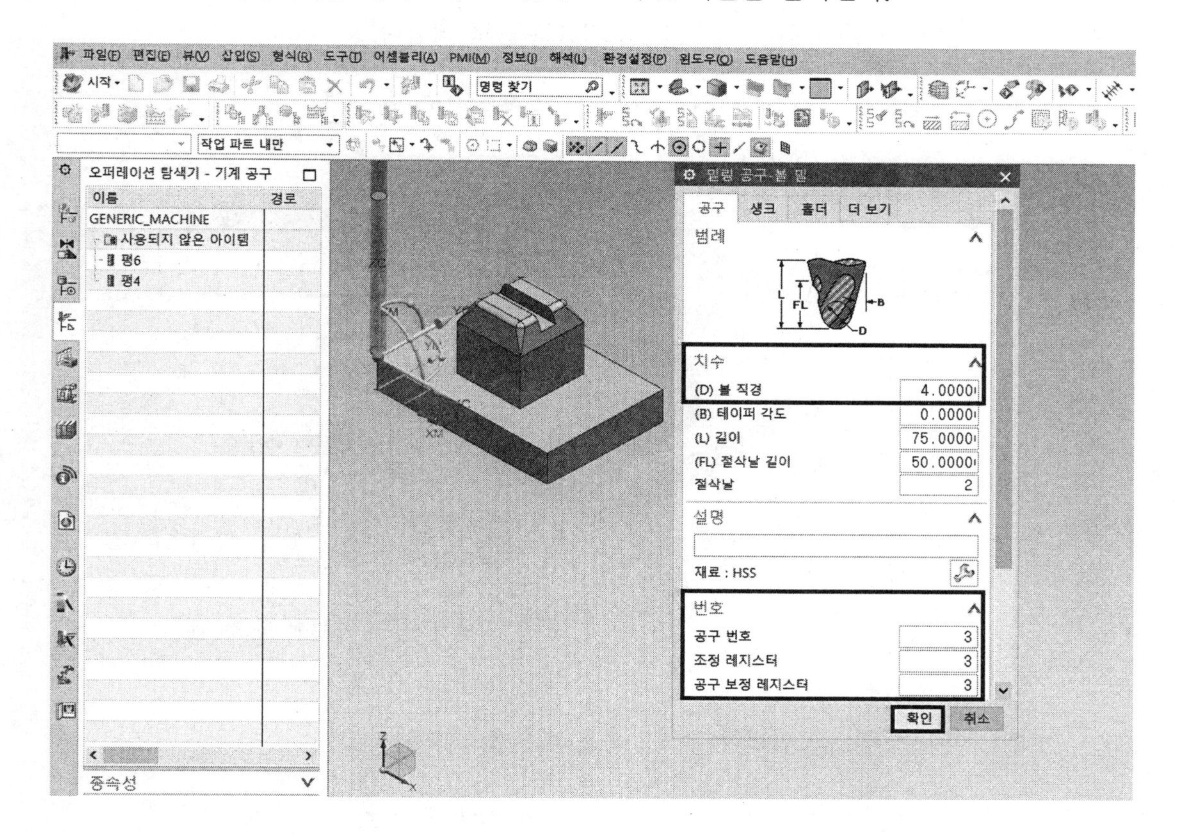

□ 4번 공구 생성

1 2번째 아이콘 공구 생성을 클릭한다. → 공구 생성 박스에서 유형/mill_contour 선택 → 공구 하위 유형/BALL_MILL을 선택한다.

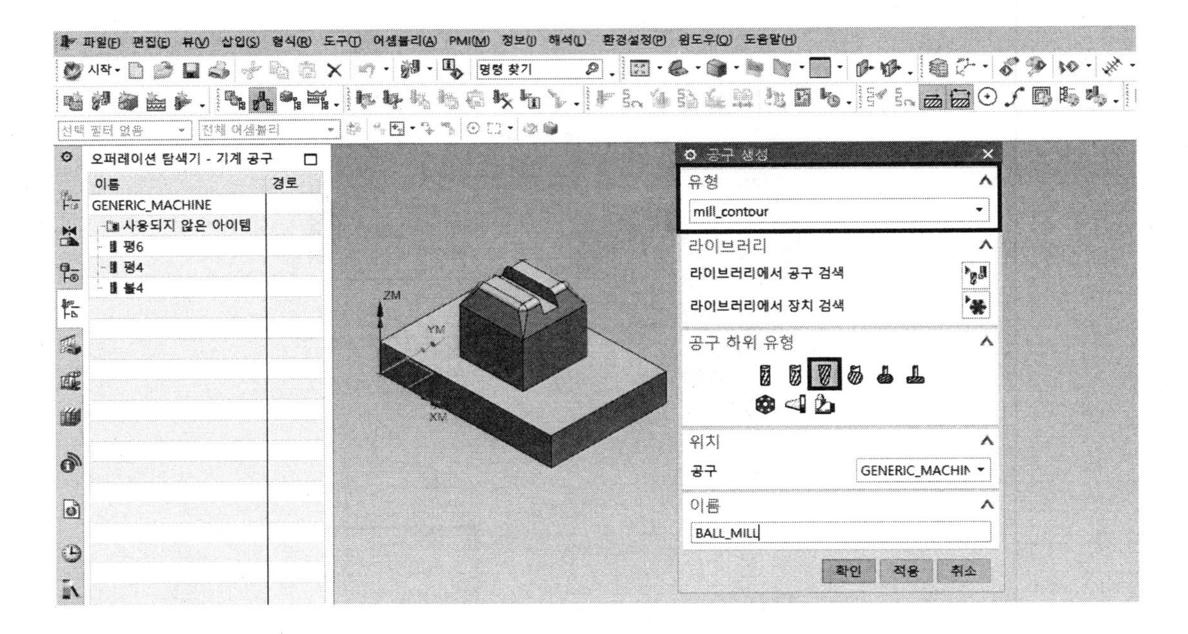

2 이름에 볼2를 입력한다. → 적용 버튼을 클릭한다.

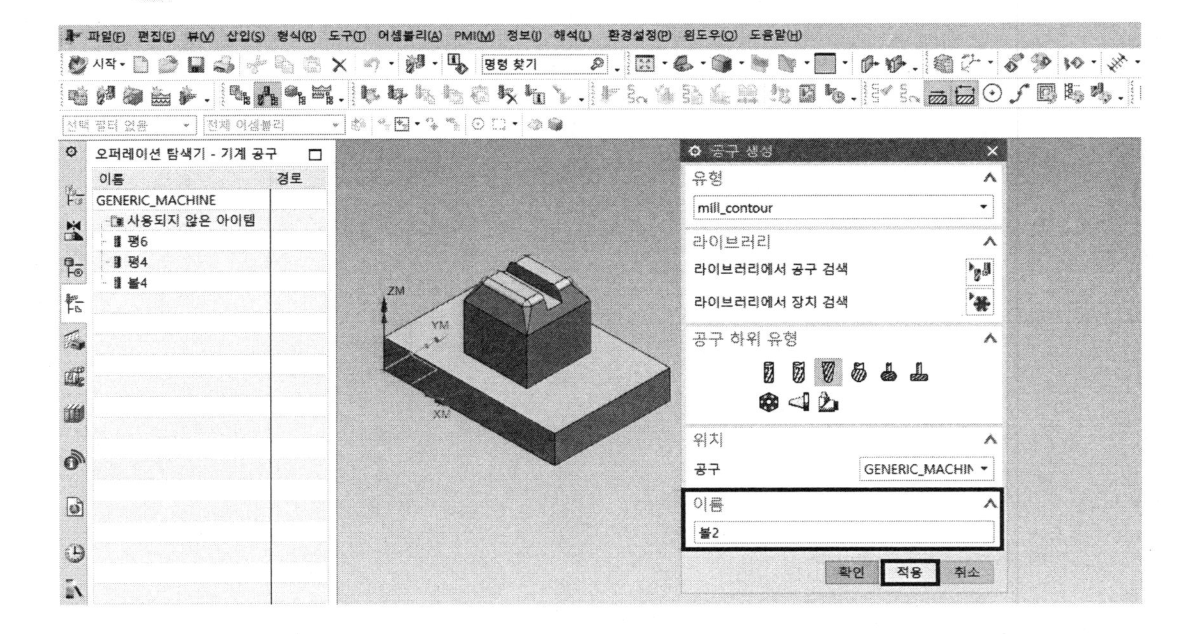

3 밀링 공구-볼 밀 박스/공구 탭에서
치수/(D) 볼 직경; 2 입력 → 번호/공구 번호; 4 입력 → 조정 레지스터; 4 입력 → 공구 보정 레지스터; 4 입력 → 확인 버튼을 클릭한다.

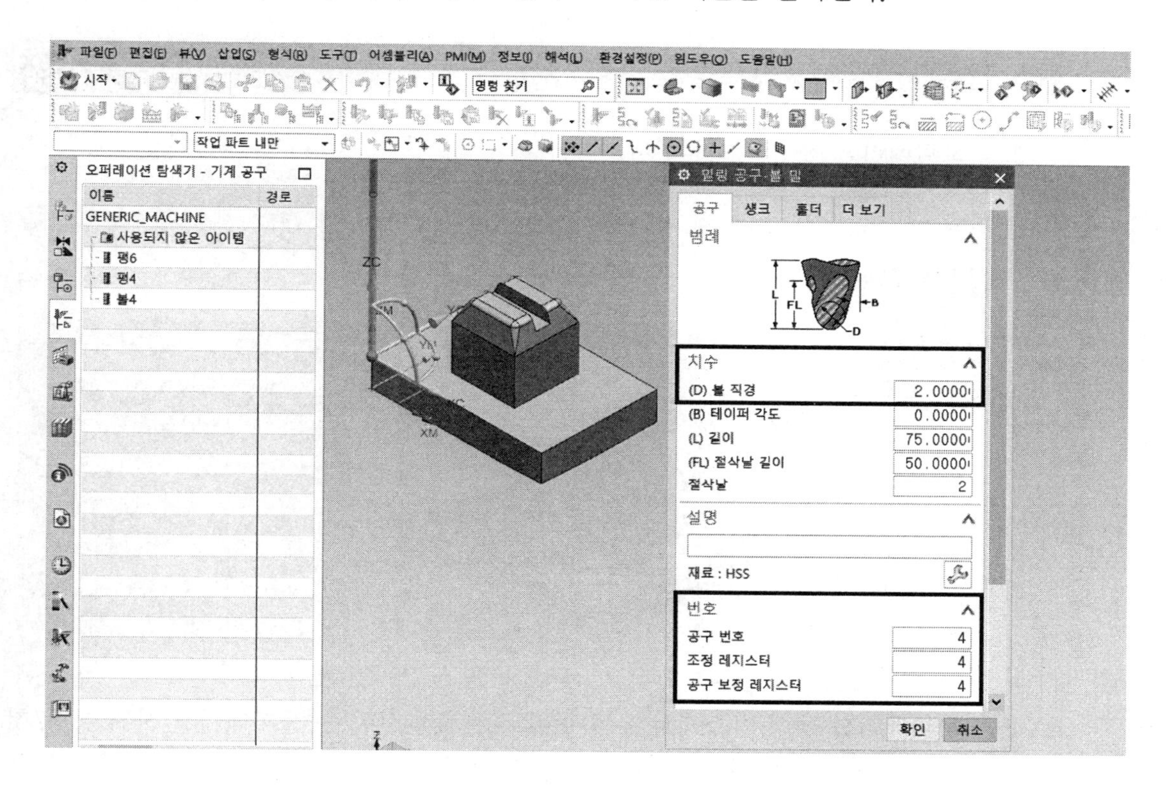

4 좌측 tree의 볼2 공구가 생성되어 있다.

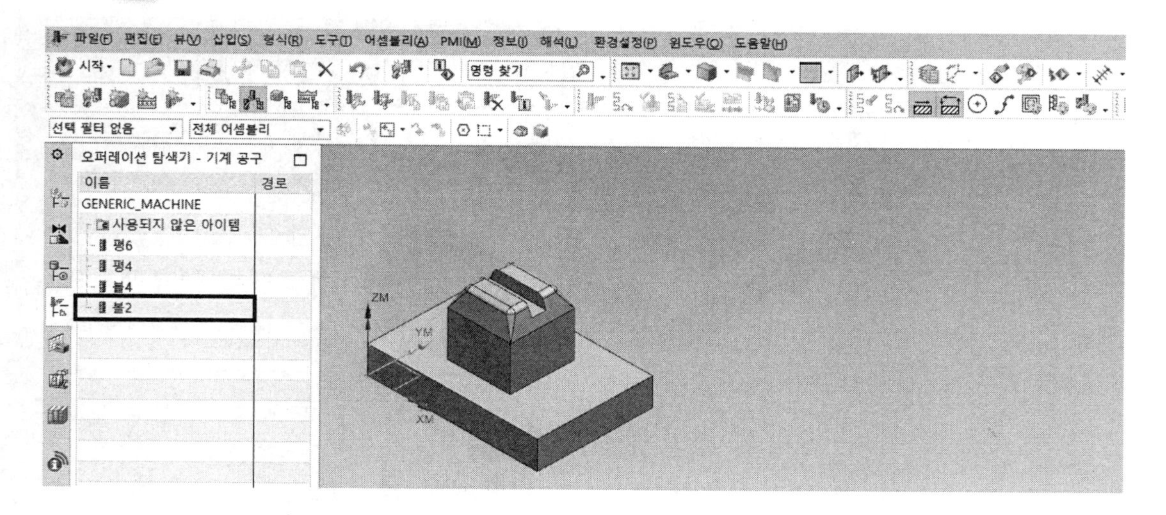

2.5 오퍼레이션 생성

□ 황삭

1 오퍼레이션 생성을 클릭한다.

2 오퍼레이션 생성 박스에서 유형/mill_contour 선택 → 오퍼레이션 하위 유형/첫 번째 줄, 첫 번째 캐비티 밀링을 선택한다.

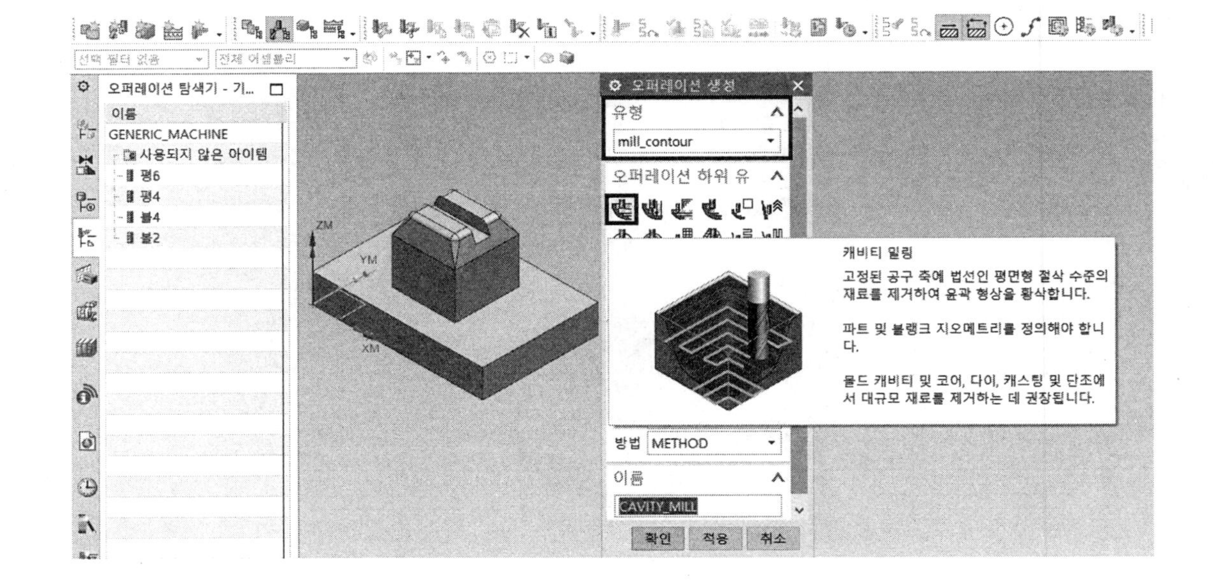

3 위치/프로그램; PROGRAM 선택 → 공구; 평6(밀링 공구 - 5 매개변수) 선택 → 지오메트리; WORKPIECE 선택 → 방법; METHOD 선택한다.
이름/황삭으로 입력한다. → 적용 버튼을 클릭한다.

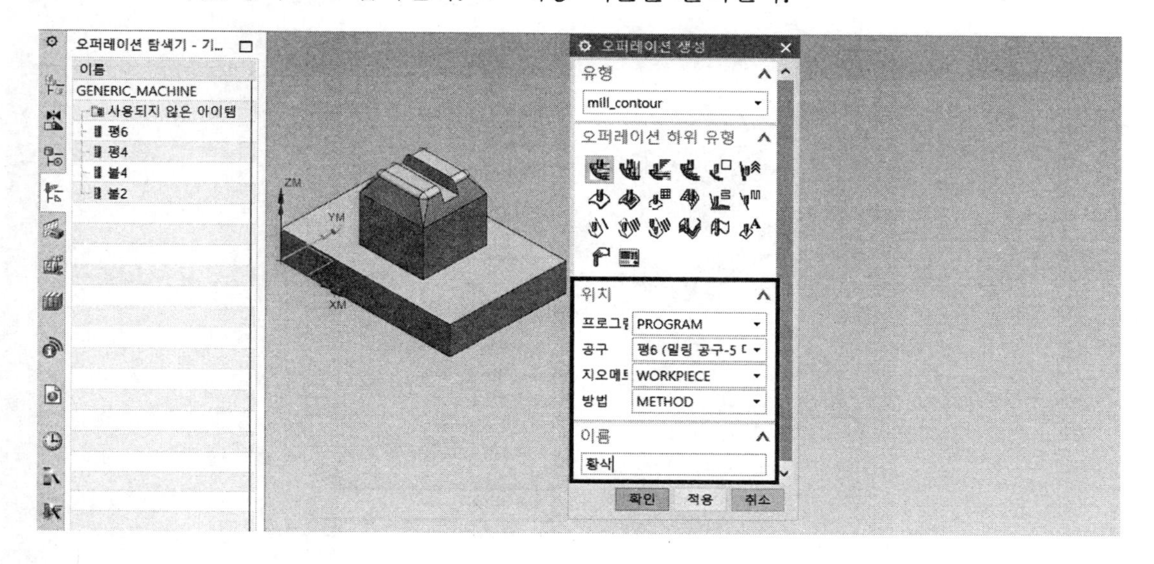

4 캐비티 밀링-[황삭]박스/경로 설정값에서 절삭 패턴; 외곽 따르기 선택 → 스텝오버; 일정 선택 → 최대 거리; 3을 입력(경로간격 : mm 선택) → 절삭 당 공통 깊이; 일정 선택 → 최대 거리; 3을 입력(절 입량 : mm 선택)한다.

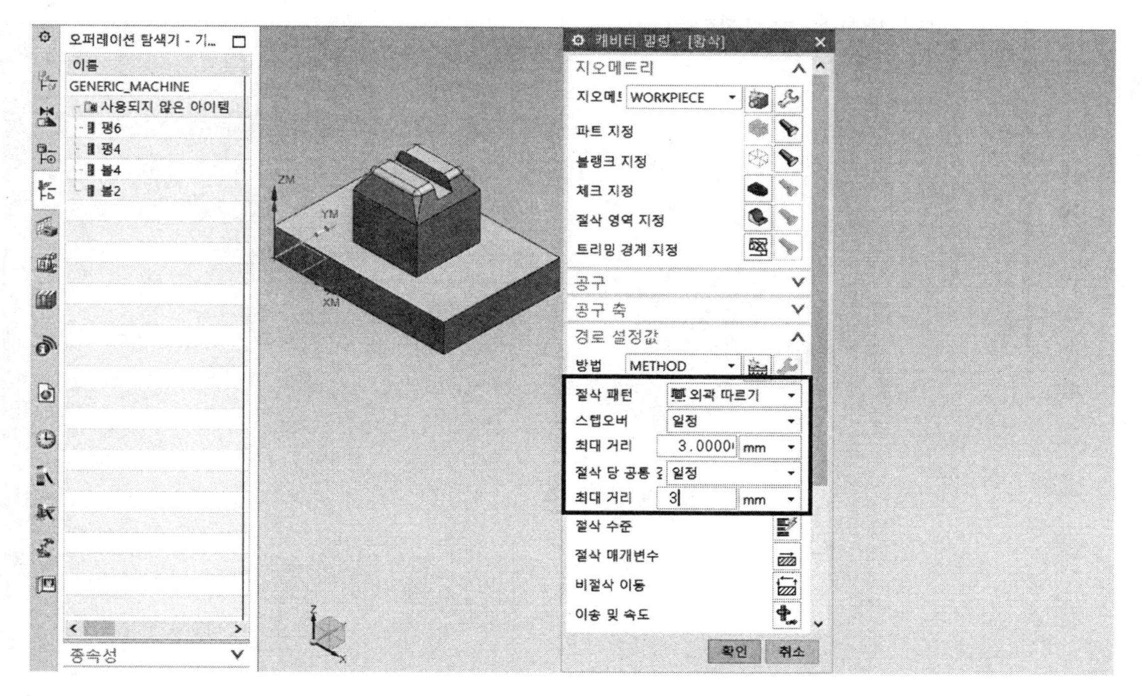

5 경로 설정값/절삭 매개변수; 우측의 절삭 매개변수 아이콘을 클릭한다.

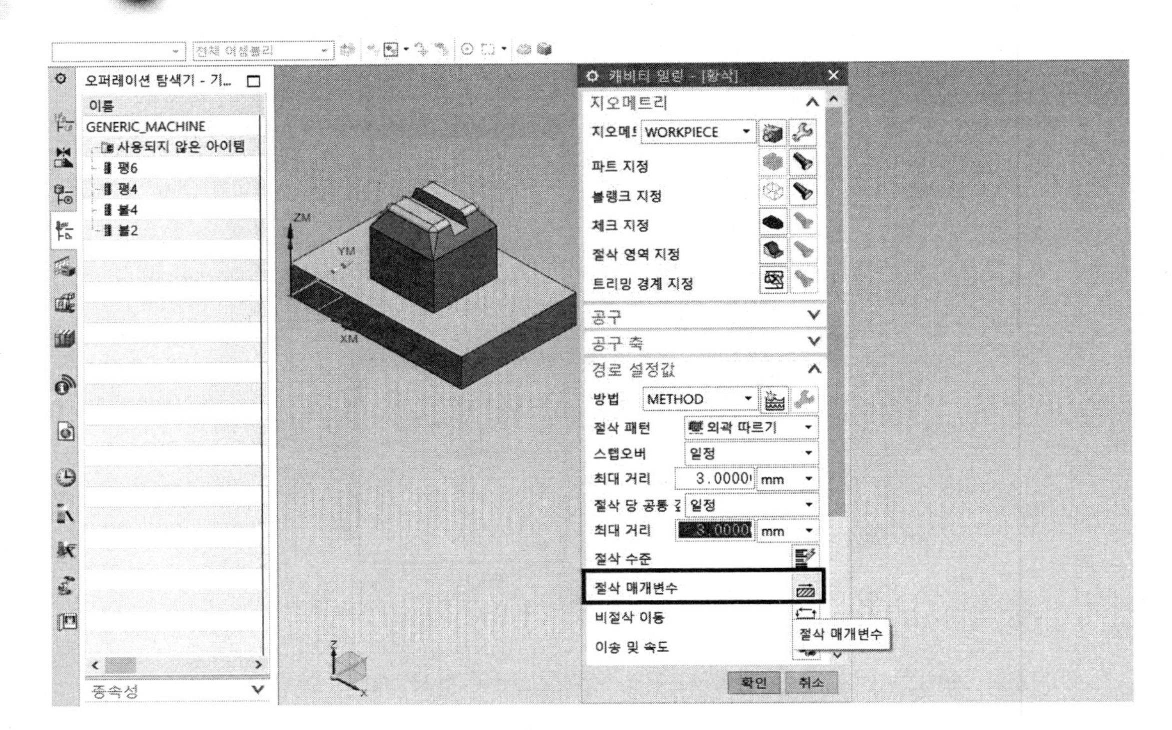

6 절삭 매개변수 박스/스톡 탭에서 파트 측면 스톡; 0.5를 입력하고 엔터한다. → 확인 버튼을 클릭한다.

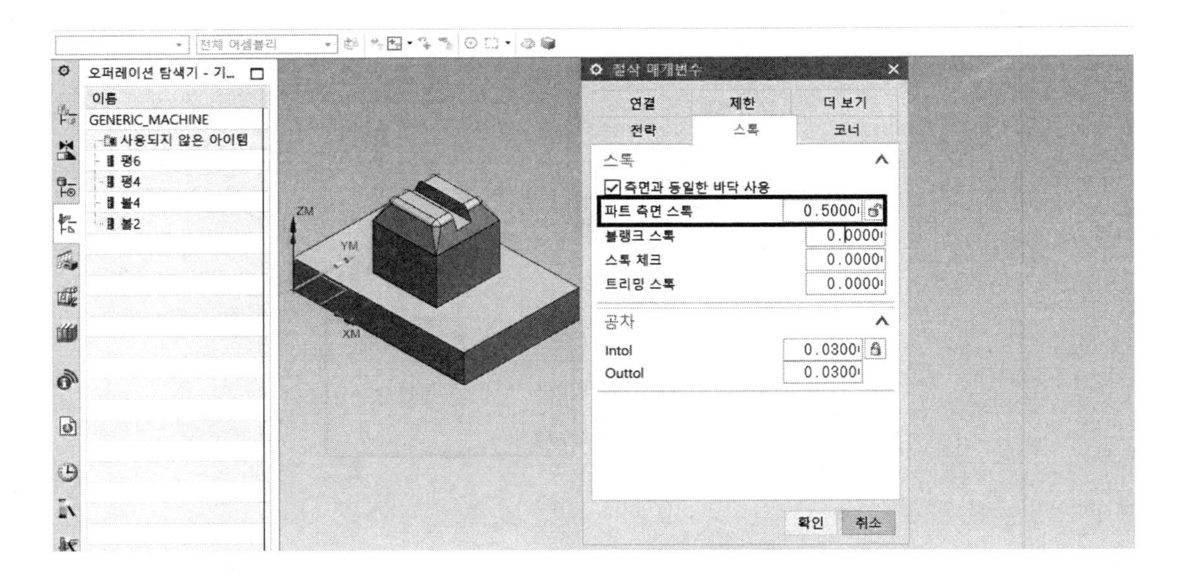

7 캐비티 밀링-[황삭] 박스/경로 설정값/이송 및 속도; 우측의 이송 및 속도 아이콘을 클릭한다.

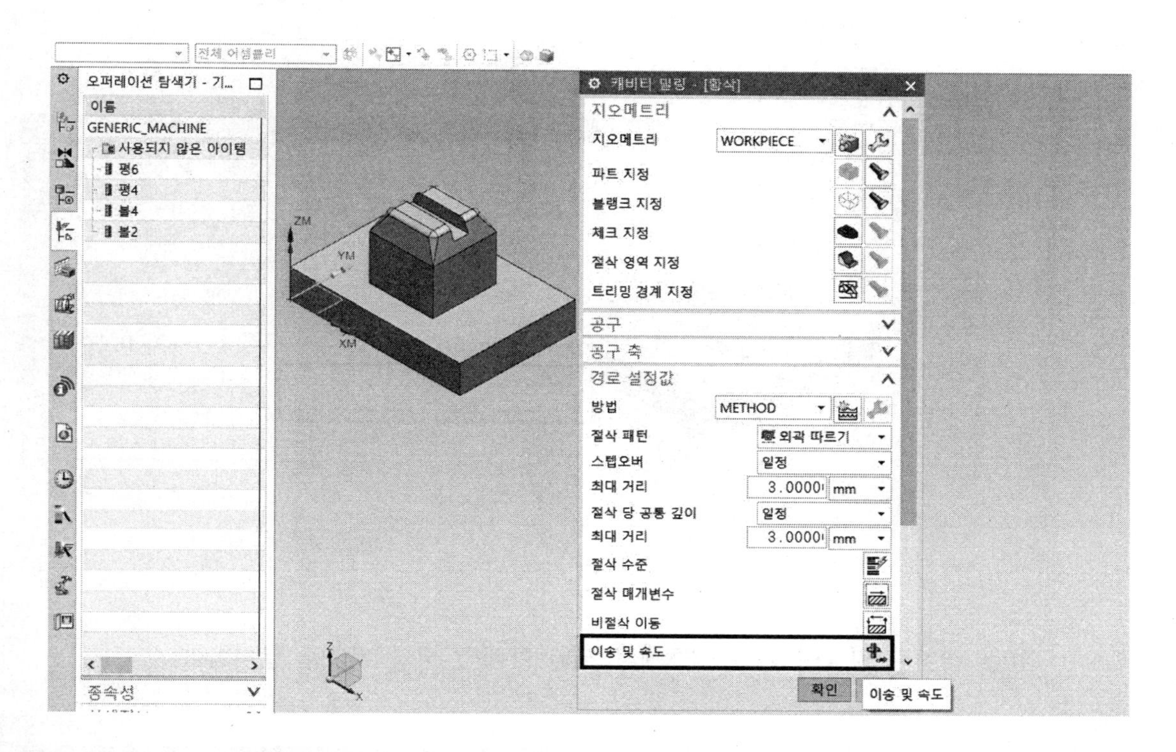

8 이송 및 속도 박스에서 스핀들 속도(rpm); 1200을 입력하면 우측의 계산기가 활성화 된다. 계산기를 클릭하면 좌측의 □스핀들 속도(rpm) 앞의 박스가 자동으로 ☑ 체크되는 것을 확인한다.

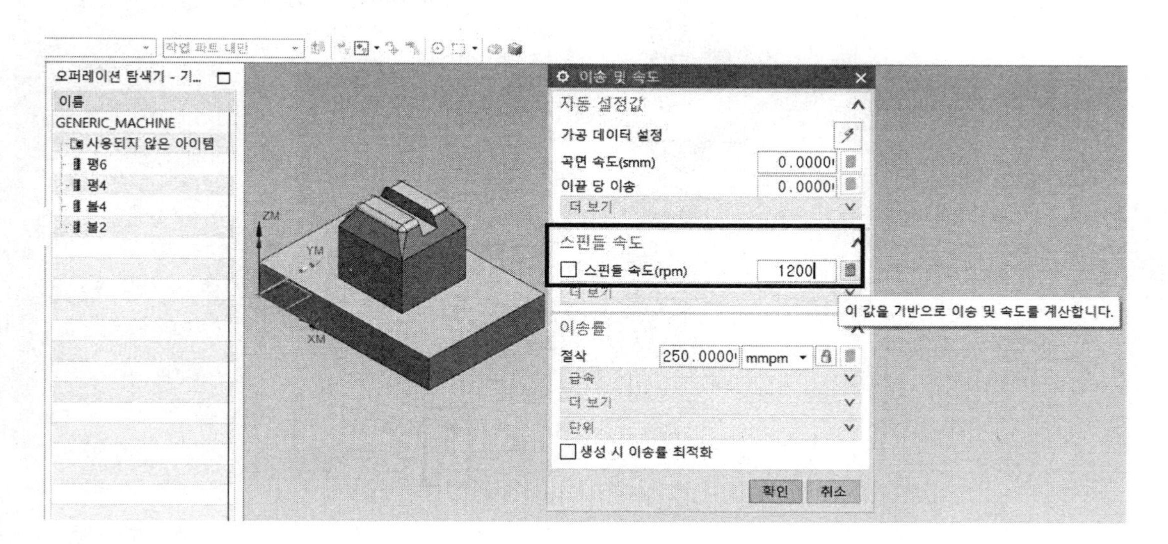

9 이송률/절삭의 이송 속도값; 100을 입력 후 엔터를 누르면 우측의 계산기가 활성화된다. 계산기를 클릭하면 자동 설정값의 이끝 당 이송이 자동으로 설정된다. → 확인 버튼을 클릭한다.

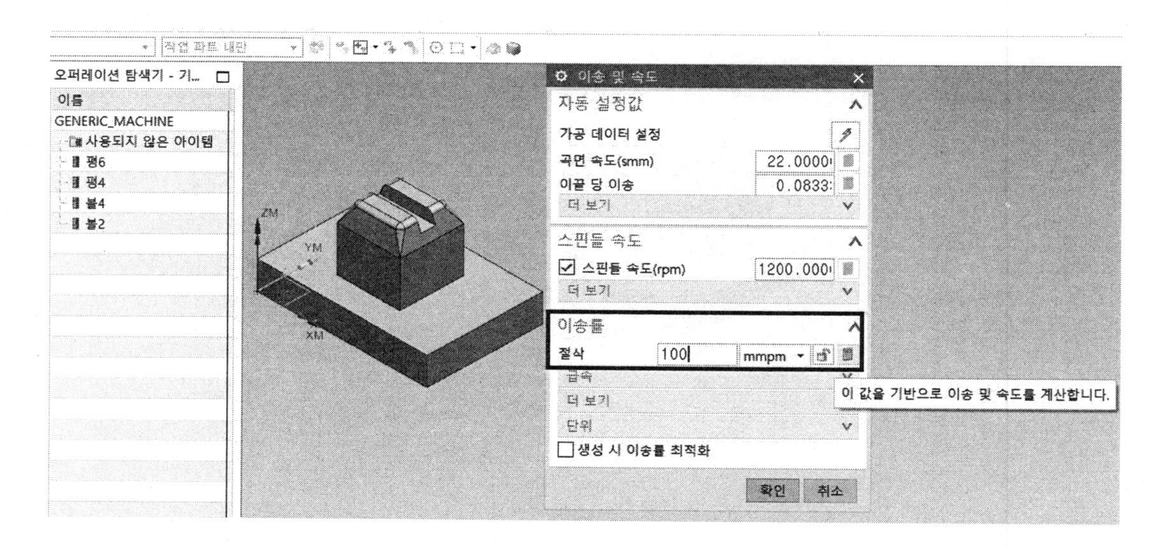

10 캐비티 밀링-[황삭] 박스에서 제일 아래의 생성 버튼을 클릭한다.

11 좌측 tree의 황삭 툴패스가 생성된 형상이다.

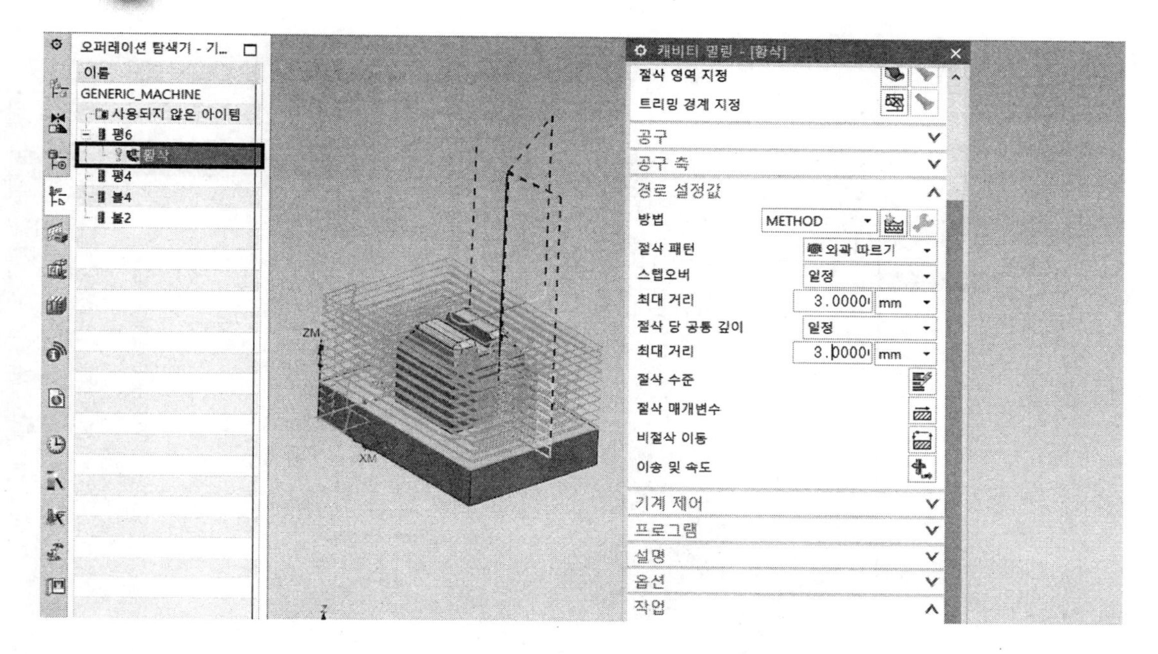

12 캐비티 밀링-[황삭] 박스에서 하단의 검증 버튼을 클릭한다.

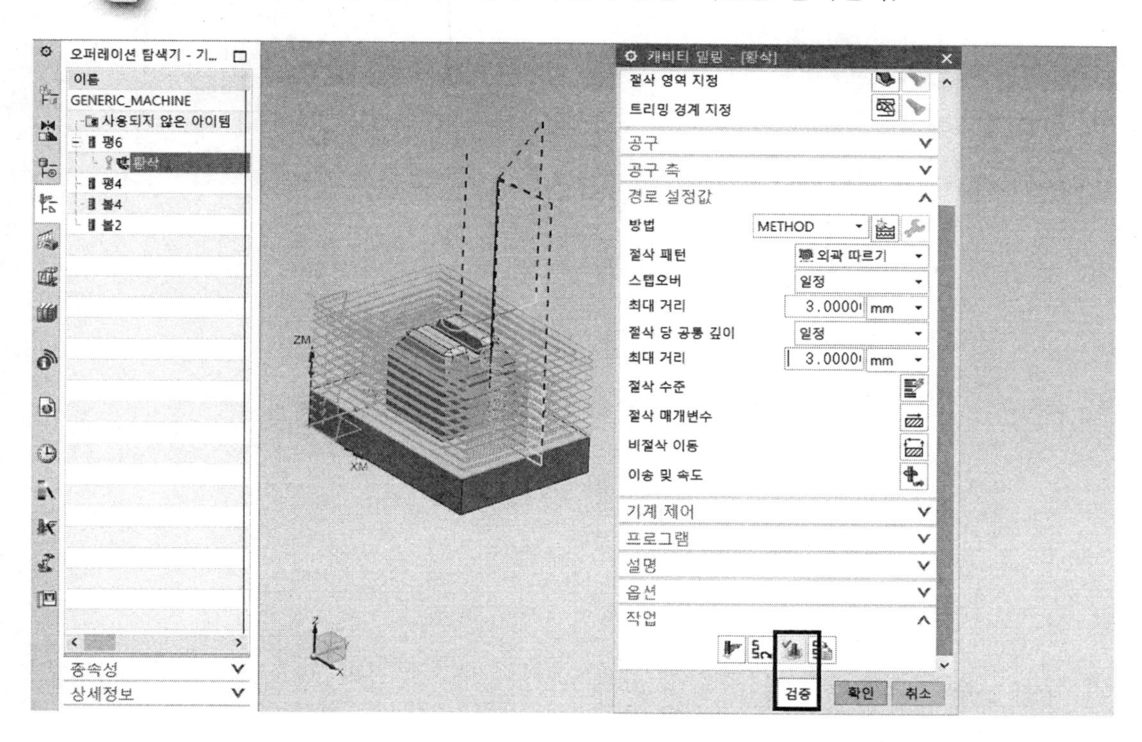

13 공구 경로 시각화 박스/3D 동적 탭에서 애니메이션 속도를 6에 놓고 재생한다.

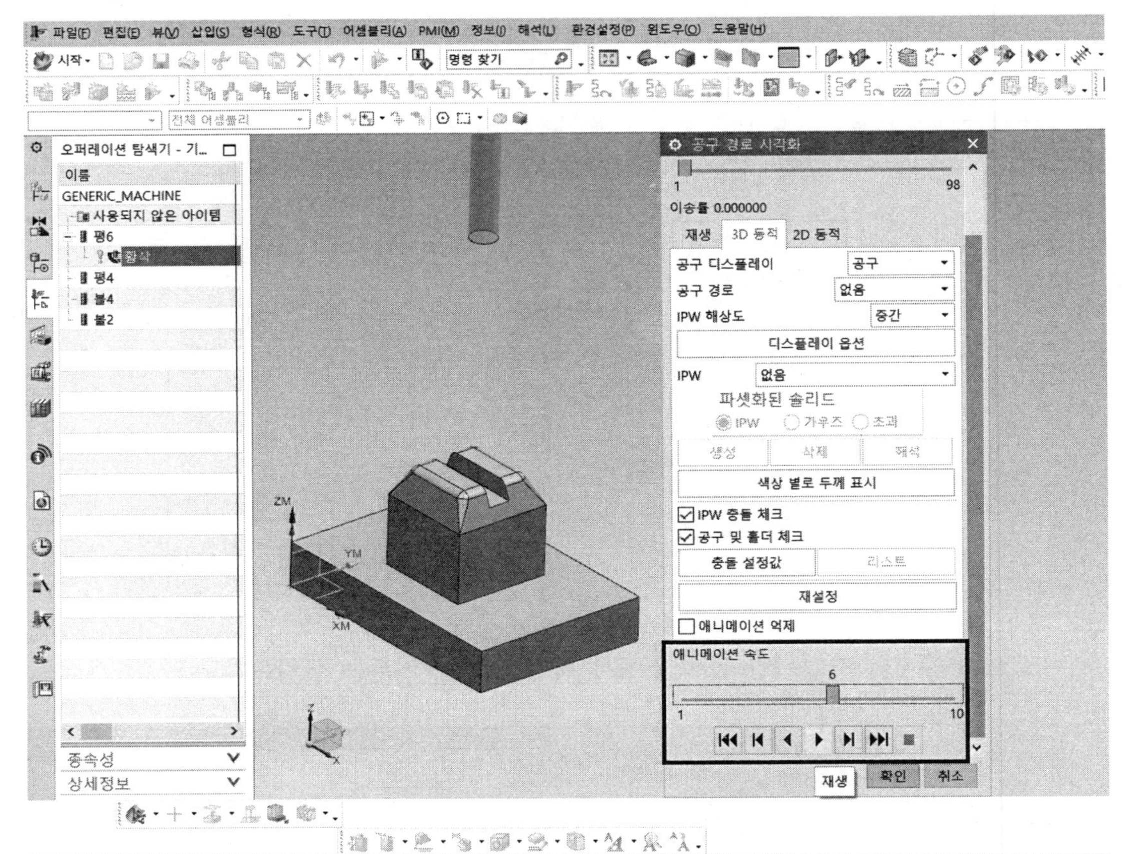

14 화면처럼 황삭 가공 검증이 형성된다. → 확인 버튼을 클릭한다.

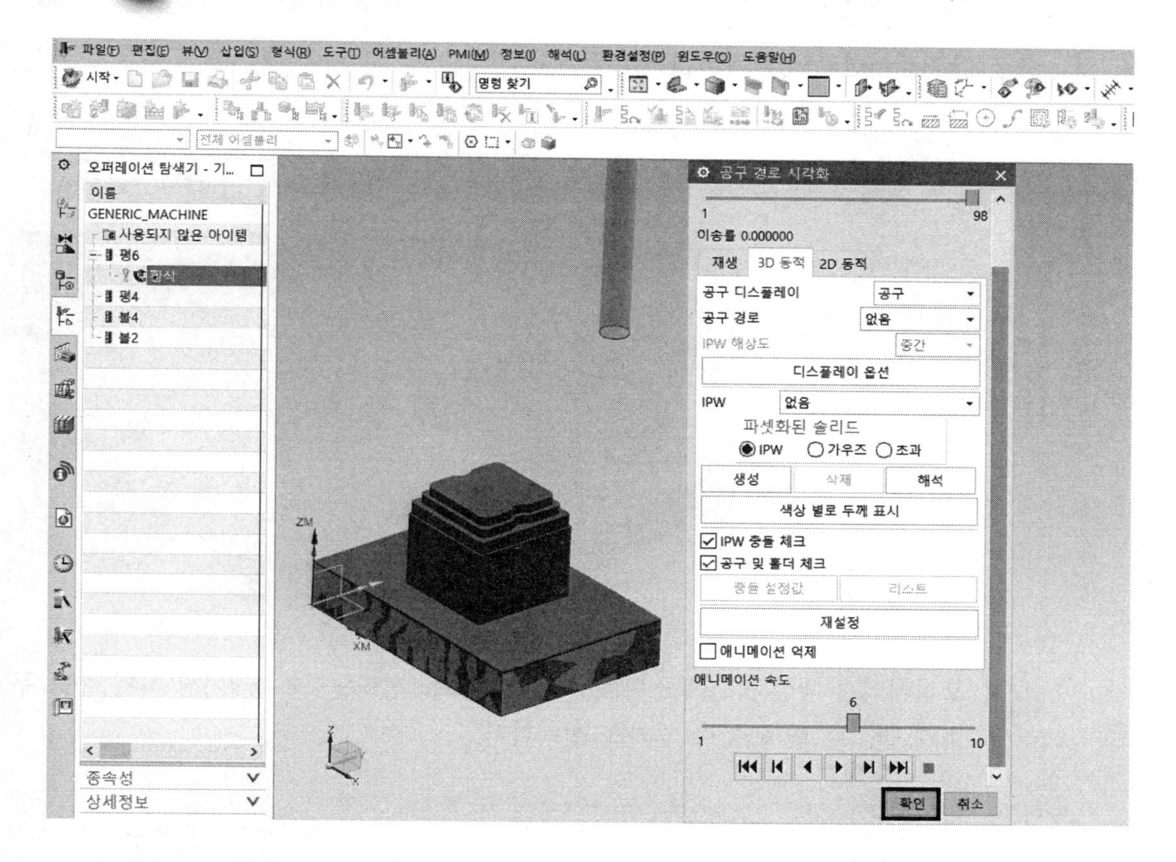

15 좌측 tree에 황삭 오퍼레이션이 생성되어 있다.

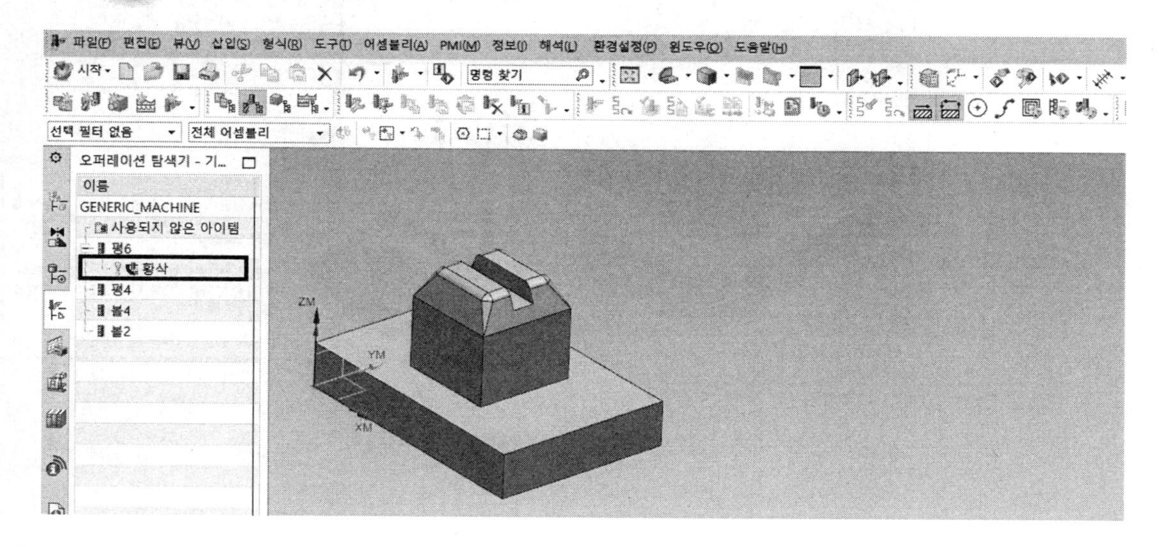

□ 정삭1

1 오퍼레이션 생성을 클릭한다.

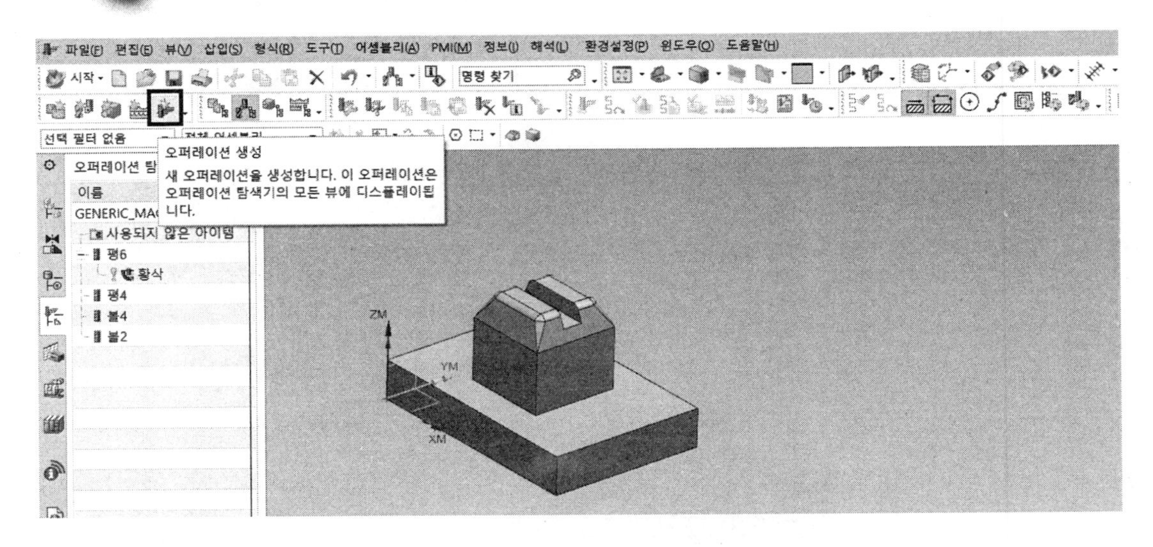

2 오퍼레이션 생성 박스에서 유형/mill_contour 선택 → 오퍼레이션 하위 유형/두 번째 줄, 두 번째 윤곽 영역을 선택한다.

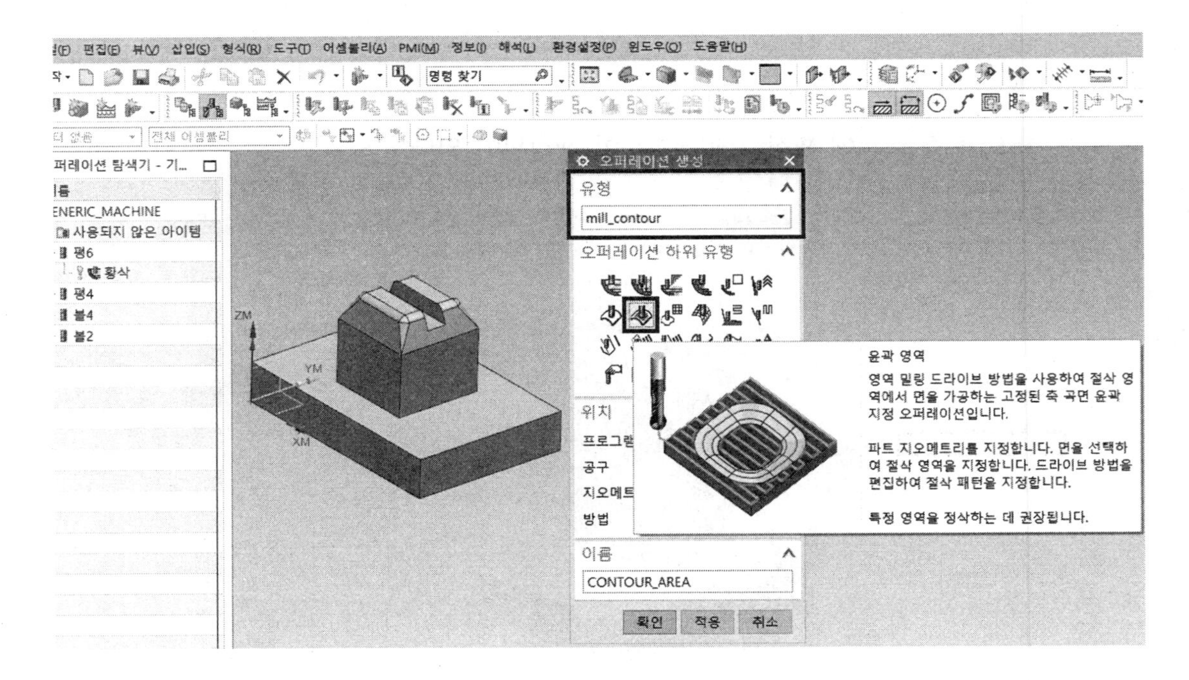

3 위치/프로그램; PROGRAM 선택 → 공구; 평4(밀링 공구 - 5 매개변수) 선택 → 지오메트리; WORKPIECE 선택 → 방법; METHOD 선택한다.
이름/정삭1로 입력하고 적용 버튼을 클릭한다.

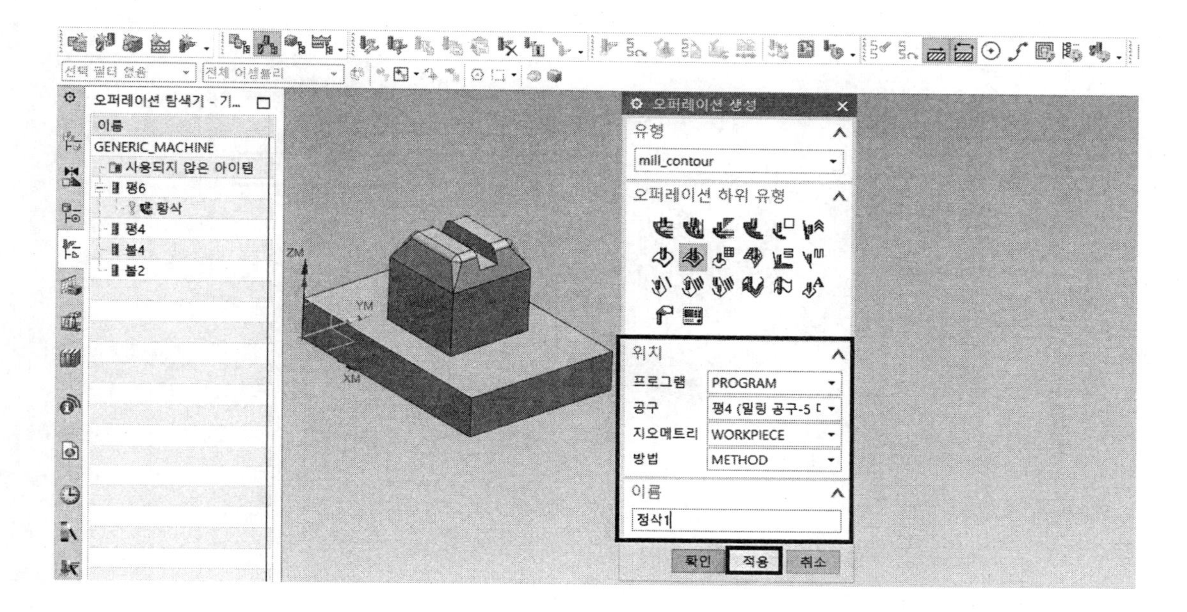

4 윤곽 영역-[정삭1] 박스/지오메트리에서 절삭 영역 지정; 우측의 절삭 영역 지오메트리 선택 또는 편집을 클릭한다.

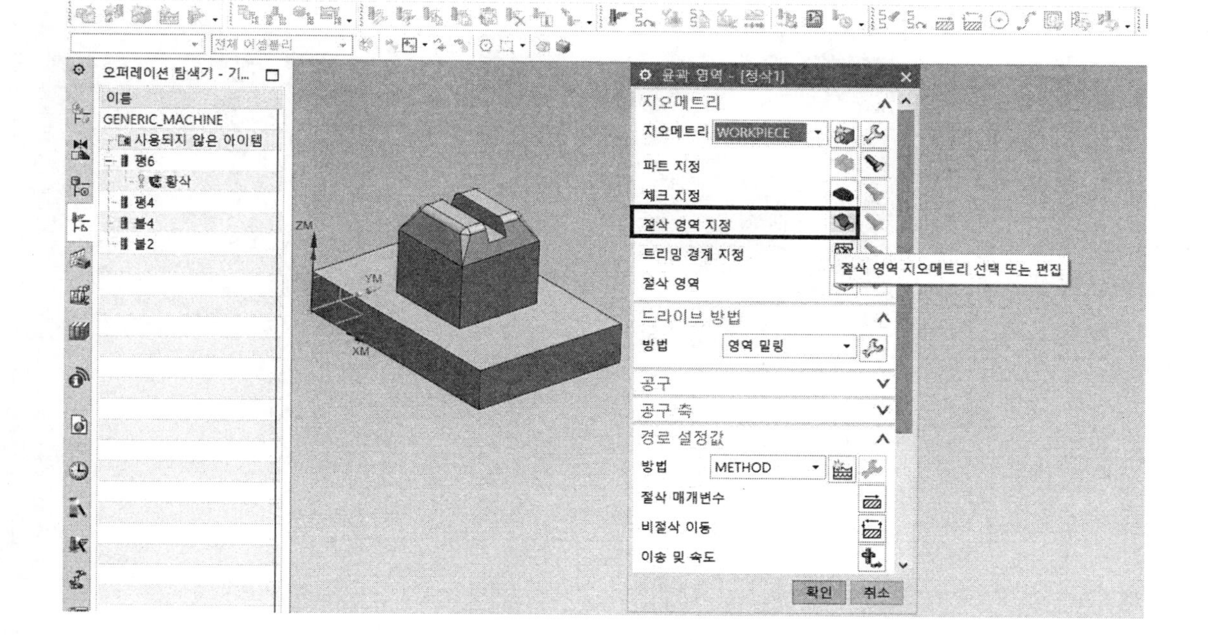

5 절삭 영역 박스/지오메트리에서 개체 선택(0)을 선택한다.

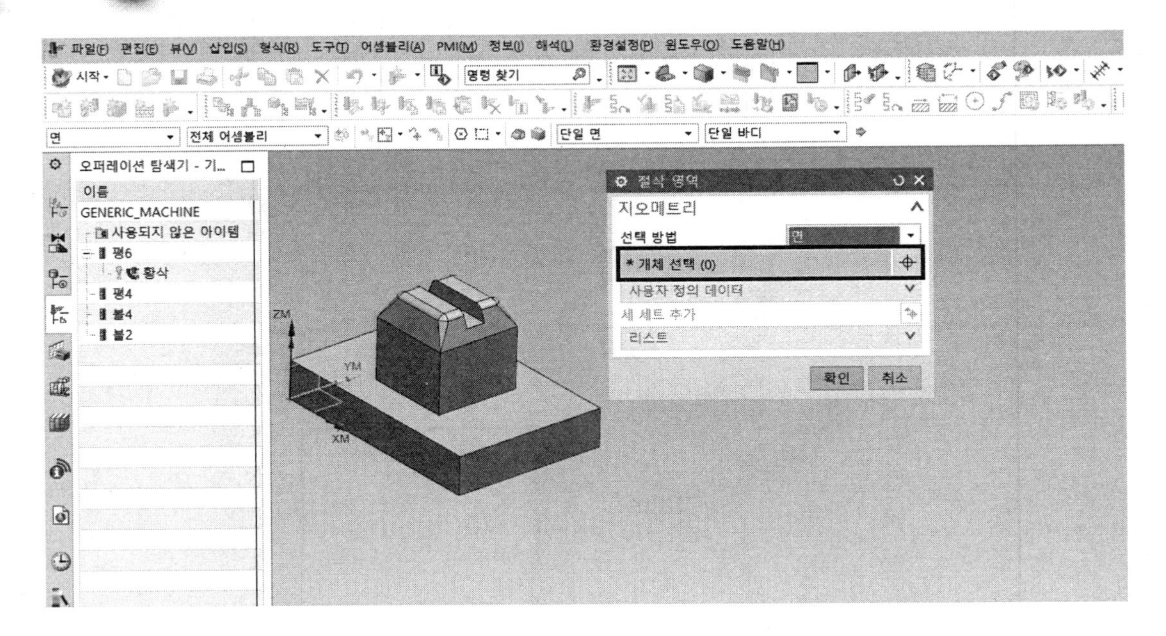

6 보기를 앞쪽(Ctrl+Alt+F)으로 지정한다.

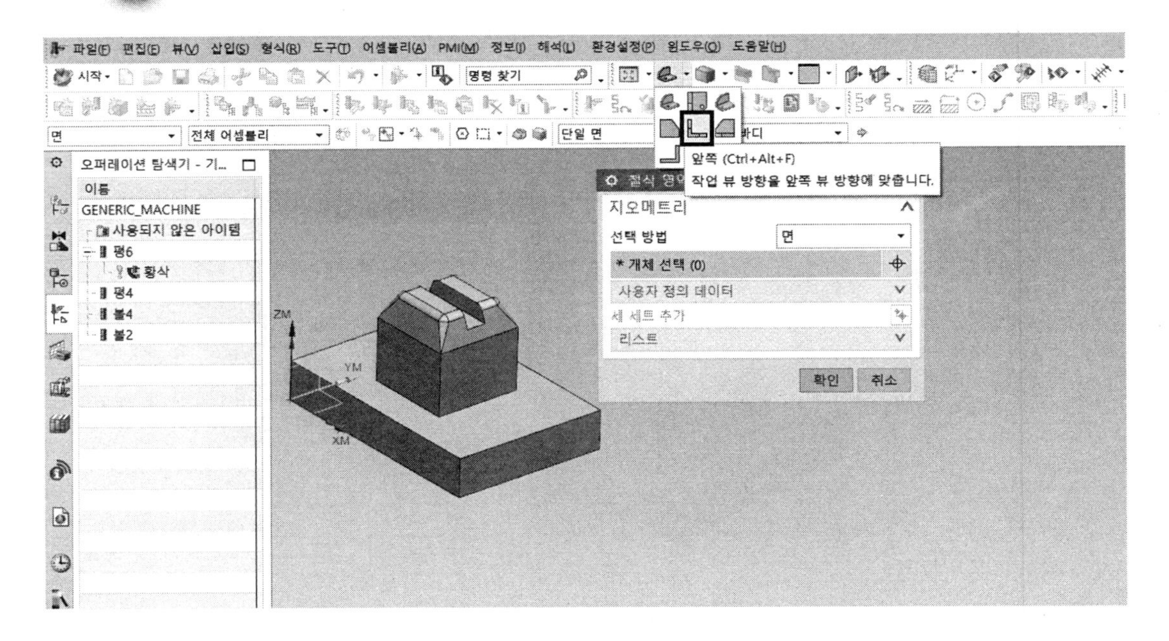

7 화면은 앞쪽의 상태이다.

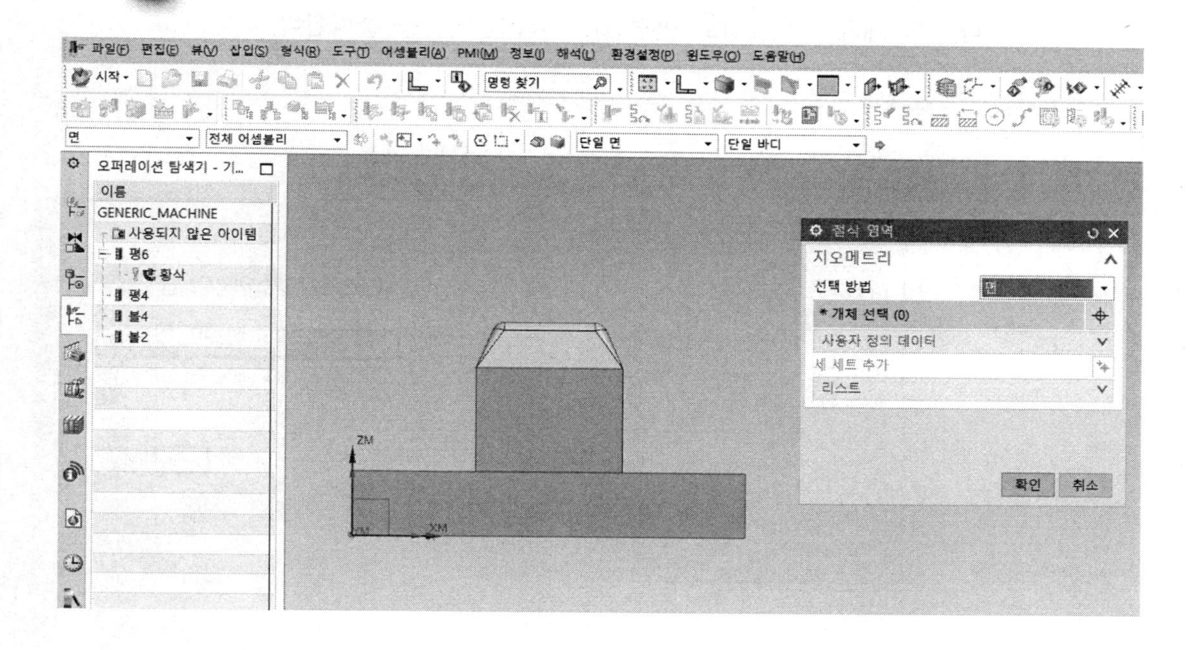

8 마우스로 아래와 같이 드래그한다.

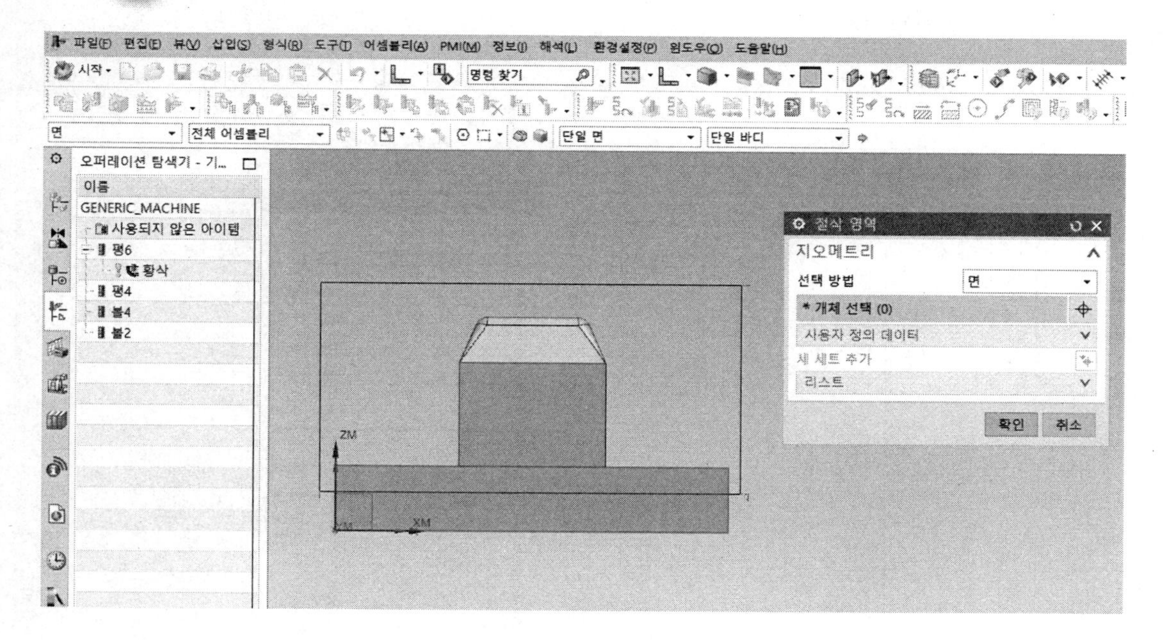

9 지정 후의 상태를 확인한다. 절삭 영역 박스/지오메트리에서 개체 선택이 바뀐다.(예: 개체 선택(28)로 변경됨) → 확인 버튼을 클릭한다.

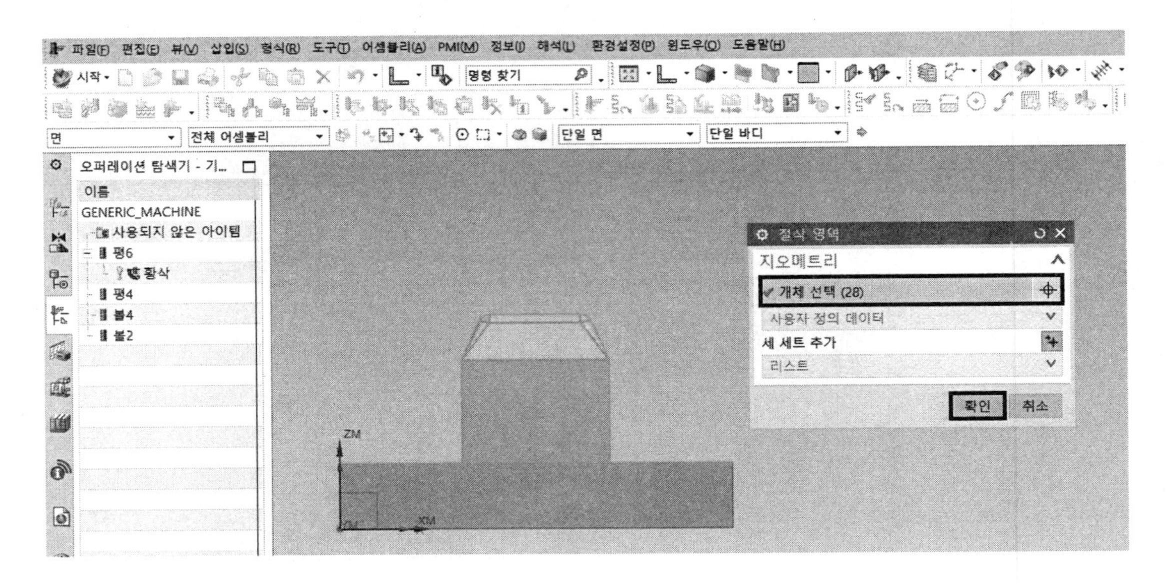

10 윤곽 영역-[정삭1] 박스에서 드라이브 방법; 우측의 편집(스패너 모양) 아이콘을 클릭한다.

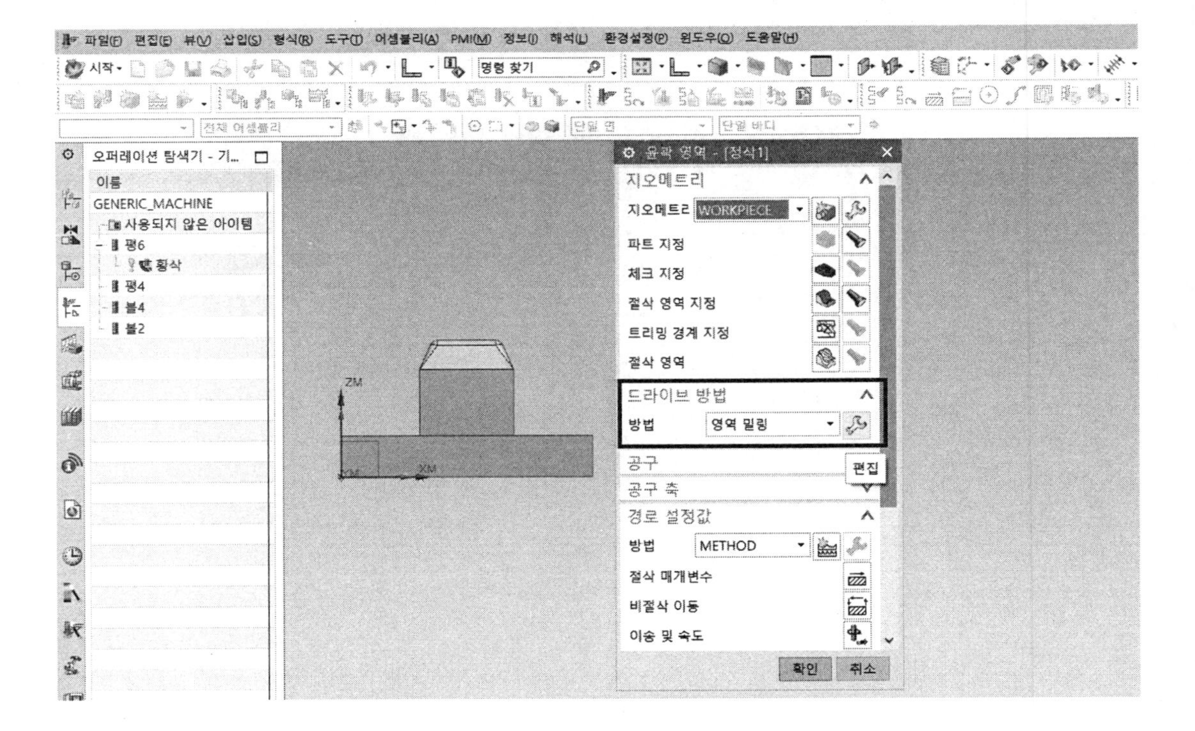

11 영역 밀링 드라이브 방법 박스에서 드라이브 설정값/비 급경사 절삭 패턴; 지그재그 선택 → 절삭 방향; 하향 절삭 선택 → 스텝오버; 일정 선택 → 최대 거리; 0.5을 입력(경로 간격 : mm 선택) → 적용된 스텝오버; 평면 상에서 선택 → 절삭 각도; 지정 선택 → XC로부터 각도; 45를 입력한다. → 확인 버튼을 클릭한다.

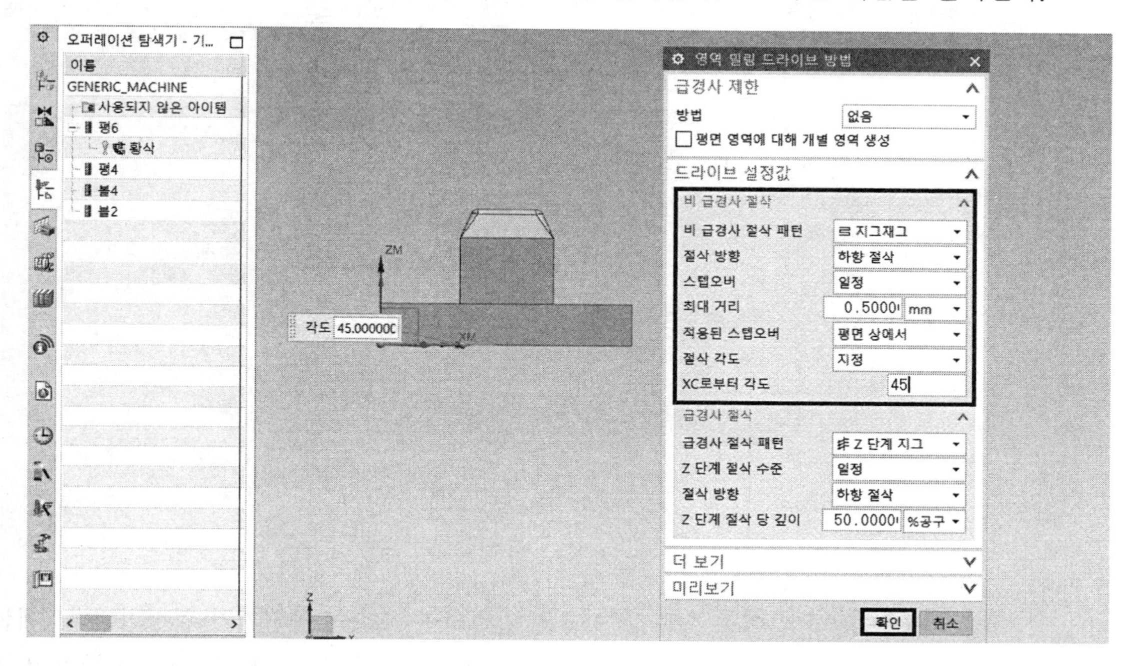

12 윤곽 영역-[정삭1] 박스/경로 설정값에서 이송 및 속도; 우측의 이송 및 속도 아이콘을 클릭한다.

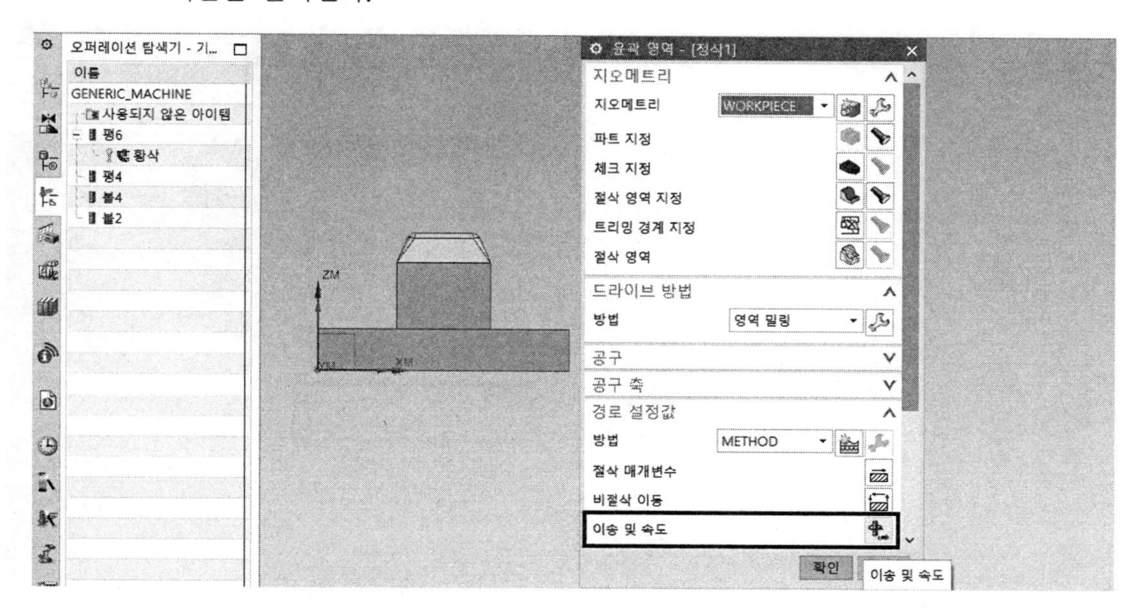

13 이송 및 속도 박스에서 □스핀들 속도(rpm)에 2000을 입력하면 우측의 계산기가 활성화 된다. 계산기를 클릭하면 좌측의 스핀들 속도(rpm) 앞의 박스가 자동으로 ☑ 체크되는 것을 확인한다.

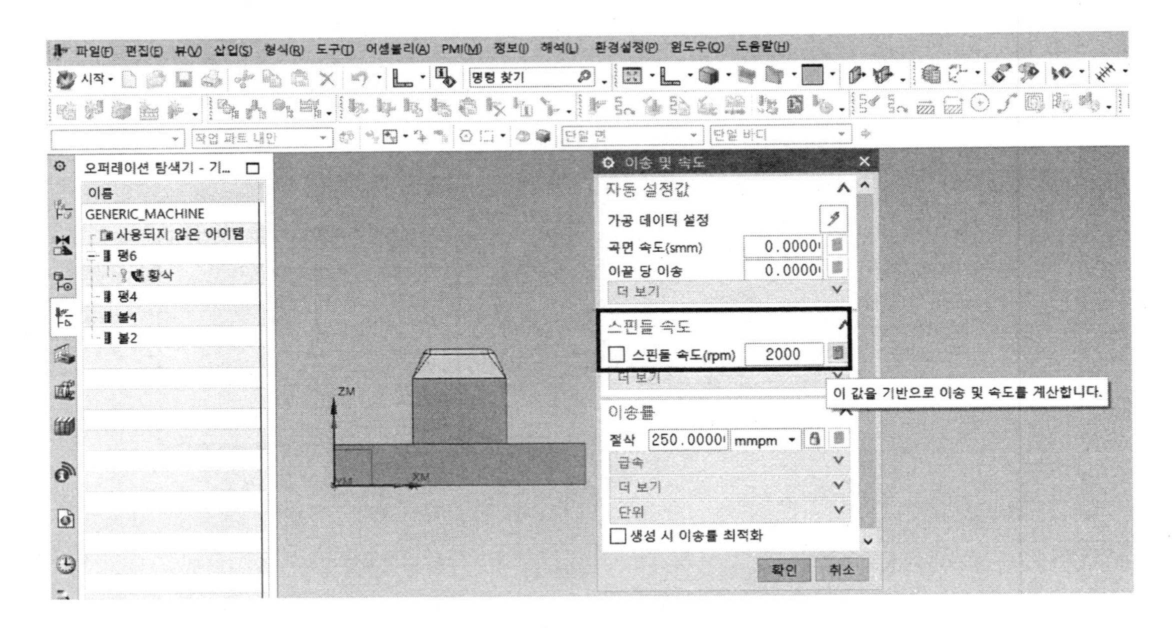

14 이송률/절삭의 이송 속도값; 100을 입력하면 우측의 계산기가 활성화된다. 계산기를 클릭하면 자동 설정값의 이끝 당 이송이 자동으로 설정된다. → 확인 버튼을 클릭한다.

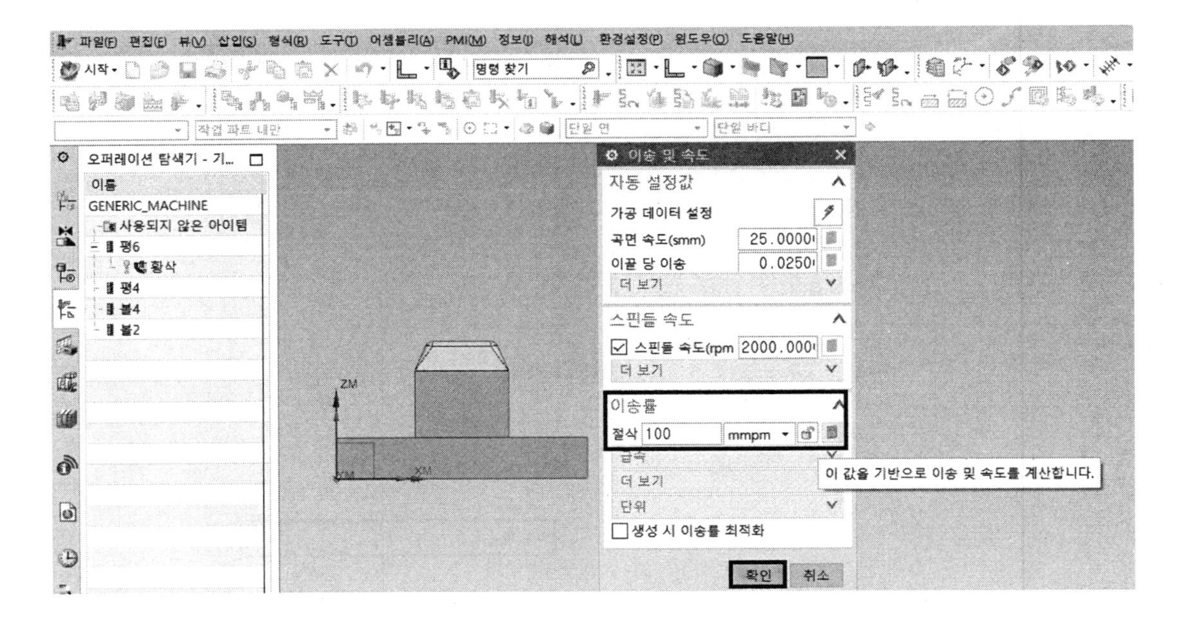

15 윤곽 영역-[정삭1] 박스에서 제일 아래의 생성 아이콘을 클릭한다.

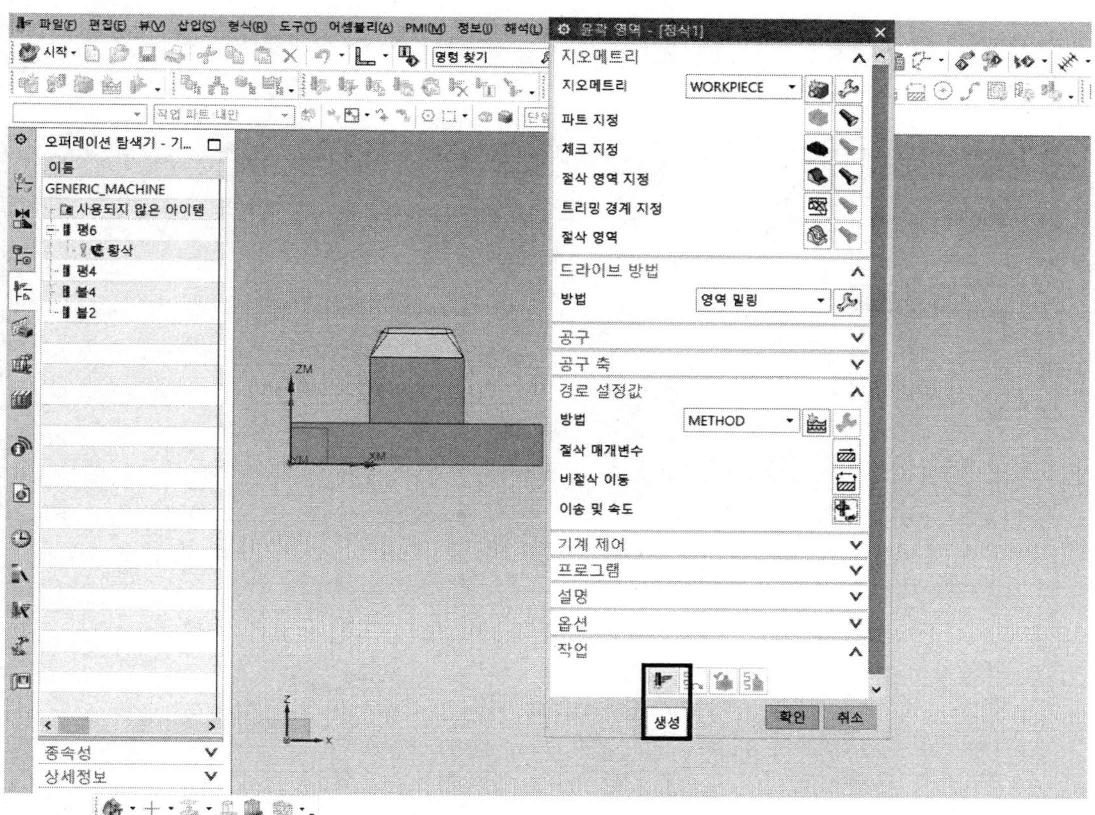

16 좌측 tree에 정삭1의 툴패스가 생성된 형상이다.

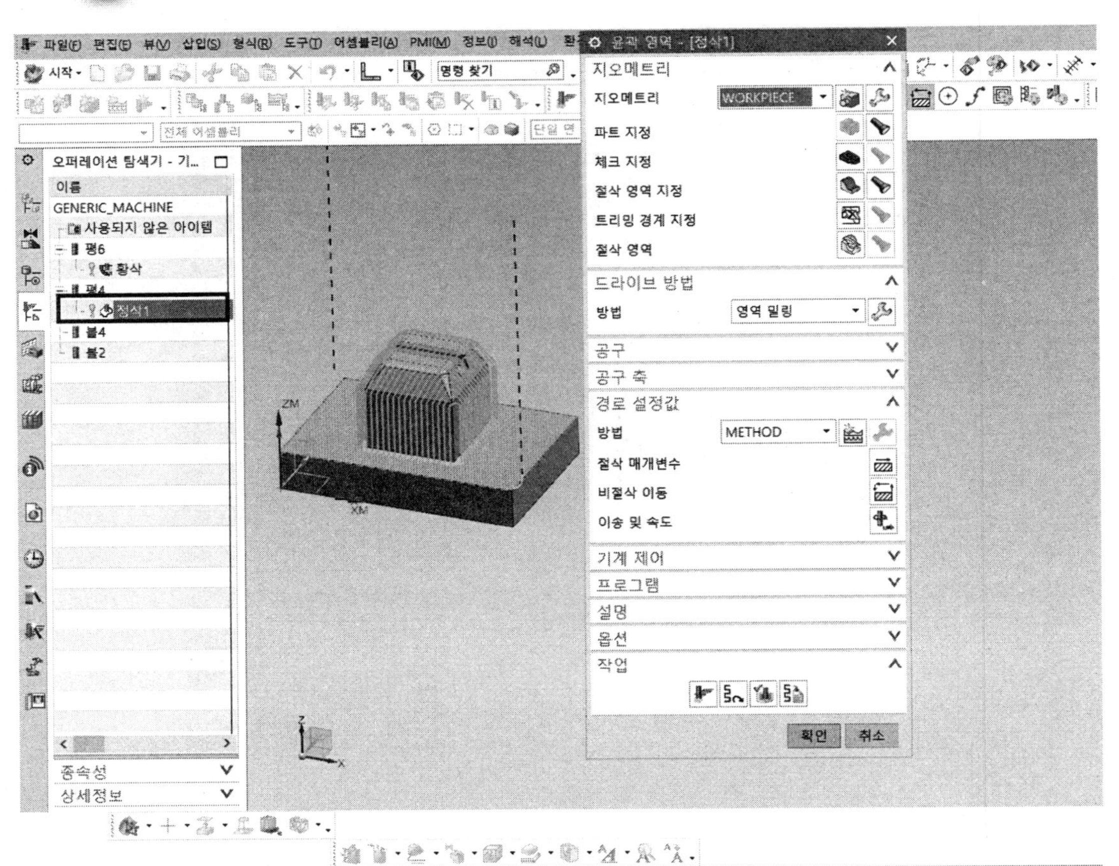

17 윤곽 영역-[정삭1] 박스에서 하단의 검증 버튼을 클릭한다.

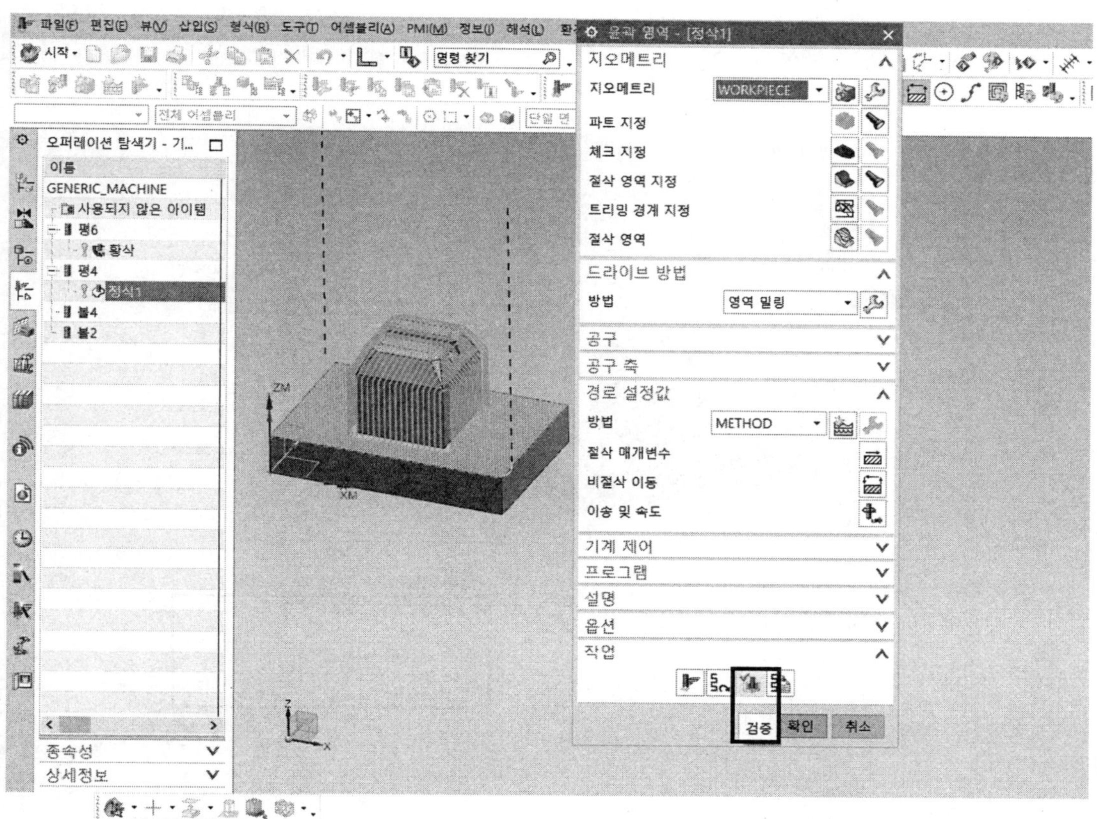

18) 공구 경로 시각화 박스/3D 동적 탭에서 애니메이션 속도를 6에 놓고 재생한다.

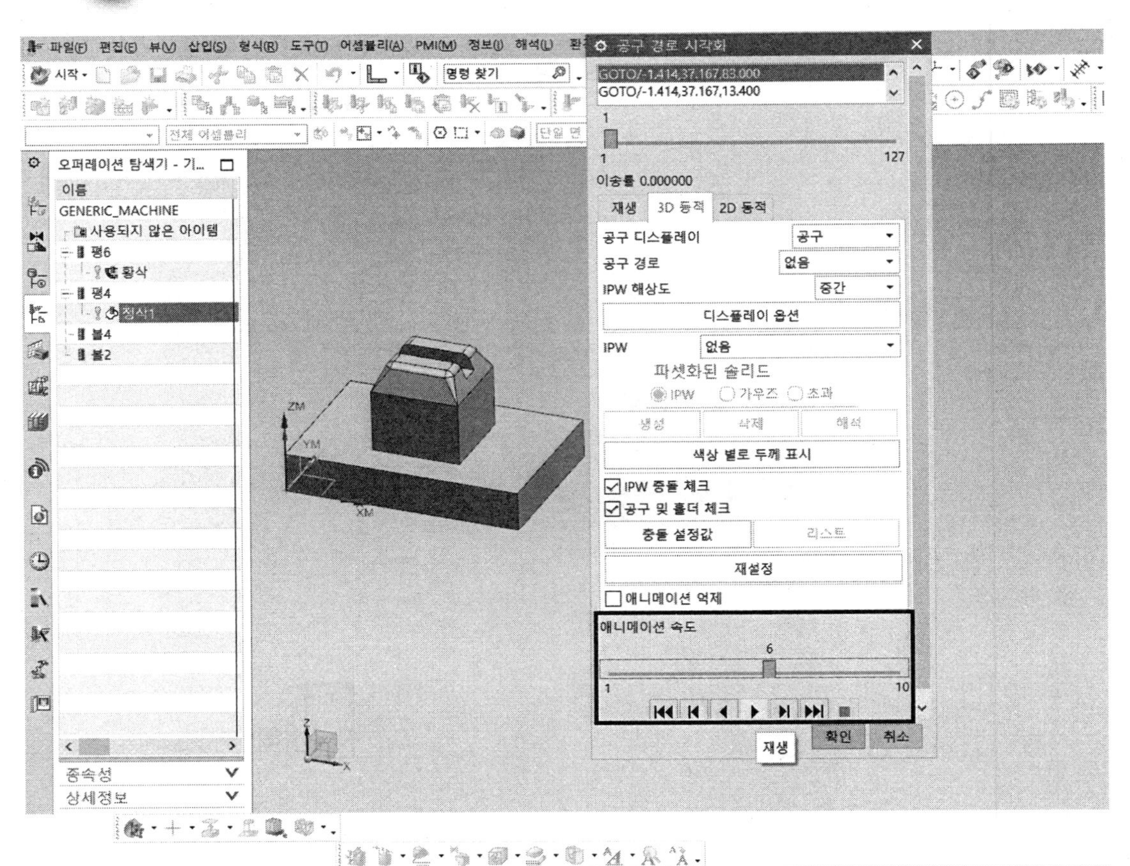

19 화면처럼 정삭1의 가공 검증이 형성된다. → 공구 경로 사각화 박스에서 제일 아래의 확인 버튼을 클릭한다.

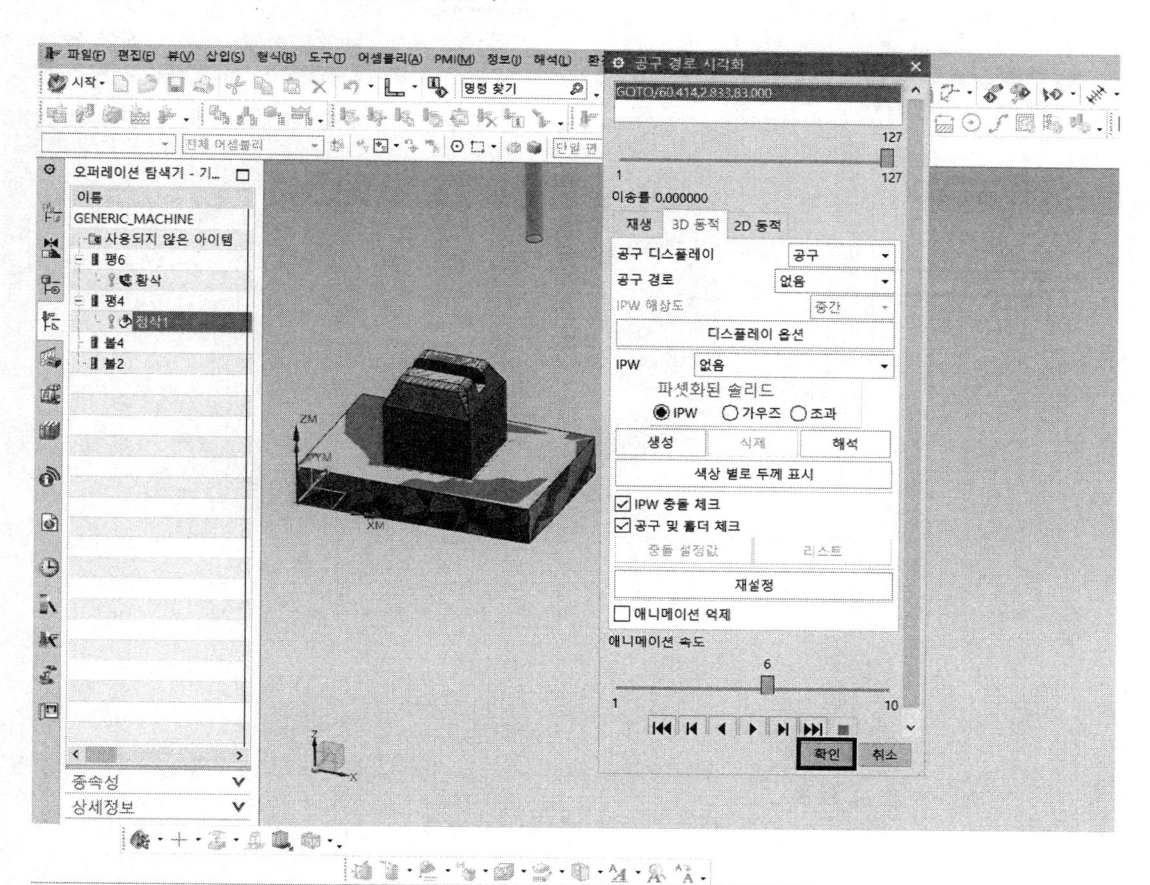

20 좌측 tree에 정삭1의 오퍼레이션이 생성되어 있다.

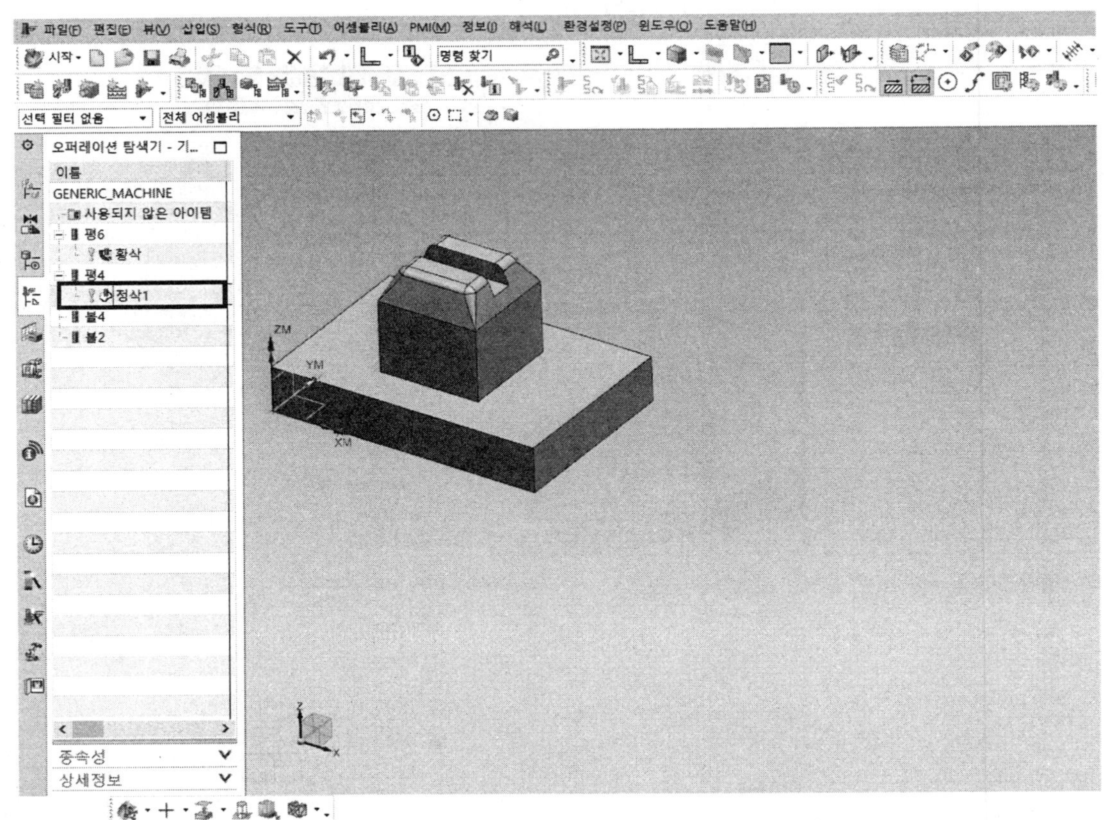

❑ 정삭2

1 오퍼레이션 생성을 클릭한다.

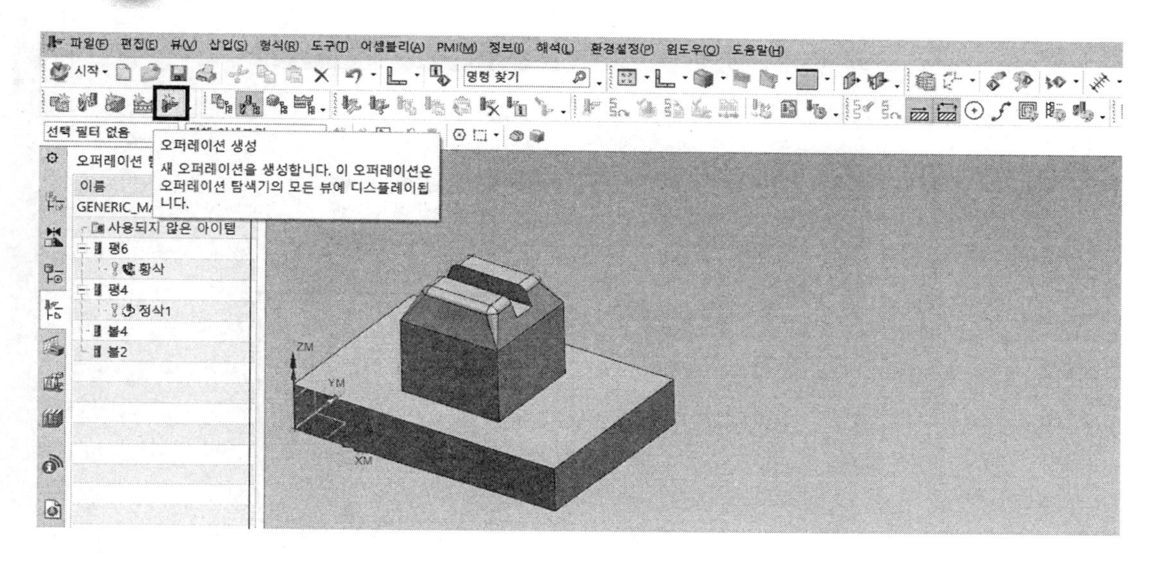

2 오퍼레이션 생성 박스에서 유형/mill_contour를 선택 → 오퍼레이션 하위 유형/두 번째 줄, 두 번째 윤곽 영역을 선택한다.

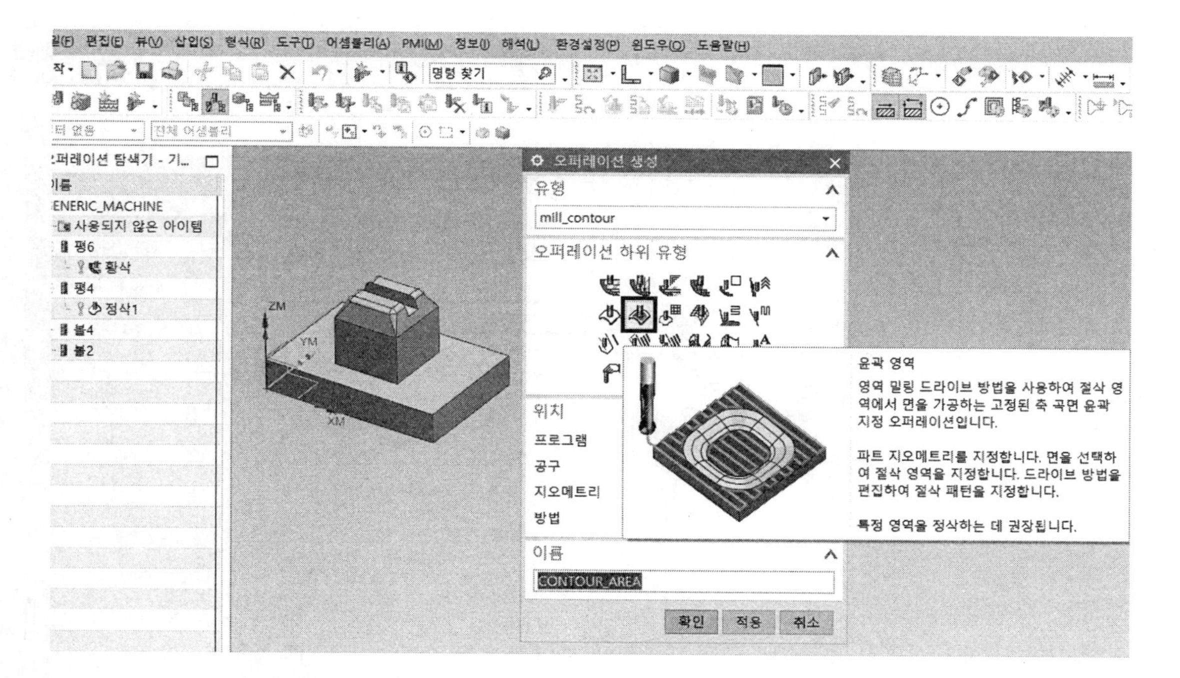

3 위치/프로그램; PROGRAM 선택 → 공구; 볼4(밀링 공구 - 볼 밀) 선택 → 지오메트리; WORKPIECE 선택 → 방법; METHOD 선택한다.
이름에서 정삭2를 입력하고, 적용 버튼을 클릭한다.

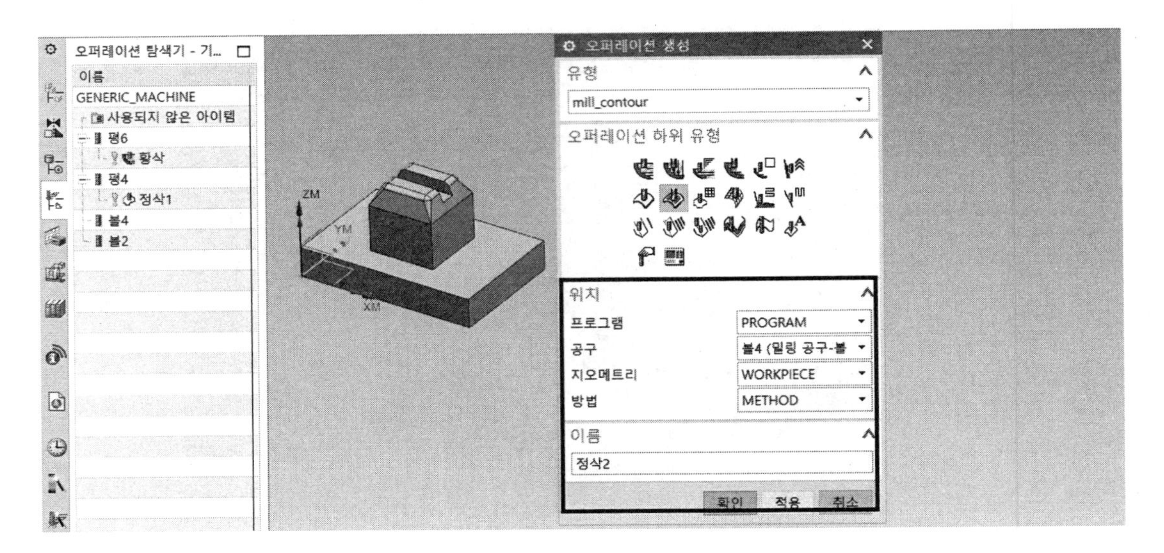

4 윤곽 영역-[정삭2] 박스에서 지오메트리/절삭 영역 지정; 우측의 절삭 영역 지오메트리 선택 또는 편집 아이콘을 클릭한다.

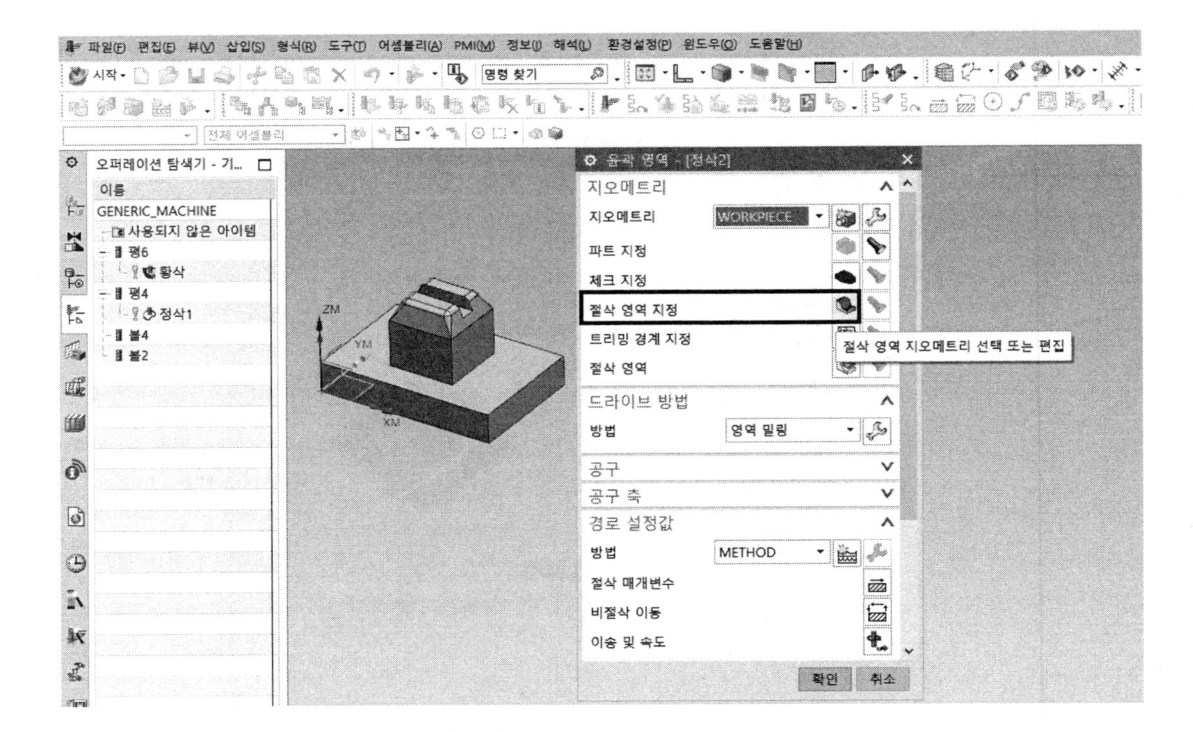

5 절삭 영역 박스에서 지오메트리/개체 선택(0)을 선택한다.

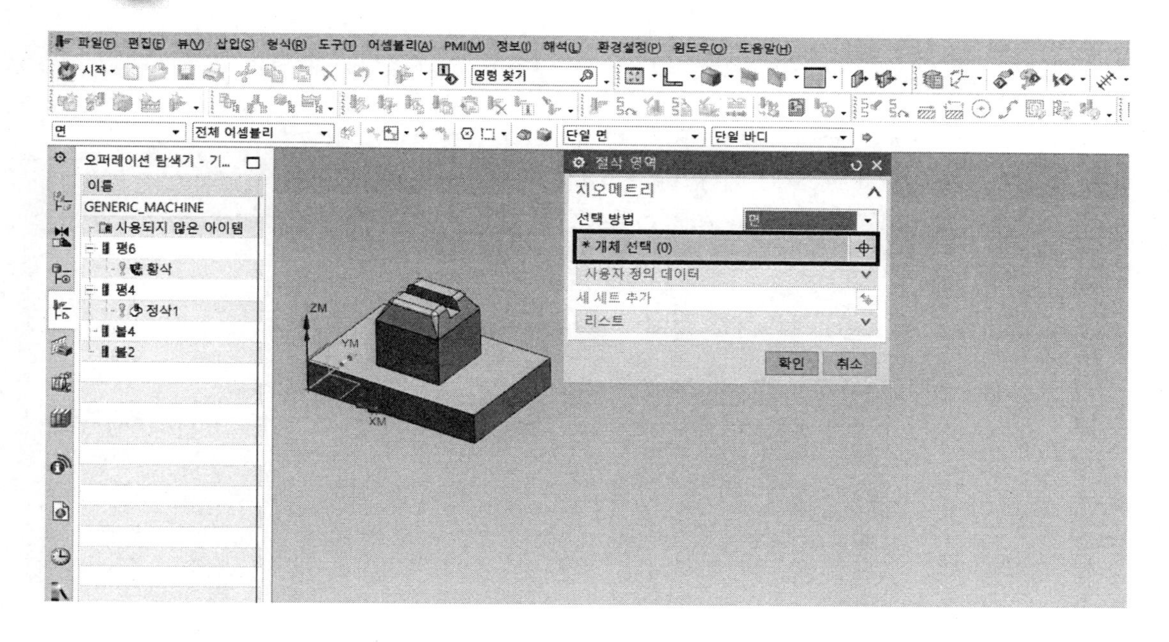

6 보기를 앞쪽(Ctrl+Alt+F)으로 지정한다.

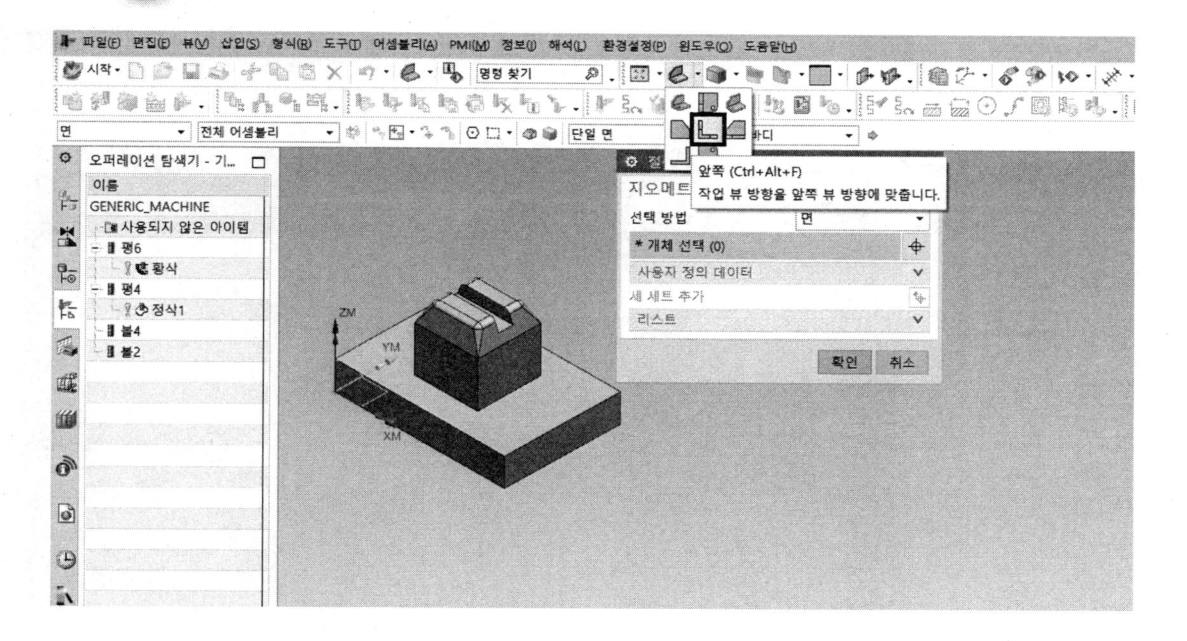

7 화면은 앞쪽의 상태이다.

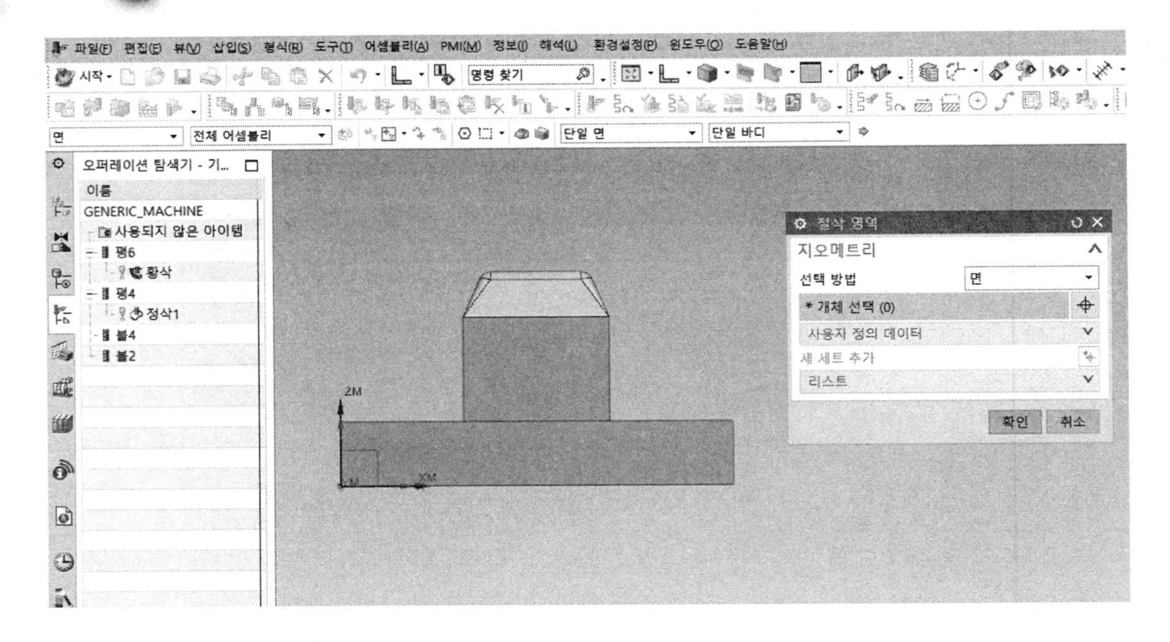

8 화면처럼 마우스로 드래그한다.

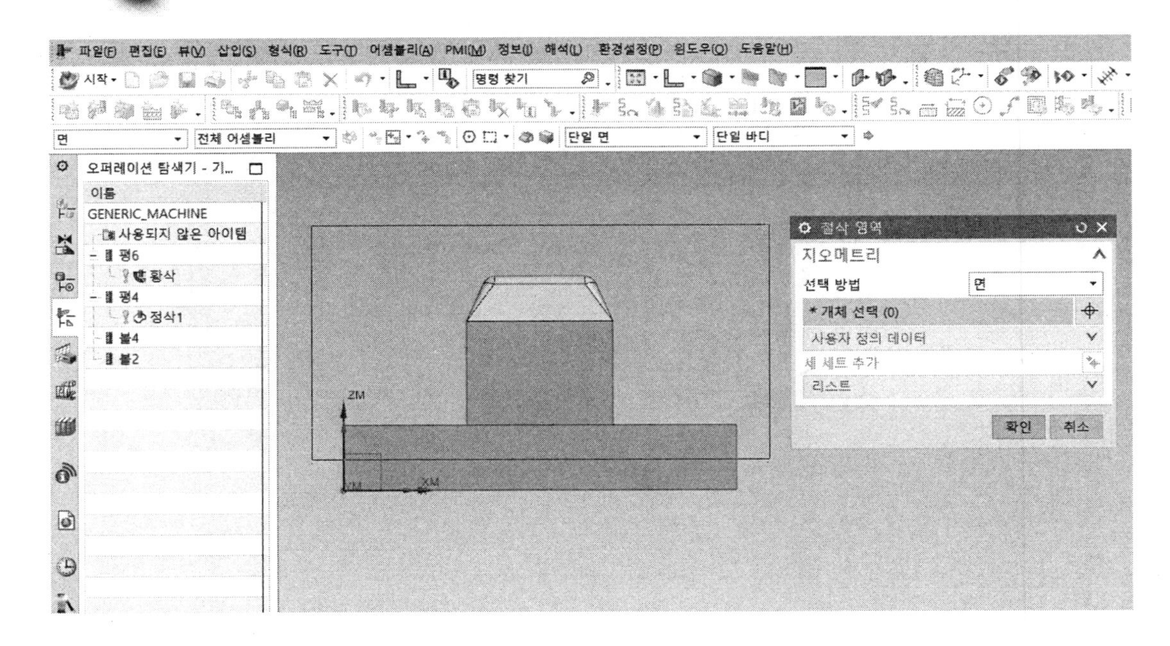

9 지정 후의 상태를 확인한다. 절삭 영역 박스에서 지오메트리/개체 선택이 바뀐다.(예: 개체 선택(28)로 변경됨) → 확인 버튼을 클릭한다.

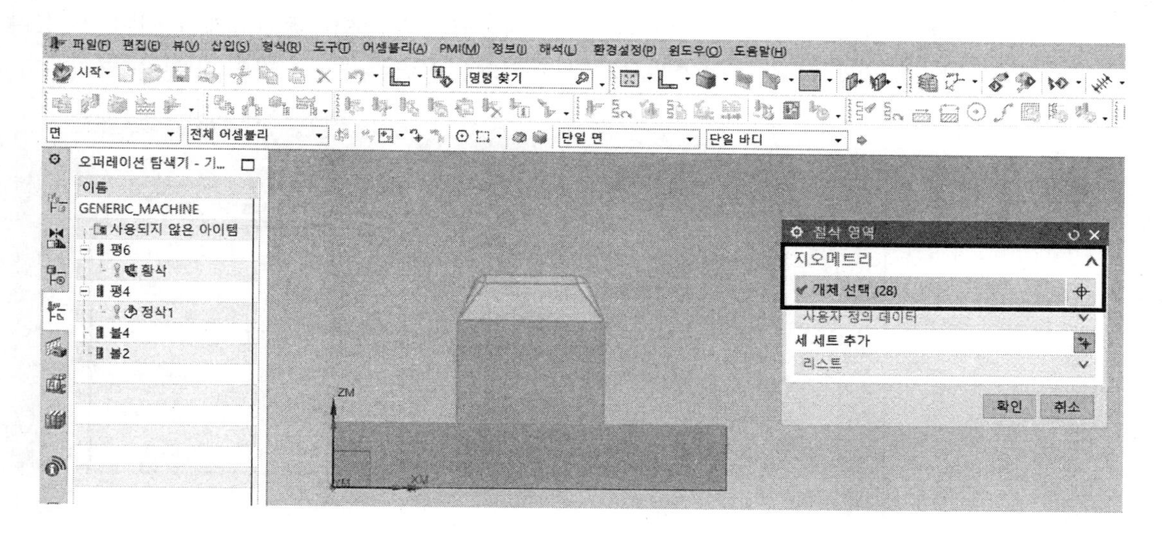

10 윤곽 영역-[정삭2] 박스에서 드라이브 방법; 우측의 편집(스패너 모양) 아이콘을 클릭한다.

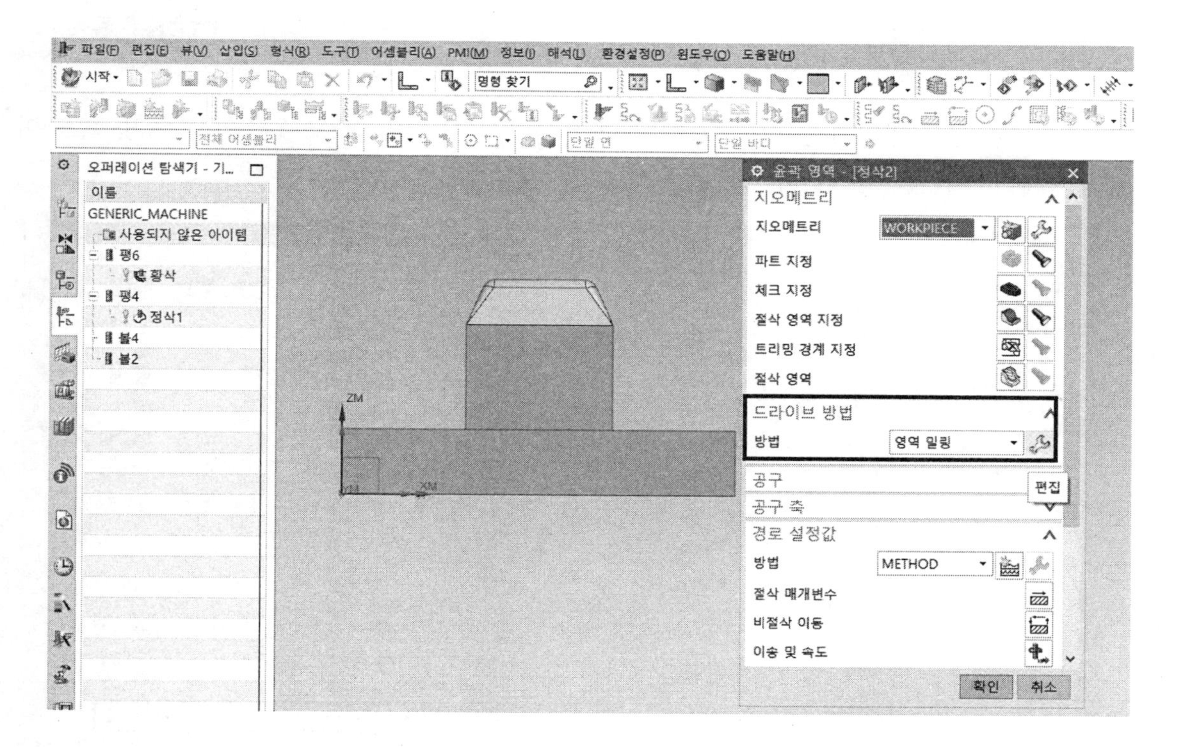

11 영역 밀링 드라이브 방법 박스에서 드라이브 설정값/비 급경사 절삭 패턴; 지그재그 선택 → 절삭 방향; 하향 절삭 선택 → 스텝오버; 일정 선택 → 최대 거리; 1을 입력(경로 간격 : mm 선택) → 적용된 스텝오버; 평면상에서 선택 → 절삭 각도; 지정 선택 → XC로부터 각도; 45를 입력한다. → 확인 버튼을 클릭한다.

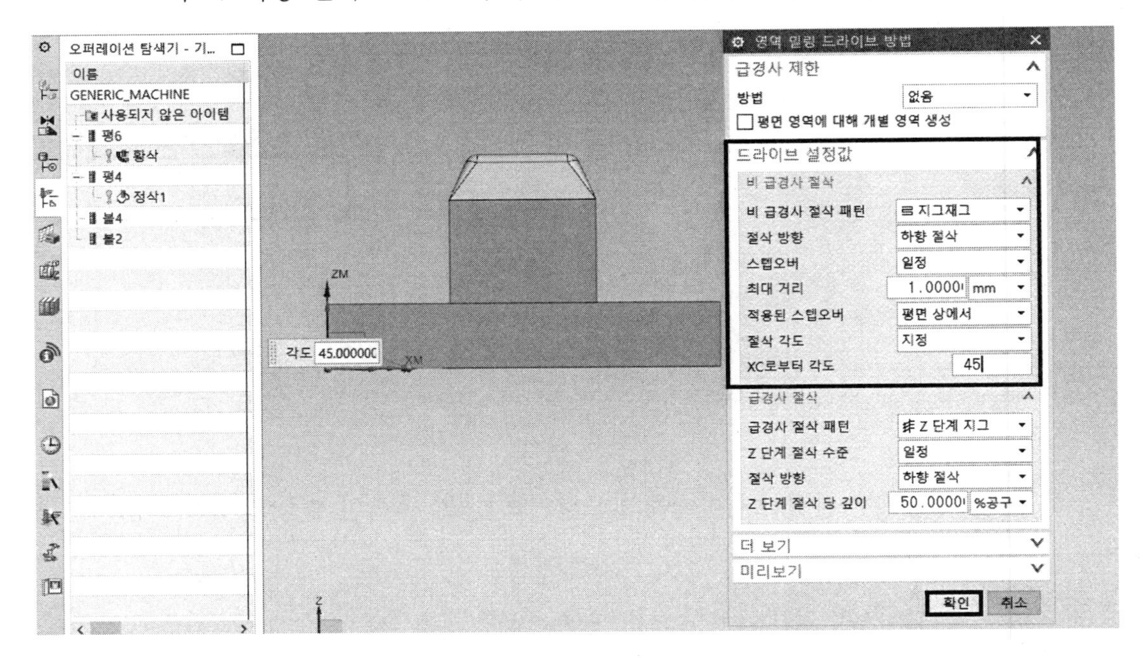

12 윤곽 영역-[정삭2] 박스에서 경로 설정값/이송 및 속도; 우측의 이송 및 속도 아이콘을 클릭한다.

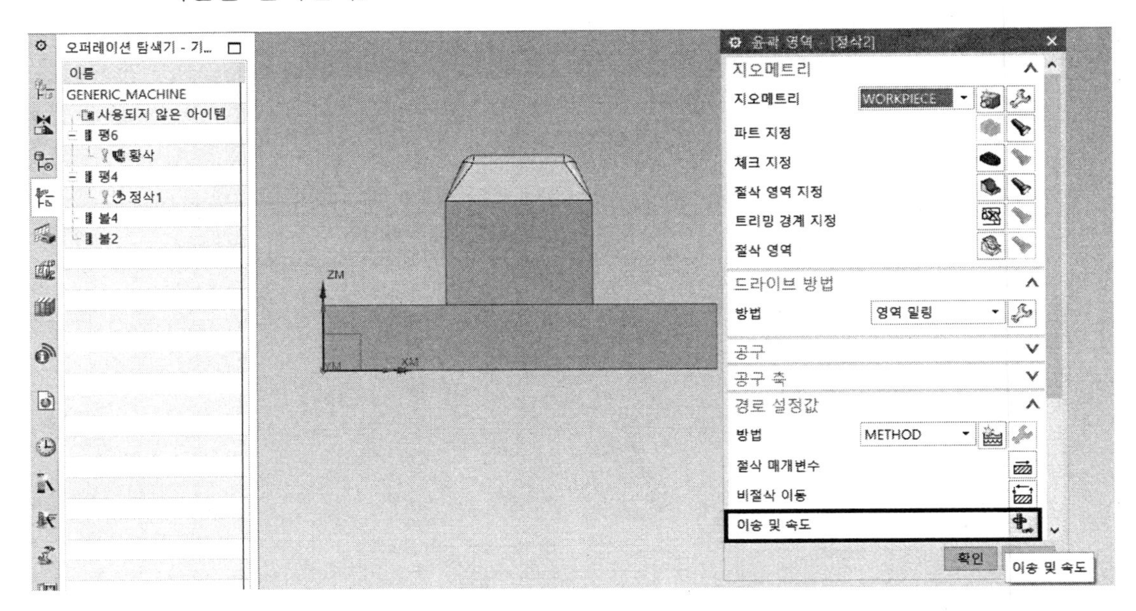

13 이송 및 속도 박스에서 □스핀들 속도(rpm); 2200을 입력하면 우측의 계산기가 활성화 된다. 계산기를 클릭하면 좌측의 스핀들 속도(rpm) 앞의 박스가 자동으로 ☑ 체크되는 것을 확인한다.

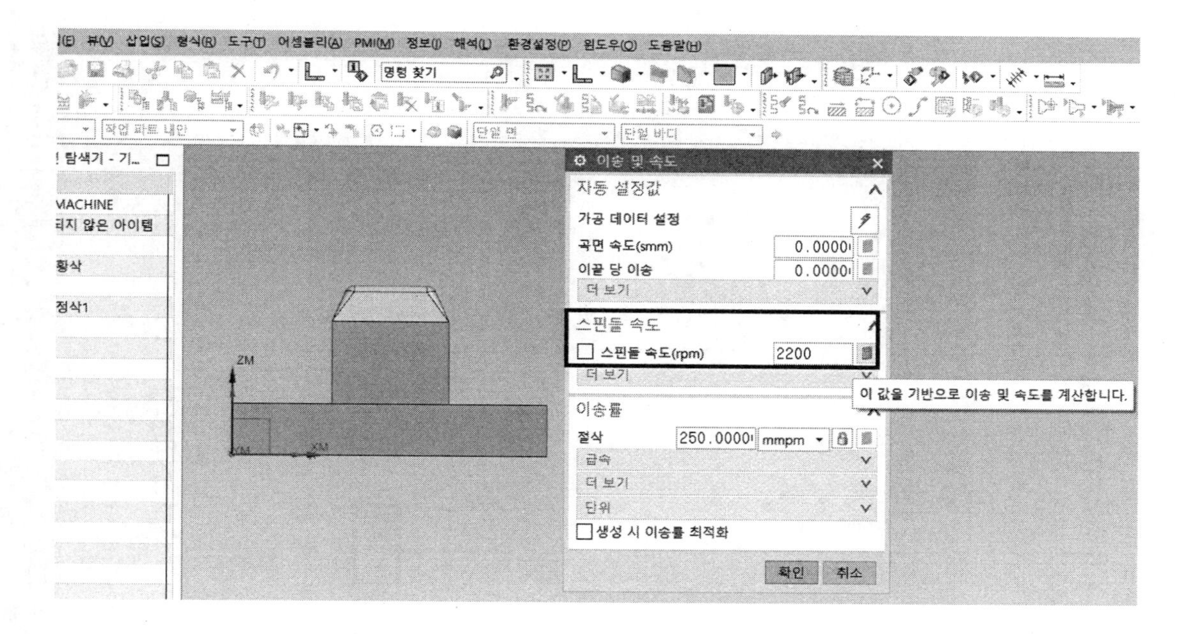

14 이송률/절삭에서 이송 속도값; 90을 입력하면 우측의 계산기가 활성화 된다. 계산기를 클릭하면 자동 설정값의 이끝 당 이송이 자동으로 설정된다. → 확인 버튼을 클릭한다.

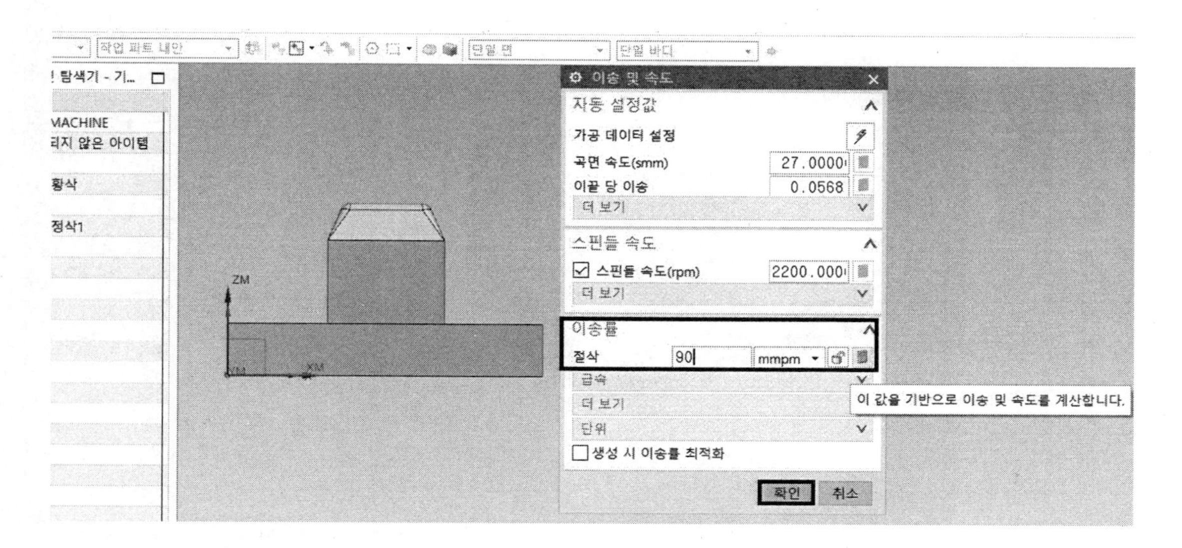

15 윤곽 영역-[정삭2] 박스에서 제일 아래의 생성 버튼을 클릭한다.

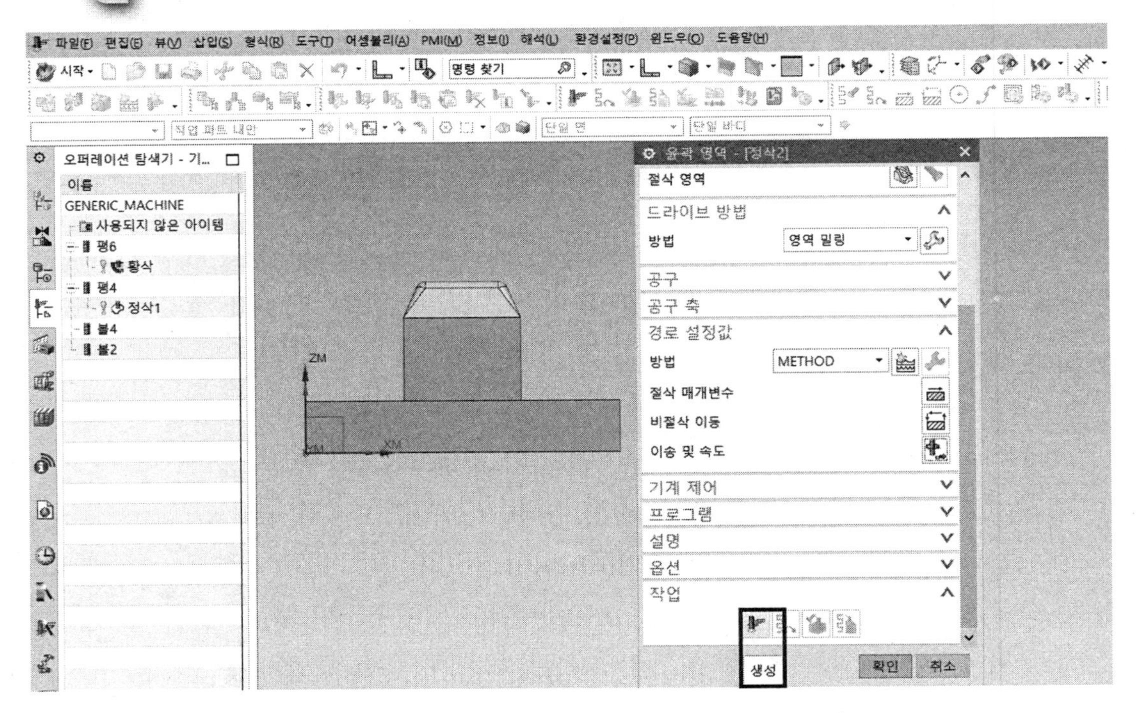

16 좌측 tree에 정삭2의 툴패스가 생성된 형상이다.

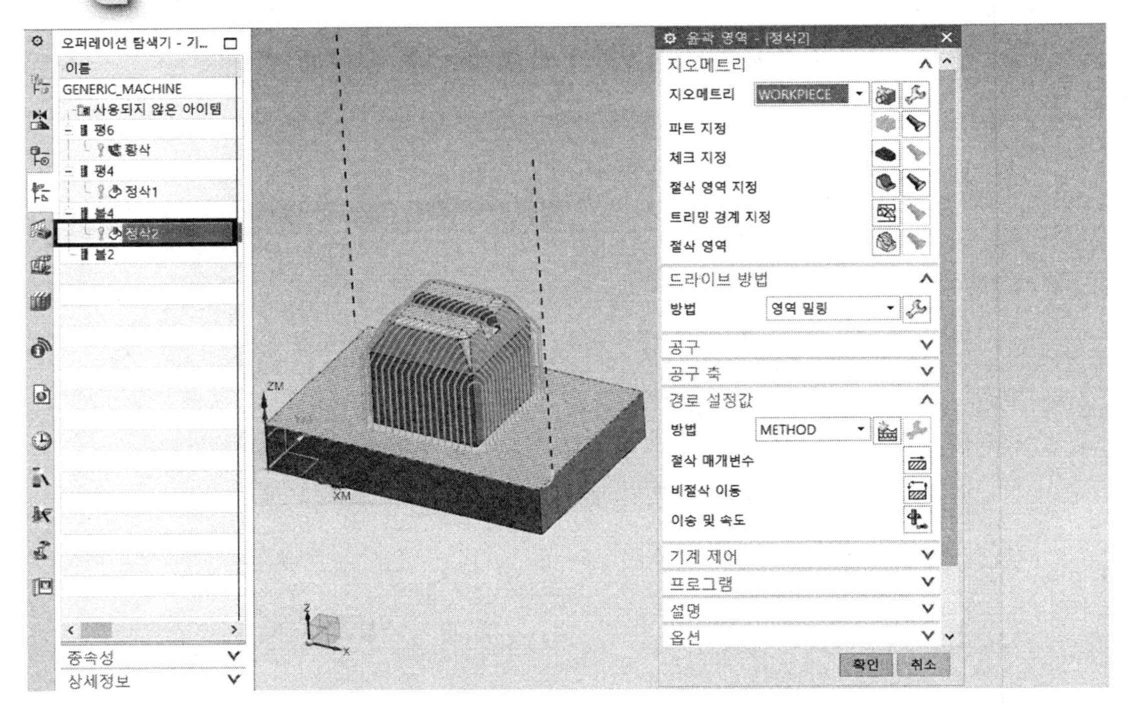

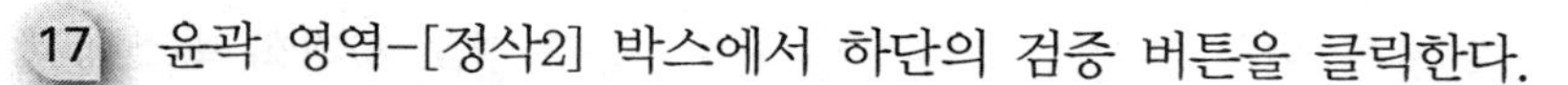

17 윤곽 영역-[정삭2] 박스에서 하단의 검증 버튼을 클릭한다.

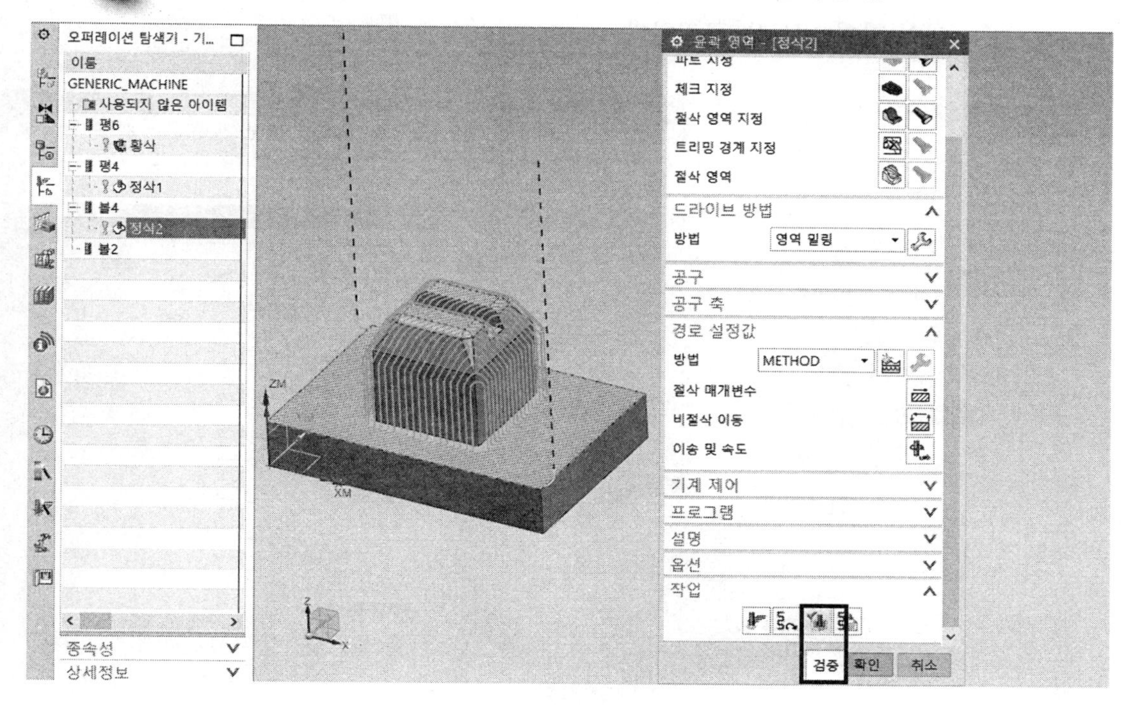

18 공구 경로 시각화 박스/3D 동적 탭에서 애니메이션 속도를 6에 놓고 재생한다.

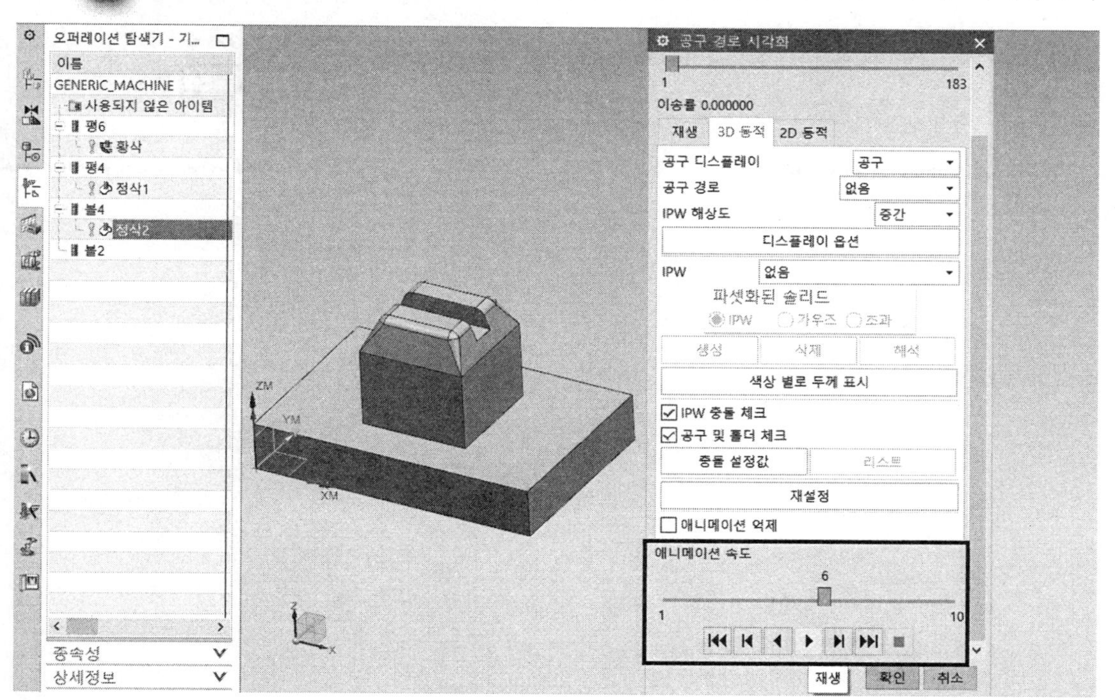

19 화면처럼 정삭2의 가공 검증이 형성된다. → 공구 경로 시각화 박스에서 제일 아래의 확인 버튼을 클릭한다.

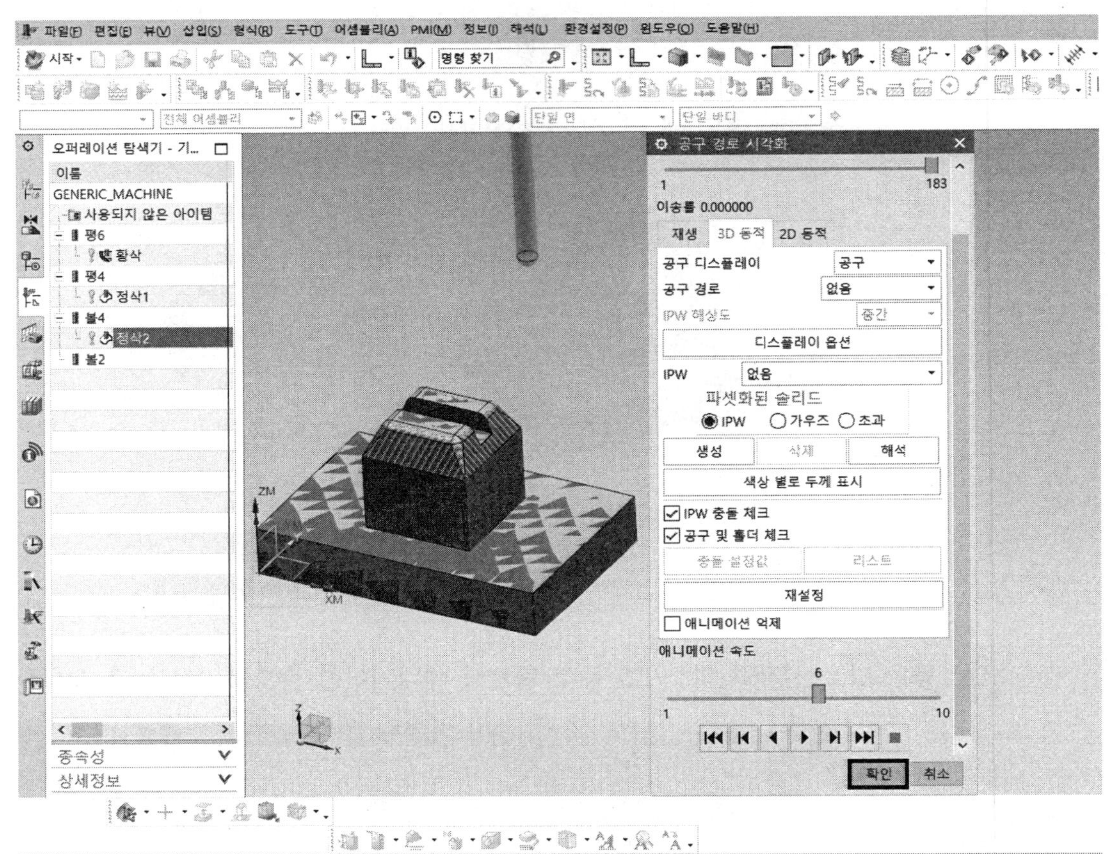

□ 잔삭

1 오퍼레이션 생성을 클릭한다.

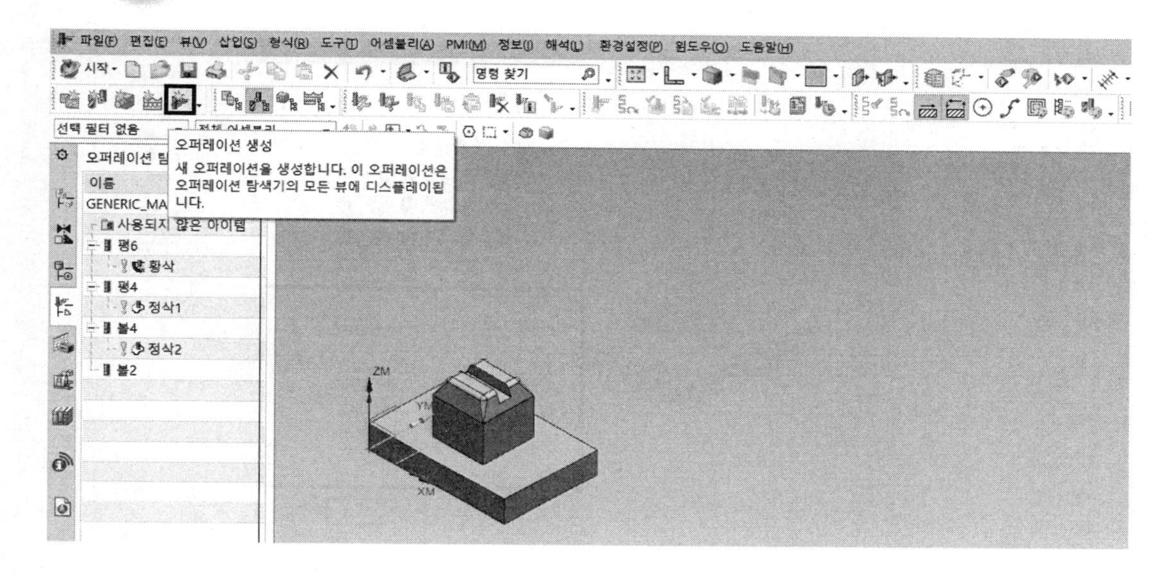

2 오퍼레이션 생성 박스에서 유형/mill_contour 선택 → 오퍼레이션 하위 유형/세 번째 줄, 첫 번째 플로우컷 단일을 선택한다.

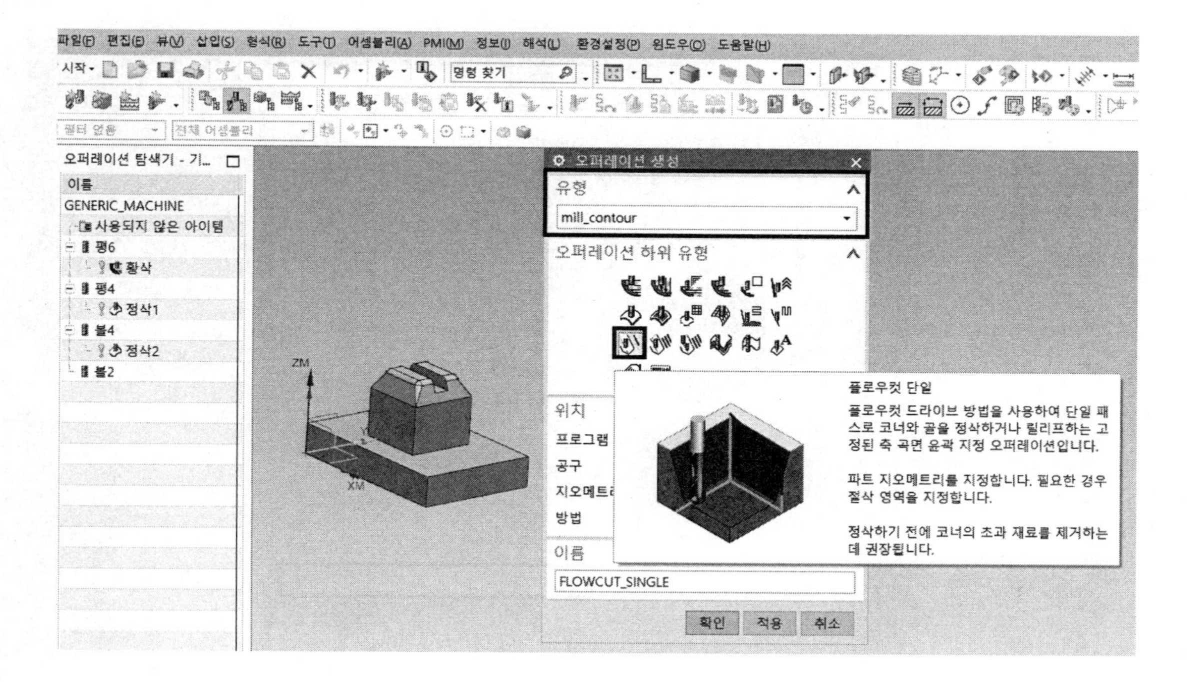

3 위치/프로그램; PROGRAM 선택 → 공구; 볼2(밀링 공구 - 볼 밀) 선택 → 지오메트리; WORKPIECE 선택 → 방법; METHOD 선택한다.
이름/잔삭으로 입력한다. → 적용 버튼을 클릭한다.

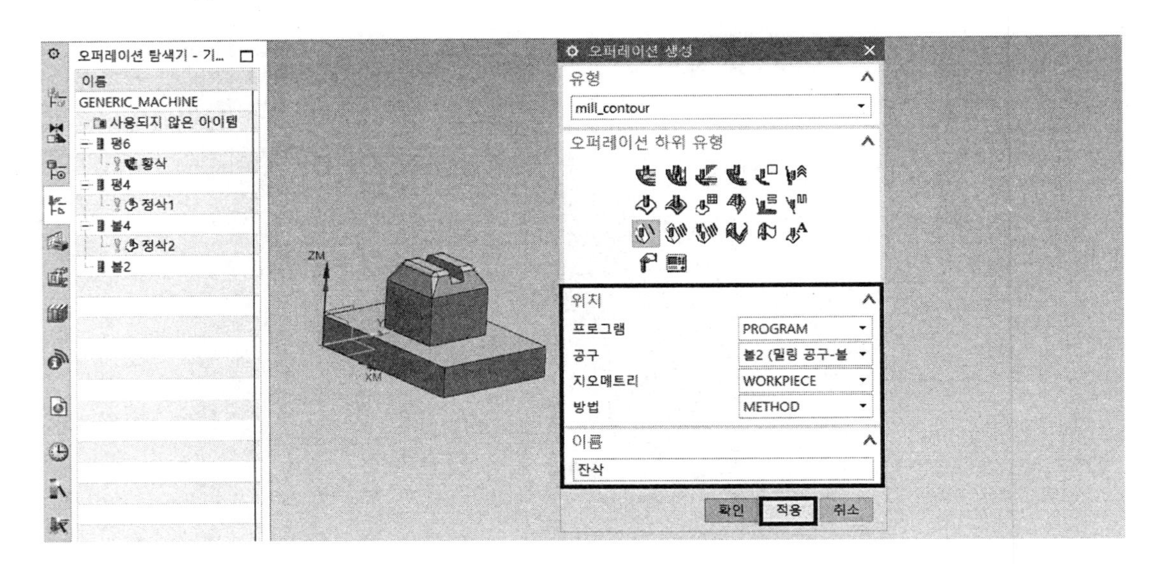

4 플로우컷 단일-[잔삭] 박스에서 이송 및 속도; 우측의 이송 및 속도 아이콘을 클릭한다.

5 이송 및 속도 박스에서 □스핀들 속도(rpm); 2600을 입력하면 우측의 계산기가 활성화 된다. 계산기를 클릭하면 좌측의 스핀들 속도(rpm) 앞의 박스가 자동으로 ☑ 체크되는 것을 확인한다.

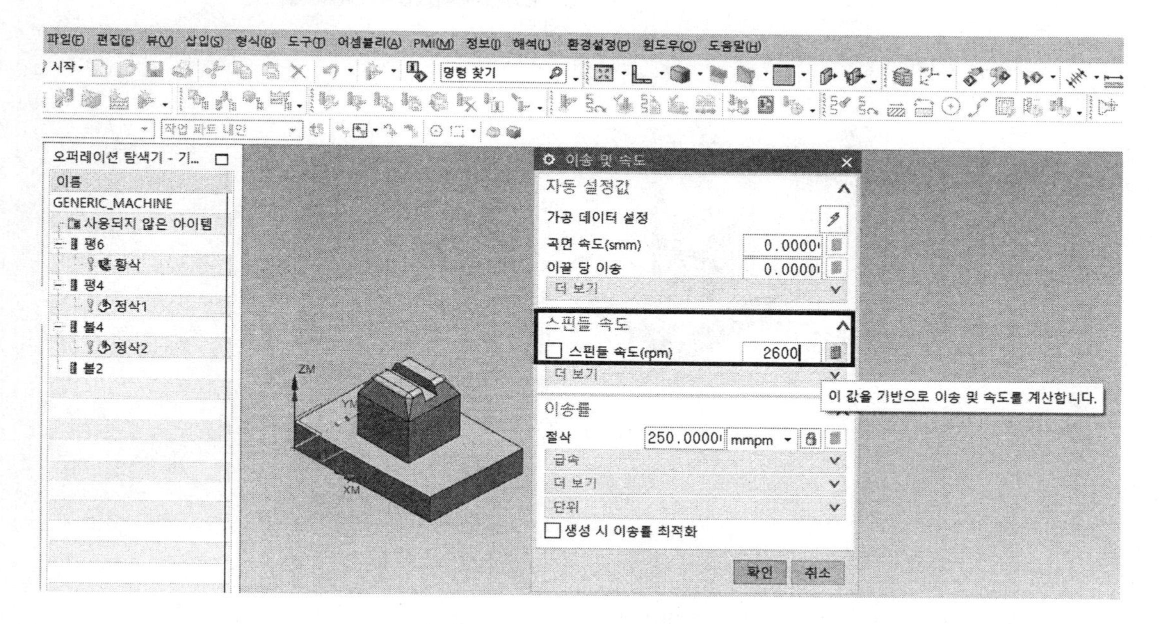

6 이송률/절삭에서 이송 속도값; 80을 입력하면 우측의 계산기가 활성화 된다. 계산기를 클릭하면 자동 설정값의 이끝 당 이송이 자동으로 설정된다. → 확인 버튼을 클릭한다.

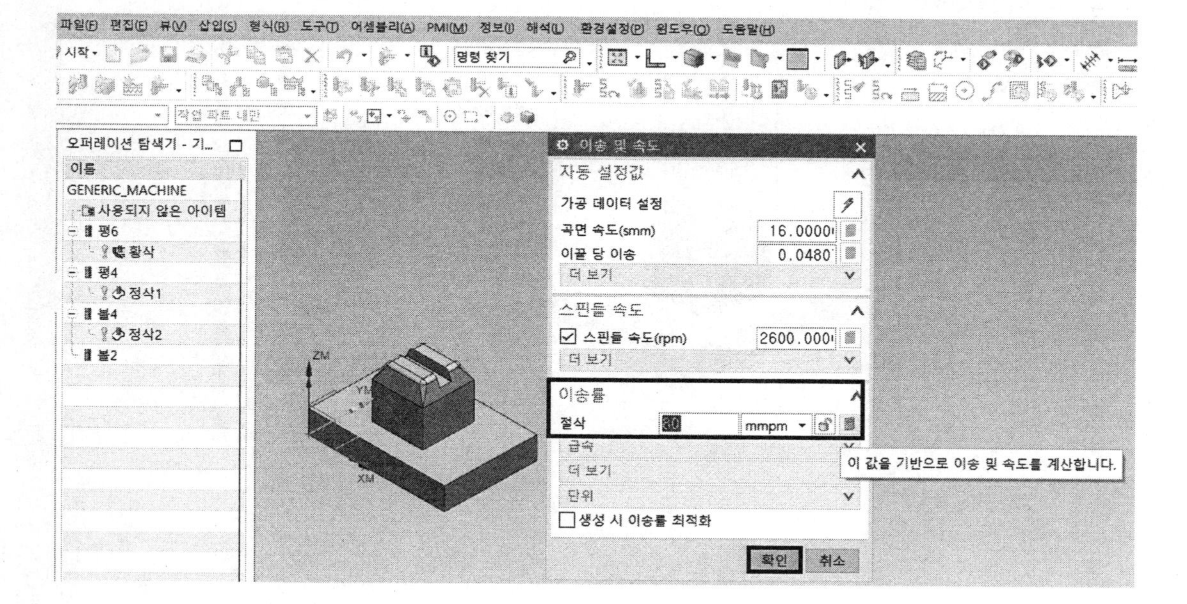

7 윤곽 영역-[잔삭] 박스에서 제일 아래의 생성 버튼을 클릭한다.

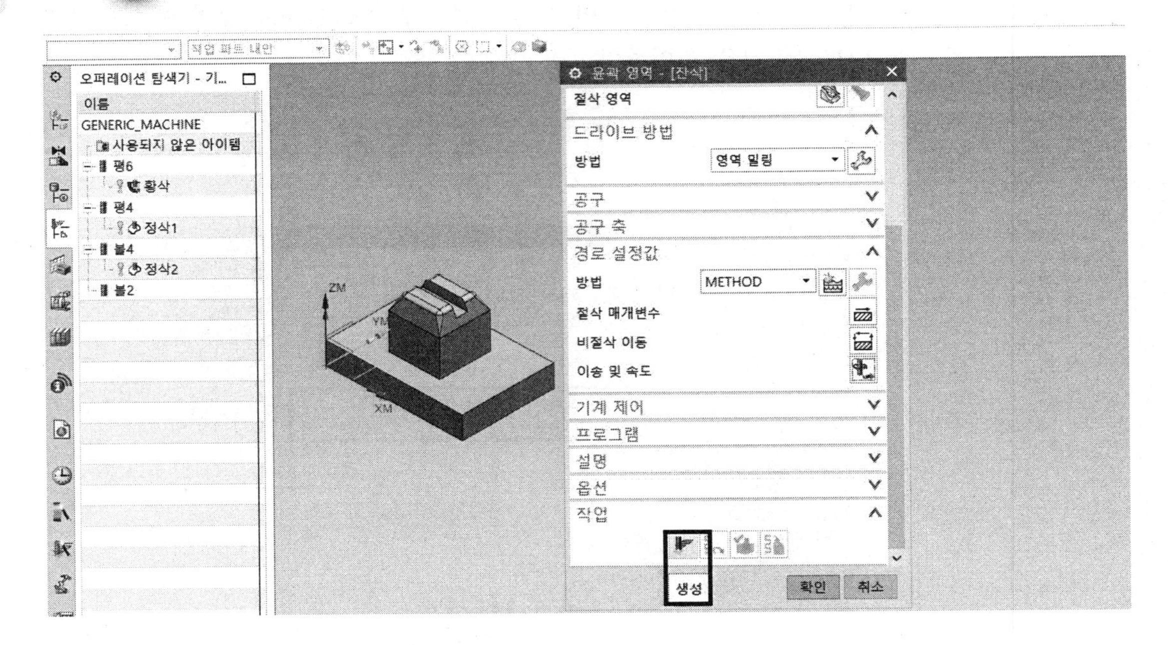

8 좌측 tree에 잔삭의 툴패스가 생성된 형상이다.

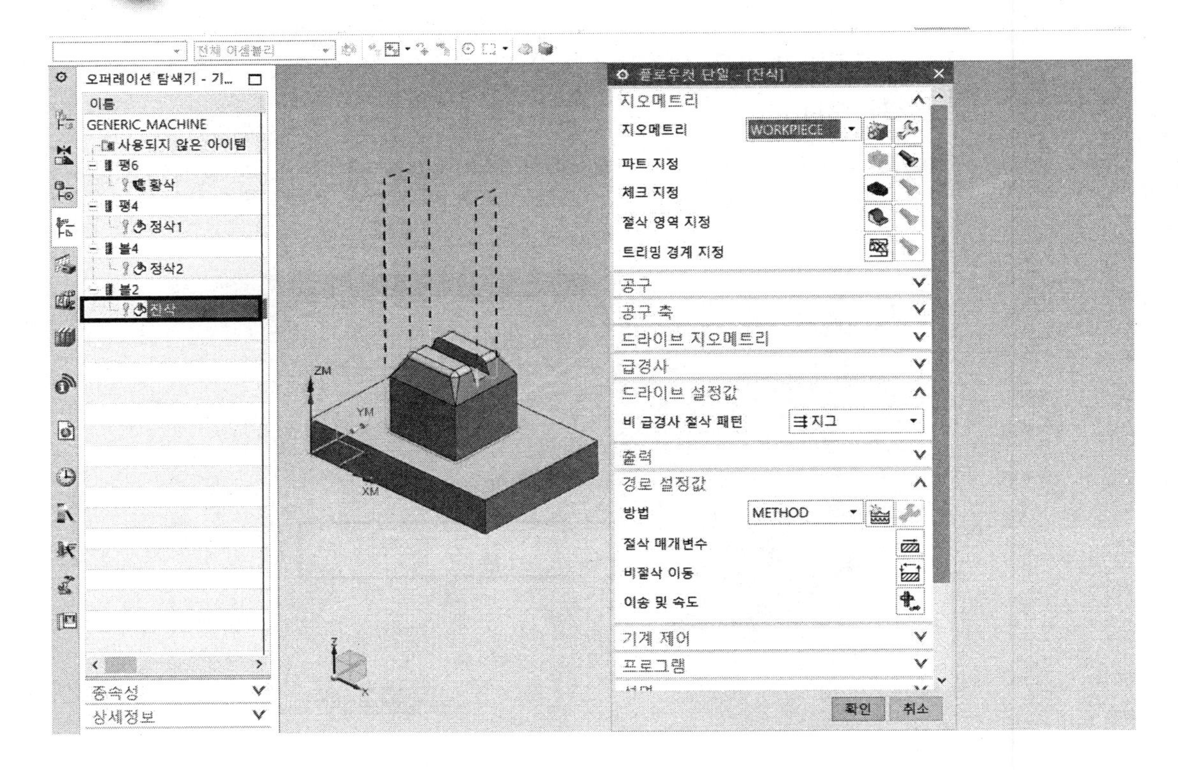

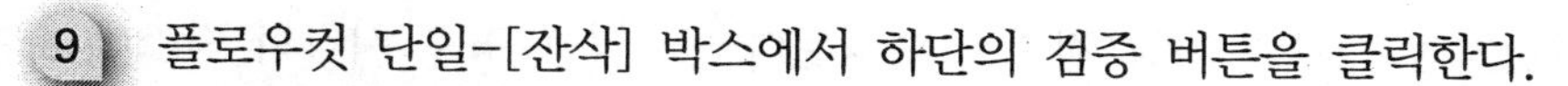

9 플로우컷 단일-[잔삭] 박스에서 하단의 검증 버튼을 클릭한다.

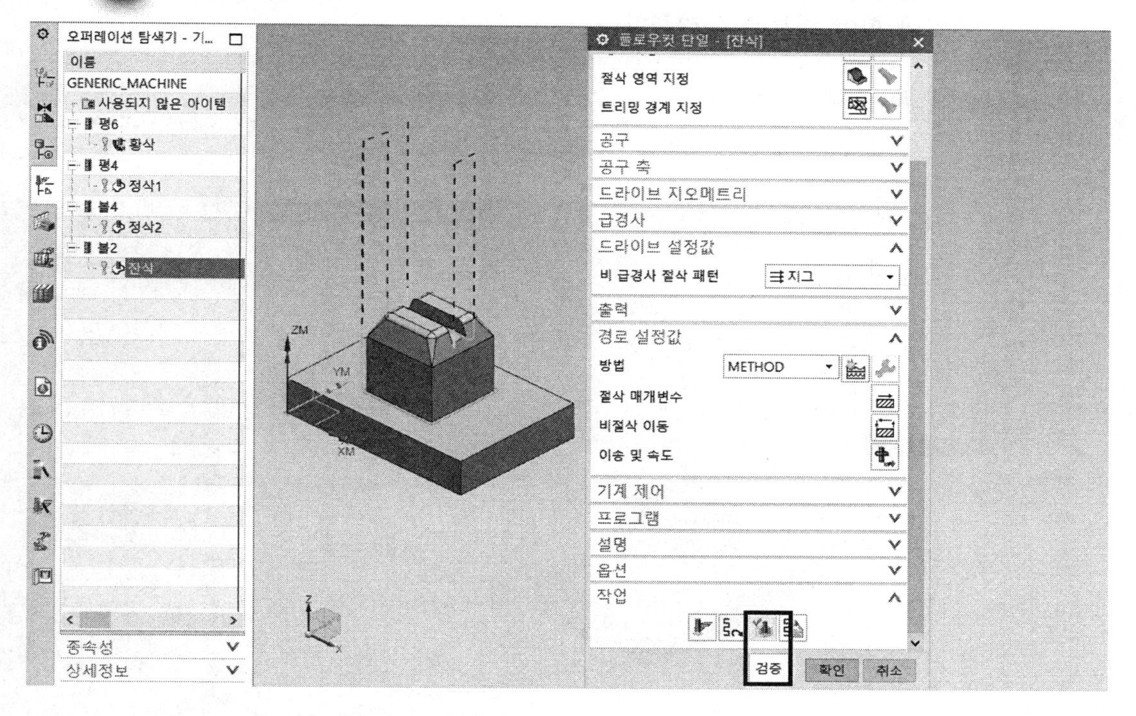

10 공구 경로 시각화 박스/3D 동적 탭에서 애니메이션 속도를 6에 놓고 재생한다.

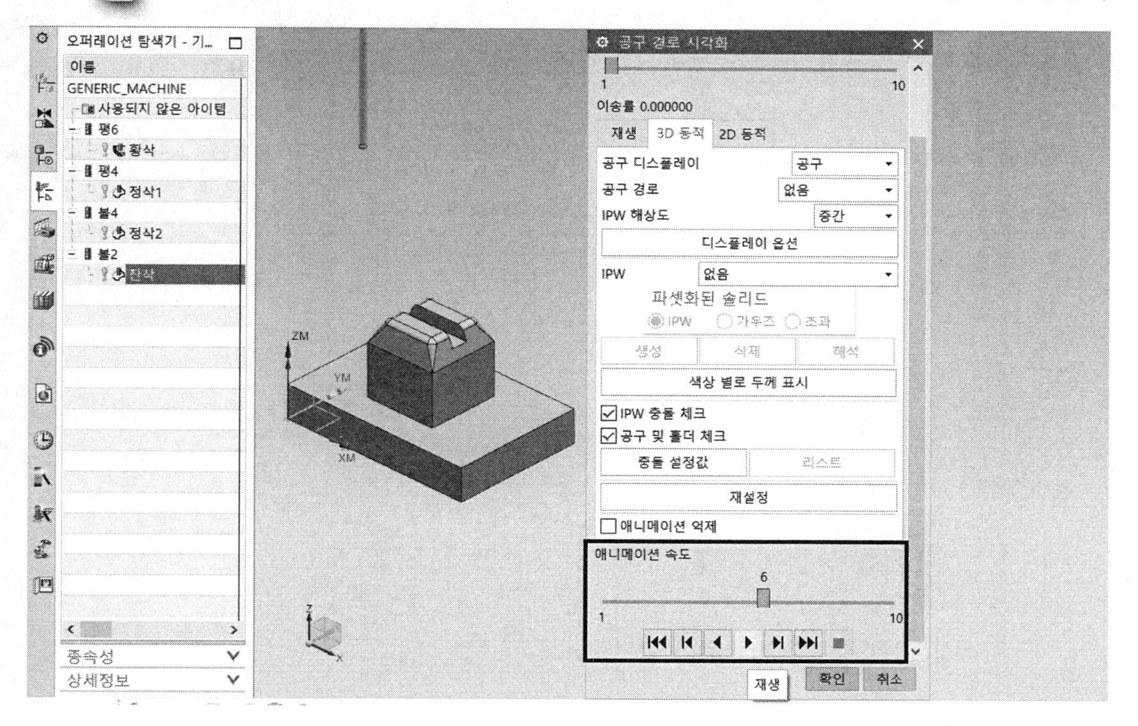

11 화면처럼 잔삭의 가공 검증이 형성된다. → 공구 경로 시각화 박스에서 제일 아래의 확인 버튼을 클릭한다.

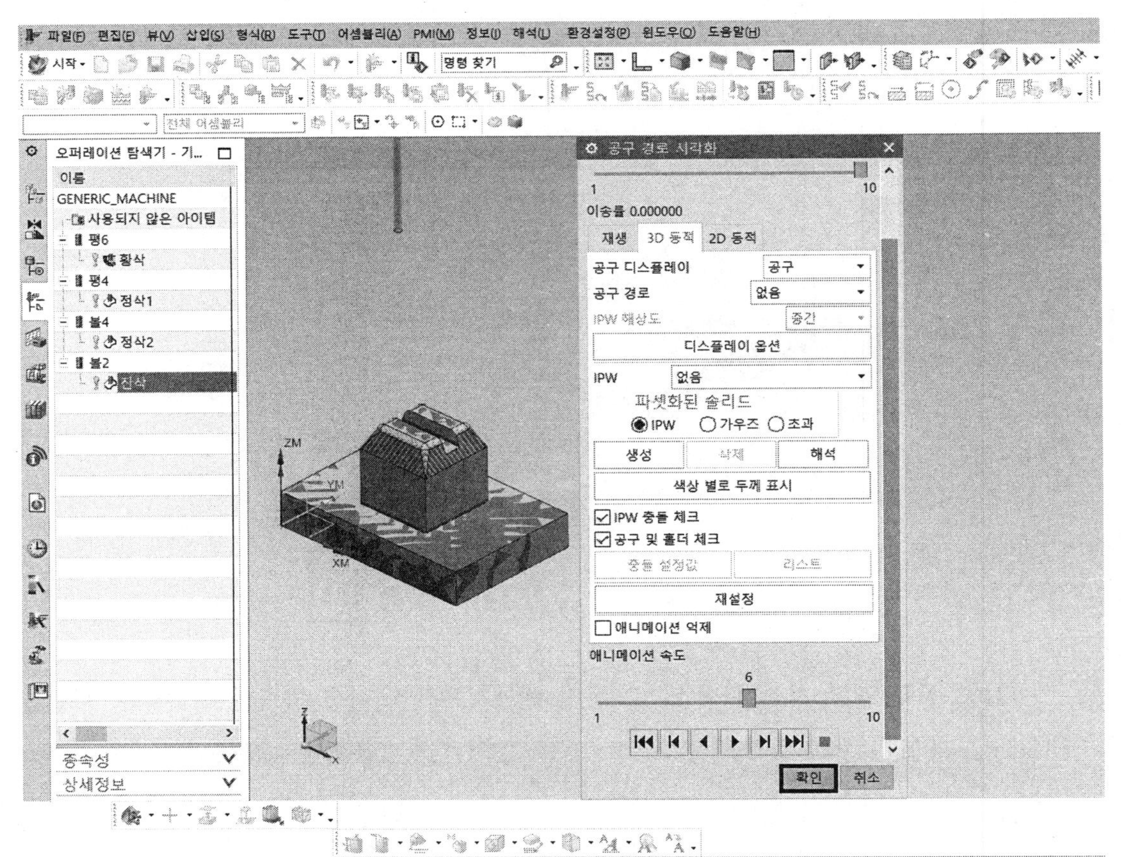

2.6 전체 시뮬레이션 보기

1 도구 모음에서 탐색기; 첫 번째의 프로그램 순서 뷰를 클릭한다.

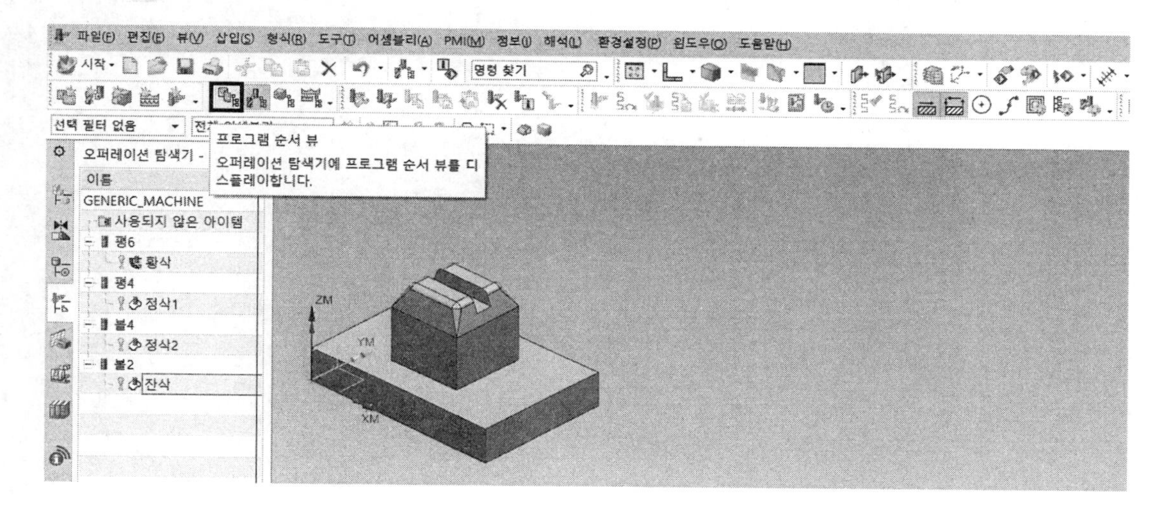

2 좌측 tree에서 Shift를 누른 상태에서 황삭, 정삭1, 정삭2, 잔삭을 지정 선택한다.

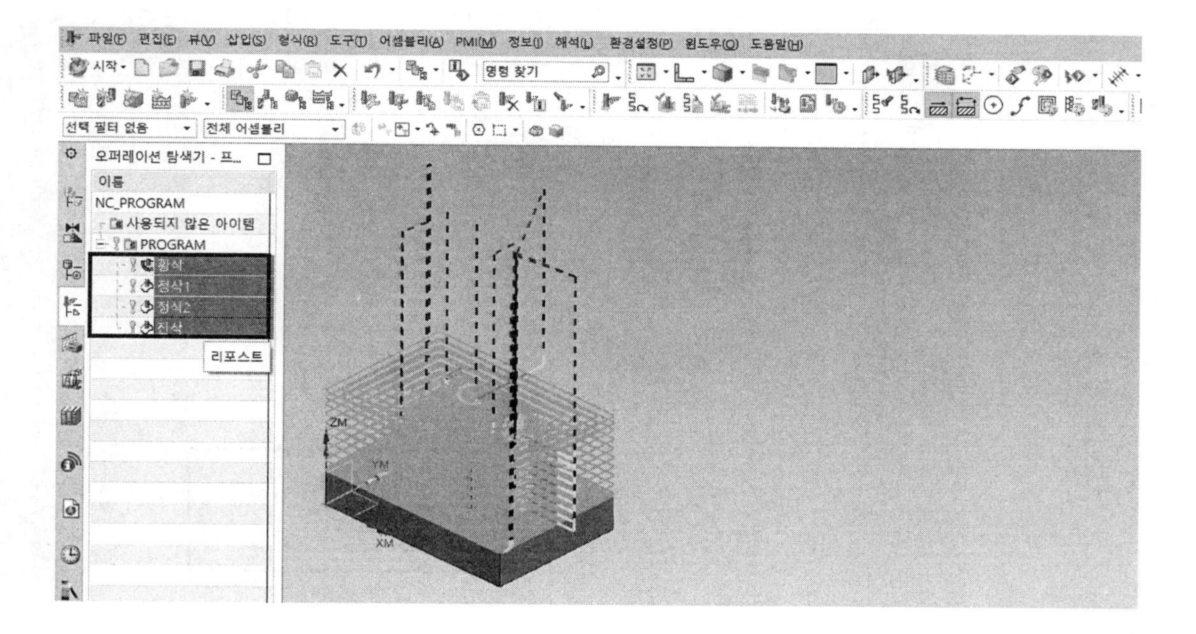

3 선택한 상태에서 오른쪽 마우스를 클릭 → 공구 경로 → 검증을 클릭한다.

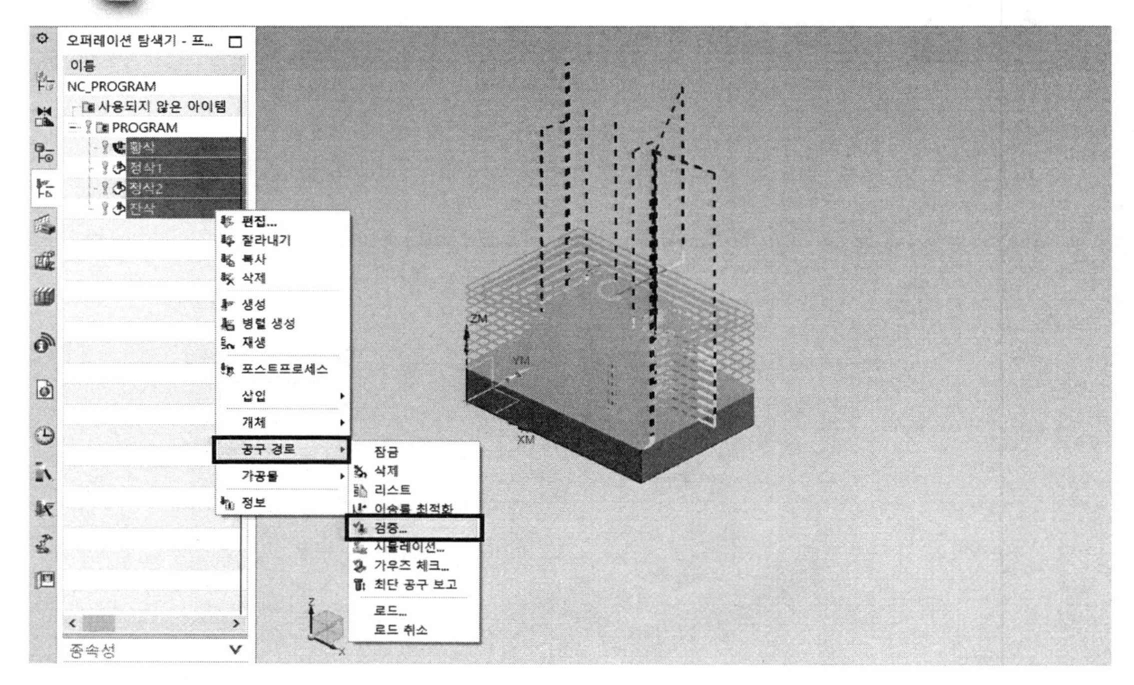

4 공구 경로 시각화 박스/3D 동적 탭에서 애니메이션 속도를 8에 놓고 재생한다.

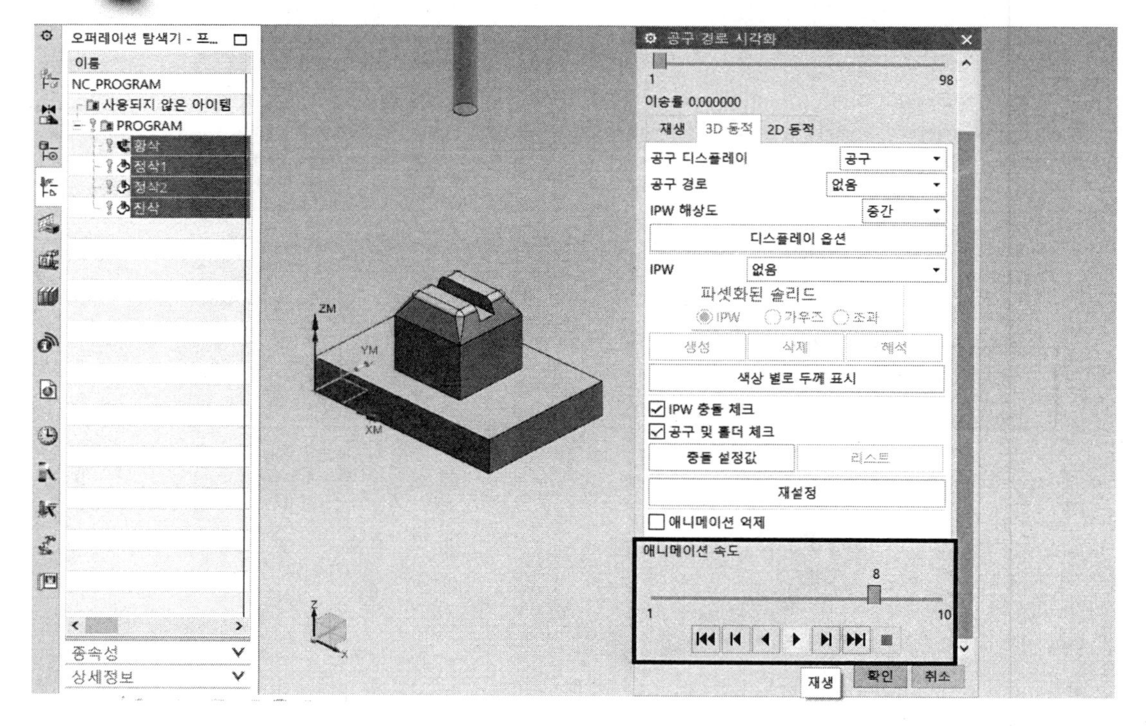

5 화면처럼 황삭, 정삭1, 정삭2, 잔삭의 가공 검증이 형성된다. → 공구 경로 시각화 박스에서 제일 아래의 확인 버튼을 클릭한다.

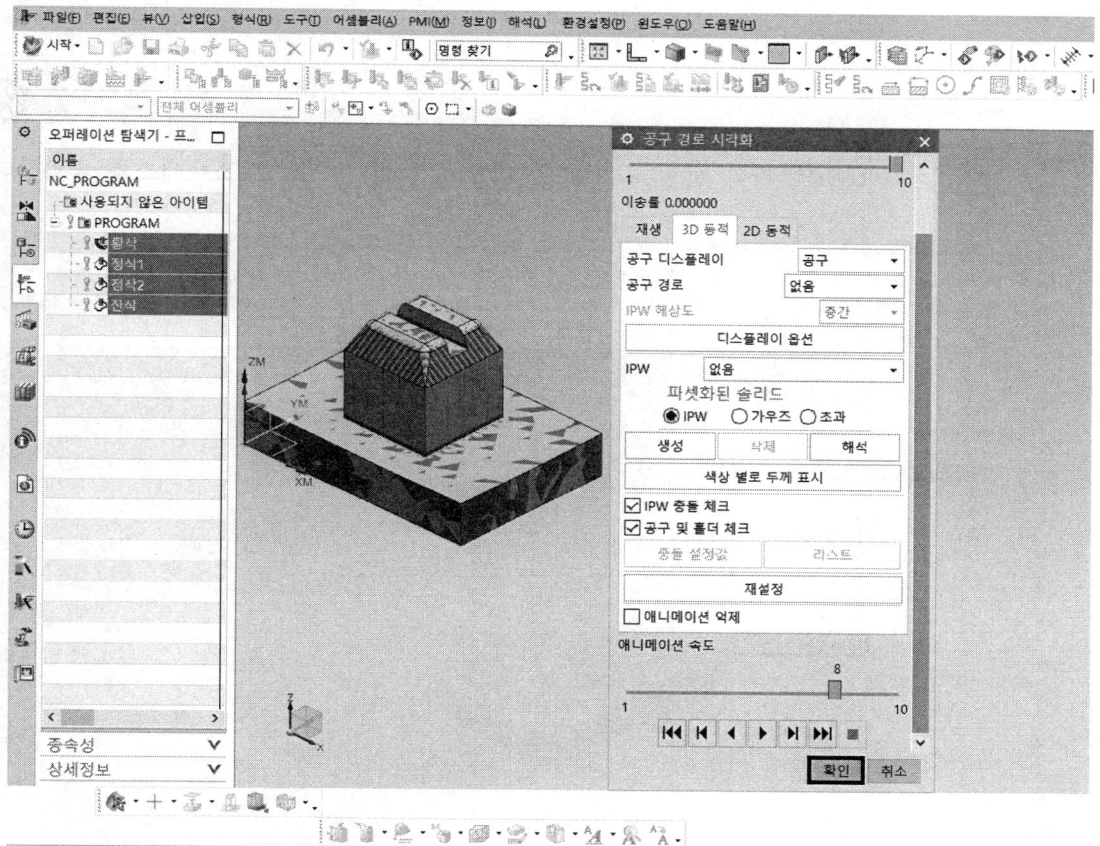

2.7 NC DATA 출력하기

□ 황삭

1 좌측 tree의 황삭 선택 후 오른쪽 마우스 클릭 → 포스트프로세스를 클릭한다.

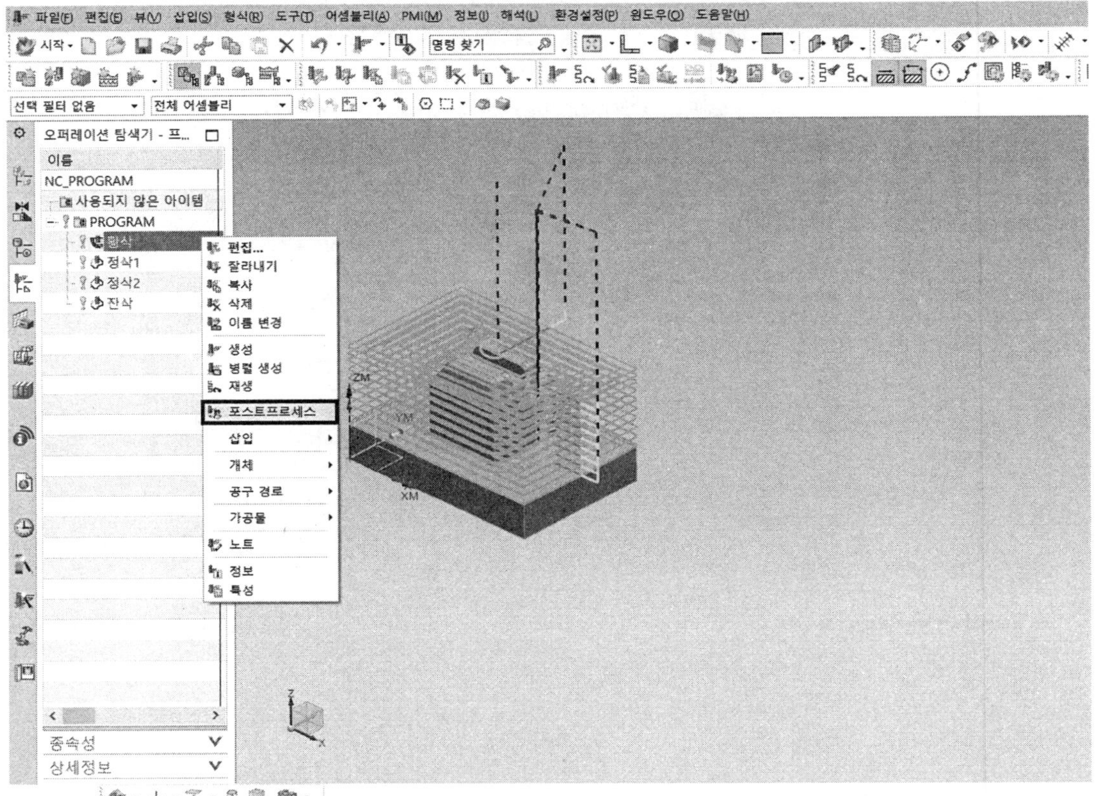

2 포스트프로세스에서 MILL_3_AXIS를 선택한다. → 출력 파일; 출력 파일 찾아보기 아이콘을 클릭한다.

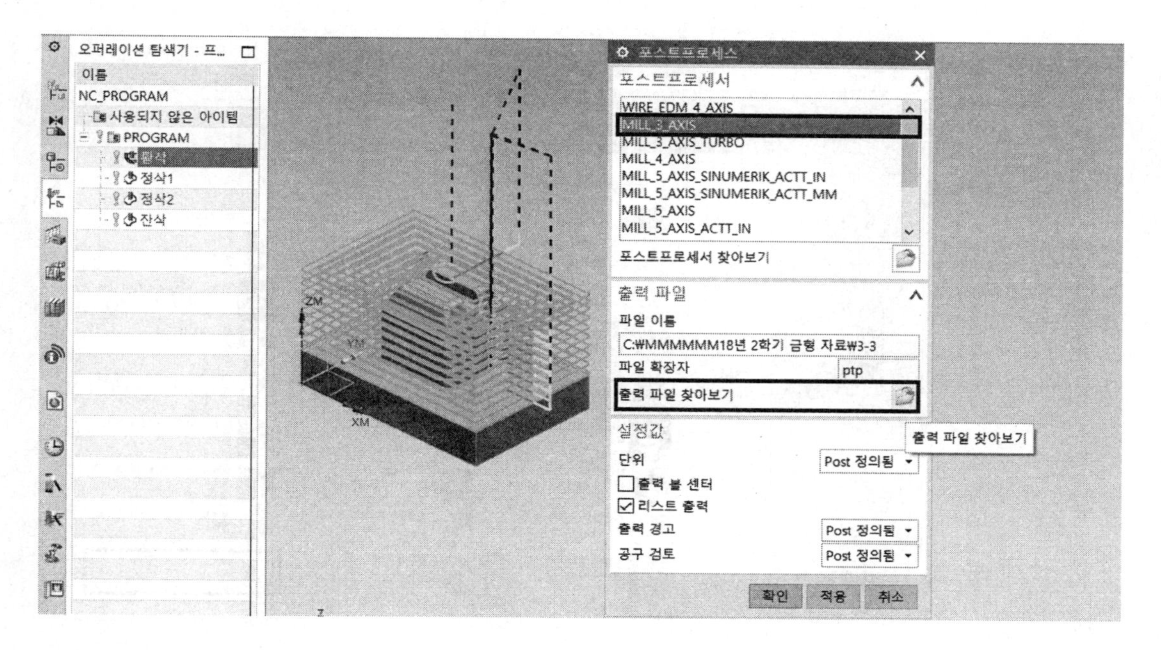

3 NC 출력 명세 박스에서 바탕화면/새 폴더 만들기를 클릭한다.

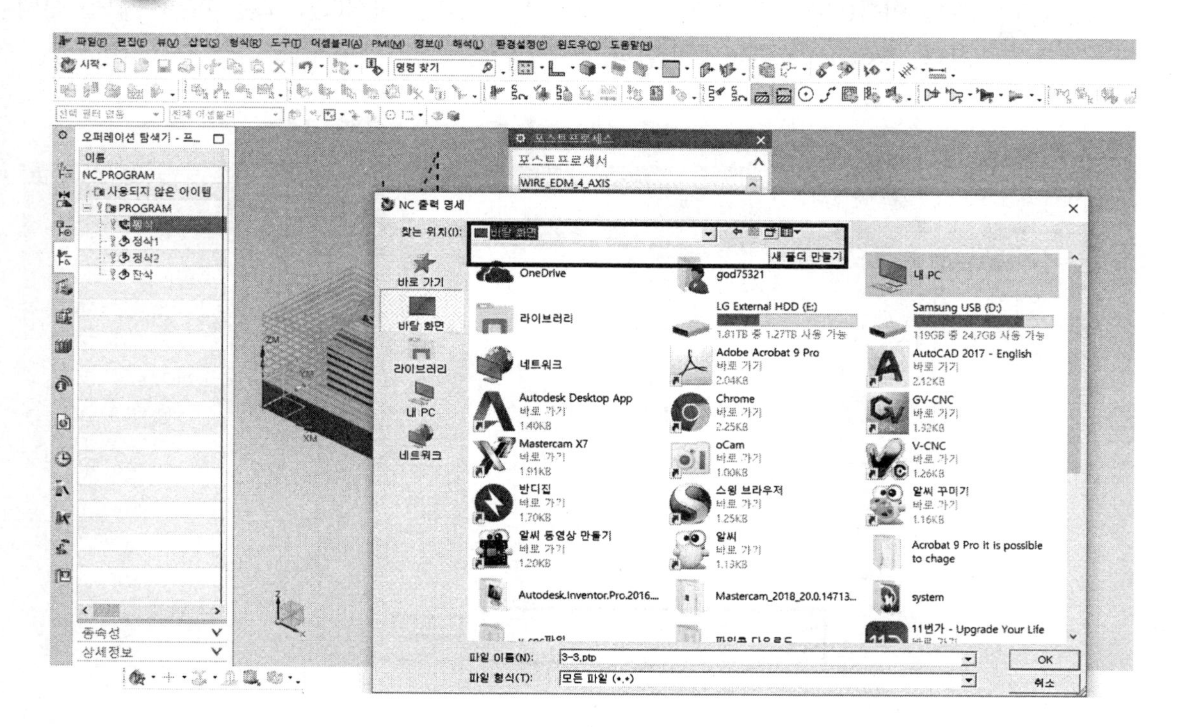

4 새 폴더를 만든 후 이름을 01로 변경한다. → 01 폴더를 더블클릭한다.

5 파일 이름(N); 01황삭.NC를 입력한다. → 파일 형식(T); 모든 파일(*.*)을 선택한다. → OK 버튼을 클릭한다.

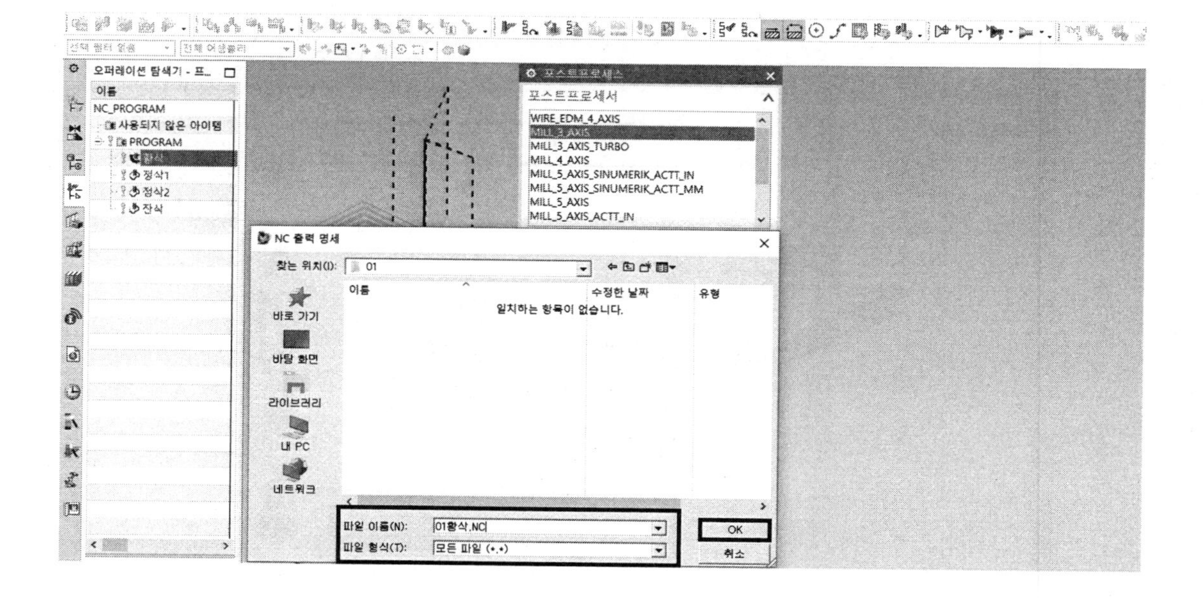

6 포스트프로세스 박스에서 파일 확장자가 ptp → NC로 변한다.

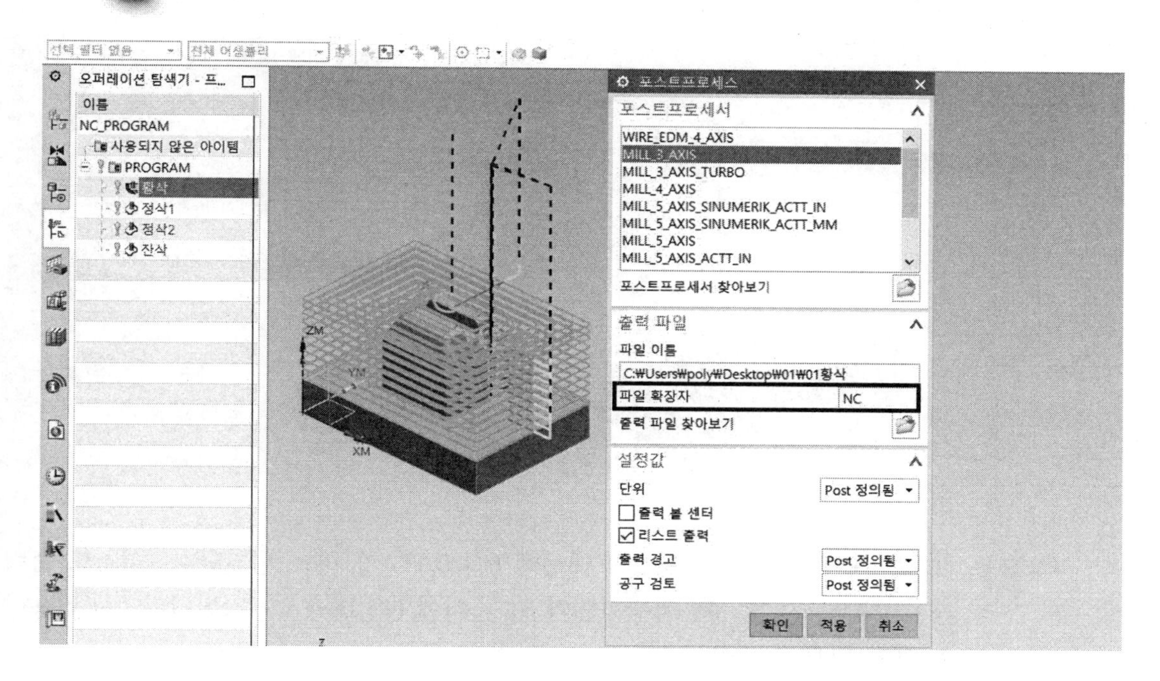

7 설정값/단위; 미터법/파트를 클릭한다. → 리스트 출력 ☑을 체크한다. → 적용 버튼을 클릭한다.

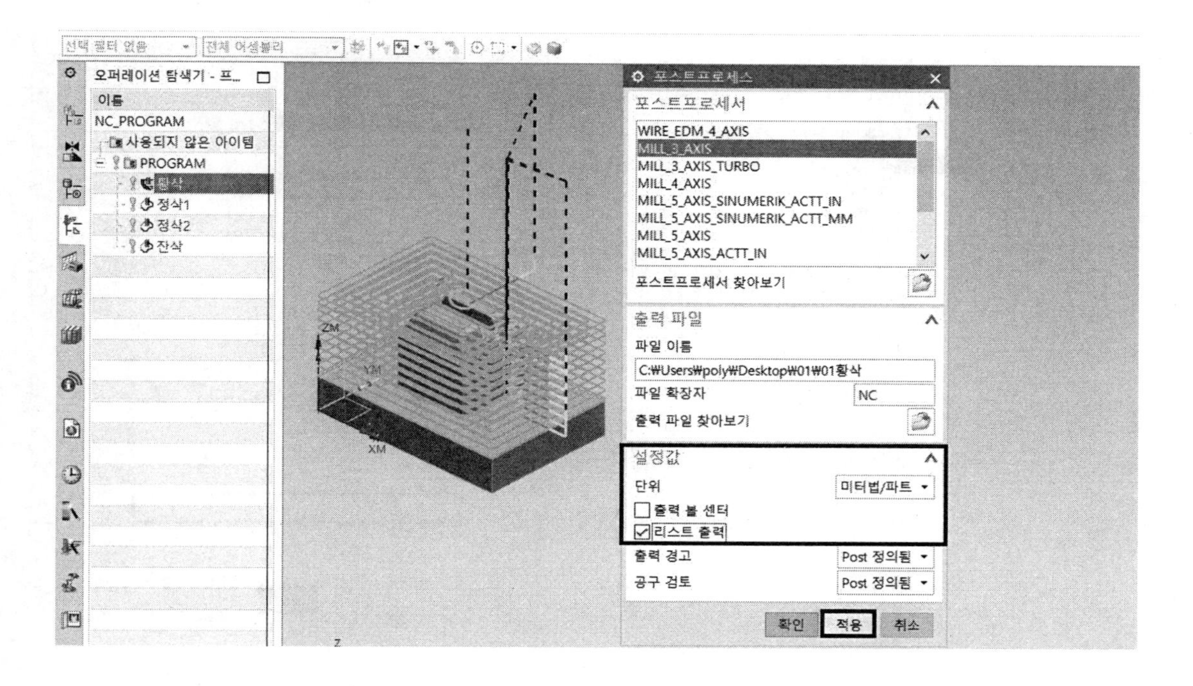

8 포스트프로세스 → 확인 버튼을 클릭한다.

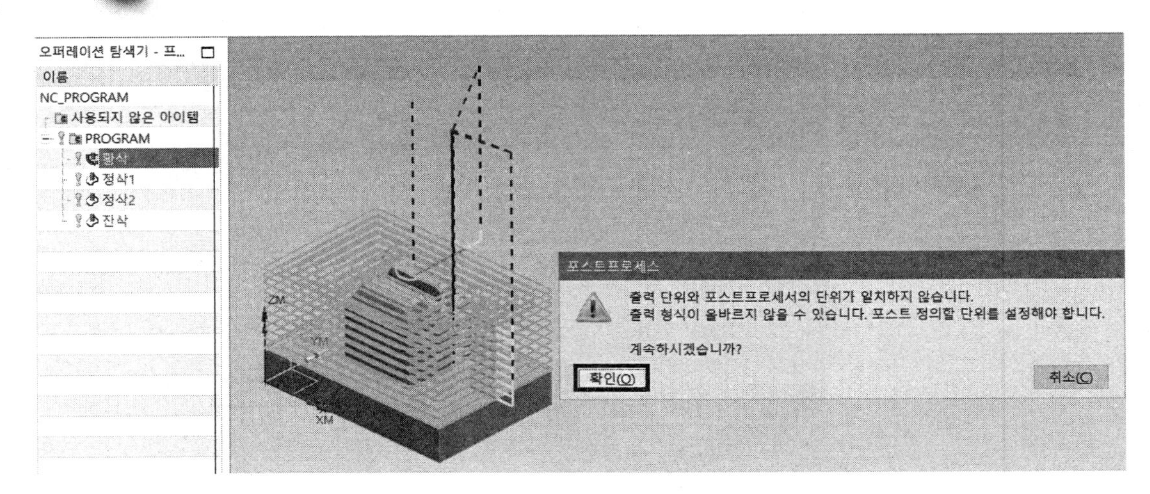

9 리스트 출력을 ☑ 체크하였기 때문에 NC DATA가 바로 나타난다. 리스트 출력을 ☑ 체크하지 않으면 바탕화면의 01 폴더에 NC DATA가 나타난다. → 적용한 후 확인 버튼을 클릭한다.

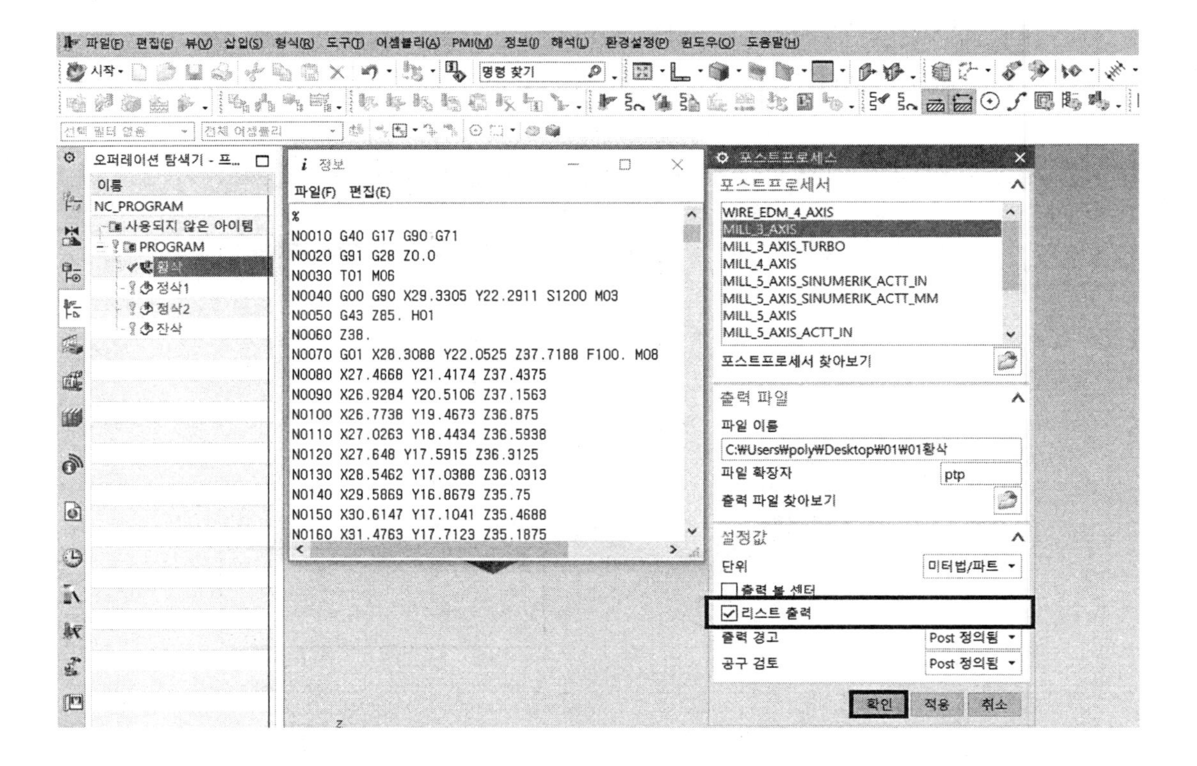

10 바탕화면에 가면 01 폴더가 생성되어 있다.

11 01 폴더 안에 01황삭.NC DATA가 생성되어 있다.

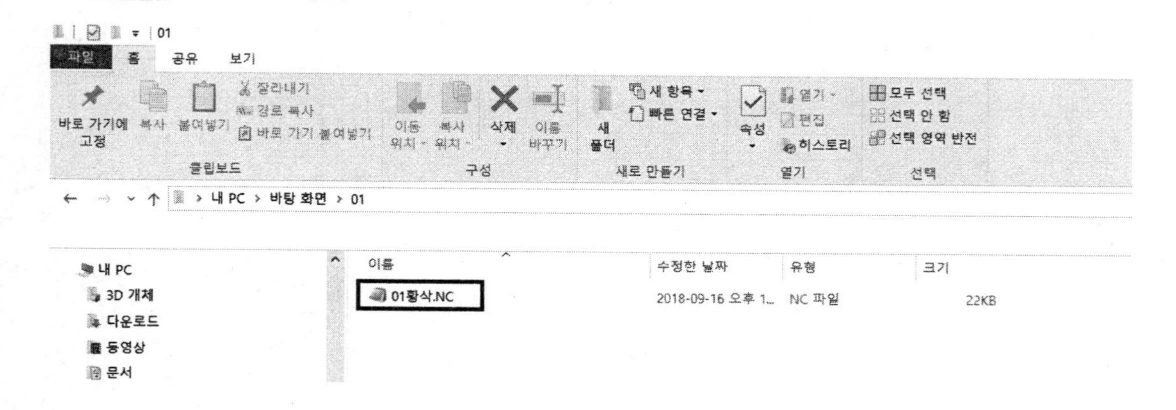

12 01황삭.NC 파일을 더블클릭하면 화면과 같이 나타난다.

13 다음과 같이 수정한다.

```
%
N0010 G40 G49 G80
N0020 G91 G30 Z0. M19
N0030 T01 M06
N0040 G00 G90 G54 X29.3305 Y22.2911 S1200 M03
N0050 G43 Z85. H01
N0060 Z38.
N0070 G01 X28.3088 Y22.0525 Z37.7188 F100. M08

(____부분이 황삭, 정삭, 잔삭 모두 조건에 맞아야 함)
틀린 1개소 당 –4점 감점
```

❑ 정삭

1 좌측 tree의 정삭1, 정삭2를 지정 선택하고 오른쪽 마우스 클릭 → 포스트프로세스를 클릭한다.

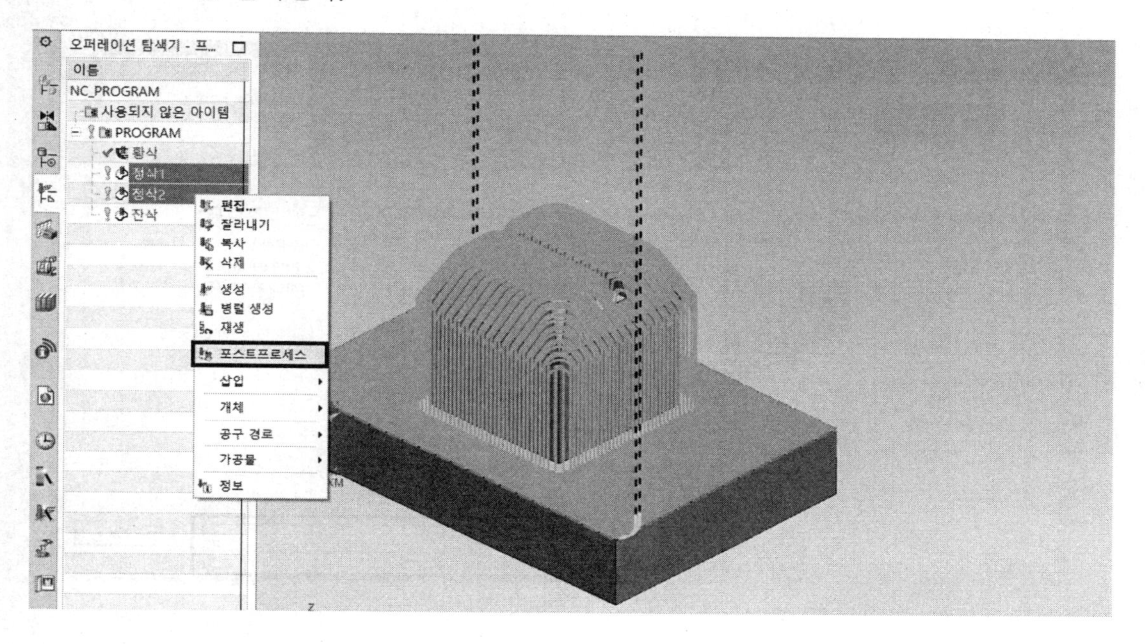

2 포스트프로세스에서 MILL_3_AXIS를 선택한다. → 출력 파일; 출력 파일 찾아보기 아이콘을 클릭한다.

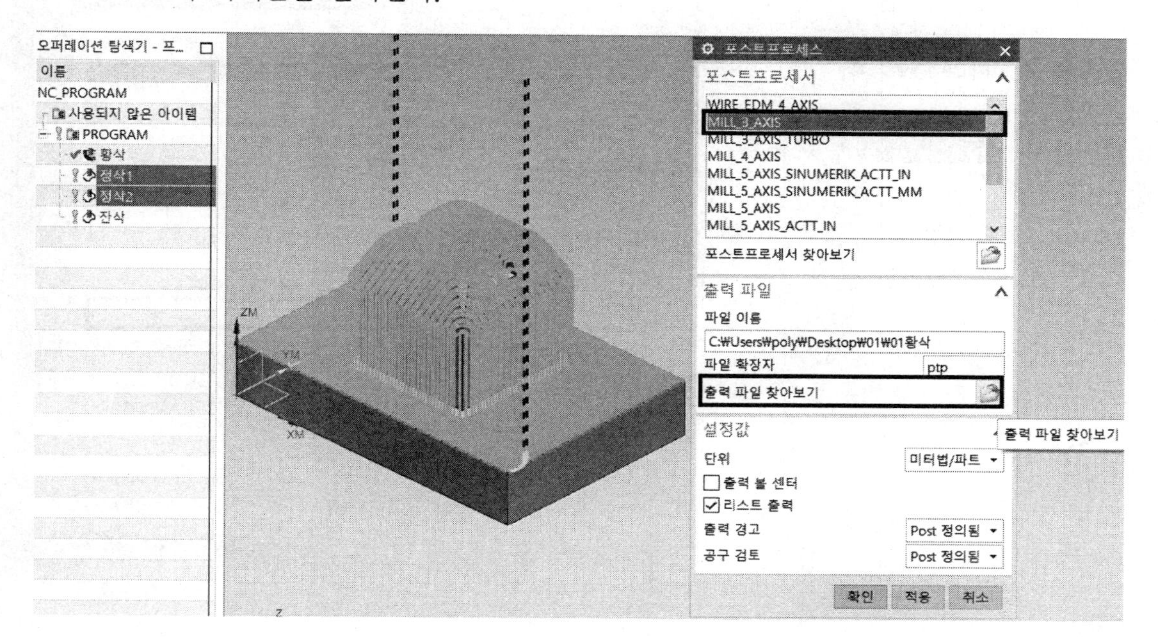

3 NC 출력 명세 박스에서 01 폴더 안/파일 이름(N)에 01정삭.NC를 입력한다. → 파일 형식(T)은 모든 파일(*.*)을 선택한다. → OK 버튼을 클릭한다.

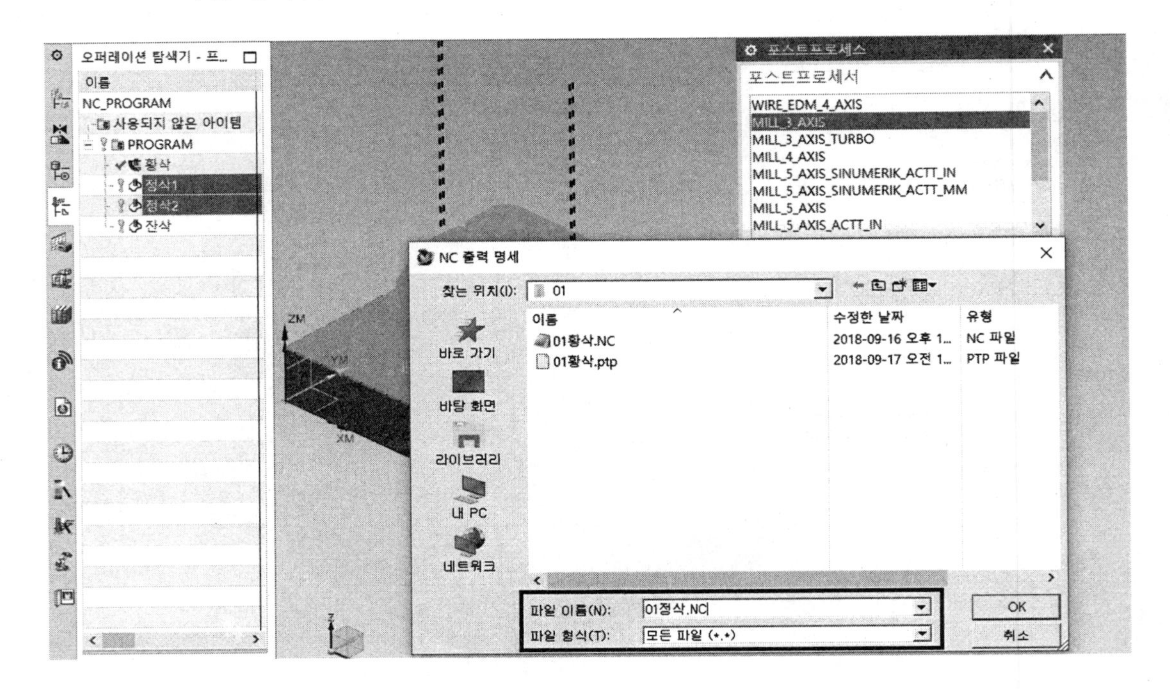

4 포스트프로세스 박스에서 파일 확장자가 ptp → NC로 변한다.

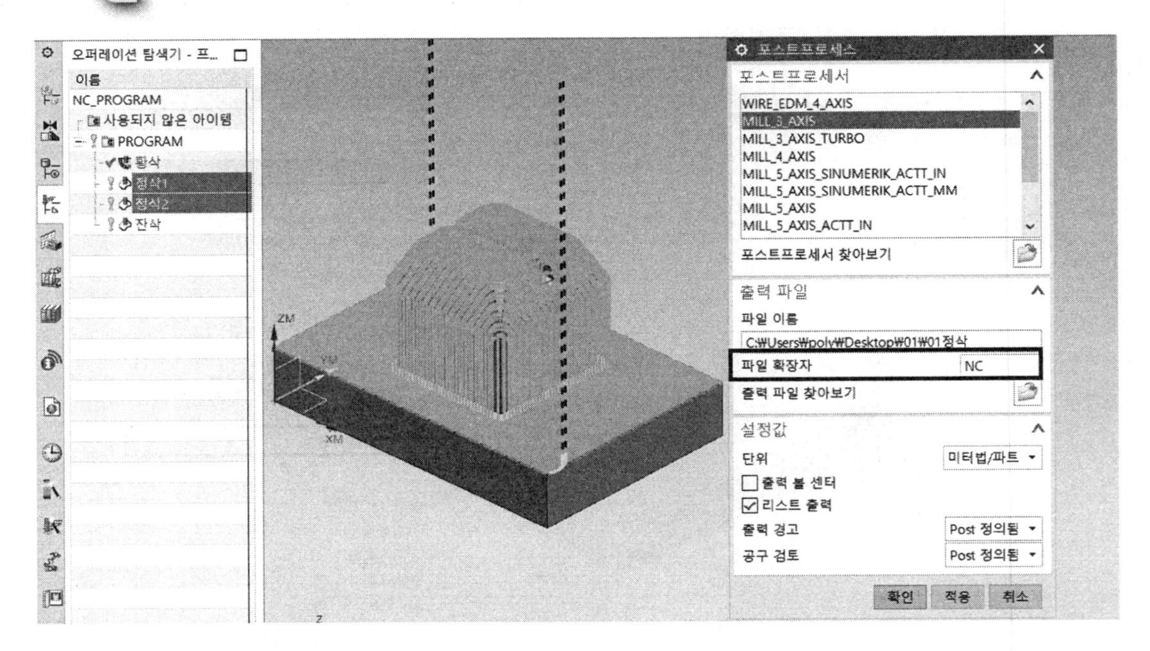

5 설정값/단위에서 미터법/파트를 클릭한다. → □리스트 출력의 ☑을 체크한다.
→ 적용 버튼을 클릭한다.

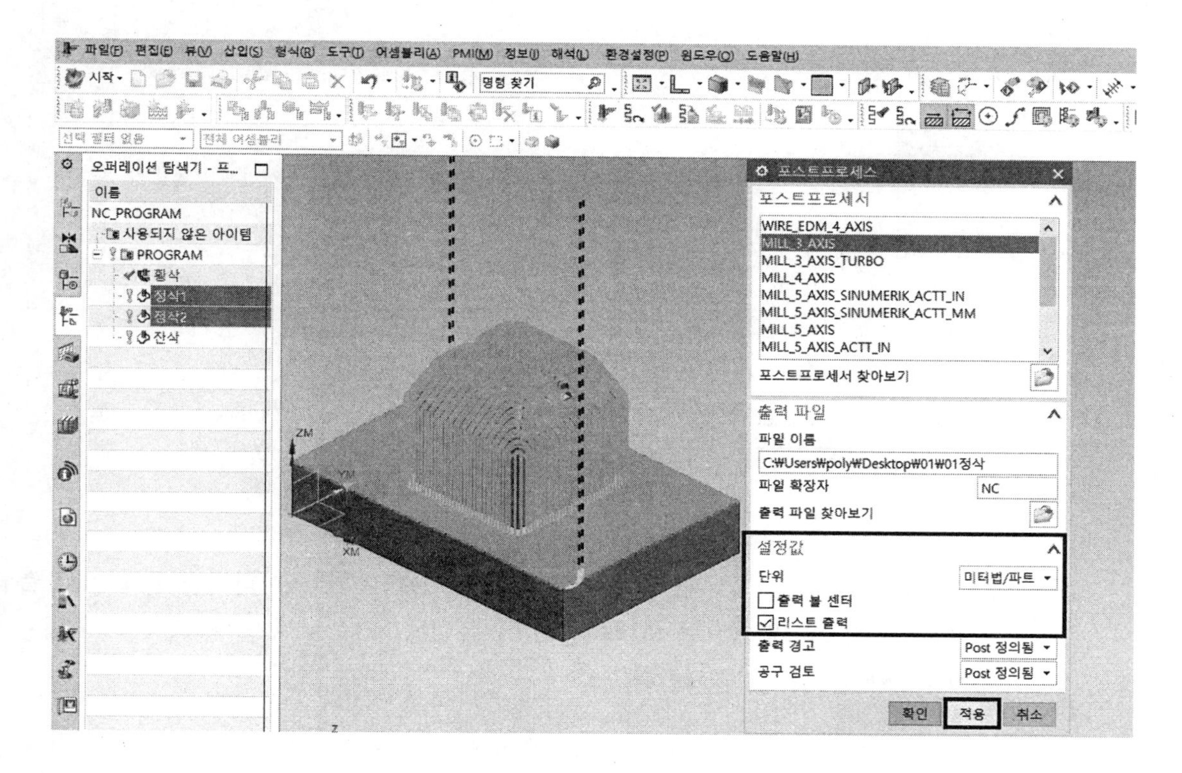

6 다중 선택 경고 → 확인 버튼을 클릭한다.

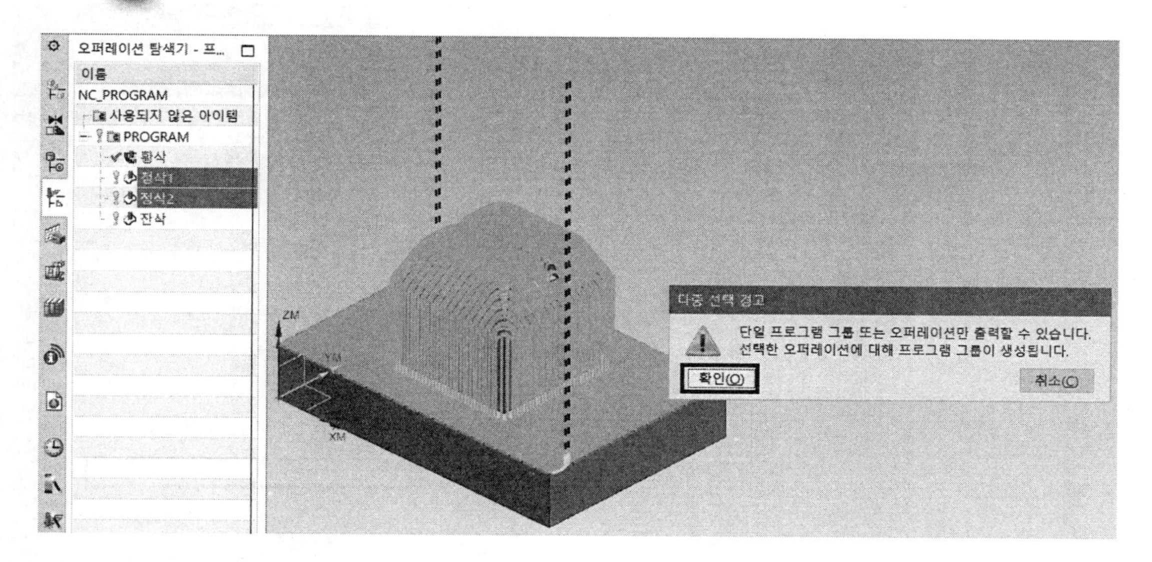

7 포스트프로세스 → 확인 버튼을 클릭한다.

8 □리스트 출력에서 ☑ 체크하였기 때문에 NC DATA가 바로 나타난다. 리스트 출력을 ☑ 체크하지 않으면 바탕화면의 01 폴더에 NC DATA가 나타난다. → 적용한 후 확인 버튼을 클릭한다.

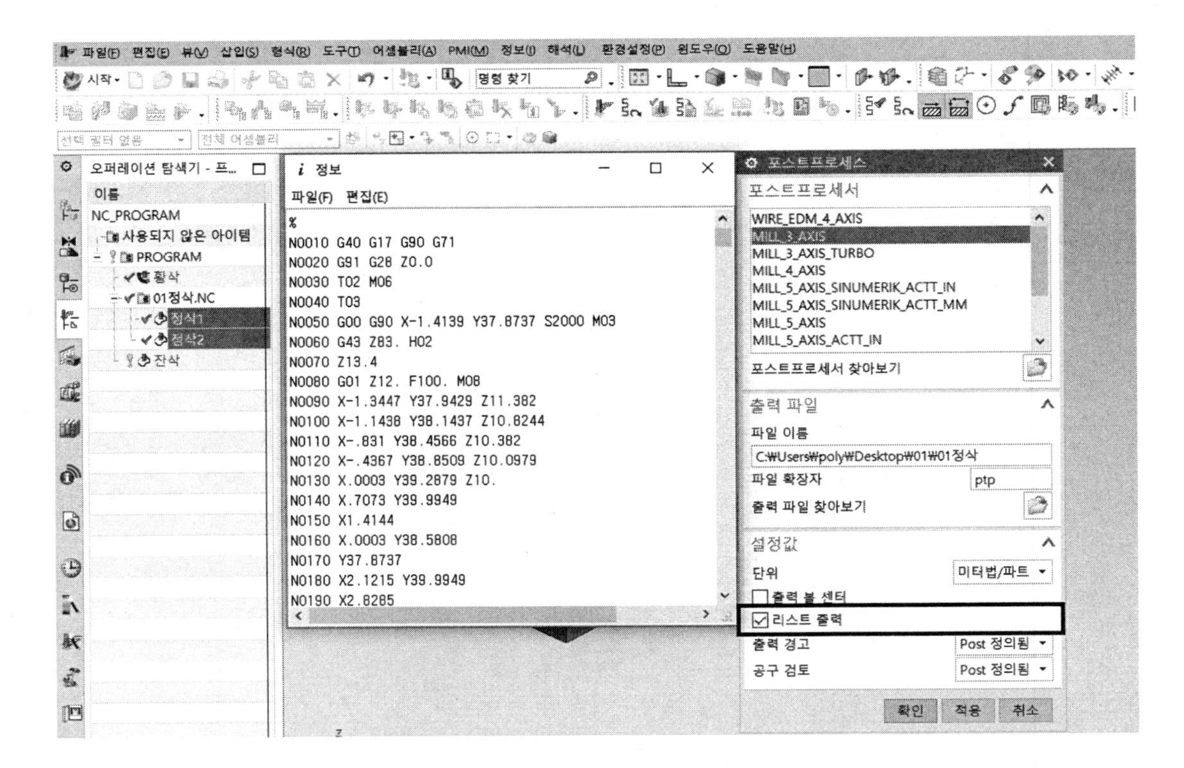

9 01 폴더 안에 01정삭.NC DATA가 생성되어 있다.

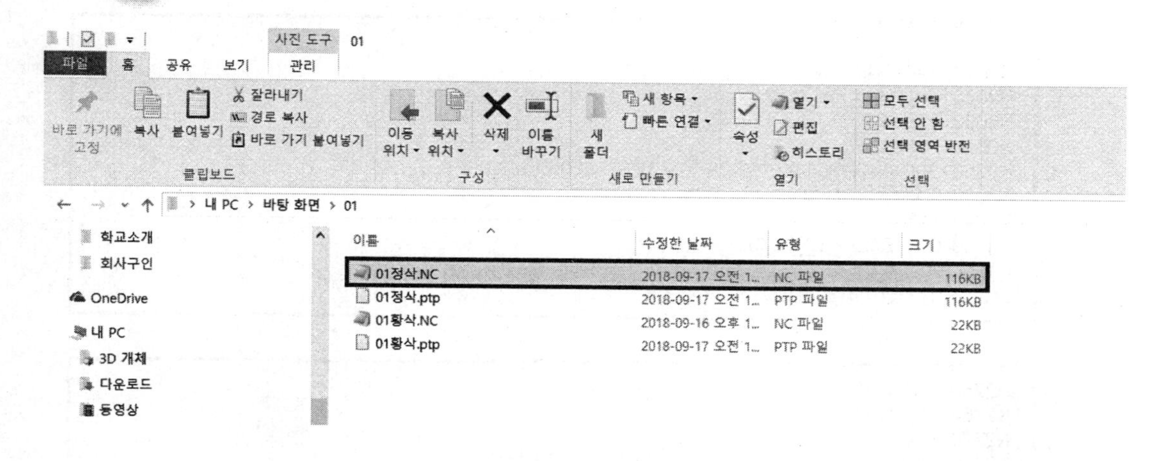

10 01정삭.NC 파일을 더블클릭하면 화면과 같이 나타난다.

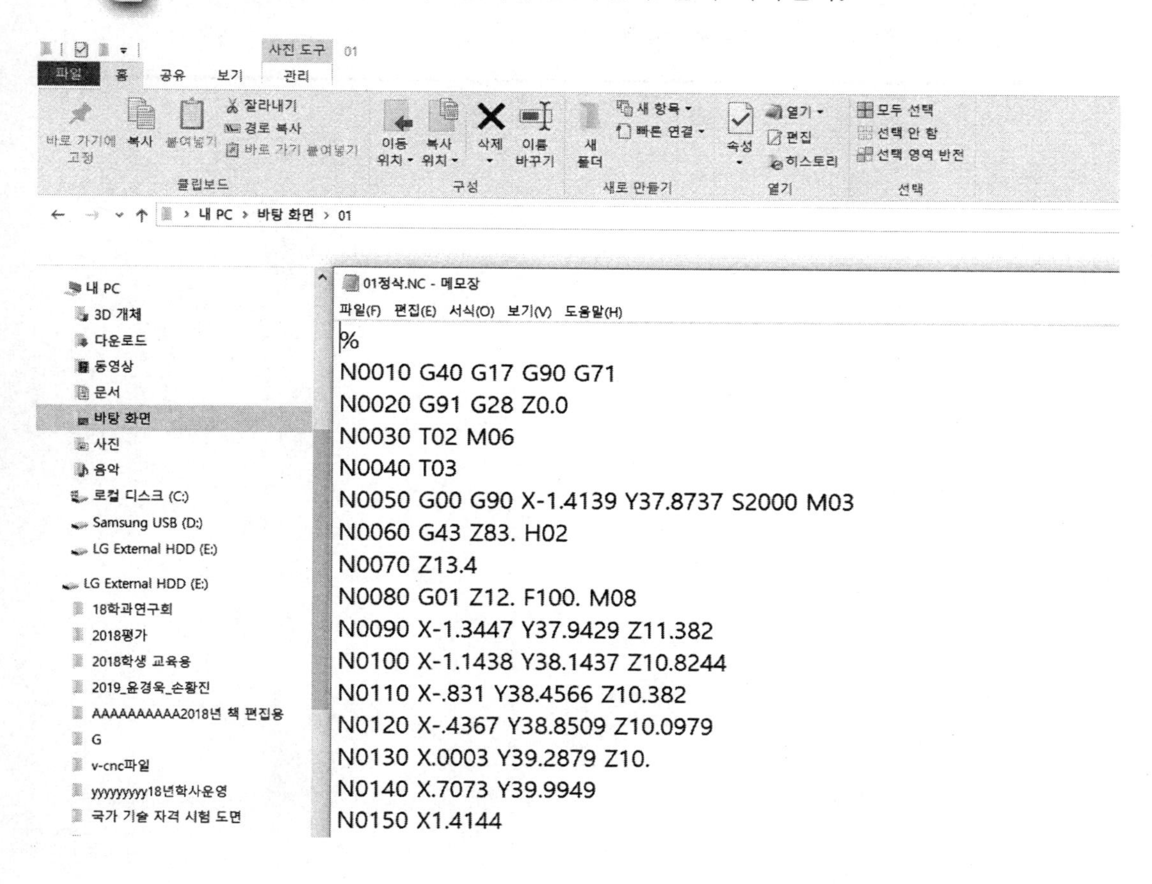

11 다음과 같이 수정한다.

```
%
N0010 G40 G49 G80
N0020 G91 G30 Z0. M19
N0030 T02 M06
N0040 T03
N0050 G00 G90 G54 X-1.4139 Y37.8737 S2000 M03
N0060 G43 Z83. H02
N0070 Z13.4
N0080 G01 Z12. F100. M08
(___부분이 황삭, 정삭, 잔삭 모두 조건에 맞아야 함)
틀린 1개소 당 -4점 감점
```

```
N2750 G91 G30 Z0. M19
N2760 T03 M06
N2770 T02
N2780 G00 G90 G54 X-1.4139 Y37.1666 S2200 M03
N2790 G43 Z83. H03
N2800 Z13.4
N2810 G01 Z12. F90.
(___부분이 황삭, 정삭, 잔삭 모두 조건에 맞아야 함)
틀린 1개소 당 -4점 감점
```

❑ 잔삭

1 좌측 tree의 잔삭 선택 후 오른쪽 마우스 클릭 → 포스트프로세스를 클릭한다.

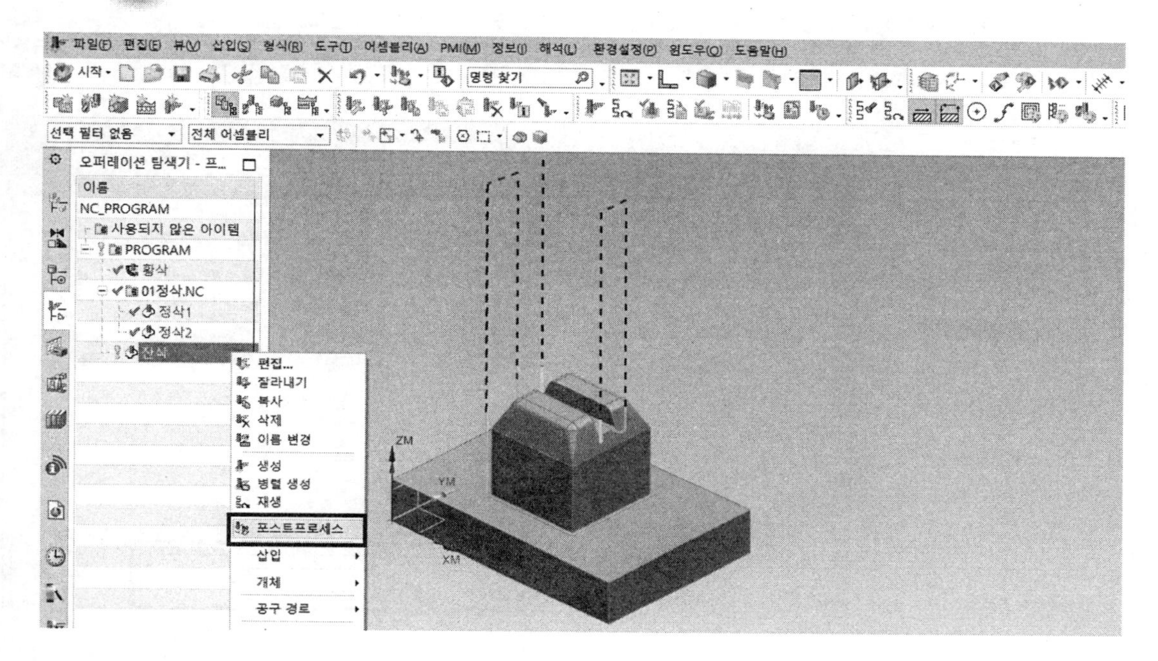

2 포스트프로세스에서 MILL_3_AXIS를 선택한다. → 출력 파일; 출력 파일 찾아보기 아이콘을 클릭한다.

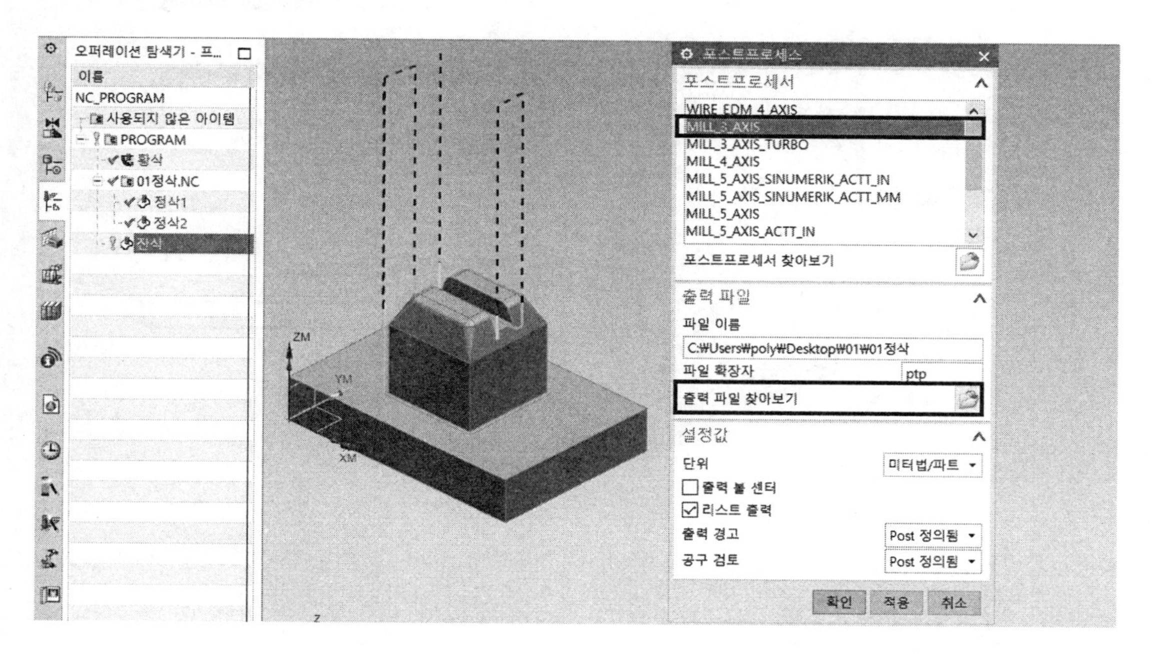

3 01 폴더 안/파일 이름(N)에 01잔삭.NC를 입력한다. → 파일 형식(T)은 모든 파일(*.*)을 선택한다. → OK 버튼을 클릭한다.

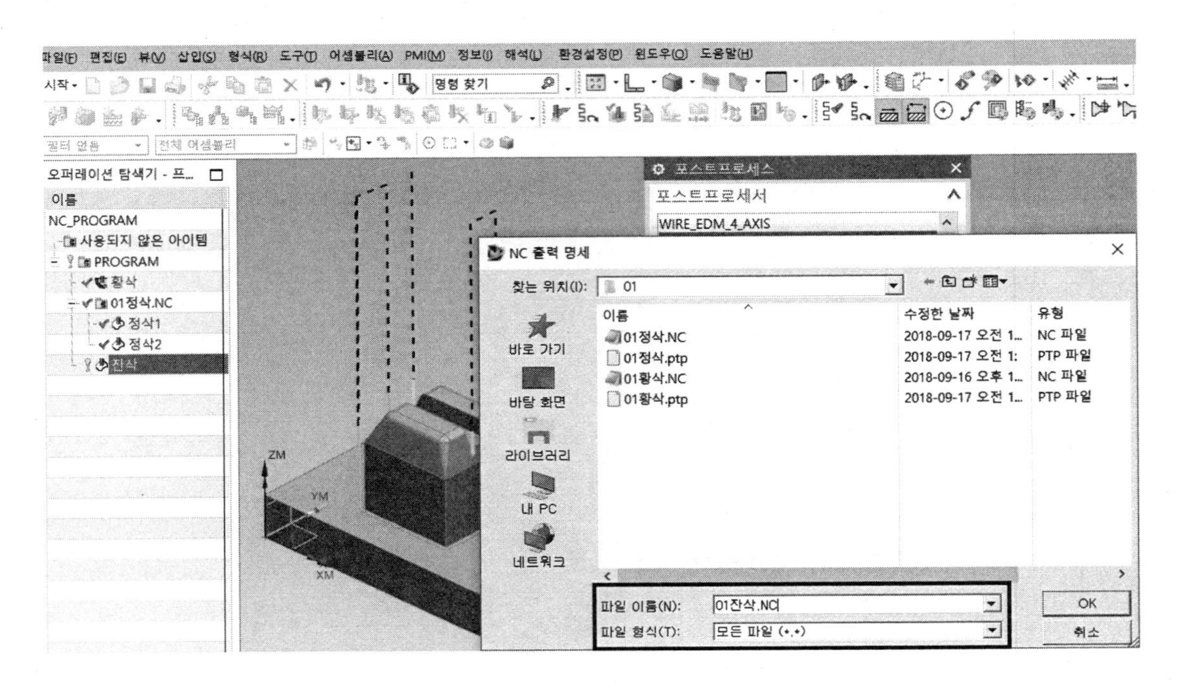

4 포스트프로세스 박스에서 파일 확장자가 ptp → NC로 변한다.

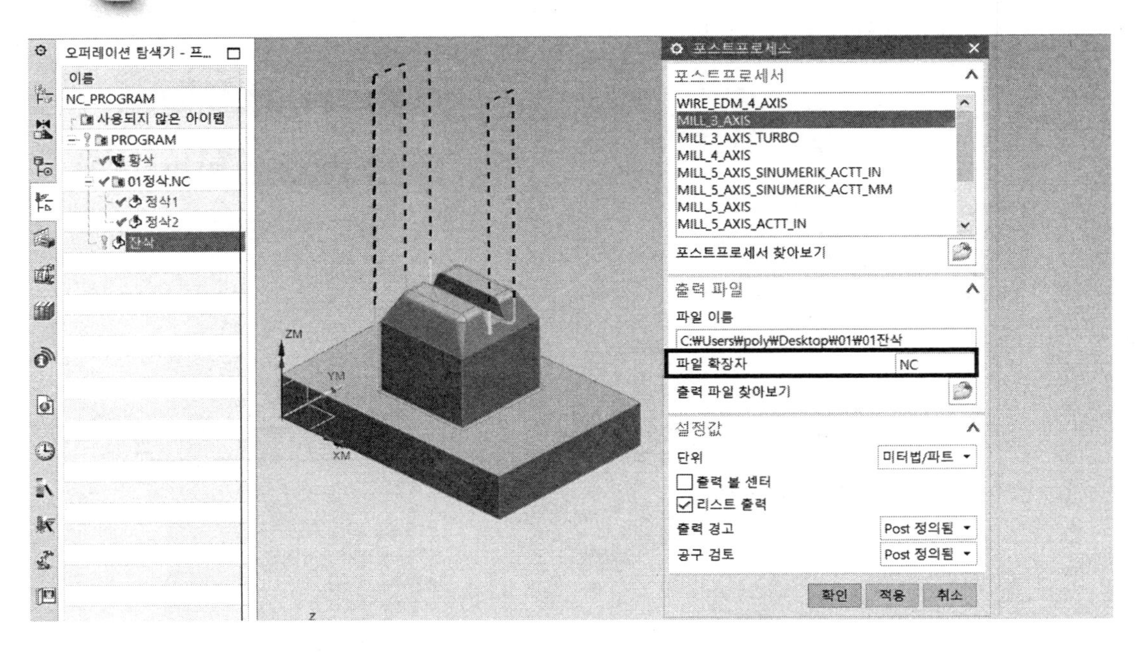

5 설정값/단위에서 미터법/파트를 클릭한다. → □리스트 출력에서 ☑을 체크한다. → 적용 버튼을 클릭한다.

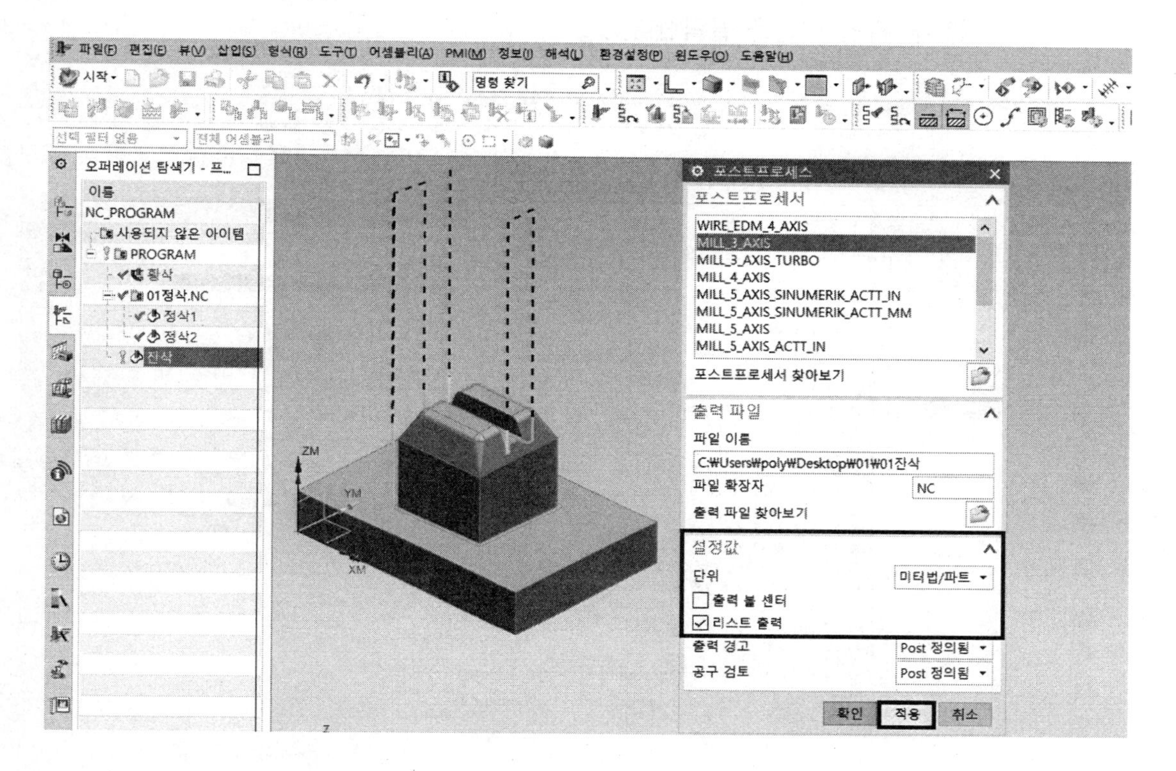

6 포스트프로세스 → 확인 버튼을 클릭한다.

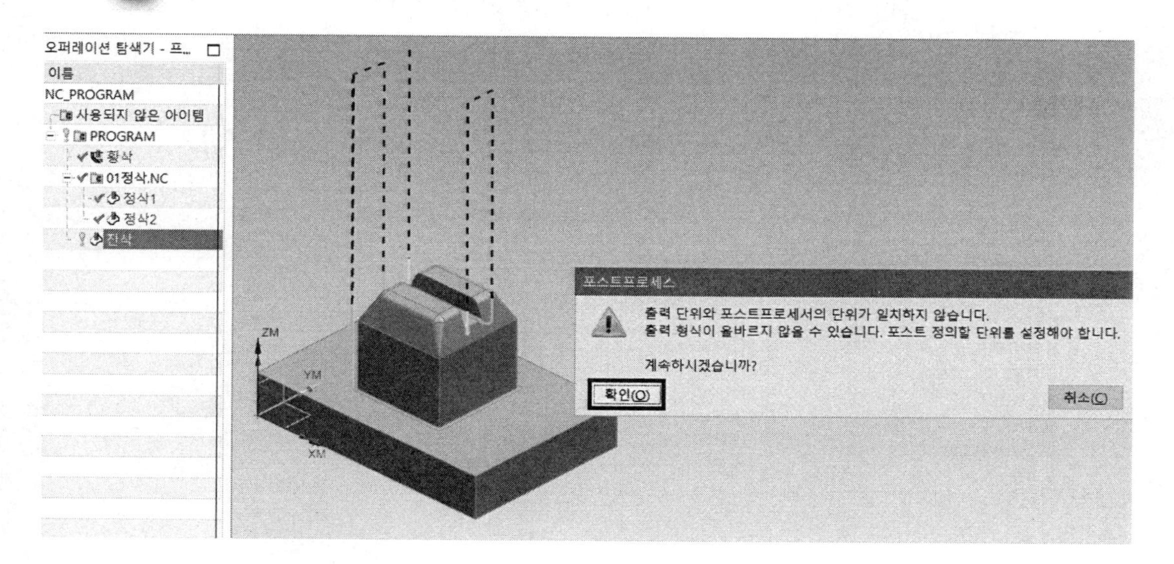

7 □리스트 출력에서 ☑ 체크하였기 때문에 NC DATA가 바로 나타난다. 리스트 출력을 ☑ 체크하지 않으면 바탕화면의 01 폴더에 NC DATA가 나타난다. → 적용한 후 확인 버튼을 클릭한다.

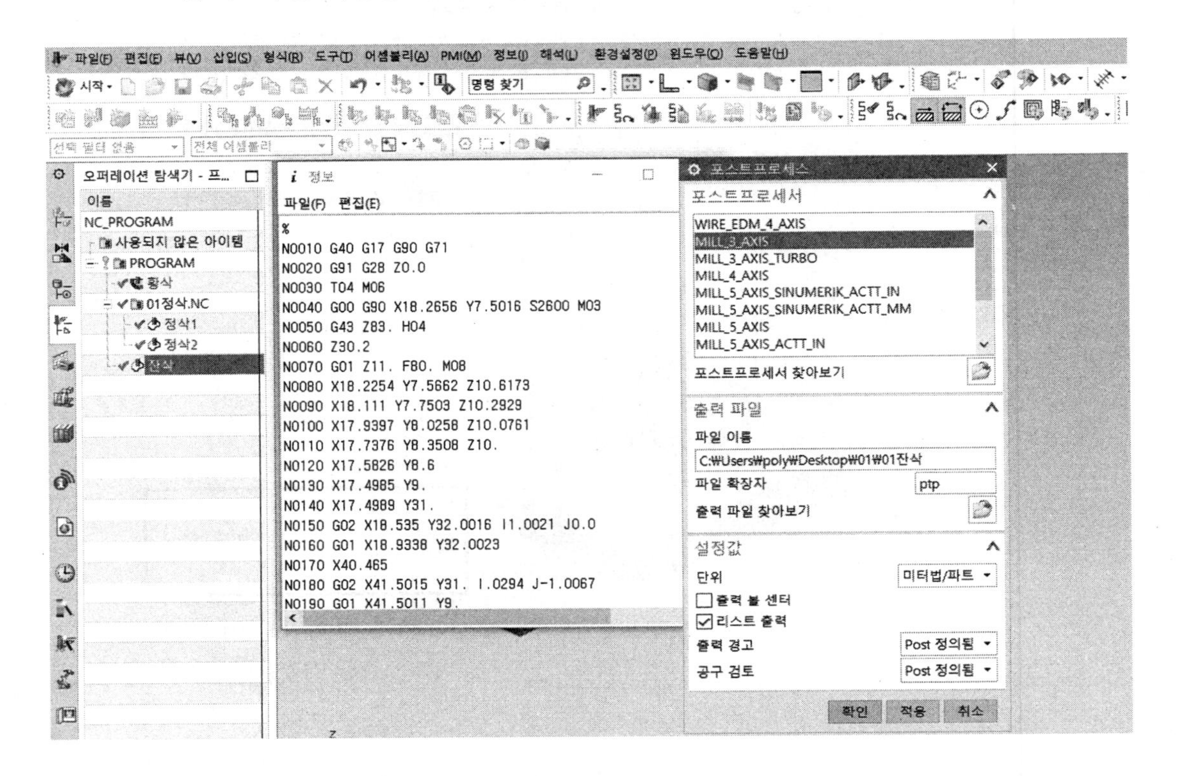

8 01 폴더 안에 01잔삭.NC DATA가 생성되어 있다.

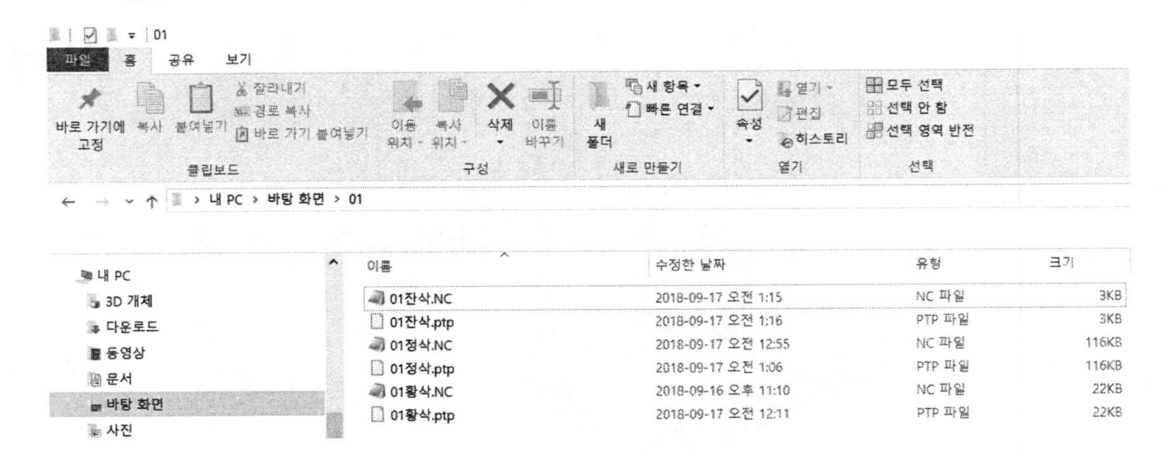

9 01잔삭.NC 파일을 더블클릭하면 화면과 같이 나타난다.

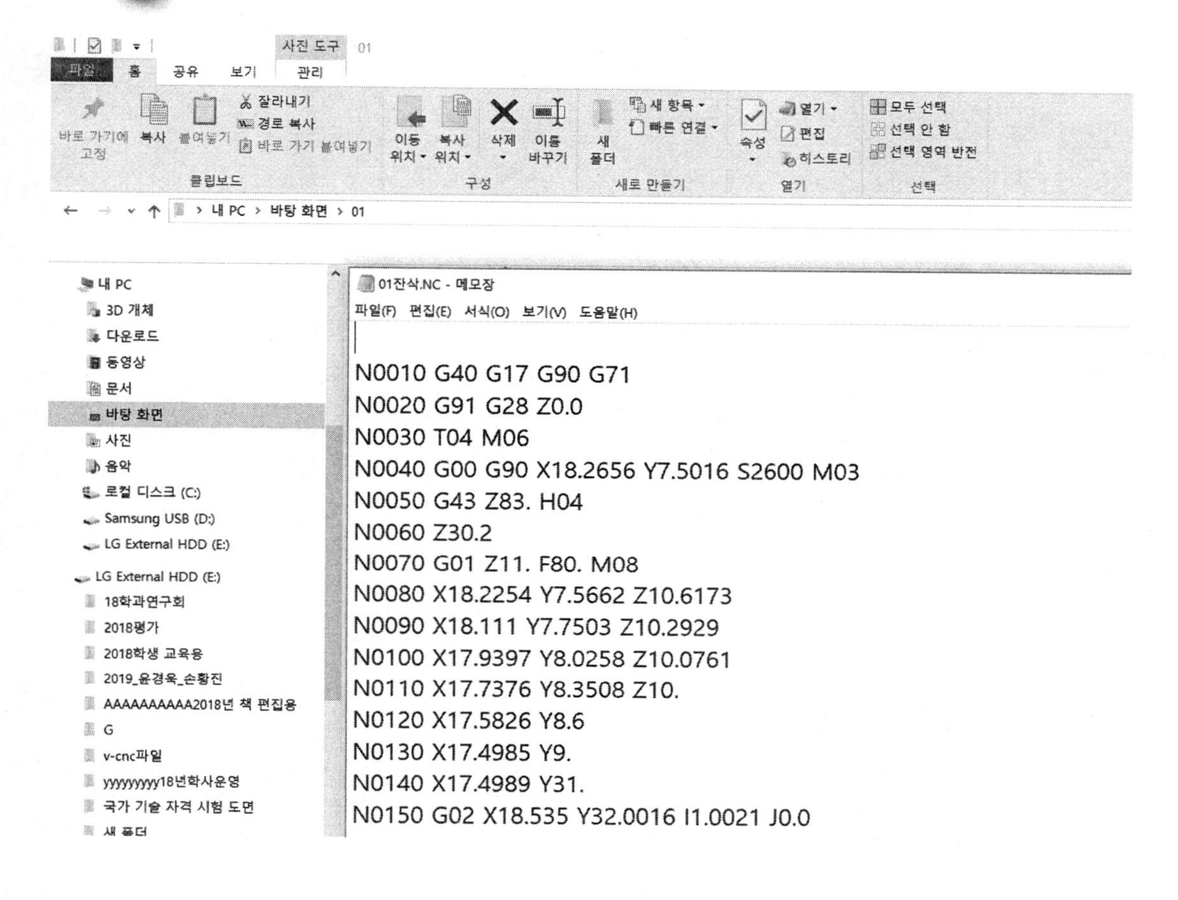

10 다음과 같이 수정한다.

```
%
N0010 G40 G49 G80
N0020 G91 G30 Z0. M19
N0030 T04 M06
N0040 G00 G90 G54 X18.2656 Y7.5016 S2600 M03
N0050 G43 Z83. H04
N0060 Z30.2
N0070 G01 Z11. F80. M08
```

(___ 부분이 황삭, 정삭, 잔삭 모두 조건에 맞아야 함)
틀린 1개소 당 −4점 감점

MEMO

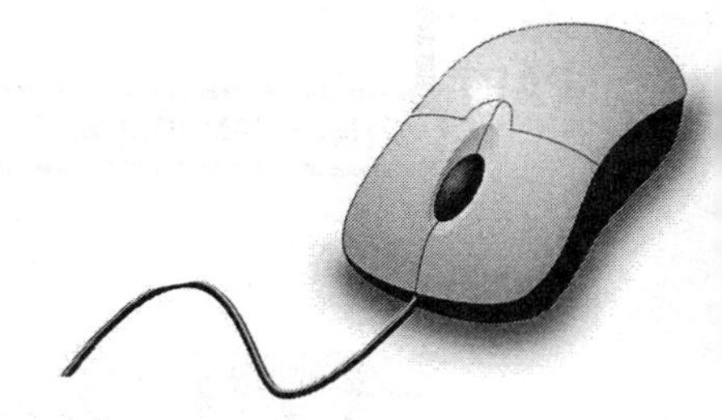

Mastercam
컴퓨터응용밀링기능사 따라 하기

3.1 초기조건 설정

1 V:뷰/O:작업관리자 표시를 클릭한다.

2 Post process설정한다.

- M:머신 형태 → M:밀링 → 1 C:₩USERS₩PUBLIC₩DOCUME...₩TNV40A.MMD-7
- 1 C:₩USERS₩PUBLIC₩DOCUME...₩TNV40A.MMD-7가 없을 시
- M:머신 형태 → M:밀링 → M:목록 관리 → TNV40 → 추가 → ✔

※ 좌측 tree의 작업관리자 창에서 → 속성 – TNV40A으로 변경되었는지 확인한다.

3.2 센터드릴 가공

T:가공경로 → D:드릴 가공... → NC 파일명을 입력하시오. → 1이 있으면 → ✔ 버튼을 클릭한다.
드릴 점 선택 박스에서 마우스 아이콘(첫 번째) 모양 클릭 → 도면의 작업할 센터 드릴 점 선택 → ☑(체크 표시) 확인

1. 2D 가공경로-드릴/원호 단순드릴-펙 없음 박스에서 좌측의 가공경로 형태 클릭 → 우측에서 첫 번째 드릴 아이콘을 클릭한다.

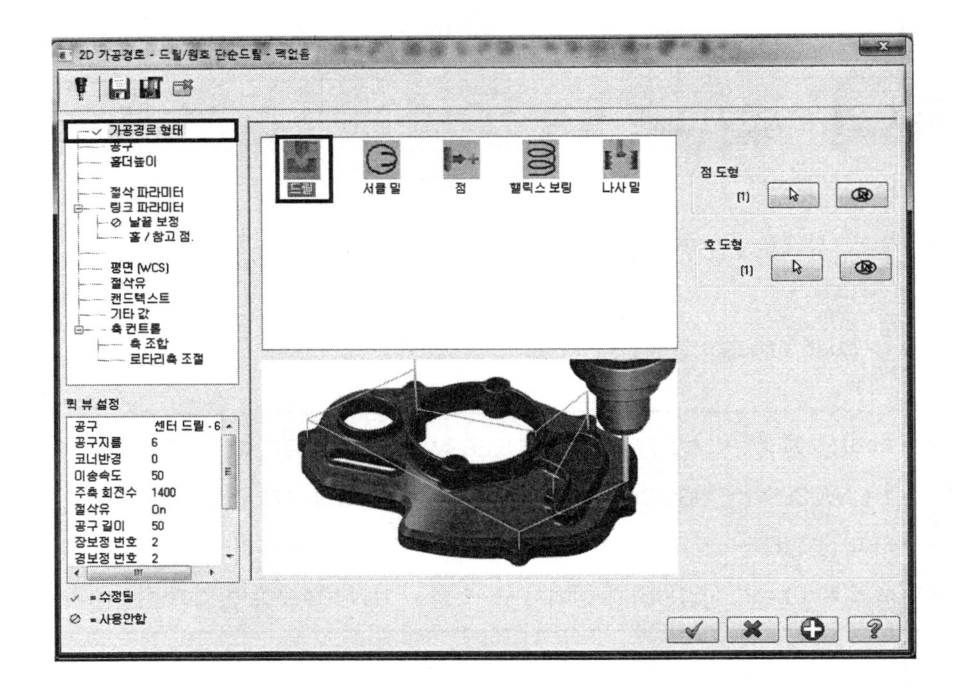

2 좌측의 공구 → 어셈블리... |공구이름 | 홀더이름 아래에서 오른쪽 마우스 클릭 → N:새 공구 생성을 클릭한다.

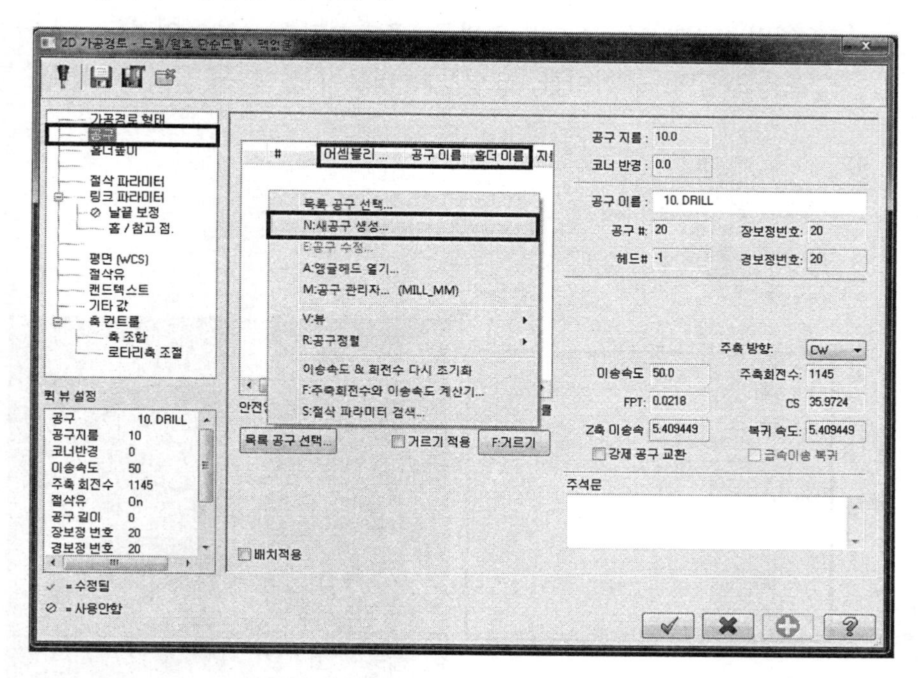

3 새 공구 생성 박스에서 홀작업/센터드릴 아이콘을 클릭한다. → 다음 버튼을 클릭한다.

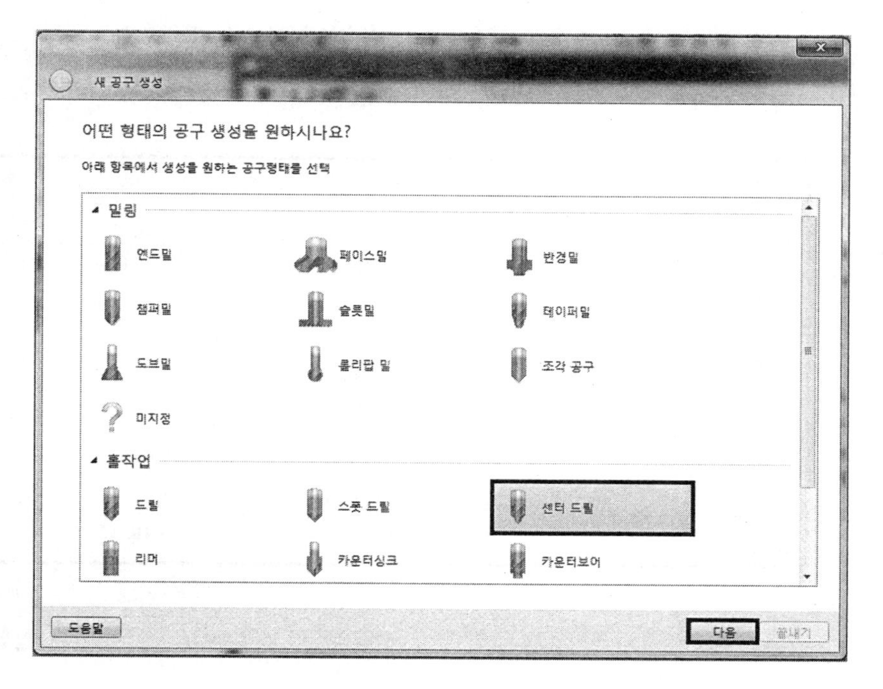

4 전체치수/생크지름; 6 입력, 날 끝처리/드릴지름; 4 입력, 드릴 실이; 6 입력 → 다음 버튼을 클릭한다. → 공구번호; 2 입력 → 이송속도; 50 입력 → Z축 이송속도; 50 입력 → 복귀속도; 500 입력 → 주축회전수; 1400 입력 → 일반/이름: 센터 드릴 - 6 입력 → 싸이클: 드릴/카운터보어 선택 → 끝내기 버튼을 클릭한다.

새로 생성 센터 드릴

도형으로 공구 파라미터 정의

공구 모양에 정의된 도형적인 속성을 조절

표준 크기

전체 치수
절삭 길이: 25
생크 지름: 6
전체 길이: 50

날끝 처리
드릴 지름: 4
드릴 실이: 6
드릴 각도: 118
숄더 각도: 90

가변

도움말 다음 끝내기

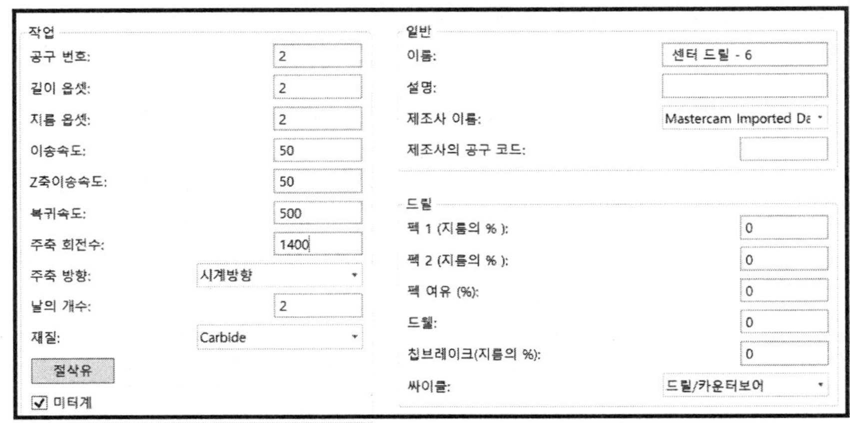

5 2D 가공경로-드릴/원호 단순드릴-펙없음 박스에서 좌측의 절삭 파라미터 선택 → 적용싸이클; Drill/Counterbore를 선택한다.

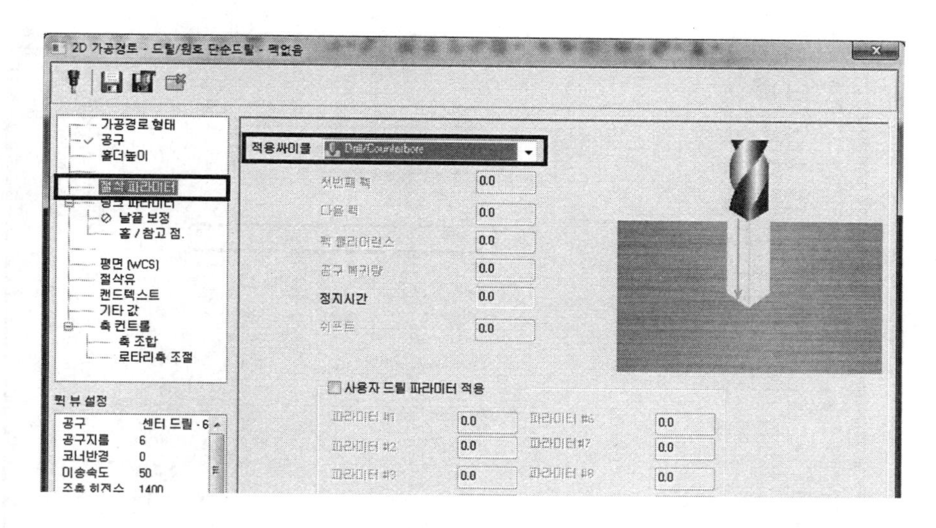

6 좌측의 링크 파라미터 → 우측의 □안전높이에서 ☑ 체크, 150.0 입력(G43, G49의 값) → 이송높이; 5.0 입력(R점의 값) → T: 재료상단; 0.0 입력 → 가공깊이; −5.0 입력한다.

※ 증분값을 절대값으로 전부 수정한다.

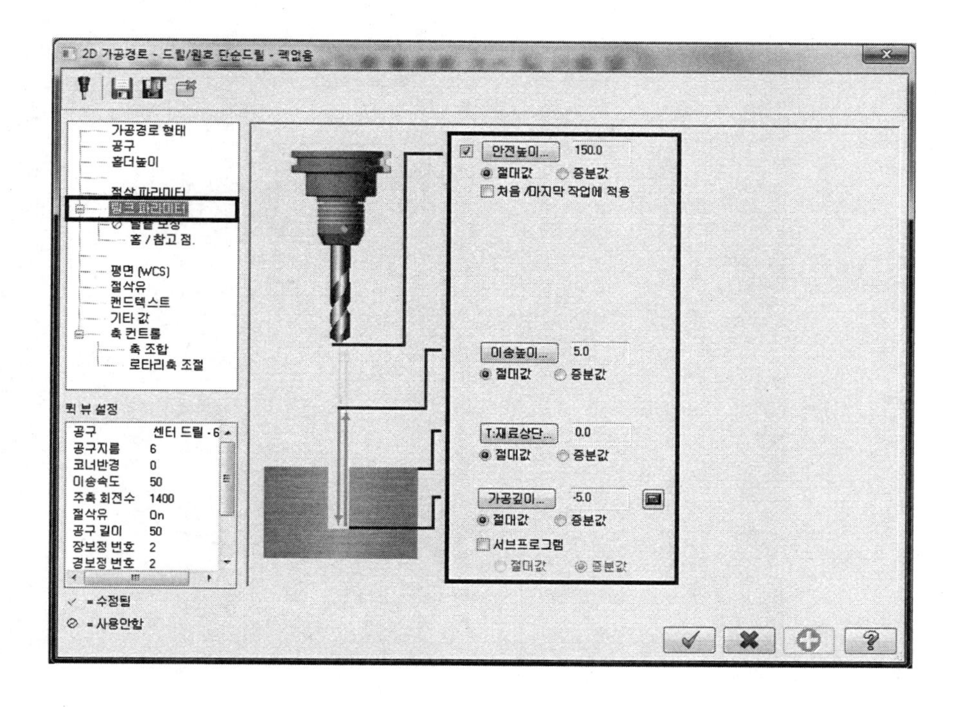

7 좌측의 절삭유 선택 → Flood; On 선택 → 후에 선택 → 하단에 ✔ 버튼을 클릭한다.

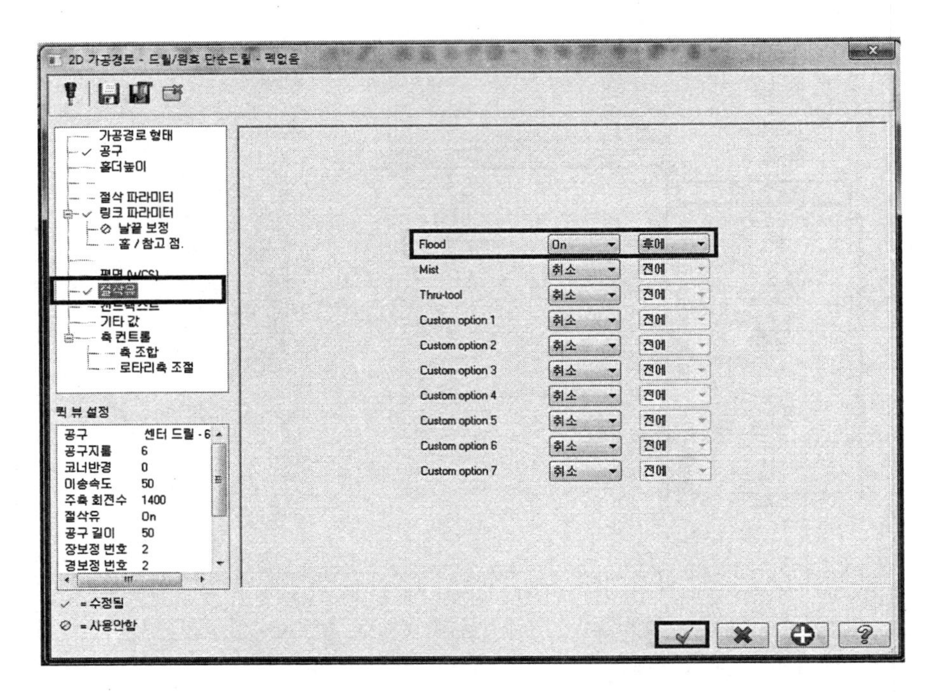

3.3 드릴 가공

T:<u>가공경로</u> → D:드릴 가공 → 드릴 점 선택 박스에서 첫 번째 마우스 아이콘 모양 클릭 → 도면의 작업할 드릴 점 선택 → ✔ 버튼을 클릭한다.

1. 2D 가공경로-드릴/원호 단순드릴-펙없음 박스에서 좌측의 가공경로 형태 선택 → 우측에서 드릴 아이콘을 선택한다.

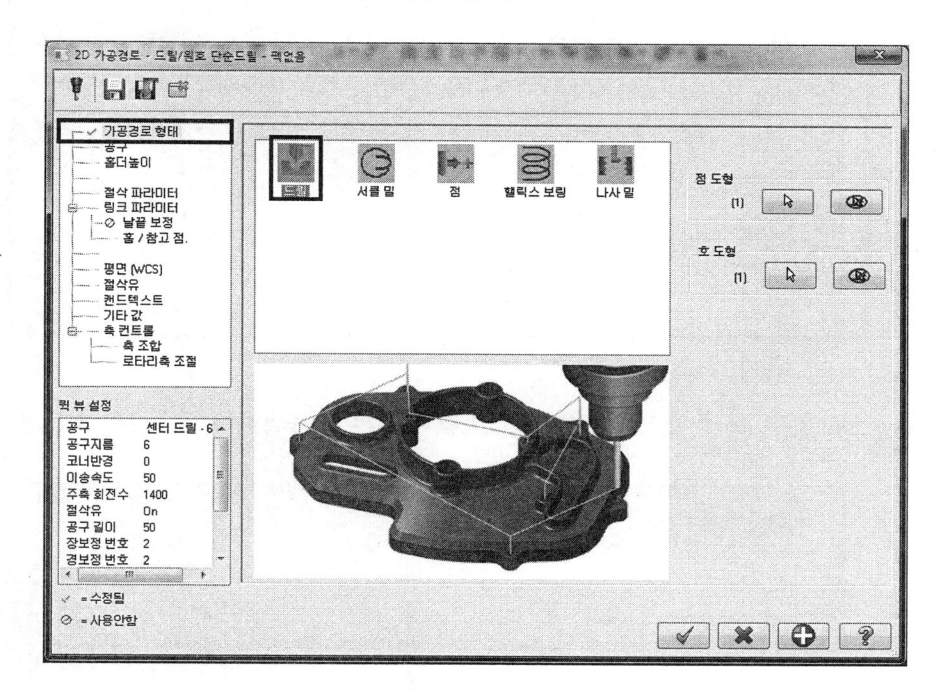

2 좌측의 공구 → 어셈블리… |공구이름 | 홀더이름 아래에서 오른쪽 마우스 클릭 → N:새 공구 생성을 클릭한다.

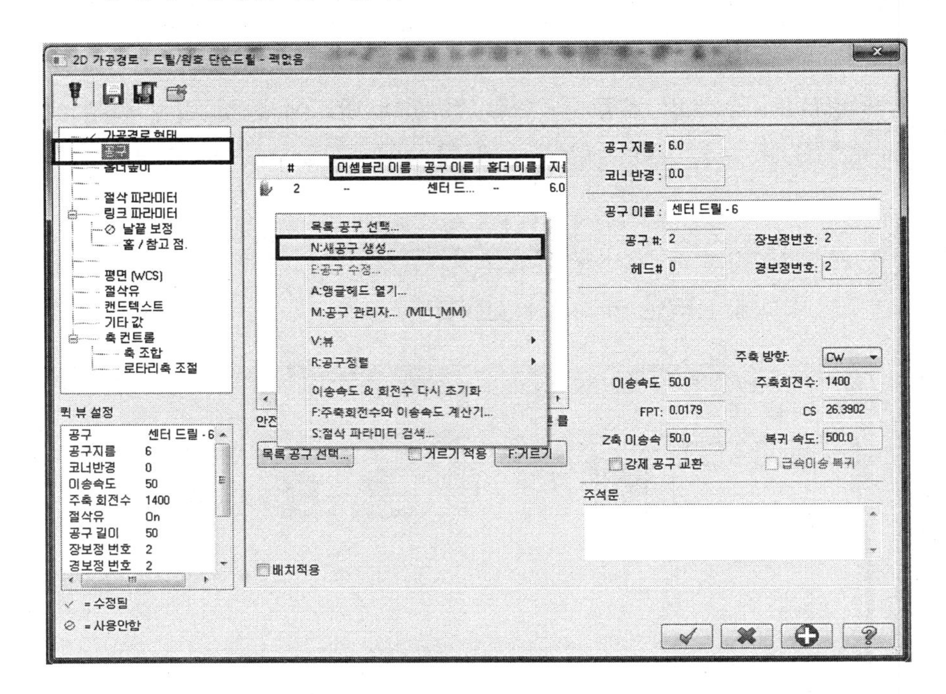

3 새 공구 생성 박스에서 홀작업/드릴 아이콘을 클릭한다. → 다음 버튼을 클릭한다.

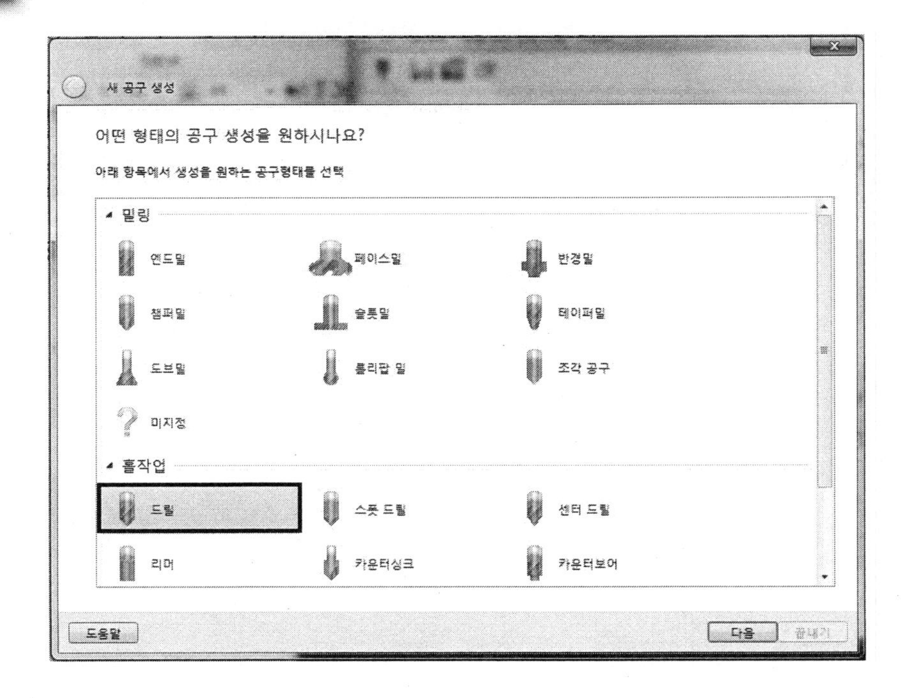

4 전체치수/드릴지름; 8 입력 → 절삭부 이외의 치수/생크지름; 8 입력 → 다음 버튼을 클릭한다. 공구번호; 3 입력 → 이송속도; 50.0 입력 → Z축 이송속도; 50 입력 → 복귀속도; 500 입력 → 주축회전수; 800 입력 → 일반/이름; 표준 드릴 - 8.0 입력 → 싸이클; 팩드릴 → 끝내기 버튼을 클릭한다.

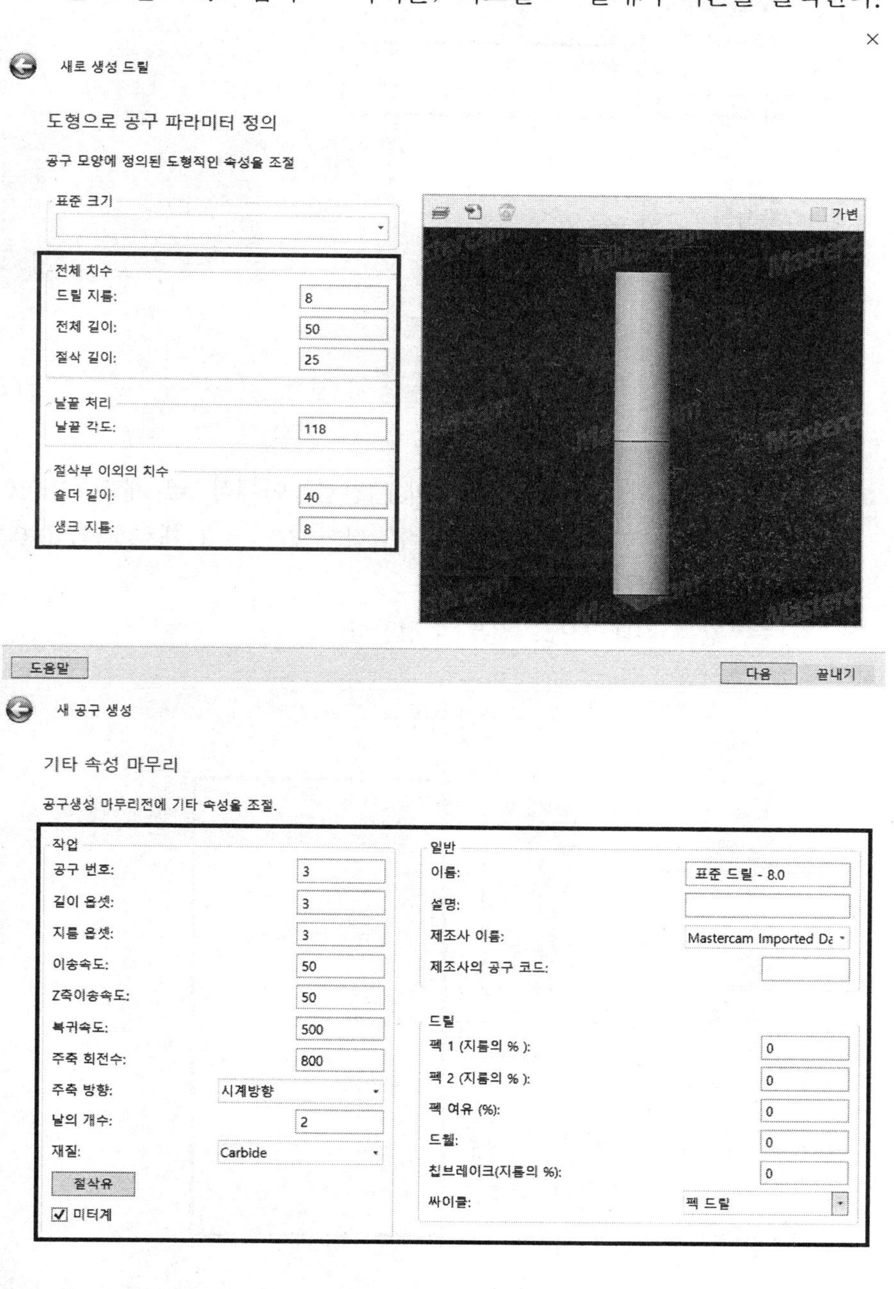

5 2D 가공경로-드릴/원호 단순드릴-펙없음 박스에서 좌측의 절삭 파라미터 선택 → 적용 사이클; 팩드릴로 수정, Peck 3.0을 입력한다.(G83의 Q값)

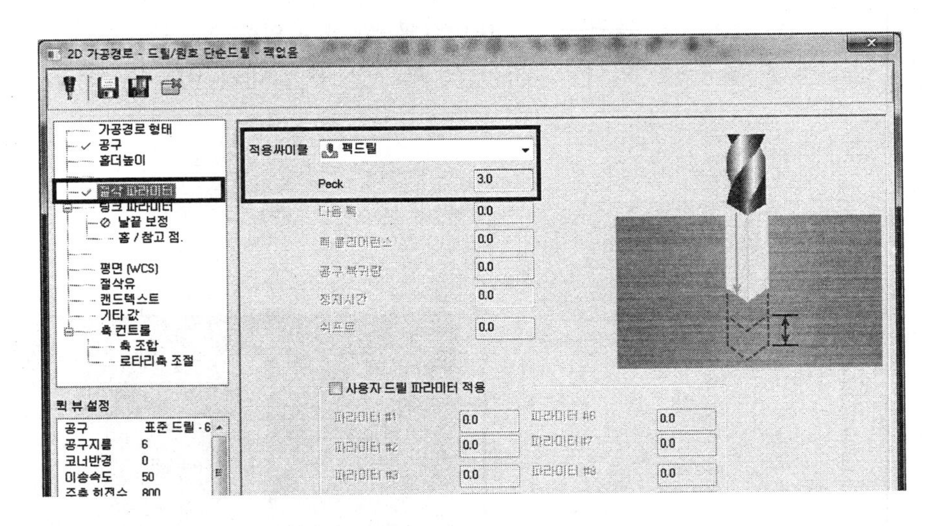

6 좌측의 링크 파라미터 → 우측의 □안전높이에서 ☑ 체크, 150.0 입력(G43, G49의 값) → 이송높이; 5.0 입력(R점의 값) → T:재료상단; 0.0 입력 → 가공깊이; -25.0를 입력한다.

※ 증분값을 절대값으로 전부 수정한다.

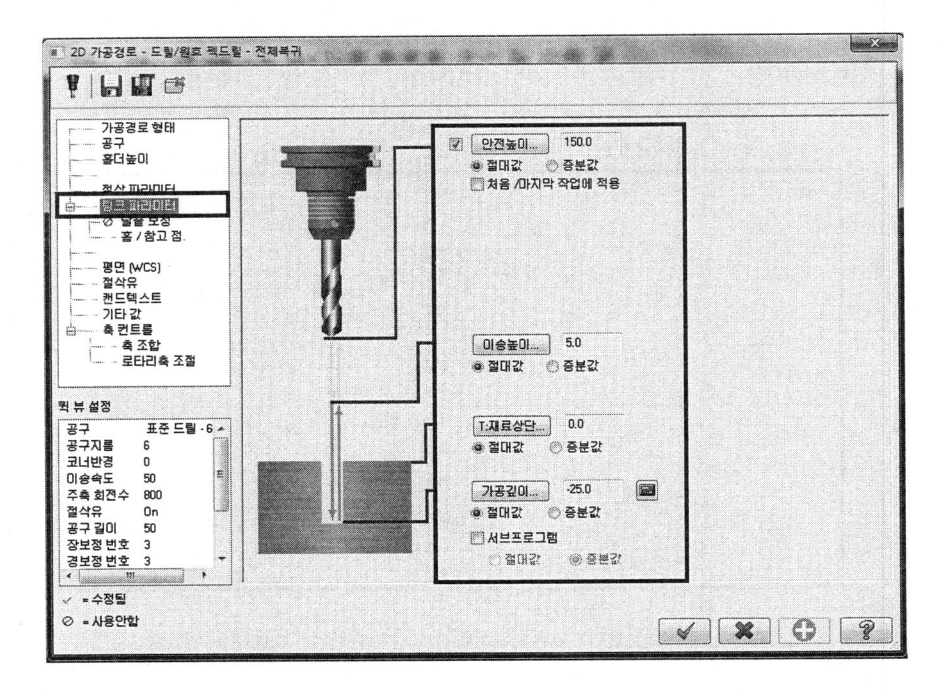

7 좌측의 절삭유 선택 → Flood; On 선택 → 후에 선택 → 하단에 ✔ 버튼을 클릭 한다.

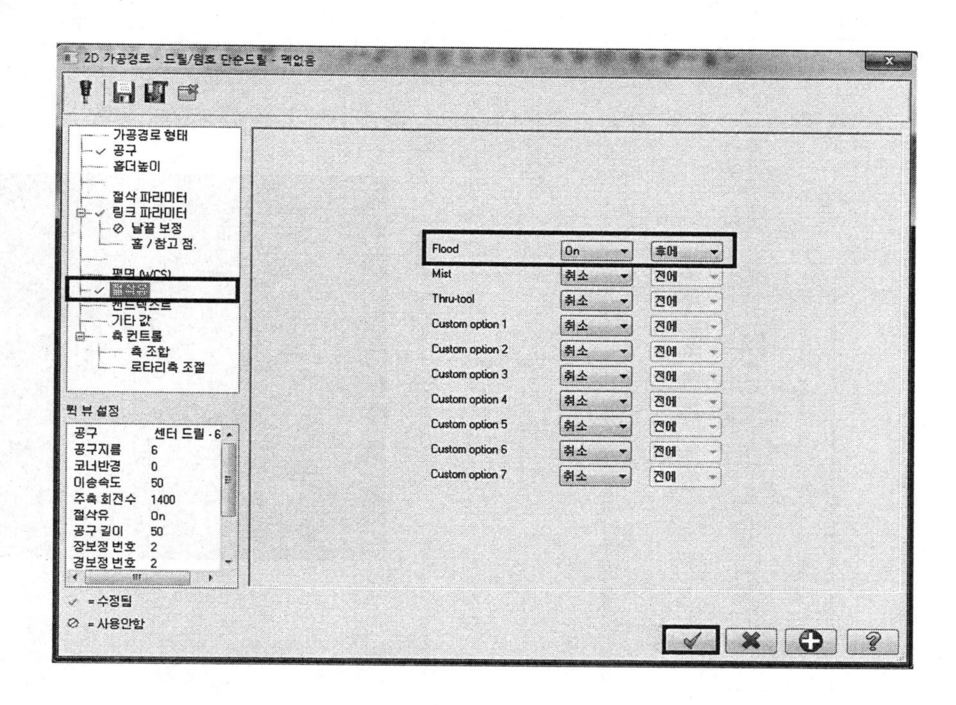

3.4 포켓 가공

T:가공경로 → P:포켓 가공... → C:체인에서 → 포켓을 선택(드릴 구멍과 가까운 좌측 부분을 선택한다.)

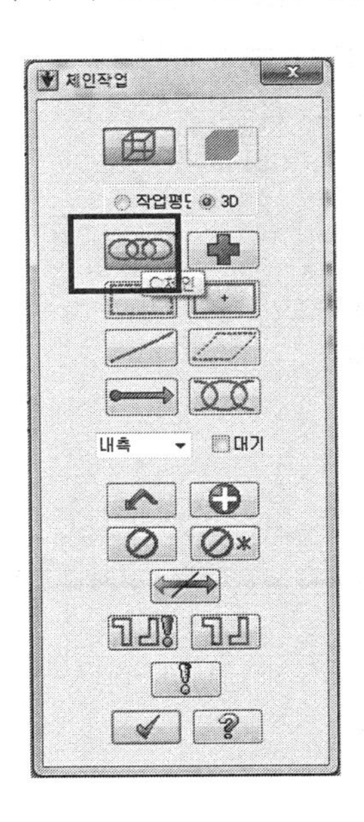

▶ 가능한 직선 부위 선택

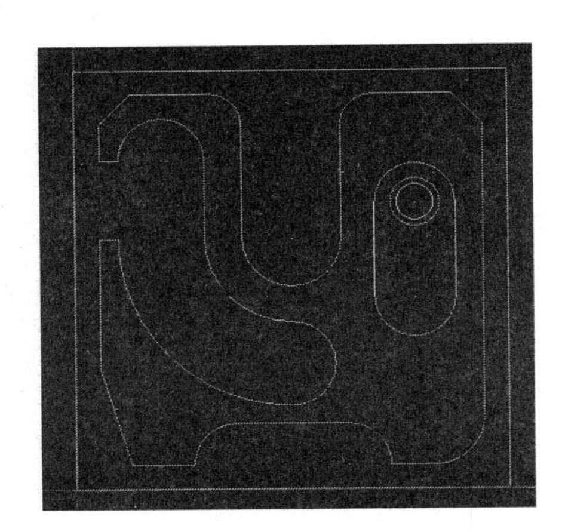

→ T:점에서

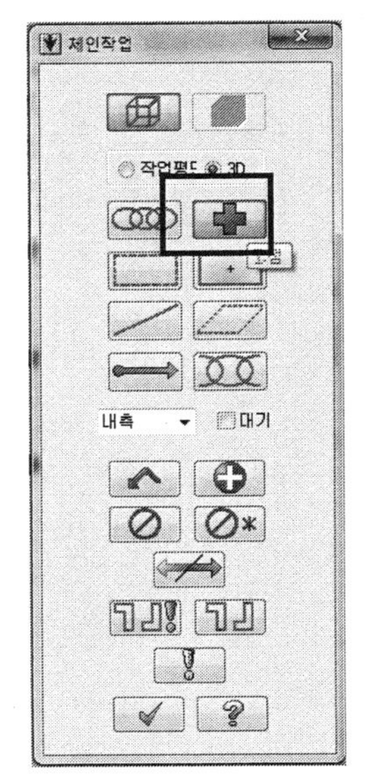

▶ 드릴을 선택(드릴의 중심점을 선택한다.) → 엔드밀의 최초 진입점이 드릴의 중심이 된다. → √ ✔ 버튼을 클릭한다.

※ 공구가 포켓 진입 시 부하를 줄여주기 위해서 드릴을 가공했던 구멍으로부터 시작하기 위해 점(두 번째)체인 사용, 첫 번째 체인은 두 번째 점 체인과 가까운 곳으로 선택한다.

1 2D 가공경로-포켓 박스에서 좌측의 가공경로 형태 클릭 → 우측의 포켓 아이콘을 클릭한다.

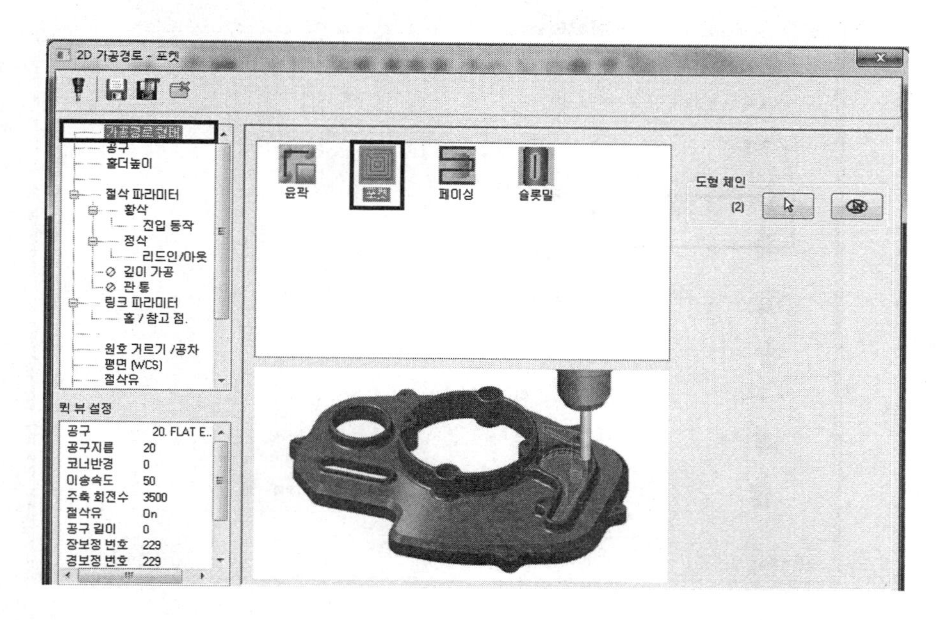

2 좌측의 공구 → 어셈블리... |공구이름| 홀더이름 아래에서 오른쪽 마우스 클릭 → N:새 공구 생성을 클릭한다.

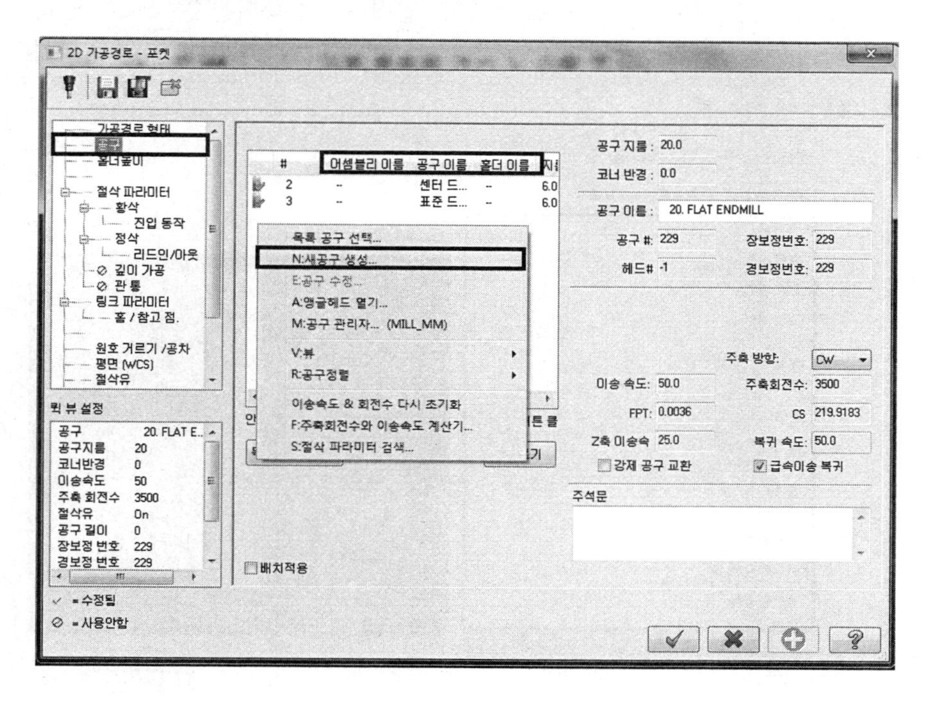

3 새 공구 생성 박스에서 밀링/엔드밀 아이콘을 클릭한다. → 다음 버튼을 클릭한다.

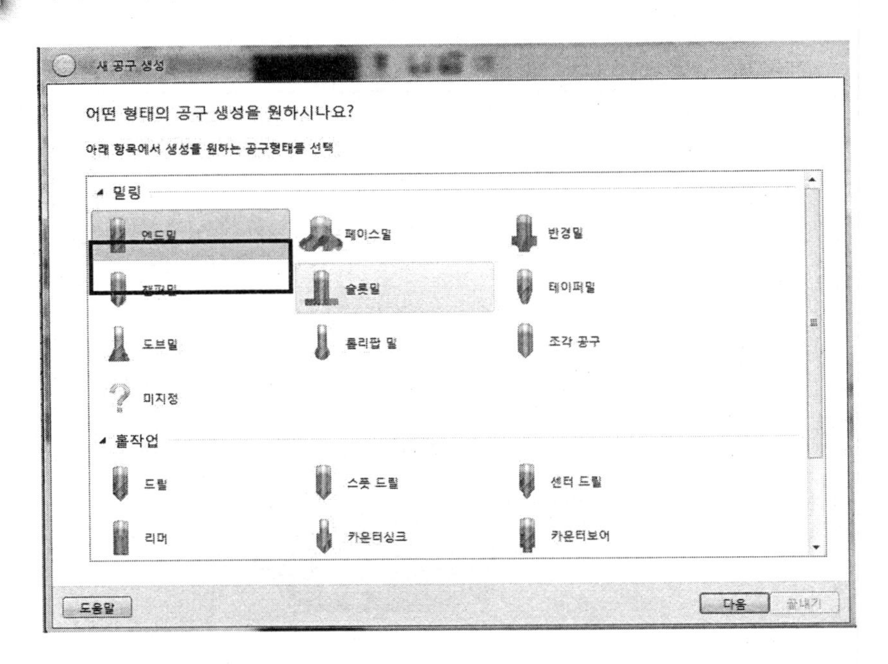

4 전체 치수/절삭 지름; 10 입력 → 절삭부 이외의 치수/생크 지름; 10 입력 → 다음 버튼을 클릭한다. 공구번호; 1 입력 → 이송속도; 80 입력 → Z축 이송속도; 50 입력 → 복귀속도; 500 입력 → 주축회전수; 1000 입력 → 날의 개수; 2 입력 → 일반/이름: 10 평엔드밀 → 끝내기 버튼을 클릭한다.

새로 생성 엔드밀

도형으로 공구 파라미터 정의

공구 모양에 정의된 도형적인 속성을 조절

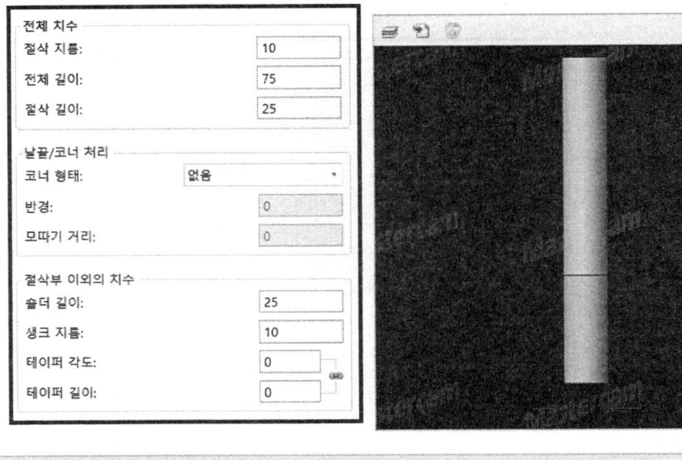

도움말 다음 끝내기

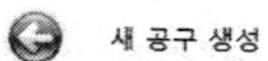

기타 속성 마무리

공구생성 마무리전에 기타 속성을 조절.

작업	
공구 번호:	1
길이 옵셋:	1
지름 옵셋:	1
이송속도:	80
Z축이송속도:	50
복귀속도:	500
주축 회전수:	1000
주축 방향:	시계방향
날의 개수:	2
재질:	Carbide

절삭유

☑ 미터계

일반	
이름:	10 평엔드밀
설명:	
제조사 이름:	Mastercam Imported Da
제조사의 공구 코드:	

밀링	
황삭 XY 스텝 (%):	0
황삭 Z 스텝 (%):	0
정삭 XY 스텝(%):	0
정삭 Z 스텝 (%):	0

도움말 끝내기

5 2D 가공경로-윤곽 박스에서 좌측의 절삭 파라미터 선택
→ 측벽면의 가공여유 0.0 입력, 바닥면의 가공여유 0.0 입력한다.

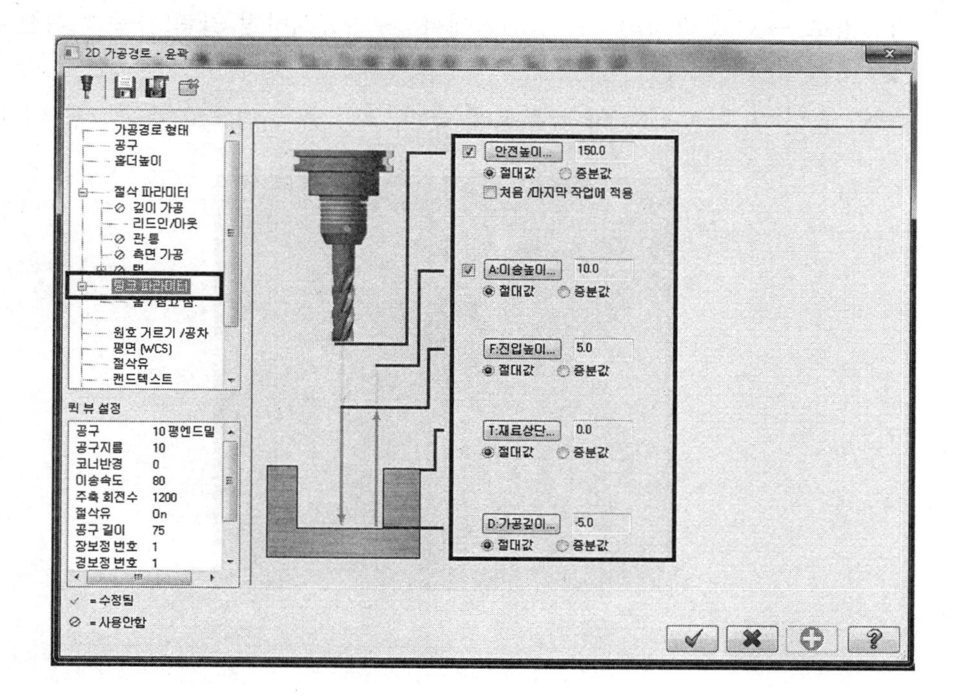

가. 황삭 : 가공방법 → 평행나선형절삭 클릭(세 번째)
　가) 진입동작/안 함

나. 정삭 : 체크 해제(리드인/아웃은 자동해제됨)

다. 링크파라미터 : □안전높이에서 ☑ 체크 150.0 입력(G43,G49의 값)
→ A:이송높이; 10.0 입력(초기점 지정, 별 의미 없음)
→ F:진입높이; 5.0 입력(R점, G01시작점)
→ T:재료상단; 0.0 입력
→ D:가공깊이; -5.0 입력
※ 증분값을 절대값으로 전부 수정한다.

라. 절삭유 선택 → Flood; On 선택 → 후에 선택한다.

3.5 윤곽 가공

T:가공경로 → C:윤곽 가공 → C:체인에서 → 가공시작점 클릭(가능한 직선 부위) → ✔ 버튼을 클릭한다.
※ 체인 클릭 위치는 좌측 하단 부분에 클릭, 그곳을 시작으로 윤곽 가공이 된다.

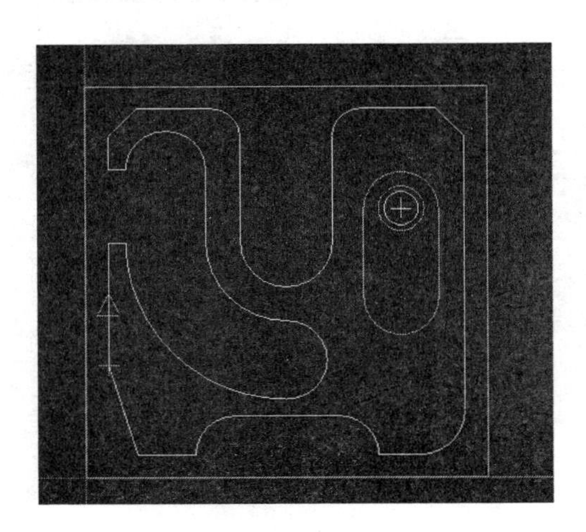

1 2D 가공경로-윤곽 박스에서 좌측의 가공경로 형태 클릭 → 우측에서 윤곽 아이콘을 클릭한다.

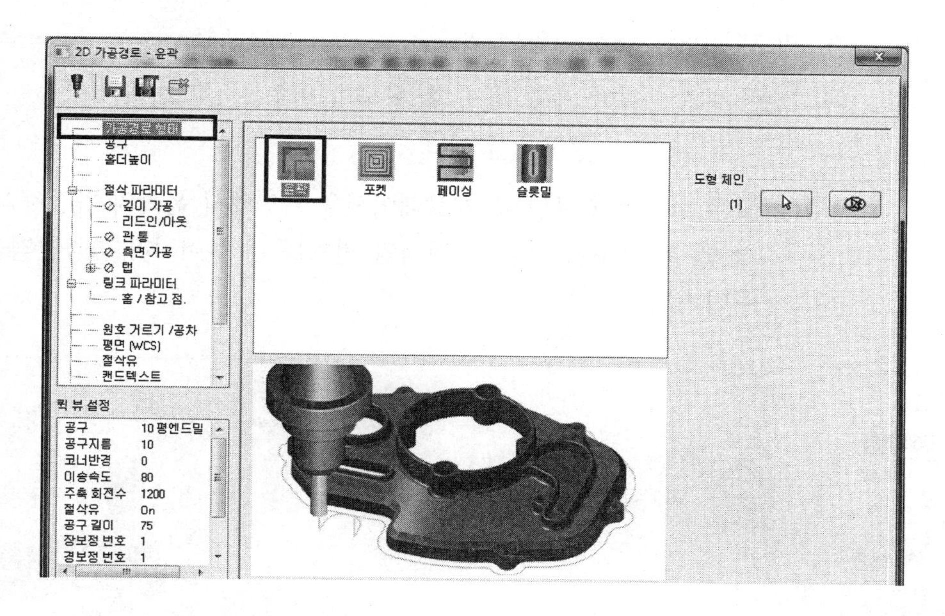

2 좌측의 공구 → 우측의 포켓 가공 시에 만들었던 1번(10 평엔드밀) 공구를 클릭한다.

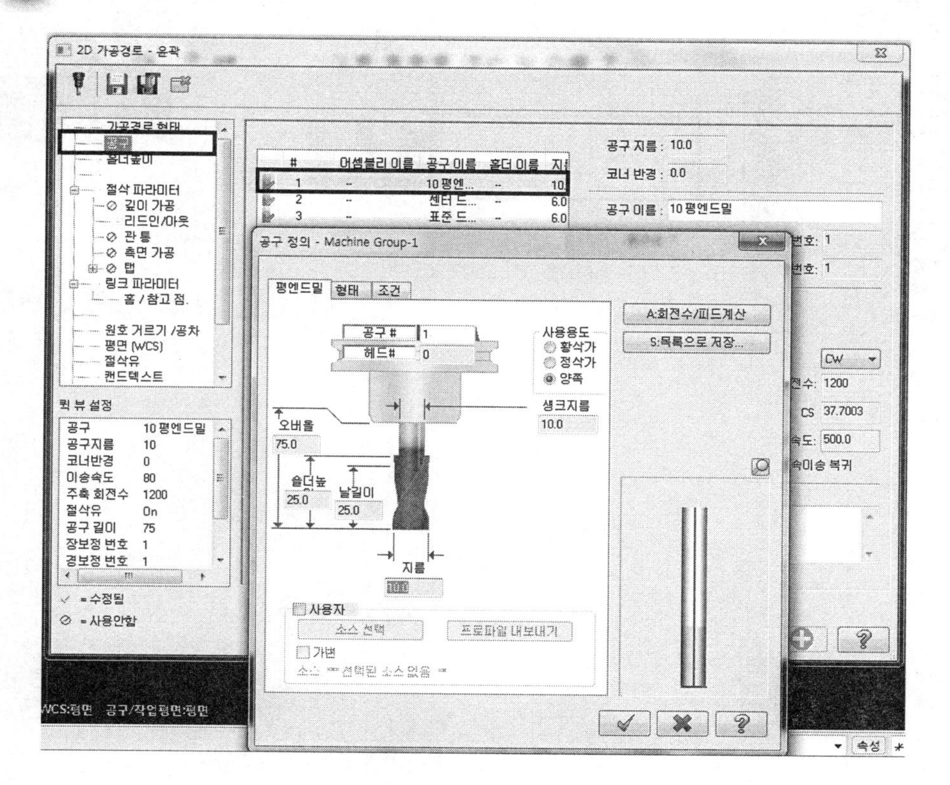

3 좌측의 절삭 파라미터 선택 → 측벽면의 가공여유 0.0 입력, 바닥면의 가공여유 0.0 입력한다.

가. 리드인/아웃 → ☑진입/복귀

나. 측면 가공 : 측면 가공 체크 후 황삭의 번호를 1로 한다.
→ 공구유지 체크

※ 모든 설정이 완료된 후 시뮬레이션을 확인해서 윤곽의 가장자리 등에 절삭 안 된 부분이 있을 시 황삭만 번호를 더 높이거나 가공간격을 수정해 주면 됨.

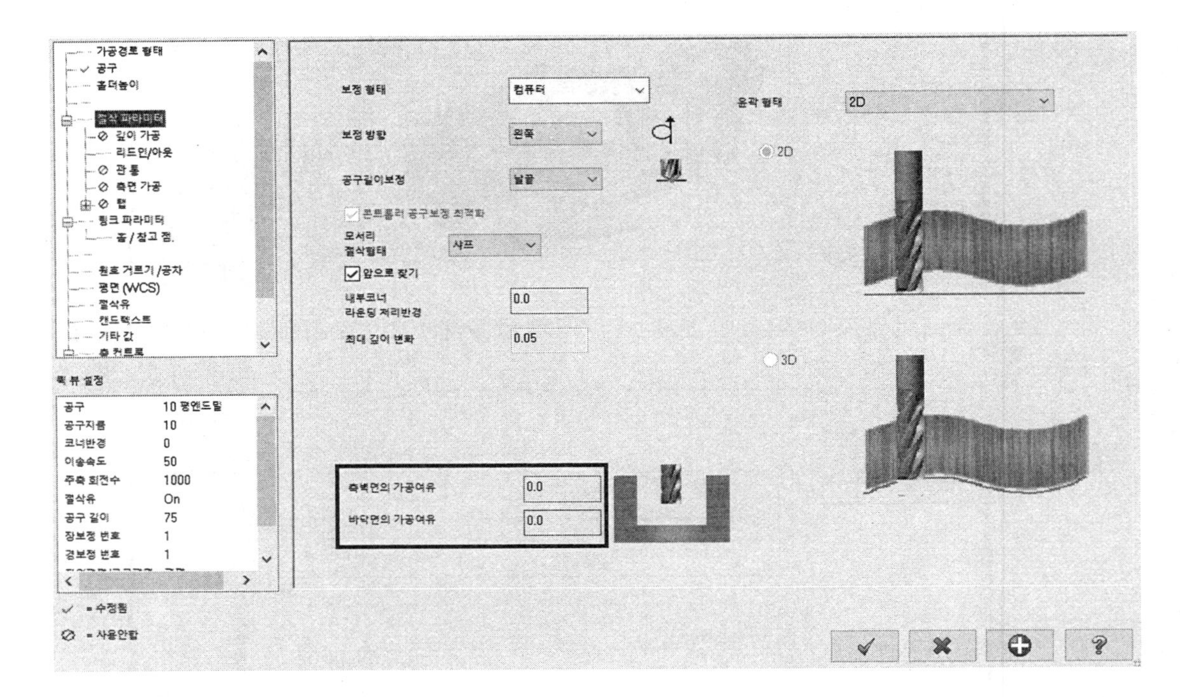

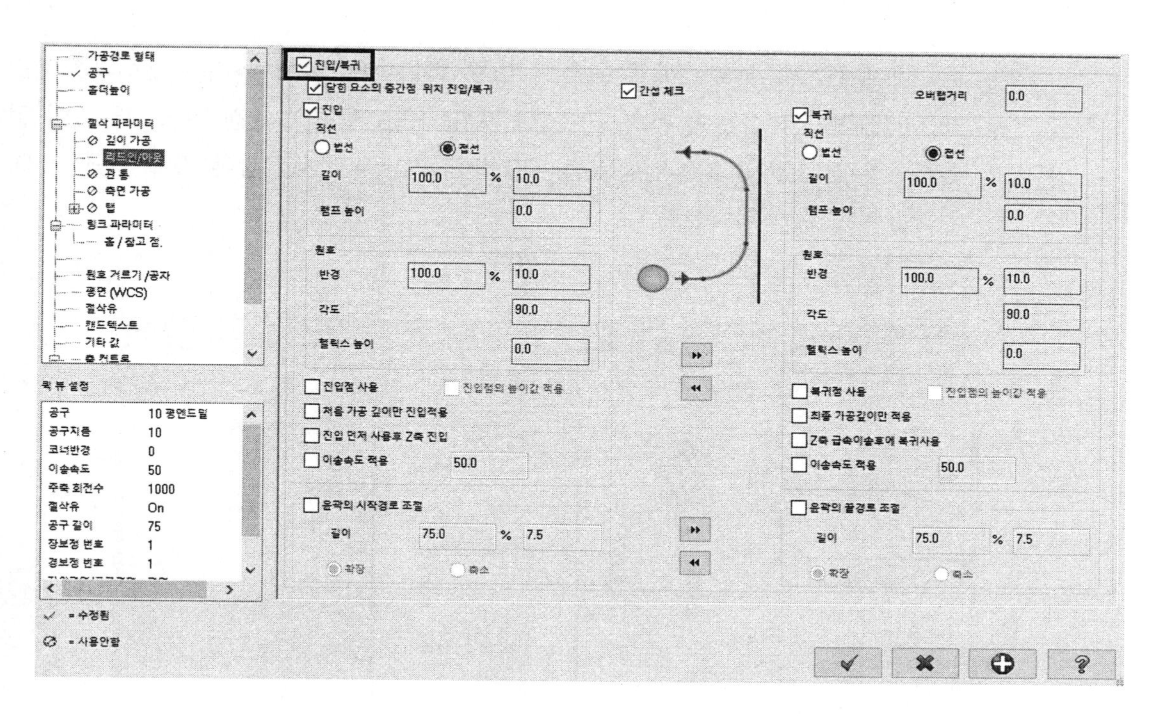
가공경로 형태
공구
홀더높이
절삭 파라미터
깊이 가공
리드인/아웃
관통
측면 가공
탭
링크 파라미터
홈 / 참고 점.
원호 거르기 /공차
평면 (WCS)
절삭유
캔드텍스트
기타 값
퀵 뷰 설정
공구 10 평엔드밀
공구지름 10
코너반경 0
이송속도 50
주축 회전수 1000
절삭유 On
공구 길이 75
장보정 번호 1
경보정 번호 1
= 수정됨
= 사용안함
진입/복귀
닫힌 요소의 중간점 위치 진입/복귀
간섭 체크
오버랩거리 0.0
진입
직선
법선
접선
길이 100.0 % 10.0
램프 높이 0.0
원호
반경 100.0 % 10.0
각도 90.0
헬릭스 높이 0.0
복귀
진입점 사용
진입점의 높이값 적용
처음 가공 깊이만 진입적용
진입 먼저 사용후 Z축 진입
이송속도 적용 50.0
복귀점 사용
최종 가공깊이만 적용
Z축 급속이송후에 복귀사용
윤곽의 시작경로 조절
길이 75.0 % 7.5
확장
축소
윤곽의 끝경로 조절

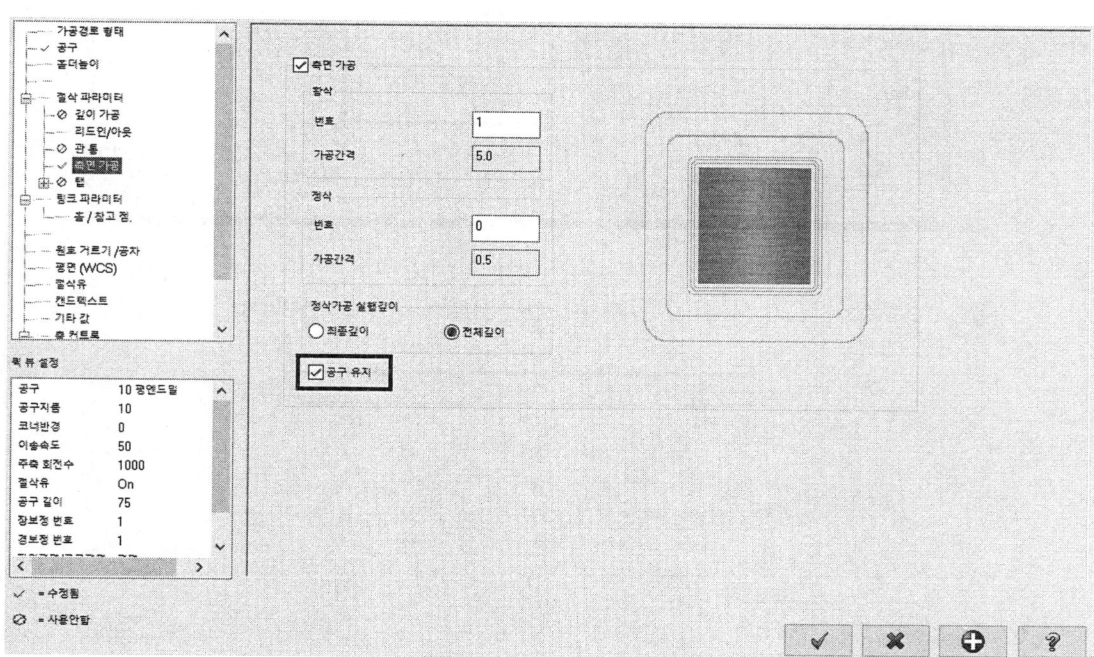
가공경로 형태
공구
홀더높이
절삭 파라미터
깊이 가공
리드인/아웃
관통
측면 가공
탭
링크 파라미터
홈 / 참고 점.
원호 거르기 /공차
평면 (WCS)
절삭유
캔드텍스트
기타 값
퀵 뷰 설정
공구 10 평엔드밀
공구지름 10
코너반경 0
이송속도 50
주축 회전수 1000
절삭유 On
공구 길이 75
장보정 번호 1
경보정 번호 1
= 수정됨
= 사용안함
측면 가공
황삭
번호 1
가공간격 5.0
정삭
번호 0
가공간격 0.5
정삭가공 실행깊이
최종깊이
전체깊이
공구 유지

4 2D 가공경로-윤곽 박스에서 좌측의 링크 파라미터 선택 → 안전높이 ☑ 체크 150.0 입력(G43,G49의 값) → A:이송높이; 10.0 입력(초기점 지정, 별 의미 없음) → F:진입높이; 5.0 입력(R점, G01 시작점) → T:재료상단; 0.0 입력 → D:가공깊이; -5.0 입력한다.

※ 증분값을 절대값으로 전부 수정한다.

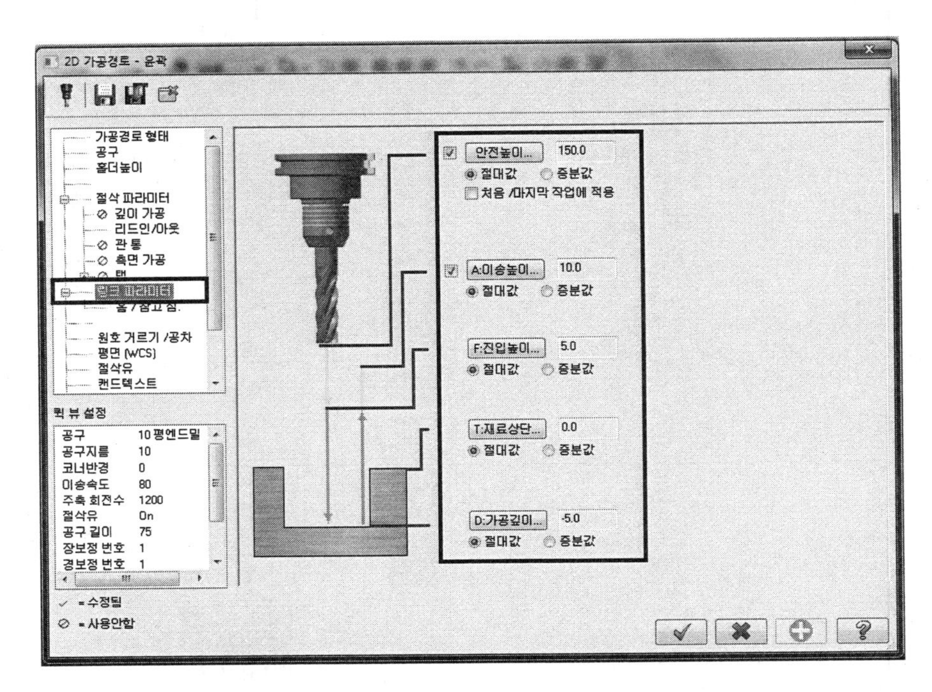

5 좌측의 절삭유 선택 → Flood; On 선택 → 후에 선택한다.

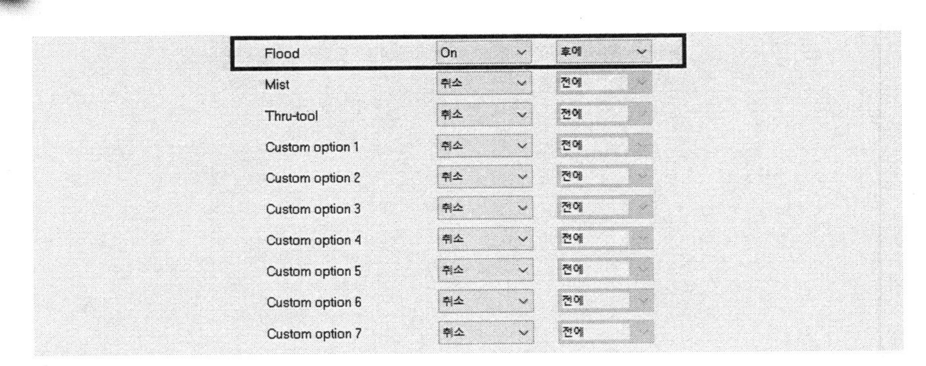

3.6 공작물 설정

작업 관리자 창의 속성 앞에 있는 '+' 클릭 → 공작물 설정 → 화면 하단의 E:대각 모서리 클릭 → 대각선을 지정한다. → 도면의 Z값 입력한다. → ✔ 버튼을 클릭한다.

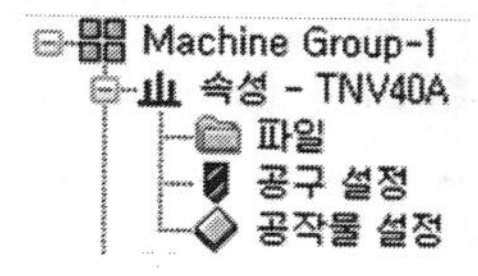

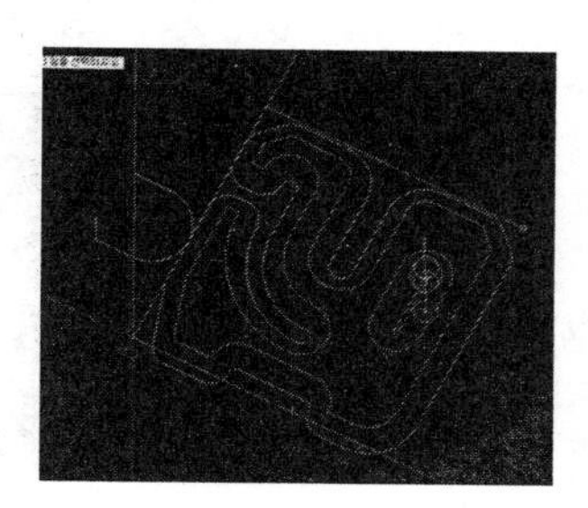

3.7 경로확인 및 모의 가공

▶ 경로확인 : 작업 관리자 창의 5번째 아이콘(물결 모양 사각형=선택된 작업 경로확인) 클릭 → 경로확인 → ✔ 버튼을 클릭한다.

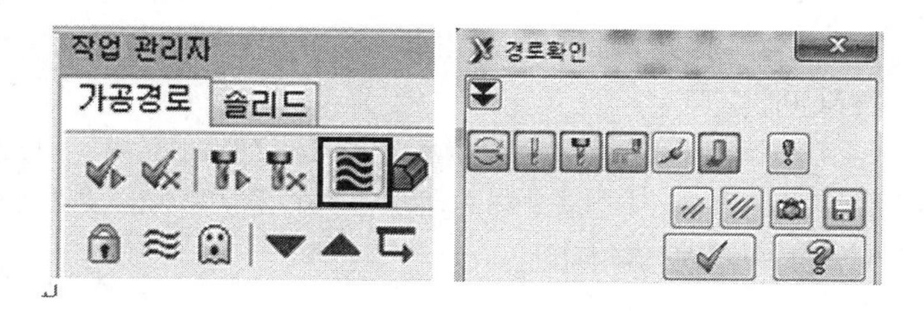

▶ 모의가공 : 작업 관리자 창의 6번째 아이콘(블럭 모양 사각형=선택된 작업 모의 가공) 클릭

※ 틀린 곳은 수정 후 작업관리자 창의 4번째 아이콘으로 재수정을 반드시 클릭한다.

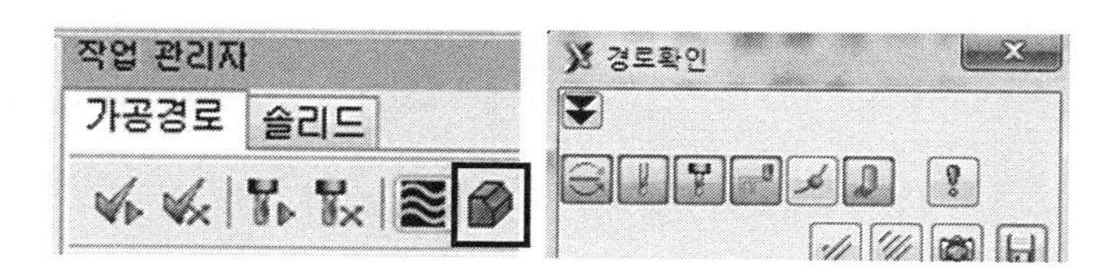

3.8 NC데이터 생성

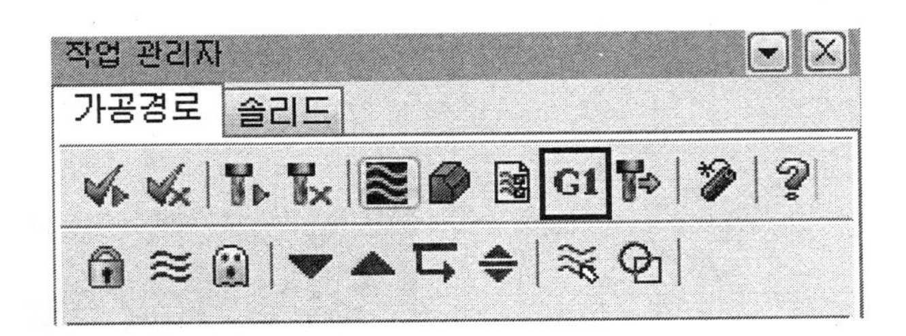

▶ 작업 관리자 창의 8번째 아이콘(G1) → 포스트프로세스 박스 확인 → ☑ 체크 저장하기 창이 뜨면 본인이 알기 쉬운 곳을(ex : 바탕화면) 선택하여 저장한다.

▶ 저장 시 파일 이름은 편하게 O 0011(시험 비번호)로 하면 된다. → NC 데이터가 화면에 출력된다.

TIP ›› **NC데이터가 출력되면 몇 가지 확인하는 것이 좋음**

1. 두 번째 줄 O 0000(XXXX) 부분에서 → 괄호(녹색) 부분은 지워주고 앞에 숫자 네 자리를 본인의 등(비)번호 등으로 수정하여 입력한다.(기능사 시험 시)
2. 공구 번호(T02, T03, T01)가 순서대로 제대로 입력되어 있는가 확인한다. 또 G43에 따라오는 H02, H03, H01이 제대로 입력되어 있는가 확인한다.
3. 센터드릴 사이클 G81 드릴 사이클 G83이 맞는지 확인한다. Q값 Q3이 제대로 있는지 확인한다.
4. G43 H02의 바로 뒤에 있는 Z값은 안전거리(Z150.)를 체크 확인한다. 이 값은 기계를 오토로 돌릴 시 싱글블럭 상태에서 최초 길이보정을 맞게 하였는가를 육안으로 확인할 수 있는 높이다.

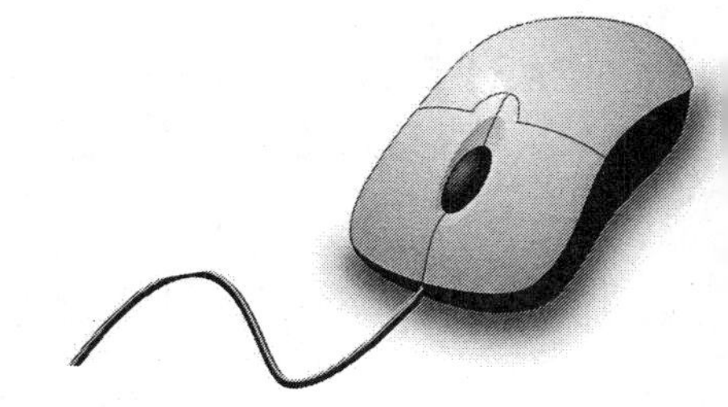

CATIA CAM
컴퓨터응용밀링기능사 따라 하기

4.1 초기조건 설정

1 바탕화면의 CATIA V5R16 아이콘을 더블클릭한다.
또는 시작 → 프로그램 → CATIA → CATIA V5R16 아이콘을 클릭한다.

2 현재의 화면 상태는 다음과 같다.

3 파일 → 열기(Ctrl+O) → mc_6.CATPart를 지정하여 열기(O)를 클릭한다.

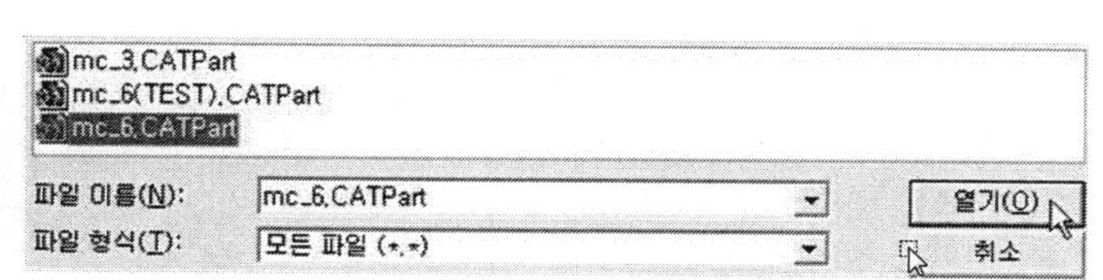

4 화면의 상태는 다음과 같다.

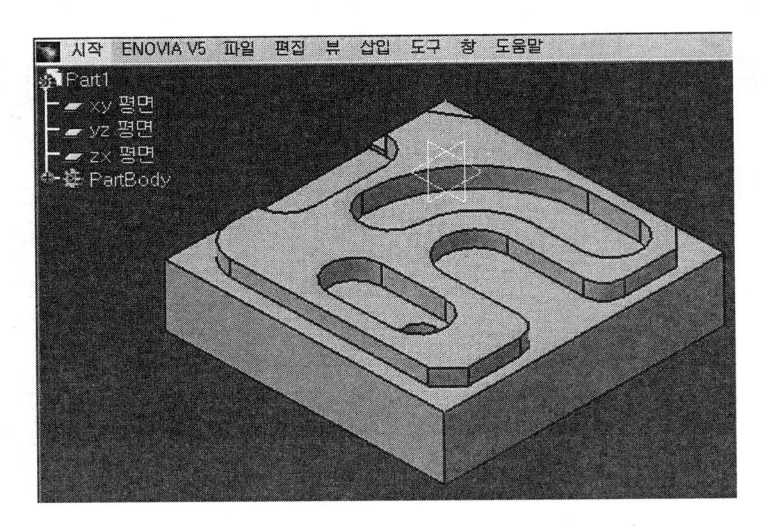

5 차후에 NC DATA 및 기타자료가 자동으로 저장될 수 있도록 폴더를 만들어 현재의 파일을 다른 이름으로 저장한다.

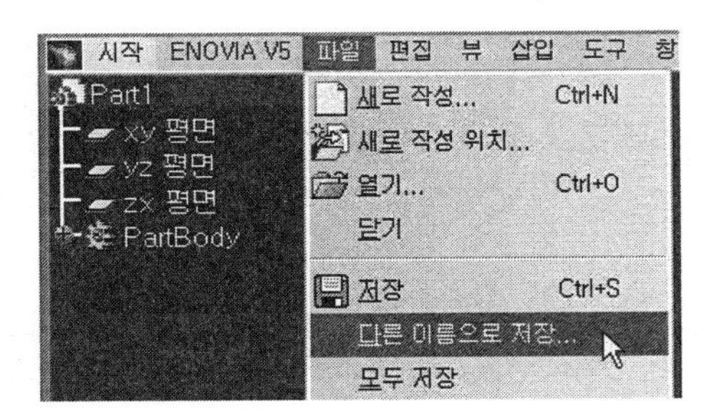

6 2014카티아 밑에 CAM연습으로 폴더를 만들어서 여기에 파일명 1로 저장한다. 현재 창의 상태는 다음과 같다.

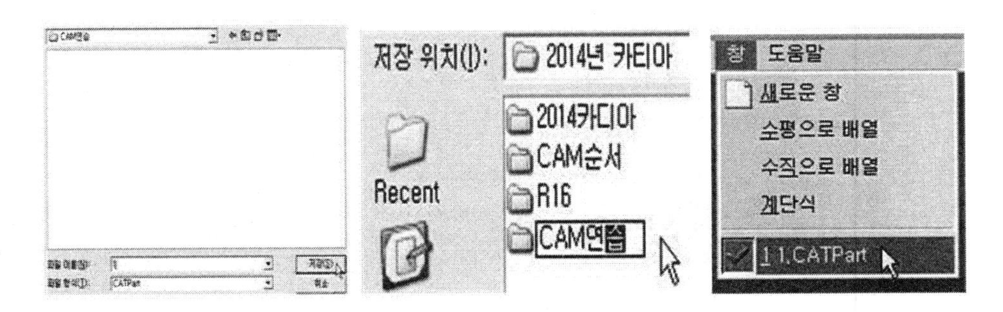

7 Reference... 도구막대의 Plane 아이콘을 클릭한다. 공작물의 윗면에 안전높이를 만들어야 하는데 Plane으로 작업 평면을 만들어야 한다.

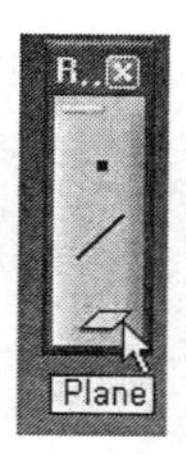

8 Plane을 클릭하면 화면과 같은 상태가 생성된다.

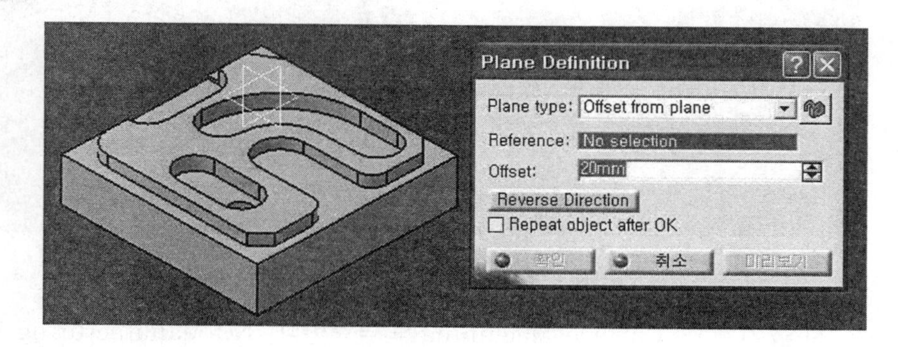

9 공작물의 제일 윗면의 그림과 같은 위치를 클릭한다.

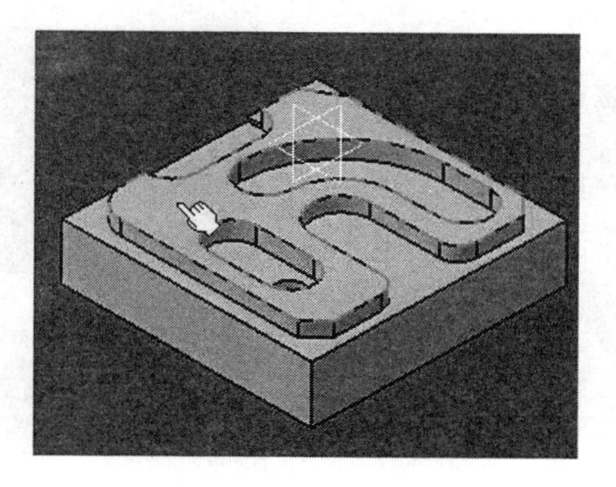

10 윗면을 클릭하고 Plane Difinition박스의 offset; 우측에 50mm를 입력하면 아래의 그림과 같은 형상이 나타난다. 확인을 누르면 공작물 위의 50mm 위치에 안전 평면이 생성된다.

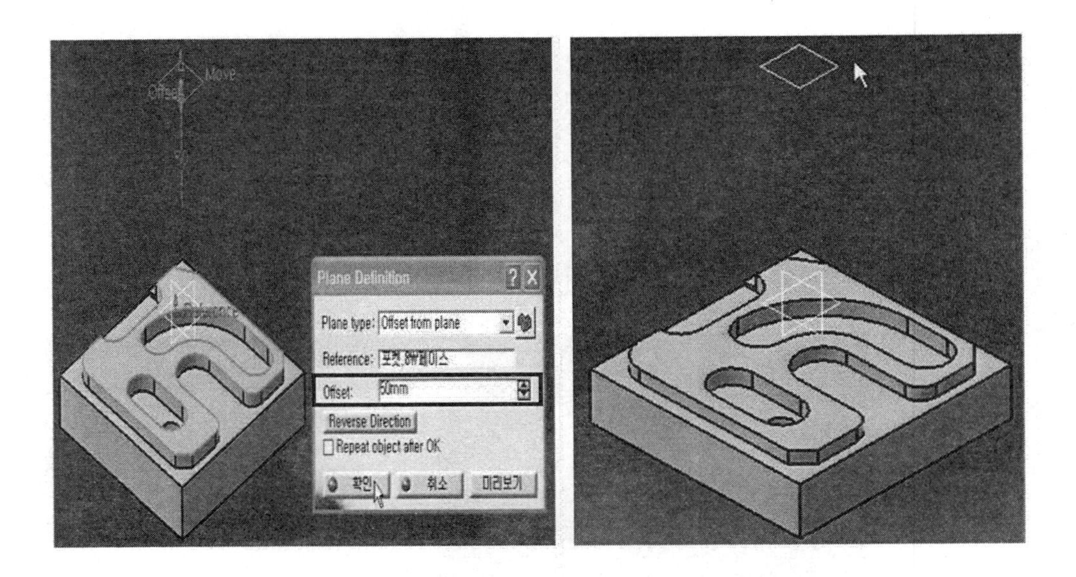

11 시작/기계 → Surface Machining을 클릭한다. NC Manufacturing Mode로 전환한다. Tool Path정보, Mode정보, Tool정보 구조로 서로 분리되어 있다.

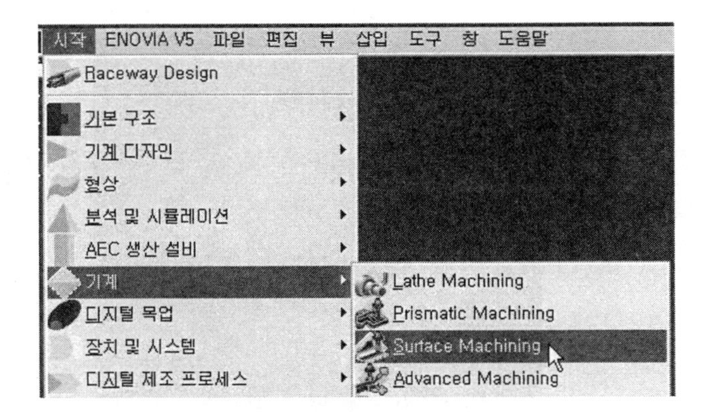

12 이후 상단 메뉴/창의 형태는 다음과 같다.
새로운 2 Process1:..이 생성된다.
View 도구막대의 Fit All In 아이콘을 클릭하여 도면을 화면의 중간에 배치한다.

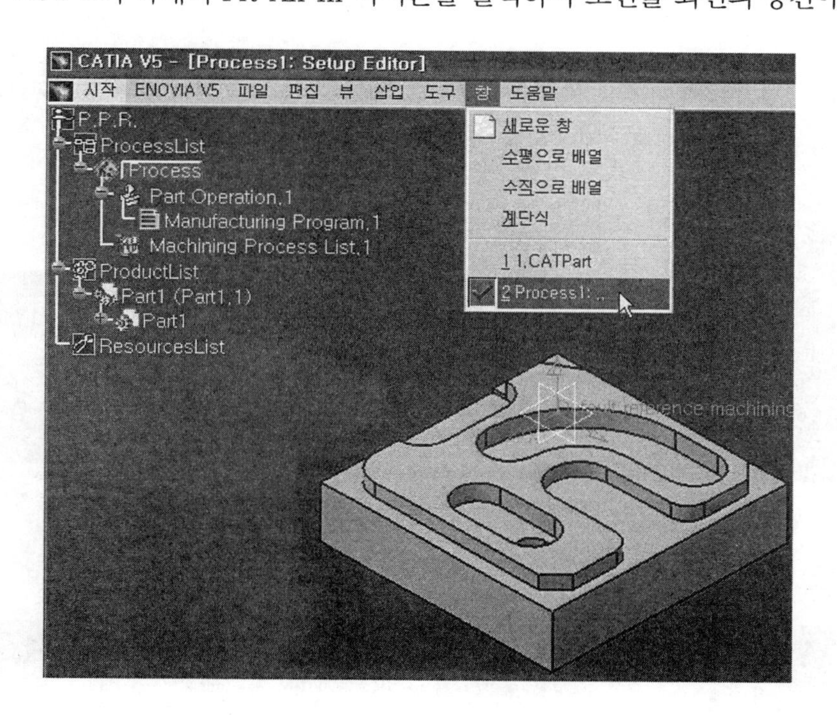

4.2 소재 만들기

1 Manufacturing Program.1을 클릭하고, Geometry Management 도구막대의 Creates rough stock(소재)를 클릭한다.

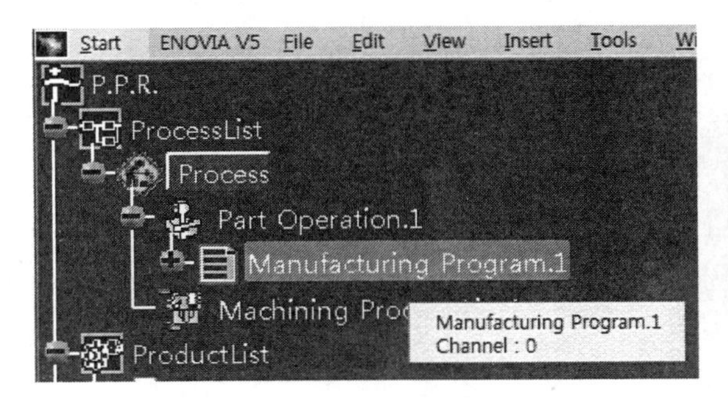

2 Rough Stock Creation 박스에서 공작물의 윗면을 클릭한다.

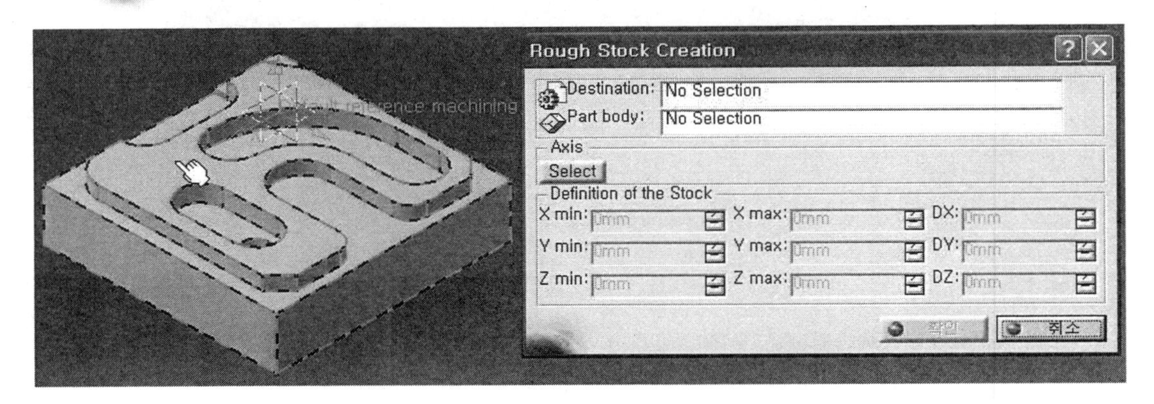

3 다음의 문장이 나오면 예(Y)를 클릭한다.

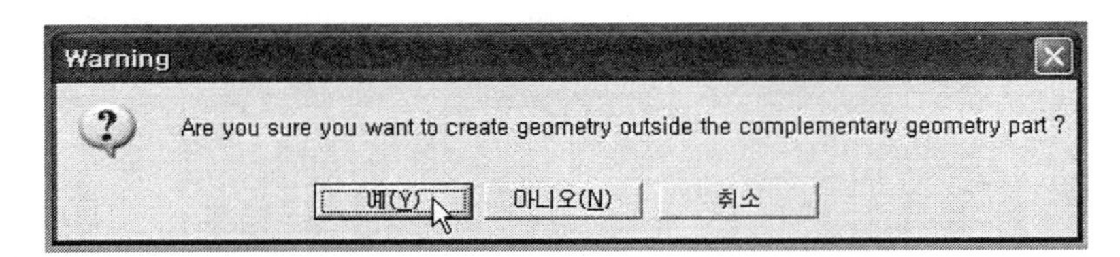

4 공작물의 윗면을 한 번 더 클릭한다.

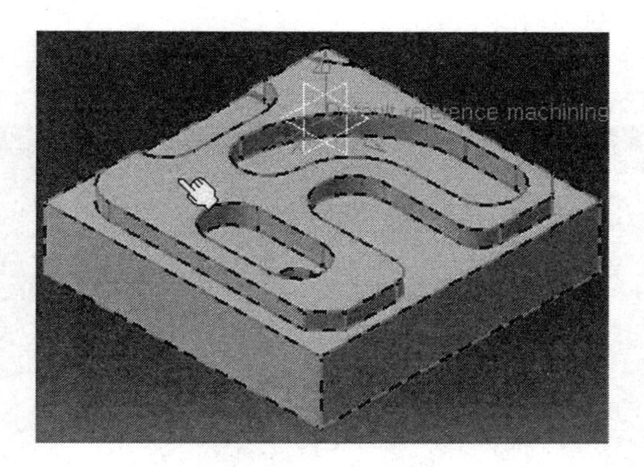

5 공작물의 윗면을 한 번 더 클릭하면 공작물에 소재의 가상 형상이 표시되는데 Rough Stock Creation박스 아래의 확인을 클릭한다.

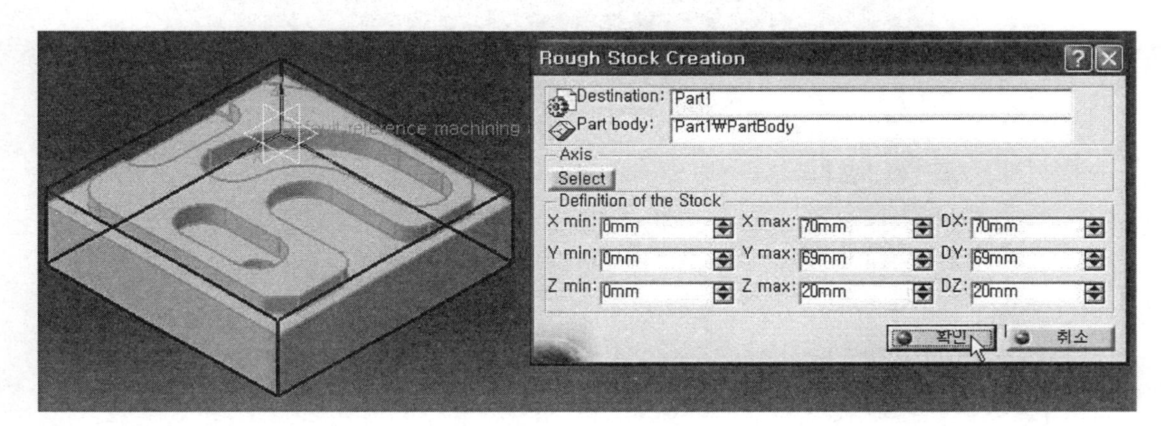

6 그리고 닫기를 클릭한다.

7 공작물의 소재를 지정한 후 최종의 형태는 다음과 같으며 좌측에는 Rough Stock.1이 생성된다.

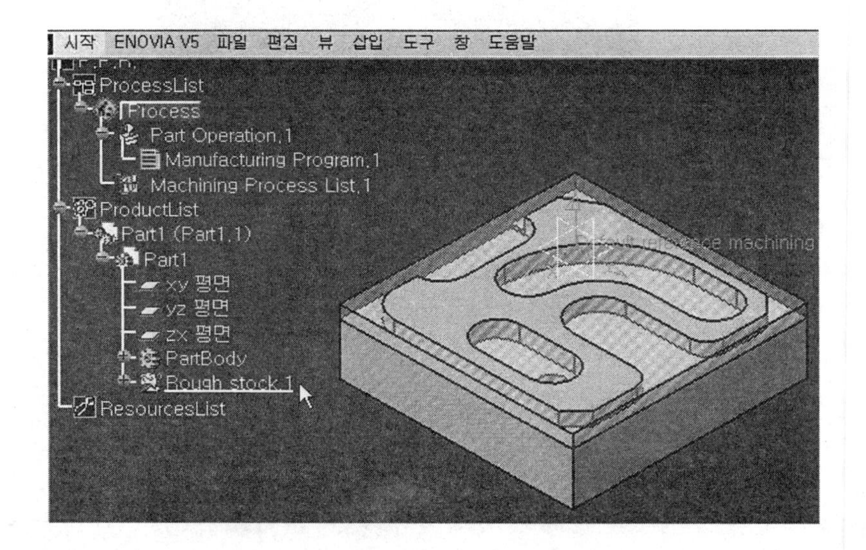

4.3 공작물의 원점 인식시키기

1. 좌측 tree의 Process 밑의 Part Operation.1을 더블클릭한다. 여기서는 기계, 공작물의 원점, 부품 Model, 소재 등을 설정한다.

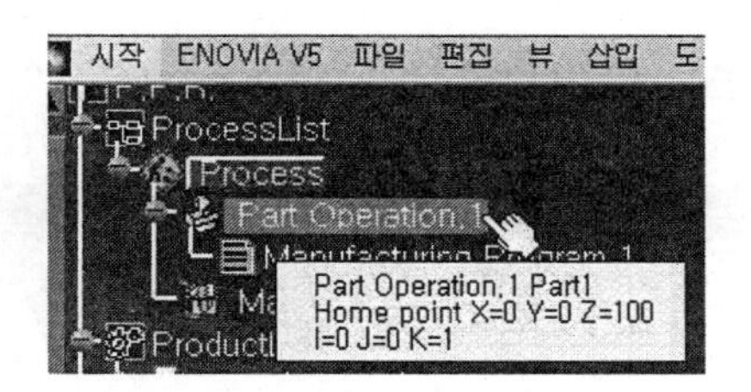

2. 다음과 같은 Part Operation박스가 뜬다.

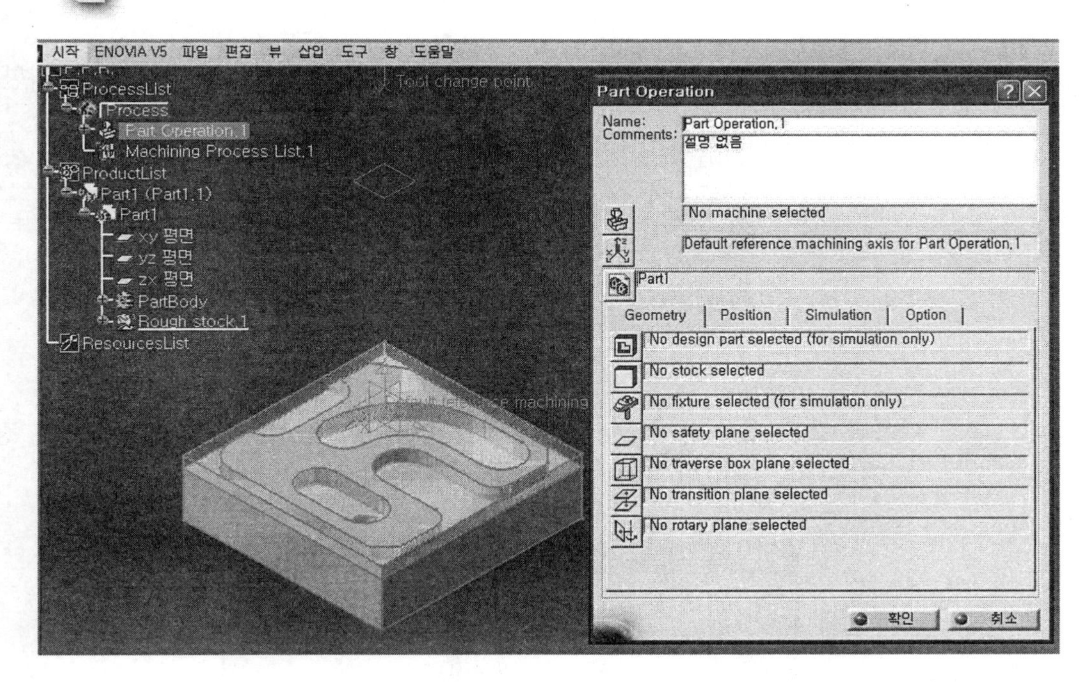

3 기계를 설정하기 위하여 Machine 아이콘을 클릭한다.

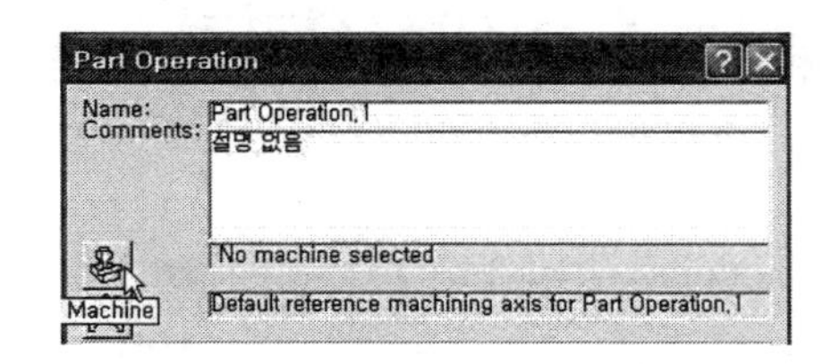

4 첫 번째 아이콘을 클릭하여 3-axis Machine.1이 나타나면 확인을 클릭한다.

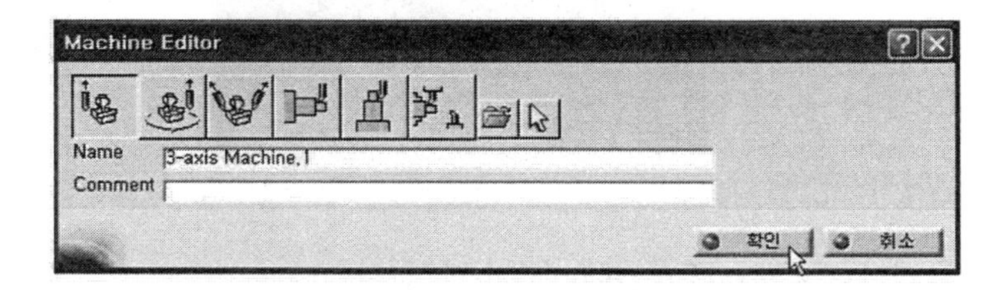

6 원점을 설정하기 위하여 Reference machining axis system 아이콘을 클릭한다.

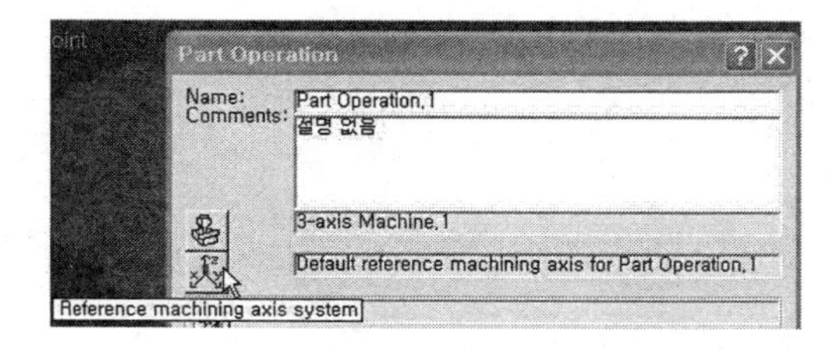

7 다음과 같은 형상이 나타나는데 중앙의 적색은 원점이 지정되지 않았다는 경고의 표시이며, 중앙의 적색 작은 원은 좌표축의 원점을 의미한다.

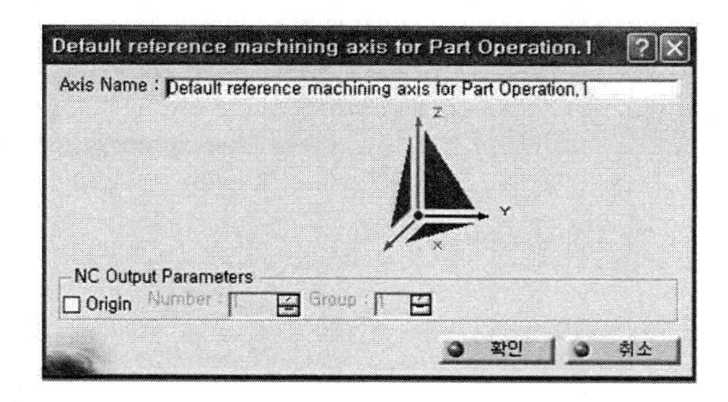

8 원점을 지정하기 위하여 원형의 적색 원점 포인트로 가까이 가면 주황색이 되는데 이때 클릭한다. 그러면 적색이 주황색으로 변한다.

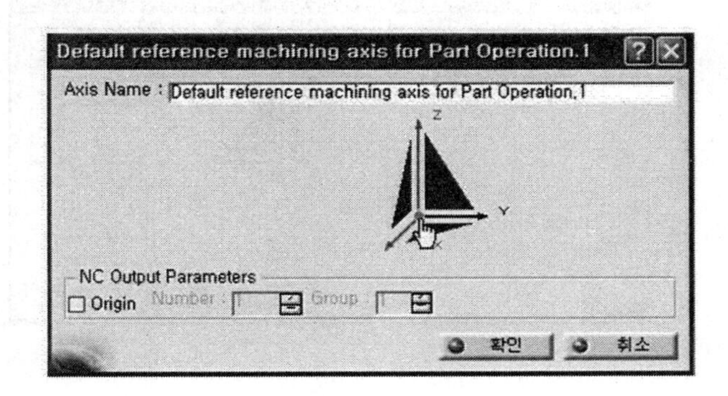

9 그리고 다음과 같은 공작물에서 등각 투상도로 놓고 제일 위쪽의 꼭짓점으로 가면 흑색의 점이 생성되는데 이때 클릭한다.

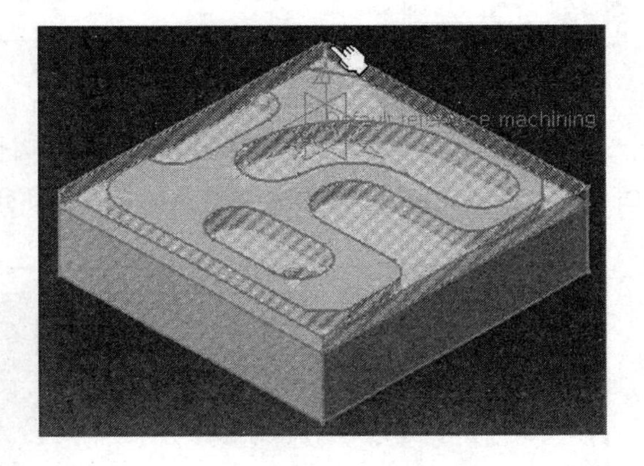

10 다음과 같은 형상이 나타나는데 모두 초록으로 변한 것은 원점 지정이 되었다는 의미이다.

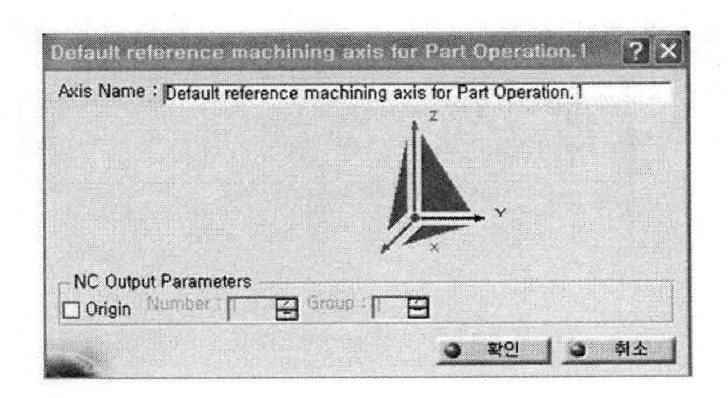

11 다음과 같이 확인을 클릭한다.

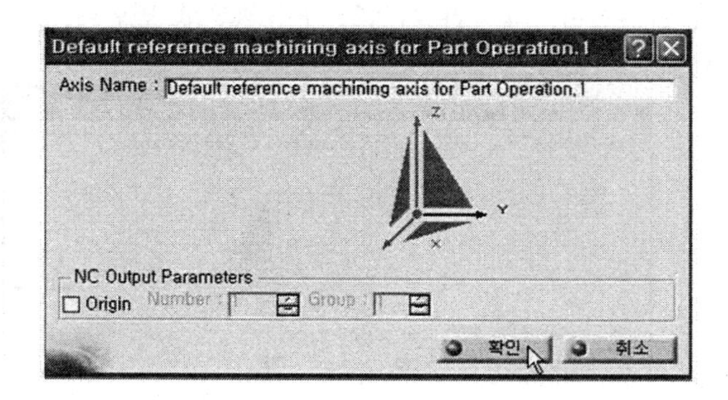

12 공작물(Model)을 지정하기 위하여 Desin part for simulation 아이콘을 클릭한다.

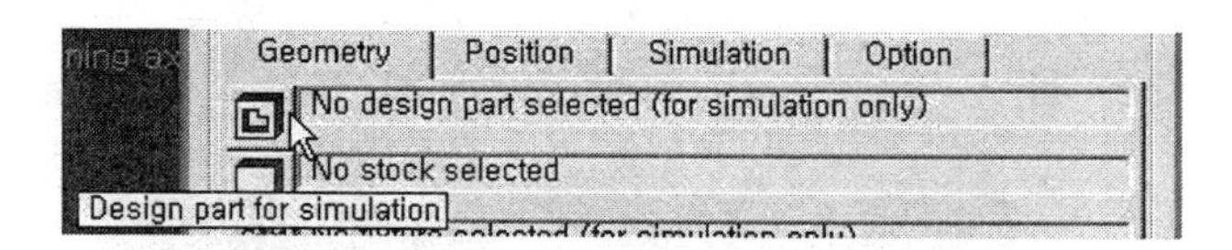

13 좌측에서 PartBody를 클릭한다. 그리고 바탕화면을 더블클릭한다. 즉, 바탕화면의 임의의 빈 공간을 더블클릭하면 부품 Model이 설정된다.

14 소재(Stock)를 지정하기 위하여 Stock 아이콘을 클릭한다.

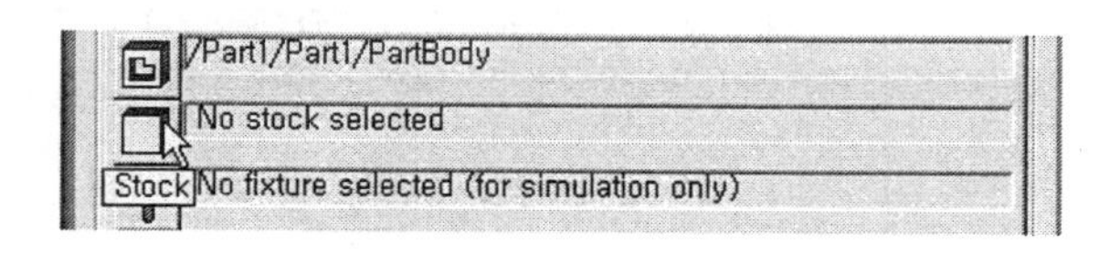

15 좌측 tree에서 Rough stok.1(황삭소재, 즉 미가공된 소재)을 클릭한다. 그리고 바탕화면을 더블클릭한다.

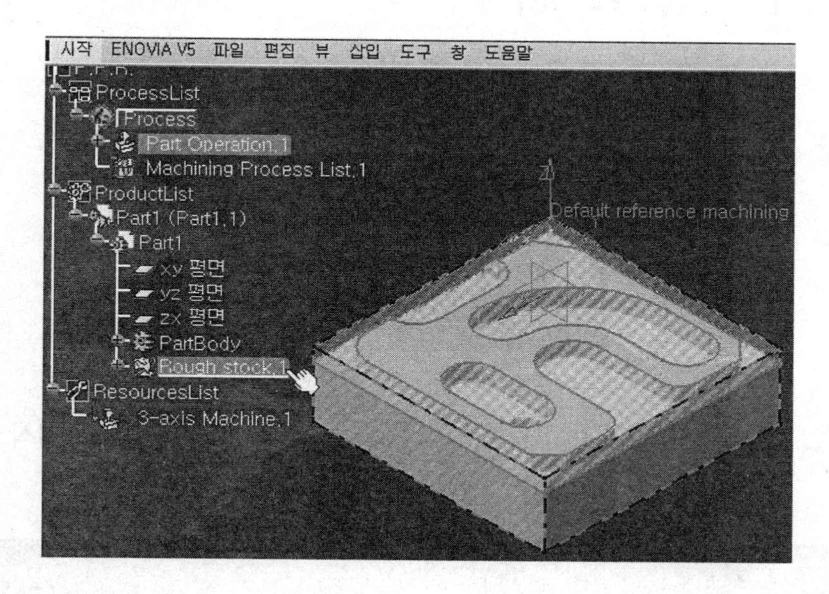

16 안전높이를 설정하기 위하여 safety plane 아이콘을 클릭하고 Part Body에 생성한 Plane을 선택한 후 확인을 클릭한다.

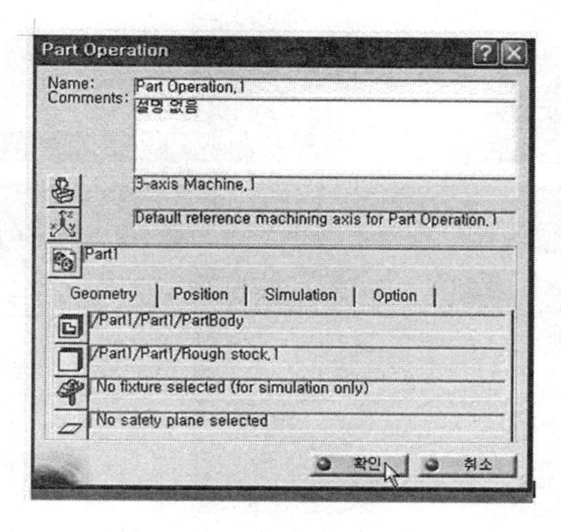

4.4 드릴 작업하기

1 manufacturing Program.1을 더블클릭한다.

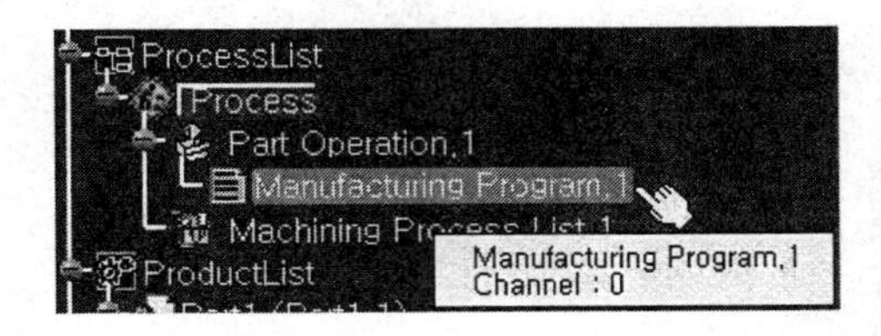

2 Manufacturing Program.1박스에서 좌측의 Rough stok.1(황삭소재, 즉 미가공된 소재)에서 오른쪽 마우스를 클릭하여 숨기기를 한다.

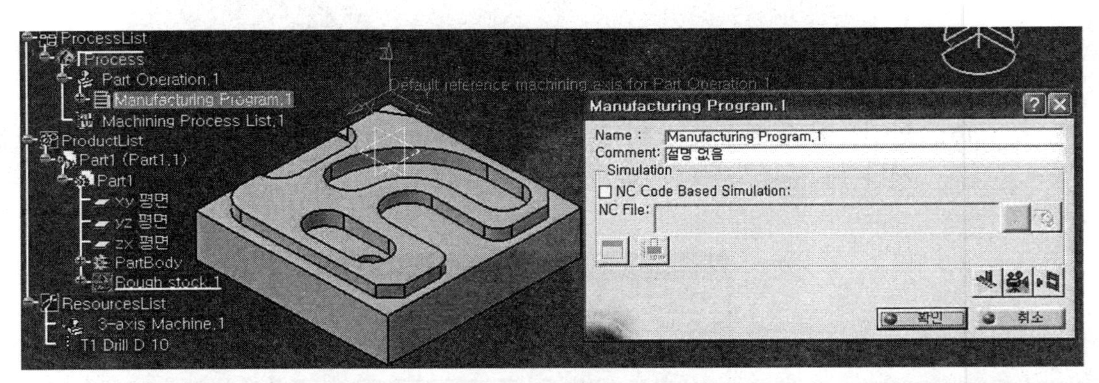

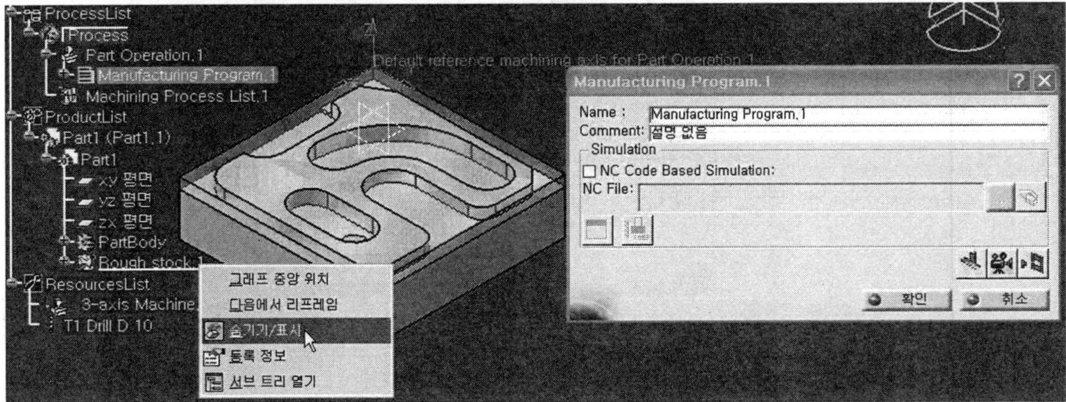

3 확인을 클릭한다.

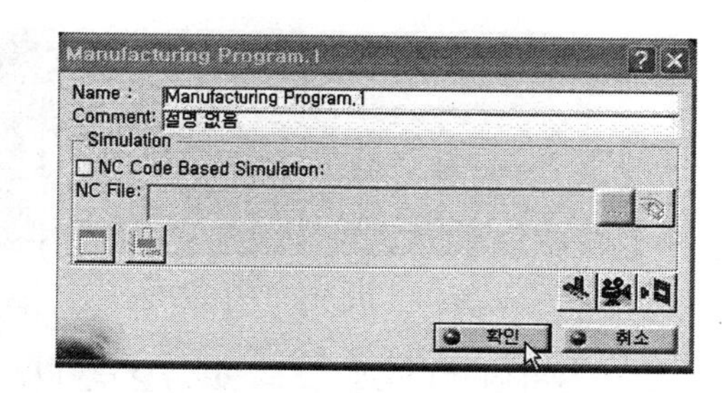

4 Machining Operations 박스에서 Drilling 아이콘을 클릭한다.

5 No point를 클릭한다.

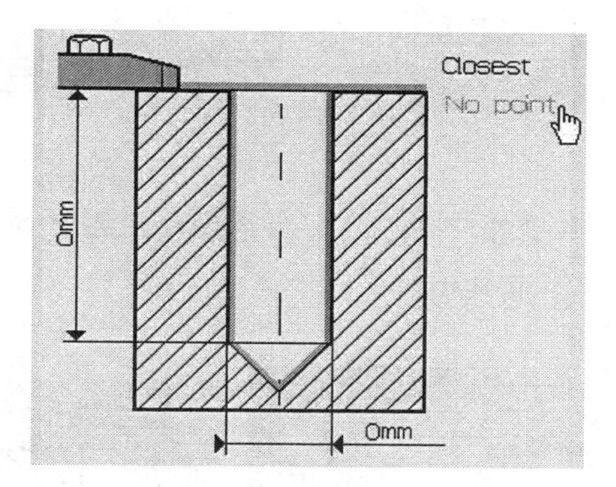

6 중간의 드릴 구멍을 클릭한다. 드릴 구멍 주위에 주황색 원이 생성되면 드릴이 지정되었다는 의미의 주황색 화살표가 위로 생성된다.

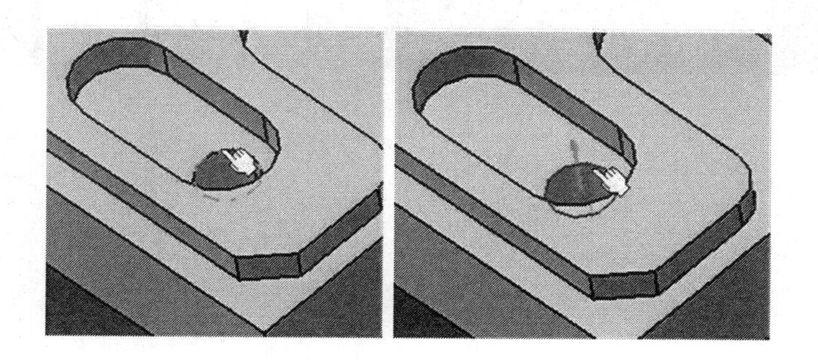

7 Pattern Selection 박스를 닫는다.

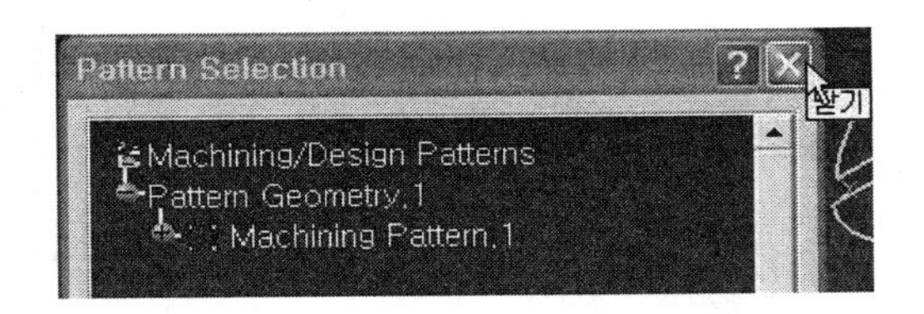

8 바탕화면을 더블클릭하면 다음과 같은 화면으로 나타난다. 드릴이 정확히 지정되면 8mm의 좌우 선이 초록으로 변한다.

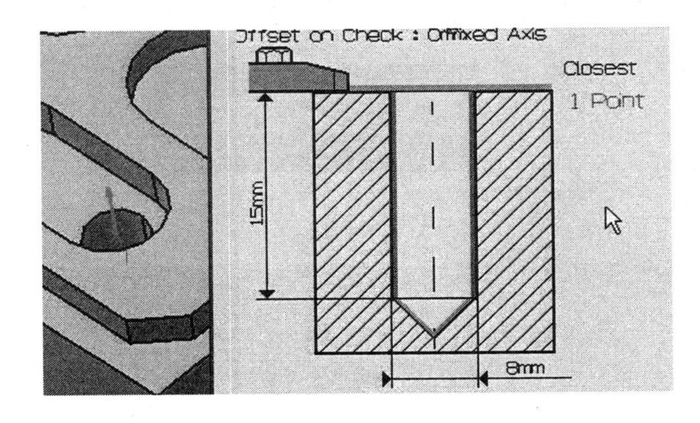

9 드릴 위 최상 면에 가까이 가면 주황색으로 변하는데 이때 클릭한다. 그리고 공작물의 윗면을 클릭한다.

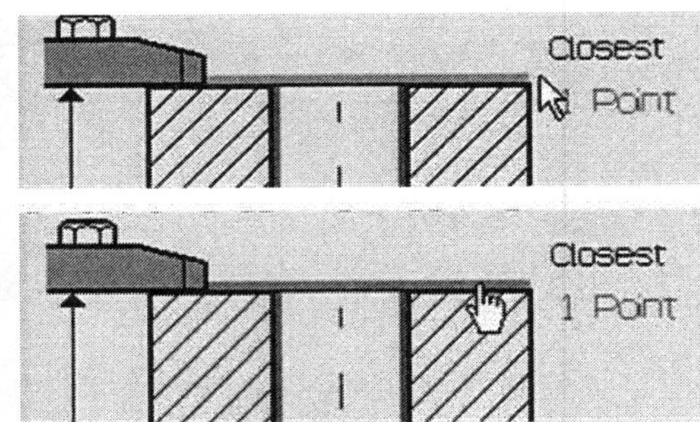

10 그리고 바탕화면을 더블클릭하면 다음과 같이 초기화면으로 지정된다. 조금 전의 클램프 상면이 초록색으로 변한다. 클램프 밑의 15mm를 클릭한다. 절삭 깊이를 지정하려고 한다.

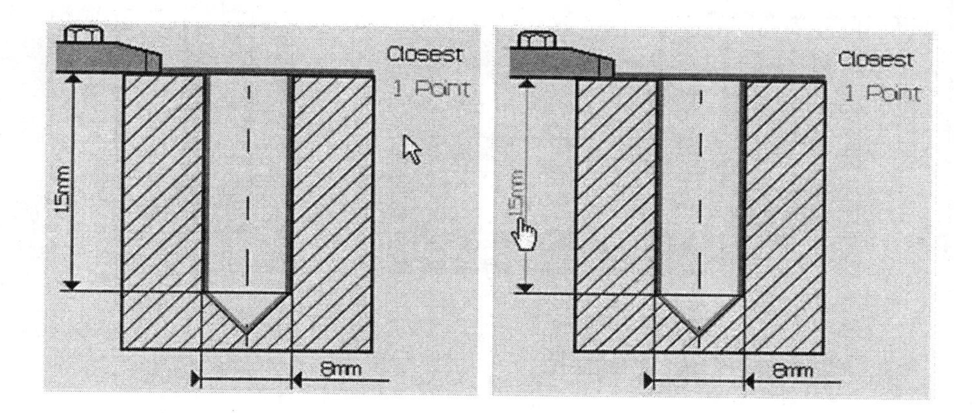

11 작물의 두께가 20mm이므로 Depth는 25를 입력하고 확인을 누른다.

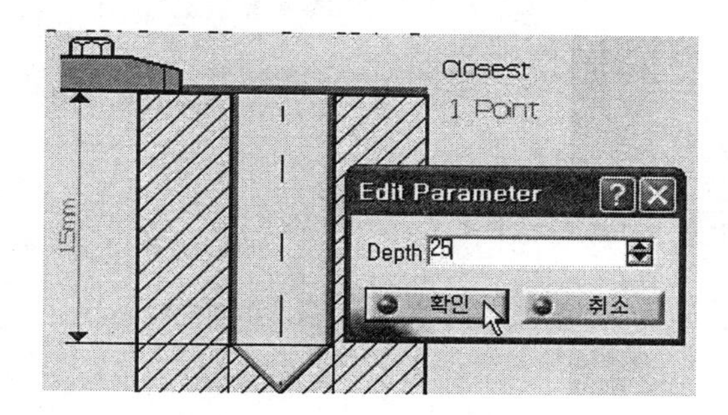

12 Jump distance : 0mm를 더블클릭한다.

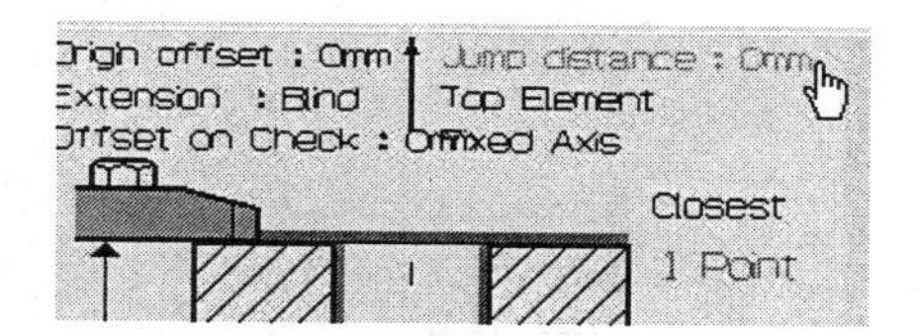

13 Jump distance에 200mm를 입력하고 확인하면 다음과 같이 표시되어야 정상이다.

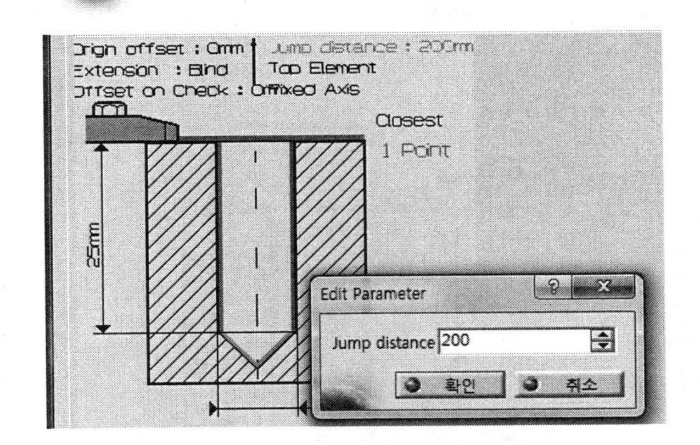

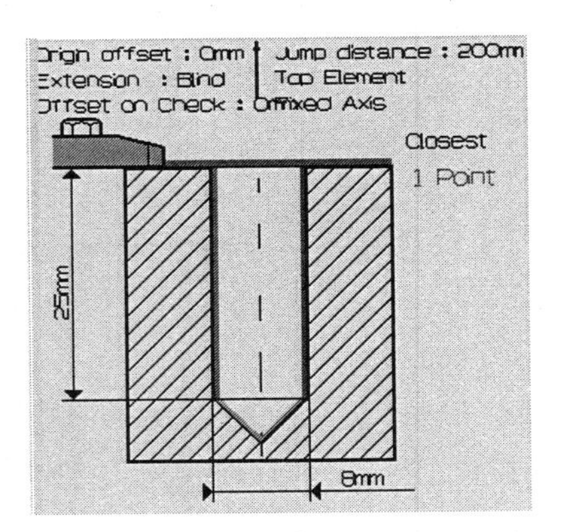

14 3번째 아이콘을 클릭한다.

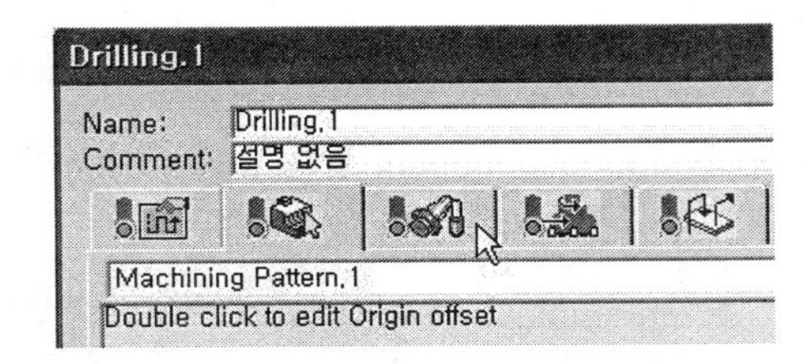

15 D=10mm를 더블클릭한다.

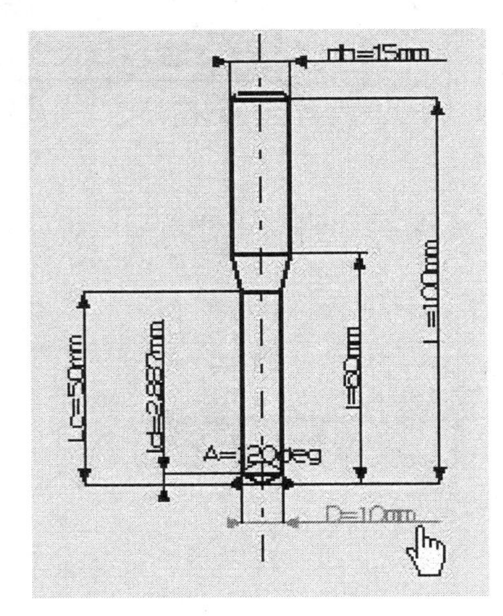

16 8mm를 입력하고 확인을 누른다.

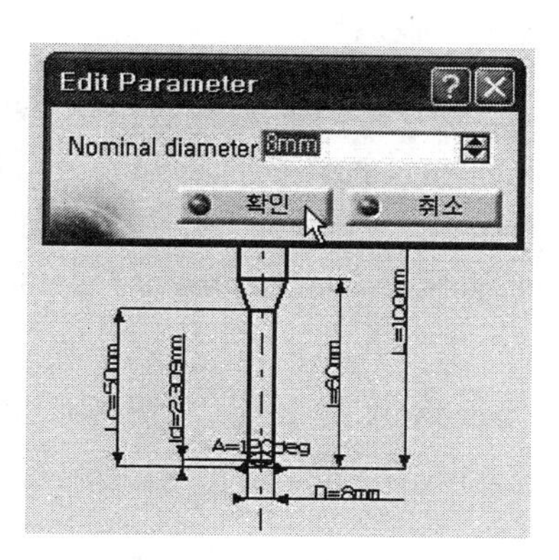

17 4번째 아이콘을 클릭하여 다음과 같이 조정한다.

Drilling.1

Name: Drilling.1
Comment: No Description

Feedrate
☐ Automatic compute from tooling Feeds and Speeds
Approach: 50mm_mn ☐ Rapid
Plunge: 10mm_mn ☐ Rapid
Machining: 50mm_mn
Retract: 1000mm_mn ☐ Rapid
Unit: Linear

Spindle Speed
☐ Automatic compute from tooling Feeds and Speeds
Spindle output
Machining: 800m_mn
Unit: Linear

Compute

18 다음과 같이 □ 안을 해제한다. Feedrate, Spindle Speed를 해제한다.
즉, Automatic 앞을 해제한다.

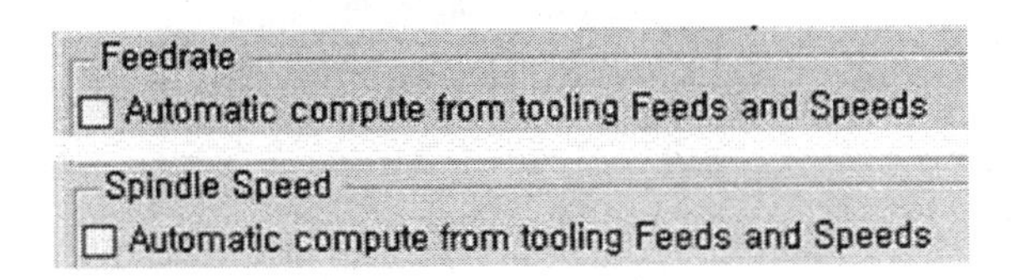

▶ Feedrate의 Approach:는 50을 입력하고 엔터한다.
Machining:은 50을 입력하고 엔터한다.

▶ Spindle Speed의 Machining:은 800을 입력하고 엔터한다.

Unit를 Linear로 지정한다.

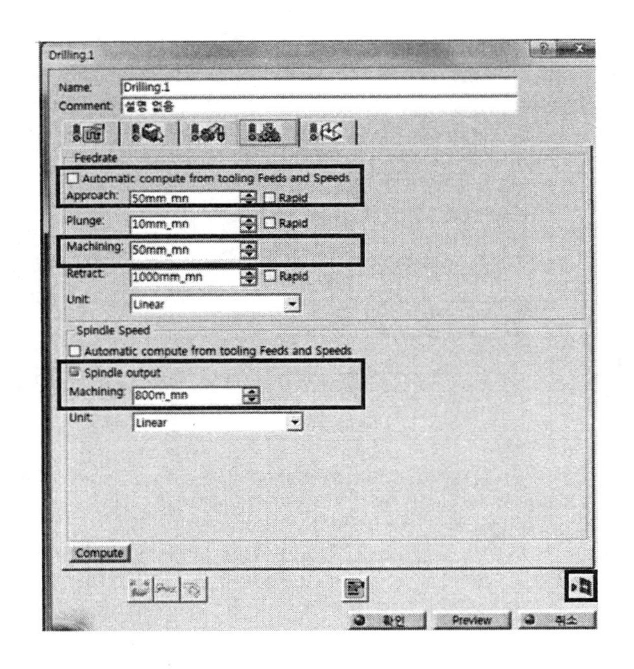

그리고 취소 바로 위의 Tool Path Replay를 클릭한다.

다음과 같이 나타난다.

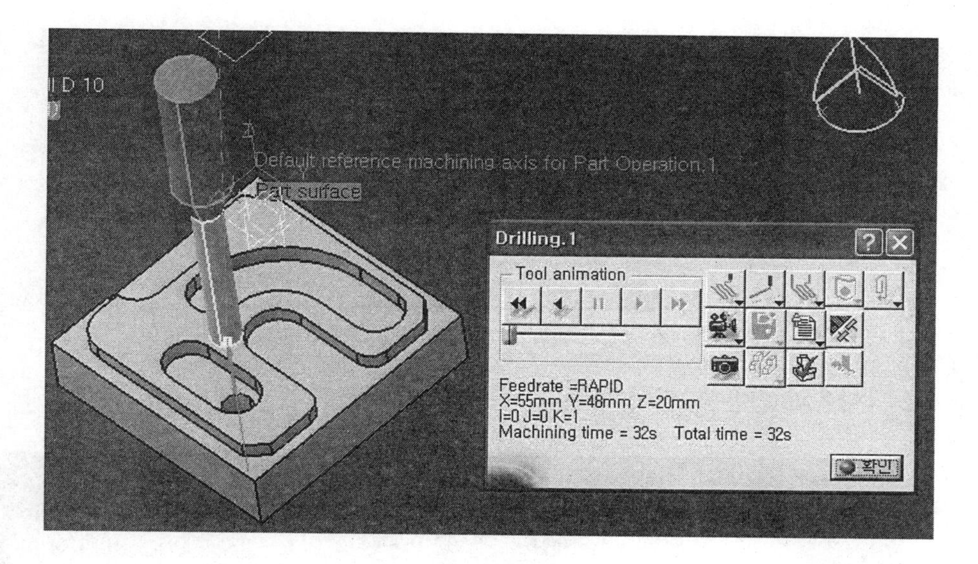

19 Backward replay(F6)를 누른다. 그러면 드릴가공을 준비한다.

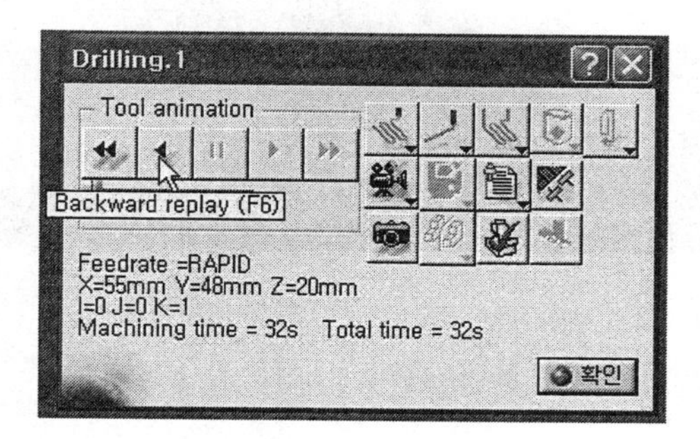

20 Forward replay(F7)를 누른다. 그러면 드릴가공을 한다.

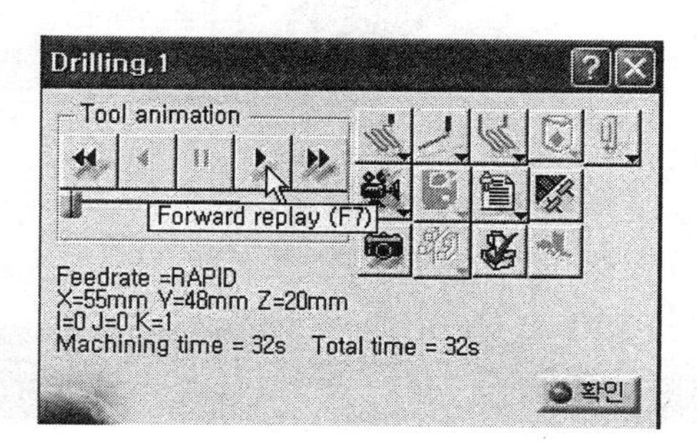

21 Video from last saved result를 누른다.

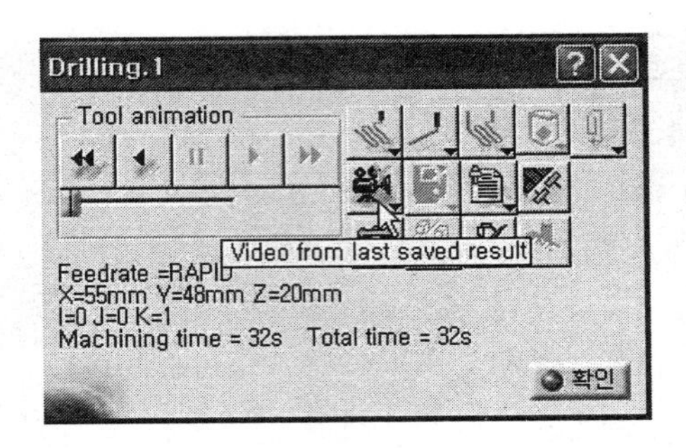

22 다음과 같은 화면이 나온다.

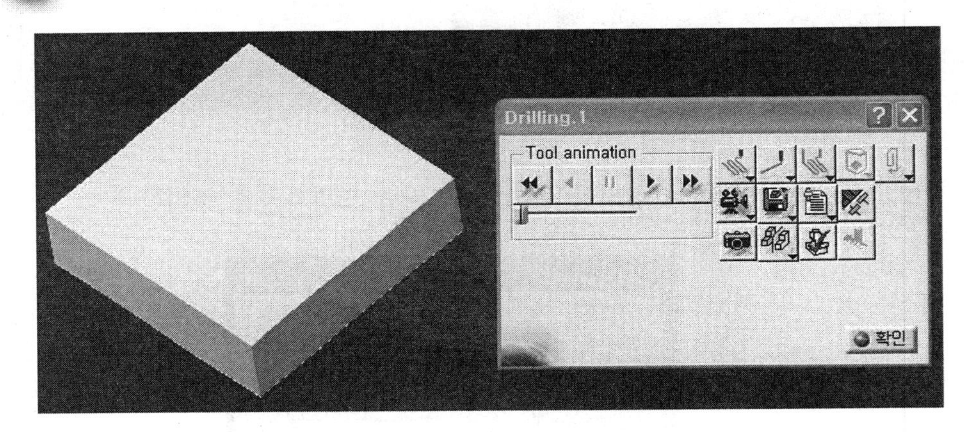

23 Forward replay(F7)를 누른다.

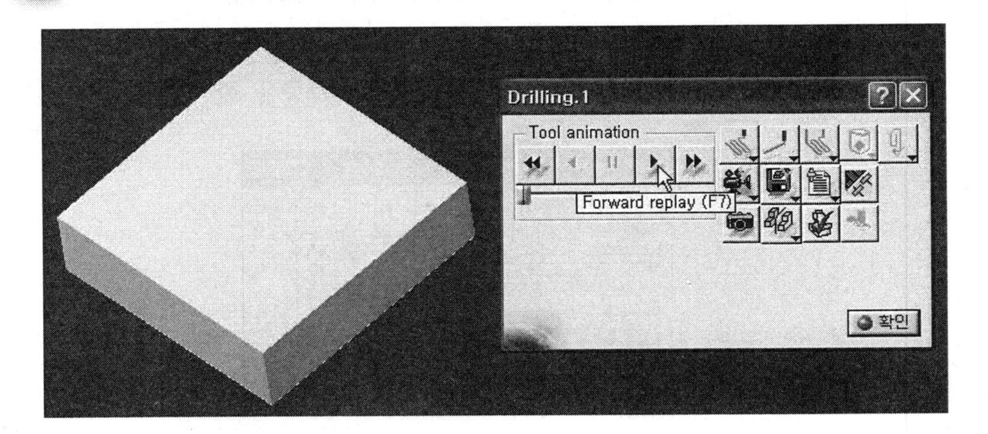

24 다음과 같이 가공 모습이 나타나면 우측 아래의 확인을 누른다.

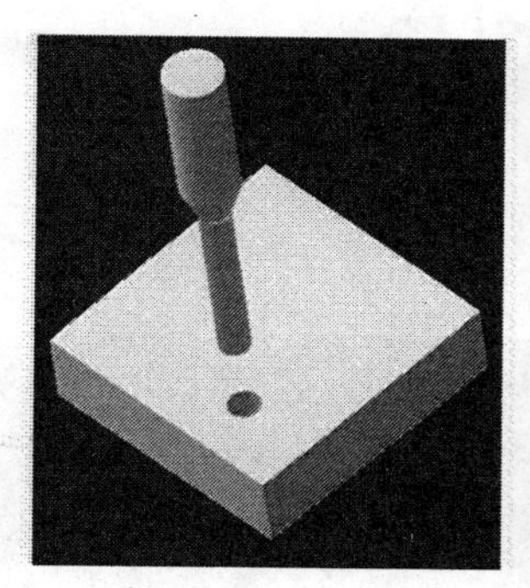

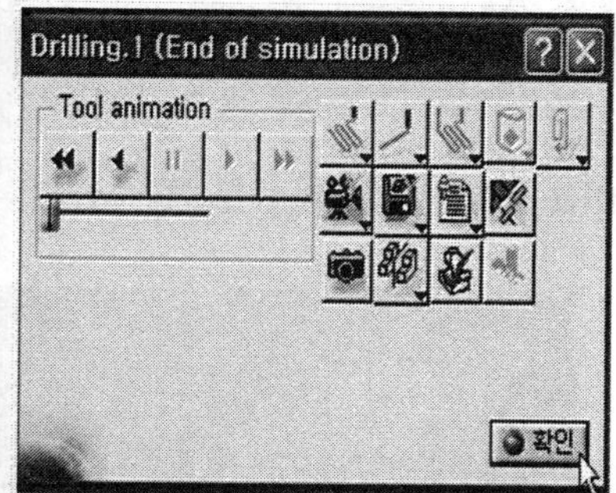

25 제일 아래의 Preview 좌측의 확인을 누른다.

Drilling.1
Name: Drilling.1
Comment: 설명 없음
Feedrate
Automatic compute from tooling Feeds and Speeds
Approach: 300mm_mn Rapid
Plunge: 10mm_mn Rapid
Machining: 60mm_mn
Retract: 1000mm_mn Rapid
Unit: Linear
Spindle Speed
Automatic compute from tooling Feeds and Speeds
Spindle output
Machining: 800m_mn
Unit: Linear
Compute
확인 Preview 취소

4.5 포켓 및 윤곽 가공하기

1. Drilling.1(Computed)를 클릭한다.

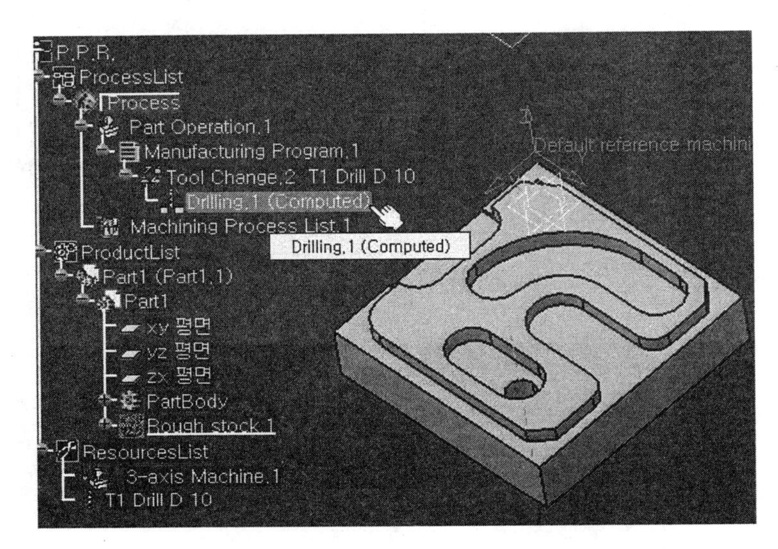

2. Roughing을 클릭한다.

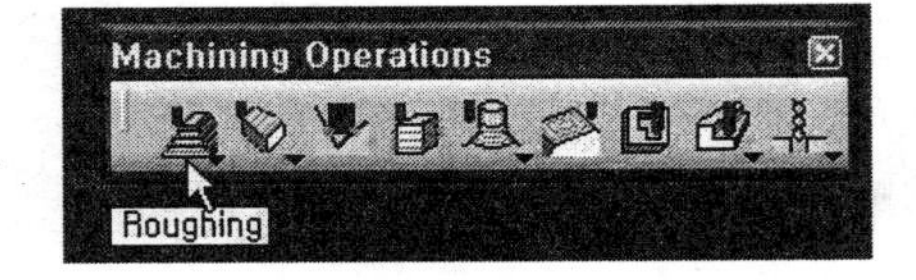

3 다음과 같이 나타난다.

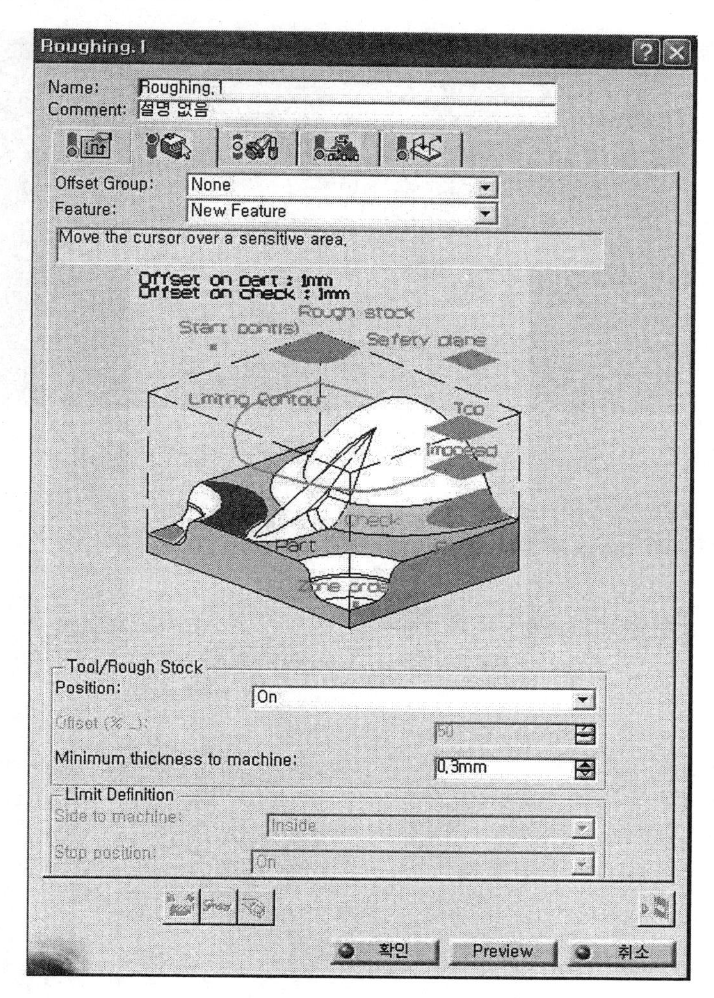

4 빨간 그림(화살표)을 클릭한다. 공작물을 지정하겠다는 의미이다.

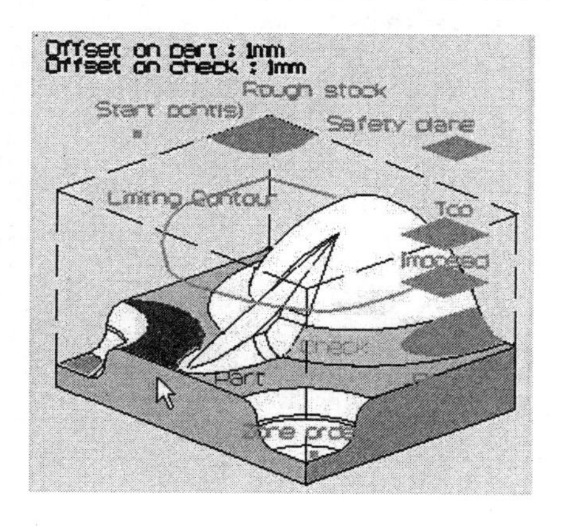

5 좌측 tree에서 PartBody를 클릭한다. 또는 바탕화면의 물체를 클릭해도 된다.

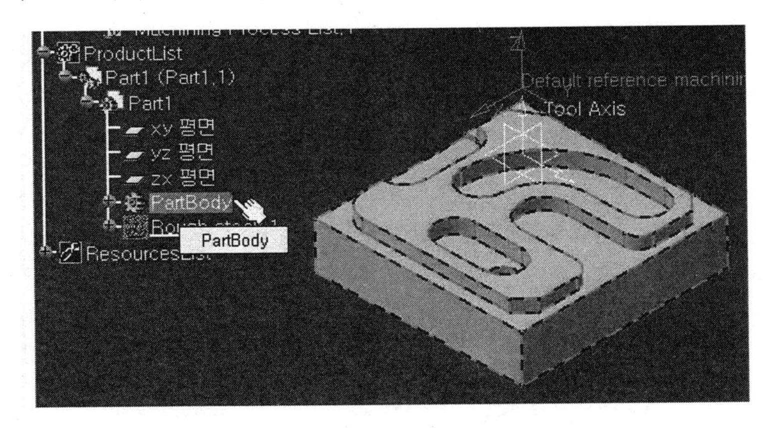

원래의 화면으로 돌아가려면 바탕화면을 더블클릭한다.

6 색이 초록으로 변한다.

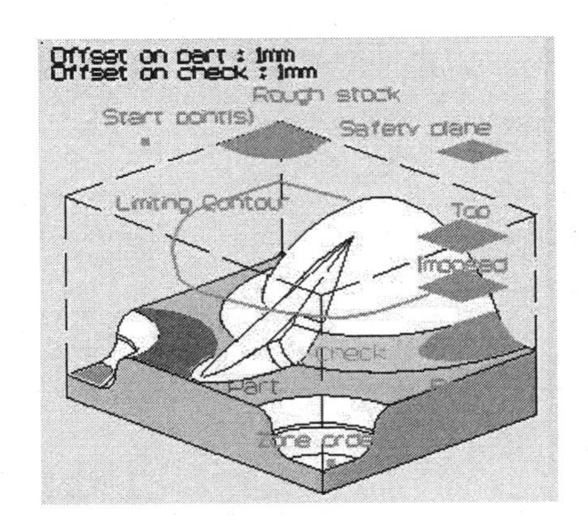

7 Offset on Part : 1mm를 더블클릭한다.

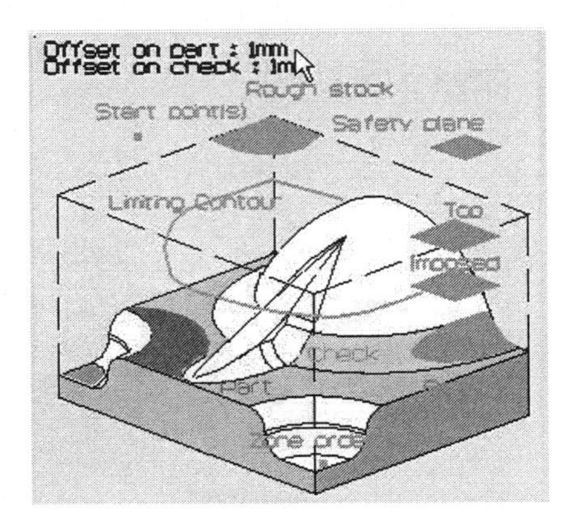

8 0을 입력하고(정삭 여유가 없음을 의미함) 확인을 누른다. 다음과 같이 변한다.

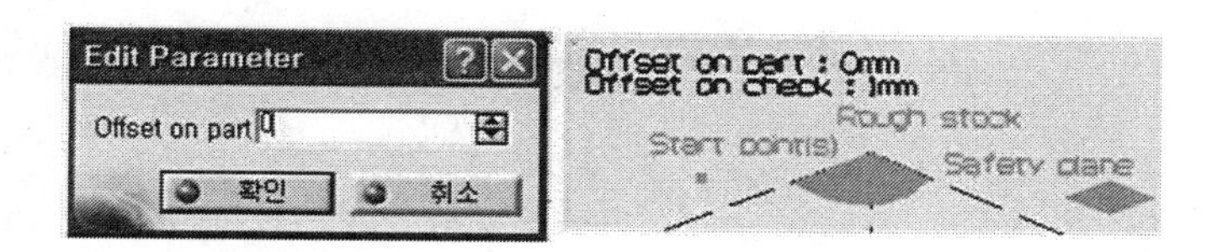

9 Safety plane을 클릭한다.

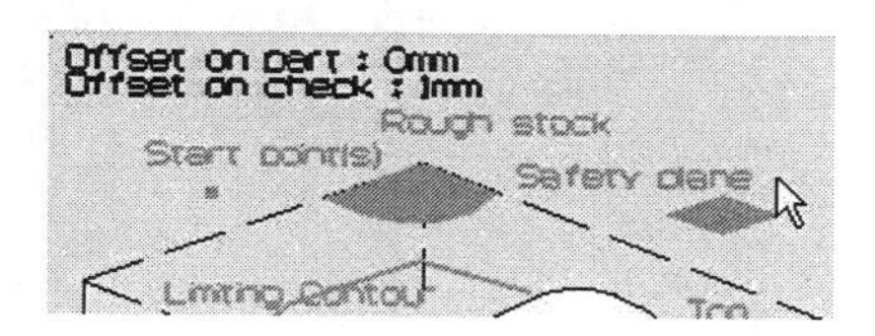

10 바탕화면의 안전 평면을 클릭한다.

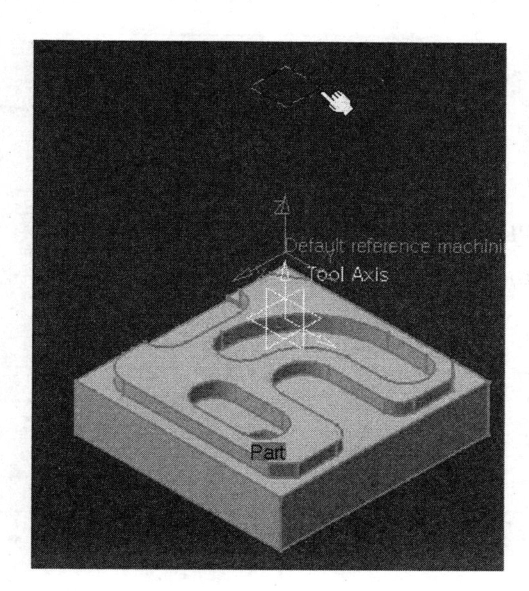

11 안전 평면이 초록으로 변한다.

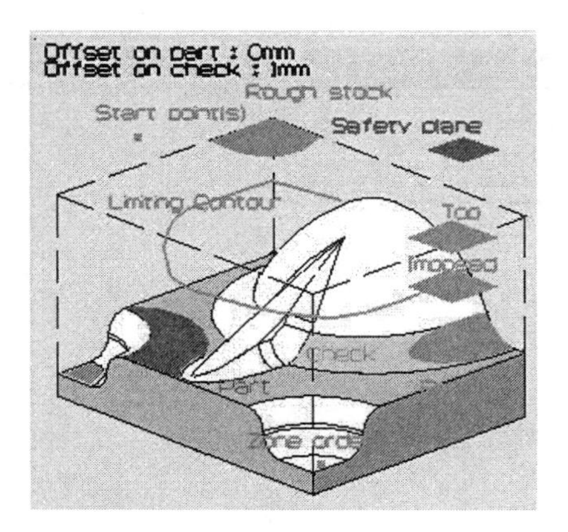

12 첫 번째 아이콘을 클릭한다.

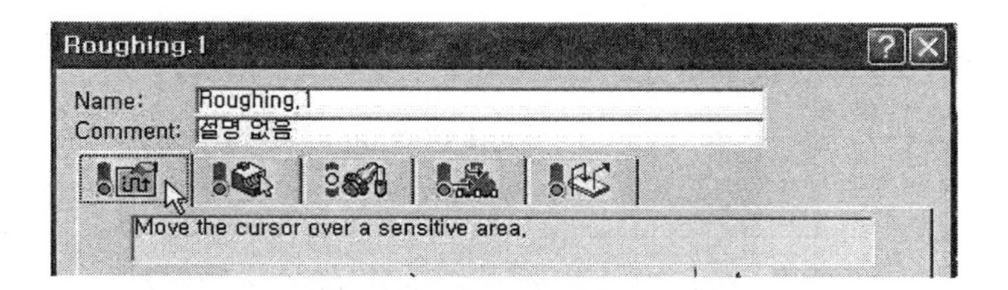

13 Machining의 Tool path style: Spiral을 선택한다.
Machining tolerance : 0.01을 입력한 후 엔터한다.

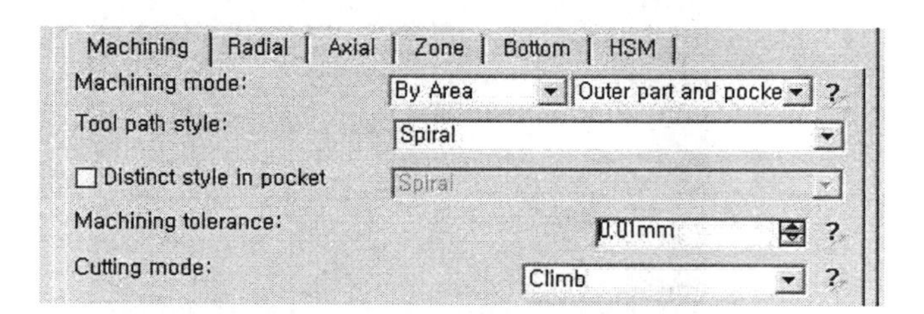

14 Radial의 Stepover:는 Overlap ratio를 선택하고, Tool diameter ratio: 50의 값을 입력한 후 엔터한다. 즉 공구가 겹치는 중첩률은 50이다.

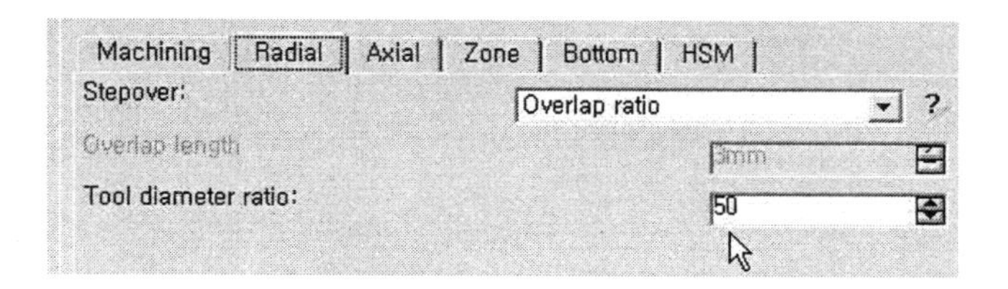

15 Axial에서 Maximum cut depth: 1을 입력하고 엔터한다.

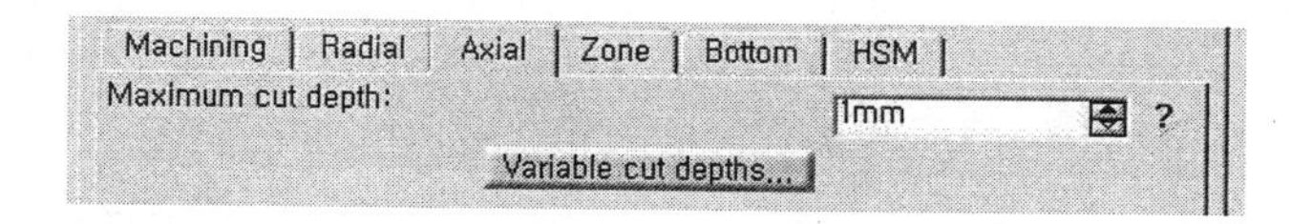

16 Variable cut depths...를 클릭한다.

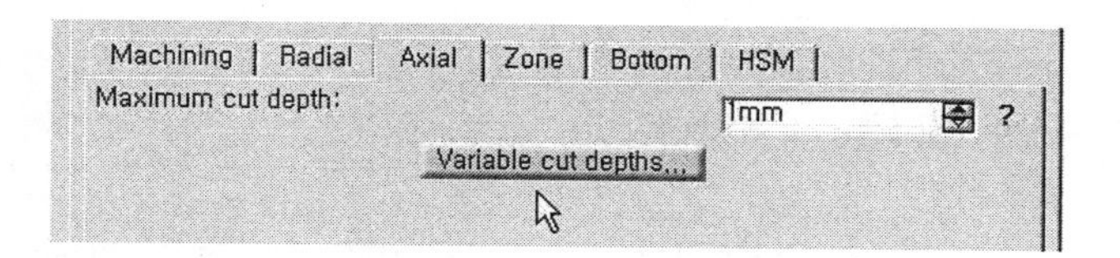

17 Distance from top: 4를 입력한다. (절대로 엔터하면 안 된다.) Max, cut depth: 4를 입력한다. (절대로 엔터하면 안 된다.) Add를 클릭한다.

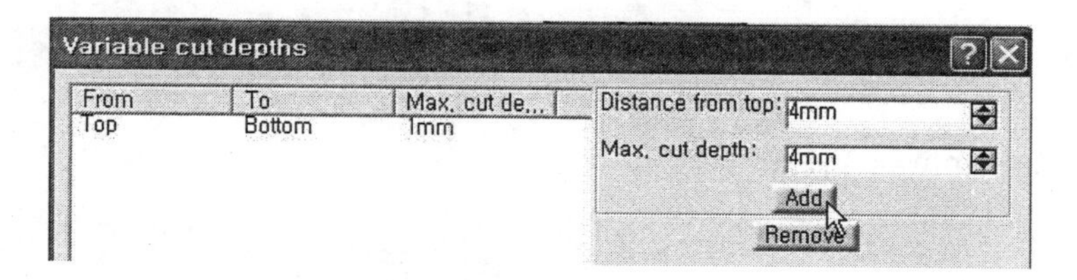

18 Add를 클릭한 다음의 상태이다. → 확인을 클릭한다.

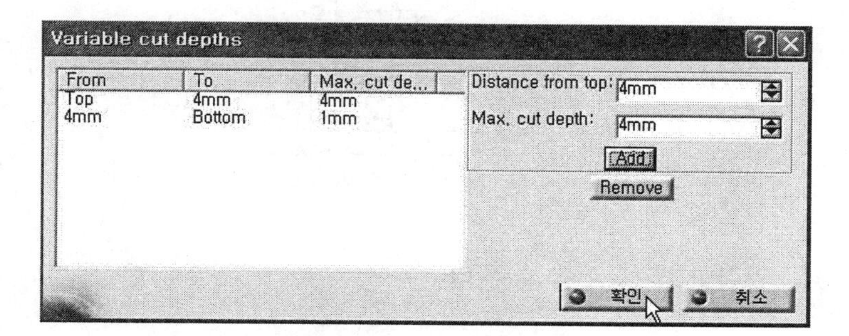

19 3번째 아이콘을 클릭한다.

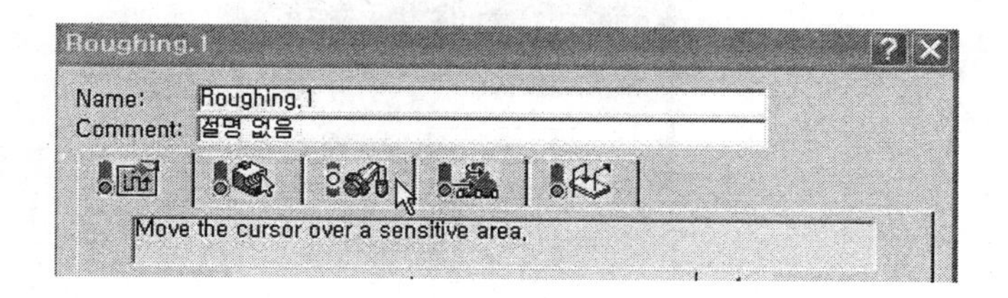

20 Ball-end tool로 되어 있다는 것이 확인된다. 현재의 상태는 활성화 상태이므로 Ball-end tool을 해제해야 한다.

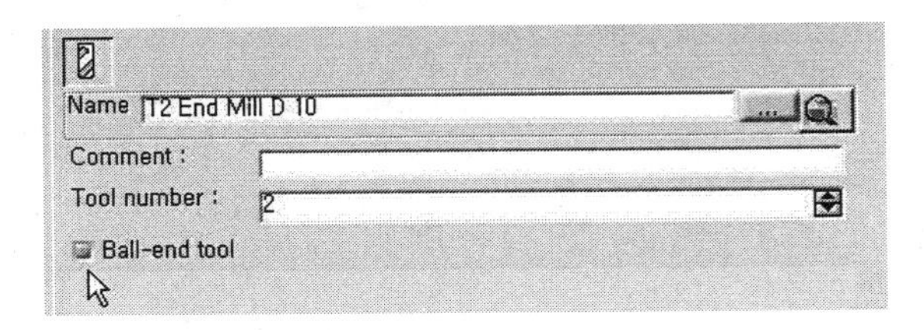

21 Ball-end tool를 해제한다.

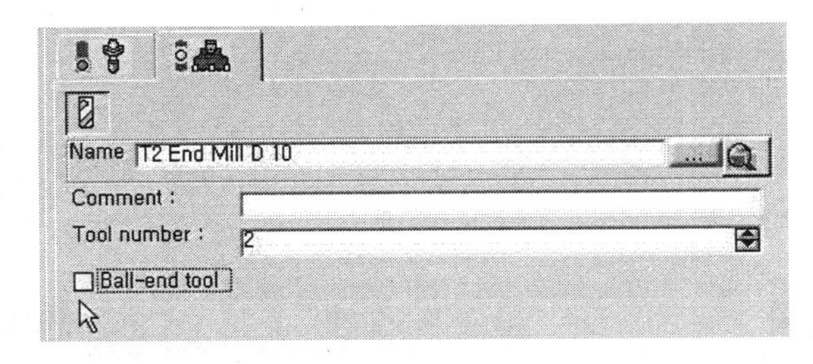

22 Rr=5mm를 더블클릭한다.

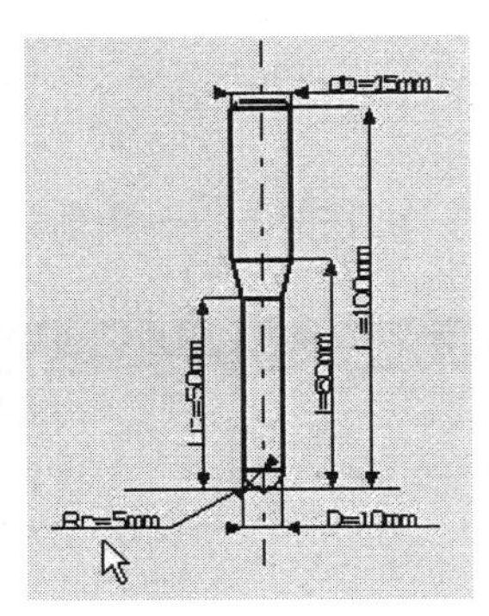

23 0을 입력한 후 확인을 누른다.

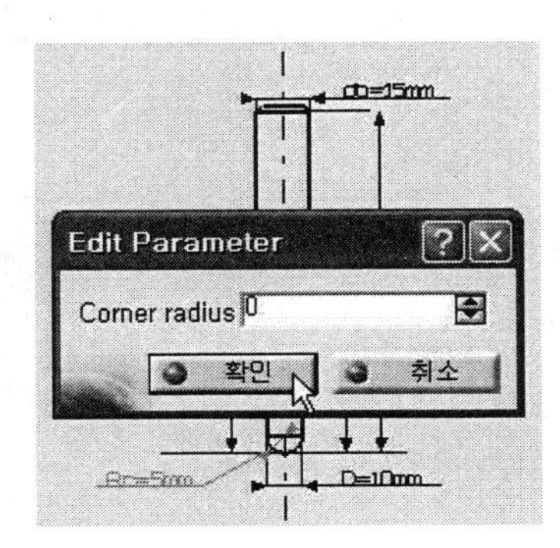

24 4번째 아이콘을 클릭한다. → Feedrate의 Approach; 50을 입력하고 → Machining: 80을 입력한다. (절대로 엔터하면 안 된다.)
Spindle Speed의 Machining: 1000을 입력한 후 엔터한다.

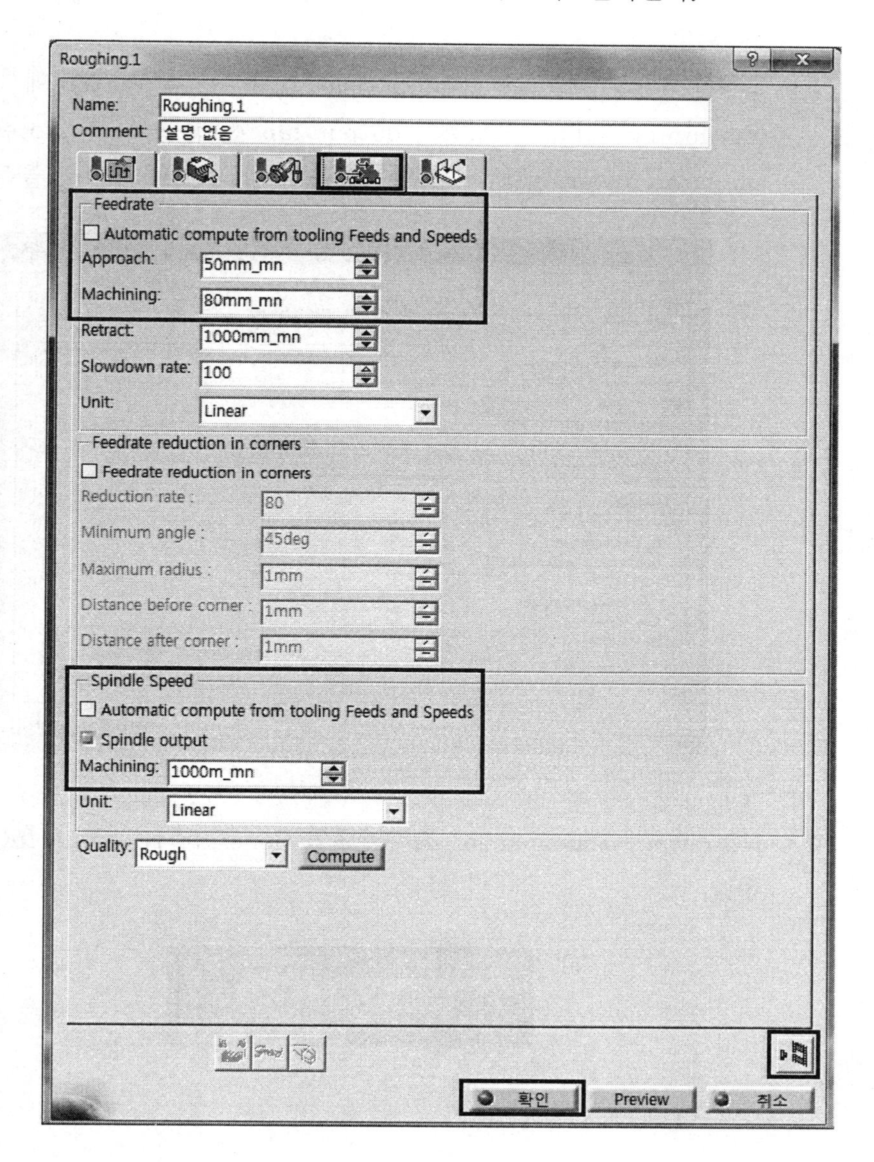

그리고 취소 바로 위의 Tool Path Replay를 클릭하고 확인 → 확인 버튼을 클릭한다.

4.6 NC DATA 출력하기

1 도구(Tools) 선택 → 옵션(options) 선택 → 좌측 tree에서의 shape/기계(machining) 선택 → 우측의 output tab 선택 → post processor controller emulator folder 선택 → IMS 다음을 확인 후 OK 버튼을 클릭한다.

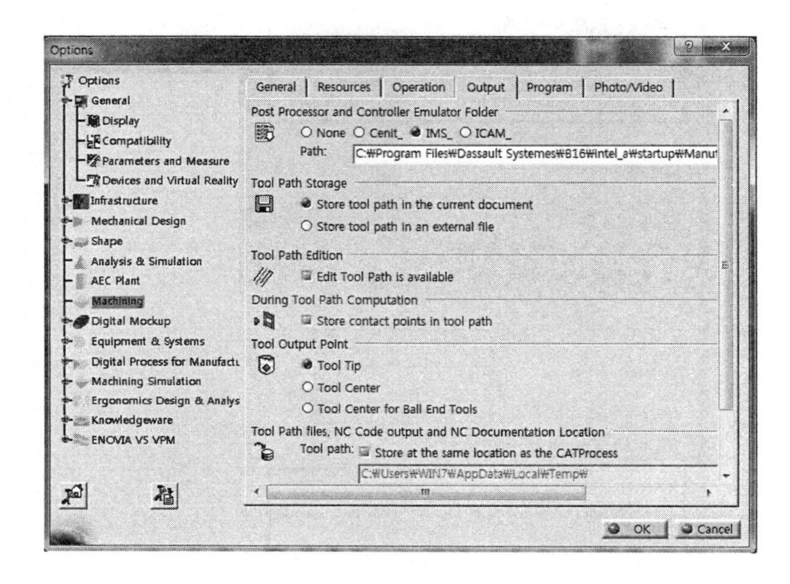

2 NC output Management 도구막대의 Generate NC Code Interactively 클릭한다.

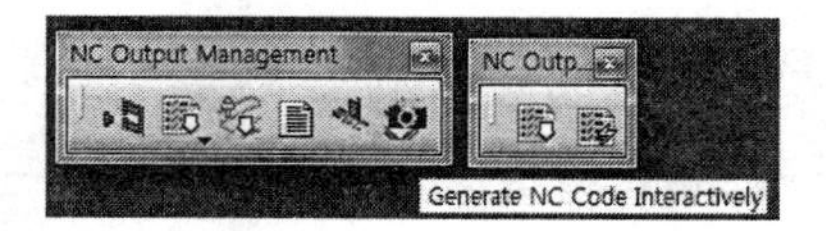

3 다음과 같이 조정한다. 우측의 [...] 클릭한다.

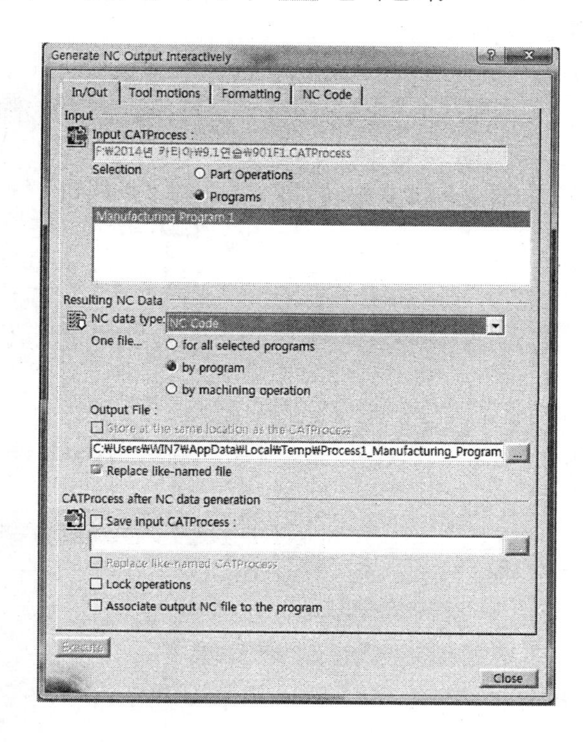

4 바탕화면에서 새 폴더를 만들고, 폴더 이름을 본인의 시험지 비번호를 기록한다.
예) 11월 11일 시험지 비번호 15번인 경우
파일 이름(N): 1115로 파일 이름을 준다. 우측의 저장(S)을 누른다.

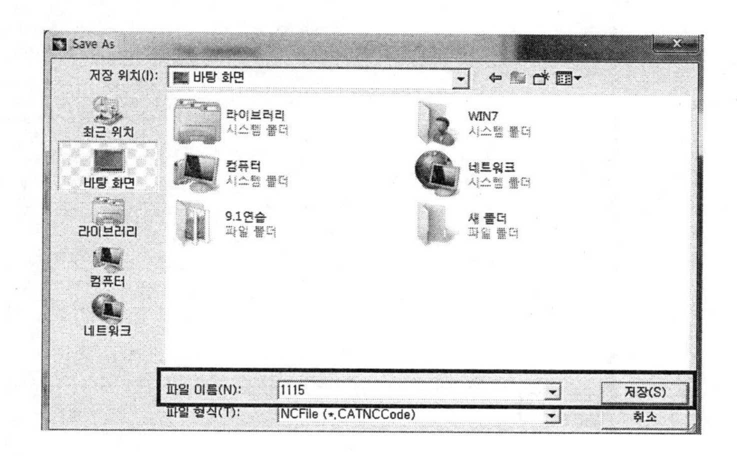

5 Generate NC Output Interactively 박스에서 NC Code 탭을 클릭한다. → 하단 우측의 ▼를 클릭한다.

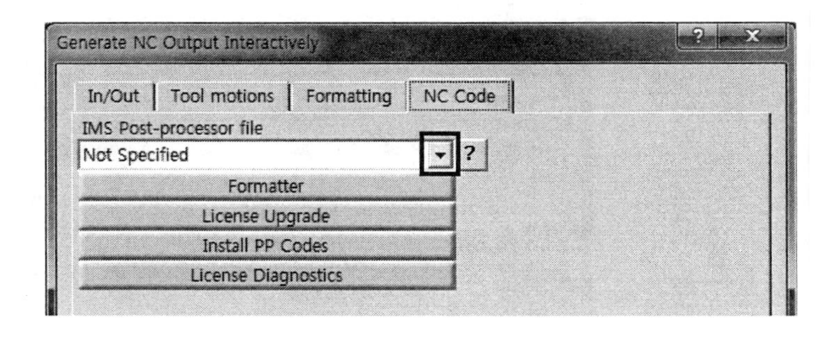

6 fanuc11m을 선택 클릭한다. → 제일 아래의 Excude를 클릭한다.

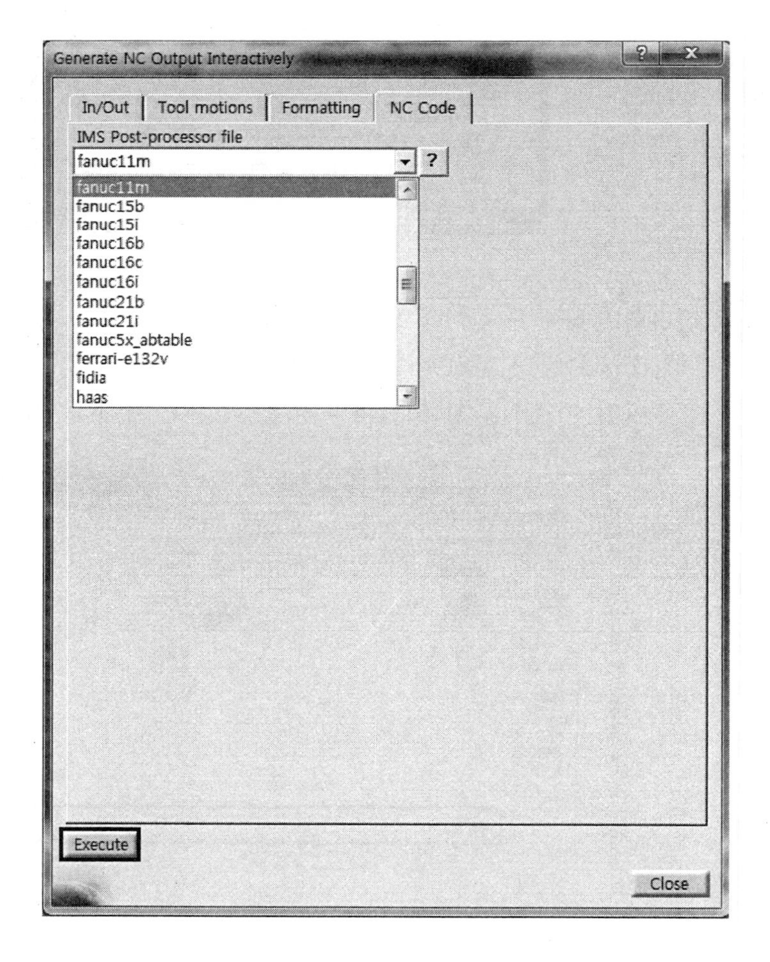

7 아래와 같은 창에서 확인을 누른다.

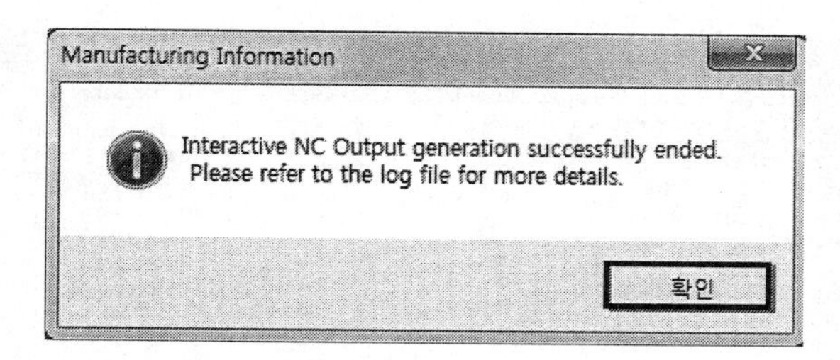

8 한 번 더 Excude를 클릭한다.

9 한 번 더 이 상태에서 확인을 누른다.

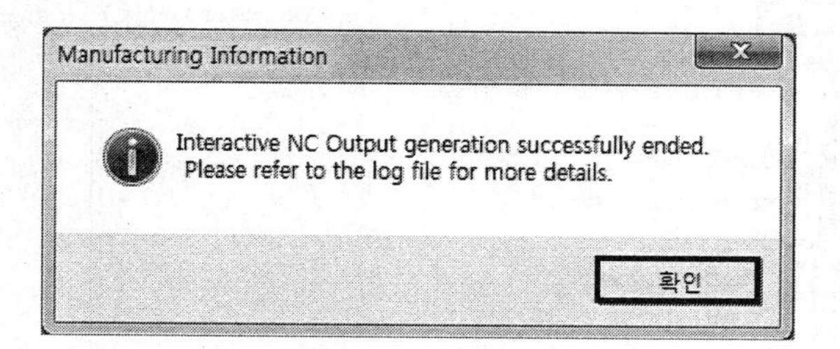

10 우측의 Close를 누른다.

11 post NC지정한 곳에 가면 NC DATA가 출력되어 있다. 메모장으로 연다.

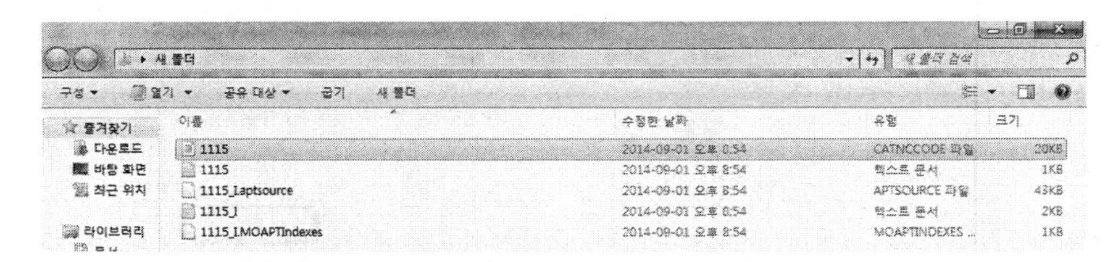

제일 위의 1115 파일이다. 우측의 유형을 보면 CATNCCODE로 되어 있다. 기계에 따라 CATNCCODE는 조금씩 다를 수 있다.

12 제일 위의 1115를 더블클릭하면 다음과 같다.

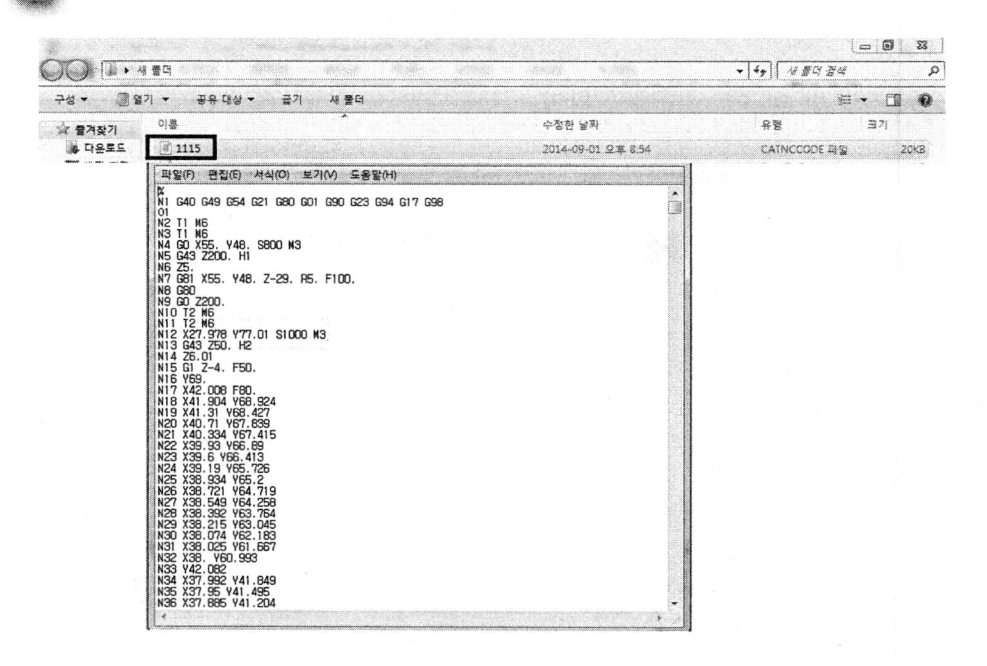


```
%
N1 G40 G49 G54 G21 G80 G01 G90 G23 G94 G17 G98
O1
N2 T1 M6
N3 T1 M6
N4 G0 X55. Y48. S800 M3
N5 G43 Z200. H1
N6 Z5.
N7 G81 X55. Y48. Z-29. R5. F100.
N8 G80
N9 G0 Z200.
N10 T2 M6
N11 T2 M6
N12 X27.978 Y77.01 S1000 M3
N13 G43 Z50. H2
N14 Z6.01
N15 G1 Z-4. F50.
N16 Y69.
N17 X42.008 F80.
N18 X41.904 Y68.924
N19 X41.31 Y68.427
N20 X40.71 Y67.839
N21 X40.334 Y67.415
N22 X39.93 Y66.89
N23 X39.6 Y66.413
N24 X39.19 Y65.726
N25 X38.934 Y65.2
N26 X38.721 Y64.719
N27 X38.549 Y64.258
N28 X38.392 Y63.764
N29 X38.215 Y63.045
N30 X38.074 Y62.183
N31 X38.025 Y61.667
N32 X38. Y60.993
N33 Y42.082
N34 X37.992 Y41.849
N35 X37.95 Y41.495
N36 X37.885 Y41.204
```

```
%
N1 G40 G49 G54 G21 G80 G01 G90 G23 G94 G17 G98
O1
N2 T1 M6
N3 G0 X55. Y48. S800 M3
N4 G43 Z200. H1
N5 Z5.
N6 G81 X55. Y48. Z-29. R5. F50.
N7 G80
N8 G0 Z200.
N9 T2 M6
N10 X27.978 Y77.01 S800 M3
N11 G43 Z50. H2
N12 Z6.01
N13 G1 Z-4. F50.
N14 Y69.
N15 X42.008 F80.
```

다음과 같이 편집한다.

```
%
O1115
N1  G40 G49 G54 G21 G80 G01 G90 G23 G94 G17 G98
N2  G91 G30 Z0. M19
N3  T1 M6
N4  G90 G0 G43 X55. Y48. Z200. H01 S800 M3
N5  Z5. M08
N6  G73 X55. Y48. Z-29. Q3. R5. F50.
N7  G80 G49 G00 Z200. M05
N8  G91 G30 Z0. M19
N9  T2 M6
N10 G90 G00 G43 X27.978 Y77.01 Z200. S800 M3
N11 Z50.
N12 Z6.01
N13 G1 Z-4. F50.
N14 Y69.
N15 X42.008 F80.
```

MEMO

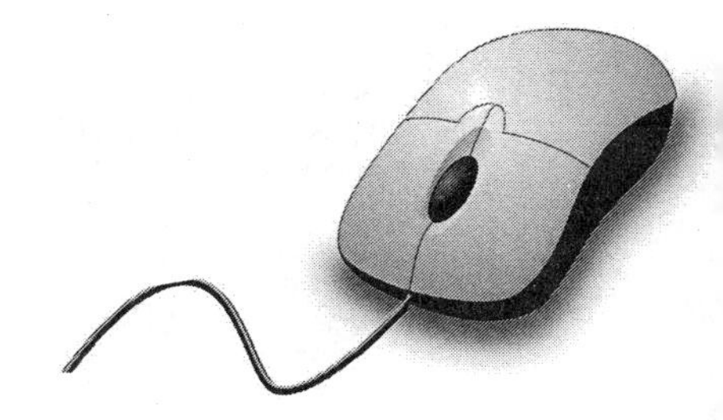

솔리드 웍스 CAM
컴퓨터응용밀링기능사 따라 하기

5.1 포켓 가공 위치 스케치

1 아래와 같은 화면의 도형에서 메뉴의 점 아이콘을 선택하여 점을 그립니다.

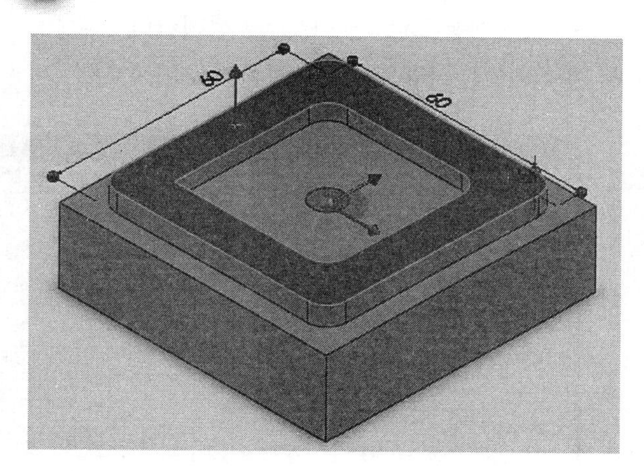

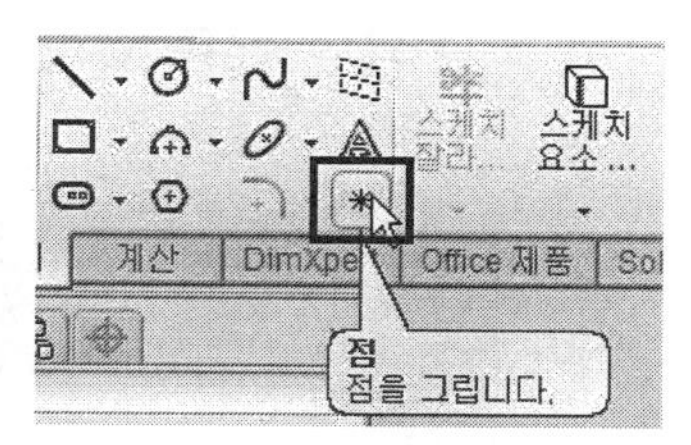

2 포켓의 좌측 선 위에 점을 작도한다.

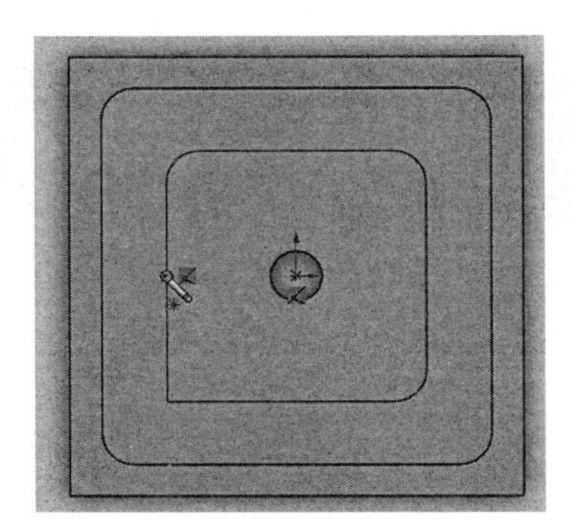

3 스케치 종료 선택한다.

4 상단 메뉴에서 파일(F) → 다른 이름으로 저장(A)... 선택한다.
→ 파일 이름(N)과 파일 형식(T)을 아래와 같이 정하여 저장한다.

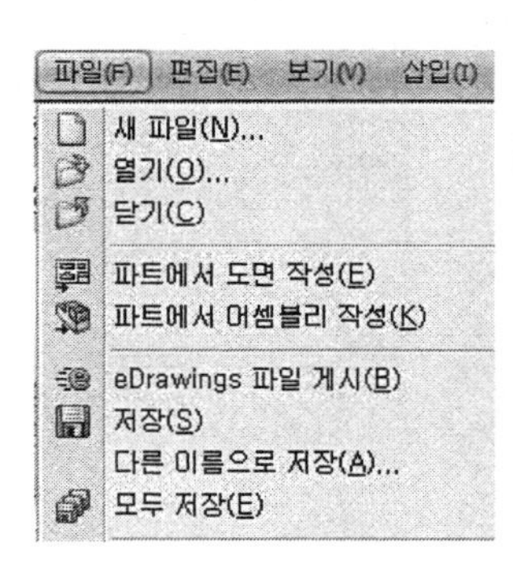

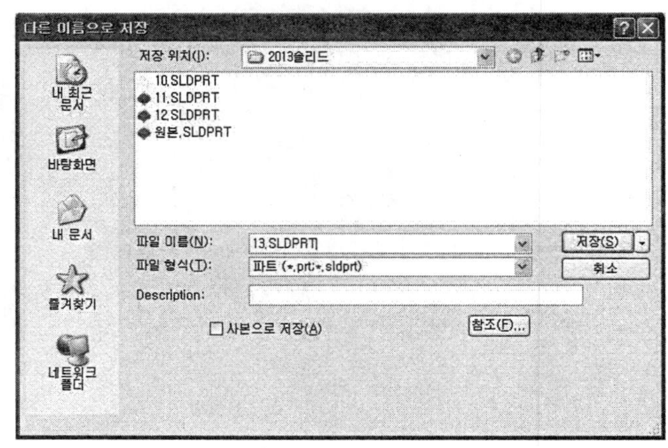

5.2 2차원 가공 데이터 생성

1 파일 → 솔리드 캠 선택한다. → 솔리드 캠 설정을 클릭한다.

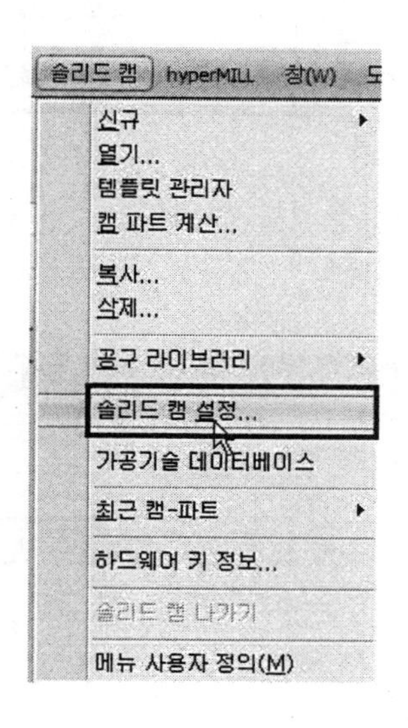

2 솔리드 캠 설정 박스에서 좌측의 디폴트 CNC-콜트롤러를 선택한다. → 밀링 CNC-콘트롤러의 우측 브라우저 아이콘 클릭한다. → 기계/Sentrol_Mill 선택 → 확인 버튼을 클릭한다.

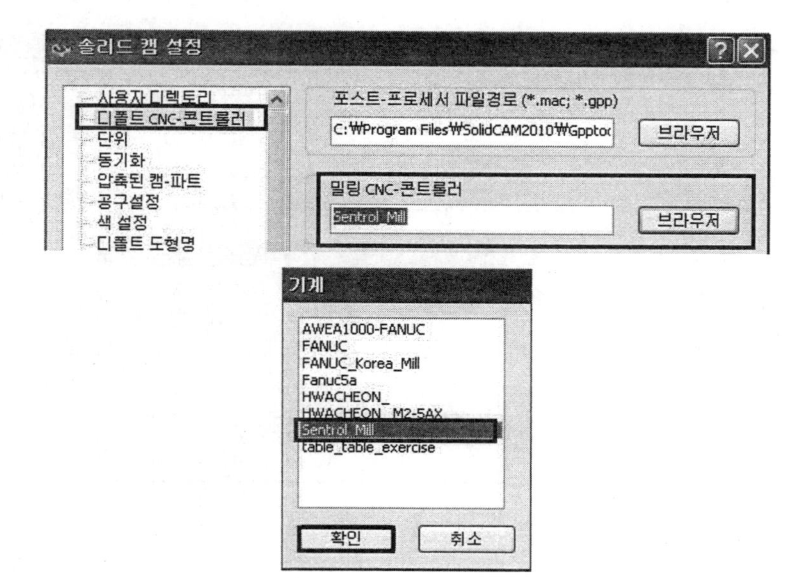

3 솔리드 캠 설정 박스에서 좌측의 압축된 캠-파트를 선택한다. → □ 압축되지 않은 캠-파트를 압축된 캠 파트로 전환에서 ☑ 체크한다.

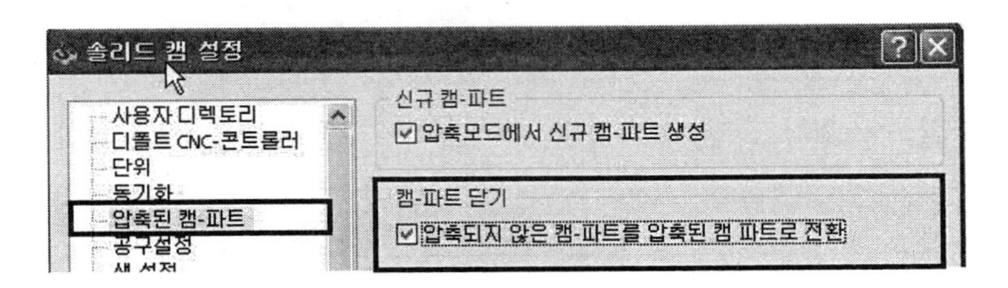

4 좌측의 자동 캠-파트 정의를 선택한다. → ☑ 소재의 정의(3D 박스) 항목이 ☑된 상태에서 □로 해제한다.

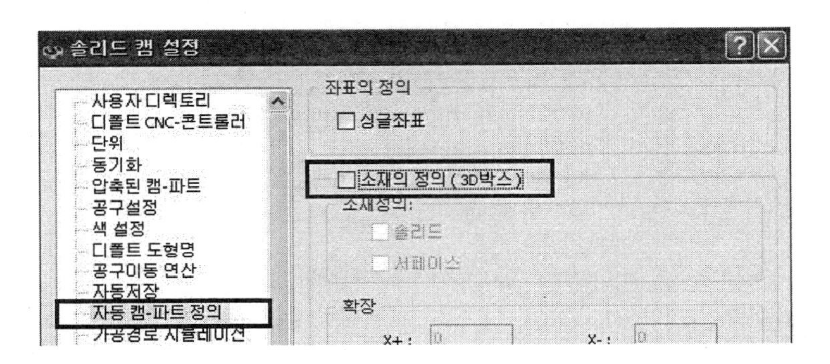

TIP ›› **SolidCAM 실행 방법**

메뉴에서 솔리드 캠 선택 → 신규 → 밀링을 클릭 → 신규 밀링파트 박스가 열린다.

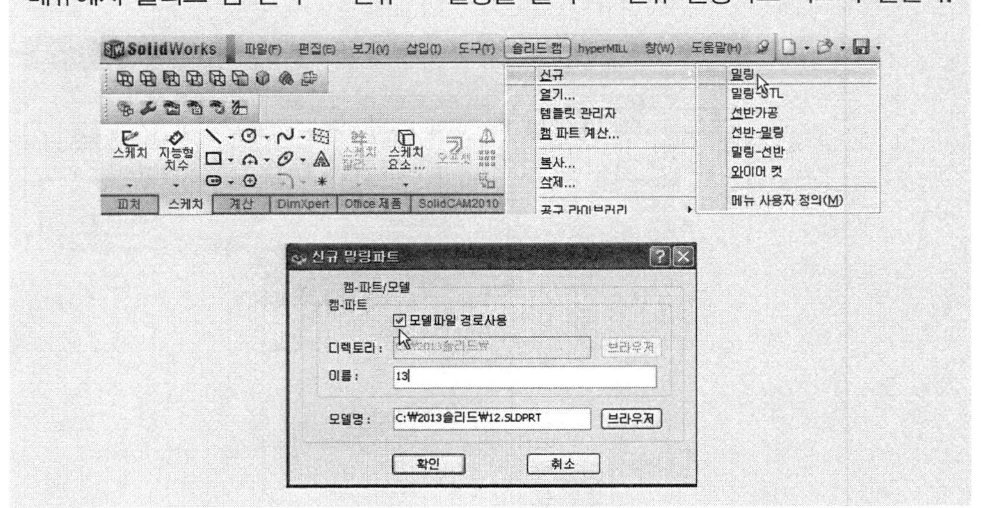

5 밀링파트 데이터 박스에서 CNC-콘트롤러/Sentrol_Mill 선택 → 원점/정의 아이콘을 클릭한 후 작업환경설정을 한다.

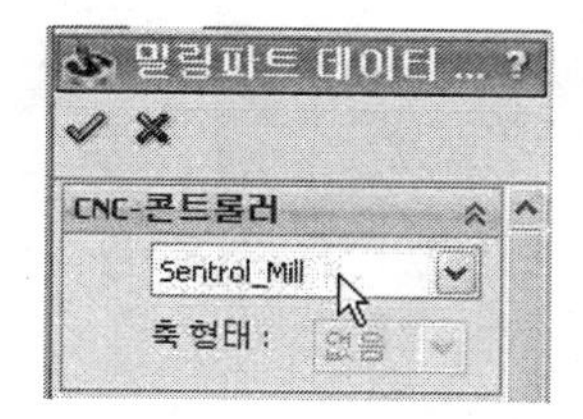

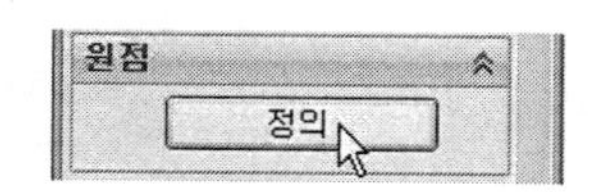

6 좌측의 원점정의 옵션에서 면 선택을 클릭한다.

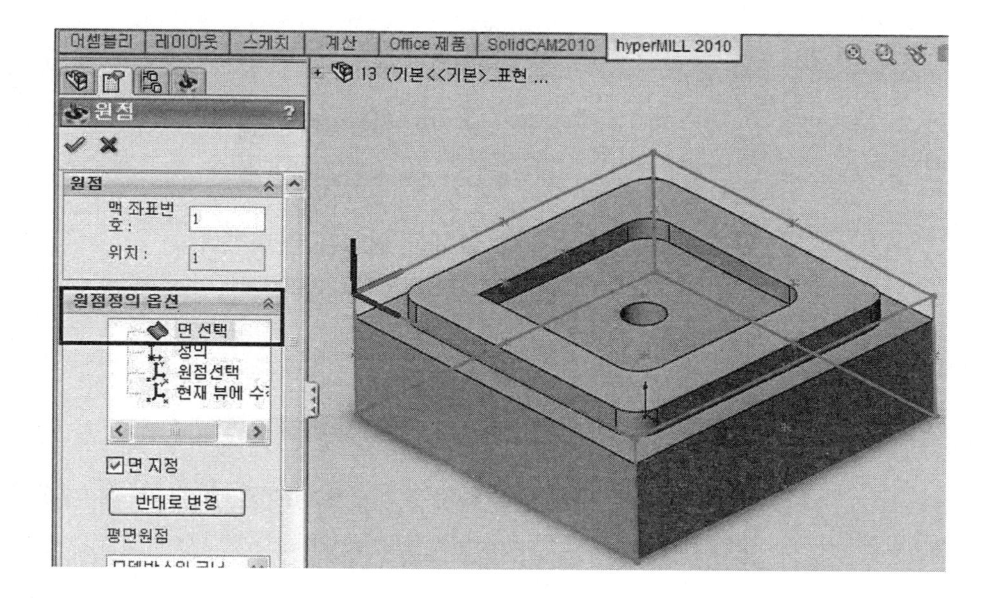

7 원점정의 옵션/평면원점에서 모델박스의 코너를 선택한다.

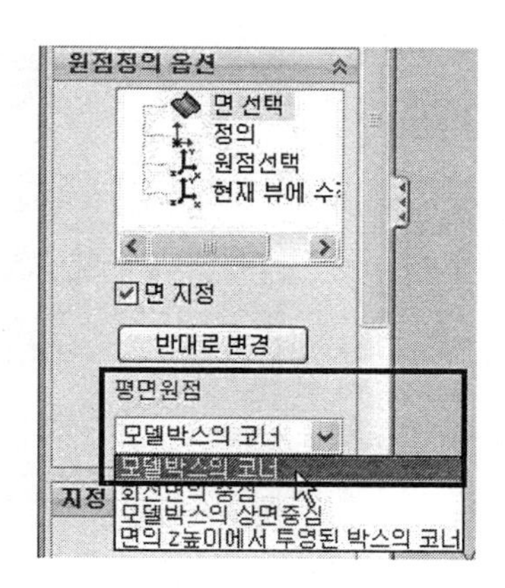

8 원점정의 옵션에서 정의를 선택한다.

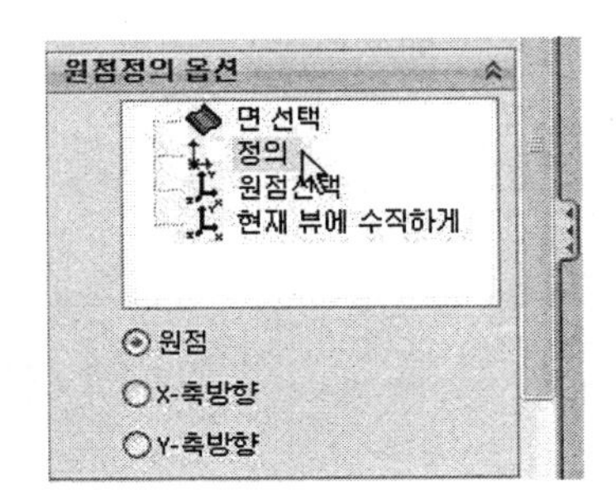

9 원점정의 옵션에서 원점선택을 선택한다.

가. 원점 관리자 박스에서 위치의 편집을 클릭한다.

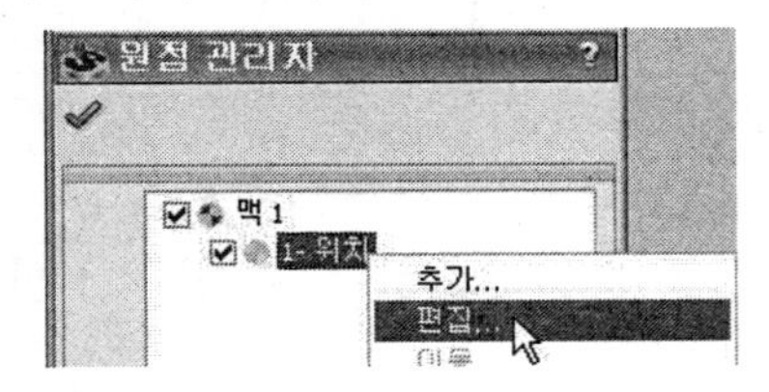

나. 원점 데이터 박스에서 위치 X: 0, Y: 0, Z: 0 확인 후 아래의 확인 버튼을 클릭한다.

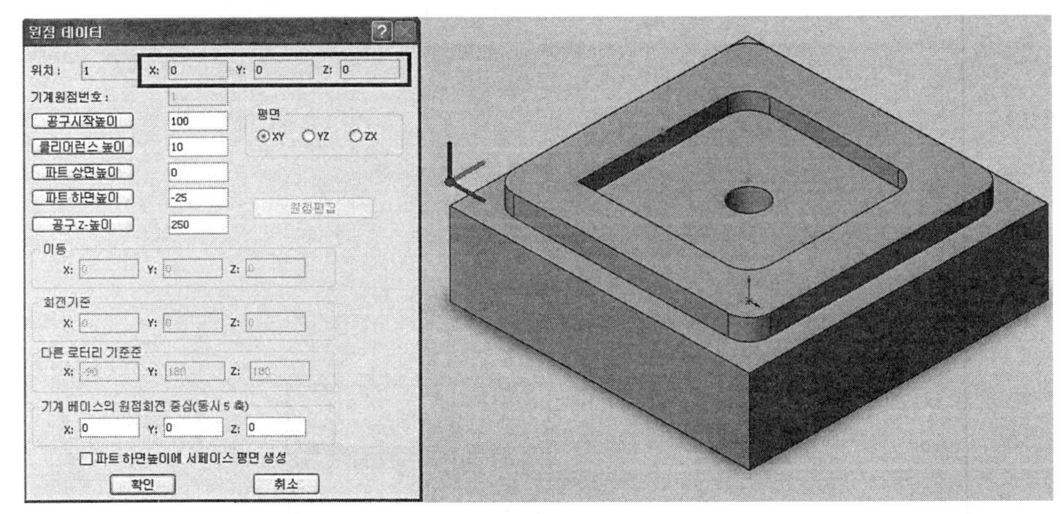

5.3 소재

1 소재&타겟모델에서 소재 아이콘을 클릭 → 소재정의에서 박스(자동) 선택 → 정의 아이콘을 클릭한다.

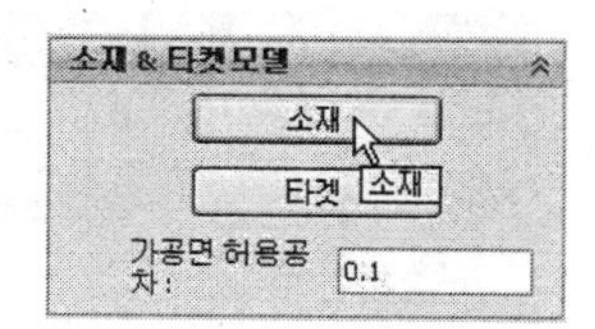

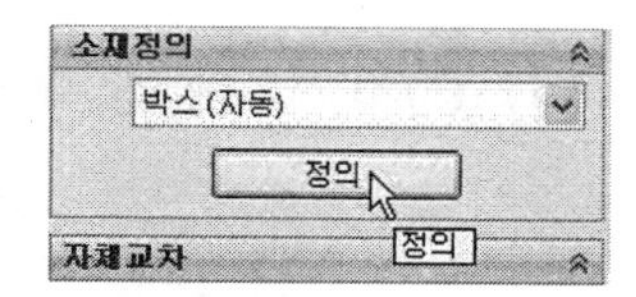

2 다음과 같이 3D 박스에서 이름; stock 입력, 종류; 양쪽 선택한다. → 상단의 ✔ 버튼을 클릭한다.

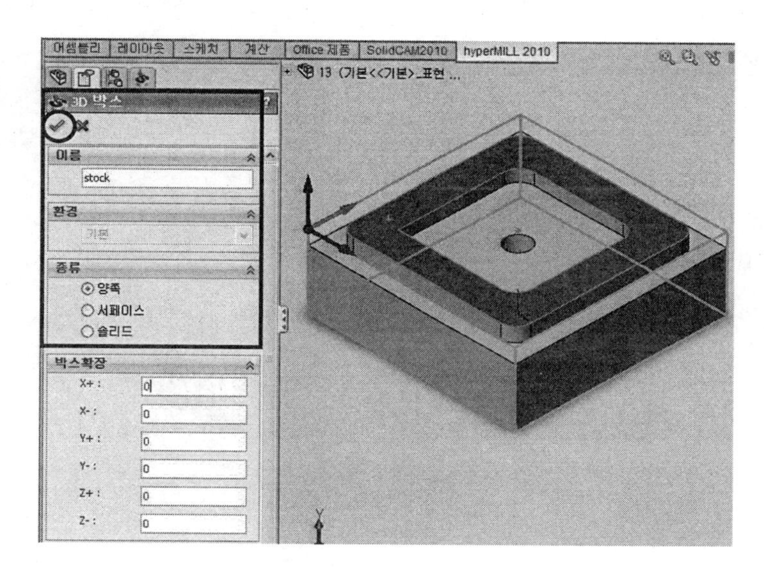

3 소재모델 박스에서 상단의 ✔ 버튼을 클릭한다.

5.4 타겟

1 소재&타겟모델에서 타겟 아이콘을 클릭 → 타겟모델에서 3D모델정의 아이콘을 클릭한다.

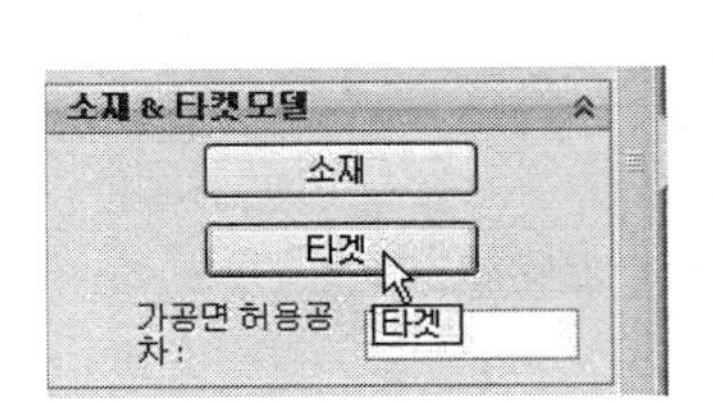

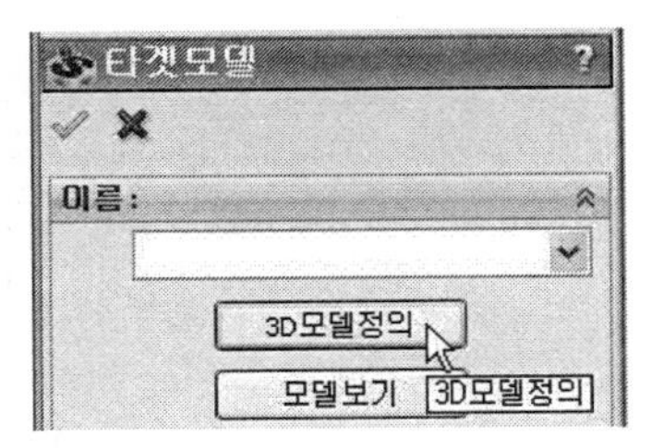

2 다음과 같이 3D 도형에서 이름; target 입력, 종류; 양쪽 선택한다. → 상단의 ✔ 버튼을 클릭한다.

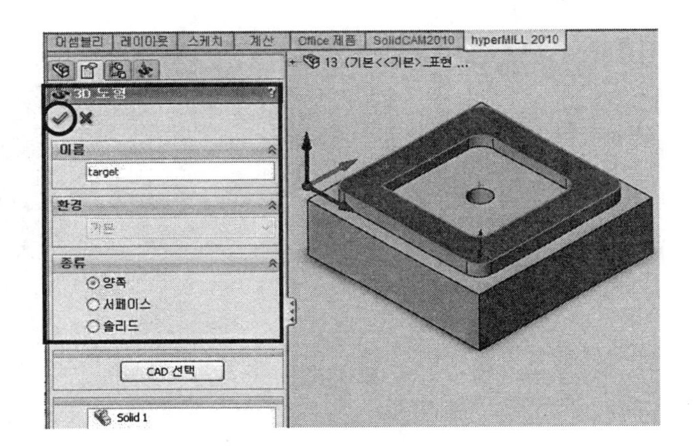

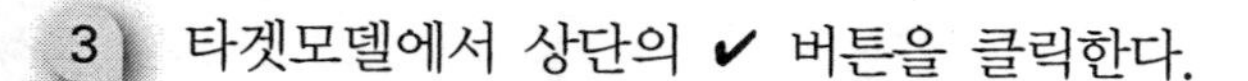

3 타겟모델에서 상단의 ✔ 버튼을 클릭한다.

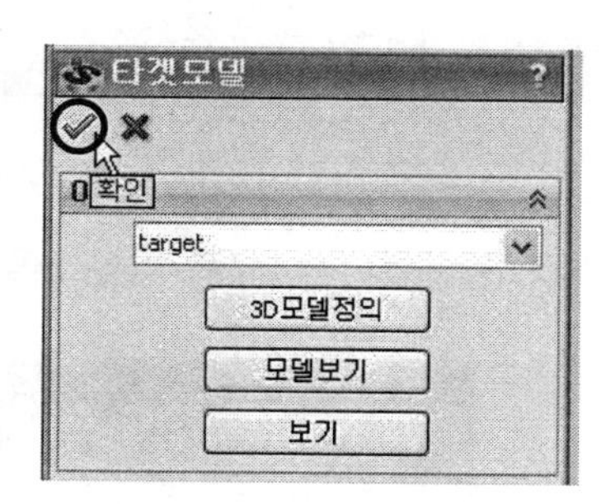

4 밀링파트 데이터 박스에서 CNC-콘트롤러/Sentrol_Mill 선택하고 ✔ 버튼을 클릭한다.

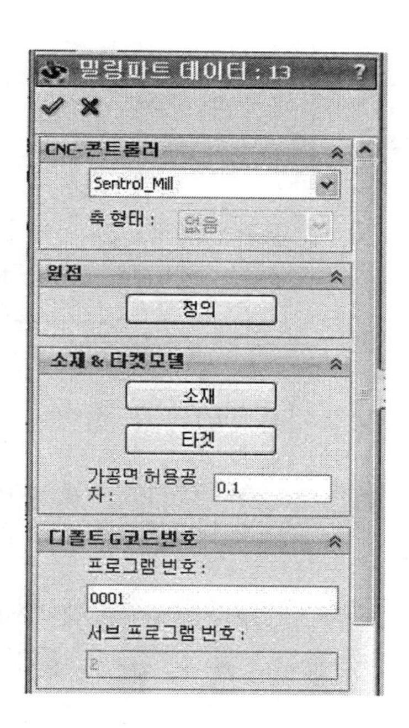

5.5 공구 테이블 설정

1 좌측 tree 그림에서 공구 선택 → 오른쪽 마우스 클릭 → 파트 공구 테이블 클릭한다.

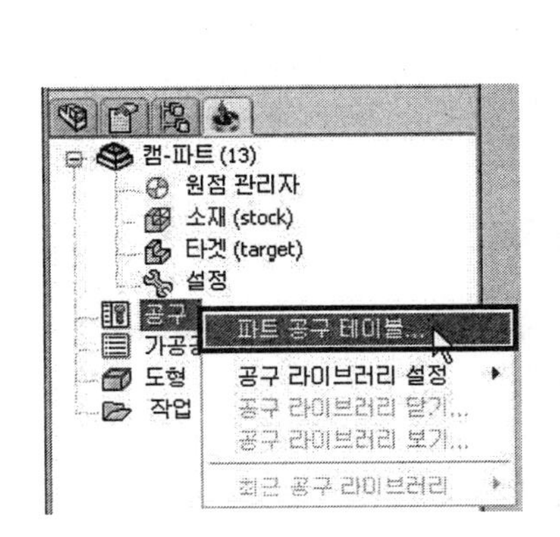

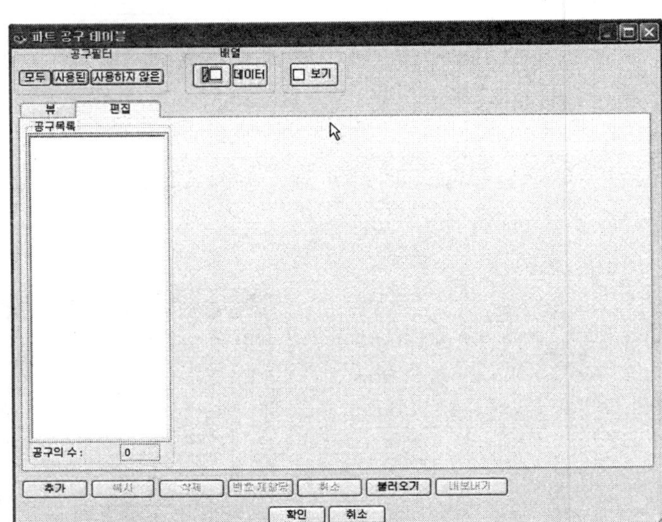

2 파트 공구 테이블 박스에서 DRILL을 선택한다.

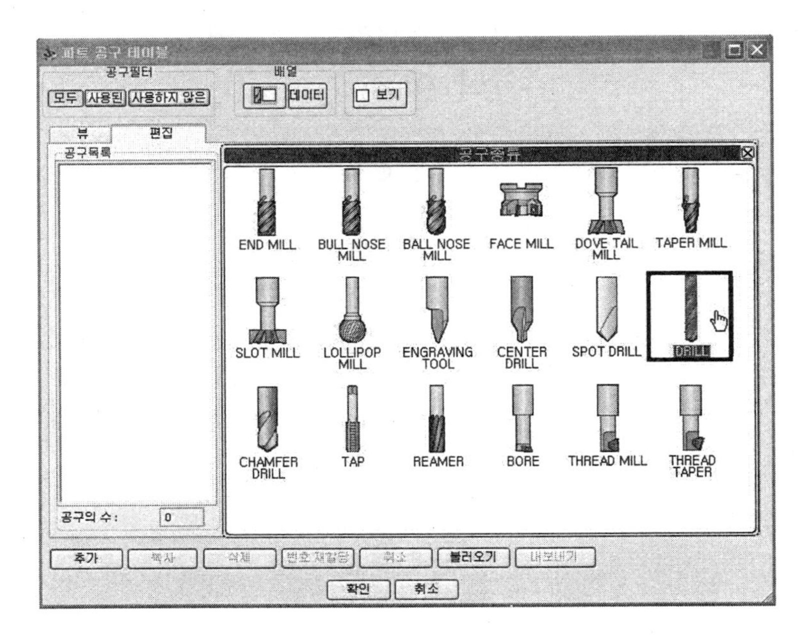

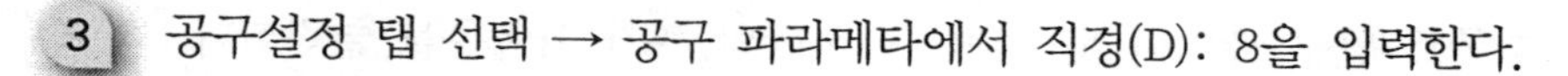

3 공구설정 탭 선택 → 공구 파라메타에서 직경(D): 8을 입력한다.

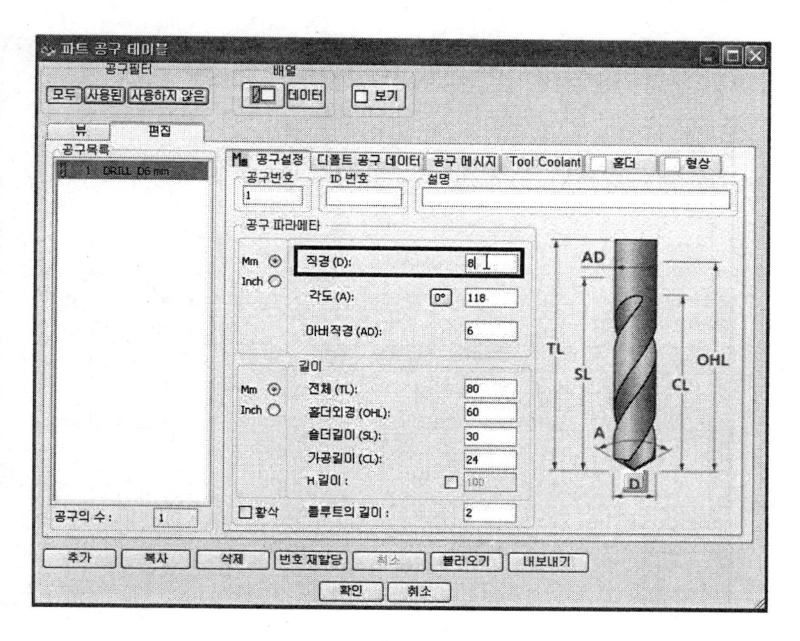

4 디폴트 공구 데이터 탭 선택 → 회전/회전율; 800을 입력한다.

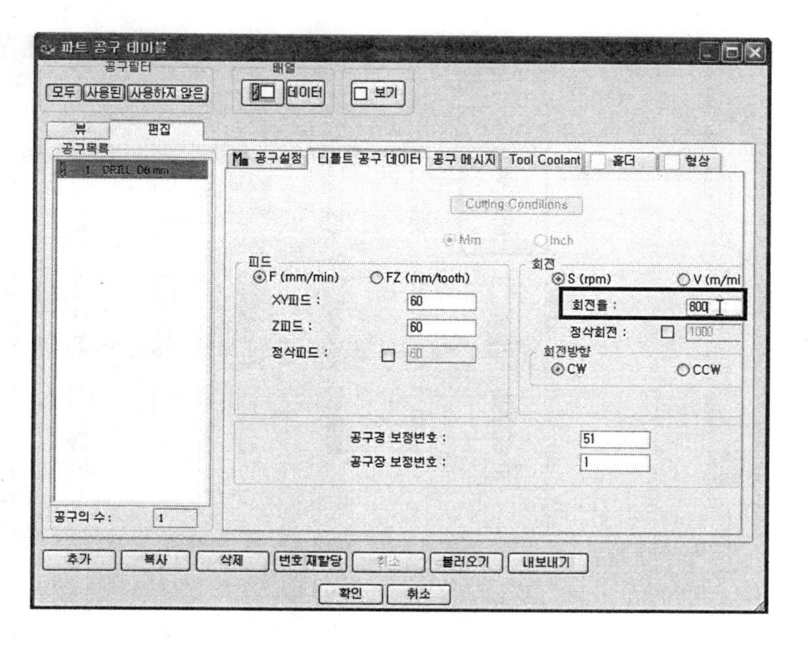

5 디폴트 공구 데이터 탭 선택 → 하단의 추가 아이콘을 클릭한다.

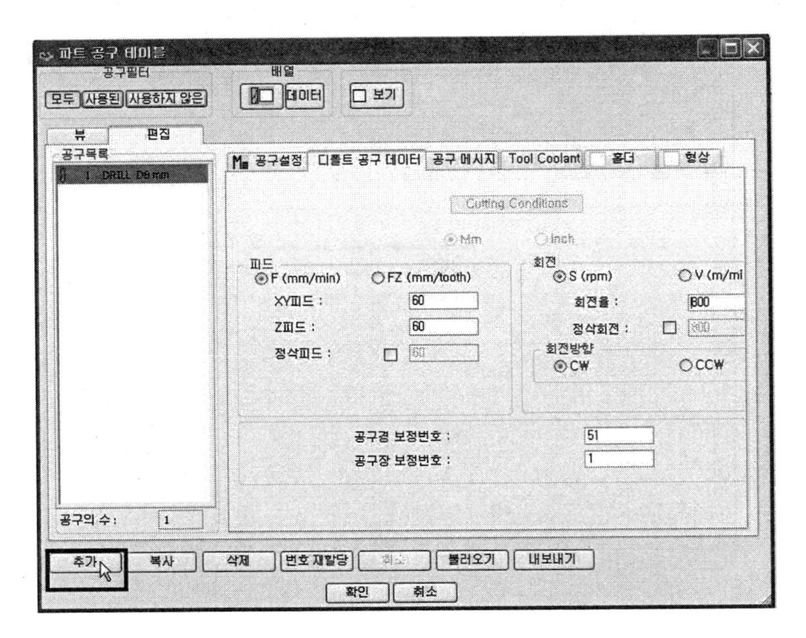

6 파트 공구 테이블 박스에서 END MILL을 선택한다.

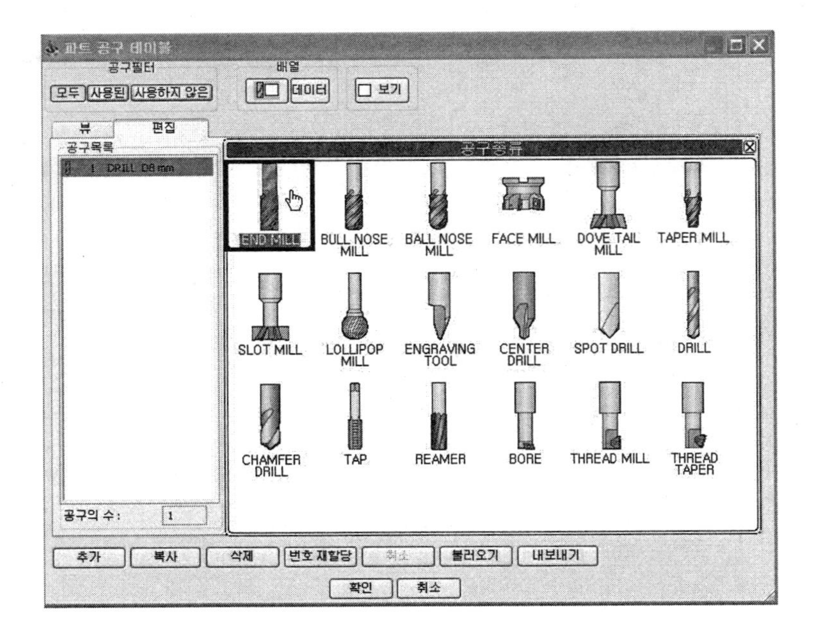

7 공구설정 탭 선택 → 공구 파라메타에서 직경(D): 10을 입력한다.

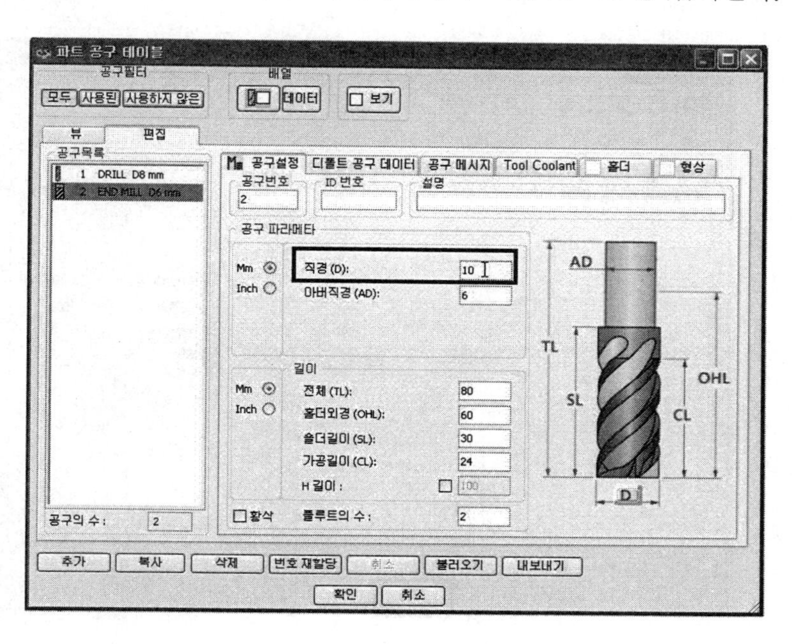

8 디폴트 공구 데이터 탭 선택 → 회전/회전율; 1000을 입력한다.

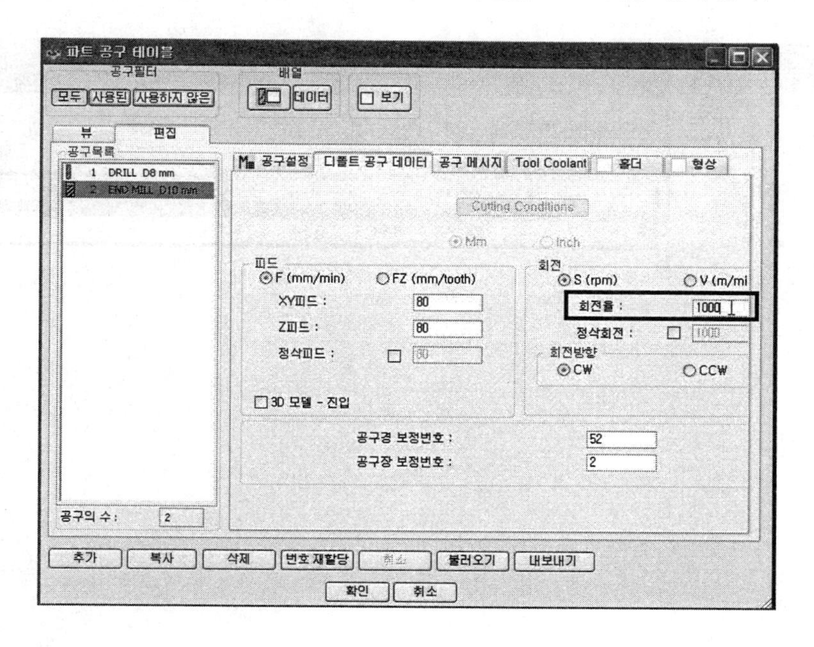

9 하단의 확인 버튼을 클릭한다.

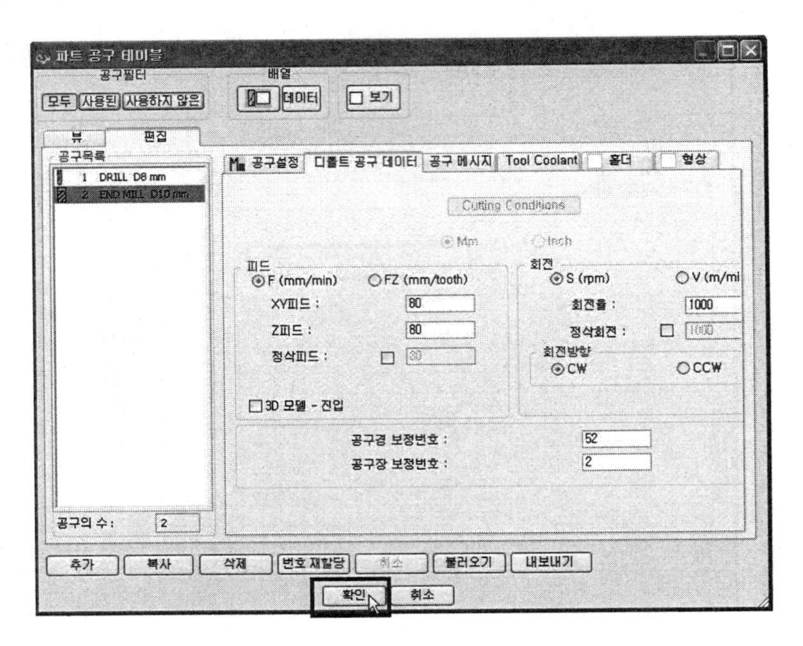

10 좌측의 공구 선택 → 파트 공구 테이블이 생성된 것을 확인할 수 있다.

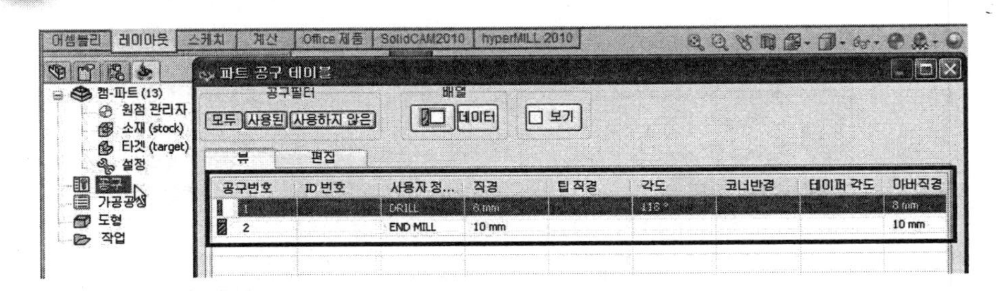

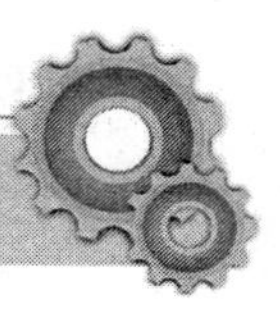

5.6 가공데이터 선정

1 좌측 tree의 작업 선택 → 오른쪽 마우스 클릭 → 작업추가 선택 → 드릴을 클릭한다.

2 드릴작업 박스에서 도형/정의 아이콘을 클릭한다.

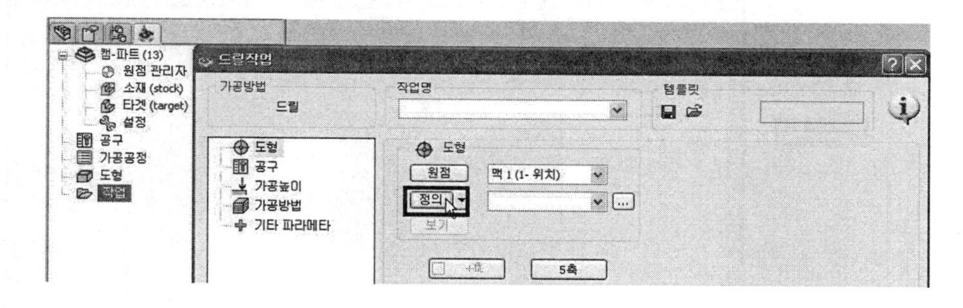

3 화면의 도형에서 윗면을 선택한다.

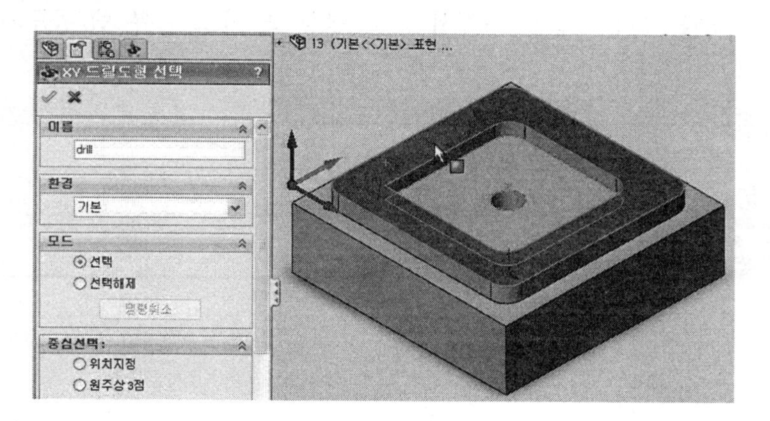

4 XY 드릴도형 선택에서 상단 ✔ 버튼을 클릭한다.

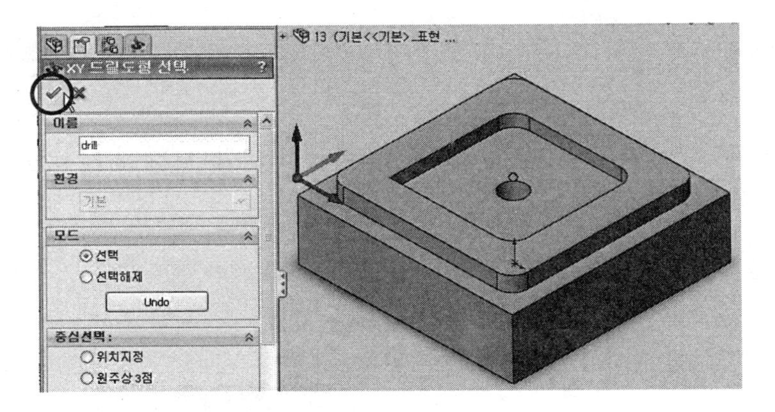

5 좌측 tree의 작업 클릭 → 드릴작업 박스에서 좌측의 공구를 클릭한다.

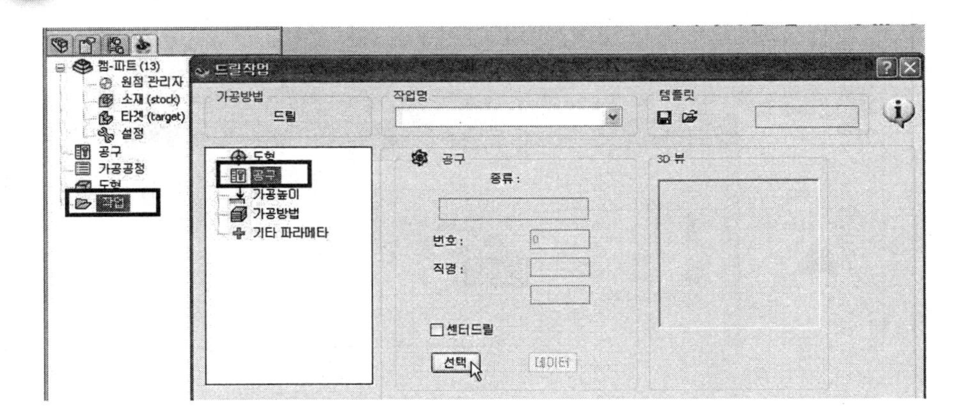

6 아래와 같이 작업을 위해서 공구 변경 중 박스에 뷰 탭/공구가 생성된다.

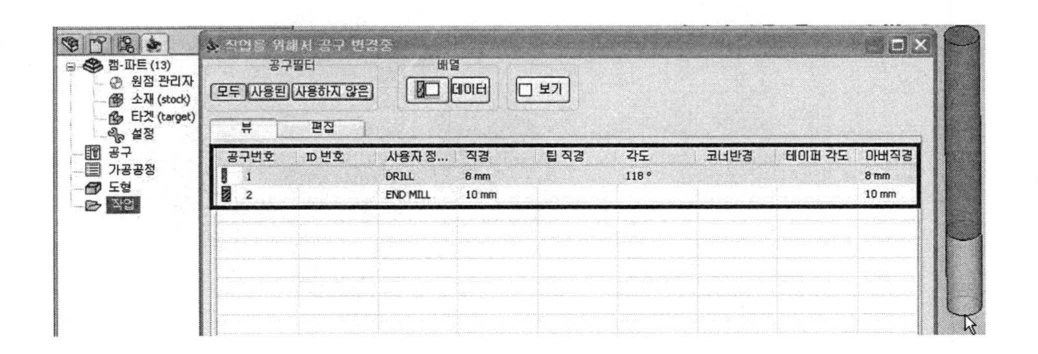

7 작업을 위해서 공구 변경중 박스에서 뷰 탭/1번 공구를 선택한다.

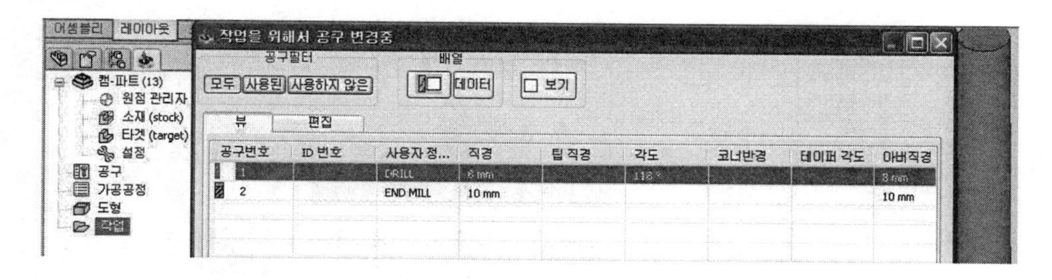

8 드릴작업 박스에서 좌측의 가공높이 선택 → 우측의 드릴깊이; 25를 입력한다.

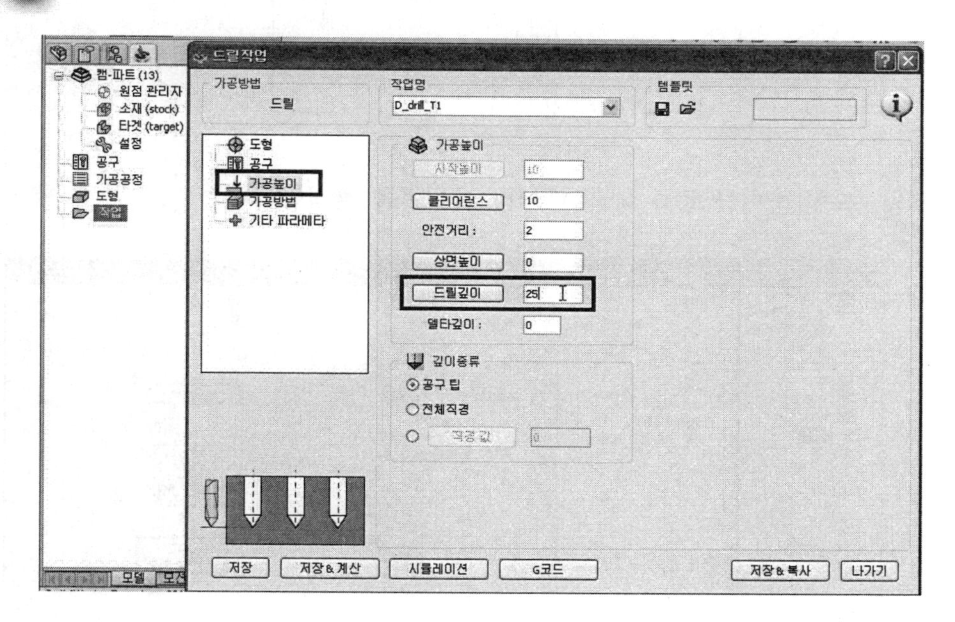

9 좌측의 가공방법 선택 → 우측의 드릴 사이클 종류를 클릭한다.

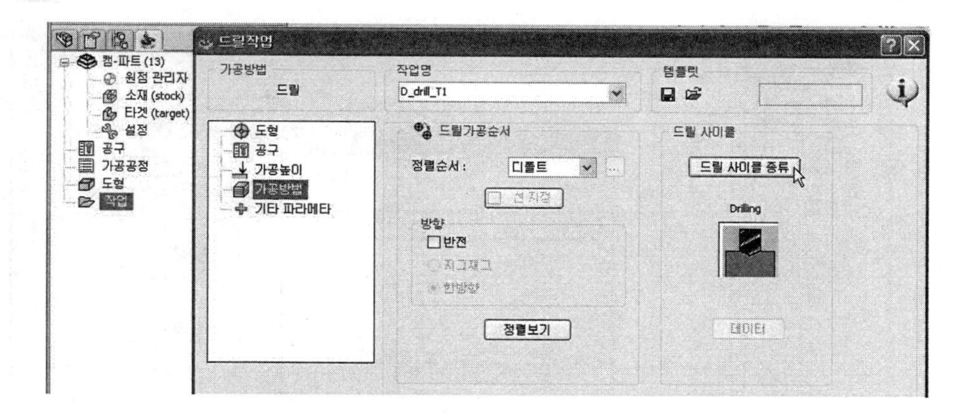

10 드릴 사이클 박스에서 Pick를 선택한다.

11 드릴 사이클 종류 밑의 데이터 아이콘을 클릭한다.

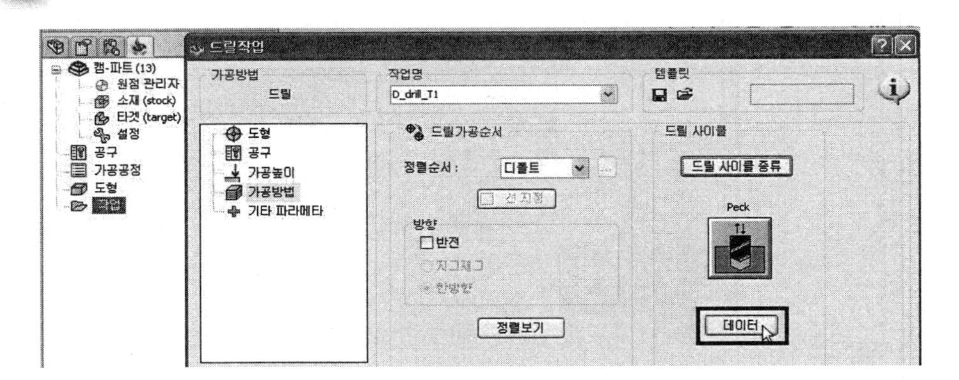

12 드릴 옵션 박스에서 Z피치를 선택한다.

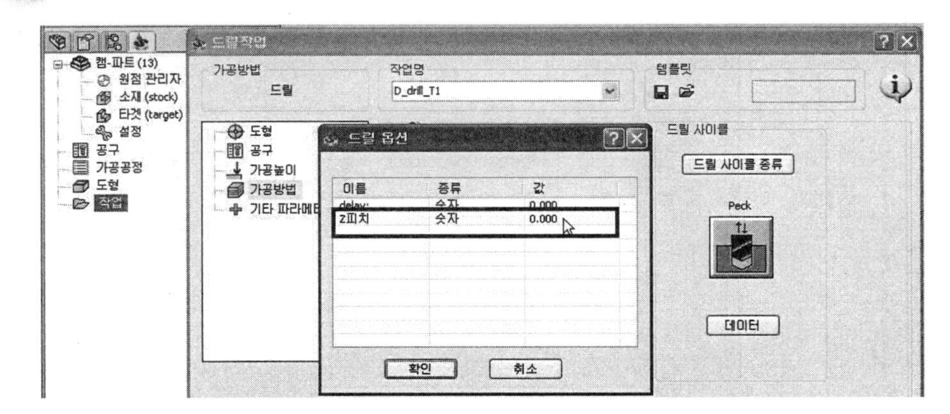

13 드릴 옵션 박스에서 Z피치의 값 3.0을 입력한 후 확인 버튼을 클릭한다.

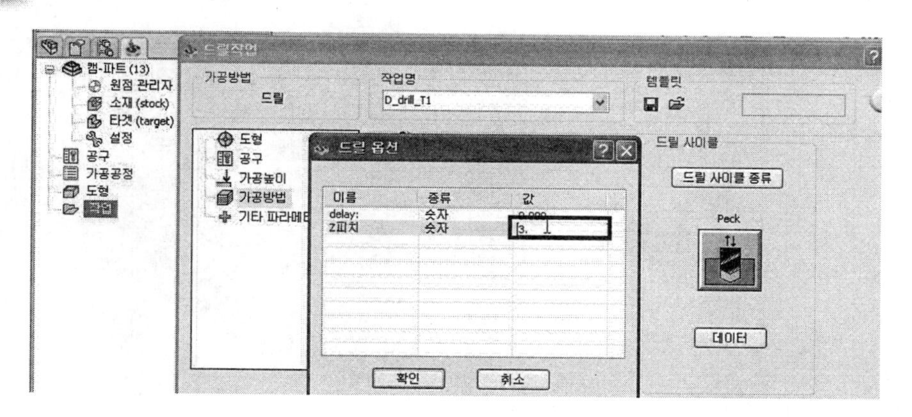

14 드릴작업 박스의 하단에 저장&계산 버튼을 클릭한다.

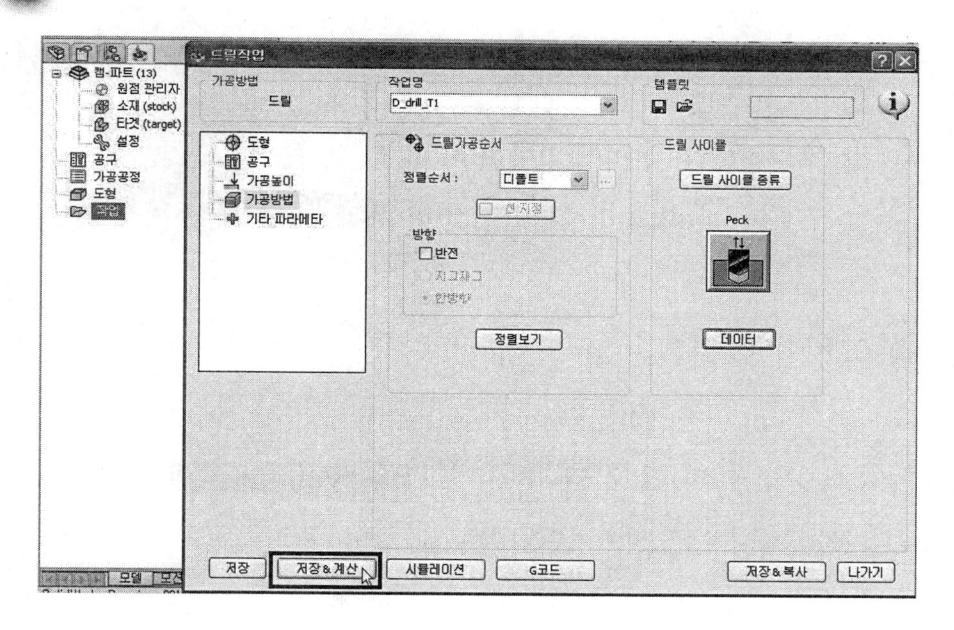

15 좌측 tree에서 D_drill_T1을 ☑ 체크한다.

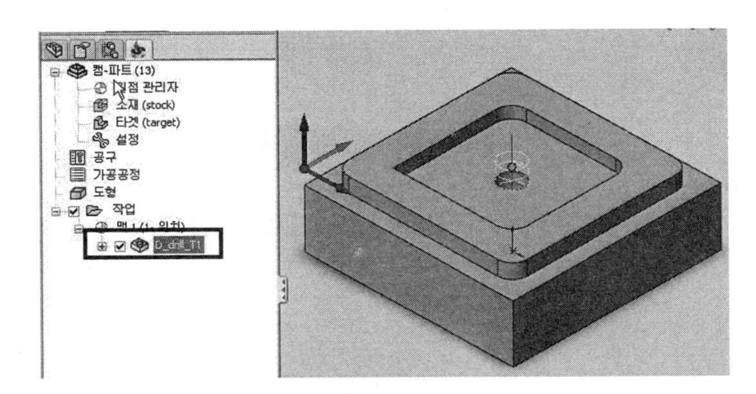

16 화면처럼 모델을 돌려서 확인한다.

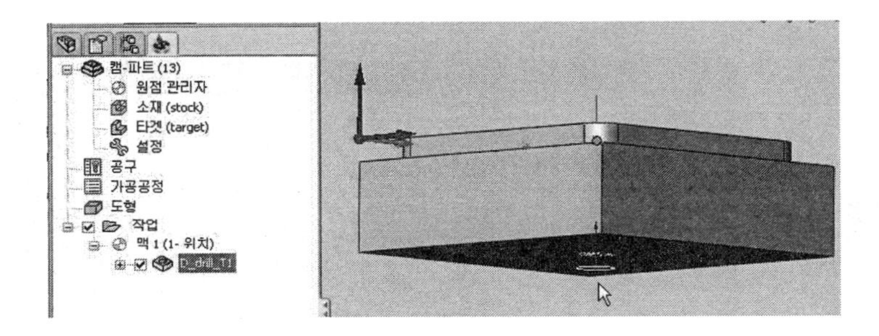

17 좌측 tree의 작업 선택 → 오른쪽 마우스 클릭 → 작업추가 선택 → 윤곽을 클릭한다.

18 윤곽작업 박스에서 좌측의 도형 선택 → 우측에서 정의 아이콘을 클릭한다.

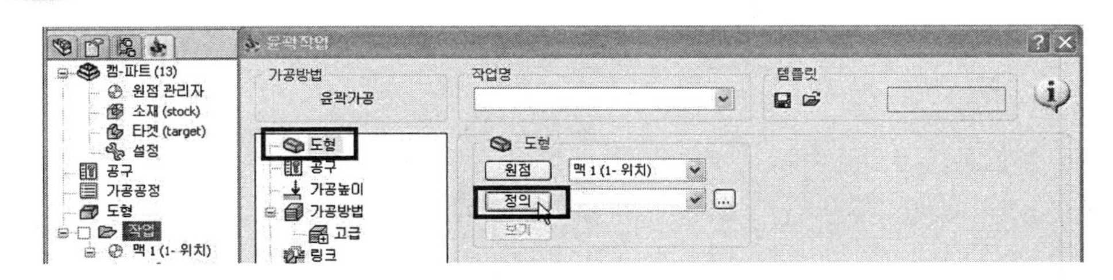

19 다음과 같이 조정한다. 도형편집에서 커브를 선택한다.

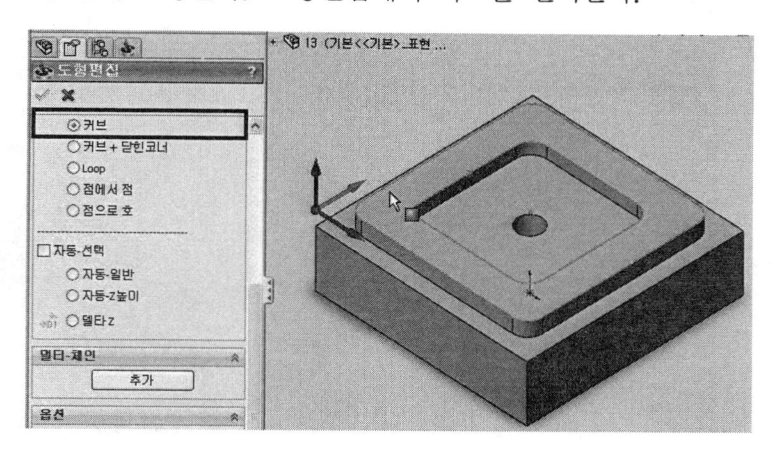

20 체인선택에서 종류/루프를 선택한다.

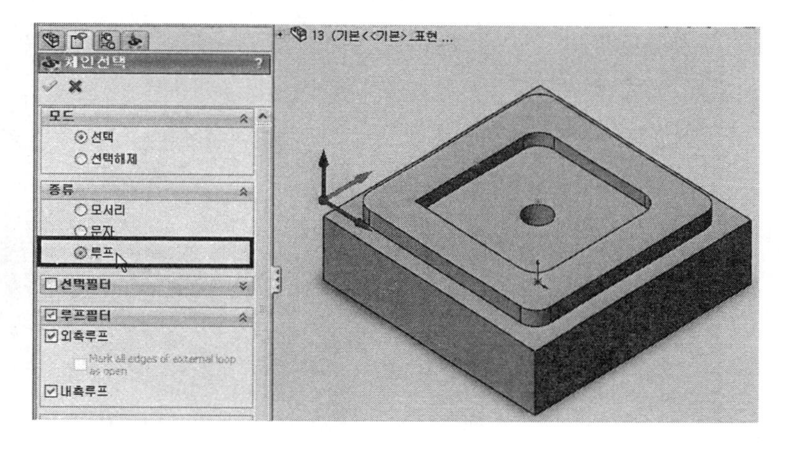

21 체인선택에서 루프필터/내측루프를 ☑된 상태에서 □로 해제한다.

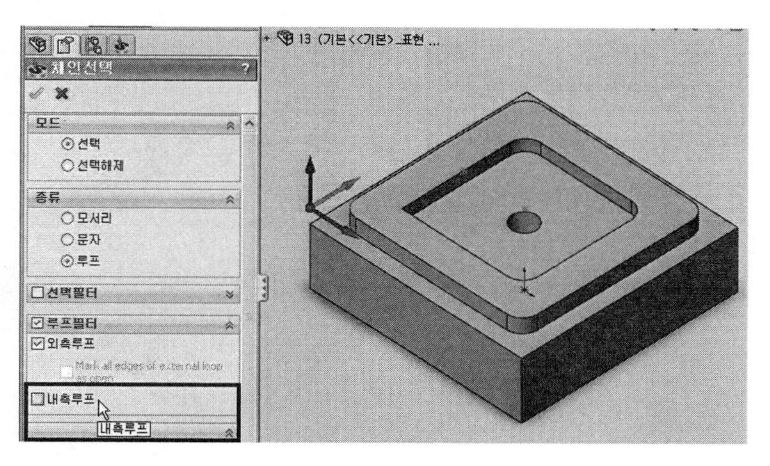

22 화면에서 윗면을 선택한다.

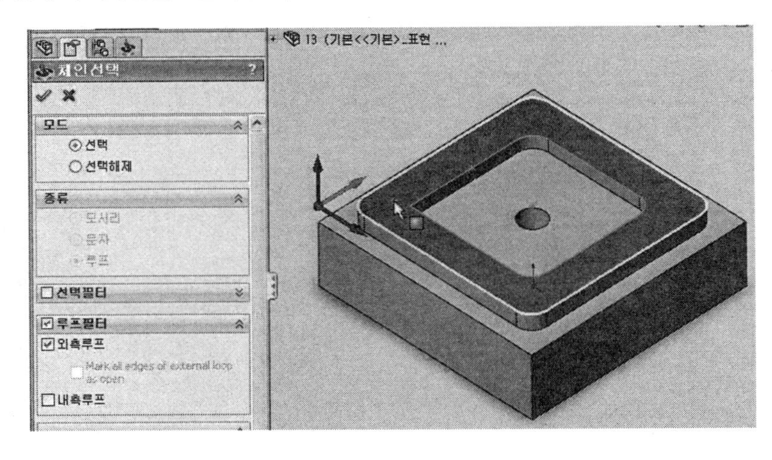

23 체인선택에서 상단의 ✔ 버튼을 클릭한다.

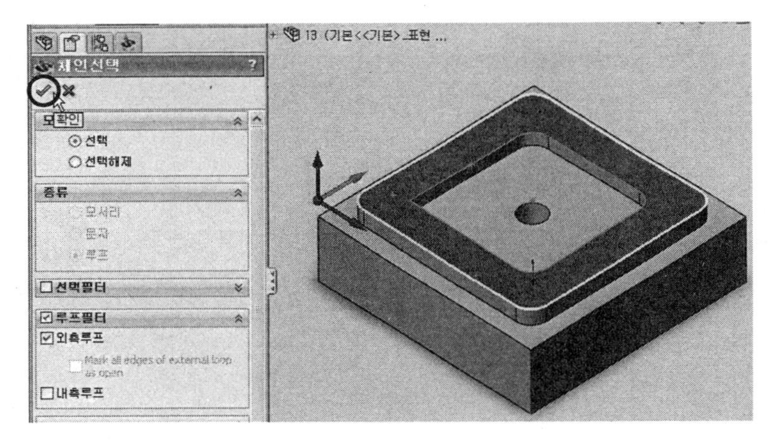

24 도형편집에서 체인목록을 보면 1-체인이 생성된 것을 확인할 수 있다.

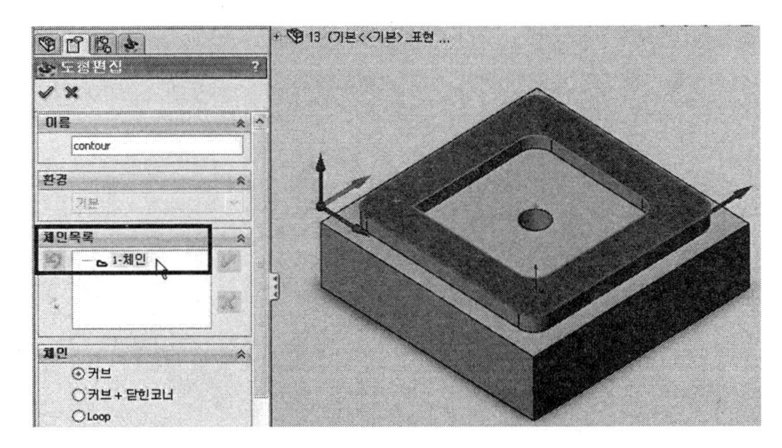

25 도형편집에서 상단의 ✔ 버튼을 클릭한다.

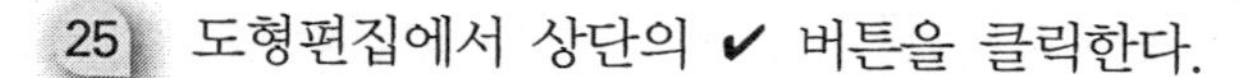

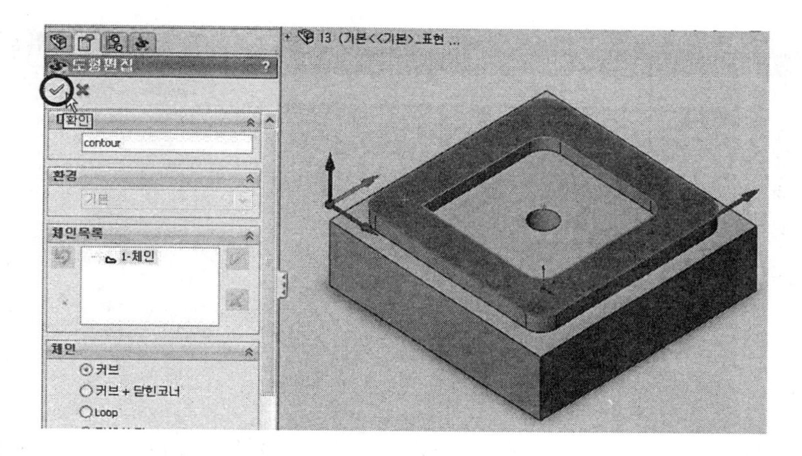

26 윤곽작업 박스에서 좌측의 도형 선택 → 우측의 정의; countour를 선택한다.

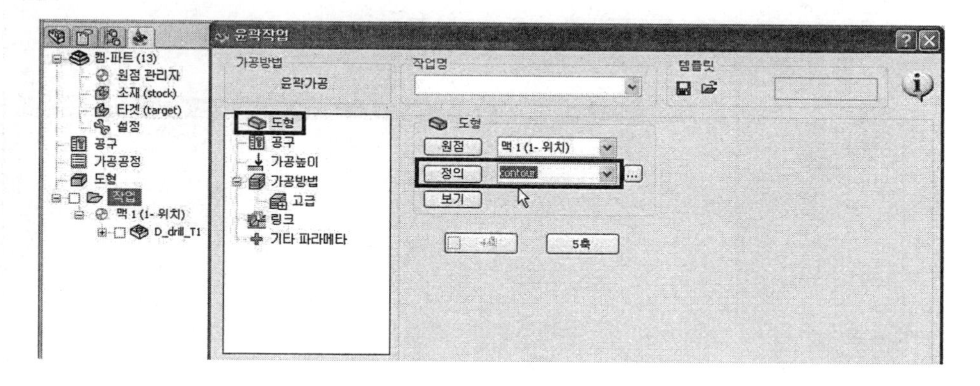

27 윤곽작업 박스에서 좌측의 공구를 선택한다.

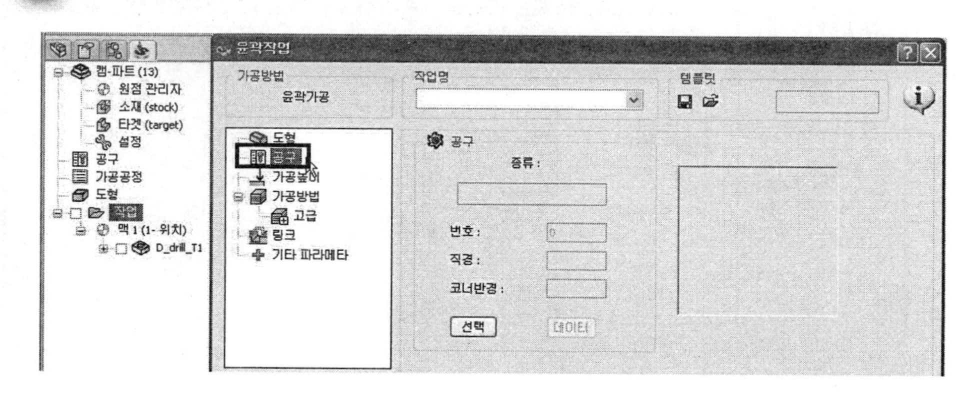

28 공구에서 선택 아이콘을 클릭한다.

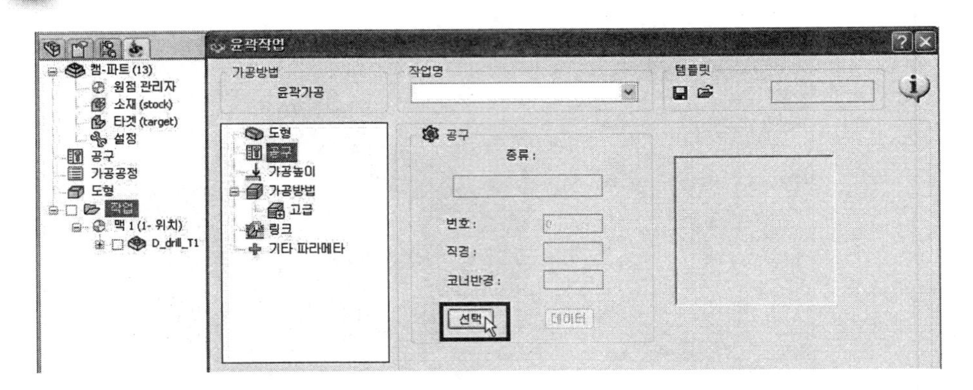

29 작업을 위해서 공구 변경중 박스에서 뷰 탭/공구번호 1을 선택한다.

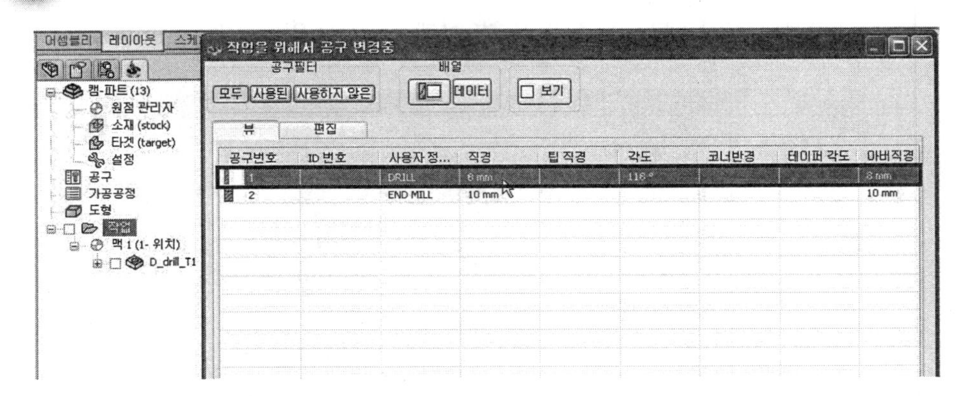

30 윤곽작업 박스에서 좌측의 가공높이 선택 → 우측의 윤곽깊이를 선택한다.

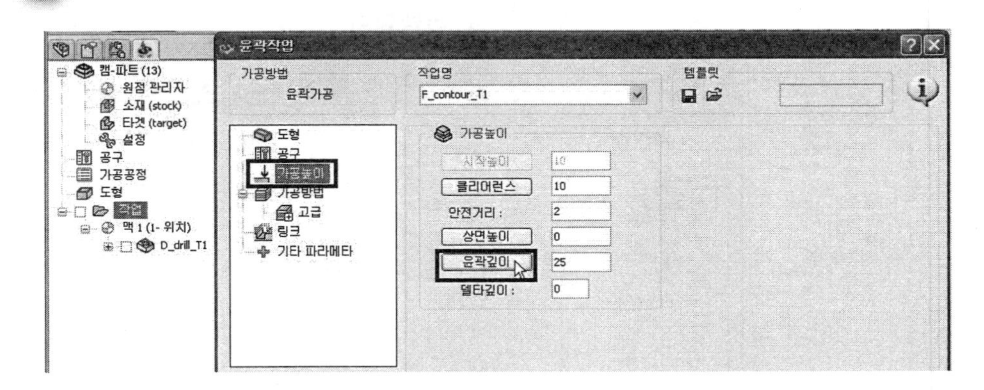

31 화면의 도형에서 바깥쪽 화살표로 표시된 바닥면을 선택한다.

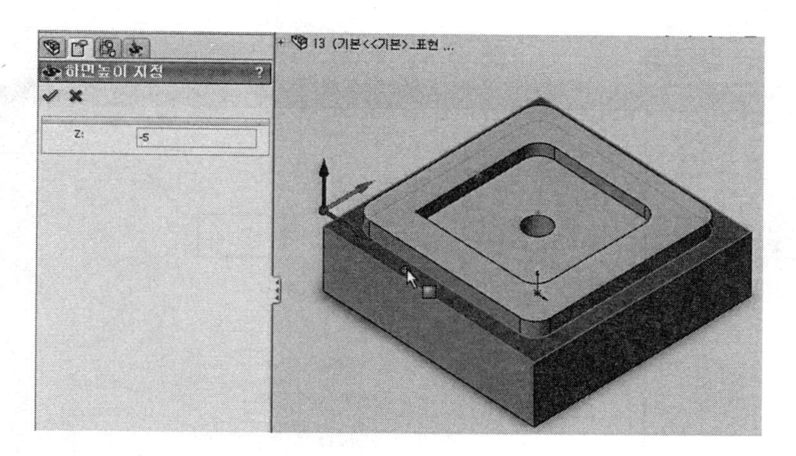

32 좌측의 하면높이 지정에서 Z는 −5가 자동으로 생성되었고, 위의 ✔ 버튼을 클릭한다.

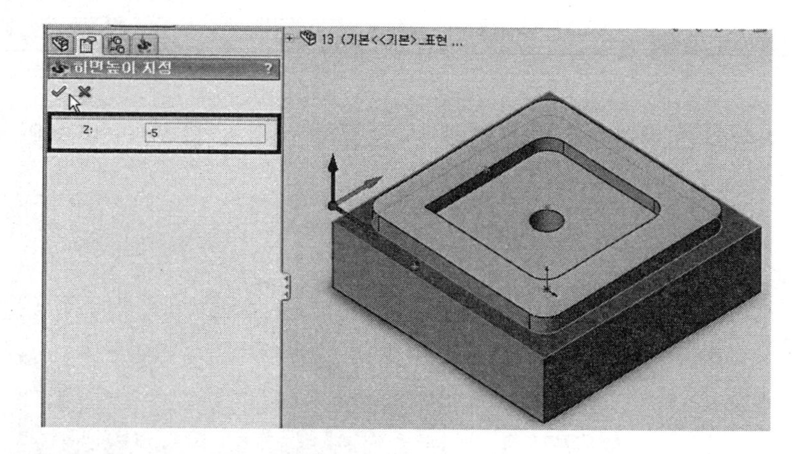

33 윤곽작업 박스에서 좌측의 가공높이 선택 → 우측의 윤곽깊이가 생성되었다.

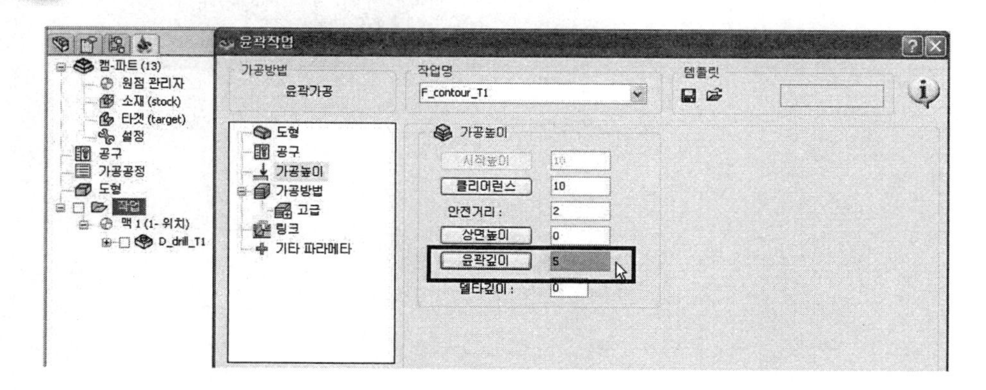

34 윤곽작업 박스에서 좌측의 가공방법 선택 → 우측의 수정/도형 아이콘을 선택한다.

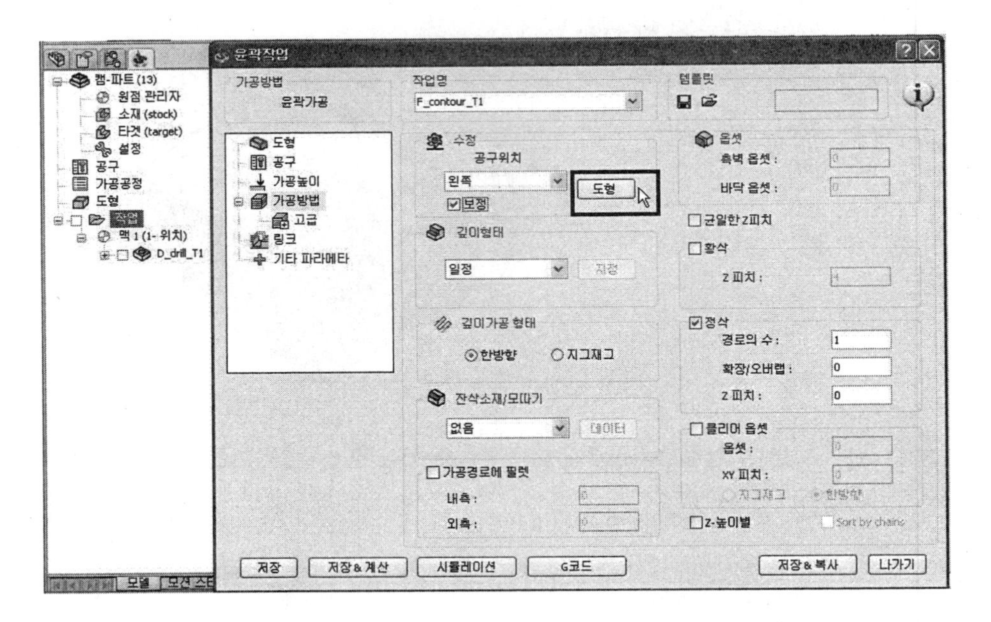

35 좌측의 도형수정/체인1 선택 → 오른쪽 마우스 클릭 → 반전을 선택한다.

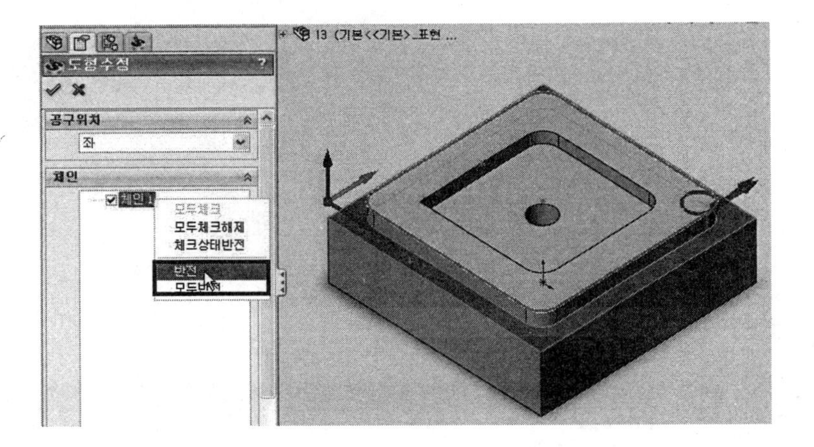

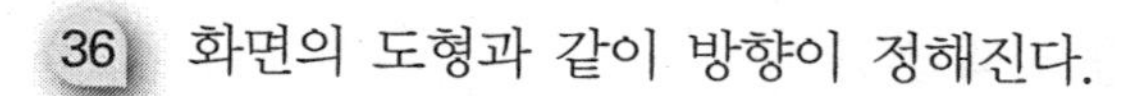

36 화면의 도형과 같이 방향이 정해진다.

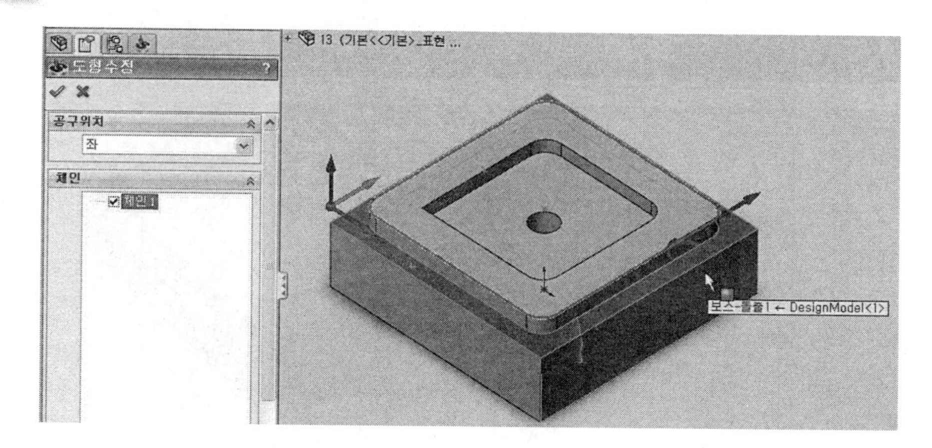

37 화면의 도형에서 시작위치에서 이동을 클릭한다.

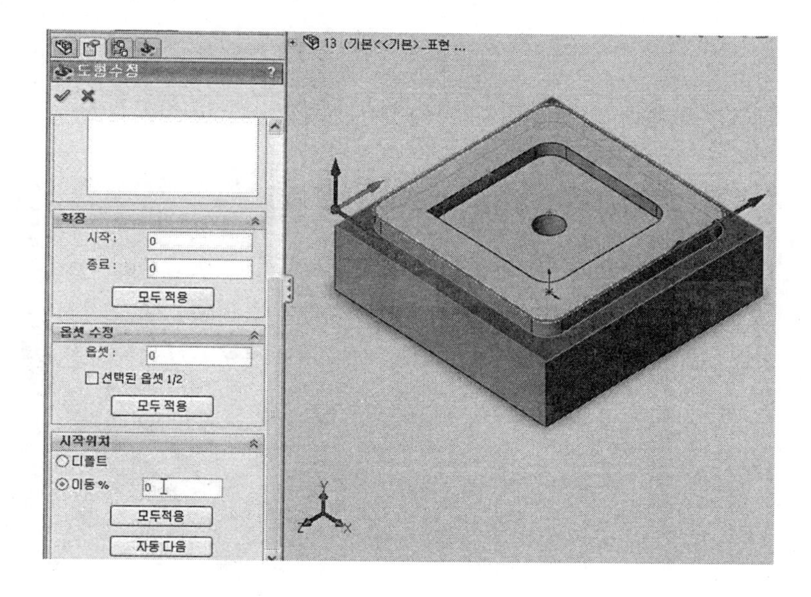

38) 우측의 도형에서 시작위치를 선택한다.

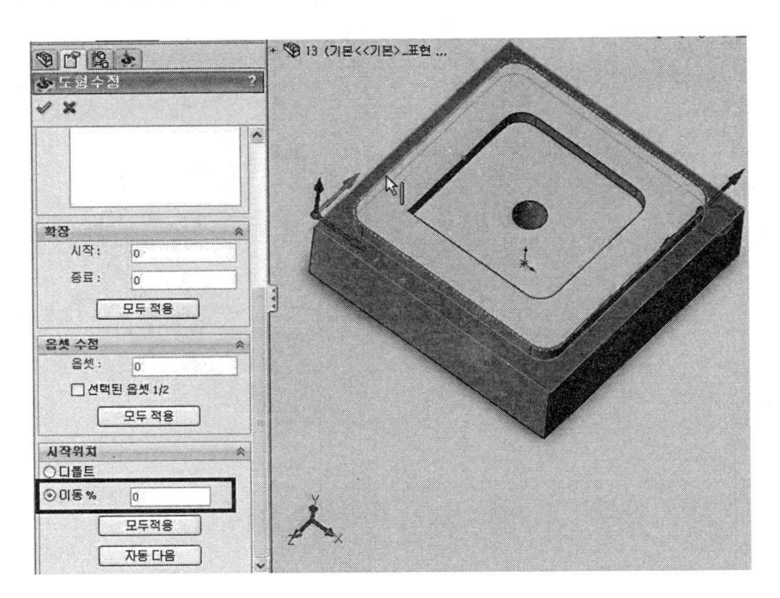

39) 좌측의 도형수정/시작위치/이동 %에 수치가 생성된다.

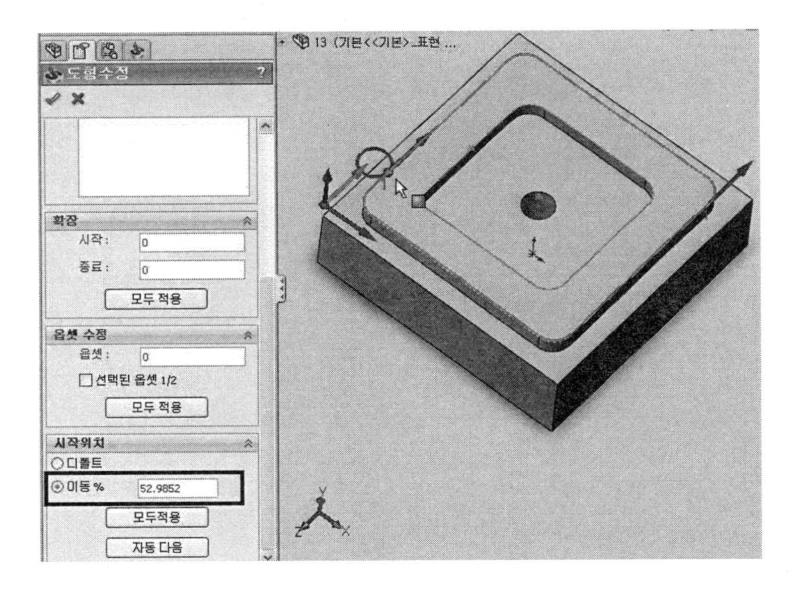

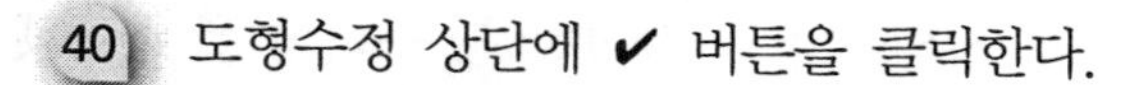

40 도형수정 상단에 ✔ 버튼을 클릭한다.

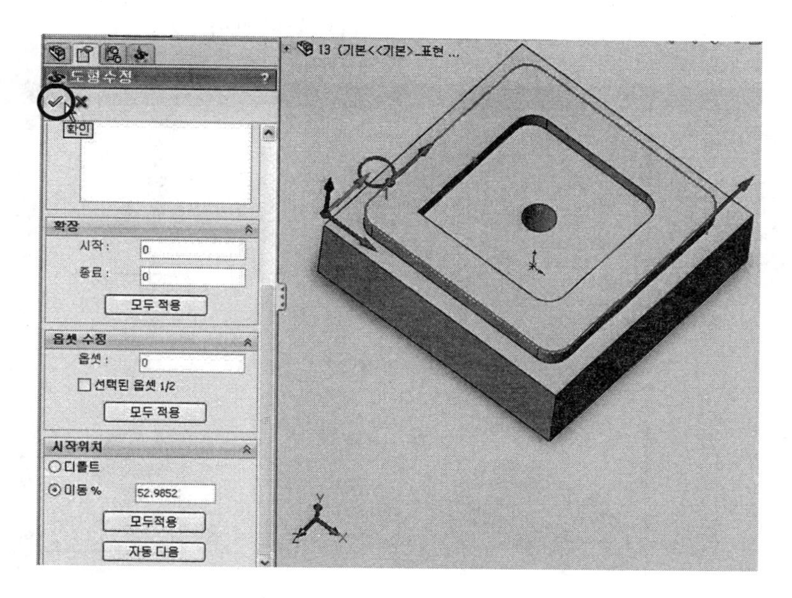

41 윤곽작업 박스에서 좌측의 가공방법을 선택한다.

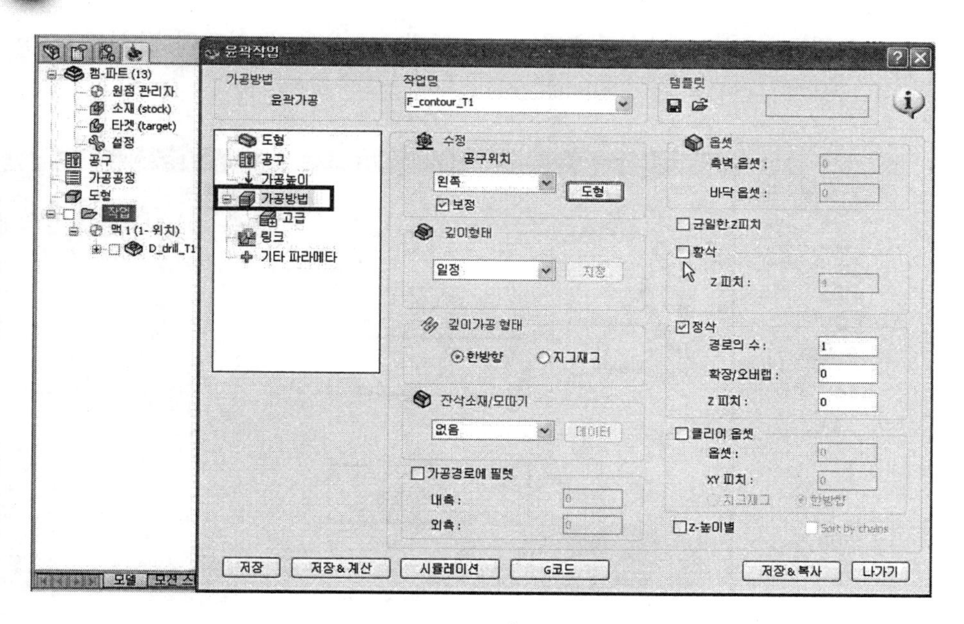

42 윤곽작업 박스에서 황삭의 □된 상태에서 ☑ 체크한다. 클리어 옵셋/옵셋; 6 입력 → XY 피치; 3 입력 → 한 방향을 선택한다.

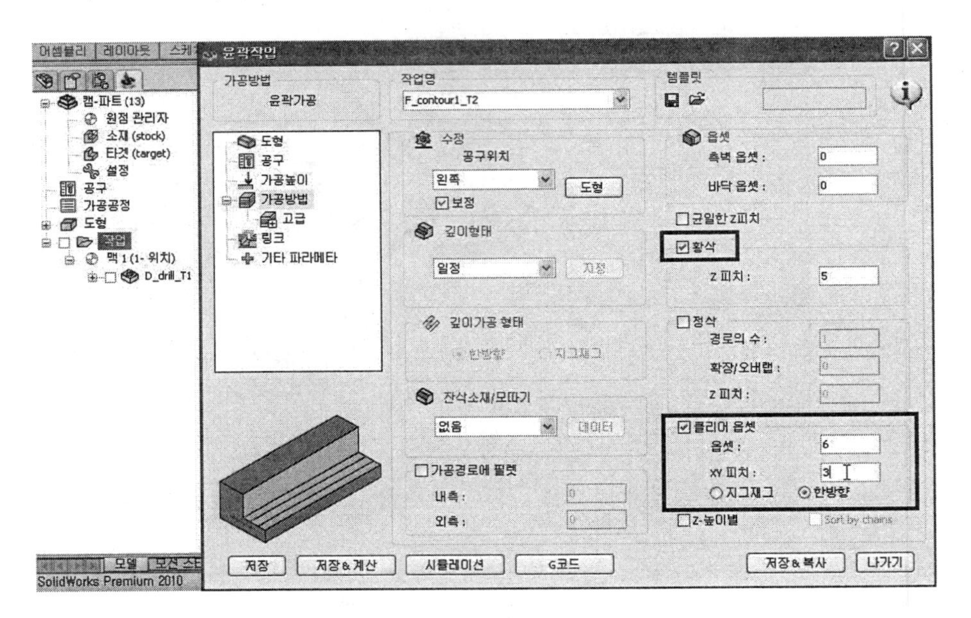

43 윤곽작업 박스에서 좌측의 링크 선택 → 우측의 리드인/탄젠트 선택 → 리드아웃/리드인과 동일 ☑ 체크한다.

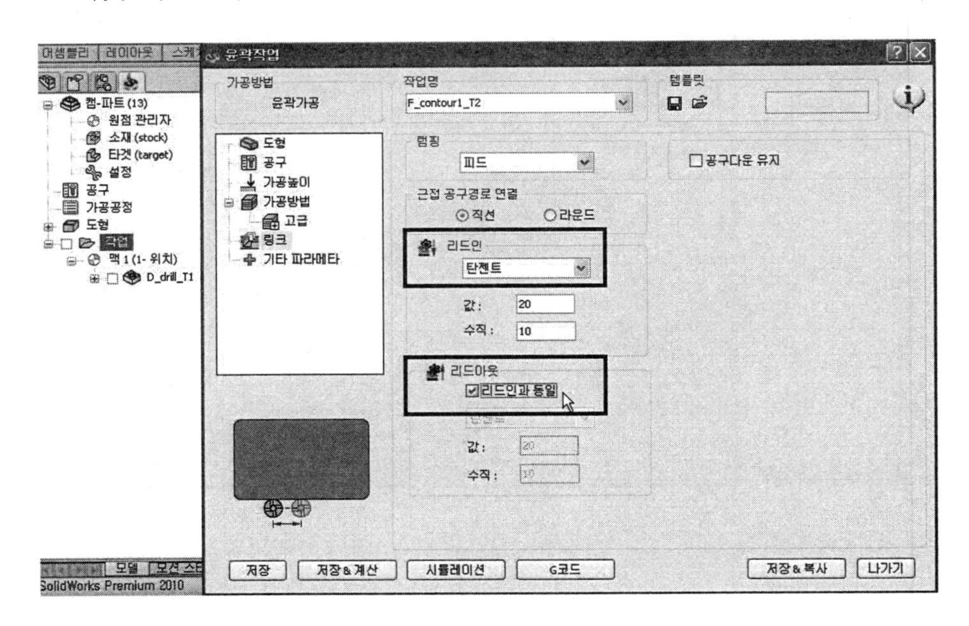

44 윤곽작업 박스에서 하단의 저장&계산 버튼을 클릭한다.

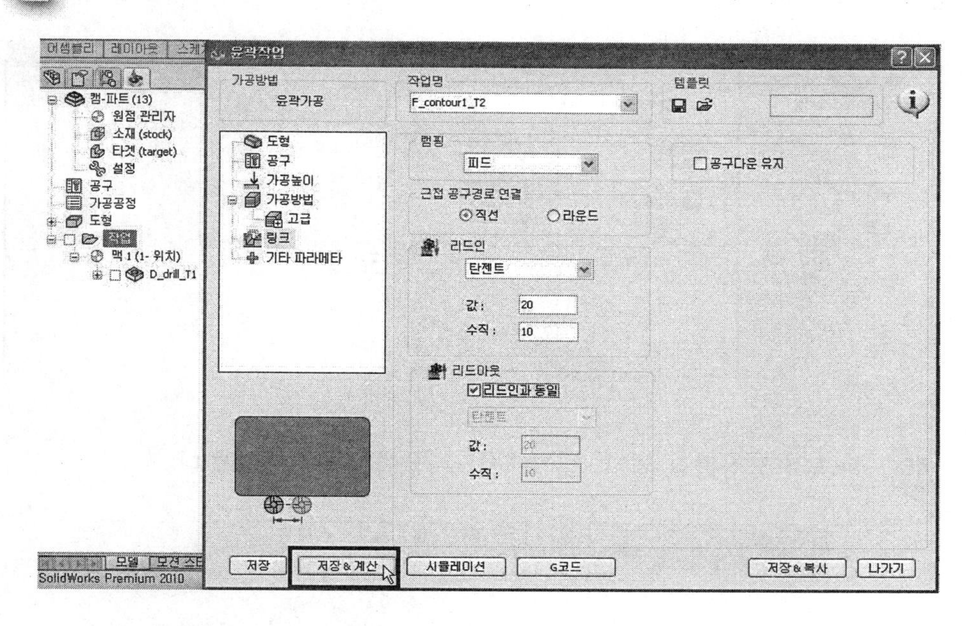

45 좌측 tree의 F_contour1_T2 툴패스가 생성되었다.

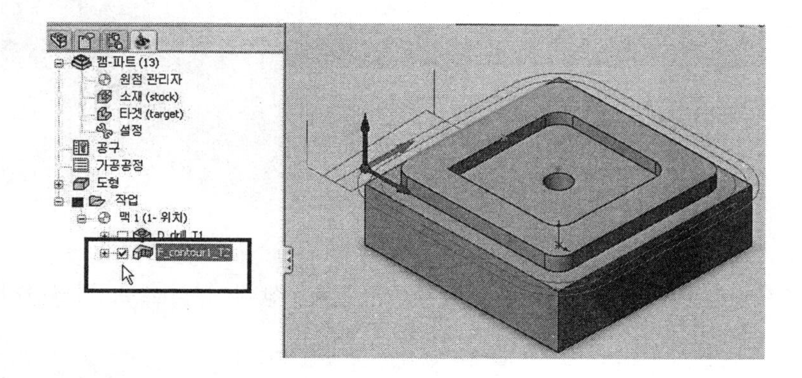

46 좌측 tree에서 작업 선택 → 오른쪽 마우스 클릭 → 작업추가 선택 → 윤곽을 클릭한다.

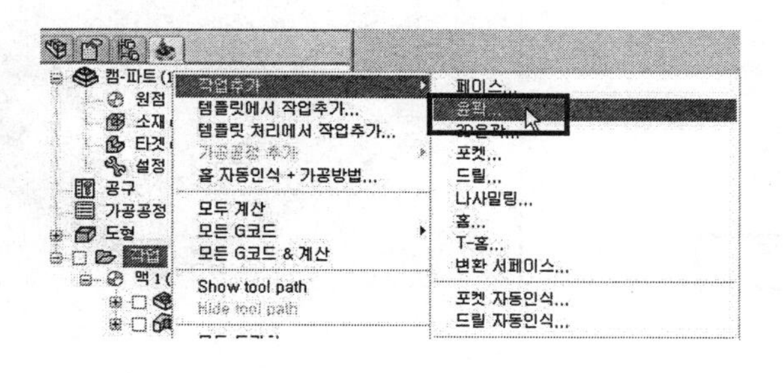

47 윤곽작업 박스에서 좌측의 도형 선택 → 우측의 정의 아이콘을 클릭한다.

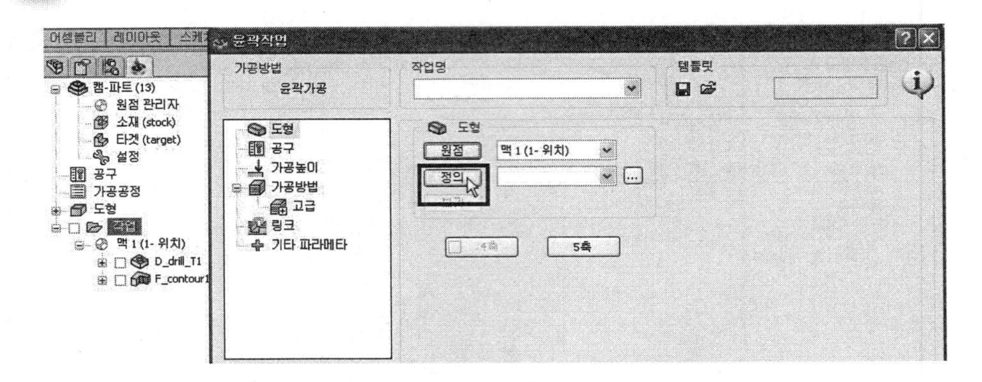

48 좌측의 도형편집/멀티-체인에서 추가 아이콘을 클릭한다.

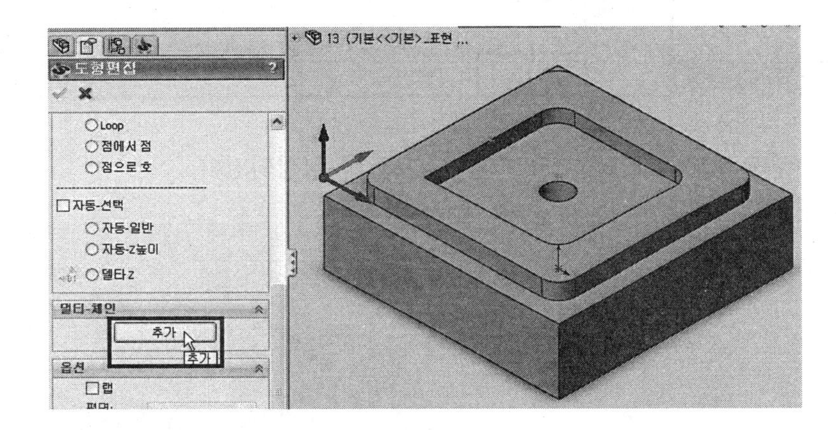

49 체인선택/루프필터에서 내측루프가 □된 상태에서 ☑로 체크한다.

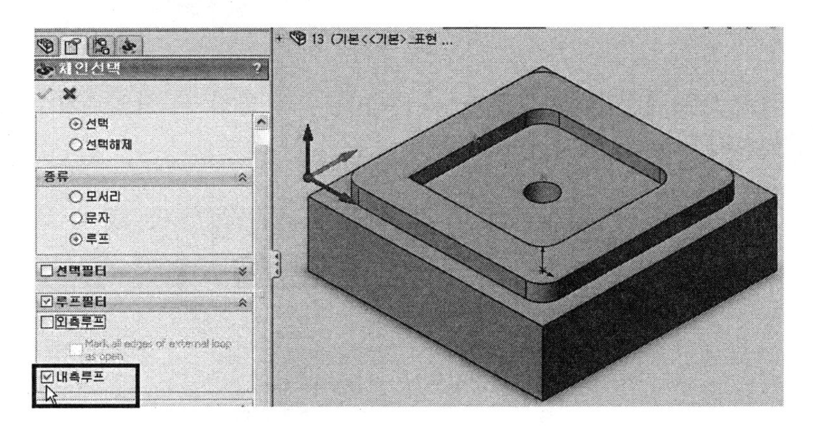

50 화면의 도형에서 윗면을 선택한다.

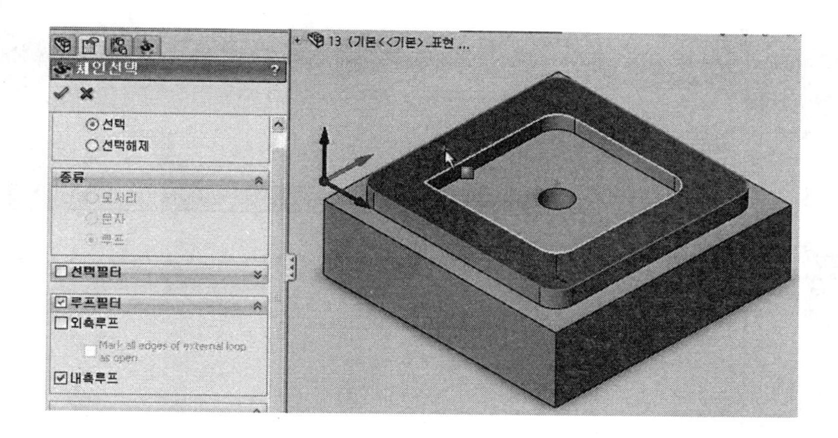

51 도형편집에서 상단의 ✔ 버튼을 클릭한다.

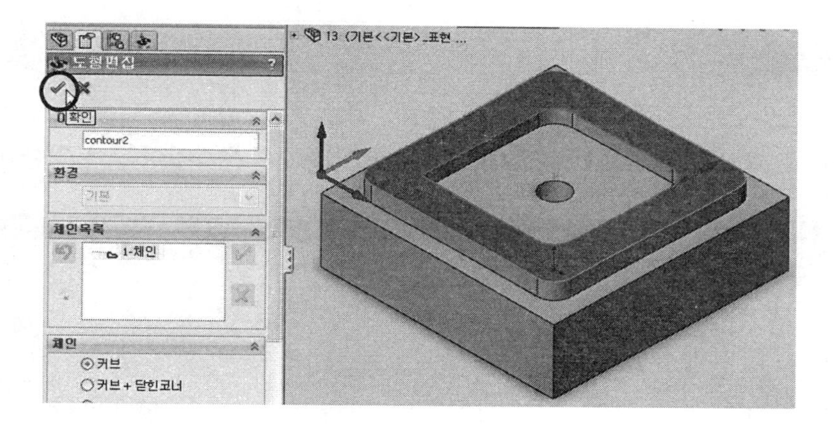

52 윤곽작업 박스에서 좌측의 공구 선택 → 우측의 공구 하단의 선택 아이콘을 클릭한다.

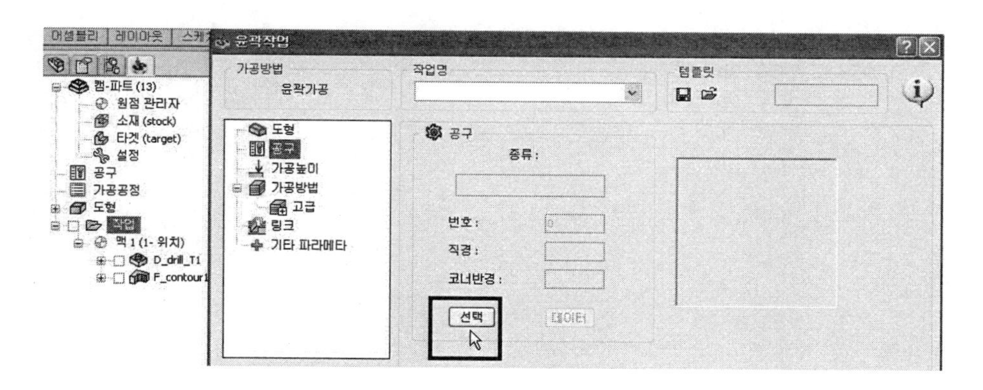

53 작업을 위해서 공구 변경 중 박스에서 뷰 탭/공구번호 2번을 선택한다.

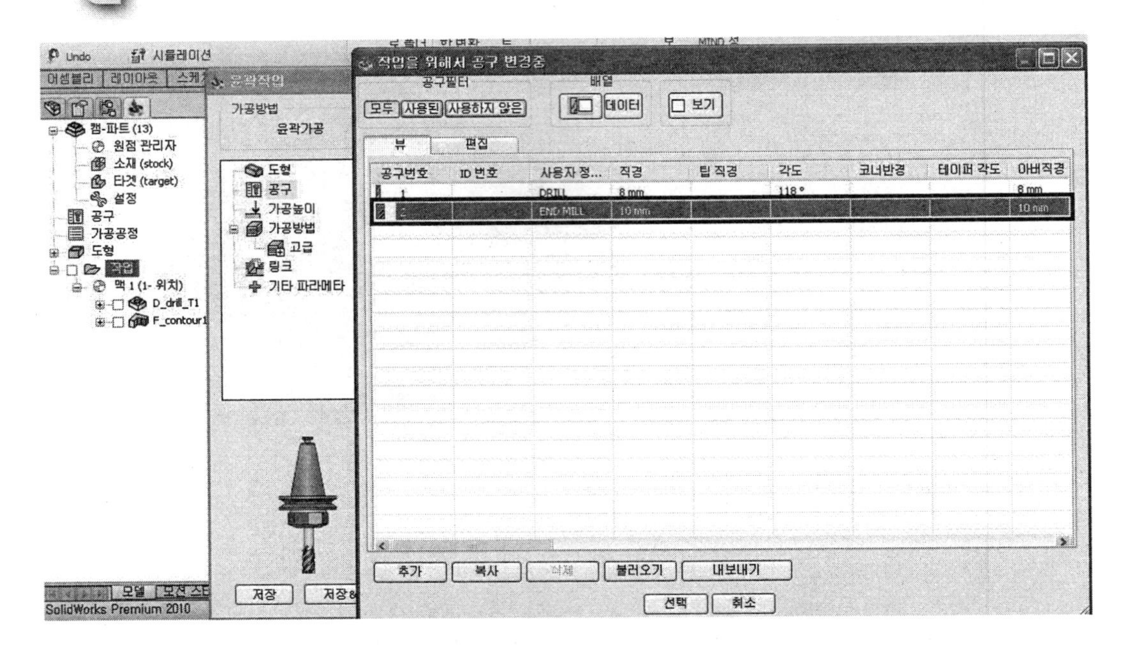

54 윤곽작업 박스에서 좌측의 가공높이 선택 → 윤곽깊이를 선택한다.

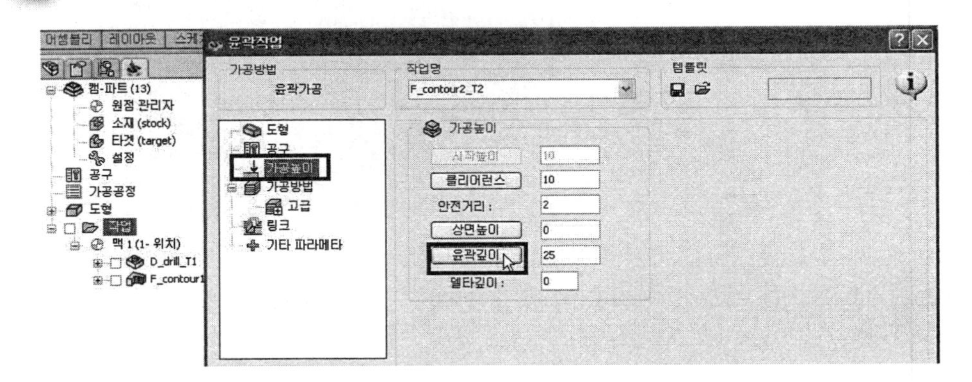

55 화면의 포켓 내면의 바닥을 선택한다.

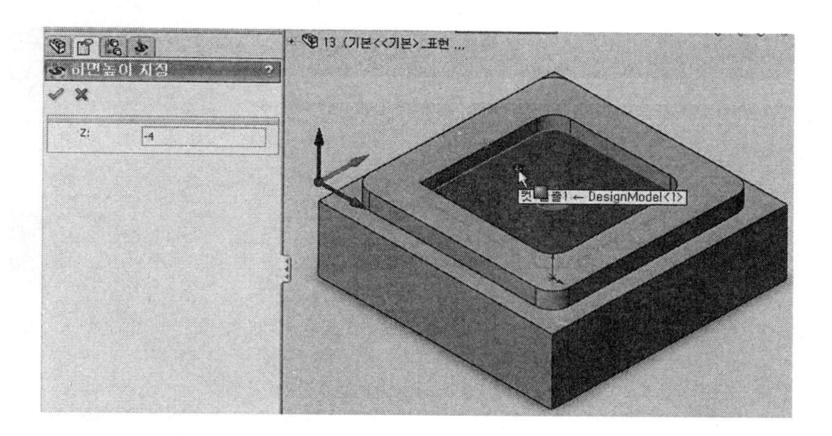

56 윤곽작업 박스에서 좌측의 가공높이 선택 → 우측의 윤곽깊이가 생성된다.

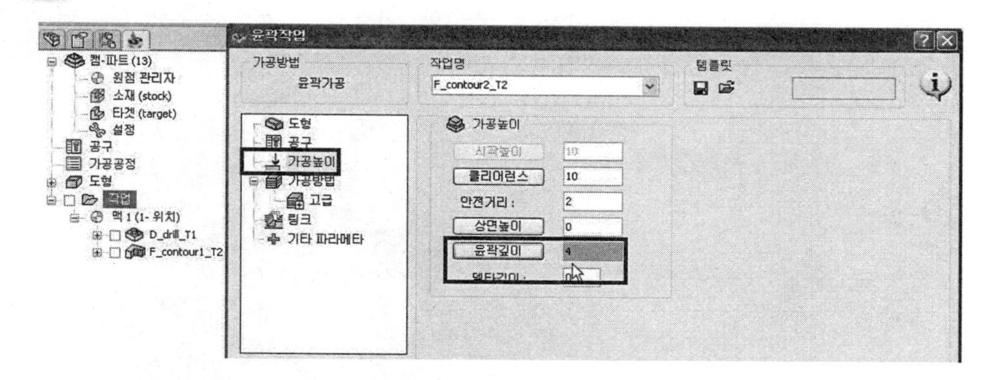

57 윤곽작업 박스에서 좌측의 가공방법 선택 → 우측에서 수정/도형 아이콘을 클릭한다.

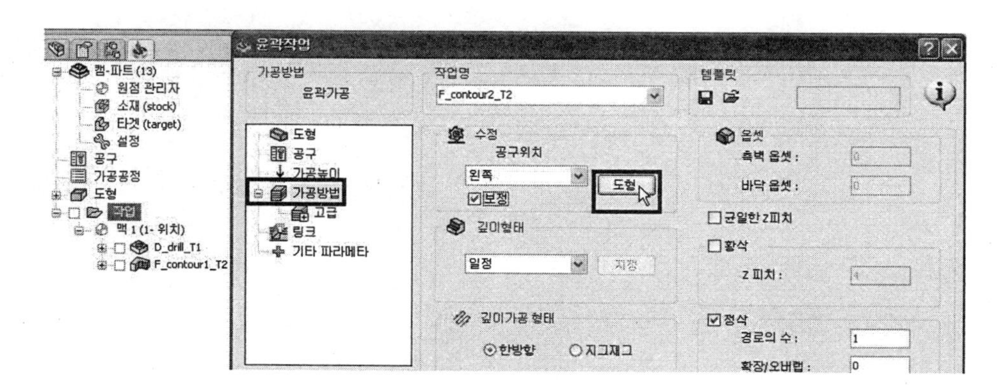

58 우측의 도형에서 시작위치에서 이동을 클릭한다.

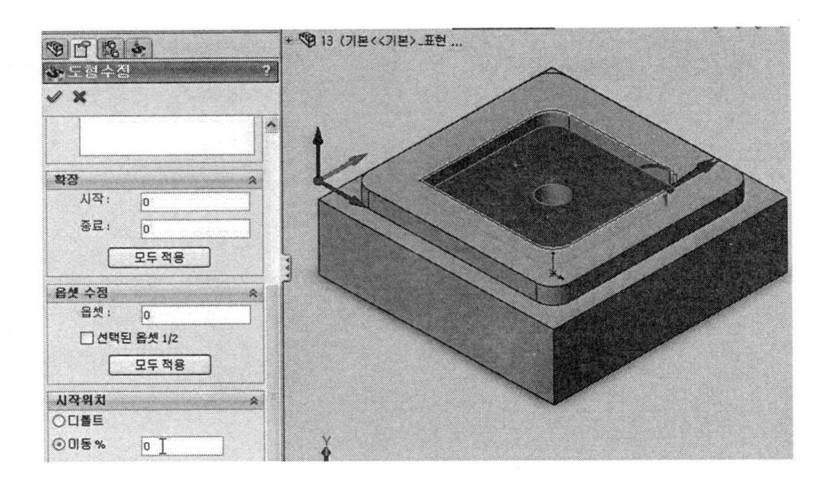

59 우측의 도형에서 원의 화살표 부분을 선택한다. → 좌측의 시작위치/이동 %; 39.5332가 생성된다.

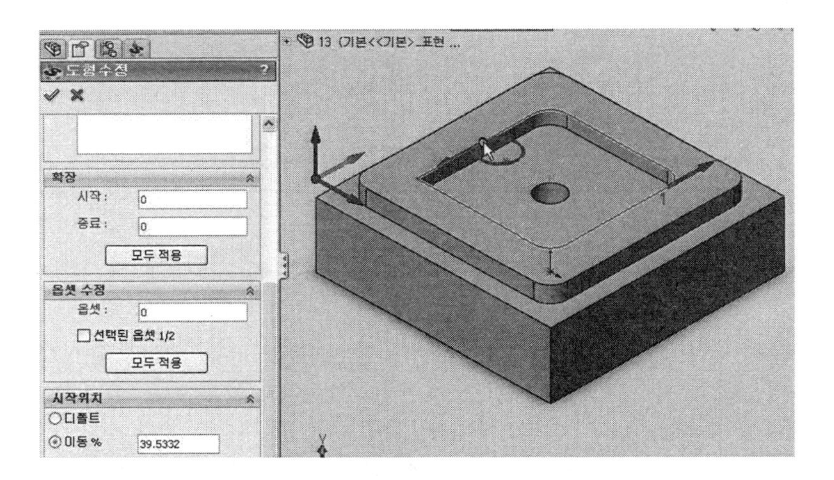

60 도형수정에서 상단의 ✔ 버튼을 클릭한다.

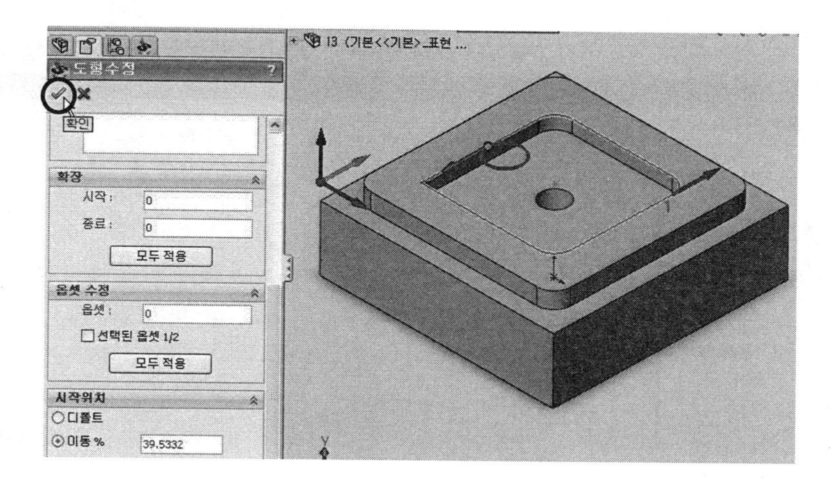

61 윤곽작업 박스에서 좌측의 가공방법 선택 → 우측의 작업명; F_countour2_T2를 선택한다.

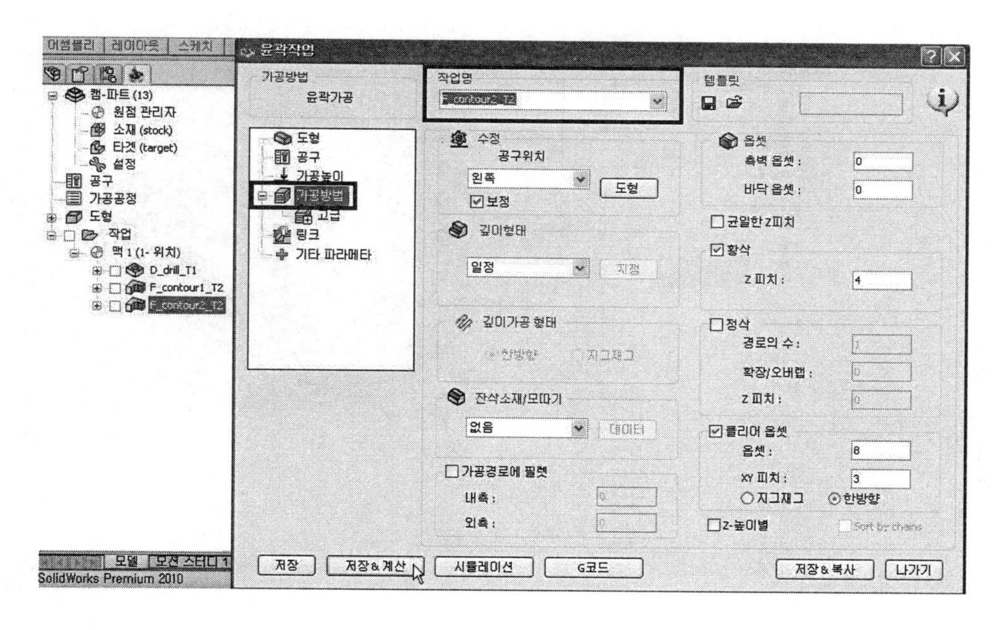

62 윤곽작업 박스에서 좌측의 링크 선택 → 우측의 리드인에서 지정 아이콘을 클릭한다.

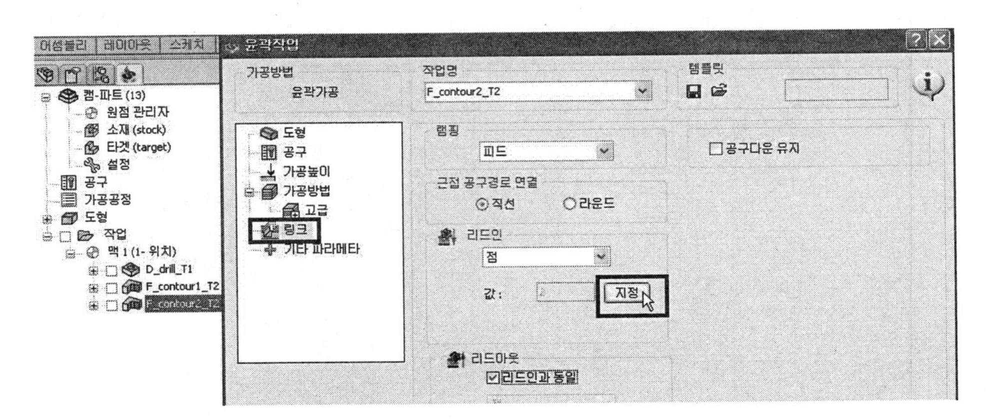

63 화면의 도형에서 드릴 중심을 선택한다. 드릴의 중심이 지정되었다는 활성창이 뜬다.(어프로치 박스에서 1이 나타난다.)

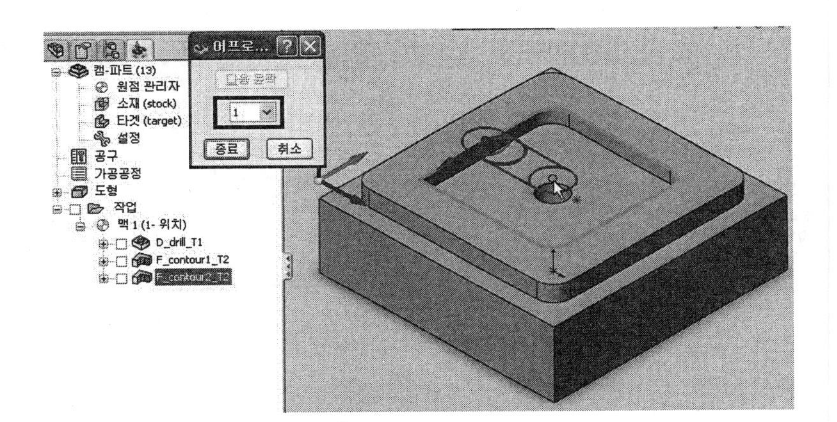

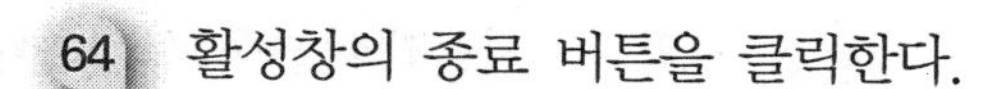

64 활성창의 종료 버튼을 클릭한다.

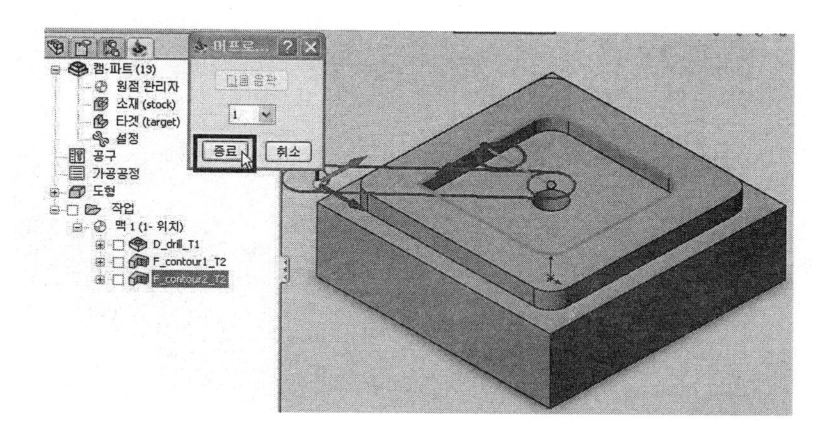

65 윤곽작업 박스 하단에서 저장&계산의 아이콘을 클릭한다.

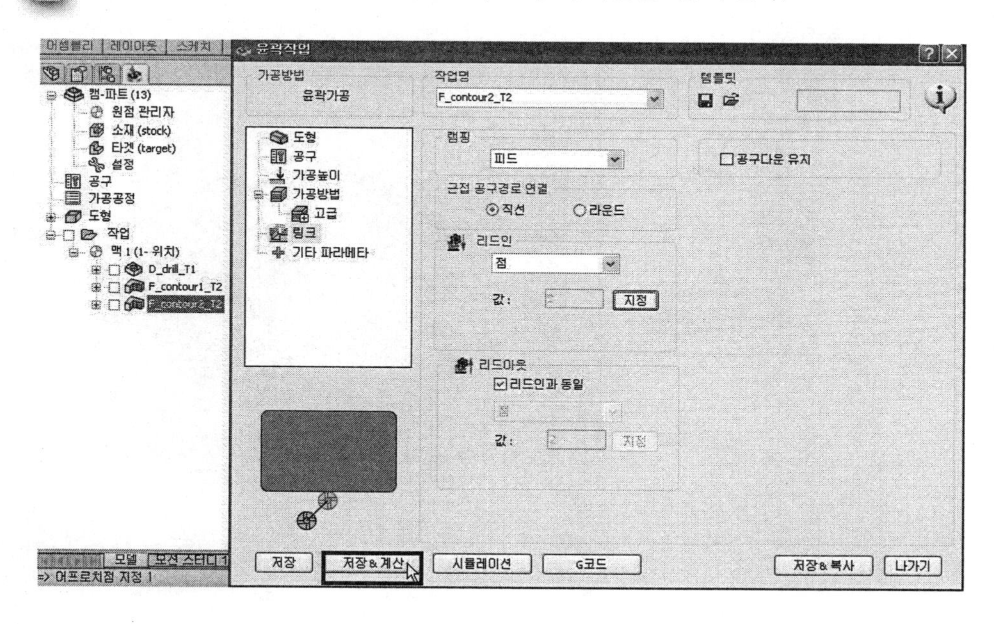

66 좌측 tree의 작업 선택 → 오른쪽 마우스 클릭 → 시뮬레이션을 선택한다.

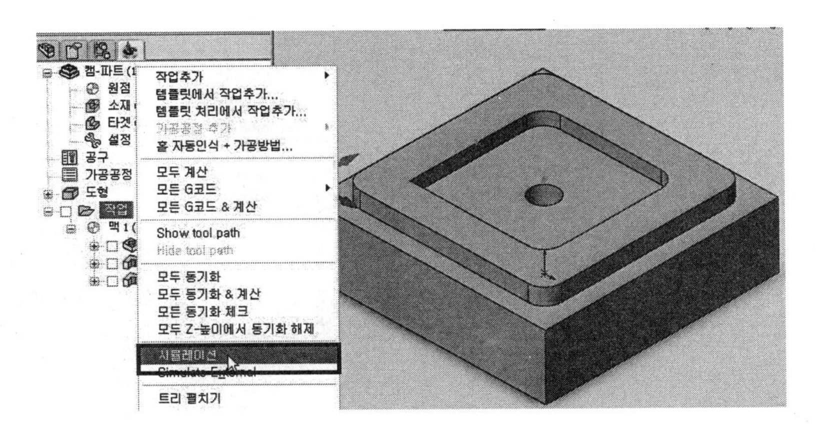

67 좌측 tree에서 F_contour2_T2를 선택하면 우측의 화면에서처럼 포켓 툴패스가 생성되었다.

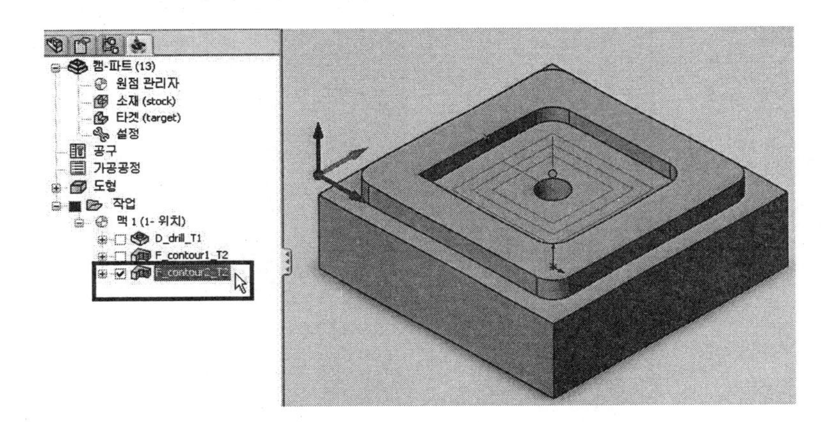

68 시뮬레이션 박스에서 SolidVerify 탭을 선택한다.

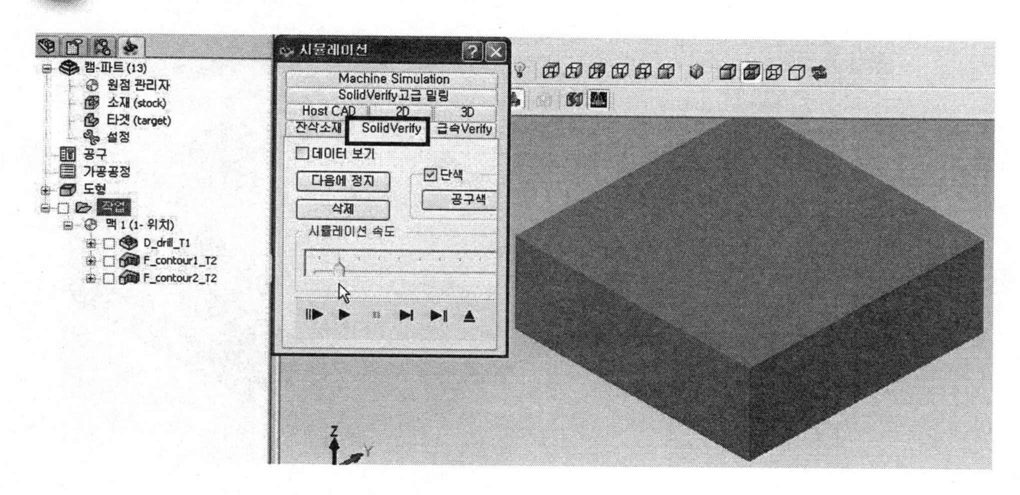

69 시뮬레이션 속도를 확인한다.

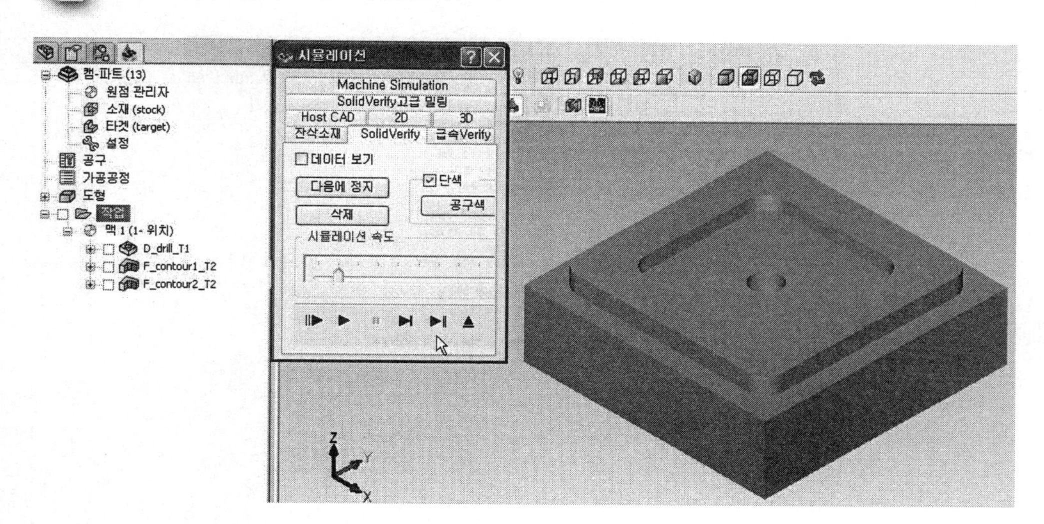

70 작업 선택 → 오른쪽 마우스 클릭 → 모든 G코드 선택 → 작성을 클릭한다.

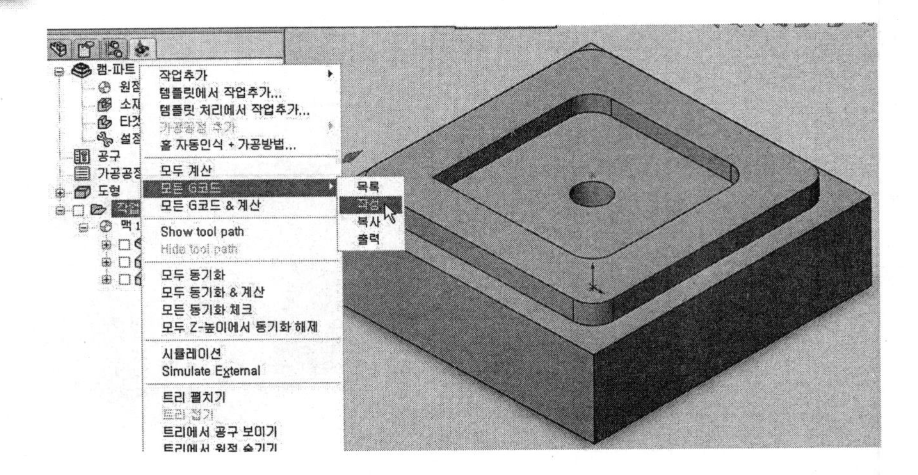

71 아래의 화면처럼 NC.DATA가 생성된다.

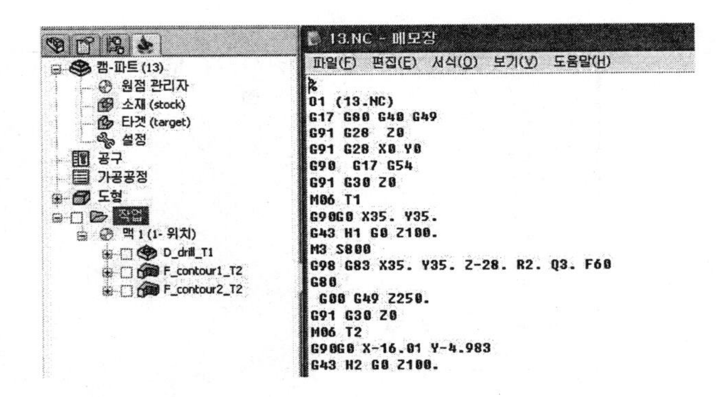

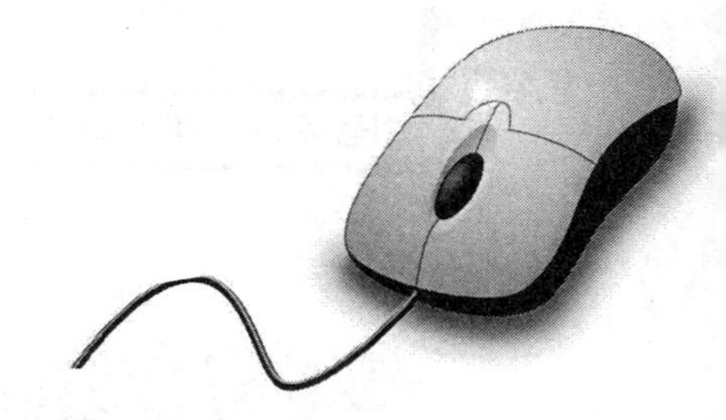

CAD 도면 불러와서 Edgecam 컴퓨터응용밀링기능사 따라 하기

6.1 CAD 도면 불러와서 등각도로 정리하기

1 다음과 같은 도면을 이용하여 NC. DATA를 생성하는 과정을 소개하겠다.

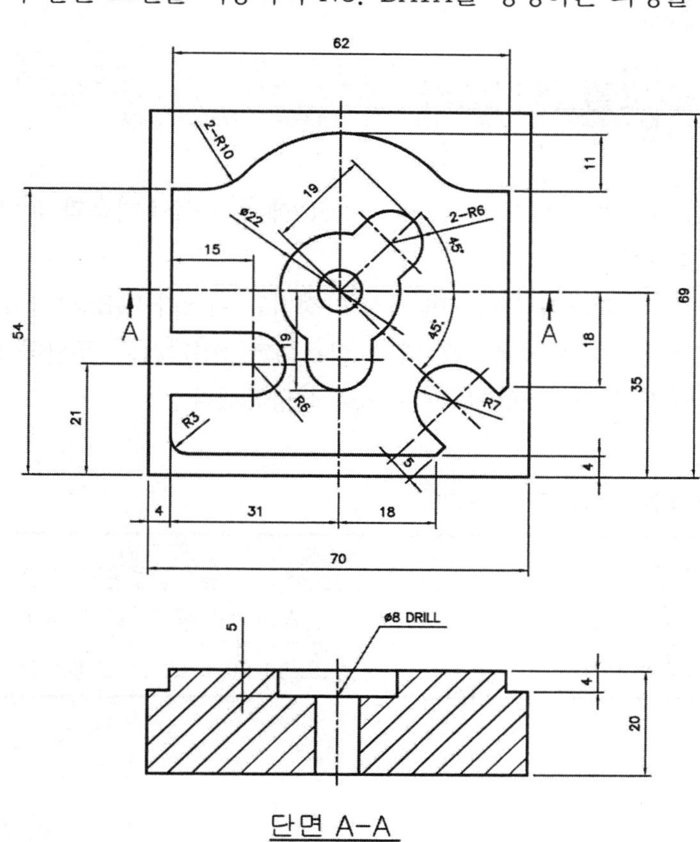

6.2 작업공정

Tool No.	작업공구	공구직경	Feed (절입, 이송)	rpm (회전수)
1	Ø80	페이스 커터	100	1000
2	Ø4	센터드릴	100	1500
3	Ø8	드릴	60	800
4	Ø10	엔드밀	80/150	1000
4	Ø10	엔드밀	60/120	1200

6.3 모델 불러오기

여기서는 Auto CAD 2002, Auto CAD 2010에서 그려서 다음과 같이 저장 후 불러오는 것으로 설명하겠다.

Edgecam에서 불러오기를 하려면 가장 안정적인 형태가 IGES파일이나 DXF파일이므로 어떤 소프트에서 작도하는가에 따라 다르지만, 여기서는 무난하게 작도할 수 있는 Auto CAD에서 작도한 도면을 기준으로 설명하겠다.

■ **Auto CAD에서 저장 도면의 형태**

작도	저장 형식
Auto CAD 2002	Autocad 2000 DXF(*.dxf)
Auto CAD 2010	Autocad 2000/LT 2000 DXF(*.dxf)

도면을 그린 후 치수를 확인하고 정확히 맞으면 외형 선을 제외하고 모두 지운 후 다음과 같은 형태로 저장한다.

1 모델을 불러온다. 최초의 Edgecam은 다음 화면과 같다.

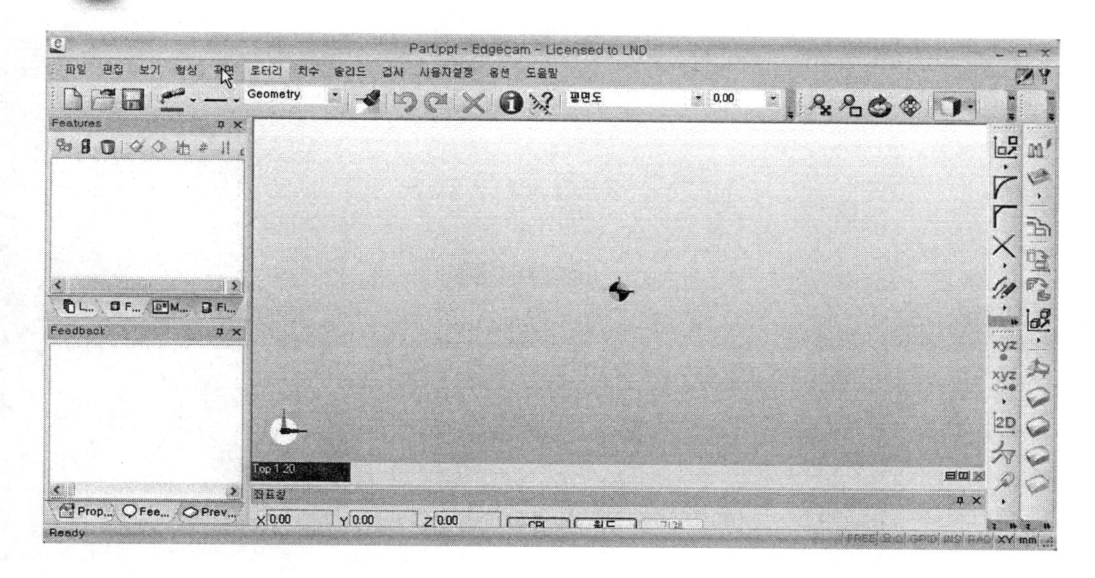

2 Auto CAD의 도면을 연다. 메인 메뉴 → 파일에서 열기(Ctrl+O)를 선택한다.

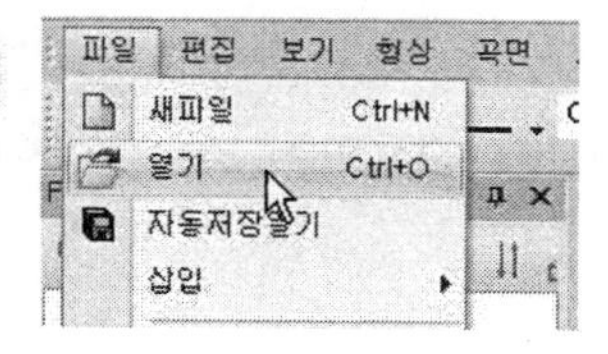

3 101.dxf파일을 지정 후 열기(Ctrl+O)를 누른다.

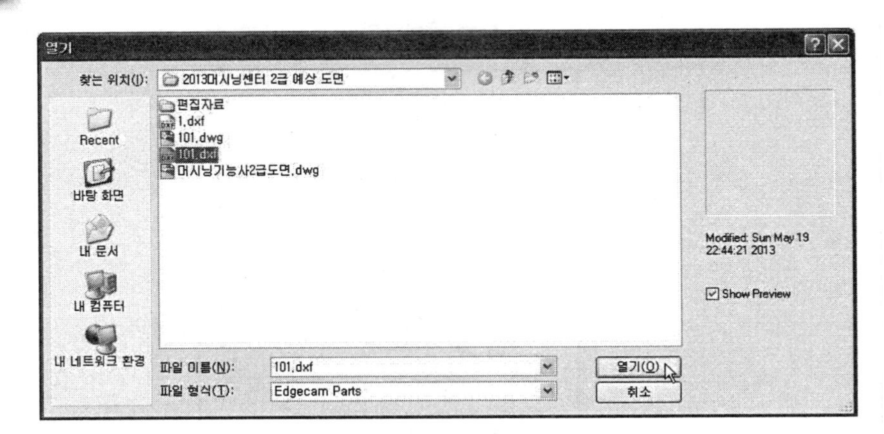

4 다음과 같이 나타나면 확인을 누른다. 화면에는 아무것도 보이지 않는다.

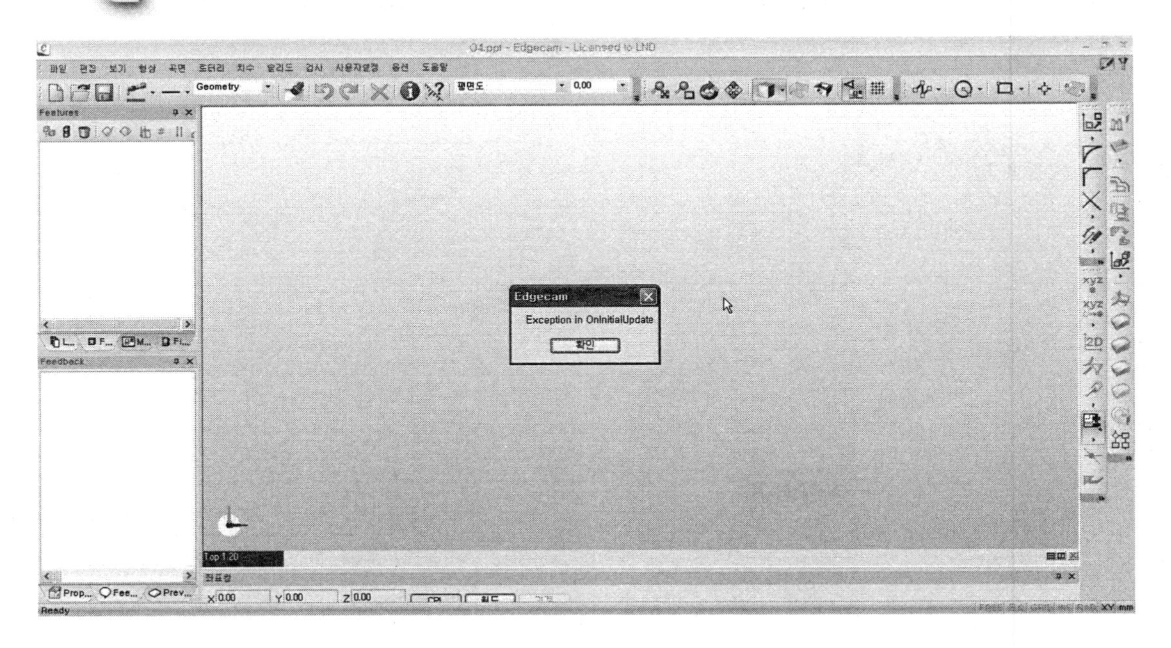

5 맞춤(Ctrl+E) 또는 Fit의 아이콘을 누른다.

맞춤 (Ctrl+E)
화면에 활성뷰를 맞춥니다.

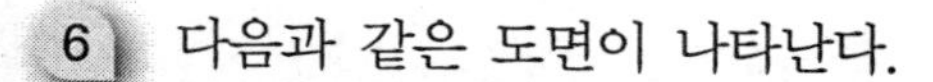

6 다음과 같은 도면이 나타난다.

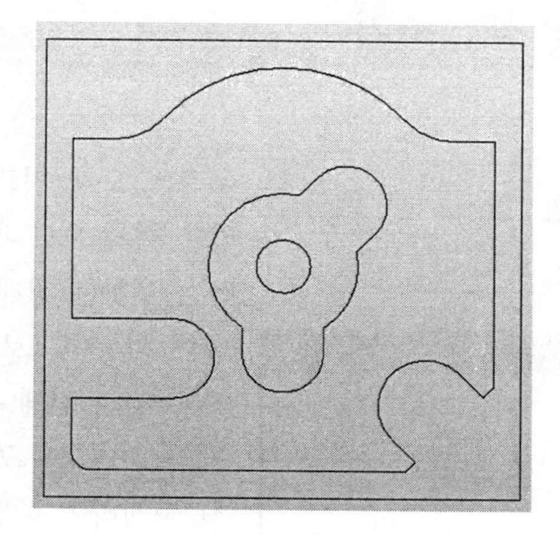

7 작업을 편하고 쉽게 이해하기 위하여 등각도를 선택한다.

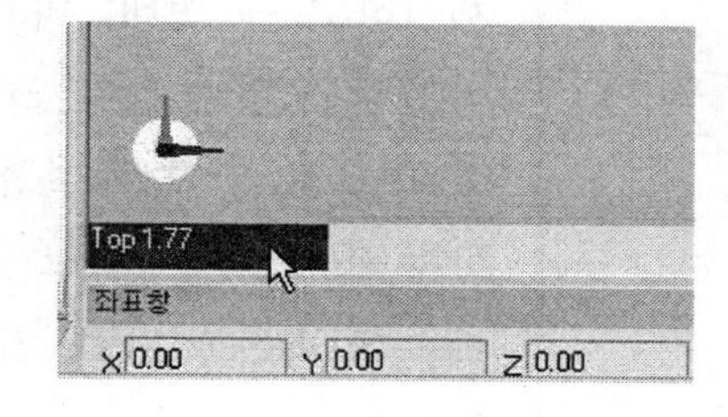

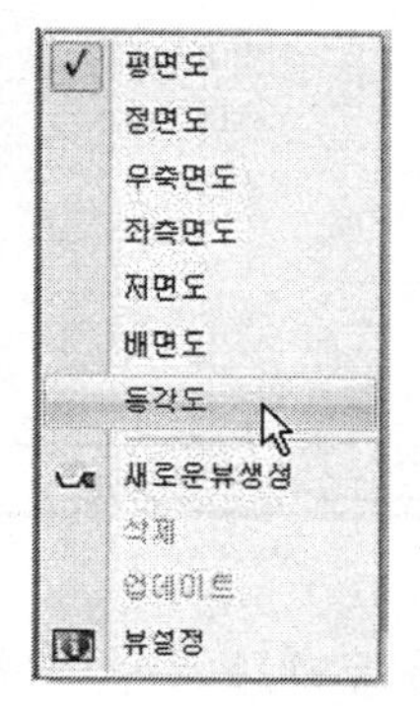

8 등각도로 본 도면의 형태는 다음과 같다.

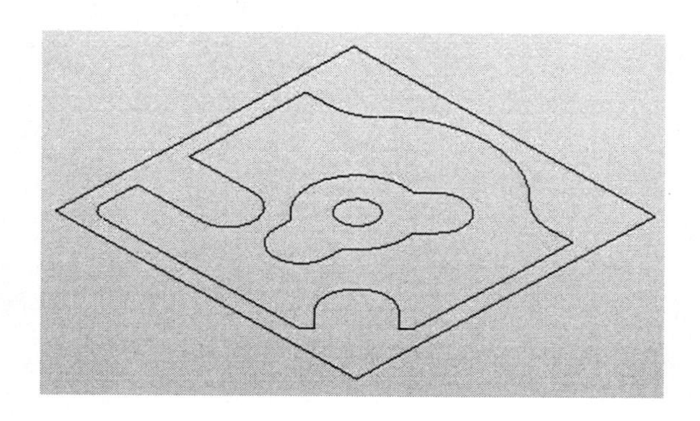

6.4 모재 생성하기

1

모재설정
일반
☑자동모재설정 타입
형태 박스 깊이
반지름
색상 레이어 Stock
스타일
박스 옵셋
X 최소 0,0 X 최대 0,0
Y 최소 0,0 Y 최대 0,0
Z 최소 20 Z 최대 0,0
실린더 옵셋
확장(시작) 확장(끝)
확장(반지름)
확인 취소 도움말

우측의 모재/지그 아이콘을 클릭한다. 이 작업은 현재 DXF파일의 도면은 라인(선=Line)만 존재하는 상태이므로 두께를 주어야 캠 가공이 가능하므로 소재에 두께를 주는 작업으로 소재의 전체 두께만 주면 된다. 나머지 윤곽의 깊이 및 포켓의 깊이는 작업영역 지정 시 지정하여 주면 된다.

옆 모재설정 박스와 같이 자동모재설정을 ☑ 체크하고 → 형태; 박스 → 박스 오프셋에서 작도된 도면과 같은 크기의 소재를 사용하여야 하므로 옆 모재설정 박스와 같이 X, Y를 모두 0으로 지정하고 Z 최소에만 소재의 두께를 입력하고(20을 입력하고) → 확인을 클릭한다.

2 소재에 두께를 주면 다음과 같은 형태로 변한다.

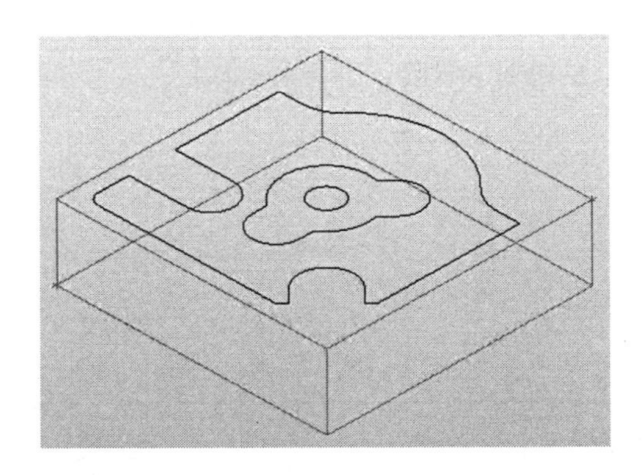

6.5 드릴 점 생성하기

포켓 가공 시 점이 있어야 드릴의 위치로 엔드밀이 들어가므로 공구의 파손도 없고 안전하므로 반드시 CAD 도면에 두께를 준 후에는 포인트를 드릴의 위치에 주어야 한다.

1 점 아이콘을 누른다.

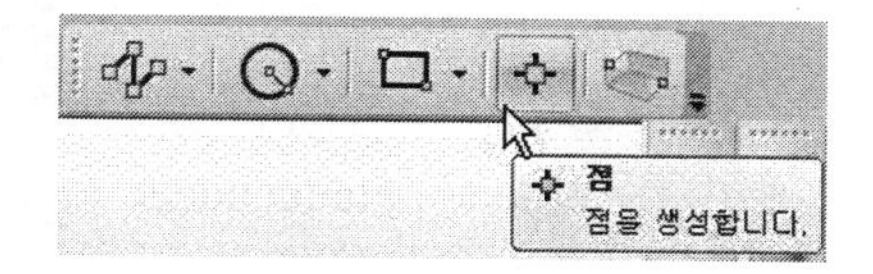

6.6 드릴의 중심점 지정하기

1 마우스 휠을 이용하여 드릴의 중심위치로 이동하면 다음과 같이 중심점의 포인트가 나타난다.

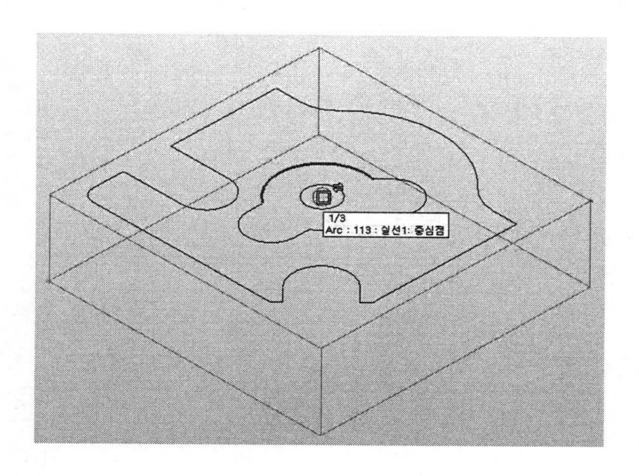

2 이때 왼쪽 마우스로 중심점을 클릭한다. → 오른쪽 마우스를 클릭하거나 또는 엔터 키를 누르면 드릴의 중심점에 점이 생성된다.

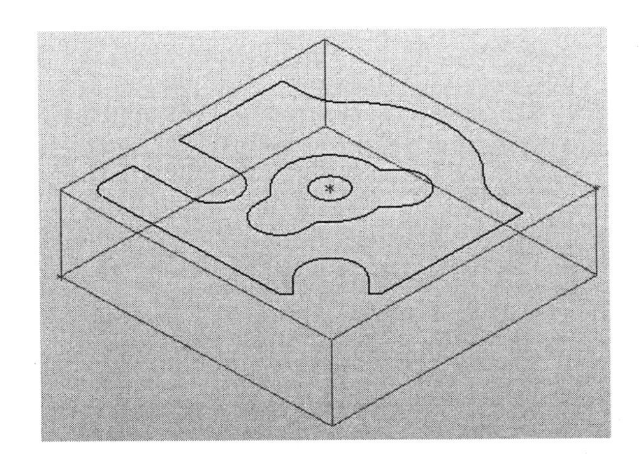

6.7 가공원점 이동하기

다음과 같이 CAD에서 작도 시 UCS의 원점에서 작도하지 않고 임의의 위치에서 도면을 그렸으므로 가공원점을 이동시켜야 한다.

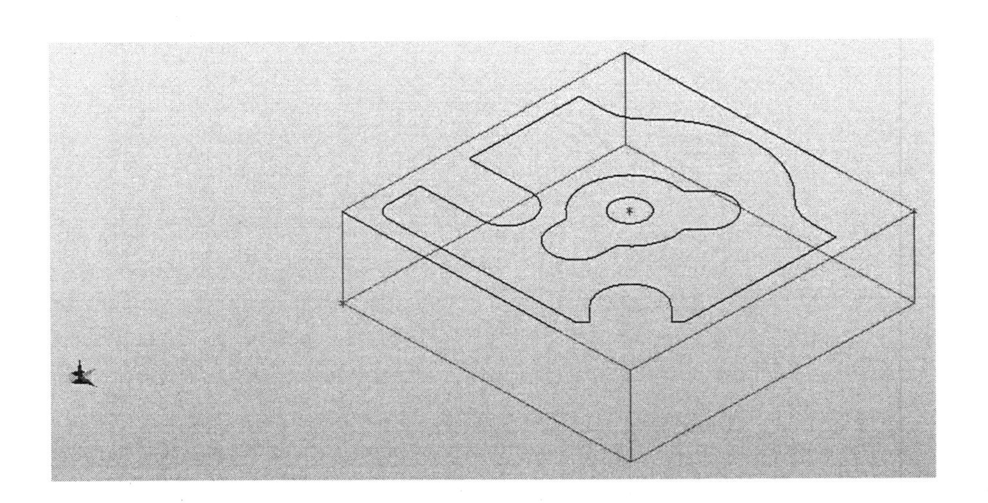

1 변환 아이콘을 누른다.

2 변환 박스에서 다이나믹을 체크하고 → 확인을 누른다.

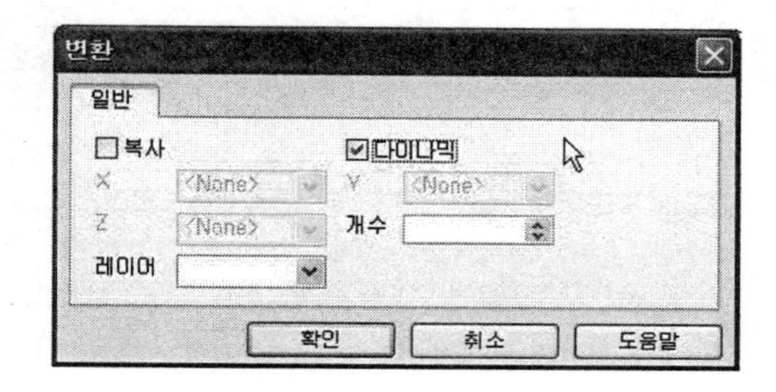

3 좌측 하단에 이동시킬 형상 선택의 도움말이 나타난다.

4 다음과 같이 소재 전체를 드래그한 후에 오른쪽 마우스를 클릭하거나 또는 엔터 키를 누른다.

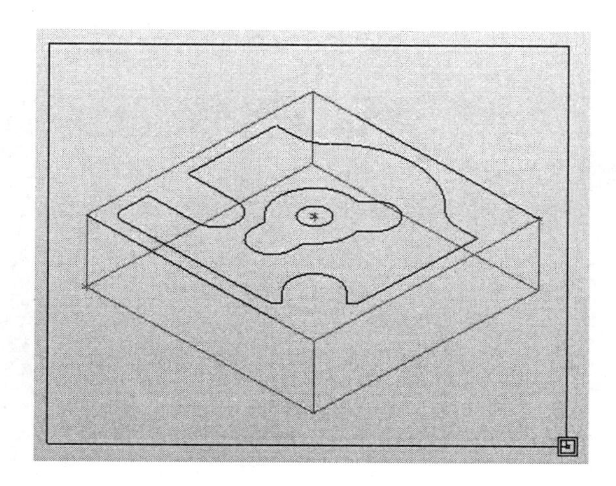

5 좌측 하단에 가공원점 선택이라는 도움말이 나타난다. 아래의 도면에서 공작물 좌표계 X; 0, Y; 0, Z; 0의 점에 다음 그림과 같은 End-point가 나타나면 왼쪽 마우스로 선택한다.

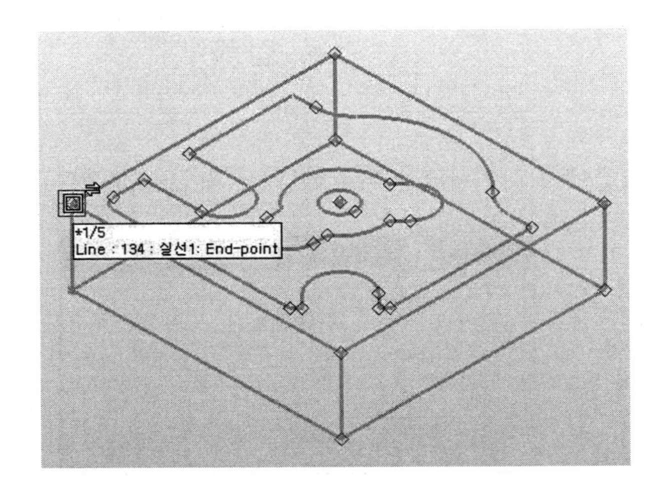

6 좌측 하단에 목적지가 될 포인트 선택이라는 도움말이 나타난다.

7 가운데 휠을 돌려서 Edgecam의 원점에 가까이 가면 CPL : 평면도 : : Vertex가 나타나면 왼쪽 마우스로 클릭한다. Ctrl+E를 누른다.

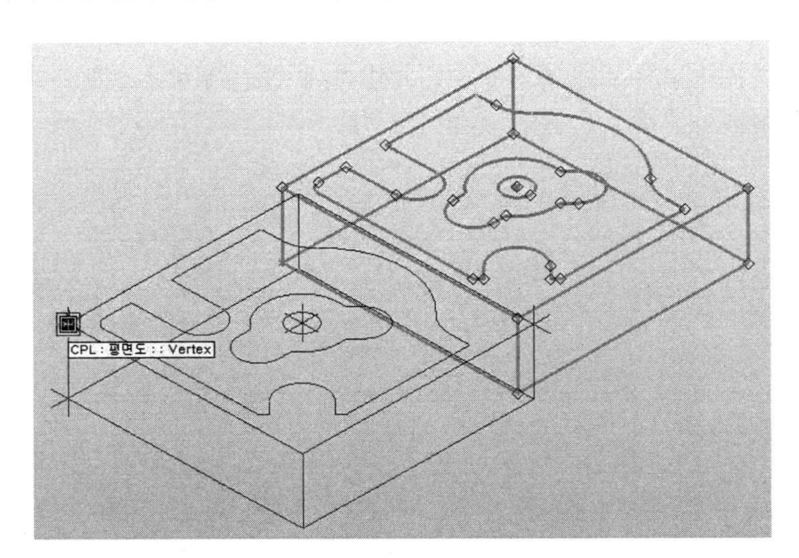

8 다음과 같이 Edgecam의 원점으로 가공 솔리드의 원점이 이동된 것을 알 수 있다.

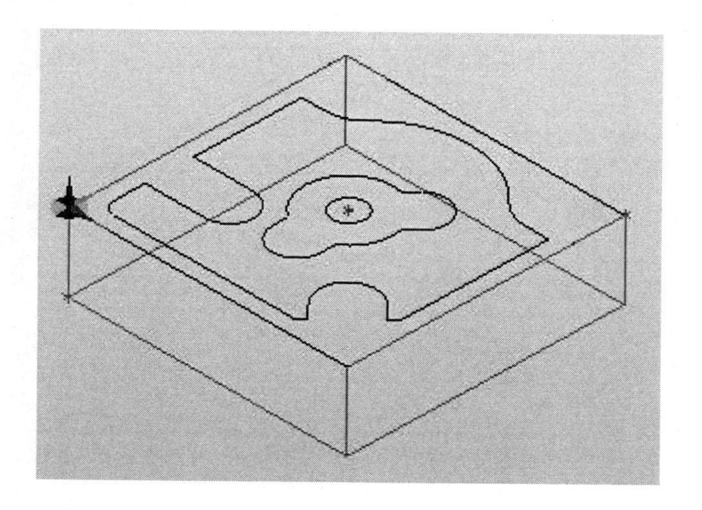

좌측 하단에 목적지가 될 포인트 선택이라는 도움말이 나타난다. 이때 Edgecam의 원점을 정확히 잡기가 곤란한 경우가 있으므로 더욱 정밀하게 Edgecam의 원점을 잡는 다른 방법을 소개 하겠다.

xyz 좌표입력 아이콘을 클릭한다. 즉, Edgecam의 원점을 좌표입력으로 정확히 지정하겠다는 의미이다.

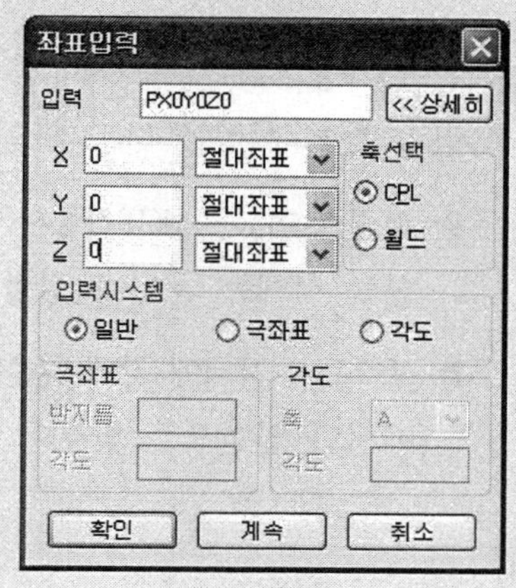

좌측과 같이 X; 0, Y; 0, Z; 0을 입력하고 확인을 누른다.

9 다음과 같이 Edgecam의 원점으로 가공 솔리드의 원점이 이동된 것을 알 수 있다.

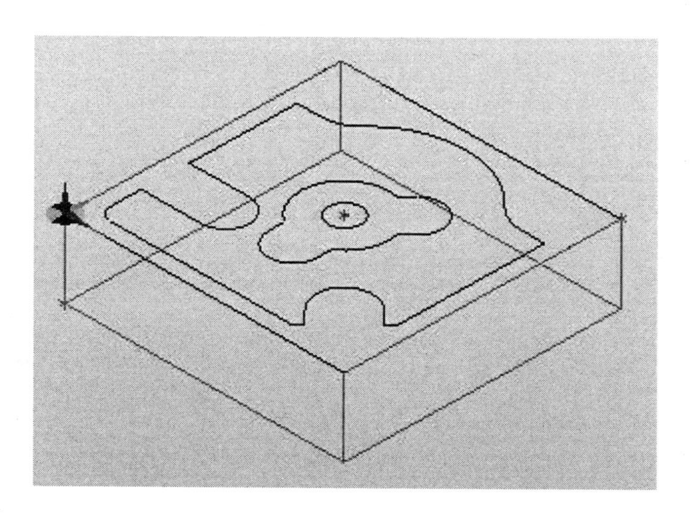

6.8 가공모드로 이동

1 화면 오른쪽 위의 가공모드를 클릭한다.

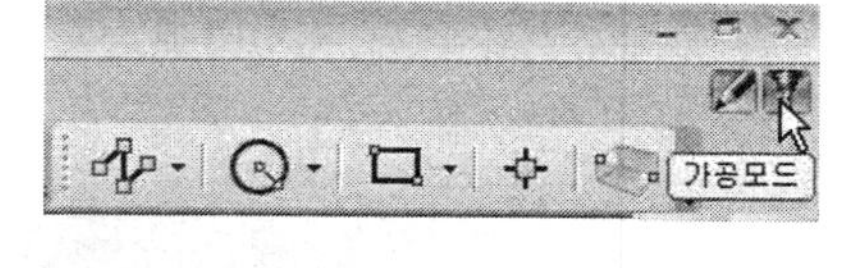

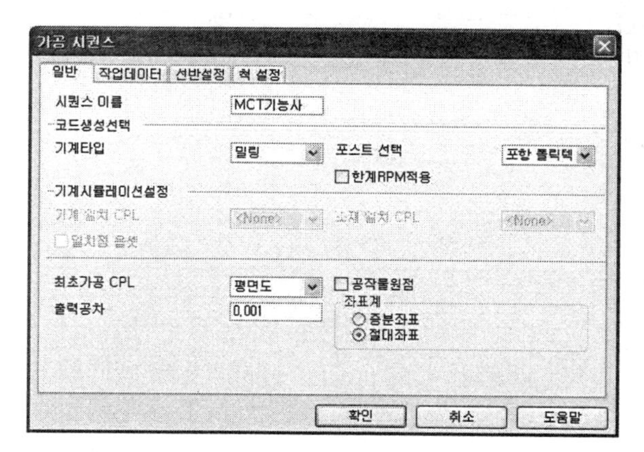

왼쪽 가공 시퀀스 박스의 활성창이 뜨면 그림과 같이 설정을 하고 확인을 누른다.

▶ 시퀀스 이름 : MCT기능사(단일 제품의 NC 산출 시에는 굳이 지정할 필요는 없다.)

▶ 포스트 : 기계에 맞게 맞춘다.(기능사 시험에서만 일반으로 맞추어 주면 된다.)

2

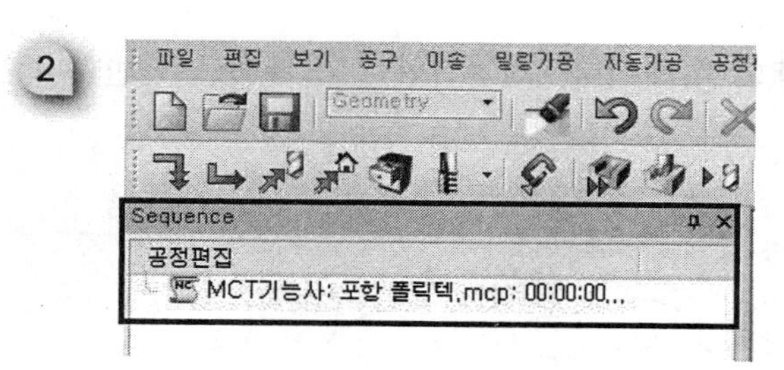

좌측 그림의 아래와 같은 시퀀스 이름과 포스트가 생성된 것을 알 수 있다.

6.9 작업공정 지정하기

1 페이스 커터 가공하기 위해 툴바의 페이스밀링 아이콘을 클릭한다.

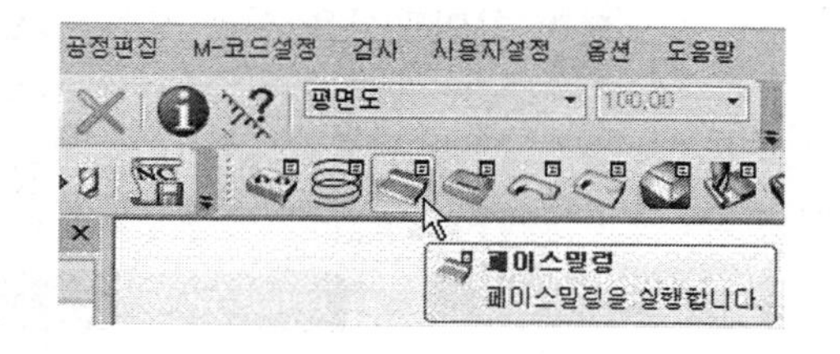

2 왼쪽 하단에 닫힌 프로파일 선택이라는 도움말이 나타난다.

3 생성된 모재의 최외곽선을 더블클릭한다.

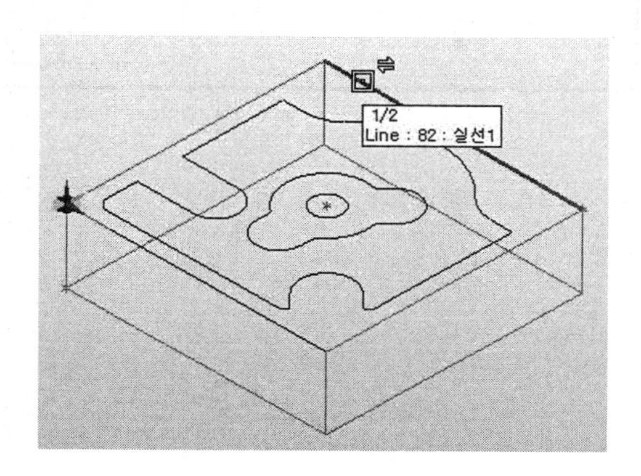

4 최외곽선을 더블클릭한 후의 형태이다. 최외곽선이 초록색으로 변한다.

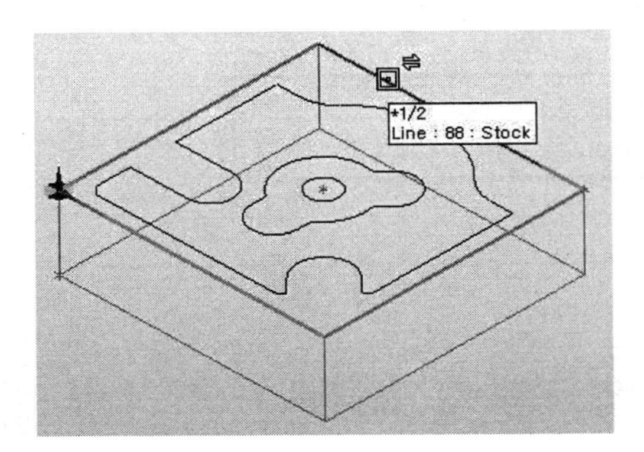

5 최외곽선을 선택 후에는 오른쪽 마우스를 클릭하거나 또는 엔터 키를 누른다. 오른쪽 마우스를 클릭하거나 또는 엔터 키를 누른 후의 최초의 화면이다. 페이스자동가공 박스에서 일반, 공구, 깊이설정을 한다.

6 페이스자동가공 박스에서 일반 탭의 조건은 아래와 같이 입력한다.

페이스자동가공
일반 공구 깊이설정
절삭방법 하향가공
각도 180
공구직경(%) 100
진입거리 60
진입반지름 0.0
모재옵셋량 0.5
확인 취소

- 절삭방법 : 하향절삭(G41)
- 각도 : 180
  - X방향의 우측에서 좌측으로 가공한다.
  - 0°는 Y방향 앞쪽에서 뒤로 가공한다.
- 공구직경(%) : 100
  - 1회 가공 폭이 80mm라는 의미이다.
- 진입거리 : 60
  - 공구의 중심에서 공작물의 최외곽까지의 거리
- 진입반지름 : 0.0
- 모재옵셋량 : 0.5

7 공구 탭의 조건은 아래와 같이 입력한다.

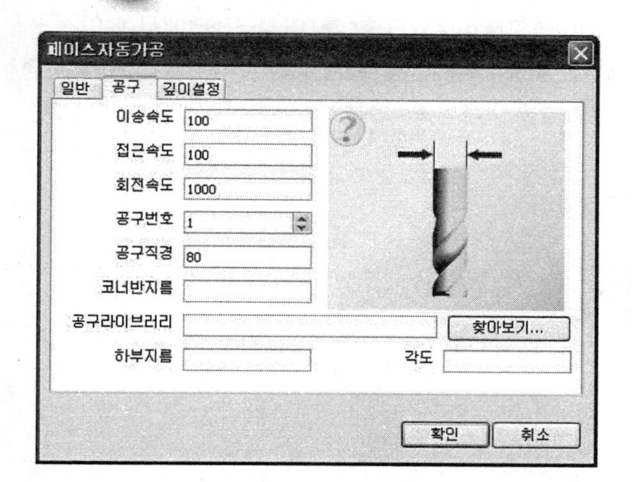

- 이송속도 : 100
- 접근속도 : 100
- 회전속도 : 1000
- 공구번호 : 1
  - 툴 메거진의 실제 번호를 입력한다.
- 공구직경 : 80
- 코너반지름, 공구라이브러리, 하부지름, 각도: 숫자는 0.00이라도 입력하지 않는다.

8 깊이설정 탭의 조건은 아래와 같이 입력한다. → 하단의 확인을 클릭한다.

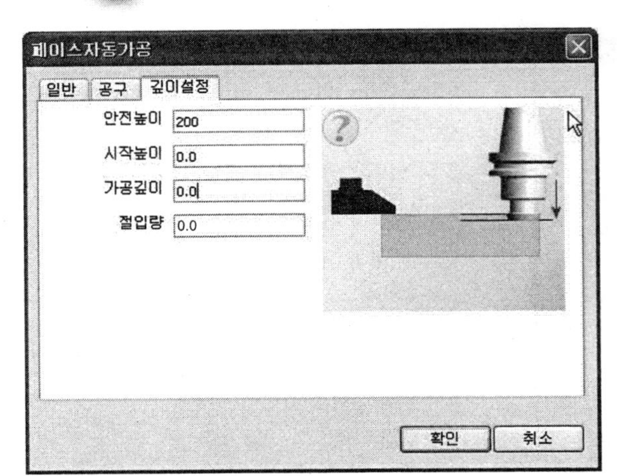

- 안전높이 : 200
- 시작높이 : 0.0
- 가공깊이 : 0.0
- 절입량 : 0.0

TIP ›› 페이스 커터에서 가공깊이와 절입량을 0.0으로 주는 이유?

실기시험에서 보통 두께를 치수에 맞게 가공하면 문제가 없지만 페이스 커터로 가공을 할 때에는 보통 완성치수가 20이면 21mm로 가공한 후 머시닝센터에서 페이스 커터로 가공하는데, 세팅 시에 Z값에 깊이의 여유만큼 보정을 하여 공작물 좌표계 선택의 G54에 입력하기 때문에 가공깊이를 0.00으로 한다.

9 페이스 커터의 공구경로가 생성된다.

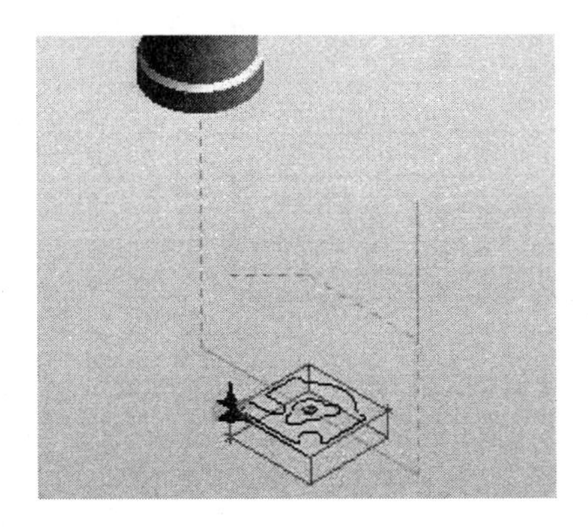

10 가공시뮬레이션 아이콘을 클릭한다.

11

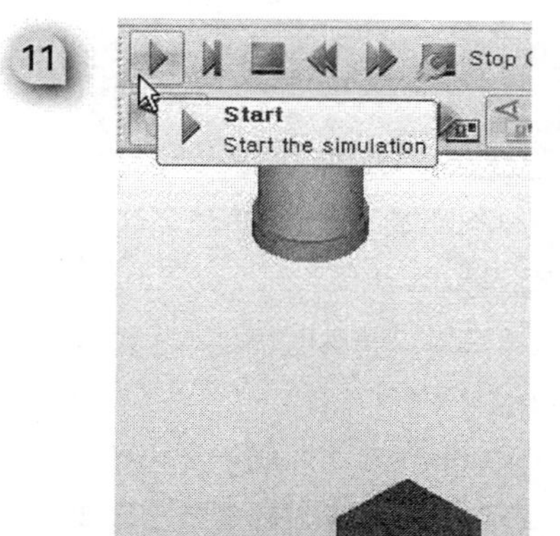

시뮬레이션을 작동시킨다. 좌측의 Start를 누르면 가공시뮬레이션이 진행된다. 아래의 큰 스크롤바는 시뮬레이터의 속도를 조절하는 것으로 적당히 조정하고 좌측의 시계 밑의 바를 클릭하면 속도가 고정된다.

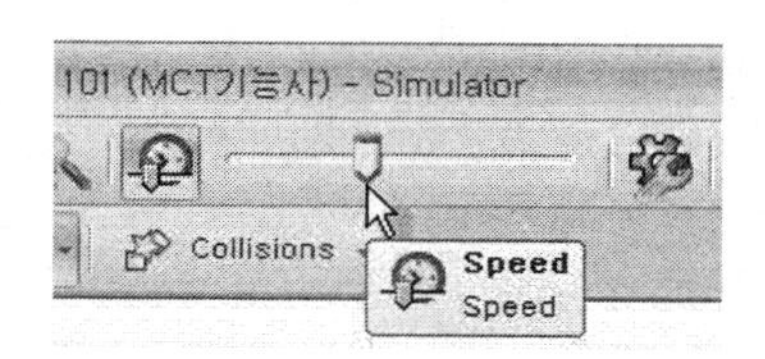

6.10 드릴 가공하기

Edgecam에서는 센터드릴, 스폿드릴, 탭, 리머 등 절입으로 가능한 작업은 하나의 탭에서 작업이 모두 가능하다.

1 홀 자동가공을 선택하면 왼쪽 하단에 점 선택이라는 도움말이 생성된다.

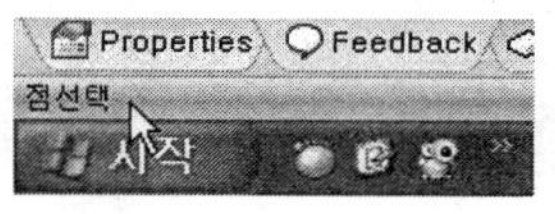

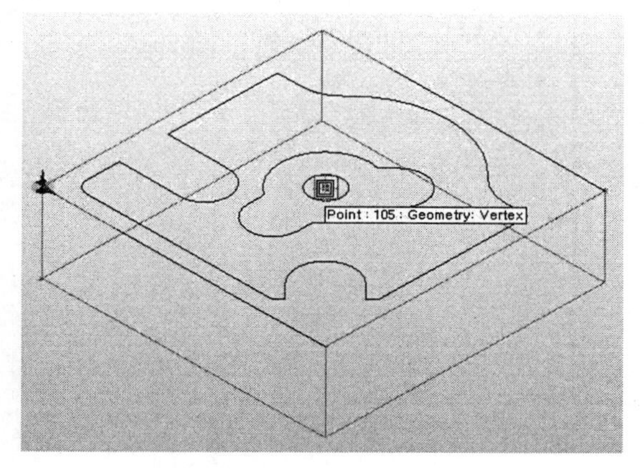

원의 중심에 생성되었던 점 가까이 가면 중심점이 붉게 점으로 변한다. 좌측과 같이 나타나면 점을 선택 후 오른쪽 마우스를 클릭하거나 또는 엔터를 누른다.

2 홀자동가공 박스에서 일반 탭의 조건은 아래와 같이 입력한다.

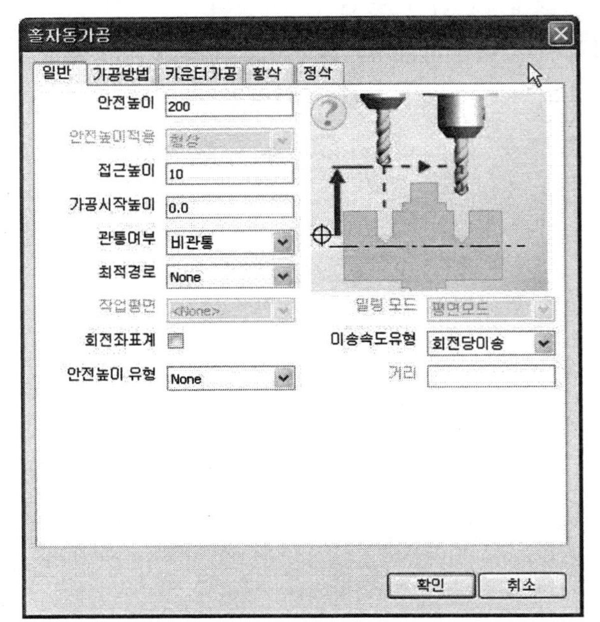

- 안전높이 : 200
  - 공작물 원전에서 떨어진 거리
- 접근높이 : 10
  - 펙드릴 가공 시는 R점과 동일하다.
- 가공시작높이 : 0.0
- 관통여부 : 복합기 사용 시 사용
- 최적경로 : 여러 가지 홀이 있을 때
  - 어떤 방법으로 가공할 것인가 결정
- 이송속도유형 : 회전당 이송

3 가공방법 탭의 조건은 아래와 같이 입력한다.

- 가공방법 : 센터드릴
- 깊이설정 : 3 또는 −3
  - 드릴 작업은 깊이 설정 시 3 또는 −3을 지령하여도 3을 음수로 인식한다.
  - 형상 가공 시에는 반드시 −를 주어야 한다.
- 접근속도 : 100
- 회전속도 : 1500
- 공구번호 : 2
- 우선순위 : 0
- 공구직경 : 4

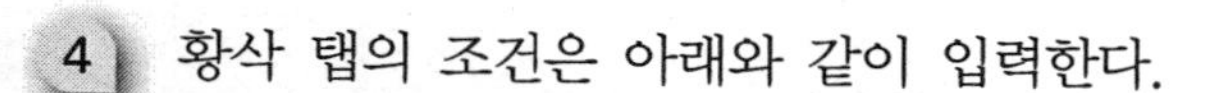

4 황삭 탭의 조건은 아래와 같이 입력한다.

홀자동가공

일반 | 가공방법 | 카운터가공 | 황삭 | 정삭

가공방법: 팩 드릴
깊이:
깊이설정: 20
휴지시간:
절입량: 3
팩드릴안전높이: 10

공구
공구라이브러리: [찾아보기...]
접근속도: 60 회전속도: 800
공구번호: 3 우선순위: 0
직경: 0.0 공구직경: 8

확인 취소

- 가공방법 : 팩 드릴
  - G83의 사이클을 사용한다는 의미
- 깊이설정 : 20
  - 20을 주면 스스로 계산을 하여 드릴의 경사높이 K만큼 내려간다.
- 절입량 : 3
- 팩드릴안전높이 : 10
- 접근속도 : 60
- 회전속도 : 800
- 공구번호 : 3
- 우선순위 : 0
- 공구직경 : 8

모두 지정 후 확인 버튼을 클릭한다.

5 페이스 커터의 공구경로가 생성된다.

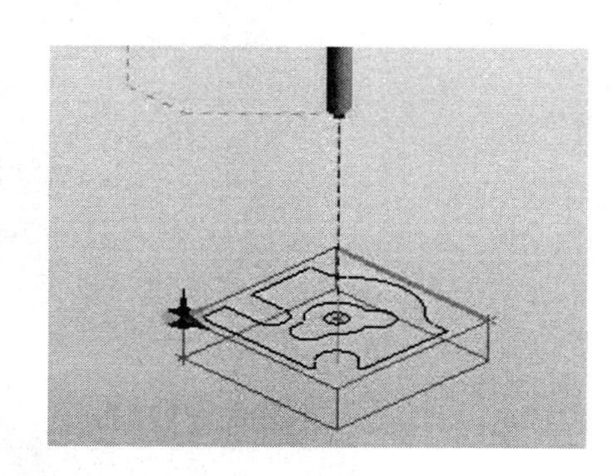

6 시뮬레이션 후의 형태이다.

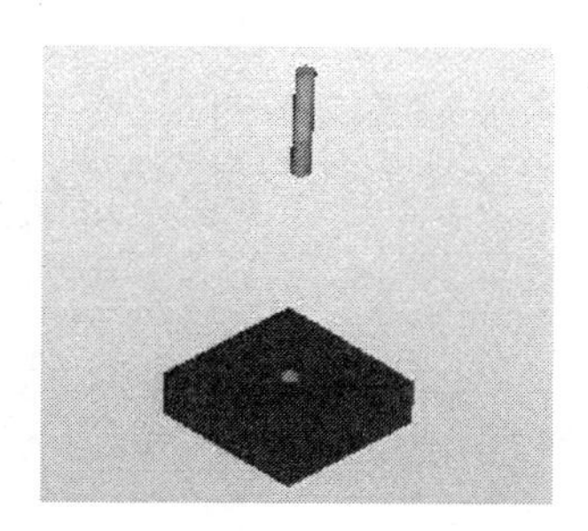

6.11 외곽 형상 가공하기

1 형상자동가공 아이콘을 클릭한다.

2 좌측 하단에 가공모델 또는 프로파일 선택이라는 도움말이 나타난다.

3 바깥쪽 라인을 더블클릭한 후 오른쪽 마우스를 클릭하거나 또는 엔터를 누른다.

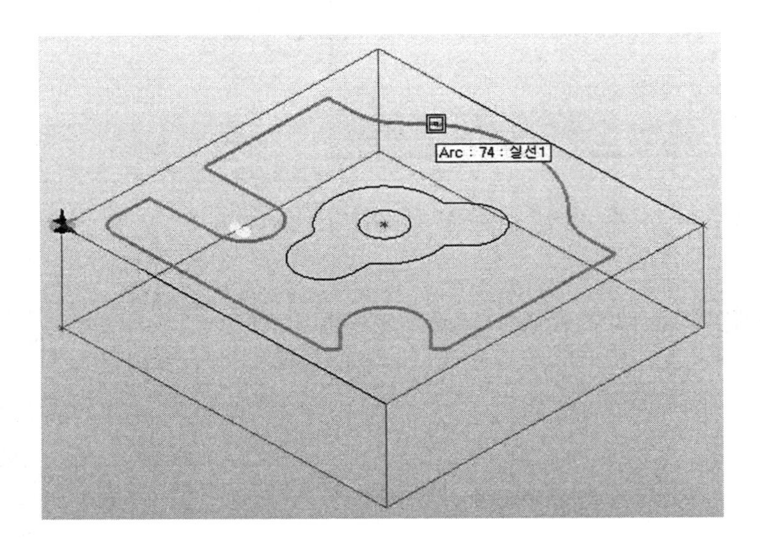

좌측 하단에 가공이 시작될 포인트를 선택하시오.라는 도움말이 나타난다.

4 라인의 바깥쪽을 클릭하고 화살표 방향이 안쪽이면 클릭하여 바깥쪽으로 나가도록 그림과 같이 조정한다.

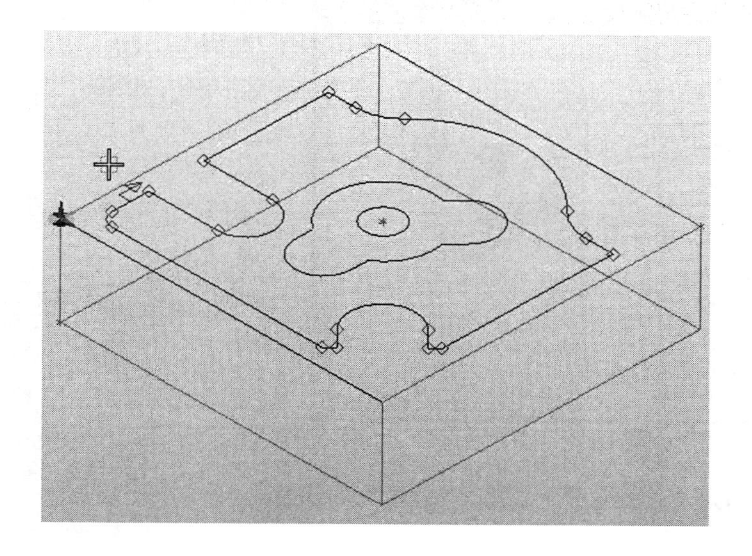

오른쪽 마우스를 클릭하거나 또는 엔터를 누른다.

5 가공영역선택(모재체크 시 미선택)
시작

좌측 하단에 가공영역선택(모재체크 시 미선택) 도움말이 나타난다. 오른쪽 마우스를 클릭하거나 또는 엔터를 누른다.

6 형상자동가공 박스에서 일반 탭의 조건은 아래와 같이 입력한다.

형상자동가공
일반 | 공구 | 깊이설정
절삭방법 하향가공
공차 0.05
XY(Z)여유량
Z여유량
XY여유량
공구경보정 모델에의한경보
반지름 5
G41/G42
확인 취소

- 절삭방법 : 하향가공(G41)
- 공차 : 0.05
- XY(Z)여유량 : 전체 여유량을 의미
- Z여유량 : 바닥 여유량
- XY여유량 : X방향, Y방향 여유량을 의미
- 공구경보정 : 모델에 의한 보정
- 반지름 : 5

7 공구 탭의 조건은 아래와 같이 입력한다.

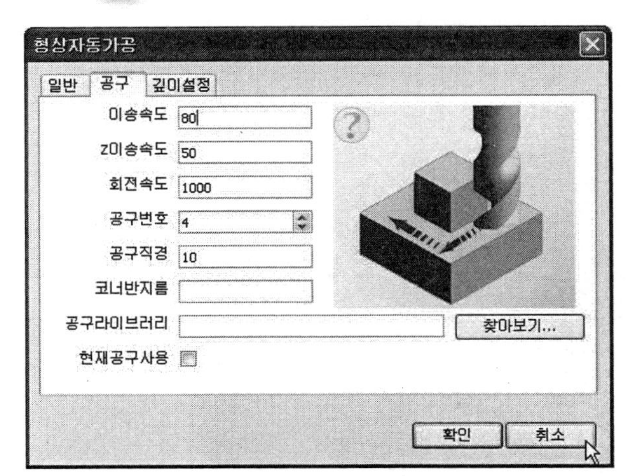

- 이송속도 : 80
- Z이송속도 : 50
- 회전속도 : 1000
- 공구번호 : 4
- 공구직경 : 10
- 코너 반지름 : 공구의 R값 10mm 볼 엔드밀 시 5를 지령한다.
- 현재공구사용 : ☑ 체크 시 이전 공구가 사용됨.

8 깊이설정 탭의 조건은 아래와 같이 입력한다.

- 안전높이 : 10
- 접근높이 : 5
- 가공시작높이 : 0.0
- 가공깊이 : 5
- 절입량 : 5

9 확인을 클릭하면 우측과 같이 툴패스가 생성된다. 잔삭이 남아있는지 시뮬레이션을 반드시 해보아야 한다.

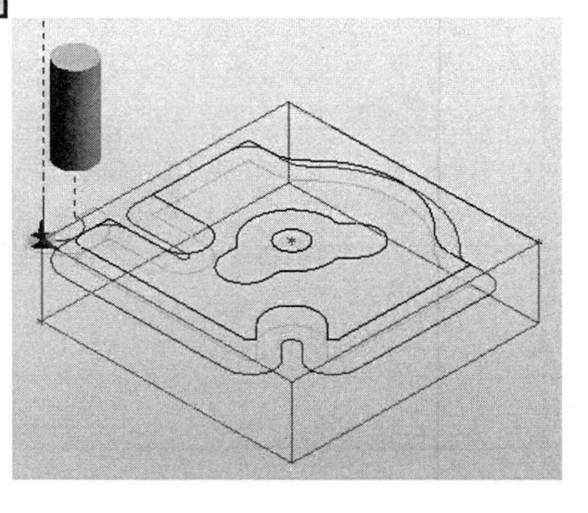

10

시뮬레이션 지정한다.
아이콘 메뉴의 가공시뮬레이션 아이콘을 클릭하여 시뮬레이션을 지정하면 아래와 같은 모재가 생성된다.

11

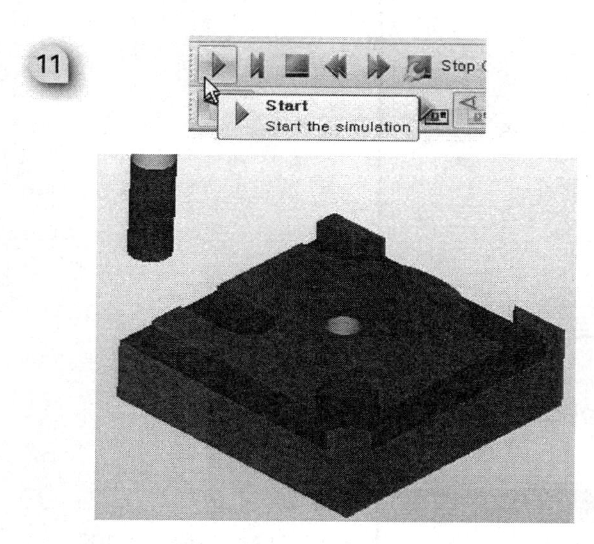

공구경로를 확인한다.
가공된 모습인데 시뮬레이션으로 확인한 결과 엔드밀이 진입부분에서 공작물 속으로 바로 진입을 한다. 모서리에 잔삭도 남아있다. 잔삭 부분을 수정으로 완료하여야 한다.
시퀀스/공정편집 박스에서 형상가공 앞의 +를 클릭하면 3.6형상가공이 나타난다. 이곳에서 오른쪽 마우스를 클릭하여 편집을 클릭하면 다음과 같은 화면이 나타난다.

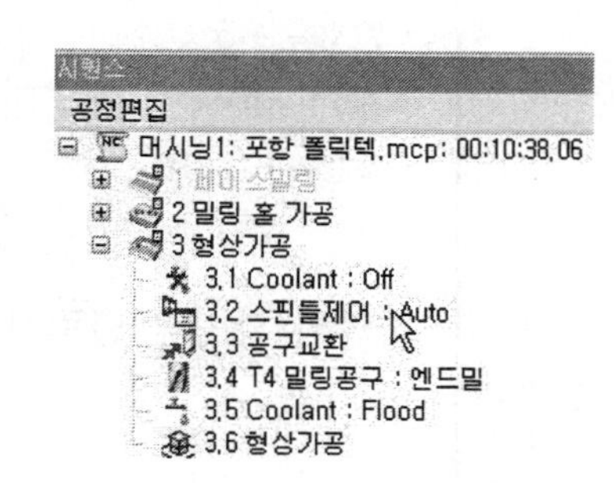

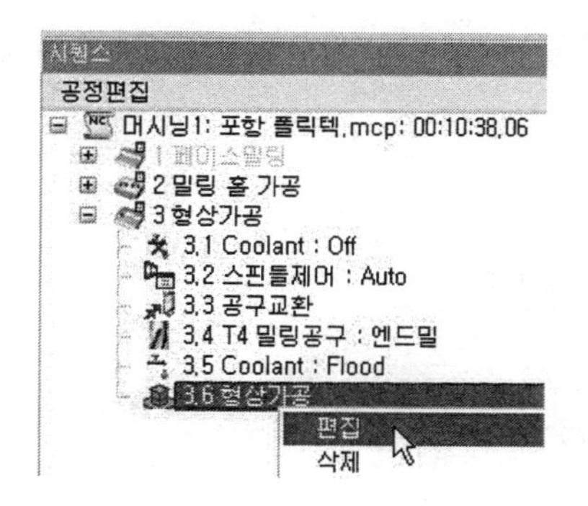

12 형상가공 박스가 활성화되어 다음과 같은 탭이 나타나면 다중 툴패스의 조건을 다음과 같이 변경한다. 일반 탭의 조건은 아래와 같이 입력한다.

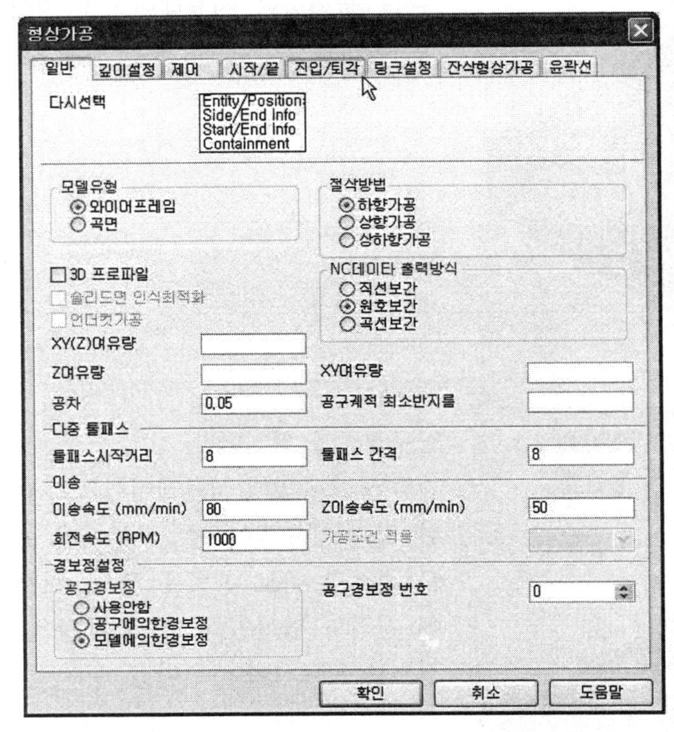

- 공차 : 0.05
- 툴 패스 시작거리 : 8
- 툴 패스 간격 : 8
- 이송속도(mm/min) : 80
- Z이송속도(mm/min) : 50
- 회전ㅅ녹도(RPM) : 1000

13 진입/퇴각 탭의 조건은 아래와 같이 입력한다.

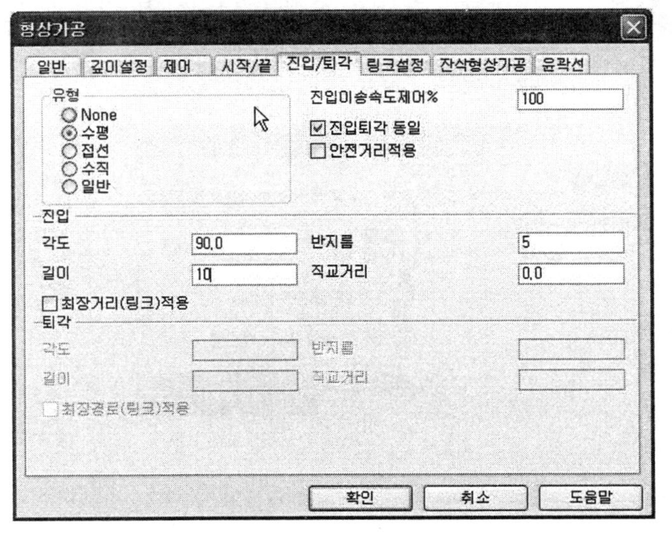

- 유형/수평 선택
- 진입이송속도제어% : 100
- 각도 : 90
- 반지름 : 5
- 길이 : 10
- 직교거리 : 0.0

하단의 확인을 클릭한다.

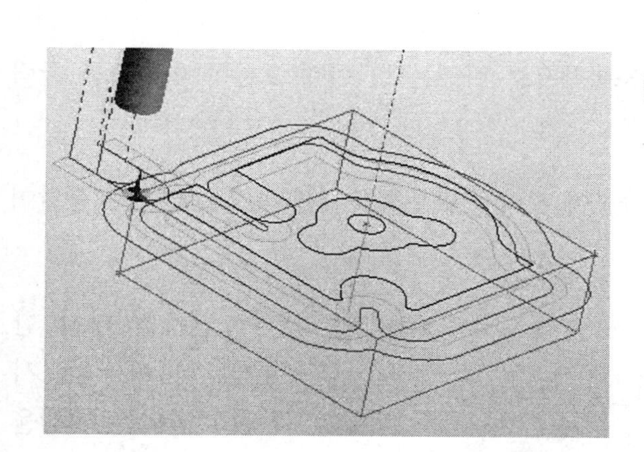

14 확인을 클릭하면 좌측과 같이 잔삭부분을 완전히 제거하는 툴패스가 새로 생성됨을 알 수 있다.

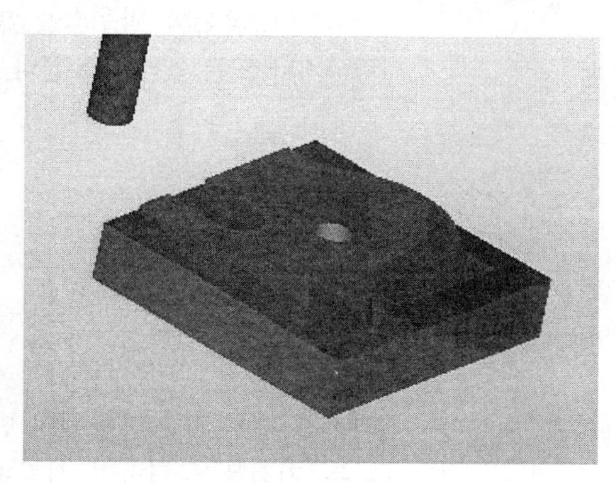

15 좌측은 시뮬레이션으로 확인한 후 새로 형성된 툴패스이다.

6.12 포켓 형상 가공하기

1 형상자동가공
형상자동가공을 실행합니다.

형상자동가공 아이콘을 클릭한다.

2 가공모델또는 프로파일 선택
시작

좌측하단에 가공모델 또는 프로파일 선택이라는 도움말이 나타난다.

3 안쪽 폐곡선을 더블클릭하면 초록색으로 바뀌는데, 이때 오른쪽 마우스를 클릭하거나 또는 엔터 키를 누른다.

좌측 하단에 가공이 시작될 포인트를 선택하시오. 라는 도움말이 나타난다.

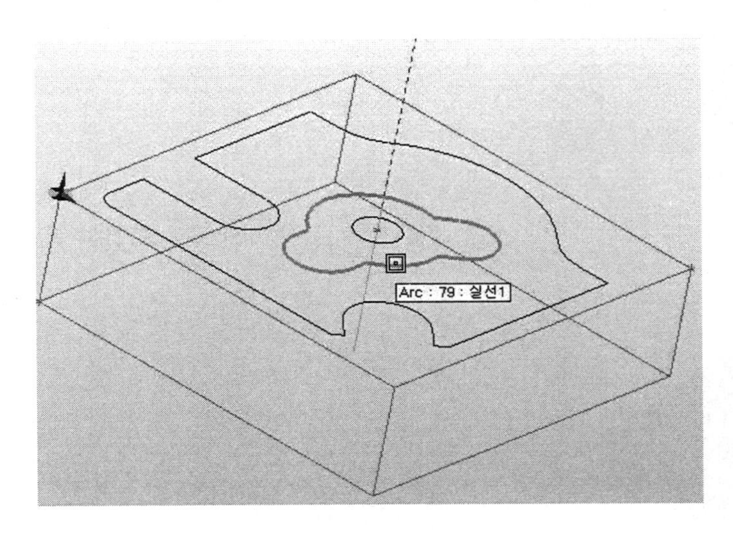

이때 라인의 안쪽을 다시 한 번 클릭하여야 하며, 반드시 직선과 곡선이 만나는 지점을 클릭한다.(오른쪽 마우스를 클릭하거나 또는 엔터를 누른다.)

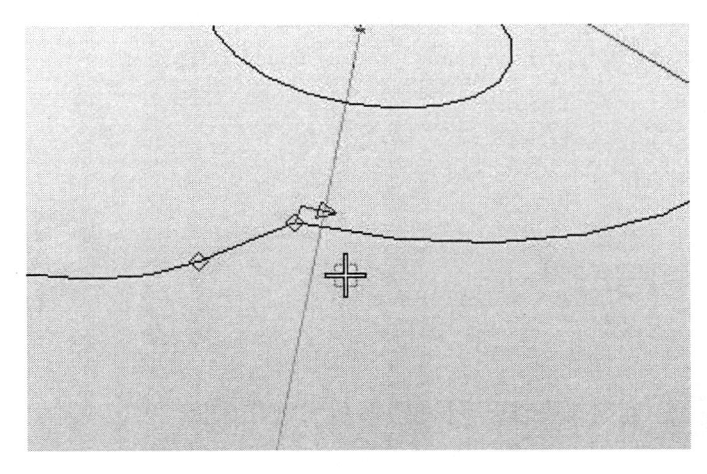

좌측과 같이 직선과 곡선이 만나는 지점을 클릭하면 사각형의 표시가 형성되고 화살표가 안쪽으로 가도록 클릭하여 맞춘다.

오른쪽 마우스를 클릭하면 다음과 같이 변하고 좌측하단에 가공영역선택(모재체크시 미선택)이라는 도움말이 나타난다.
위 상태에서 엔터 또는 오른쪽 마우스를 클릭하여 다음 단계로 넘어간다.

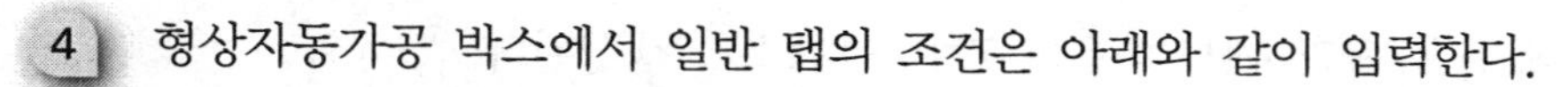

4 형상자동가공 박스에서 일반 탭의 조건은 아래와 같이 입력한다.

- 절삭방법 : 하향가공(G41)
- 공차 : 0.05
- XY(Z)여유량 : 전체 여유량을 의미
- Z여유량 : 바닥 여유량을 의미
- XY여유량 : X방향, Y방향 여유량을 의미
- 공구경 보정 : 모델에 의한 경보

5 공구 탭의 조건은 아래와 같이 입력한다.

- 이송속도 : 80
- Z이송속도 : 50
- 회전속도 : 1200
- 공구번호 : 4
- 공구직경 : 10
- 코너반지름 : 공구의 R값 10mm, 볼 엔드밀 시 5를 지령한다.
- 현재공구사용 : ☑ 체크 시 이전 공구가 사용된다.

6 깊이설정 탭의 조건은 아래와 같이 입력한다.

- 안전높이 : 10
- 접근높이 : 5
- 가공시작높이 : 0.0
- 가공깊이 : 5
- 절입량 : 5

7 확인을 클릭하면, 다음과 같은 툴패스가 생성된다.

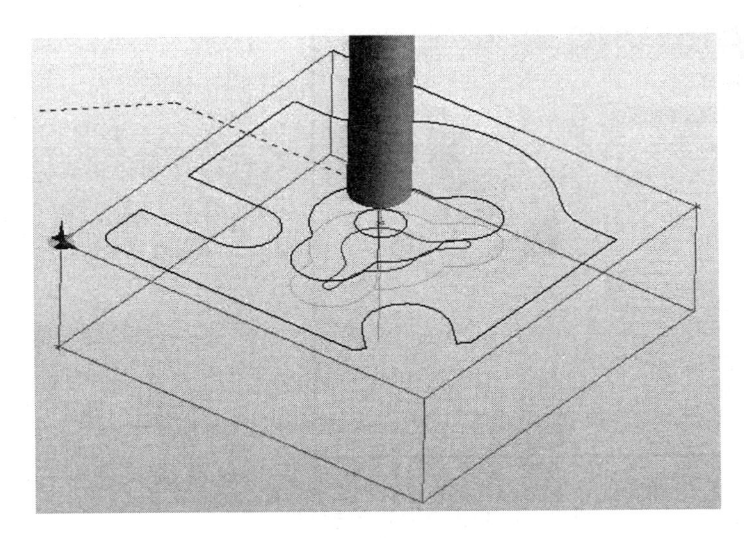

아래는 가공된 형태이다.

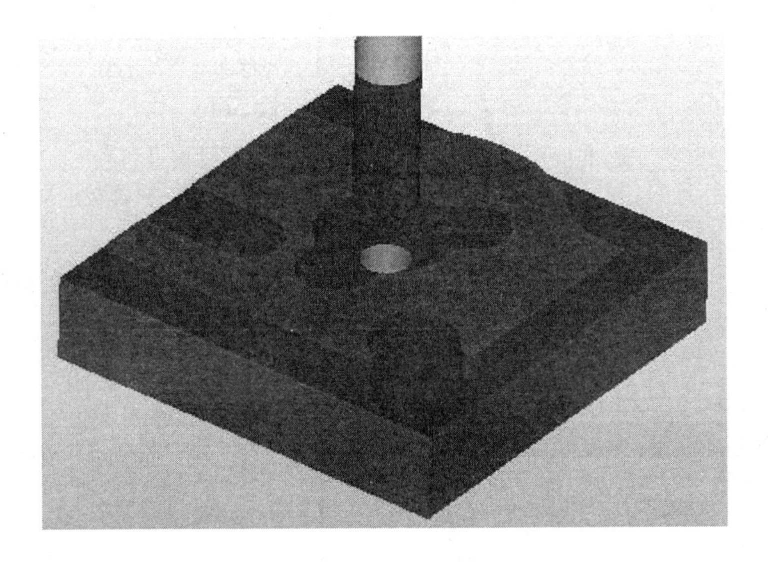

시뮬레이션으로 확인한 결과 엔드밀이 진입부분에서 공작물 속으로 바로 진입함으로써 엔드밀의 파손 우려가 있으므로 조금의 수정으로 인하여 Z진입지점을 드릴의 중심으로 진입하도록 하겠다.

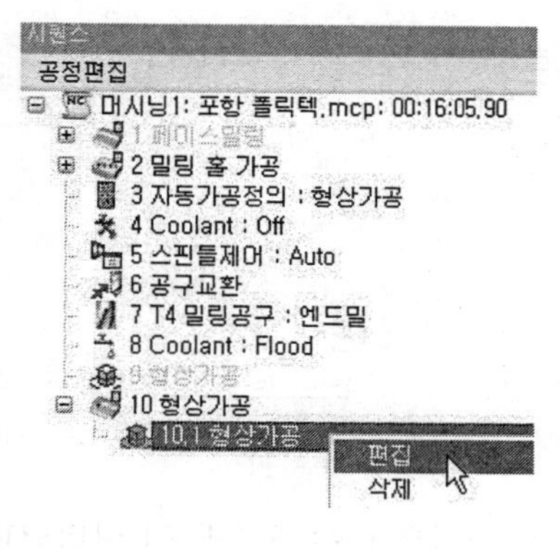

① 시퀀스/공정 편집에서 형상가공 앞의 +를 클릭하면 10.1 형상가공이 나타난다. 이곳에서 오른쪽 마우스를 클릭하여 편집을 클릭하면 다음과 같은 형상가공 박스가 화면이 나타난다.

▶ 일반 탭에서 다시선택 부분의 4개를 모두 선택한다.

▶ 시작/끝 탭에서는 다음과 같이 선택한다.

- Z진입점 : 사용자 선택
- Z퇴각점 : 진입점과 동일

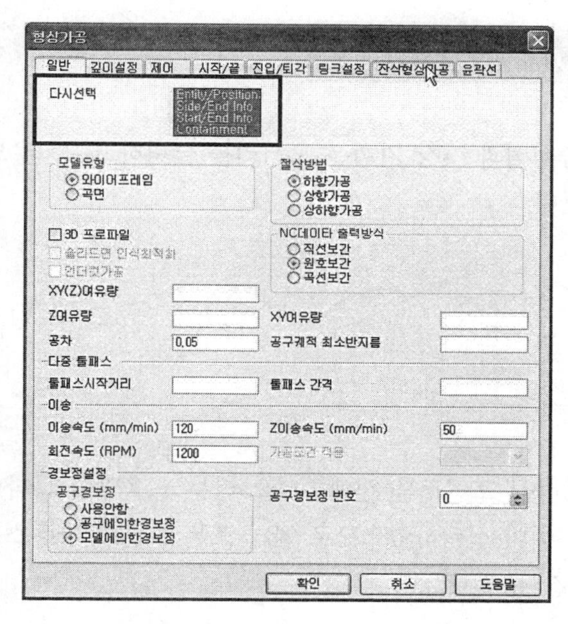

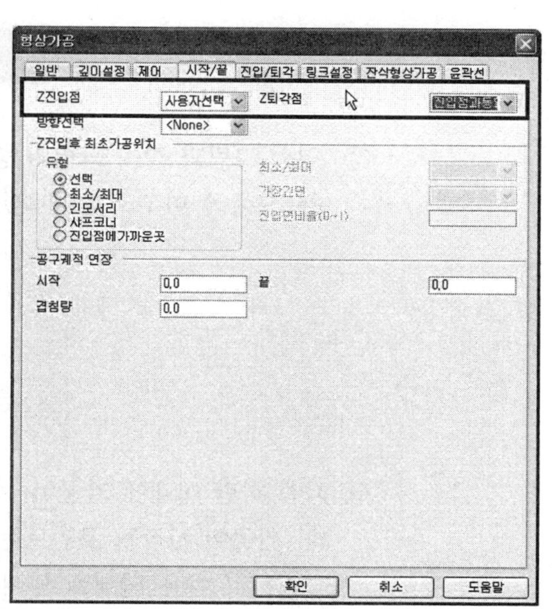

② 링크설정 탭에서는 Z방향 진입 시 이송속도 적용 앞에 사각박스 안을 ☑ 체크한다.

③ 좌측 하단 아래에 라인 또는 프로파일을 선택이라는 도움말이 나타난다.

④ 프로파일을 선택하기 전에 공구가 있으면 선택하기가 곤란하므로 공구표시설정(가시성)을 끈다.

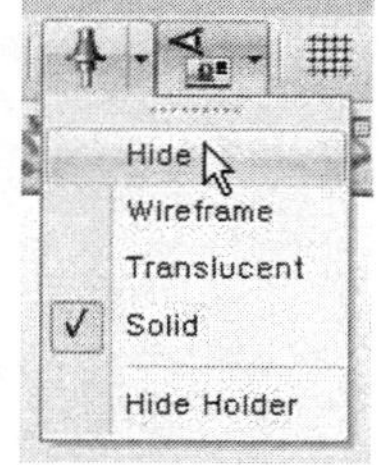

⑤ 안쪽 폐곡선을 더블클릭하고 엔터 또는 오른쪽 마우스를 클릭한다.

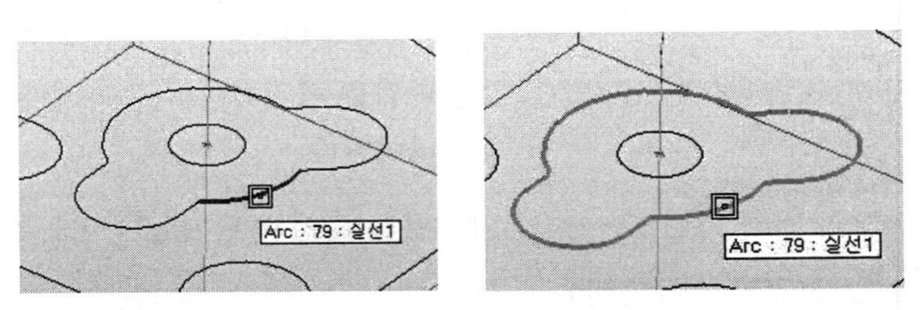

⑥ 좌측 하단 아래에 가공이 시작될 포인트를 선택하시오. 라는 도움말이 나타난다.

⑦ 옆의 그림과 같이 드릴의 중심점과 가장 가까운 모서리를 클릭하고, 엔터 또는 오른쪽 마우스를 클릭한다.

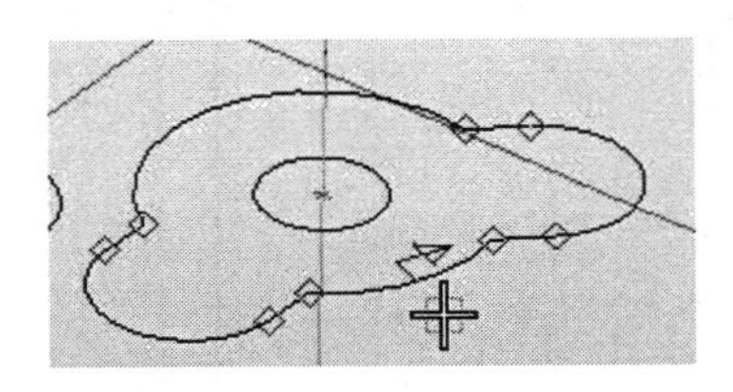

⑧ 좌측 하단 아래에 가공이 시작될 포인트를 선택하시오. 라는 도움말이 나타난다. 가공이 시작될 포인트는 이미 선택하였으므로 엔터 또는 오른쪽 마우스를 클릭하고 다음 단계로 넘어간다.

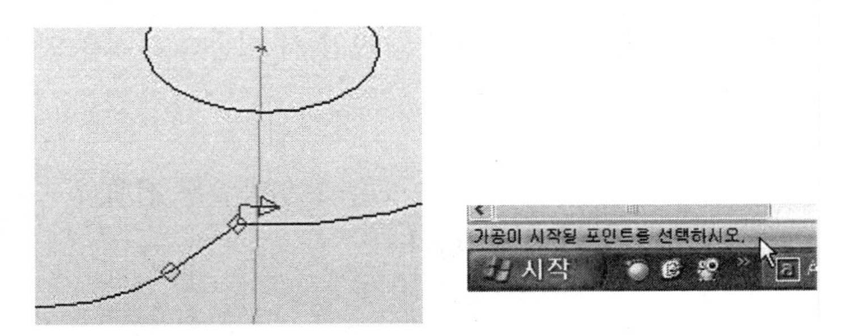

⑨ 좌측 하단 아래에 Digitise Plunge Point(s) (Finish) 도움말이 나타난다.

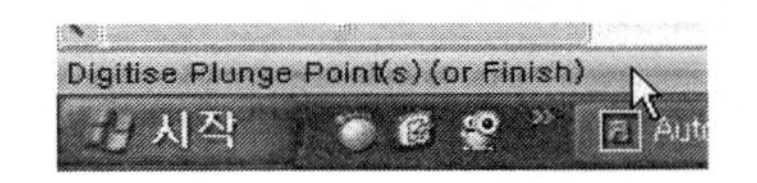

⑩ 아래 그림과 같이 드릴 점으로 사용하였던 중심점을 클릭하고, 엔터 또는 오른쪽 마우스를 클릭한다.

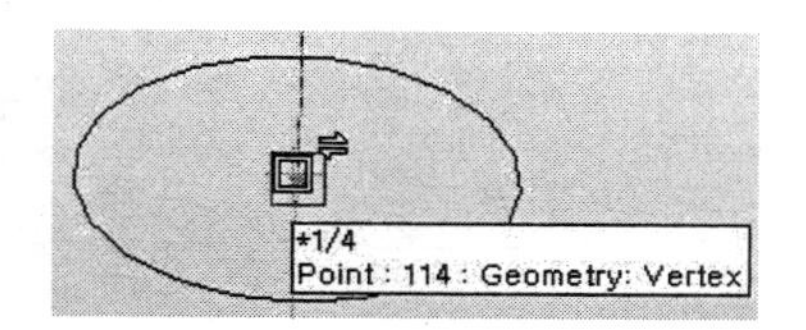

⑪ 좌측하단 아래에 공구가 움직일 영역을 선택(황삭 시 미선택)의 도움말이 나타난다. 정삭 작업이므로 무시하고 엔터 또는 오른쪽 마우스를 클릭한다.

⑫ 드릴 점부터 가공이 시작하는 툴패스가 새로 생성되었다.

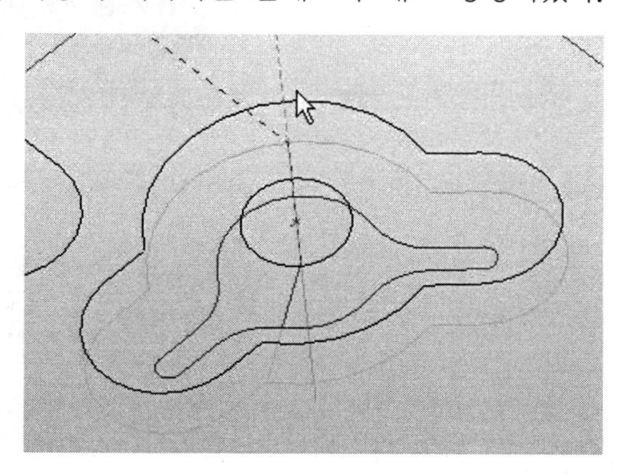

⑬ 새로 가공되어진 형상을 보도록 하겠다. 상단의 가공시뮬레이션 아이콘을 클릭하면 모재가 생성된다.

⑭ 좌측 위의 start 아이콘을 클릭하여 공구의 경로를 확인한다. 우측의 바를 이용하면 속도를 조정할 수 있다.

⑮ 새로 생성된 가공물의 가공 형태이다.

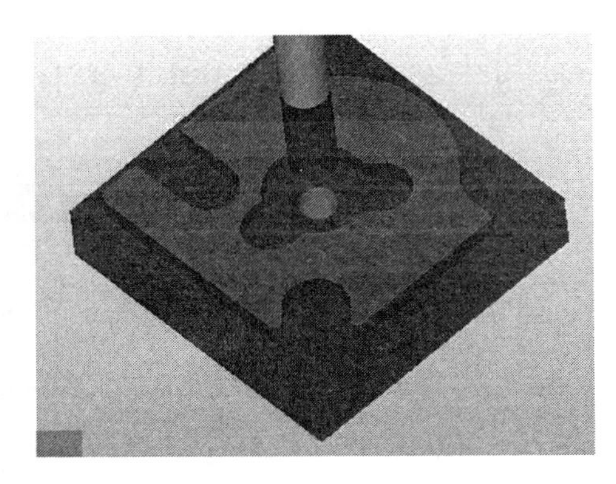

⑯ 좌측 위의 NC데이터 출력 아이콘을 클릭한다.

⑰ NC데이터 출력 박스에서 찾아보기를 클릭하여 저장위치를 선택한다. 공구이름에서는 공구별로 따로 저장이 가능하다. 찾아보기를 클릭하여 바탕화면에 O8888로 저장한다.

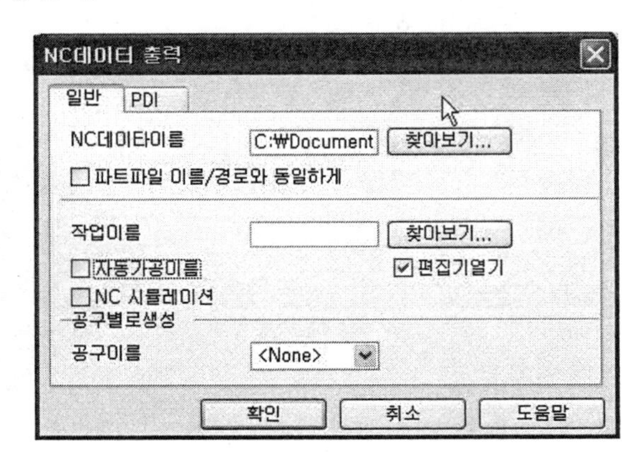

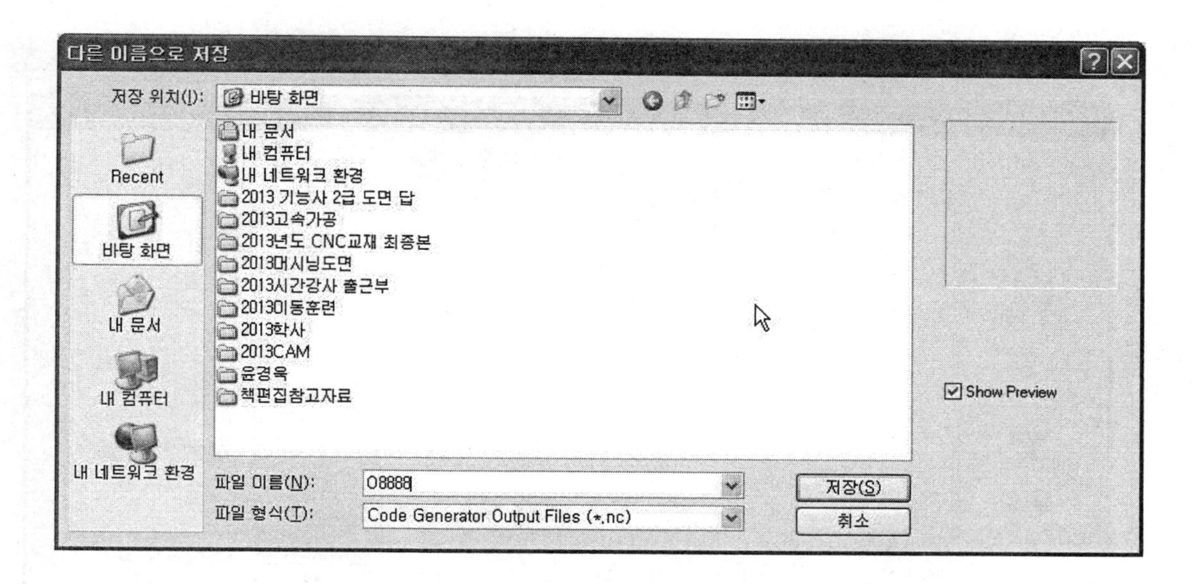

⑱ 저장위치를 선택하고 공구이름을 None으로 하고 확인을 클릭한다. 공구이름 우측을 클릭하면 공구별로 NC DATA를 생성할 수 있다. None으로 지정하면 현재 DATA상의 모든 공구를 사용한 NC DATA를 생성할 수 있다.

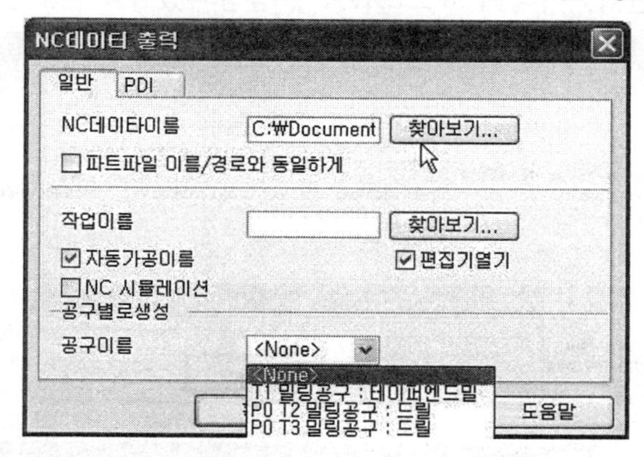

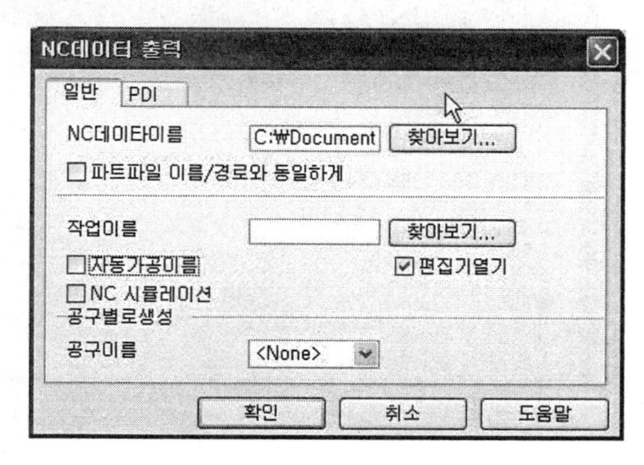

⑲ 찾아보기를 클릭한 후 2013Edge CAM 폴더에 4.NC로 저장한다.

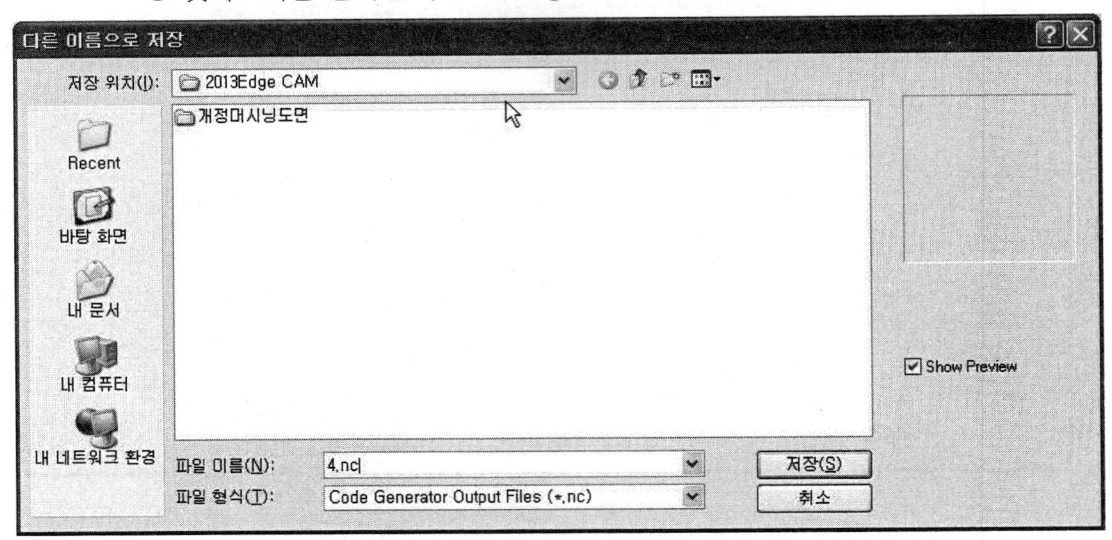

⑳ 다음의 탭이 생성되면, 프로그램 번호를 지정하여 달라는 의미인데 Cancel을 선택한다. 아래에 NC DATA가 생성되었다.

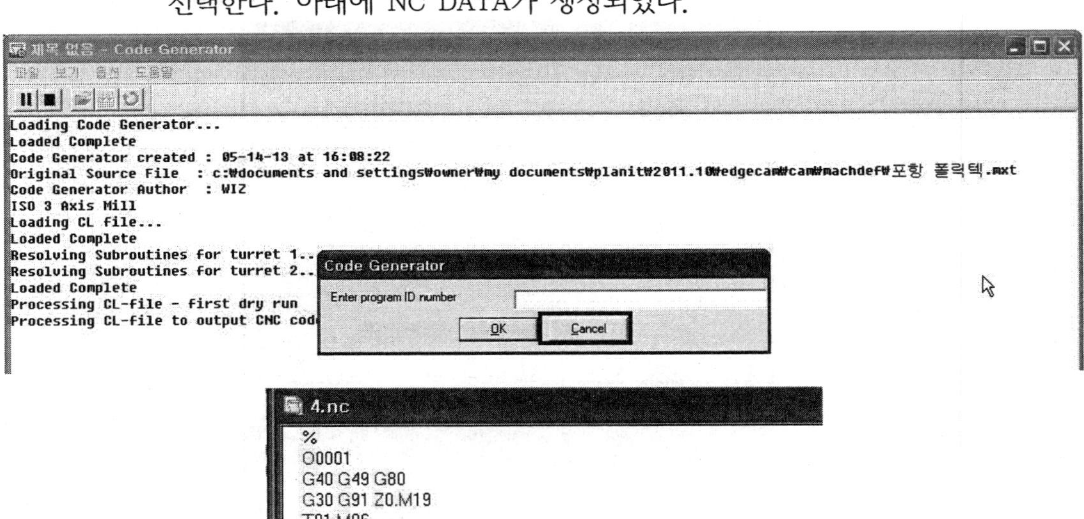

CNC 선반 CAM 따라 하기

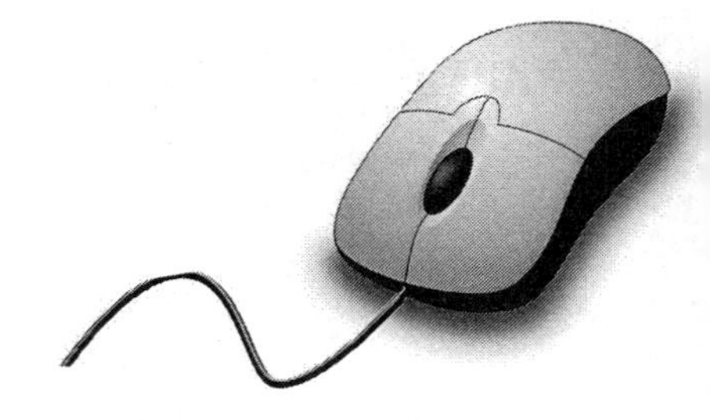

Mastercam CNC 선반 CAM 따라 하기

1.1 1번 공구 지정

1. 선반 캔드 황삭 속성 박스에서 가공경로 파라미터 탭 선택 → 첫 번째 T0101 지정 선택 → 우측의 조건은 다음과 같이 입력한다.

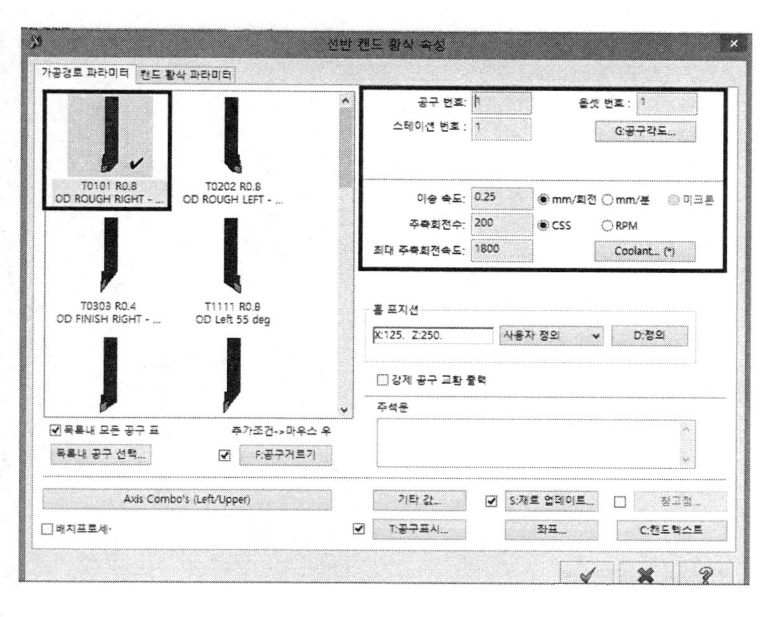

- 공구 번호 : 1
- 옵셋 번호 : 1
- 스테이션 번호 : 1
- 이송속도 : 0.25(mm/회전 선택)
- 주축회전수 : 200(CSS 선택)
- 최대 주축회전속도 : 1800
- Coolant on을 선택

2 캔드 황삭 파라미터 탭 선택 후 아래와 같이 입력한다.

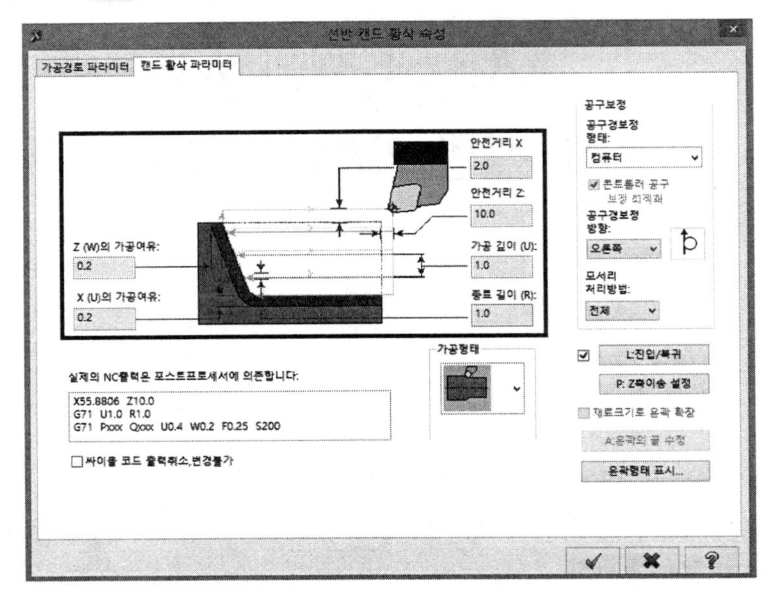

- Z(W)의 가공여유 : 0.2
- X(U)의 가공여유 : 0.2
- 안전거리 X : 2.0
- 안전거리 Z : 10.0
- 가공 깊이(U) : 1.0
- 종료 길이(R) : 1.0

1.2 3번 공구 지정

1 선반 정삭 속성 박스에서 가공경로 파라미터 탭 선택 → 좌측 T0303 지정 선택 → 우측의 조건은 다음과 같이 입력한다.

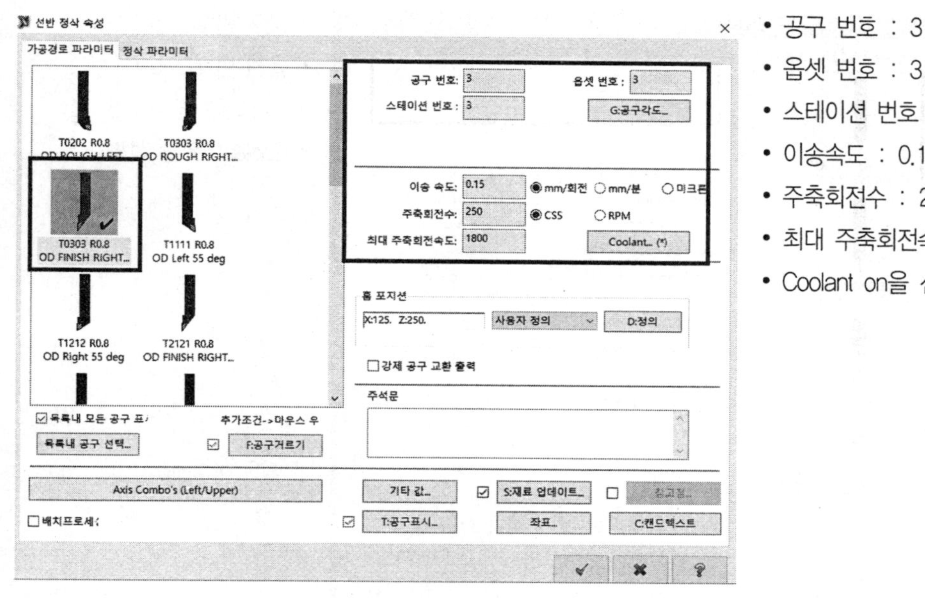

- 공구 번호 : 3
- 옵셋 번호 : 3
- 스테이션 번호 : 3
- 이송속도 : 0.15(mm/회전 선택)
- 주축회전수 : 250(CSS 선택)
- 최대 주축회전속도 : 1800
- Coolant on을 선택

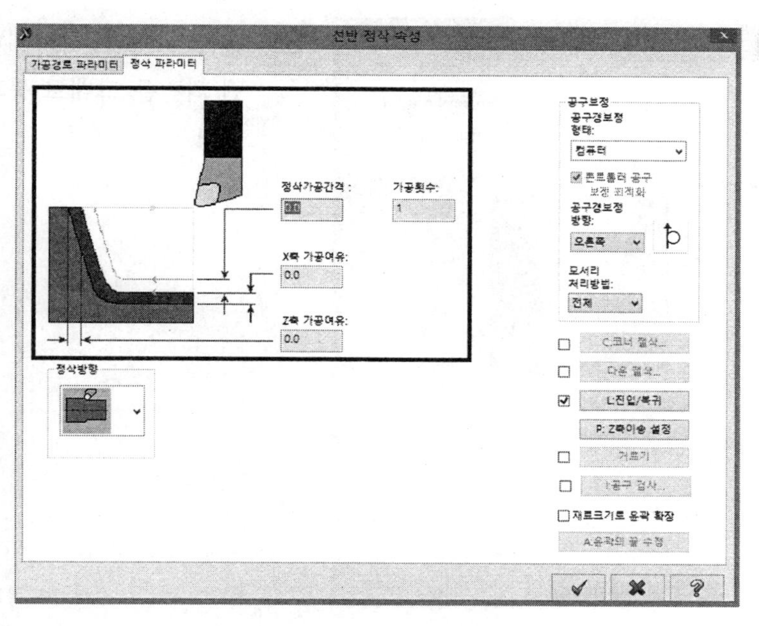

2 정삭 파라미터 탭 선택 후 조건을 아래와 같이 입력한다.

- 정삭가공간격 : 0.0
- 가공횟수 : 1
- X축 가공여유 : 0.0
- Z축 가공여유 : 0.0

1.3 5번 공구 지정

1 선반 캔드 홈파기 속성 박스에서 가공경로 파라미터 탭 선택 → 첫 번째 T0505 지정 후 더블클릭하여 홈폭 3을 입력한다. → 우측 조건은 아래와 같이 입력한다.

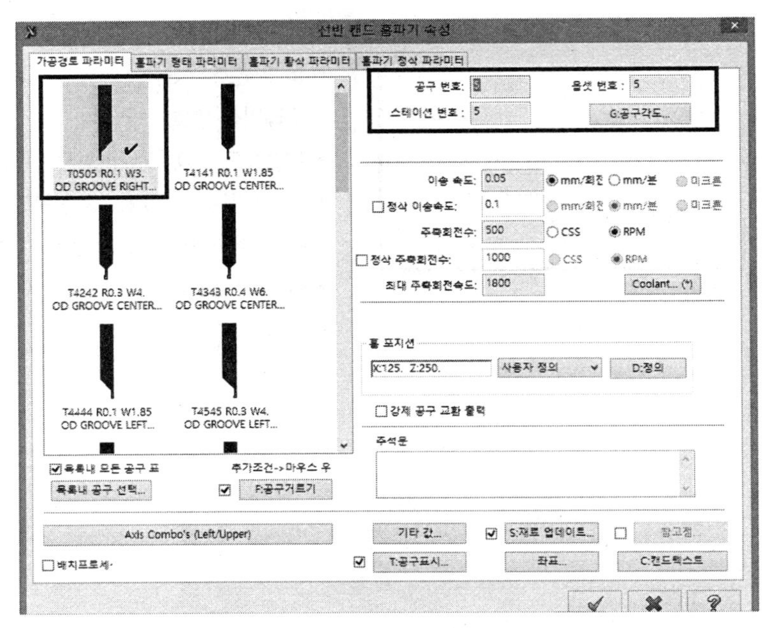

- 공구 번호 : 5
- 옵셋 번호 : 5
- 스테이션 번호 : 5
- Coolant on을 선택

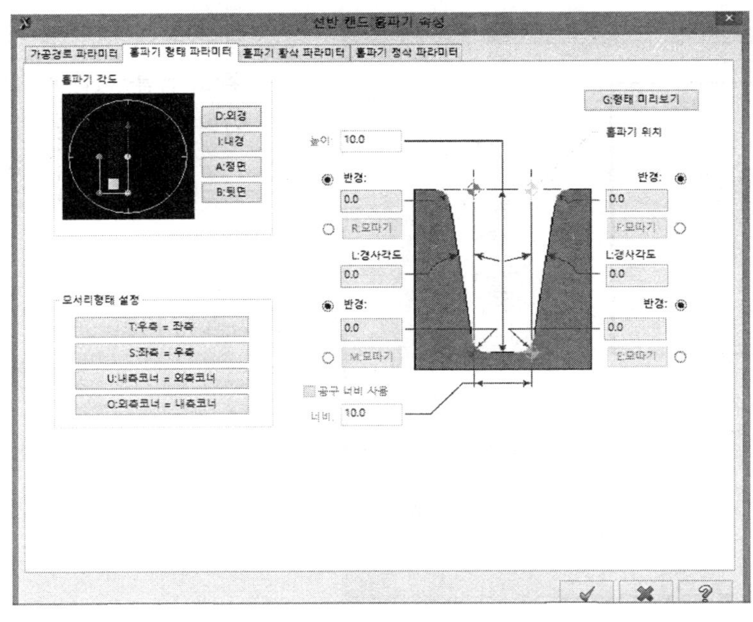

2 홈파기 형태 파라미터 탭 화면은 그대로 통과한다.

3 홈파기 황삭 파라미터 탭 선택 → 좌측 T0505 지정 후 더블클릭하여 홈폭 3을 입력한다. → 우측의 조건은 아래와 같이 입력한다.

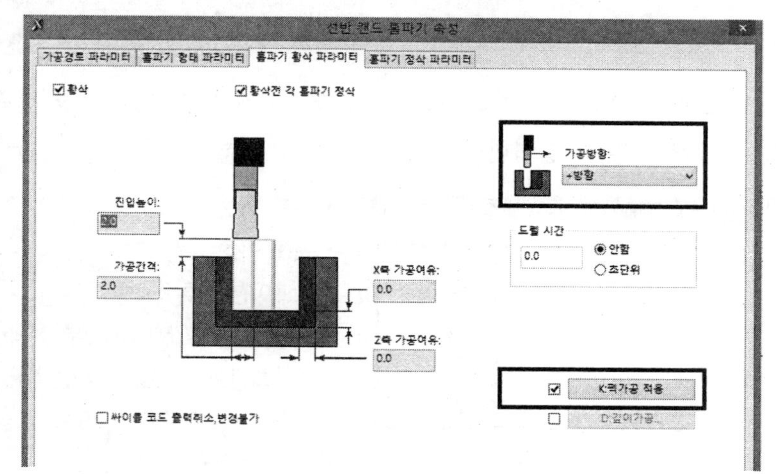

- 가공간격 : 2.0
- X축 가공여유 : 0.0
- Z축 가공여유 : 0.0
- 가공방향 : + 방향으로 선택
- K:펙가공 적용 : ☑ 체크 클릭 한다.

4 펙가공 조건설정 박스에서 아래와 같이 입력한다.

- 깊이 : 0.1
- 이송 높이 : 1.0

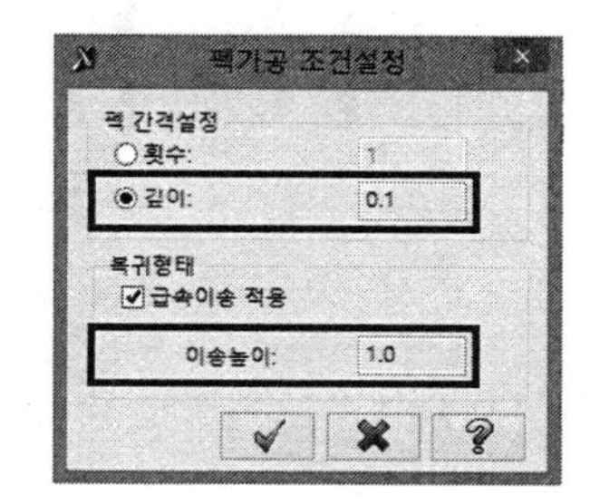

5 선반 캔드 홈파기 속성 박스에서 홈파기 정삭 파라미터 탭 선택 → 정삭을 ☑된 상태에서 □로 체크를 해제한다.

1.4 7번 공구 지정

1 선반 나사 속성 박스에서 가공경로 파라미터 탭 선택 → 좌측 T0707 지정 선택 → 우측의 조건은 아래와 같이 입력한다.

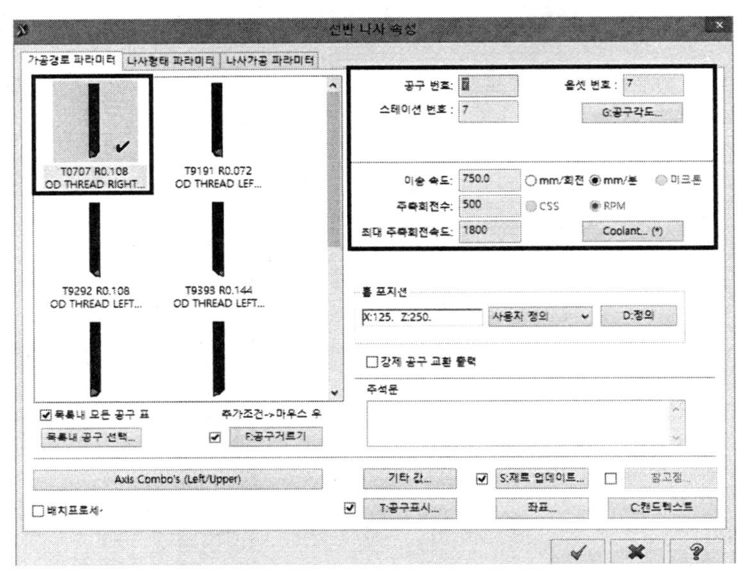

- 공구 번호 : 7
- 옵셋 번호 : 7
- 스테이션 번호 : 7
- 이송 속도 : 750.0(mm/분 선택)
- 주축회전수 : 500(RPM 선택)
- 최대 주축회전속도 : 1800
- Coolant on을 선택

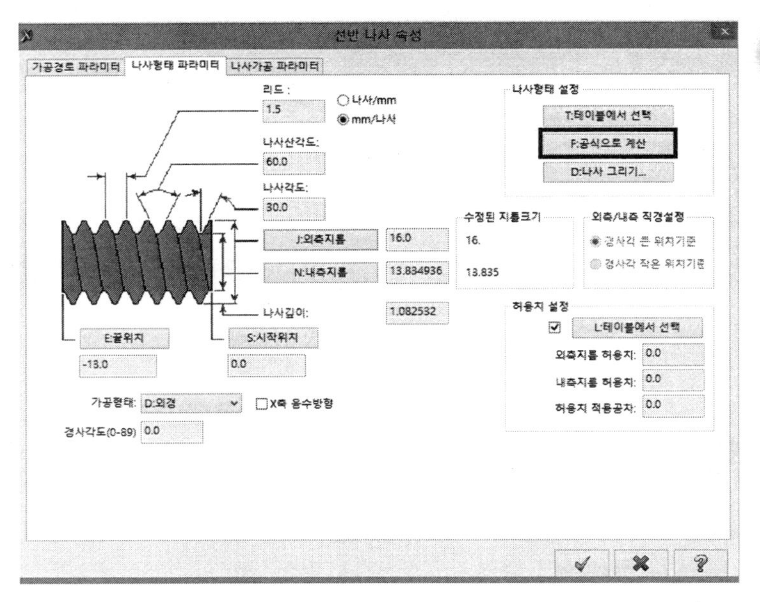

2 나사형태 파라미터 탭 선택 후 조건을 아래와 같이 입력한다.

- 리드 : 1.5(mm/나사를 선택)
- J:외측지름을 클릭한 후에 나사의 외경 우측 끝점을 클릭하면 자동으로 외측지름에 16.0이 생성된다.
- 나사형태 설정/F:공식으로 계산을 클릭하면 내측지름을 구할 수 있다.

3 공식으로 계산을 클릭하면 자동으로 다음 화면이 나타난다.

- 리드 : 1.5(mm/나사를 선택)로 입력하고 아래의 ✔ 버튼을 클릭한다.

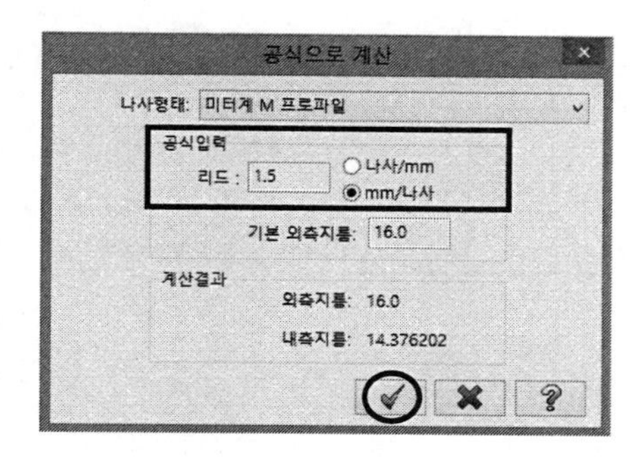

4 선반 나사 속성 박스에서 나사형태 파라미터 탭 선택 → N:내측지름이 자동으로 계산되었다.

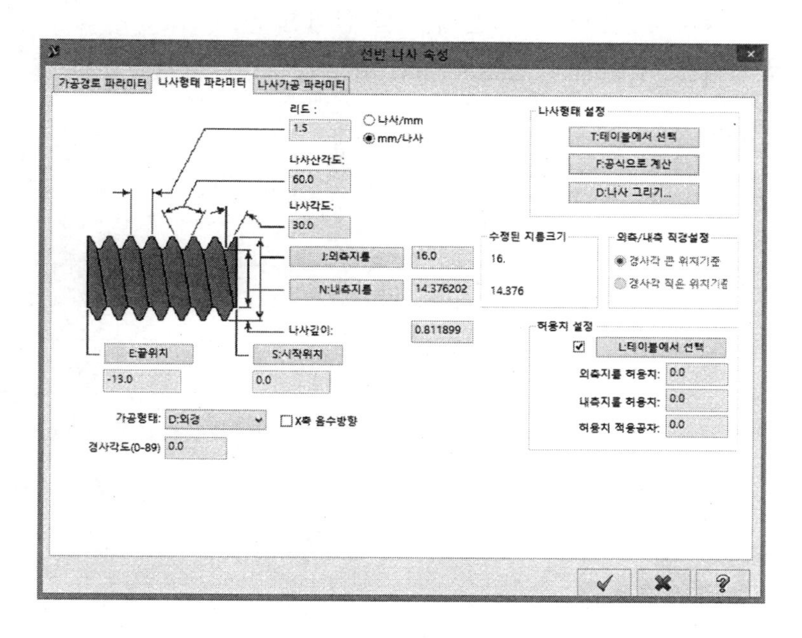

5 나사형태 파라미터의 S:시작 위치를 클릭한다.
시작위치는 \의 위쪽 끝점과 우측 아래 부분 지정(모따기 첫점)한다.

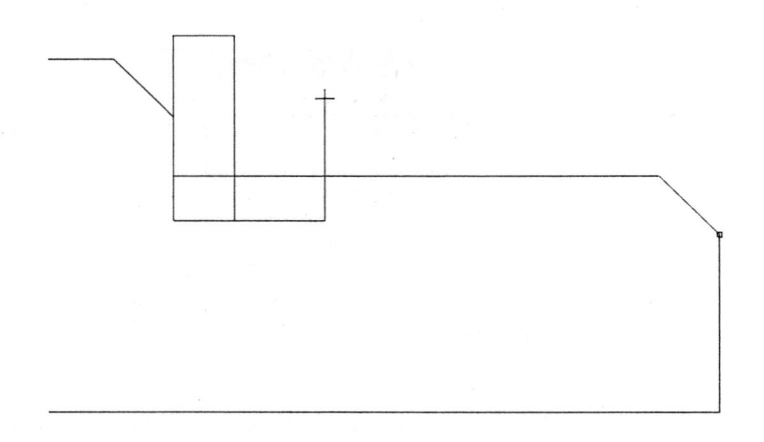

6 나사형태 파라미터의 E:끝 위치를 클릭한다.
끝위치는 나사 끝 부분을 지정한다.

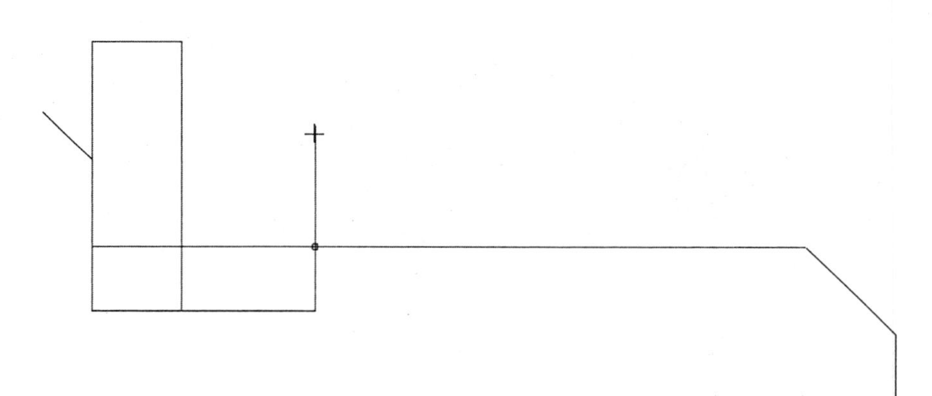

7 선반 나사 속성 박스에서 나사가공 파라미터 탭 선택 후 아래와 같이 입력한다.

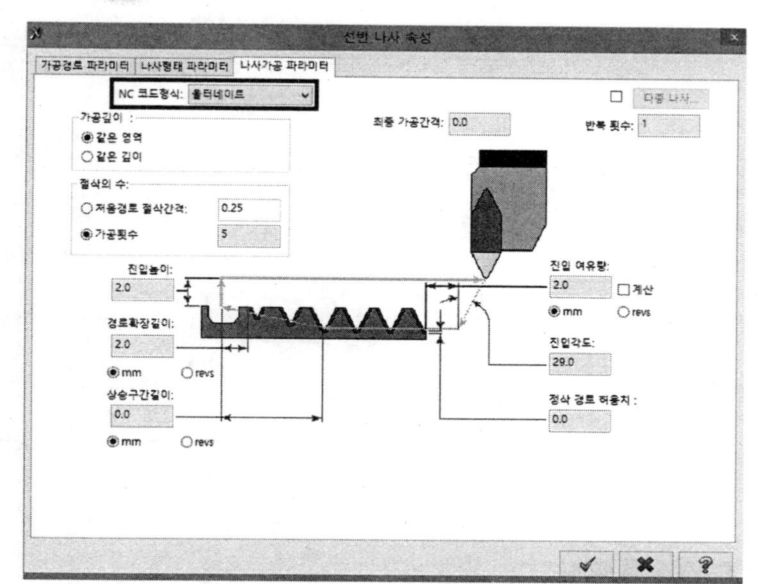

- NC 코드형식; 올터네이트 지정한다.
- 진입높이 : 2.0
- 진입 여유량 : 2.0
- 경로확장길이는 홈폭의 1/2인 2.0으로 지정한다.

8 선반 캔드 황삭 클릭 후 황삭 가공경로에서 확인을 한다.

9 가공경로 밑의 [선택된 모든 작업 재생성] 3번째(선택된 모든 작업 재생성) 아이콘을 클릭한다.

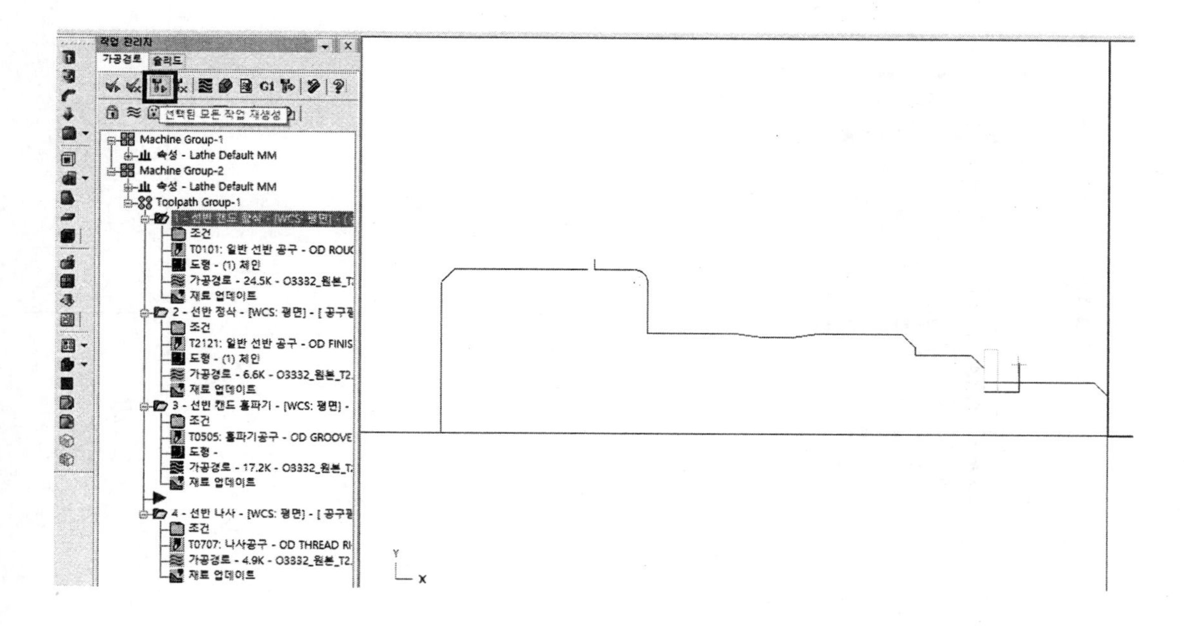

10 선택된 작업의 가공 경로 표시 전환 아이콘을 클릭한다.

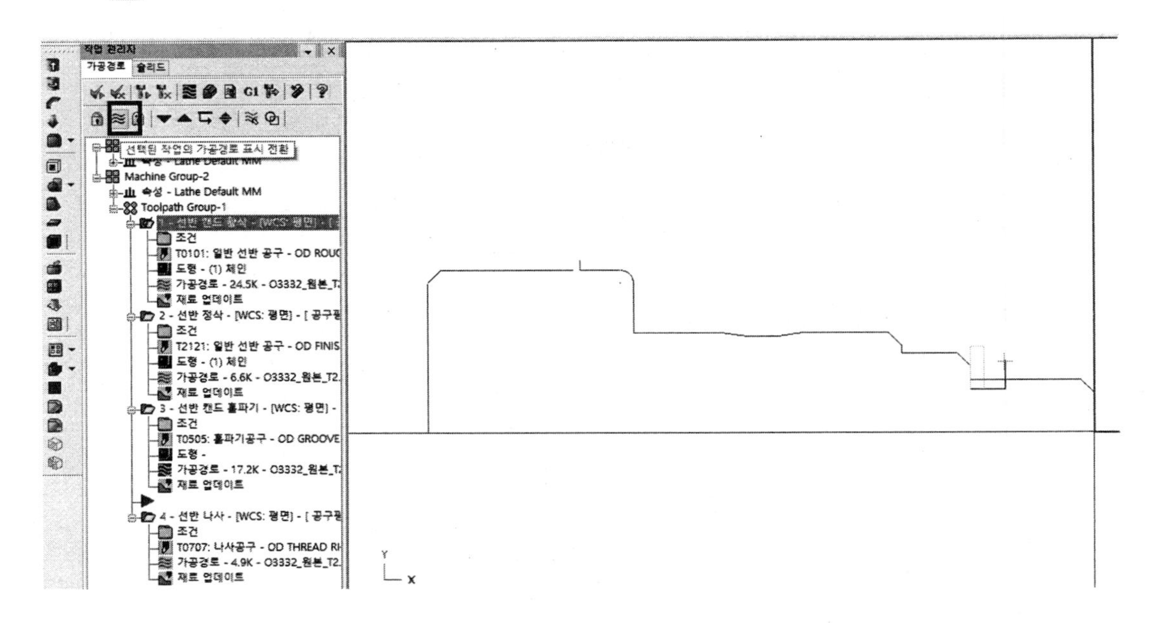

11 황삭 툴패스 표시됨. 첫 번째 아이콘을 한 번 더 클릭하면 툴패스가 사라진다.

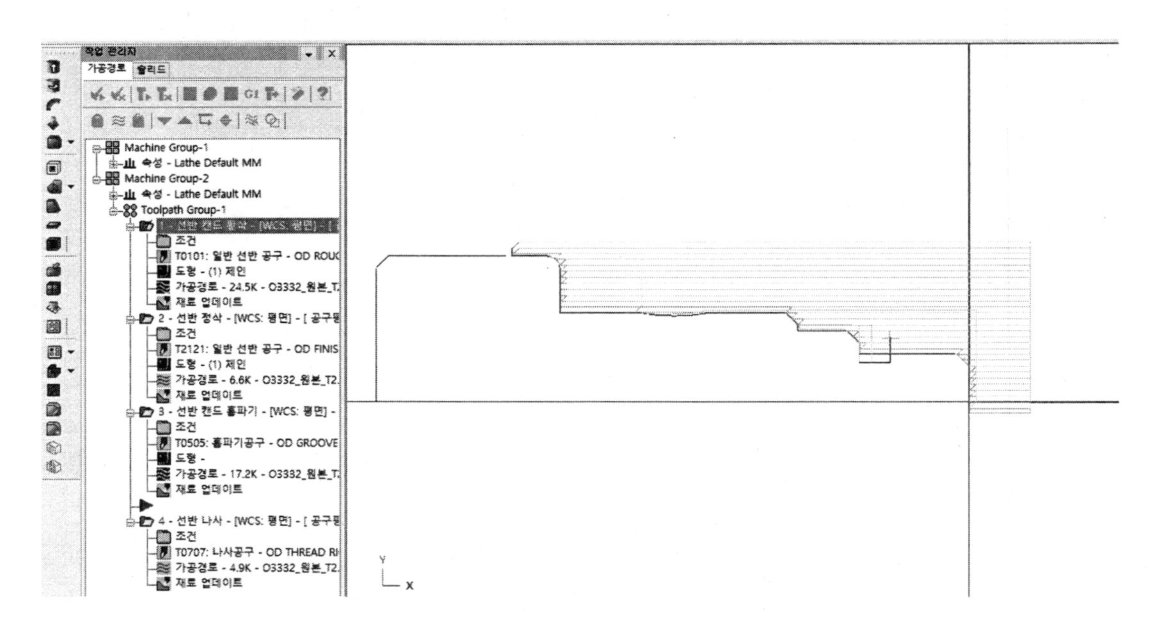

12 Tool Group-1을 클릭하면 전체 공구가 선택된다.

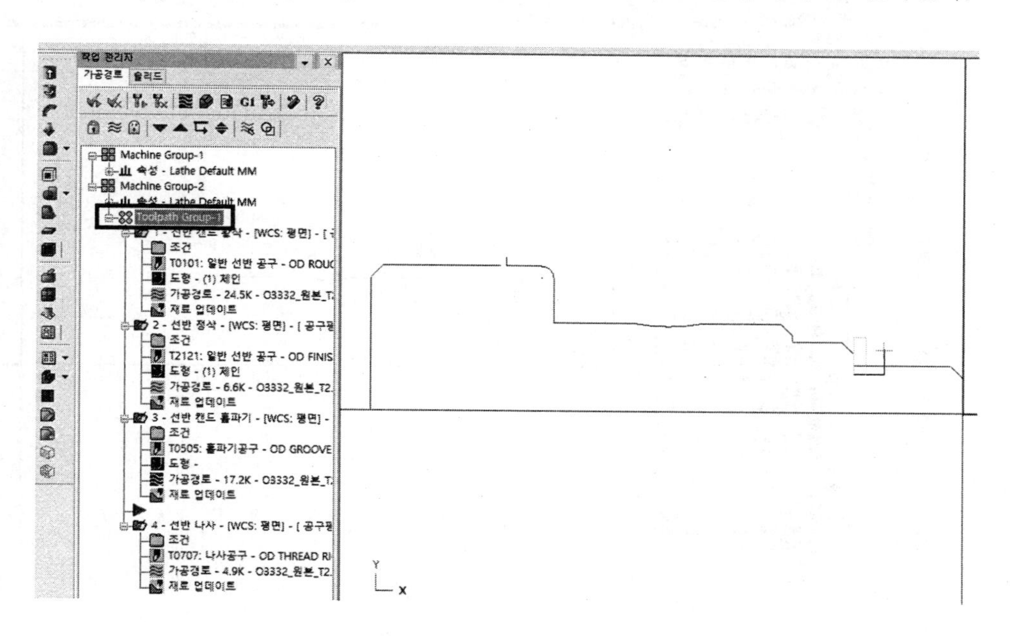

13 가공경로 밑의 5번째 선택된 작업 경로확인을 클릭한다.

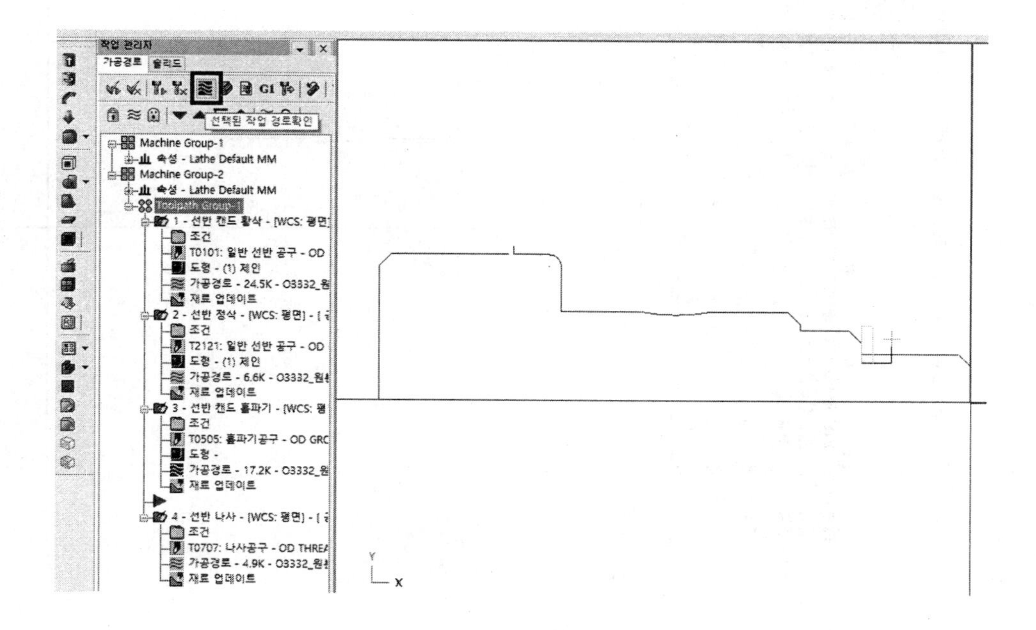

14 경로확인 박스에서 ✔ 버튼을 클릭한다.

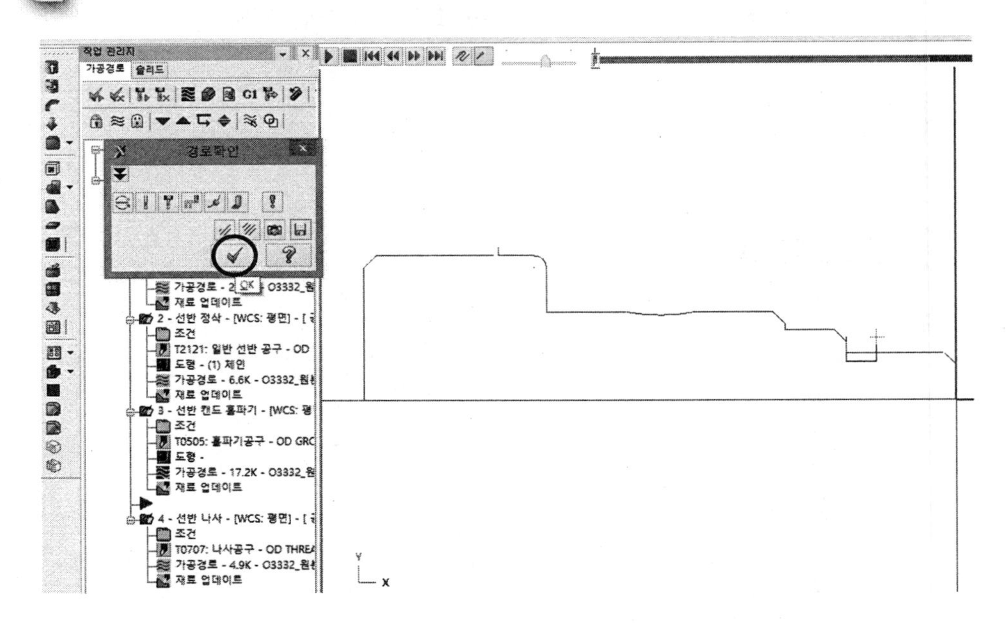

15 가공경로 솔리드 선택된 작업 모의가공 가공경로 밑의 6번째 선택된 작업 모의가공을 클릭한다.

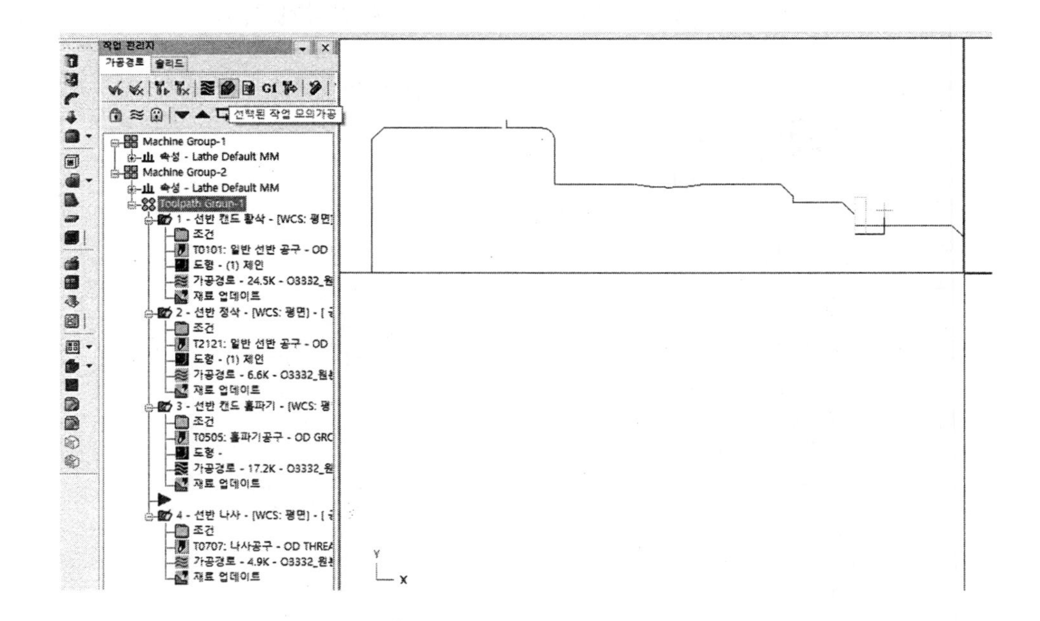

16 이 상태는 평면 상태이다.

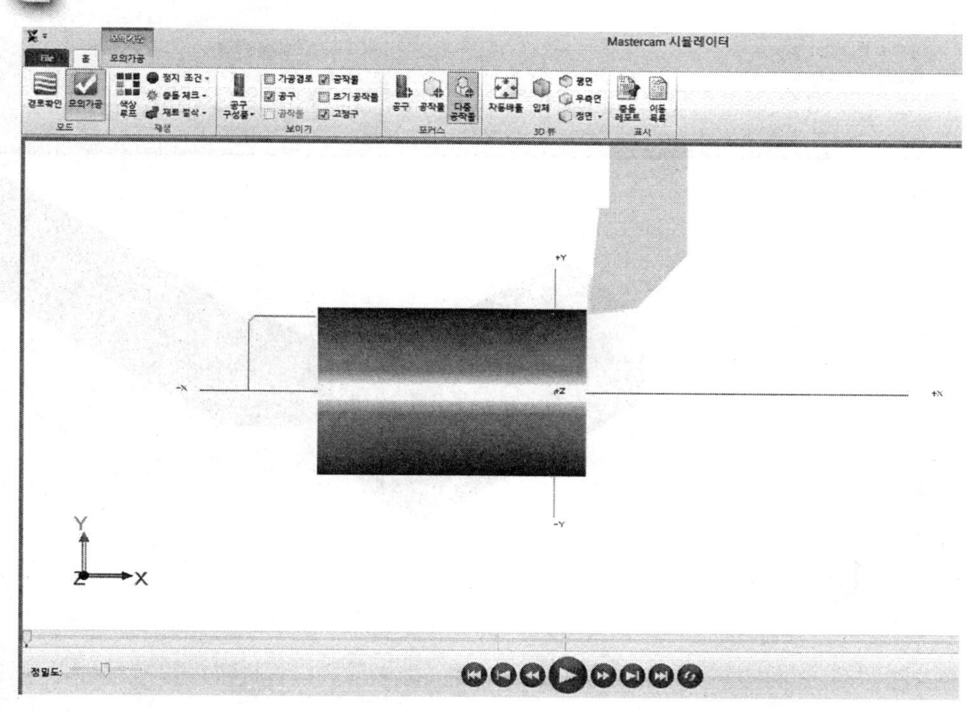

17 방향을 입체 상태로 하여야 가공 모양을 정확히 볼 수 있다.

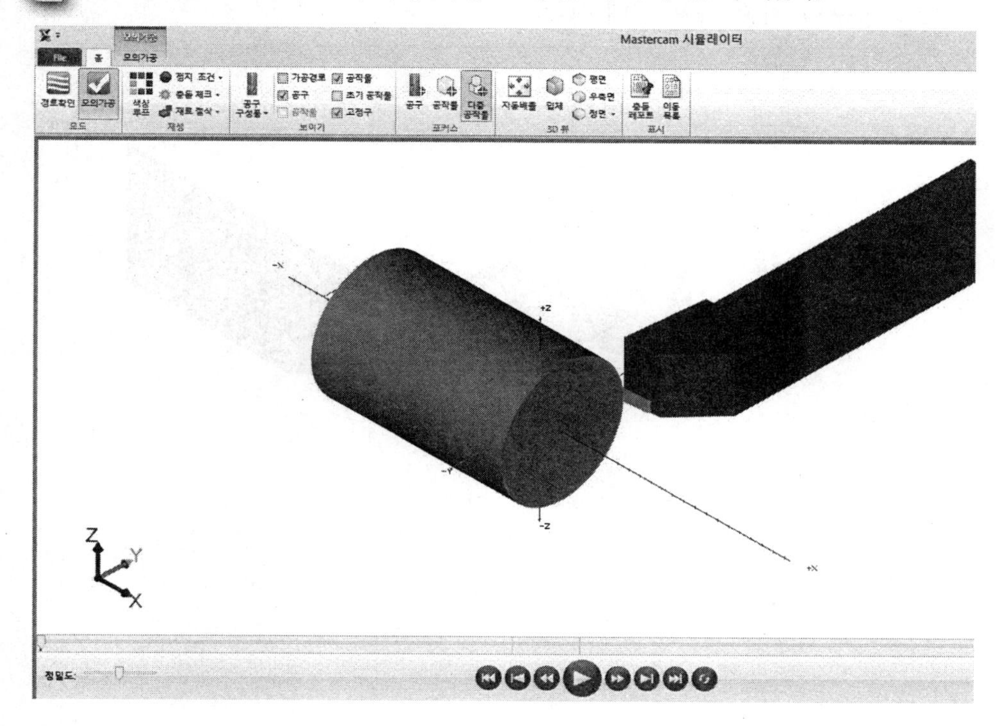

18 화면 밑의 재생 버튼을 클릭한다.

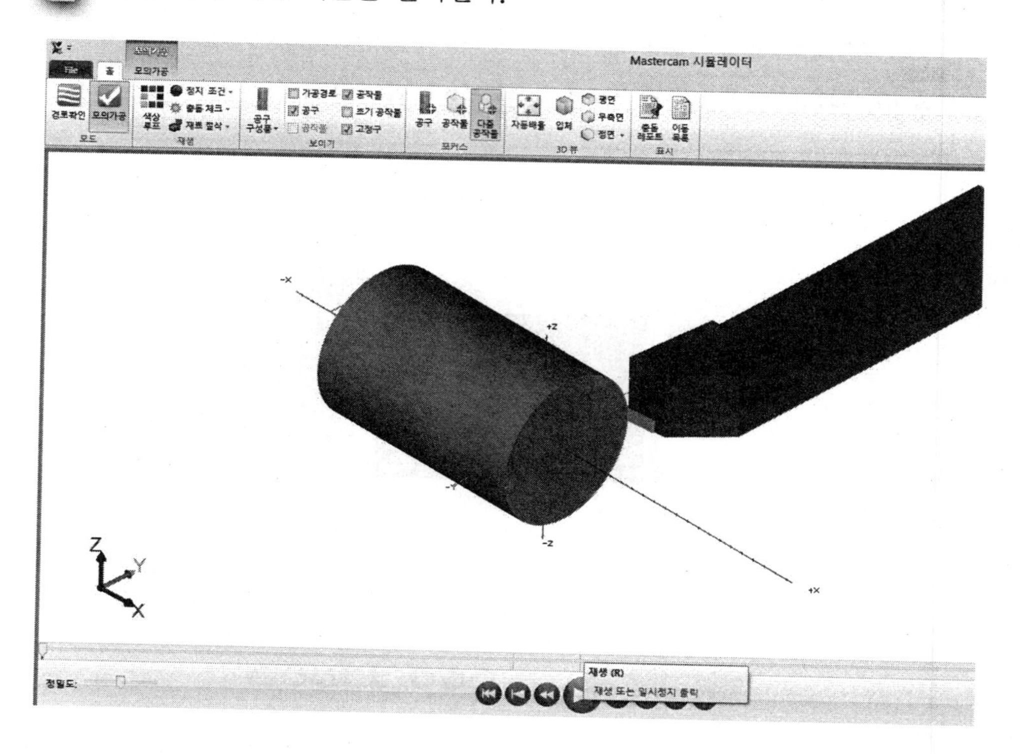

19 공구의 최종 가공 형태이다.

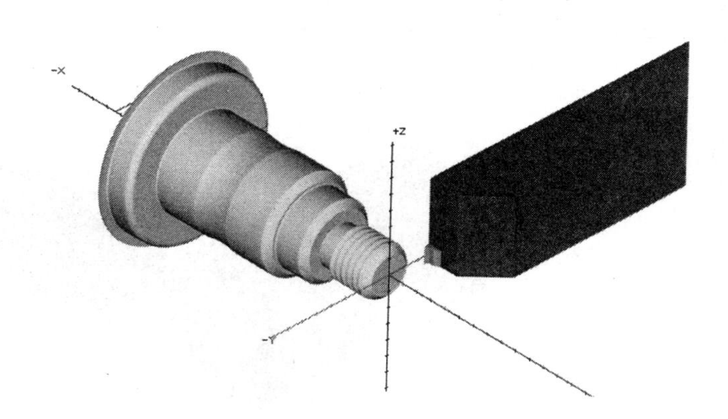

20 가공경로의 8번째 G1(선택된 작업 포스트)을 클릭한다.

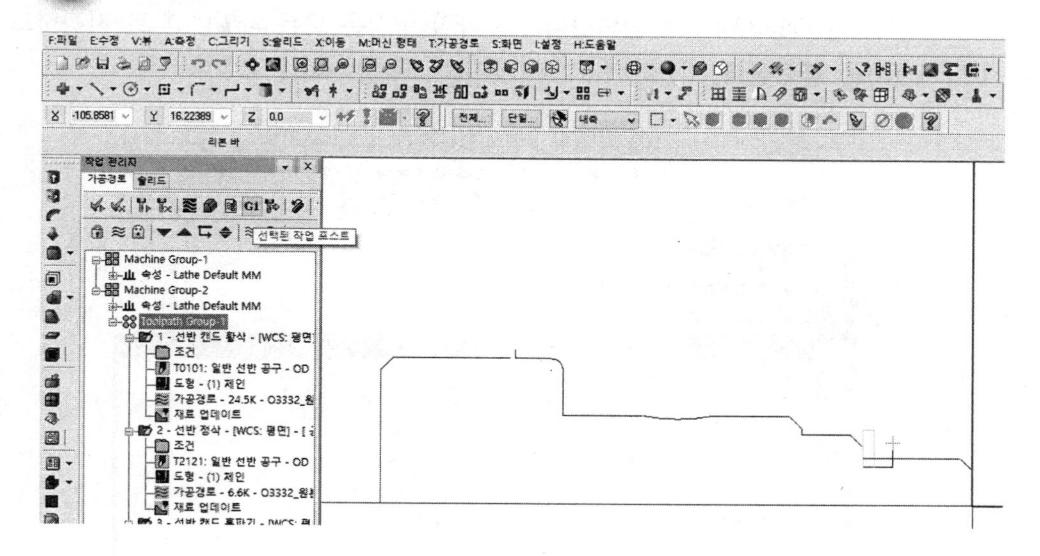

21 이 상태에서 OK를 클릭한다.

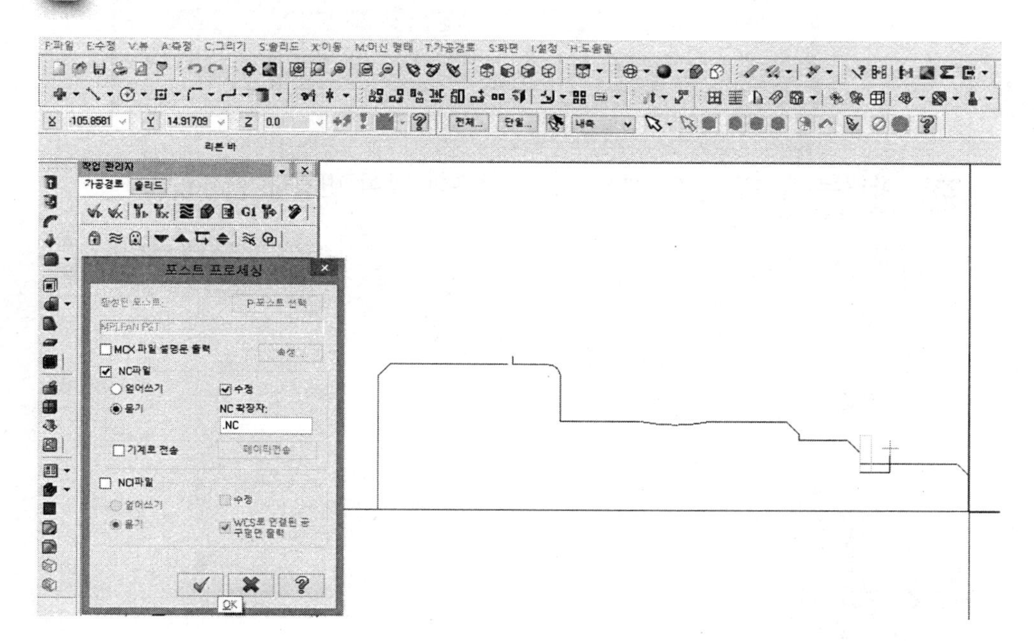

22 바탕화면에 홍길동이라는 폴더를 만들고, 홍길동 폴더를 더블클릭한다. → 파일 이름은 O3332.NC로 입력한다. → 파일 형식은 모든 파일(*.*)로 지정하고 저장(S)을 클릭한다.

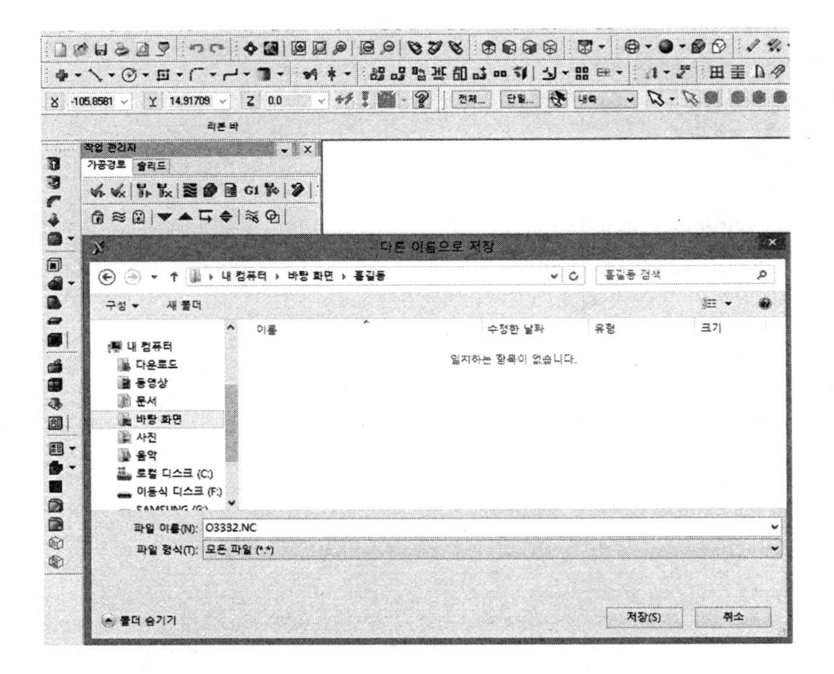

23 아래는 출력된 파일 형식으로서 다음과 같이 변경하여 사용한다.

O3332.NC

```
1  %
2  O0000
3  (PROGRAM NAME - O3332)
4  (DATE=DD-MM-YY - 07-10-17 TIME=HH:MM - 02:08)
5  (MCX FILE - C:\2017_U6_MASTERCAM\2018년 책 편집용\O3332_원본_T2_R15___2018년 책 편집용_EMCX-7.EMCX-7)
6  (NC FILE - C:\USERS\YUN\DESKTOP\홍길동\O3332.NC)
7  (MATERIAL - ALUMINUM MM - 2024)
8  G21
9  (TOOL - 1 OFFSET - 1)
10 (OD ROUGH RIGHT - 80 DEG.  INSERT - CNMG 12 04 08)
11 G0 T0101
12 G18
13 G97 S1227 M03
14 G0 G54 X51.881 Z10. M8
15 G50 S1800
16 G96 S200
17 G71 U1. R1.
18 G71 P100 Q110 U.4 W.2 F.25
19 N100 G0 X-4. S200
20 G1 Z0.
21 X10.4
22 G3 X11.531 Z-.234 K-.8
23 G1 X15.531 Z-2.234
24 G3 X16. Z-2.8 I-.566 K-.565
25 G1 Z-18.
26 X18.4
27 G3 X19.531 Z-18.235 K-.8
28 G1 X23.531 Z-20.234
29 G3 X24. Z-20.8 I-.566 K-.566
30 G1 Z-28.
31 X24.4
32 G3 X25.531 Z-28.235 K-.8
33 G1 X29.531 Z-30.234
```

24 저장한 후 사용한다.

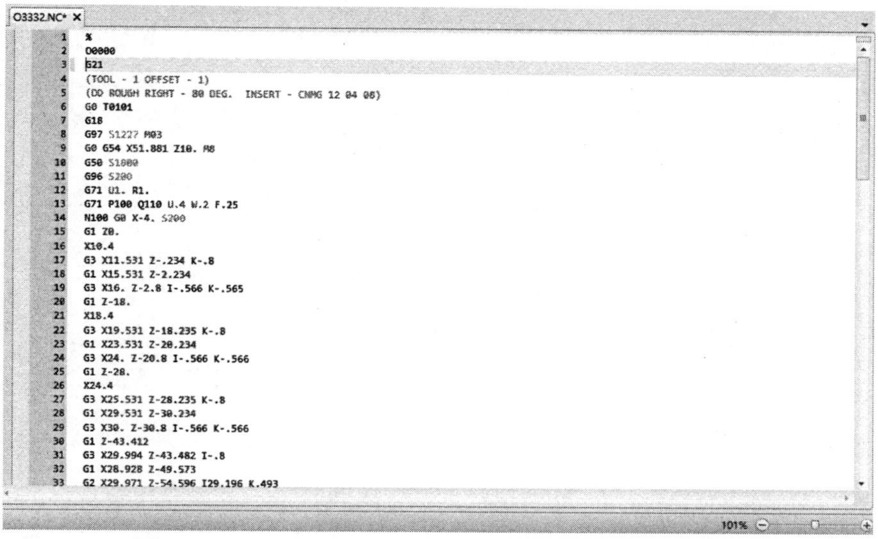

O3332.NC*

```
%
O0000
G21
(TOOL - 1 OFFSET - 1)
(OD ROUGH RIGHT - 80 DEG.  INSERT - CNMG 12 04 08)
G0 T0101
G18
G97 S1227 M03
G0 G54 X51.881 Z10. M8
G50 S1000
G96 S200
G71 U1. R1.
G71 P100 Q110 U.4 W.2 F.25
N100 G0 X-4. S200
G1 Z0.
X10.4
G3 X11.531 Z-.234 K-.8
G1 X15.531 Z-2.234
G3 X16. Z-2.8 I-.566 K-.565
G1 Z-18.
X18.4
G3 X19.531 Z-18.235 K-.8
G1 X23.531 Z-20.234
G3 X24. Z-20.8 I-.566 K-.566
G1 Z-28.
X24.4
G3 X25.531 Z-28.235 K-.8
G1 X29.531 Z-30.234
G3 X30. Z-30.8 I-.566 K-.566
G1 Z-43.412
G3 X29.994 Z-43.482 I-.8
G1 X28.928 Z-49.573
G2 X29.971 Z-54.596 I29.196 K.493
```

101%

MEMO

컴퓨터응용가공산업기사 (기능장) CAM 따라 하기

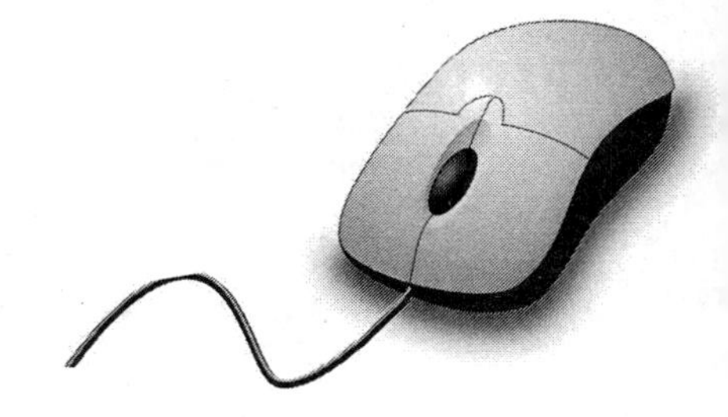

UG로 CAM 따라 하기

1.1 초기조건 설정

1. 파일 → 제조(Ctrl+Alt+M)를 클릭한다.

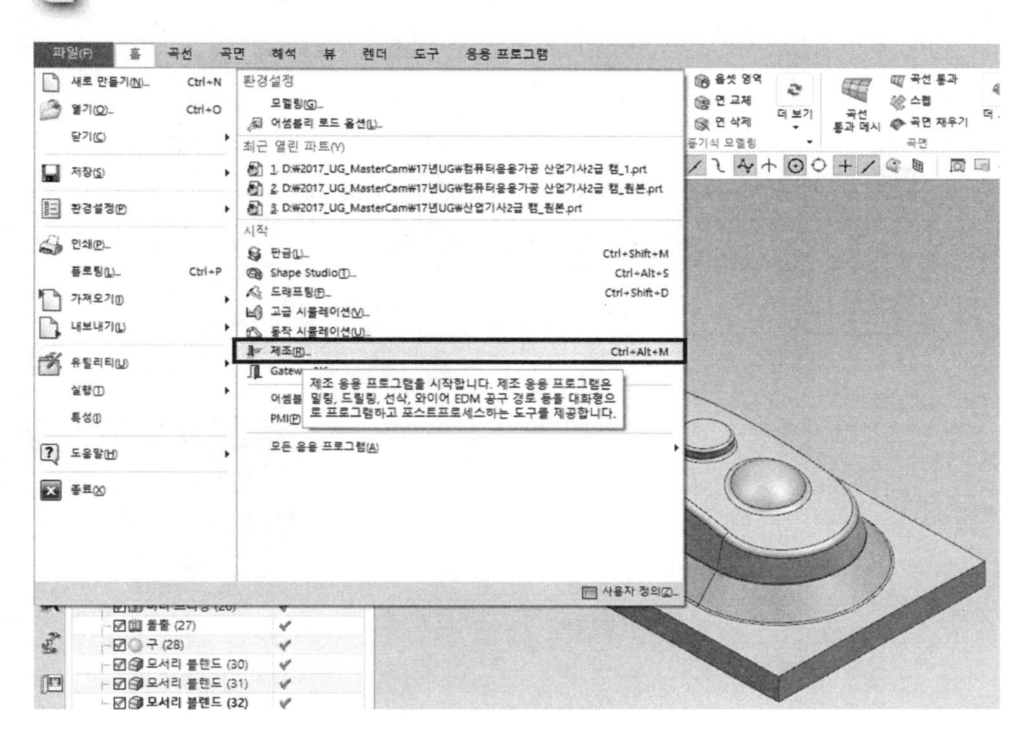

2 가공 환경 박스에서 CAM 세션 구성/cam_general 선택 → 생성할 CAM 설정/mill_contour 선택 → 확인 버튼을 클릭한다.

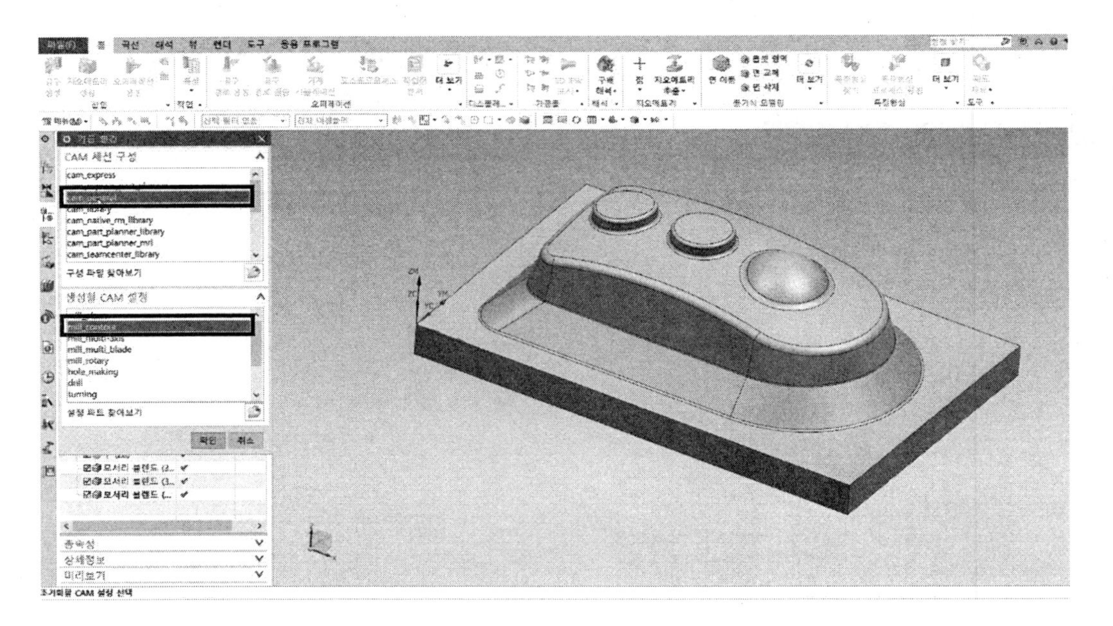

3 3번째 지오메트리 뷰 또는 오퍼레이션 선택 또는 탐색기 밑에서 오른쪽 마우스 클릭 → 3번째 지오메트리 뷰를 선택한다.

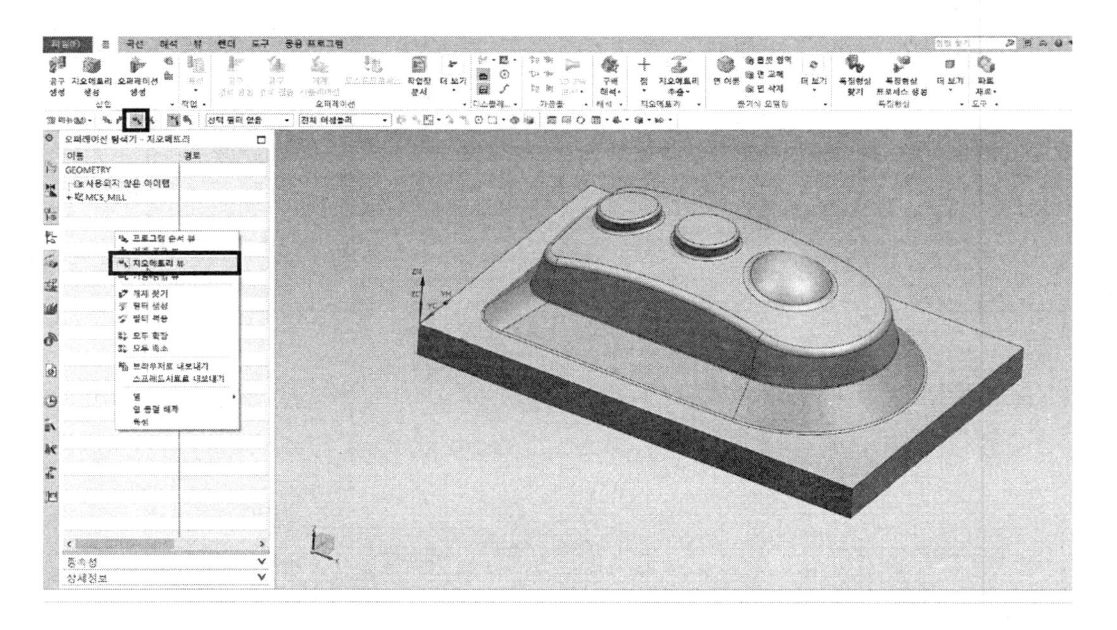

1.2 가공물의 원점을 설정함

1 좌측 tree에서 +MCS_MILL에서 앞의 +를 클릭하여 −로 한다.

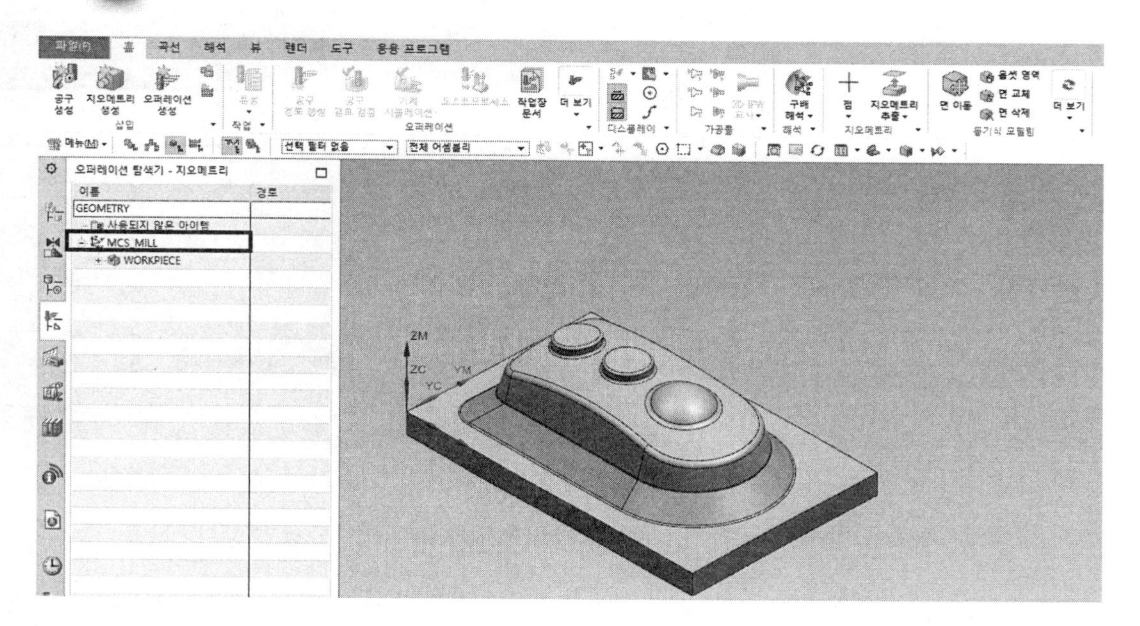

2 좌측 tree에서 MCS_MILL를 클릭 → MCS 밀링 박스에서 기계 좌표계/MCS 지정; 우측의 아이콘 좌표계 다이얼로그를 클릭한다.

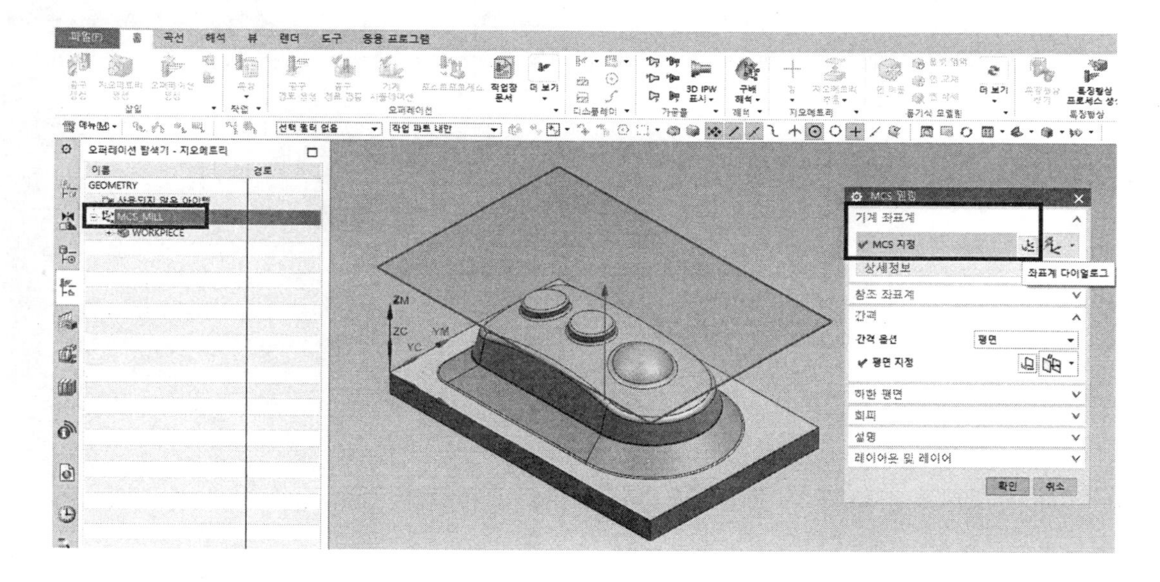

3 좌표계 박스에서 유형/동적으로 선택 → 원점 이동(X0, Y0, Z0 부분)을 클릭한다.

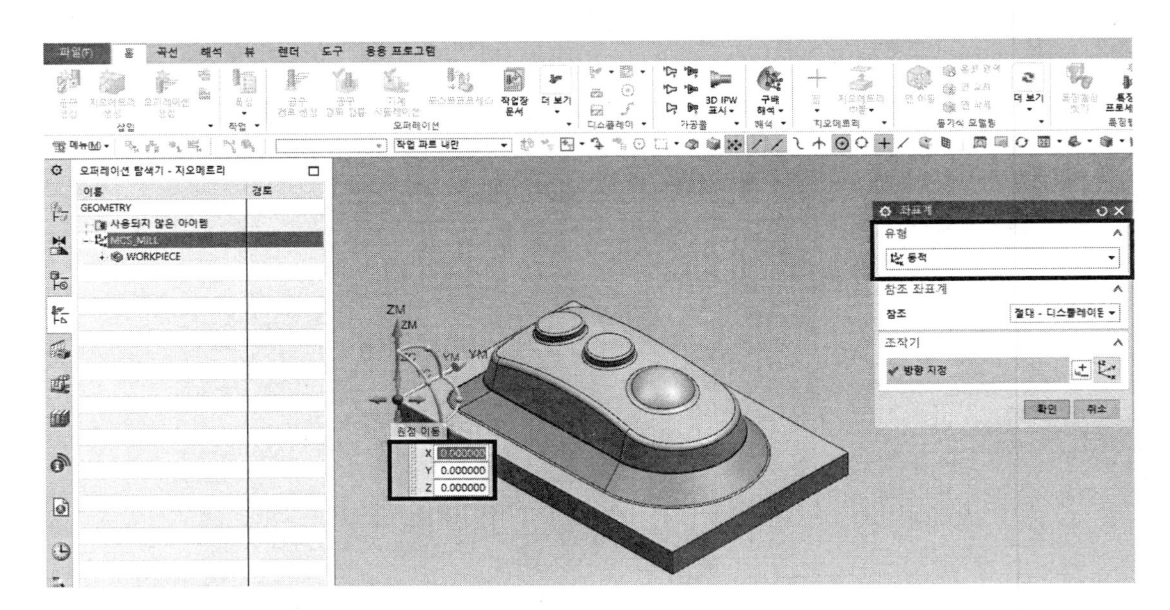

4 좌표계 박스에서 확인 버튼을 클릭한다.

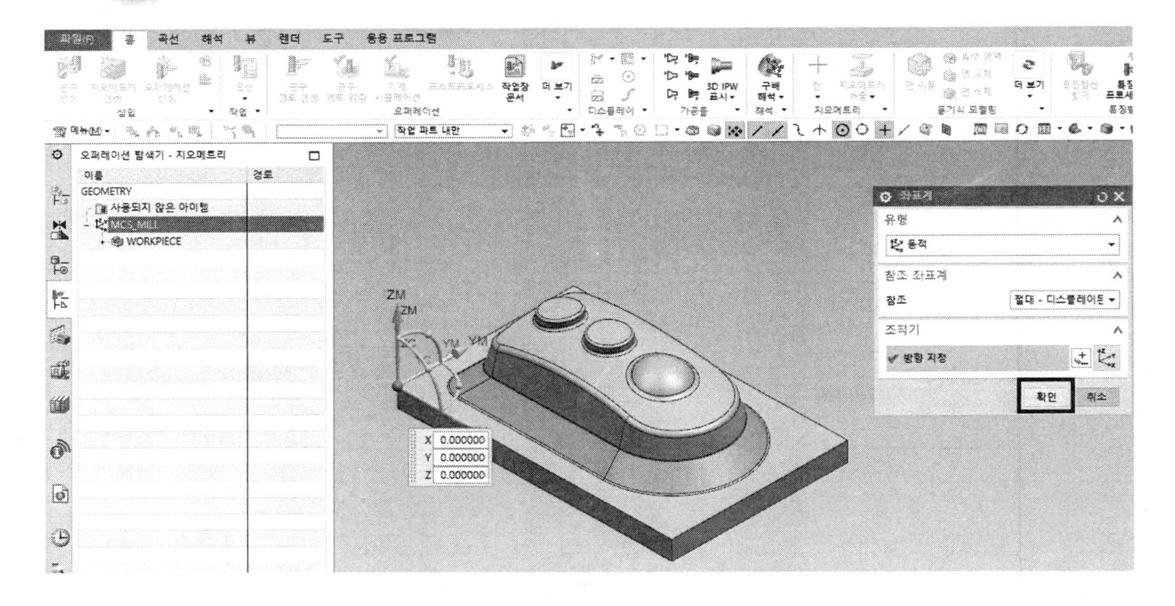

5 MCS 밀링 박스에서 간격/간격 옵션; 평면을 선택한다.

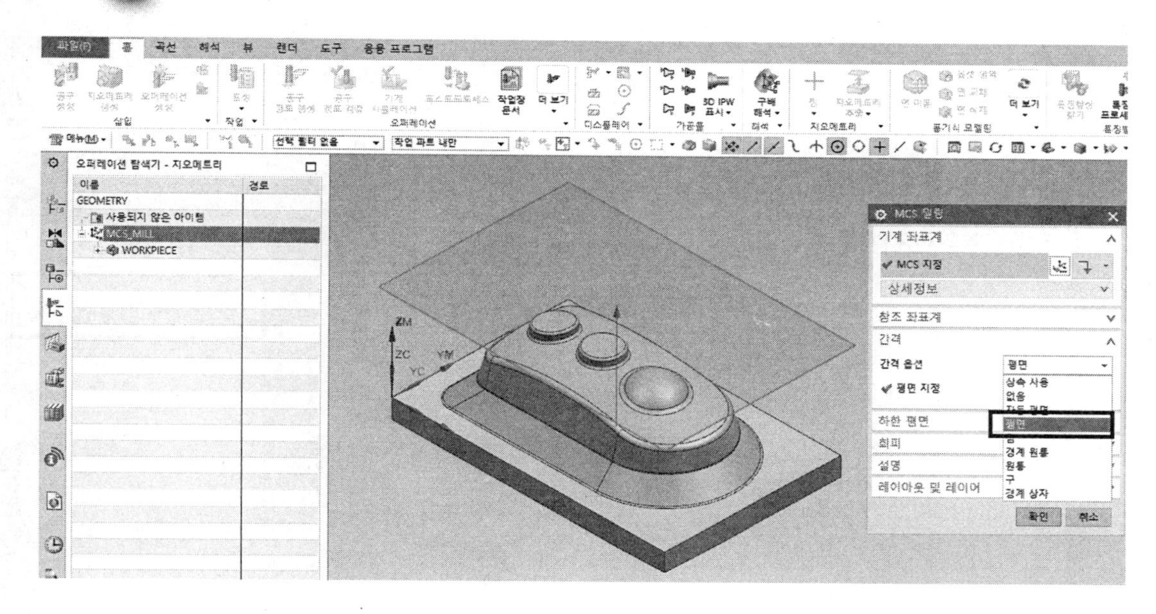

6 MCS 밀링 박스에서 간격/평면 지정; 우측의 평면 다이얼로그 아이콘을 클릭한다.

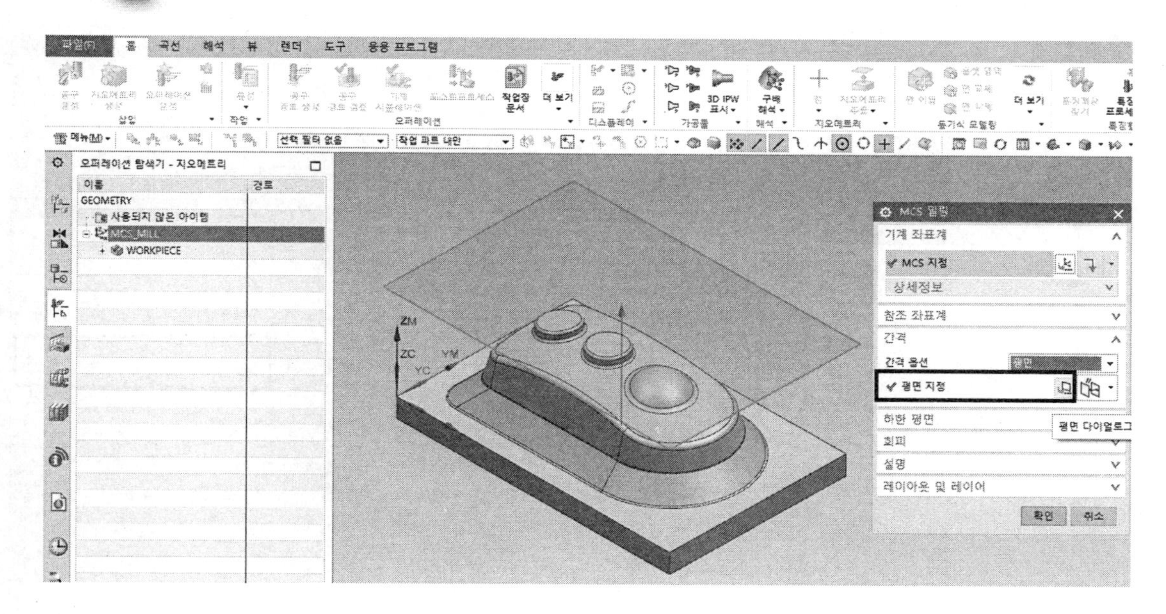

7 Z0.부분을 클릭한다.

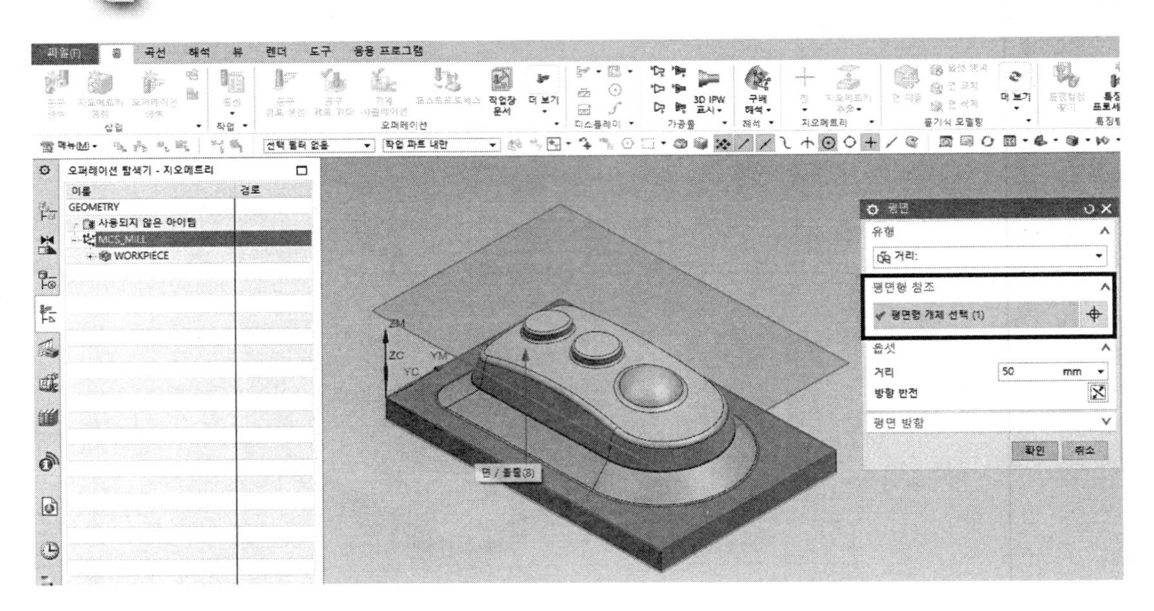

8 평면 박스에서 옵셋/거리; 50mm를 입력하고 엔터한다.

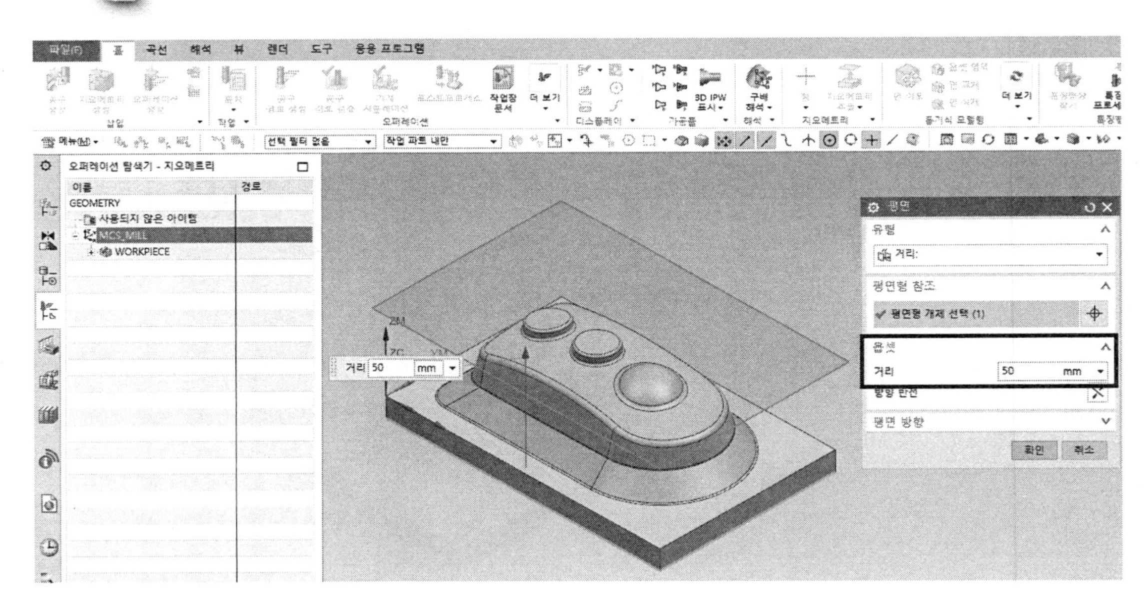

9 Z0.에서 50mm 위에 안전 높이가 생성되었다. → 평면 박스 하단의 확인 버튼을 클릭한다.

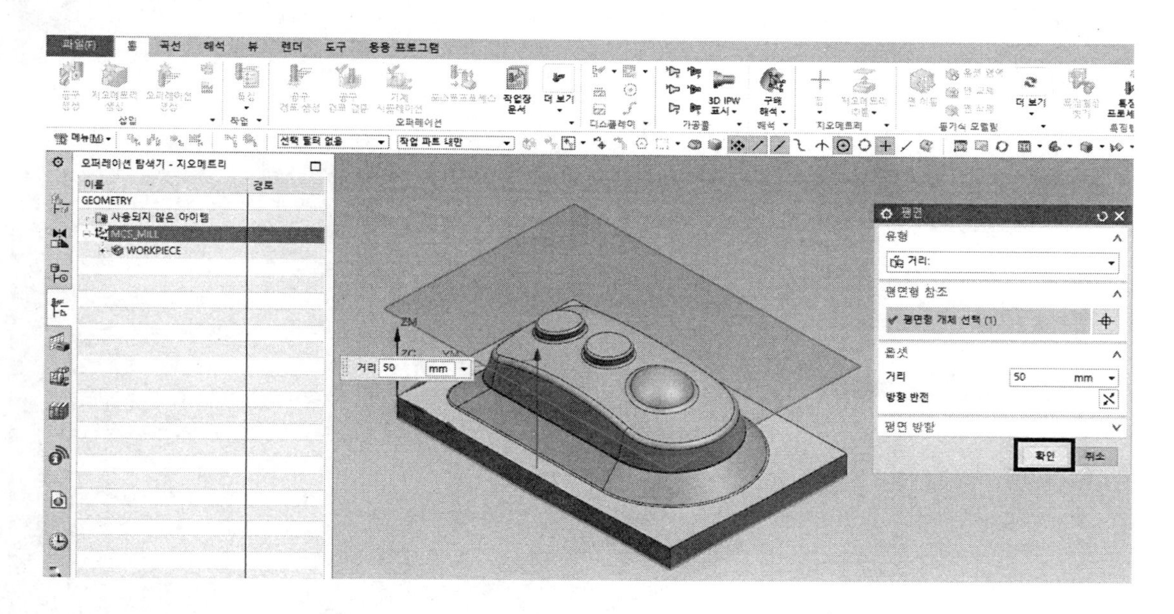

10 확인 버튼을 클릭하면 화면과 같이 나타난다.

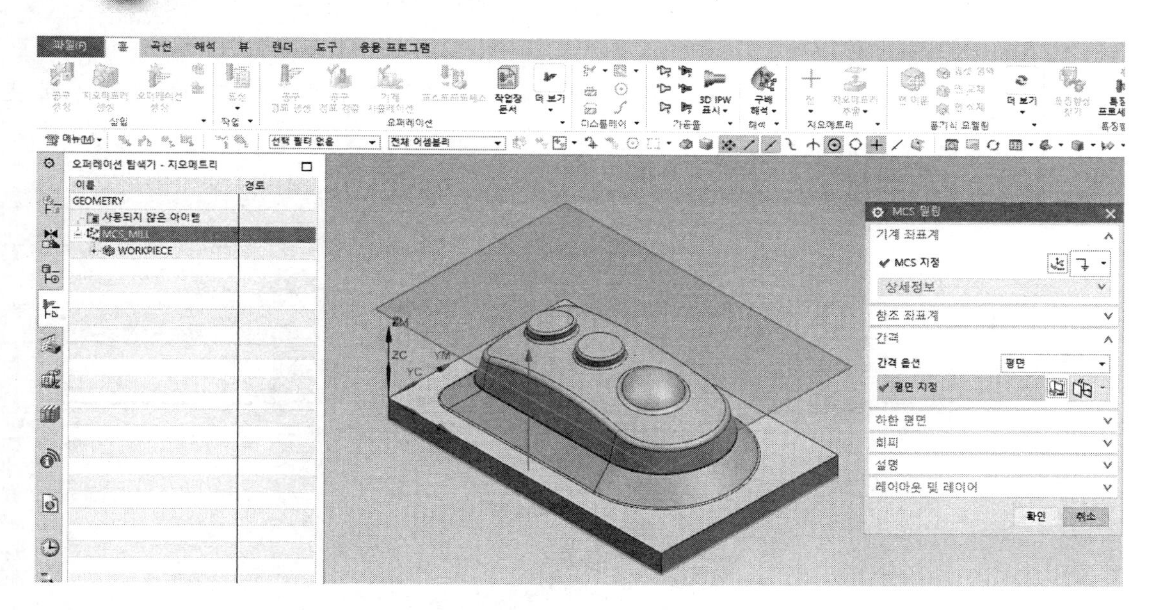

1.3 소재 인식

1 좌측 tree의 WORKPIECE를 더블클릭한다.

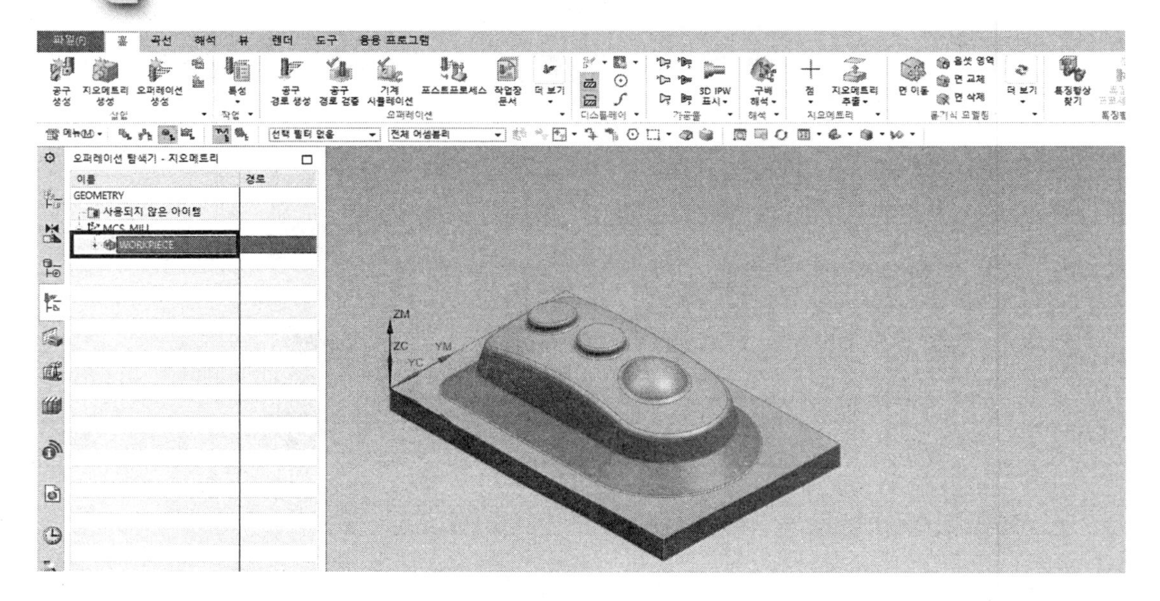

2 가공물 박스에서 지오메트리/파트 지정; 우측의 아이콘 파트 지오메트리 선택 또는 편집을 클릭한다.

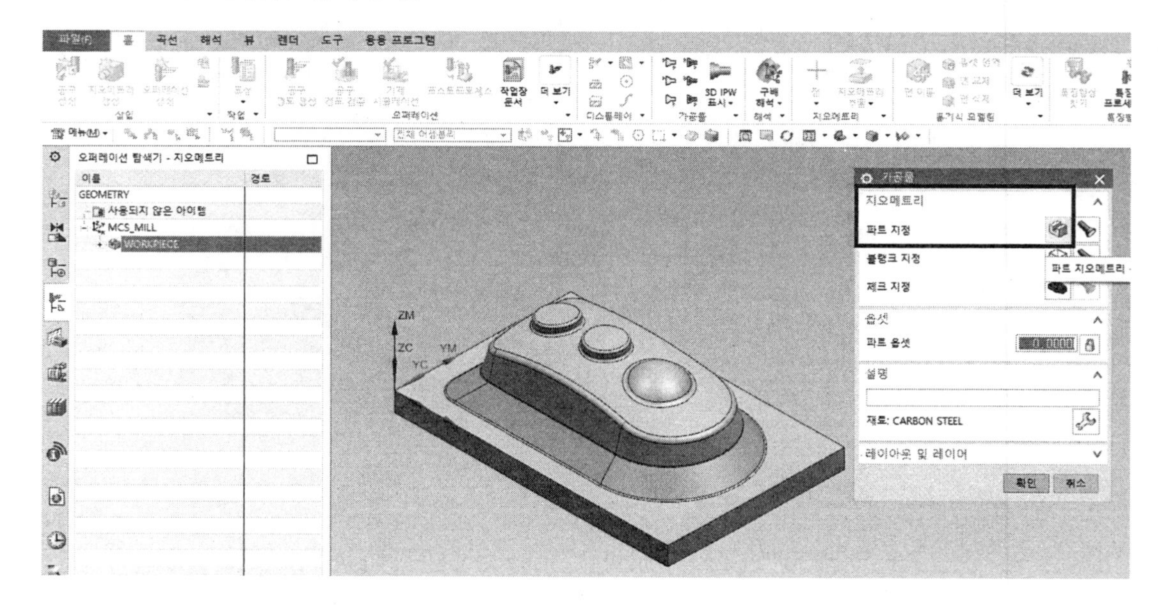

3 파트 지오메트리 박스에서 지오메트리/개체 선택(0)인 상태에서 바탕화면의 물체 클릭한다. → 개체 선택이 (1)로 바뀐다. → 확인 버튼을 클릭한다.

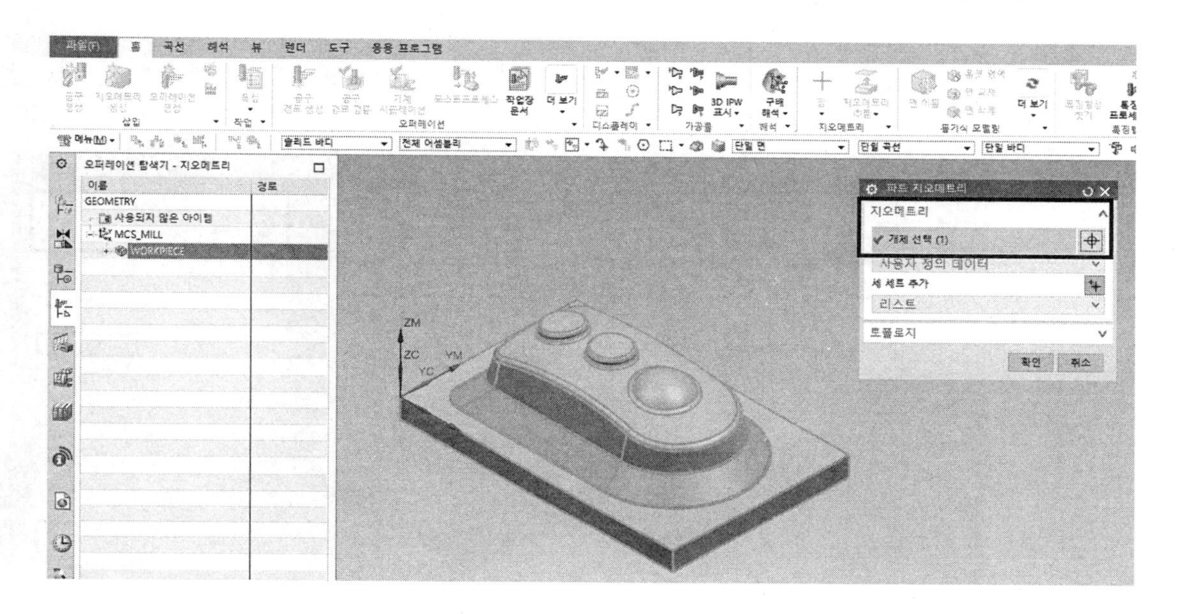

4 가공물 박스에서 지오메트리/블랭크 지정; 우측의 아이콘 블랭크 지오메트리 선택 또는 편집을 클릭한다.

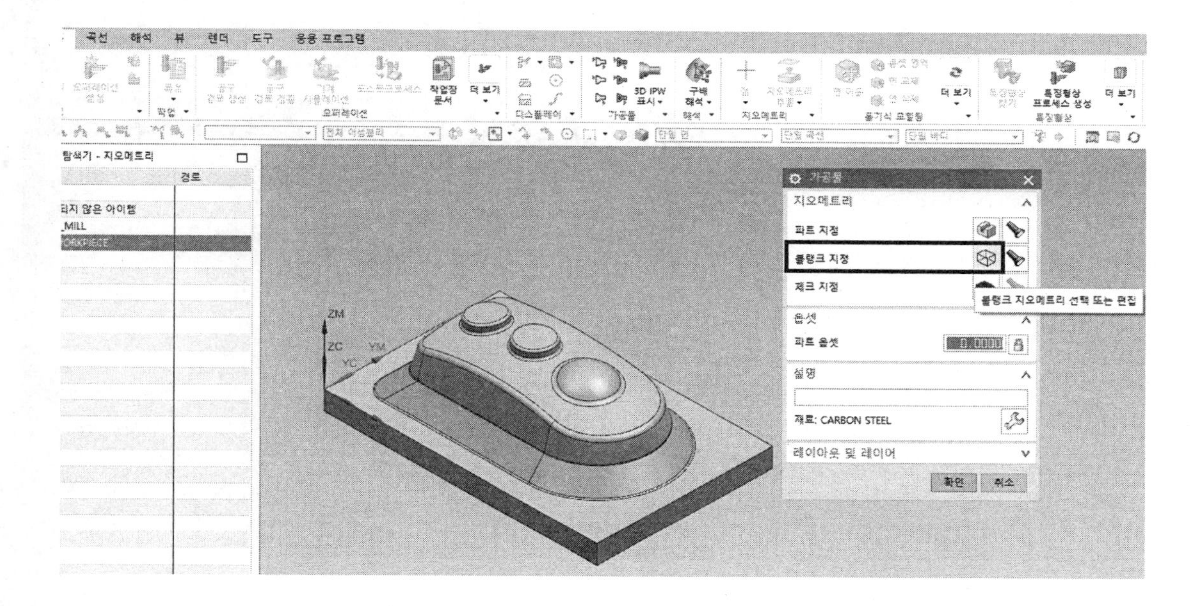

5 블랭크 지오메트리 박스에서 유형; 경계 블록을 선택 → 한계; ZM+ 우측에 10을 입력 → 확인 버튼을 클릭한다.

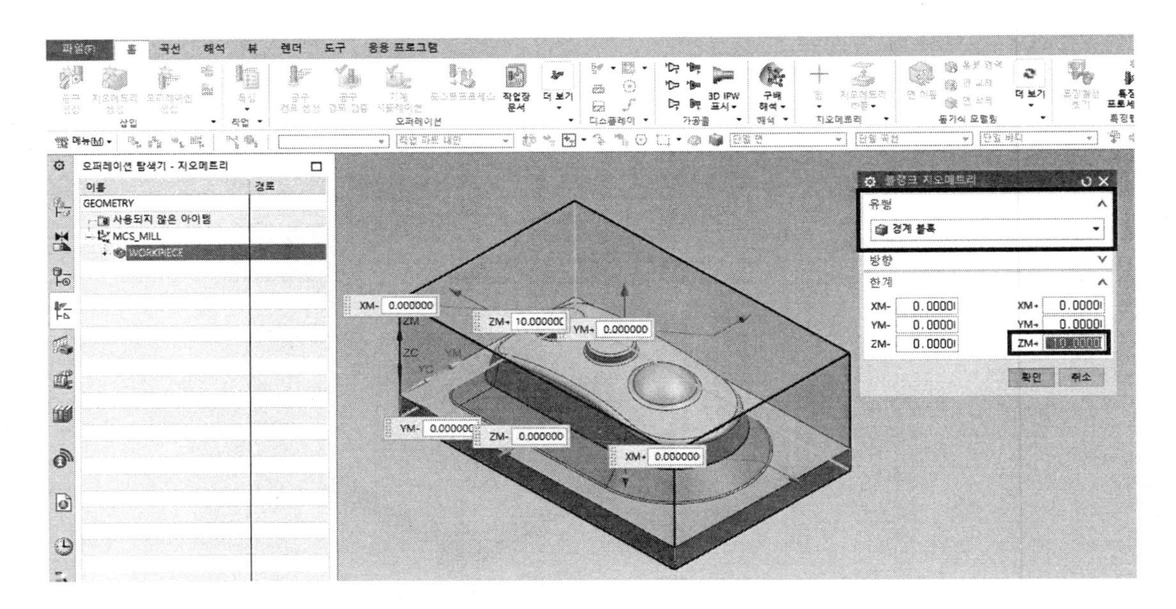

6 확인 버튼을 클릭한다.

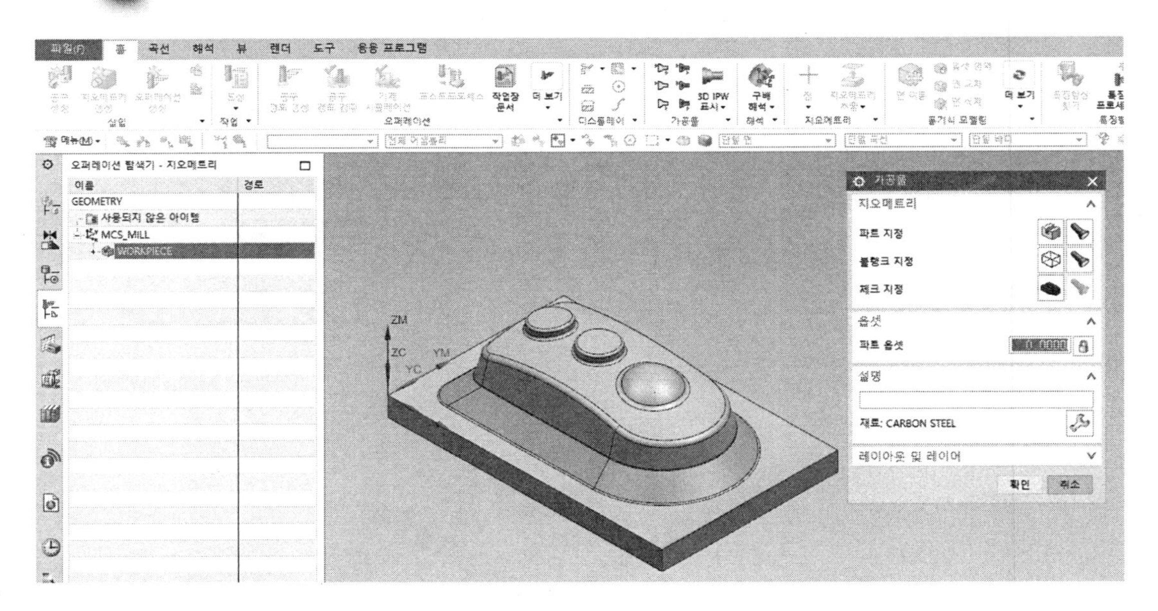

1.4 공구 생성

❑ 1번 공구 생성

1 공구 생성 아이콘을 클릭한다.

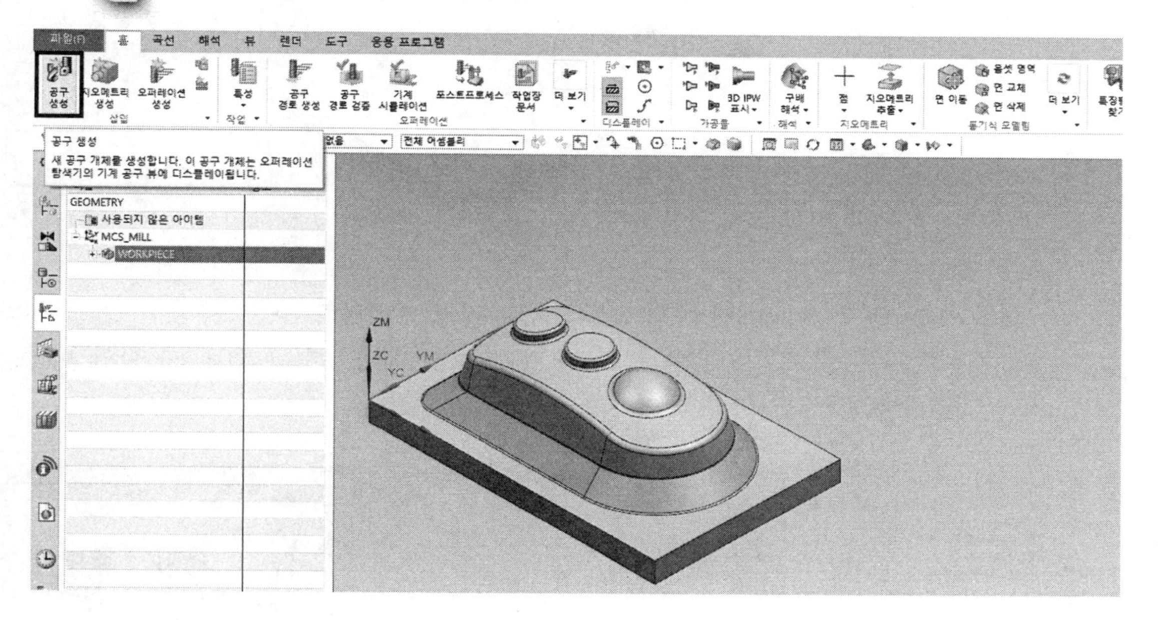

2 공구 생성 박스에서 유형; mill_contour를 선택 → 공구 하위 유형; MILL을 선택한다.

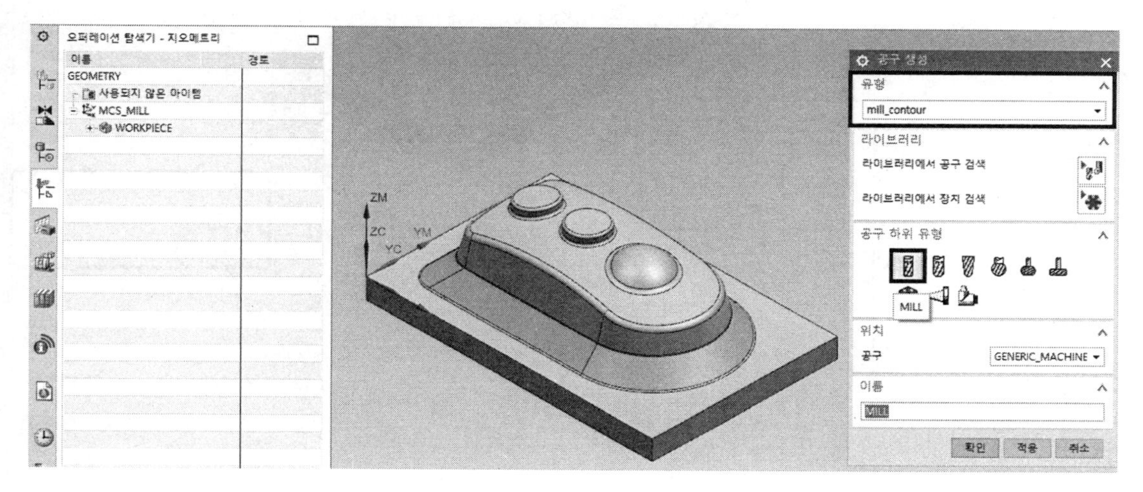

3 이름; 평_E12로 입력 → 확인 버튼을 클릭한다.

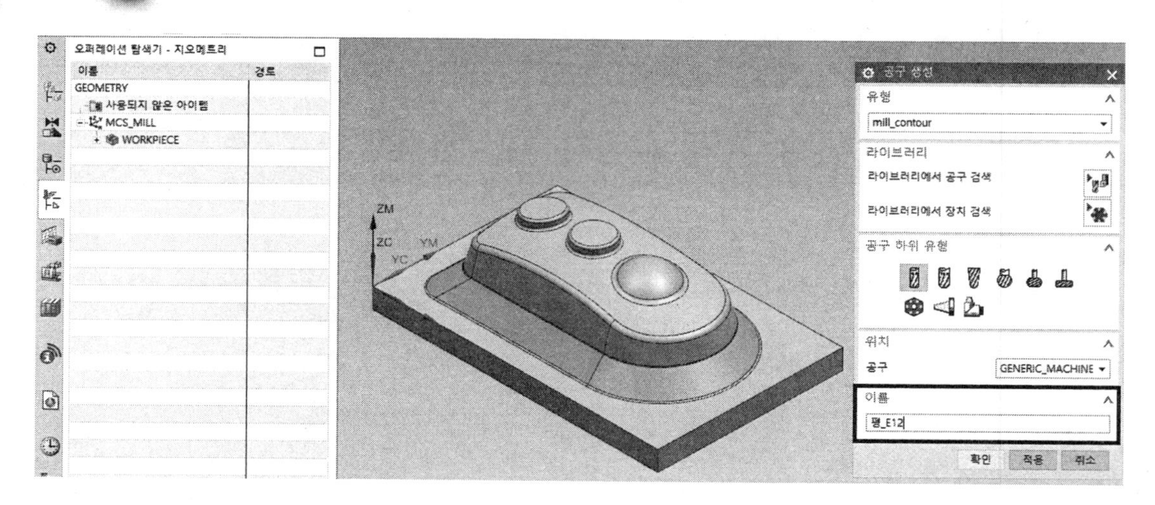

4 밀링 공구-5 매개변수 박스에서 치수/직경; 12 입력 → 번호/공구 번호; 1 입력 → 조정 레지스터; 1 입력 → 공구 보정 레지스터; 1 입력 → 확인 버튼을 클릭한다.

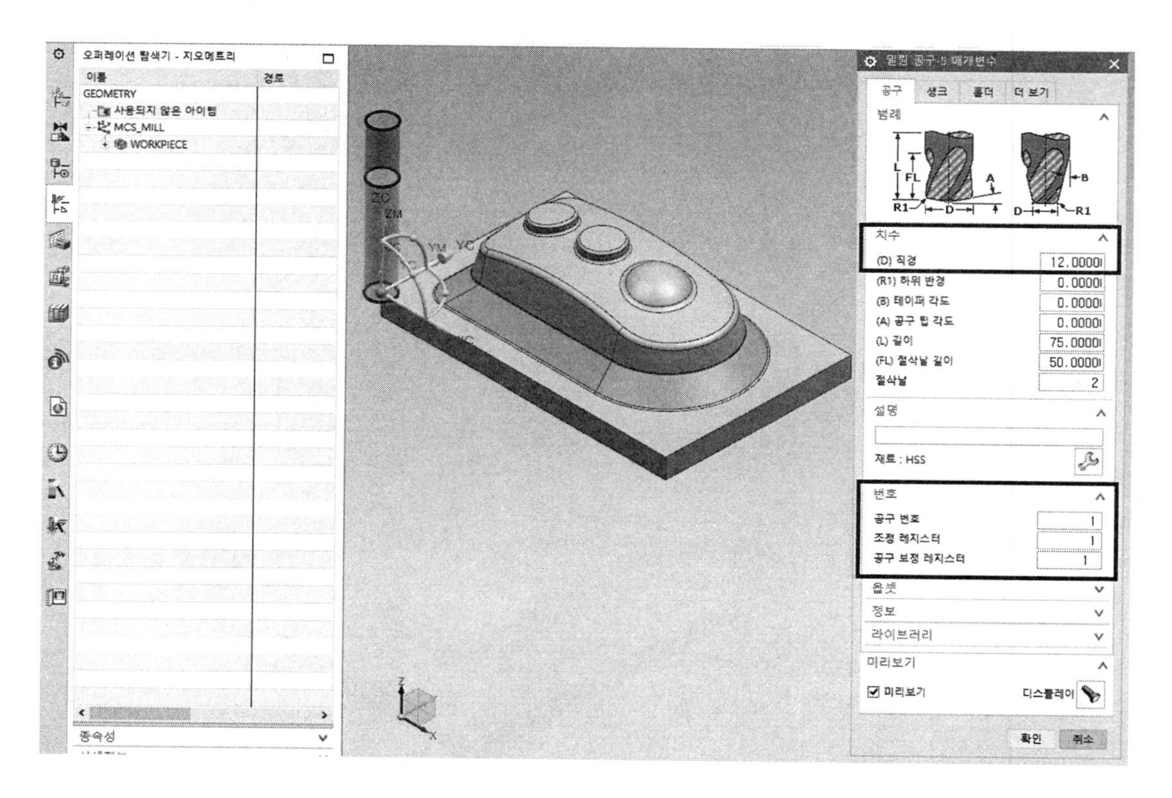

5 좌측 tree의 평_E12가 생성되었다.

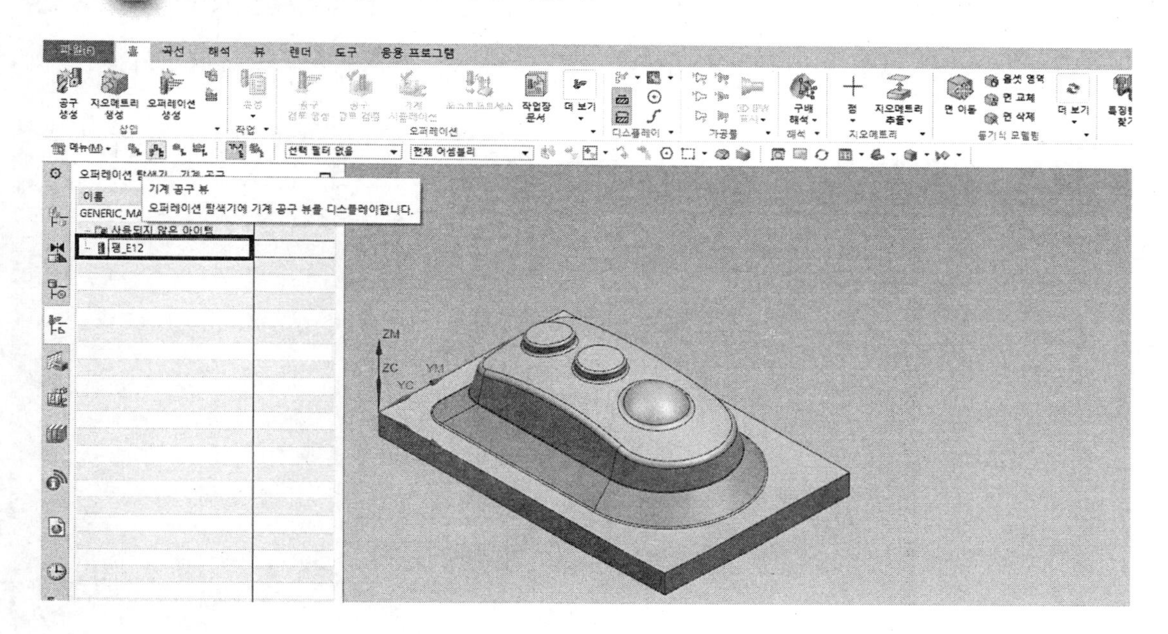

□ 2번 공구 생성

1 공구 생성 아이콘을 클릭한다.

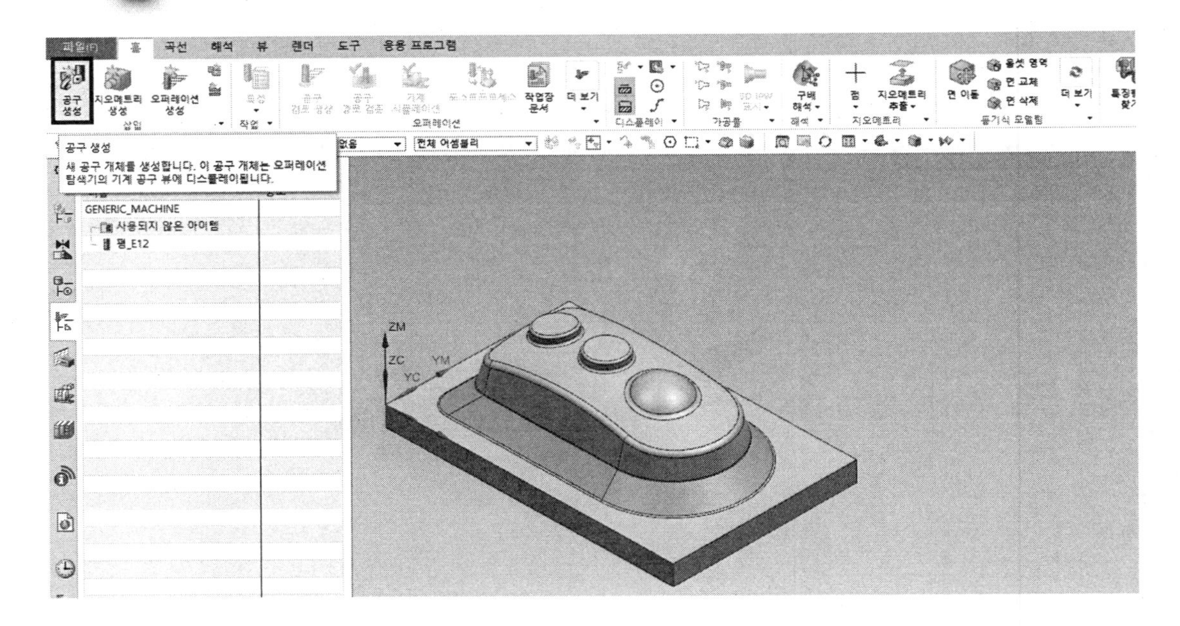

2 공구 생성 박스에서 유형; mill_contour 선택 → 공구 하위 유형; BALL_MILL을 선택한다.

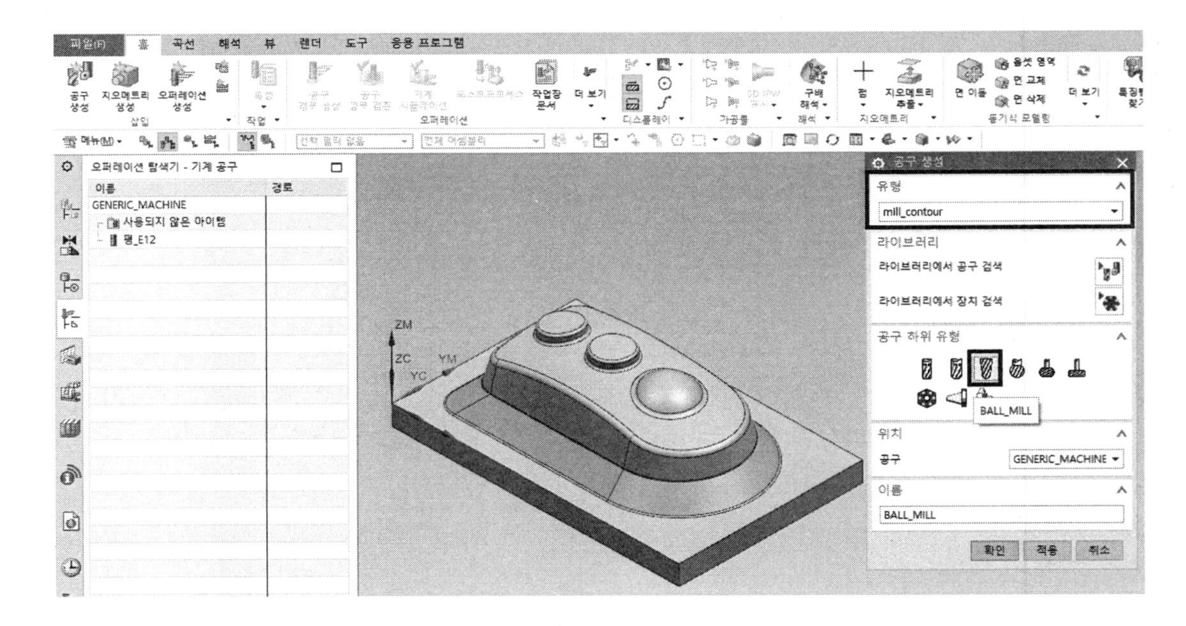

3 이름/볼_E4를 입력 → 확인 버튼을 클릭한다.

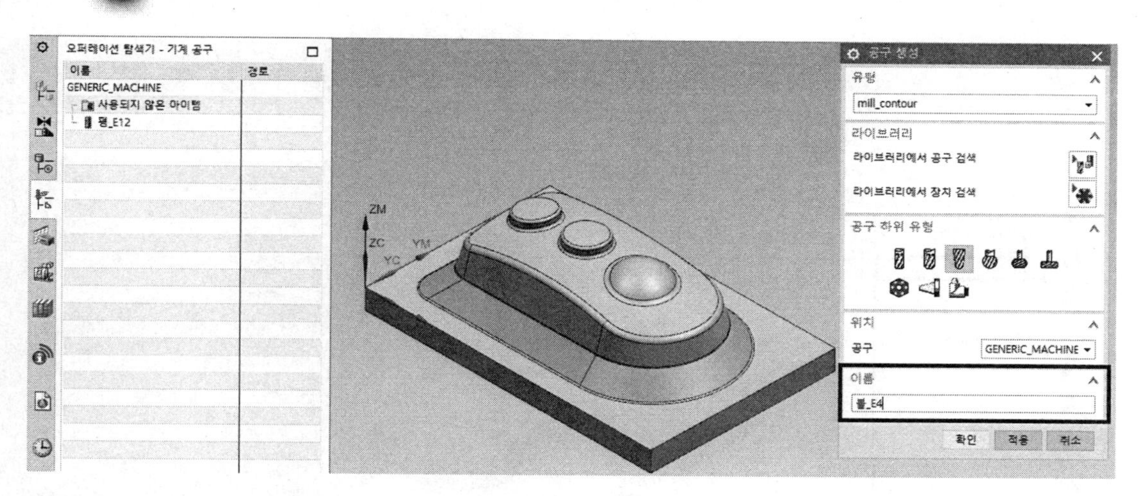

4 밀링 공구-볼 밀 박스에서 치수/(D) 볼 직경; 4 입력 → 번호/공구 번호; 2 입력 → 조정 레지스터; 2 입력 → 공구 보정 레지스터; 2 입력 → 확인을 클릭한다.

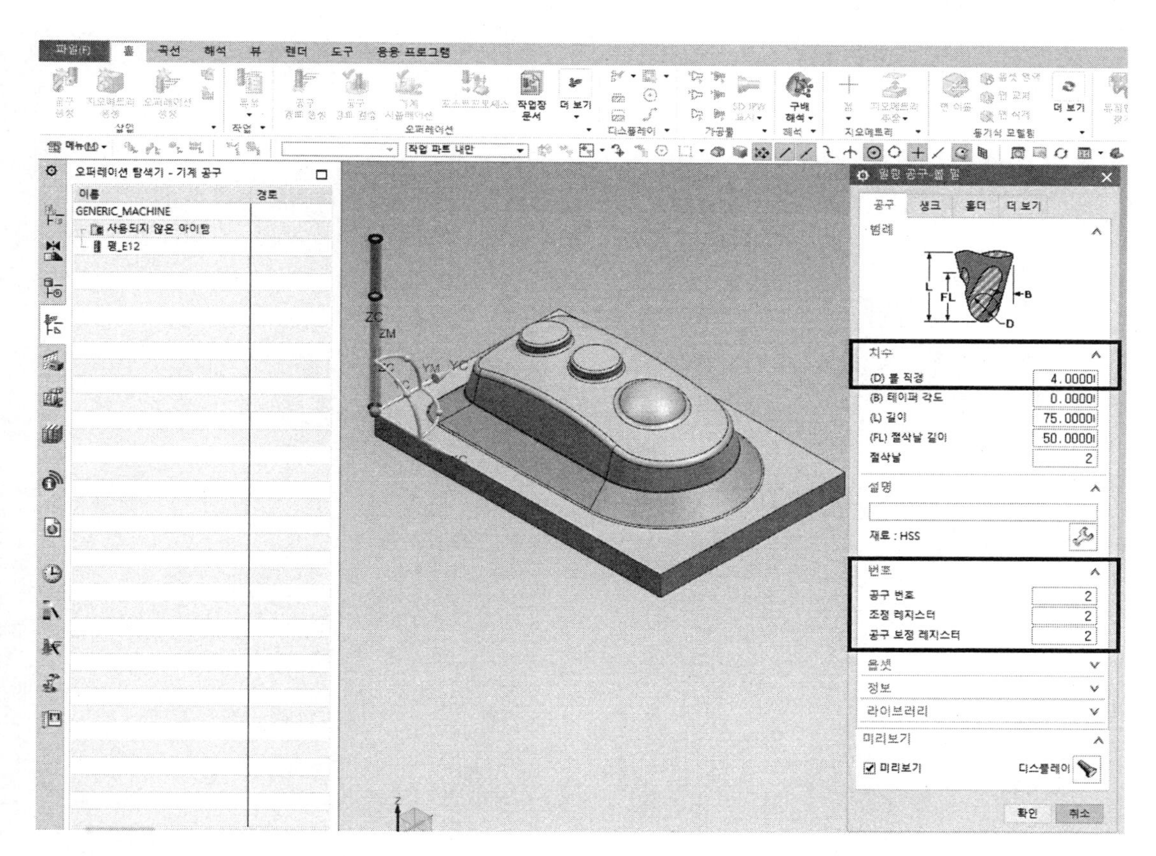

5 좌측 tree의 볼_E4가 생성되었다.

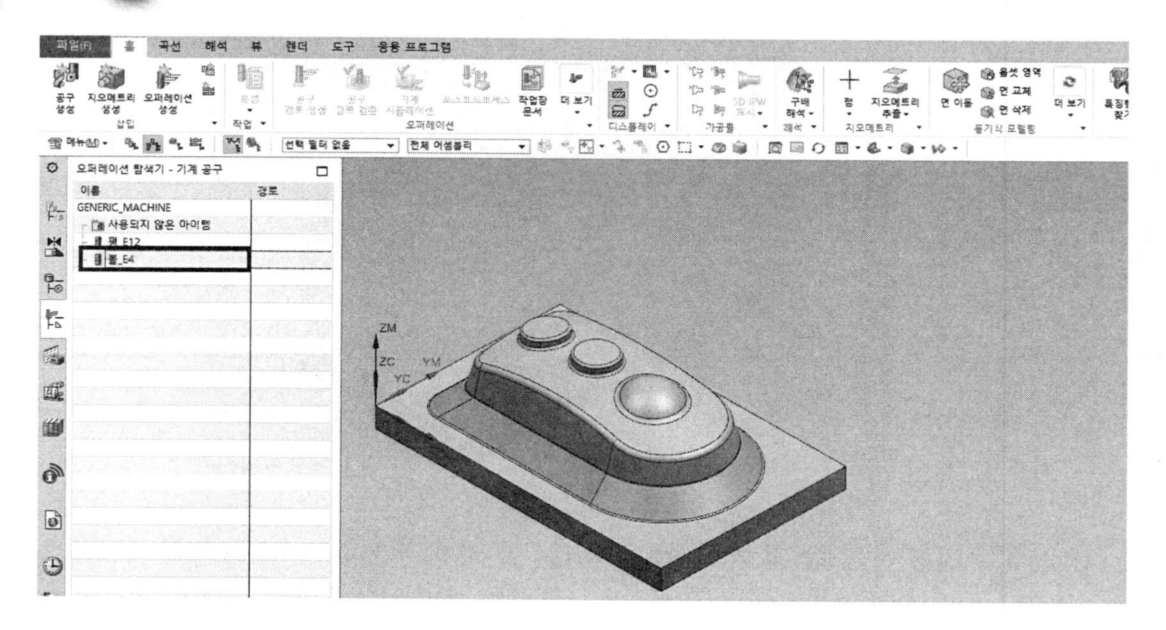

□ 3번 공구 생성

1 공구 생성 아이콘을 클릭하다.

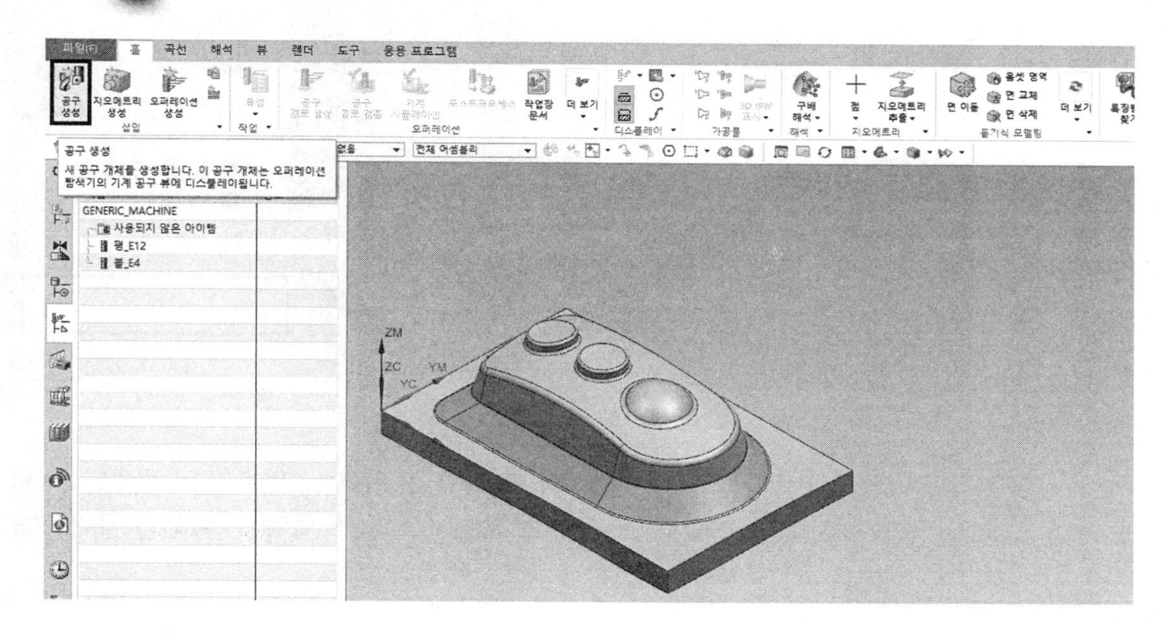

2 공구 생성 박스에서 유형; mill_contour 선택 → 공구 하위 유형; BALL_MILL 선택한다.

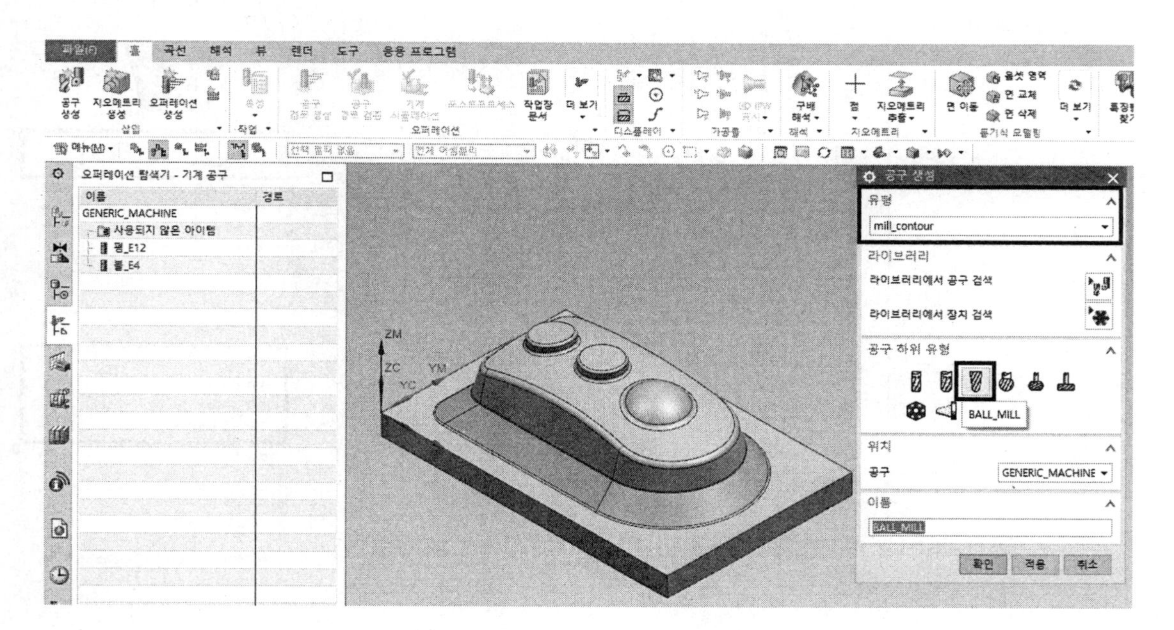

3 이름; 볼_E2로 입력 → 확인 버튼을 클릭한다.

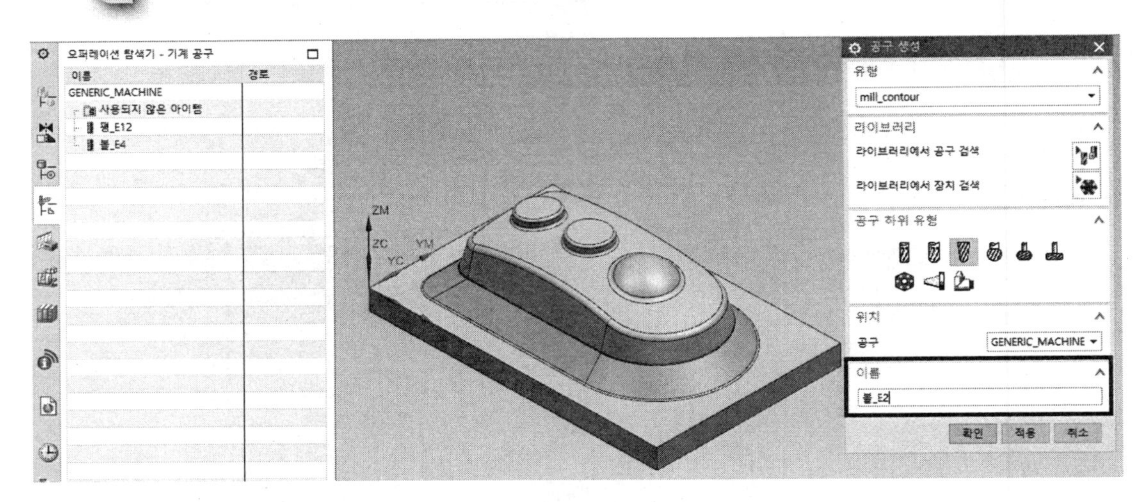

4 밀링 공구–볼 밀 박스에서 치수/(D) 볼 직경; 2 입력 → 번호/공구 번호; 3 입력 → 조정 레지스터; 3 입력 → 공구 보정 레지스터; 3 입력 → 확인을 클릭한다.

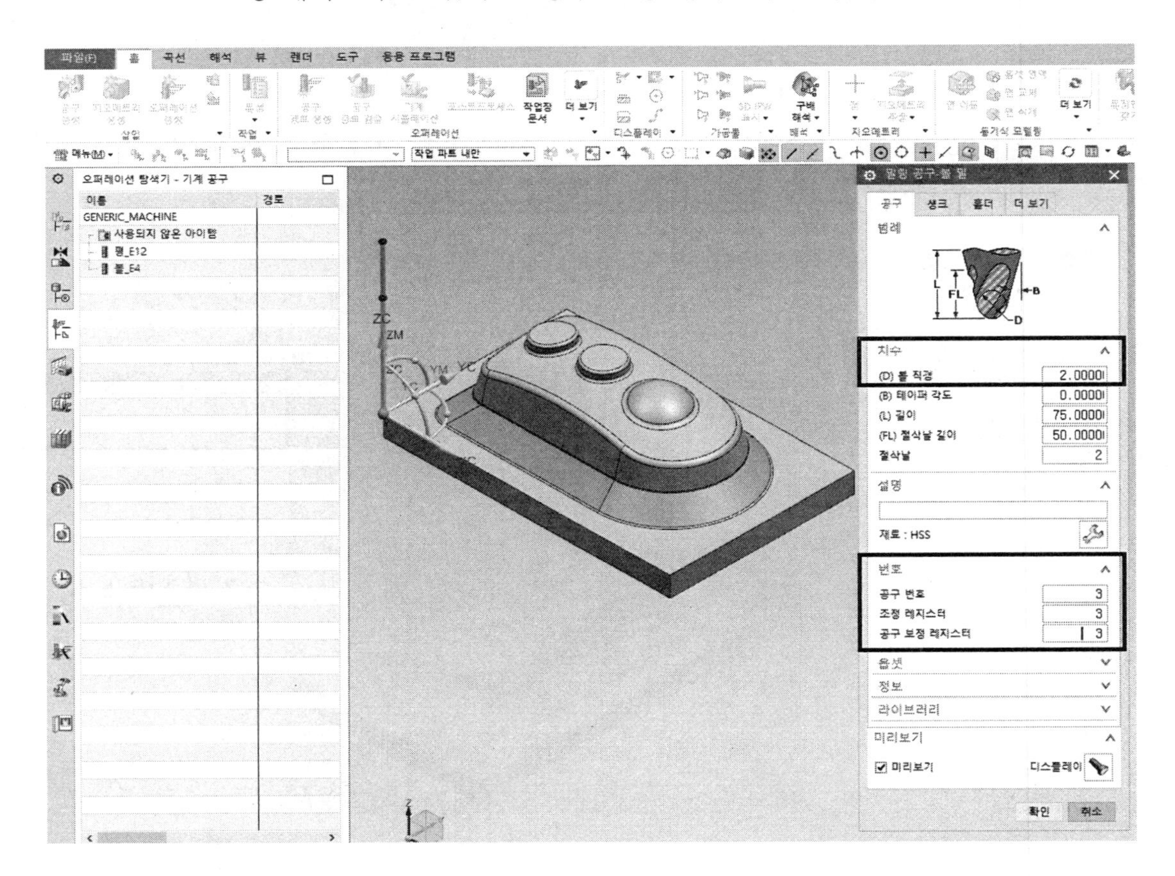

5 좌측 tree의 볼_E2가 생성되었다.

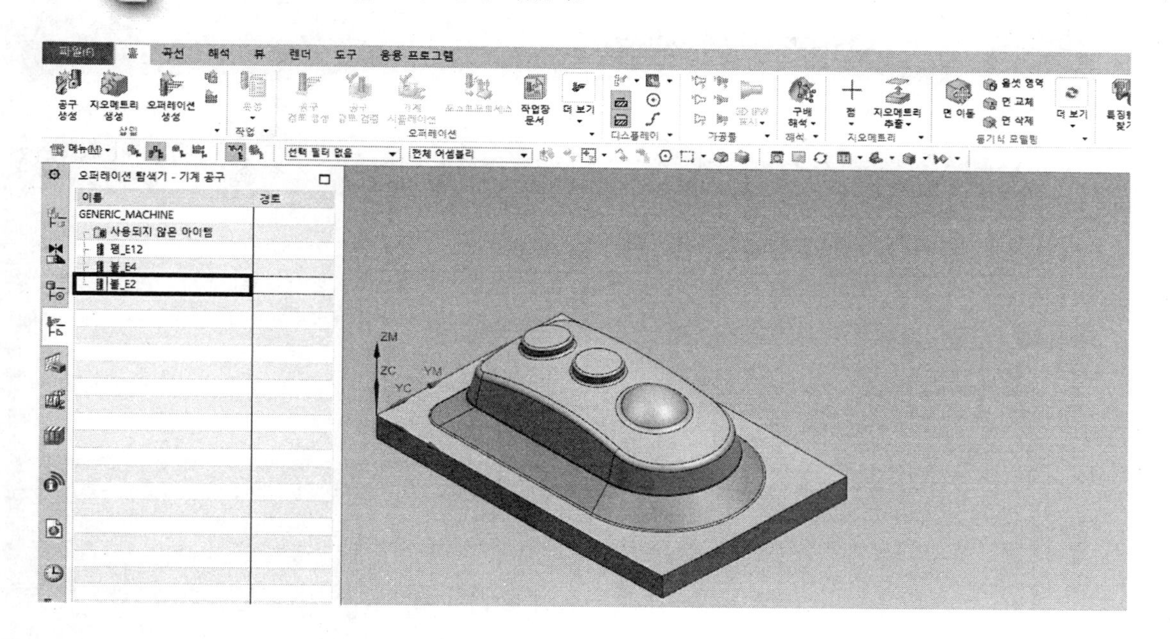

1.5 오퍼레이션 생성

❑ 황삭

1 오퍼레이션 생성을 클릭한다.

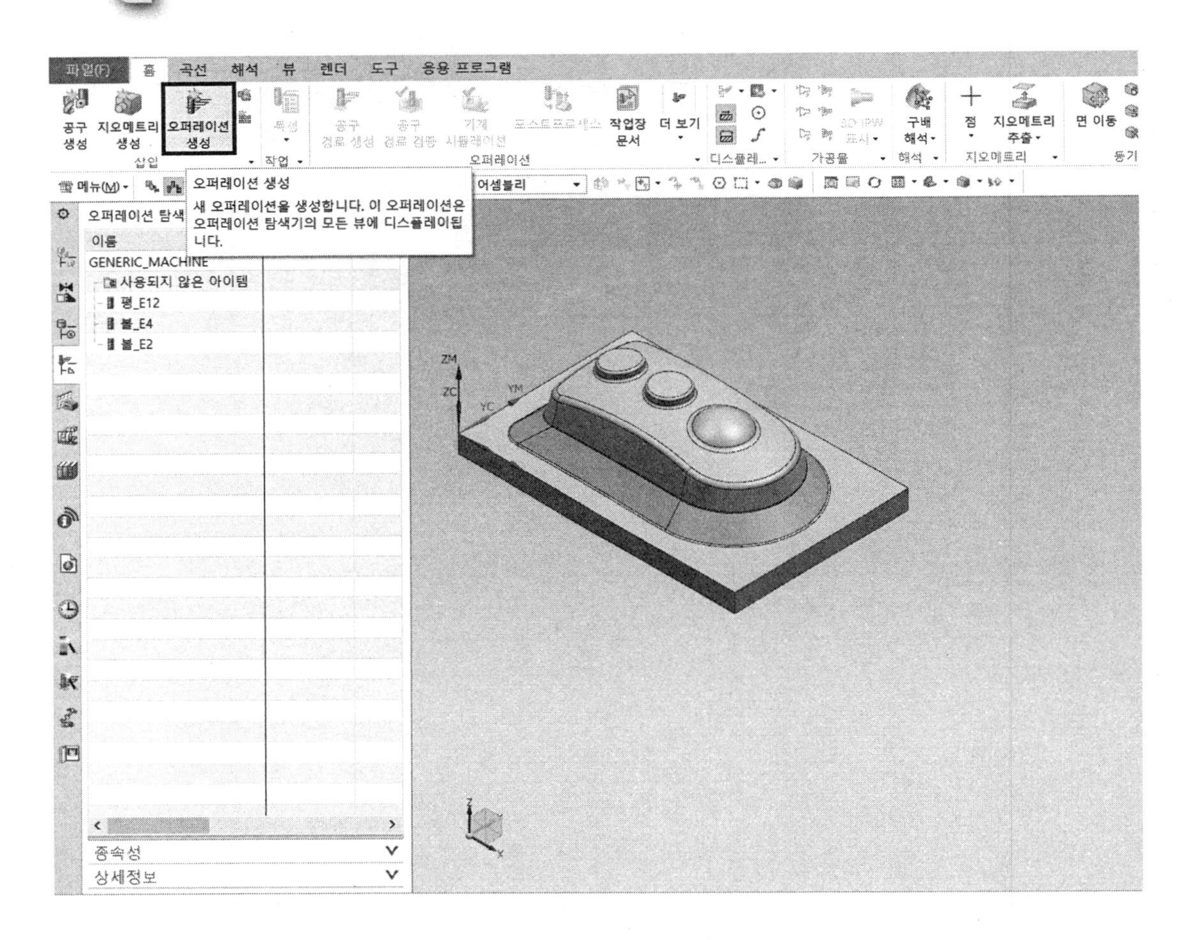

2 오퍼레이션 생성 박스에서 유형; mill_contour 선택 → 오퍼레이션 하위 유형; 첫 번째 아이콘 캐비티 밀링을 선택한다.

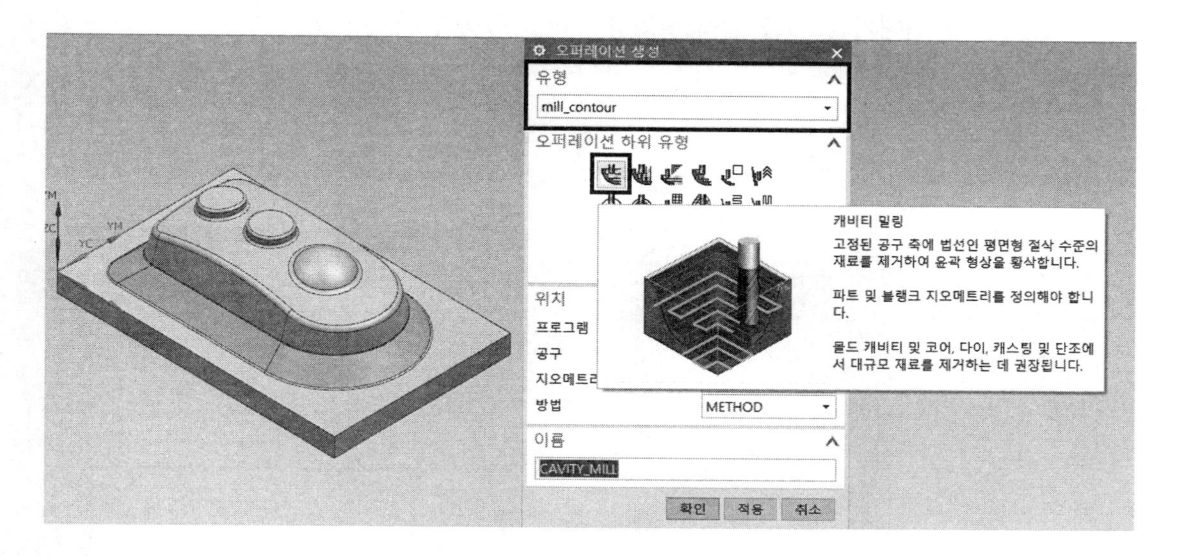

3 위치/프로그램; PROGRAM 선택 → 공구; 평_12 선택 → 지오메트리; WORKPIECE 선택 → 방법; METHOD 선택 → 이름/황삭으로 입력 → 확인 버튼을 클릭한다.

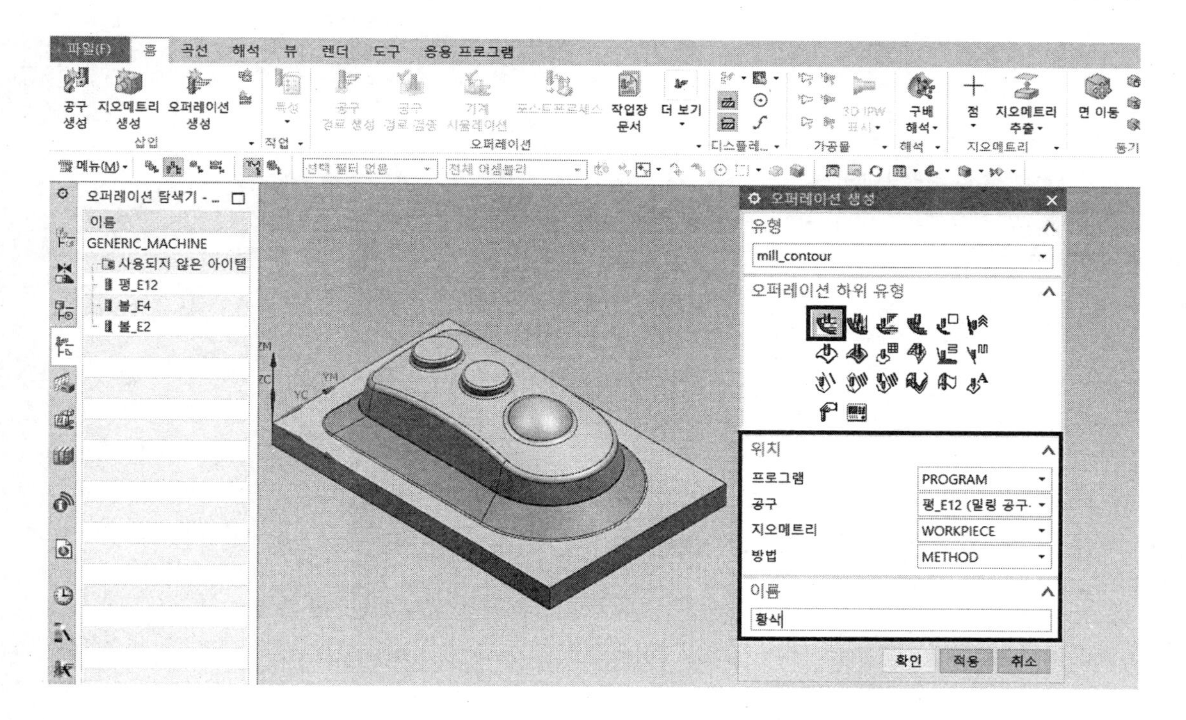

4 캐비티 밀링-[황삭] 박스에서 경로 설정값/절삭 패턴; 외곽 따르기 → 스텝오버; 일정 → 최대거리; 5를 입력(경로간격 : mm 선택) → 절삭 당 공통 깊이; 일정 → 최대거리; 6을 입력(절입량 : mm 선택)한다.

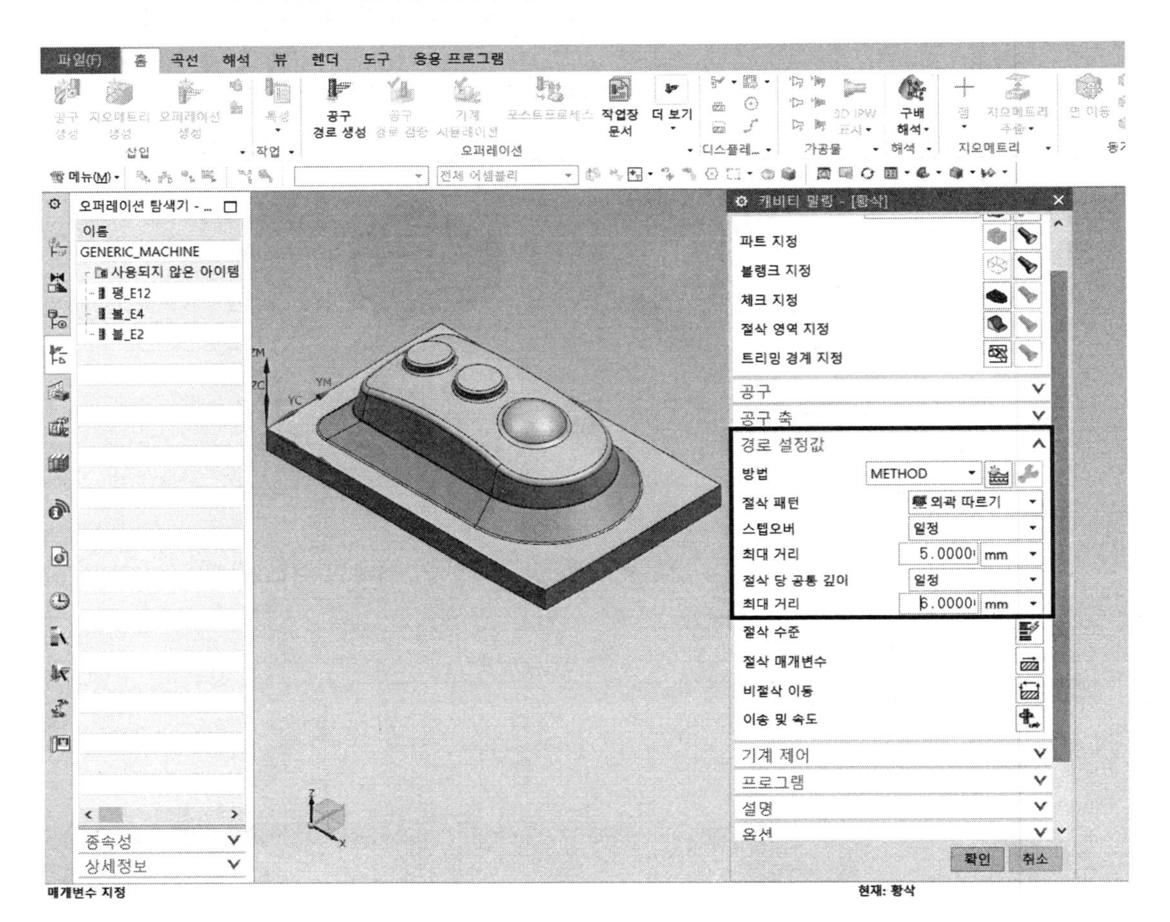

5 경로 설정값/절삭 매개변수; 우측의 아이콘 절삭 매개변수를 클릭한다.

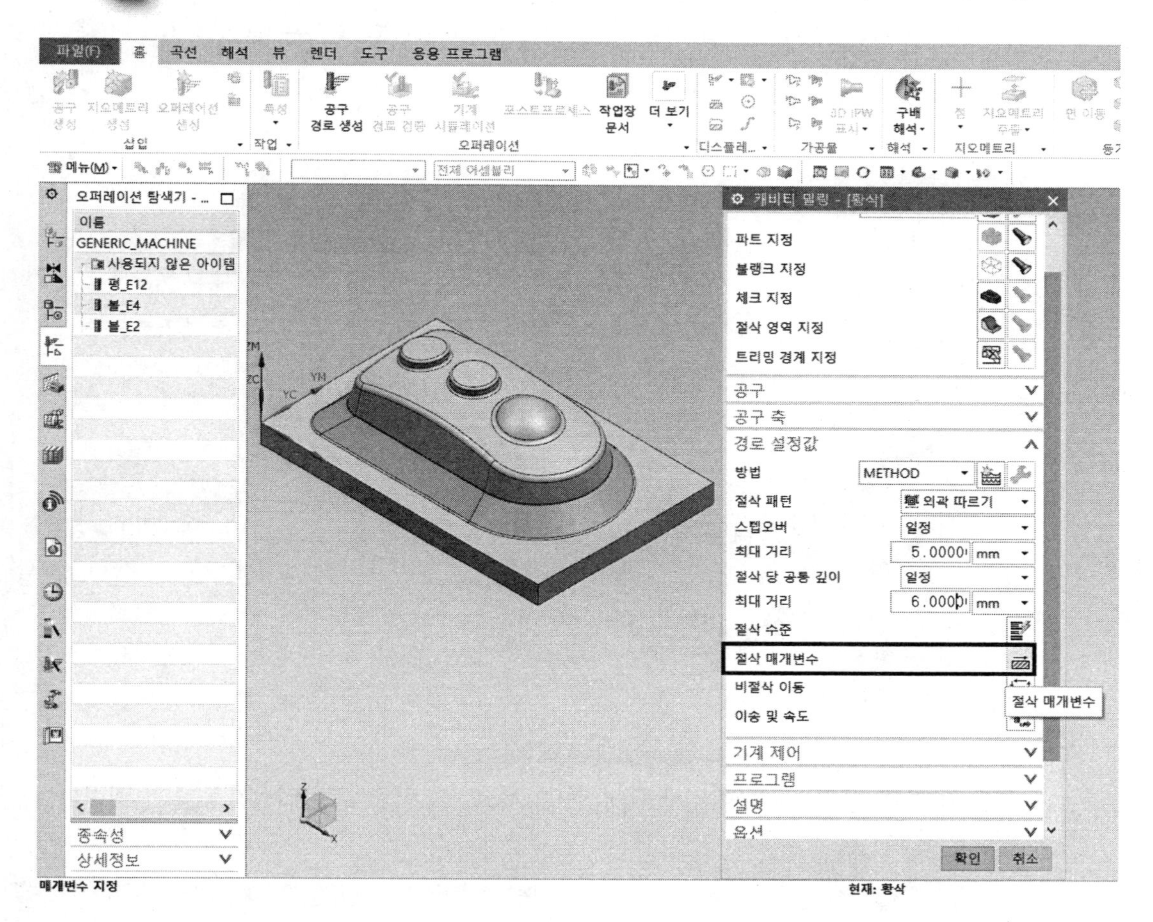

6 절삭 매개변수 박스에서 전략 탭 선택 → 절삭 방향; 상향 절삭으로 선택 → 절삭 순서; 깊이를 우선으로 선택 → 패턴 방향; 안쪽으로 선택한다.

7 벽면을 클릭 → ☑아일랜드 클린업 체크 → 벽면 클린업; 자동을 선택한다.

8 스톡 탭 선택 → 파트 측면 스톡; 0.5로 입력하고 엔터 한다. → 확인 버튼을 클릭한다.

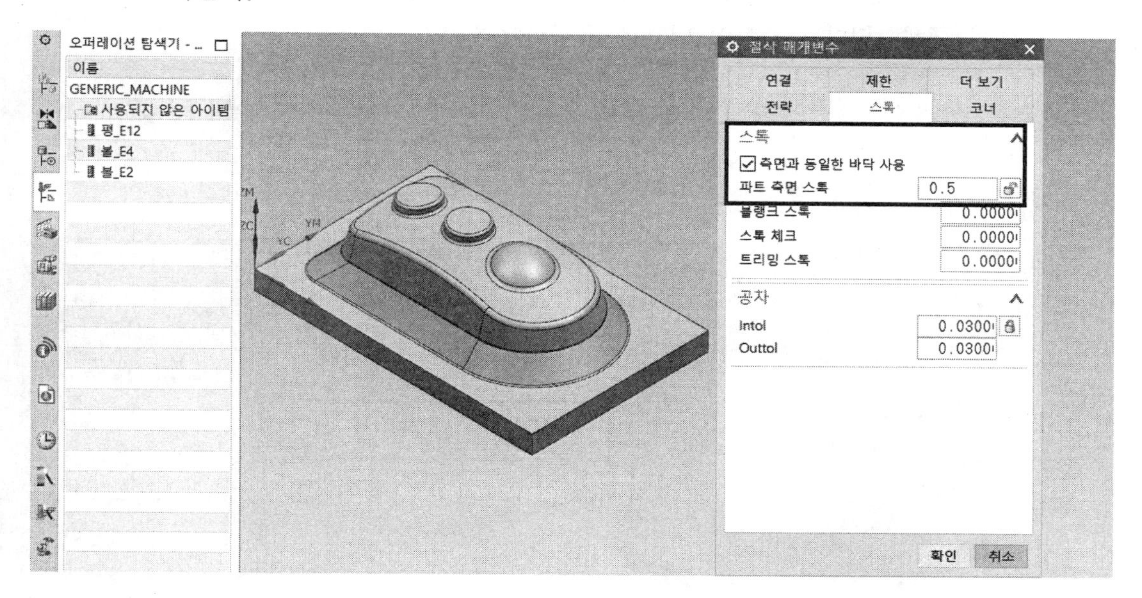

9 캐비티 밀링-[황삭] 박스에서 경로 설정값/이송 및 속도; 우측의 이송 및 속도 아이콘을 클릭한다.

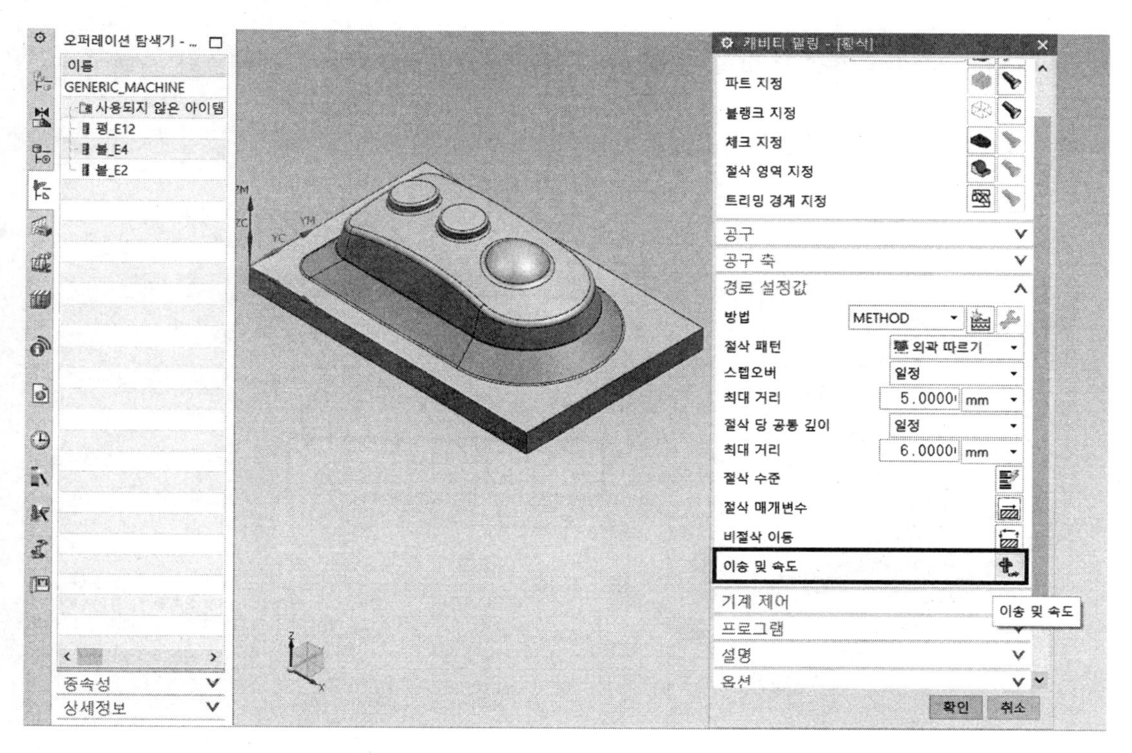

10 이송 및 속도 박스에서 스핀들 속도(rpm); 1400을 입력하면 우측의 계산기가 활성화 된다. 계산기를 클릭하면 좌측의 스핀들 속도(rpm) 앞의 박스가 자동으로 ☑체크된다. → 확인 버튼을 클릭한다.

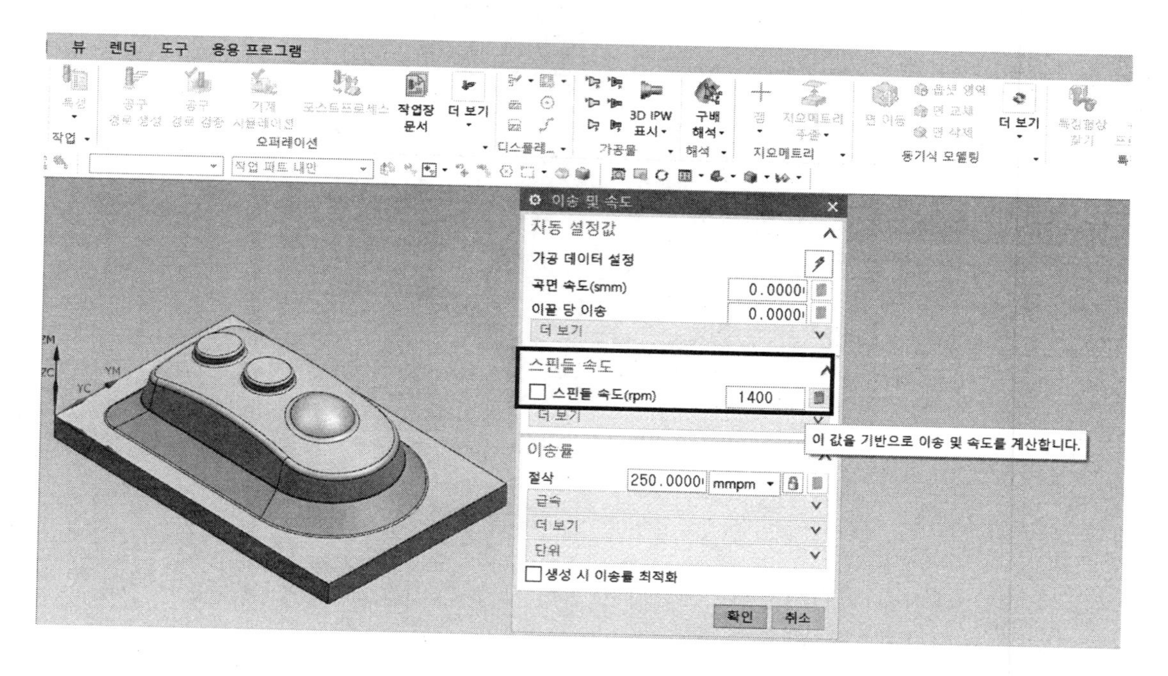

11 화면과 같이 스핀들 속도 앞에 □된 상태에서 ☑로 자동 체크된 상태이다.

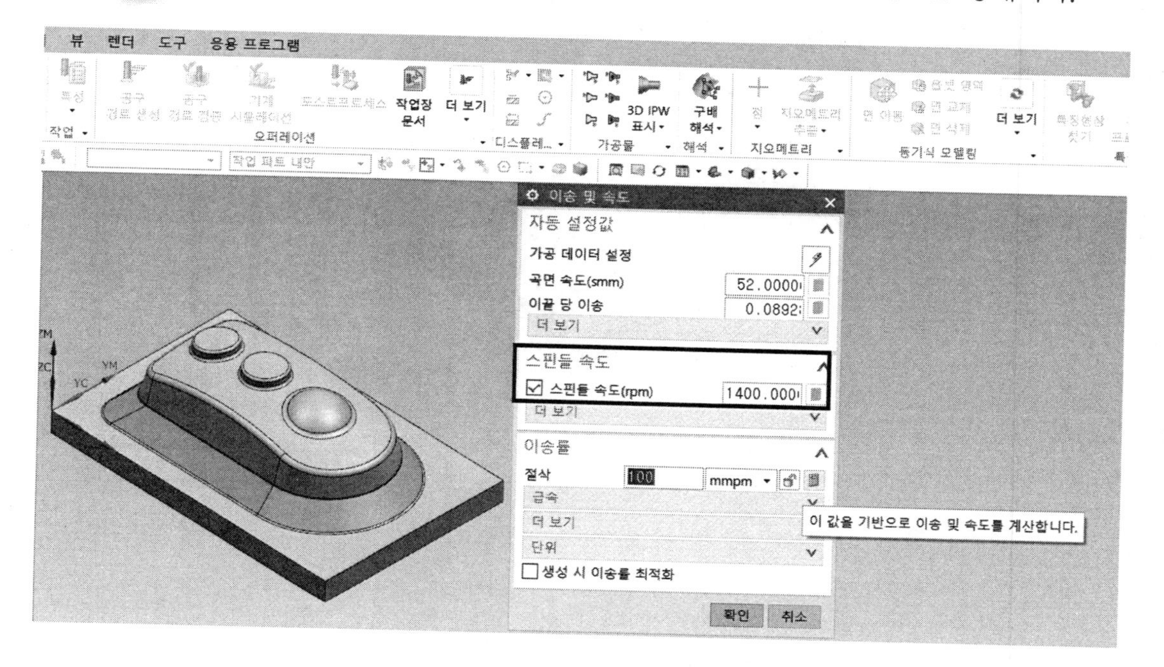

12 이송률/절삭; 이송속도값 100을 입력하고 엔터한다. → 확인 버튼을 클릭한다.

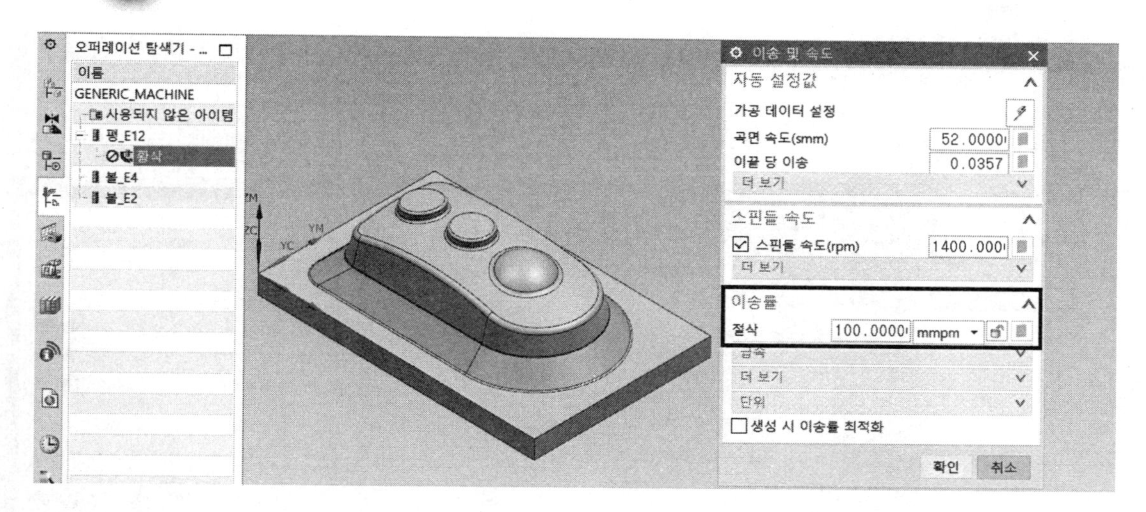

13 캐비티 밀링–[황삭] 박스에서 제일 아래의 생성 버튼을 클릭한다.(화면의 그림에 커서를 올리면 생성이라는 글자가 나타난다.)

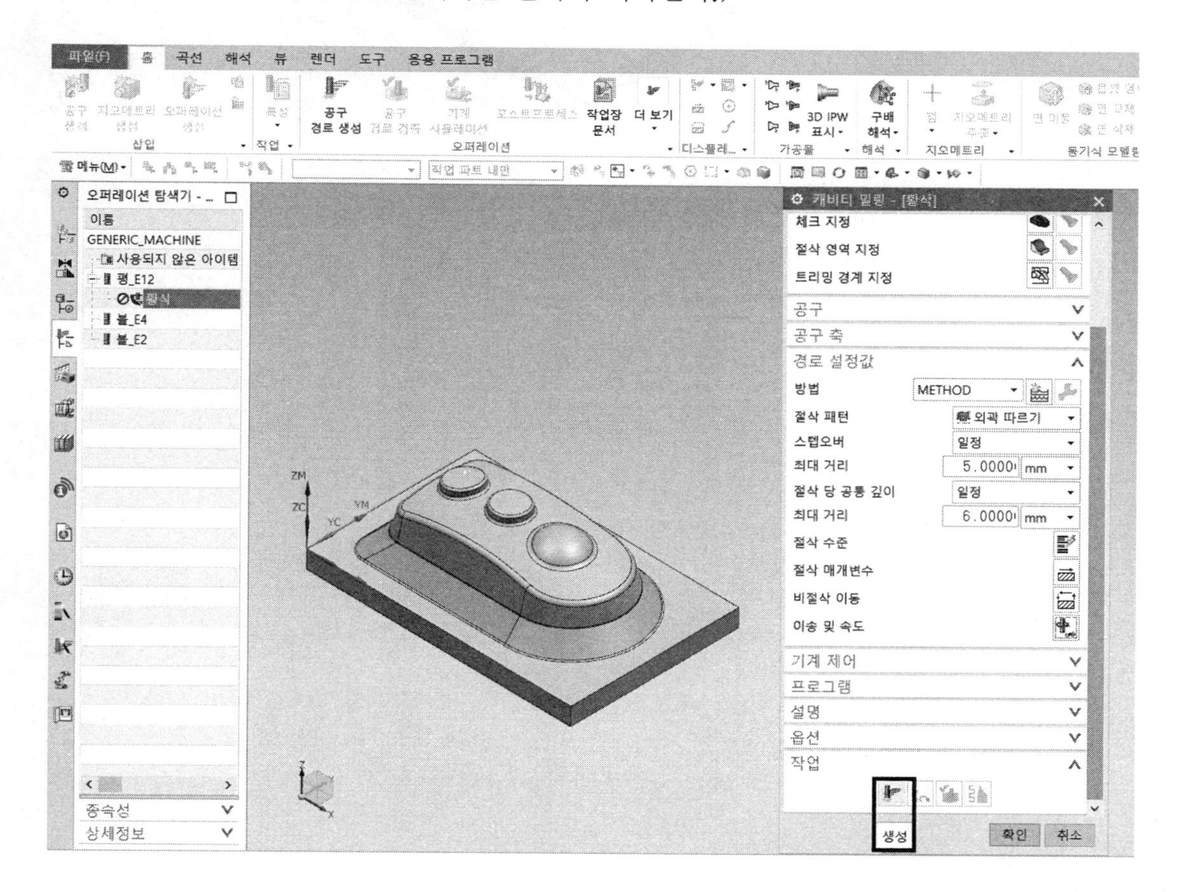

14 좌측 tree에서 황삭 툴패스가 생성된 후 화면에 구현된 형상이다.

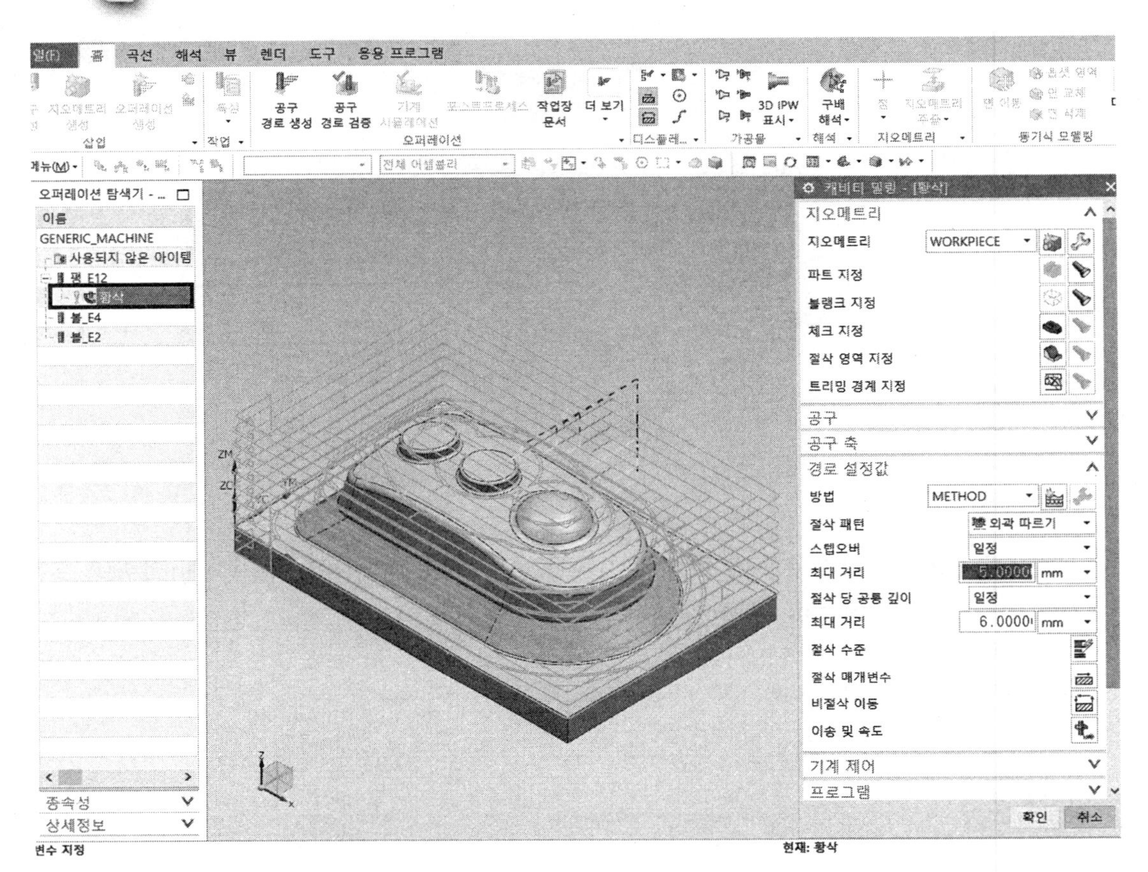

15 공구 경로 시각화 박스에서 3D 동적 탭/애니메이션 속도를 6에 놓고 재생 버튼을 클릭 → 확인 버튼을 클릭한다.

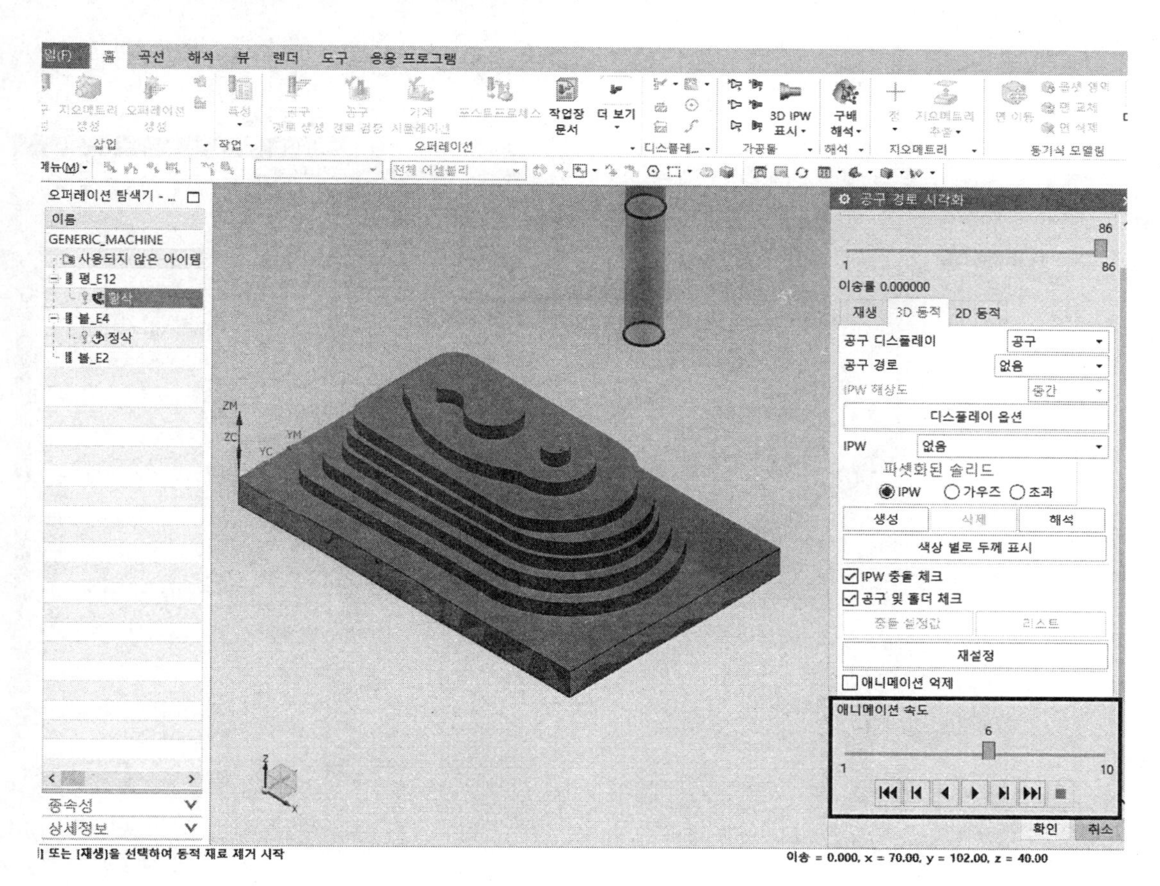

16 화면처럼 황삭 가공이 형성된다. → 확인 버튼을 클릭한다.

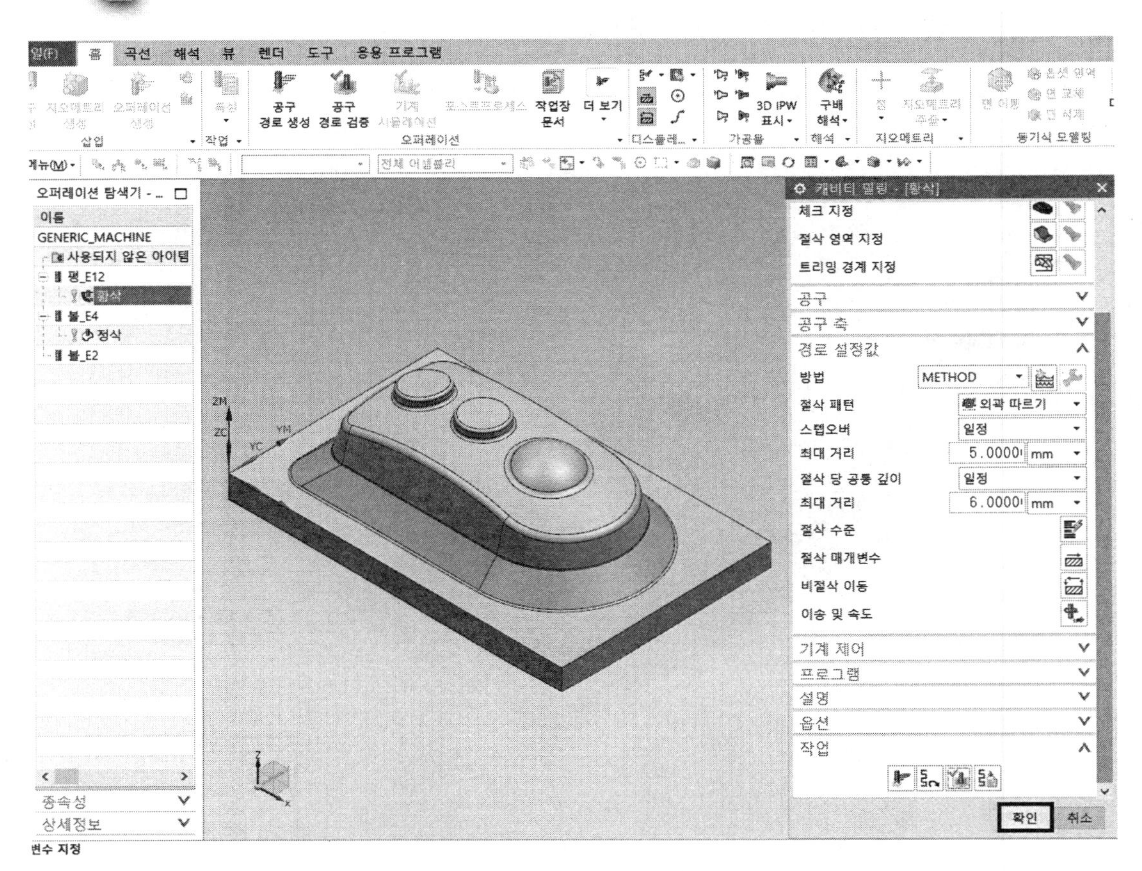

□ 정삭

1 오퍼레이션 생성 아이콘을 클릭한다.

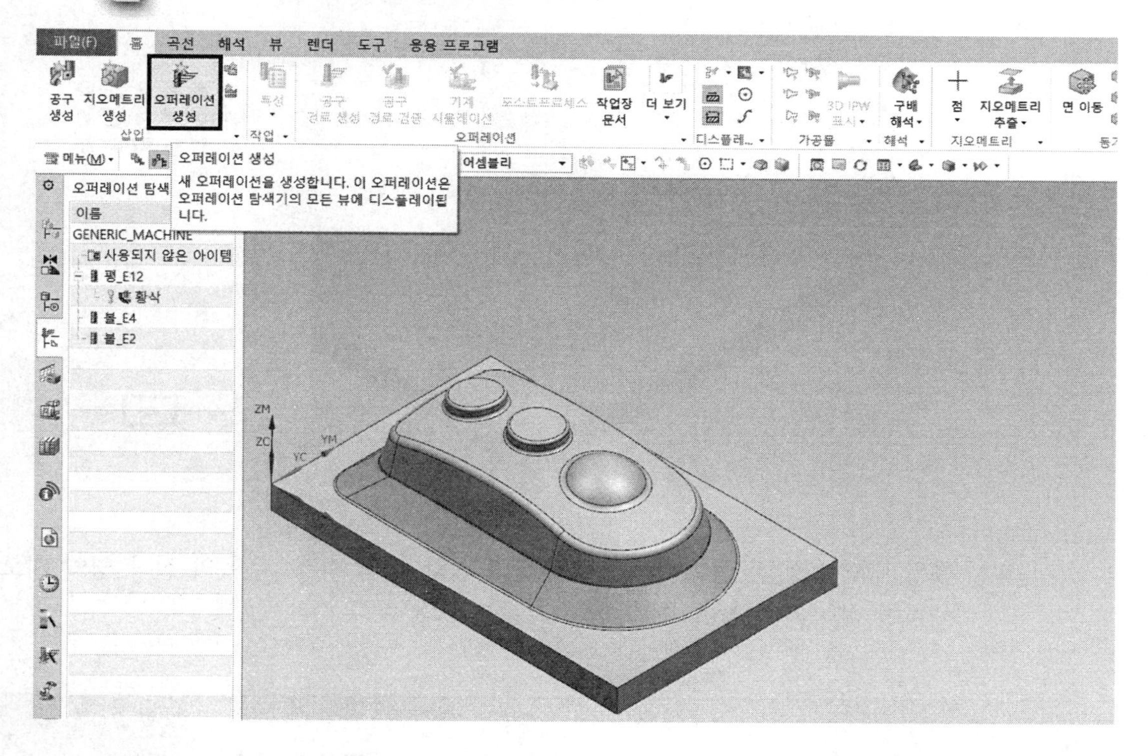

2 오퍼레이션 생성 박스에서 유형; mill_contour 선택 → 오퍼레이션 하위 유형; 윤곽 영역 아이콘을 선택한다.

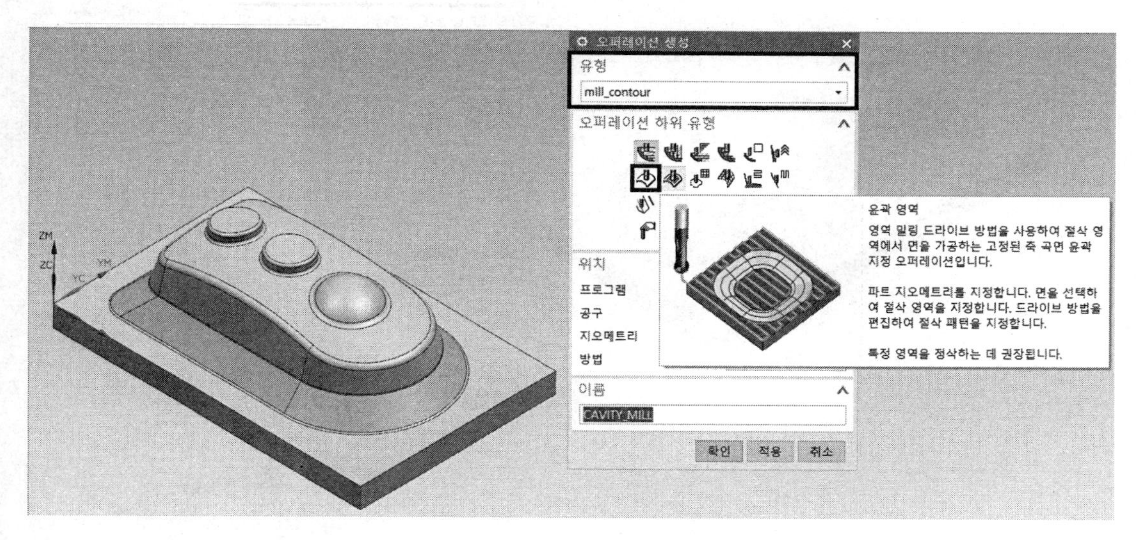

3 확인 버튼을 클릭한다.

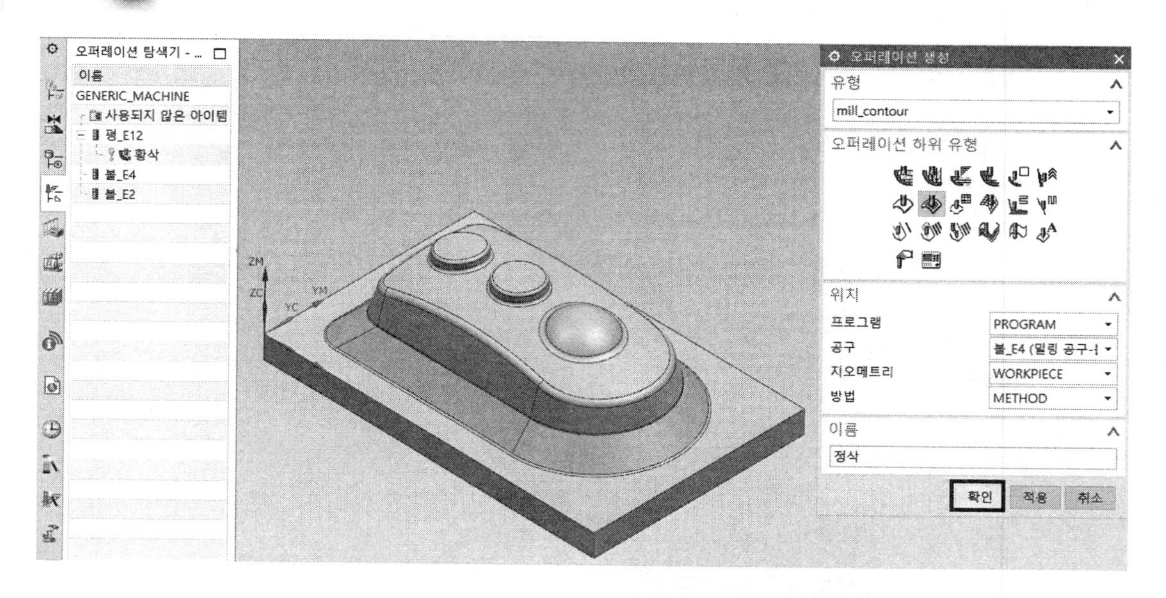

4 윤곽 영역-[정삭] 박스에서 지오메트리/절삭 영역 지정; 우측의 절삭 영역 지오메트리 아이콘을 선택 또는 편집을 클릭한다.

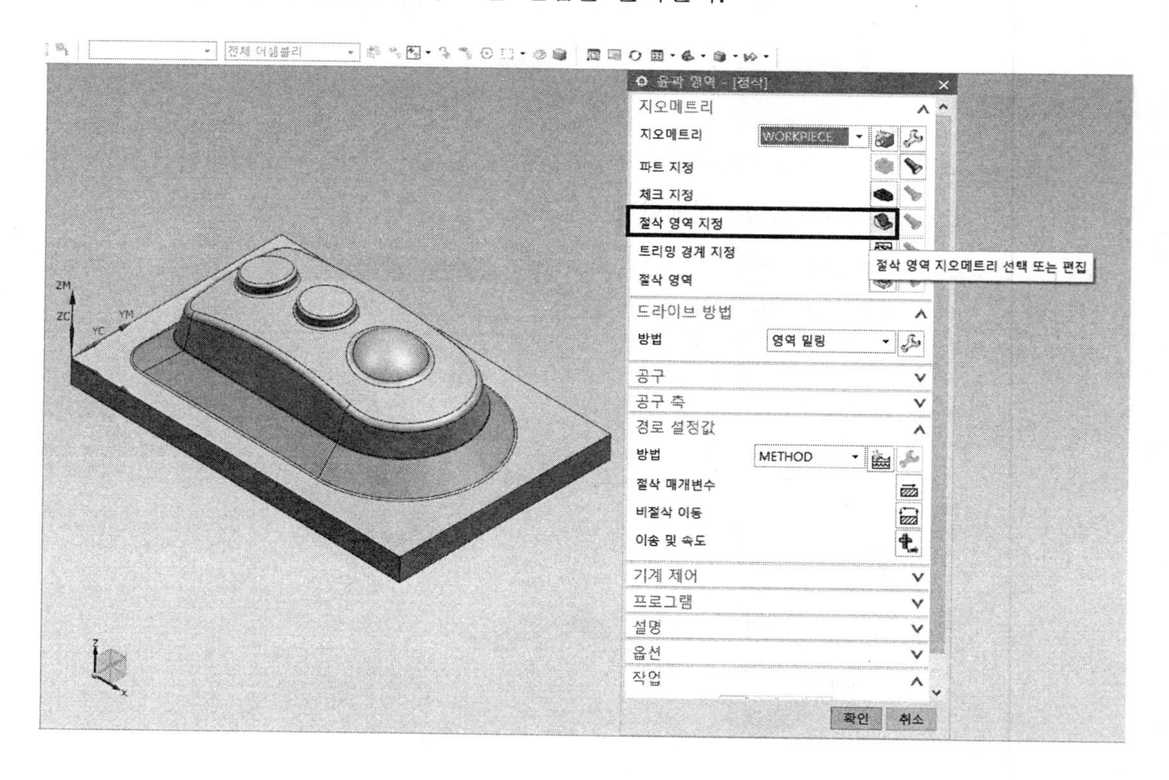

5 절삭 영역 박스에서 지오메트리/개체 선택(0)을 선택한다. 접하는 면을 클릭하고, 바탕화면 물체의 윗면의 아무 곳이나 클릭한다.

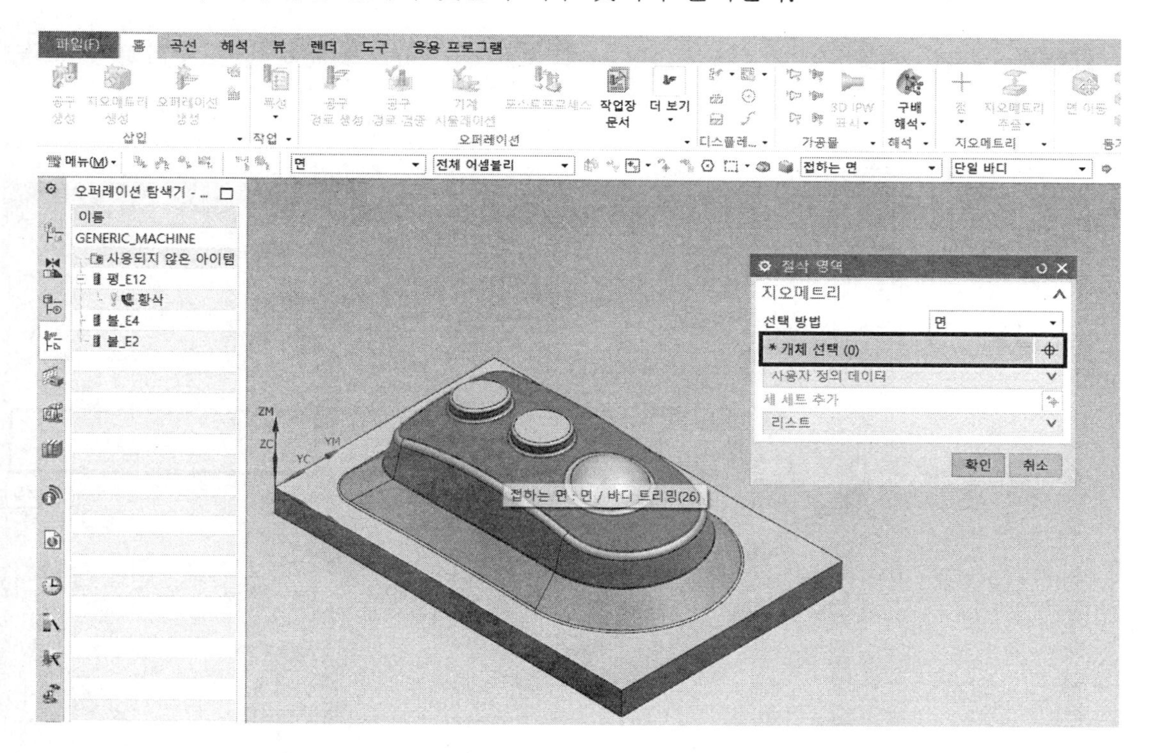

6 지오메트리에서 개체 선택이 바뀐다.(예: 개체 선택(46)으로 변경됨) → 확인 버튼을 클릭한다.

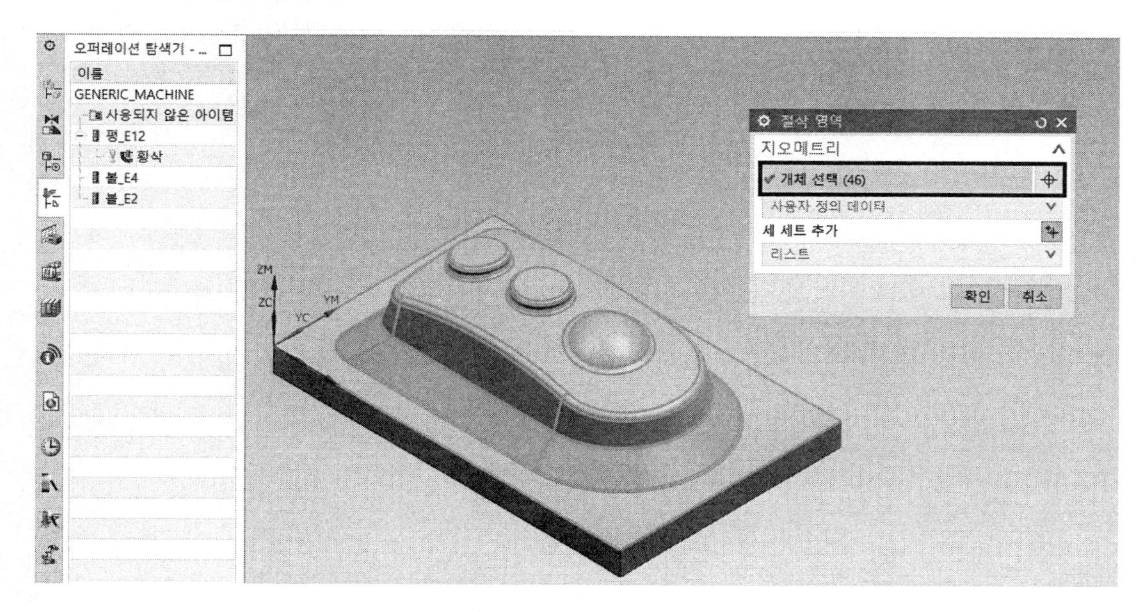

7 윤곽 영역-[정삭] 박스에서 드라이브 방법/방법; 영역 밀링을 선택 → 우측의 편집(스패너 모양) 아이콘을 클릭한다.

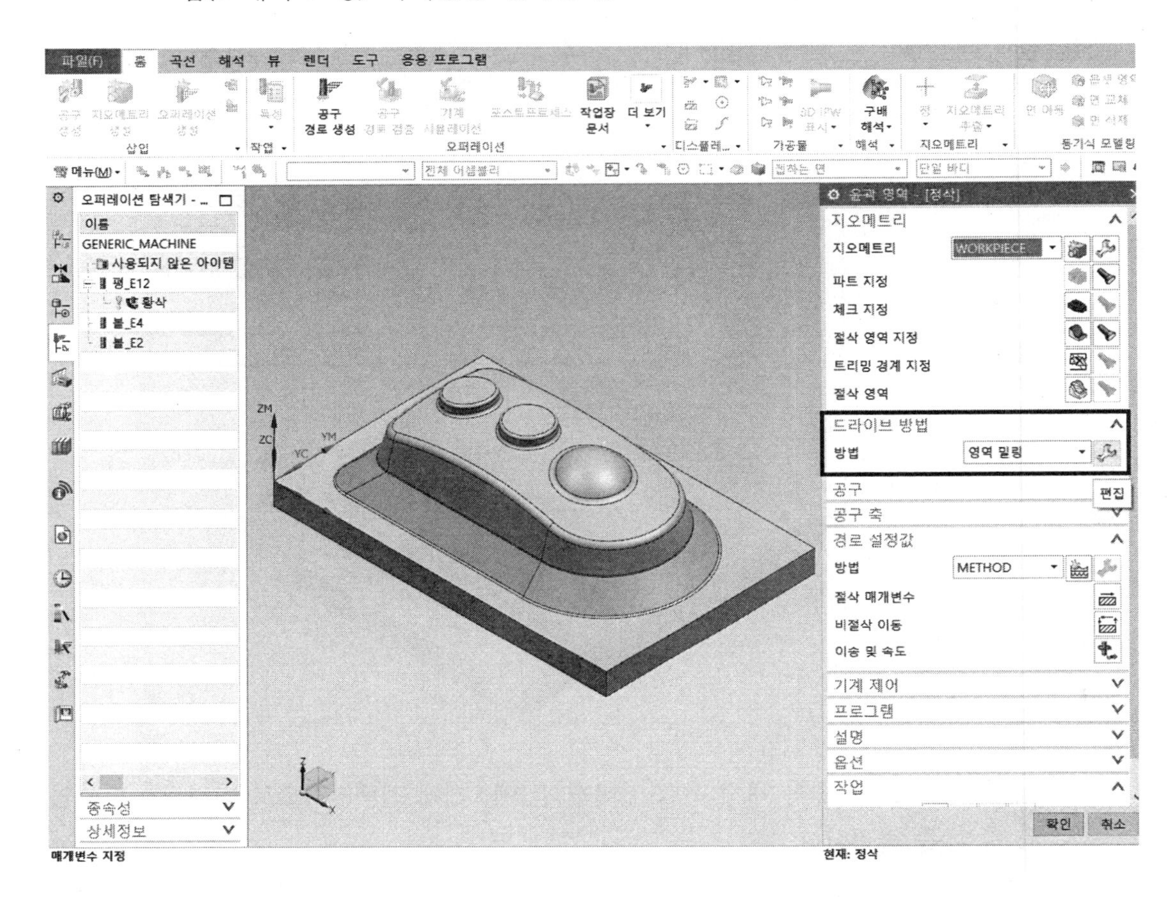

8 영역 밀링 드라이브 방법 박스에서 드라이브 설정값/비 급경사 절삭 패턴; 지그재그 선택 → 절삭 방향; 하향 절삭 선택 → 스텝오버; 일정 → 최대 거리; 1을 입력(경로 간격 : mm 선택) → 적용된 스텝오버; 평면상에서 선택 → 절삭 각도; 지정 선택 → XC로부터 각도; 45를 입력한다. → 확인 버튼을 클릭한다.

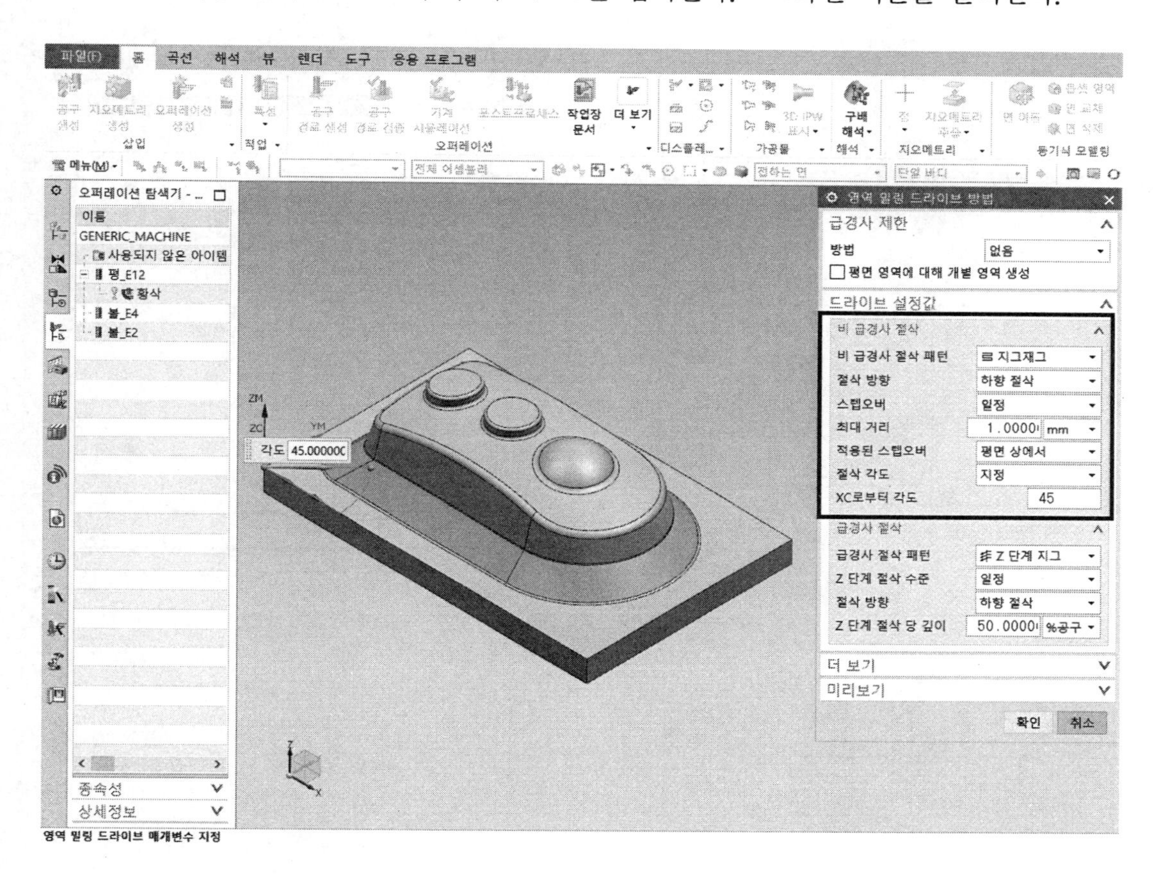

9 윤곽 영역-[정삭] 박스에서 이송 및 속도; 우측의 이송 및 속도 아이콘을 클릭한다.

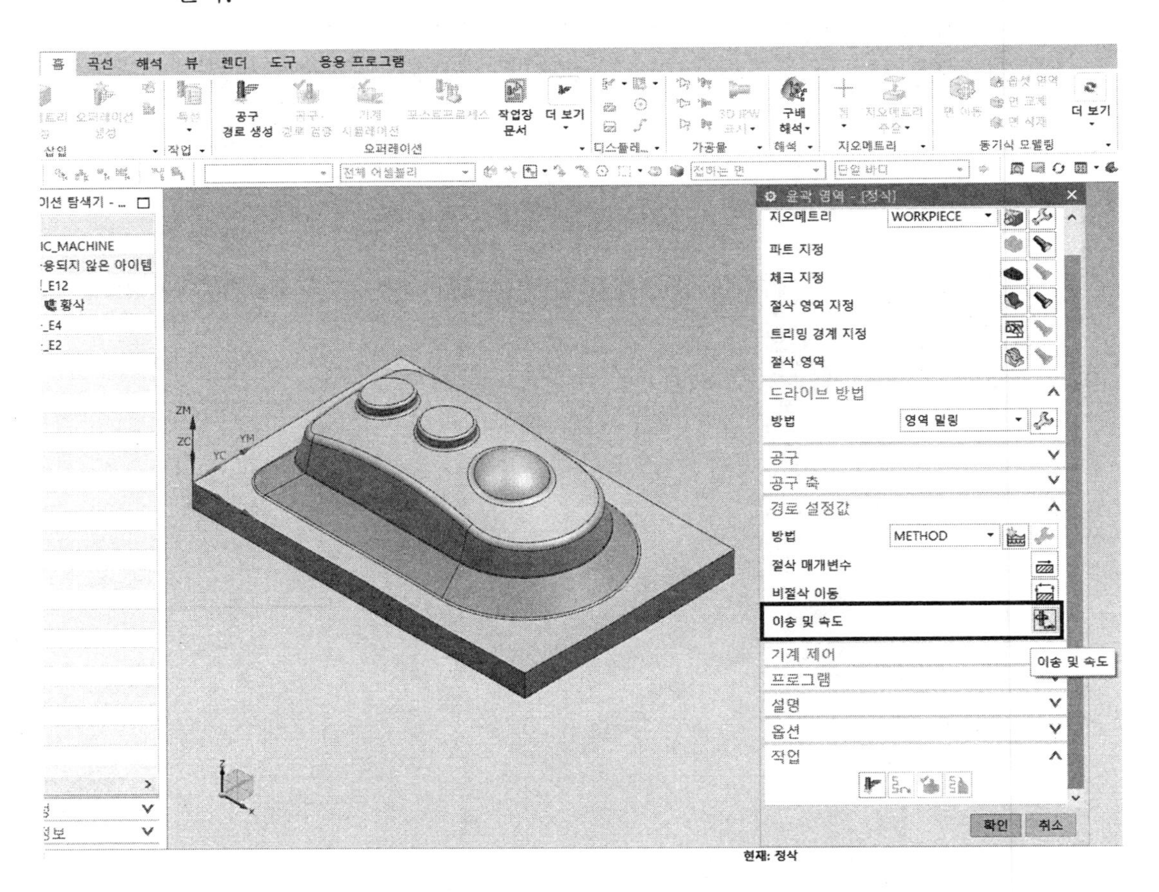

10 이송 및 속도 박스에서 스핀들 속도(rpm); 1800을 입력하면 우측의 계산기가 활성화 된다. 계산기를 클릭하면 좌측의 □ 스핀들 속도(rpm) 앞의 박스가 자동으로 ☑체크된다. → 이송률/절삭; 90을 입력한 후 엔터한다. → 확인 버튼을 클릭한다.

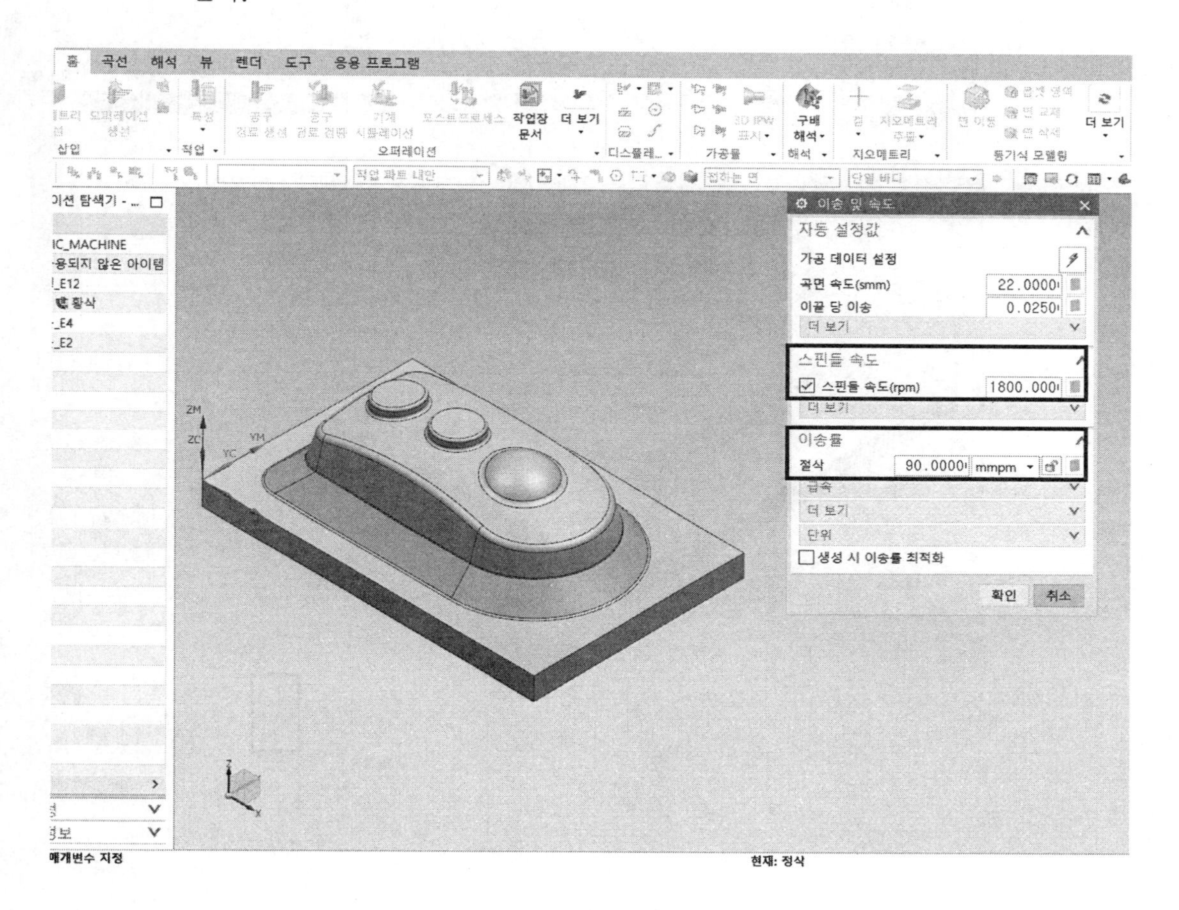

11 윤곽 영역-[정삭] 박스에서 제일 아래의 생성 버튼을 클릭한다.(화면의 그림에 커서를 올리면 생성이라는 글자가 나타난다.)

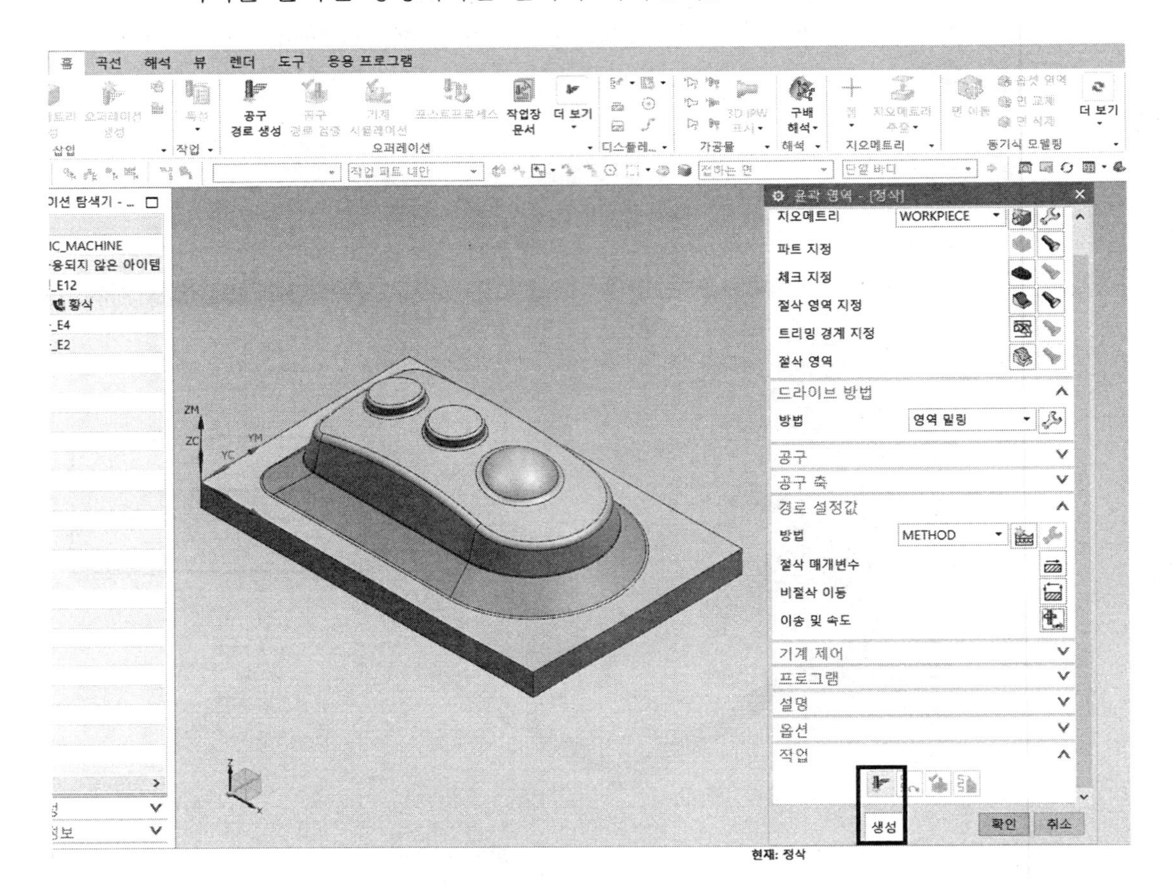

12 좌측 tree에 정삭 툴패스가 생성된 후 화면에 구현된 형상이다.

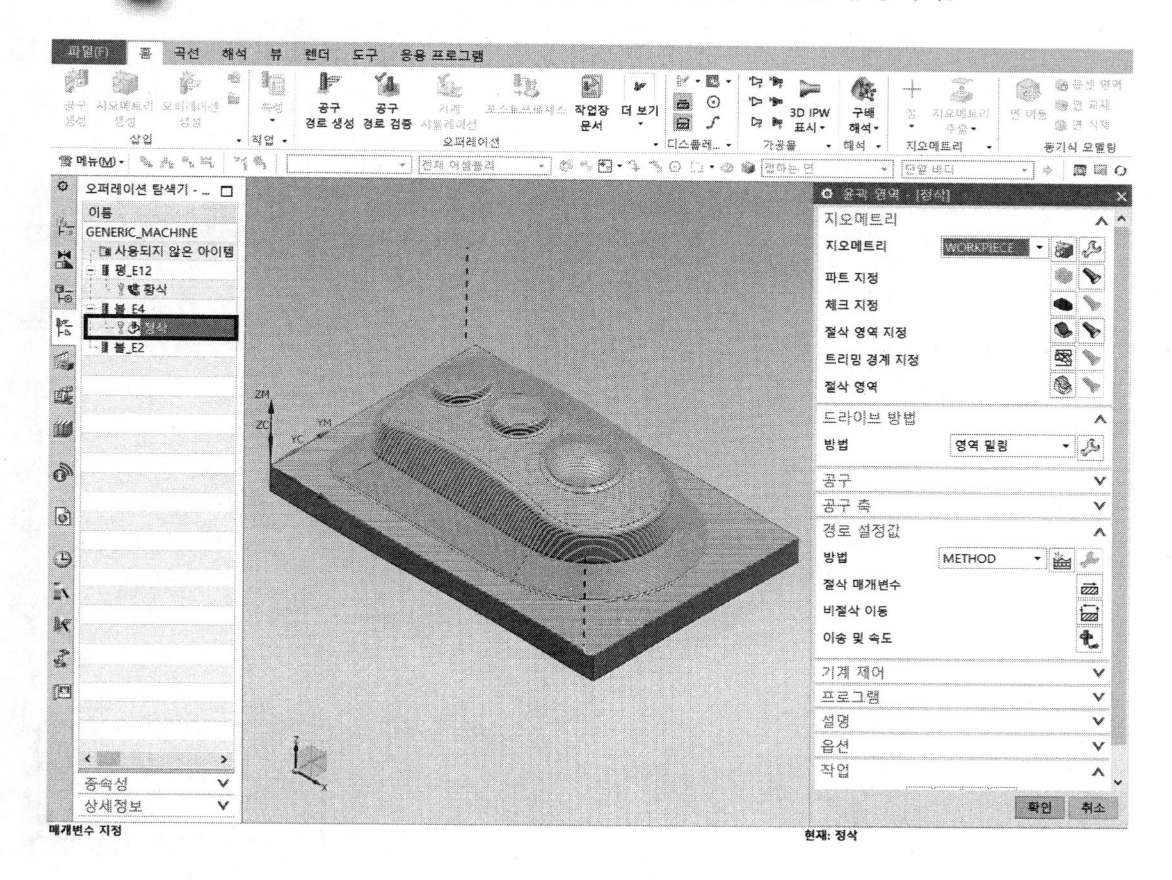

13 공구 경로 시각화 박스에서 3D 동적 탭/애니메이션 속도를 6에 놓고 재생한다.
→ 화면처럼 정삭 가공 형상이 된다. → 확인 버튼을 클릭한다.

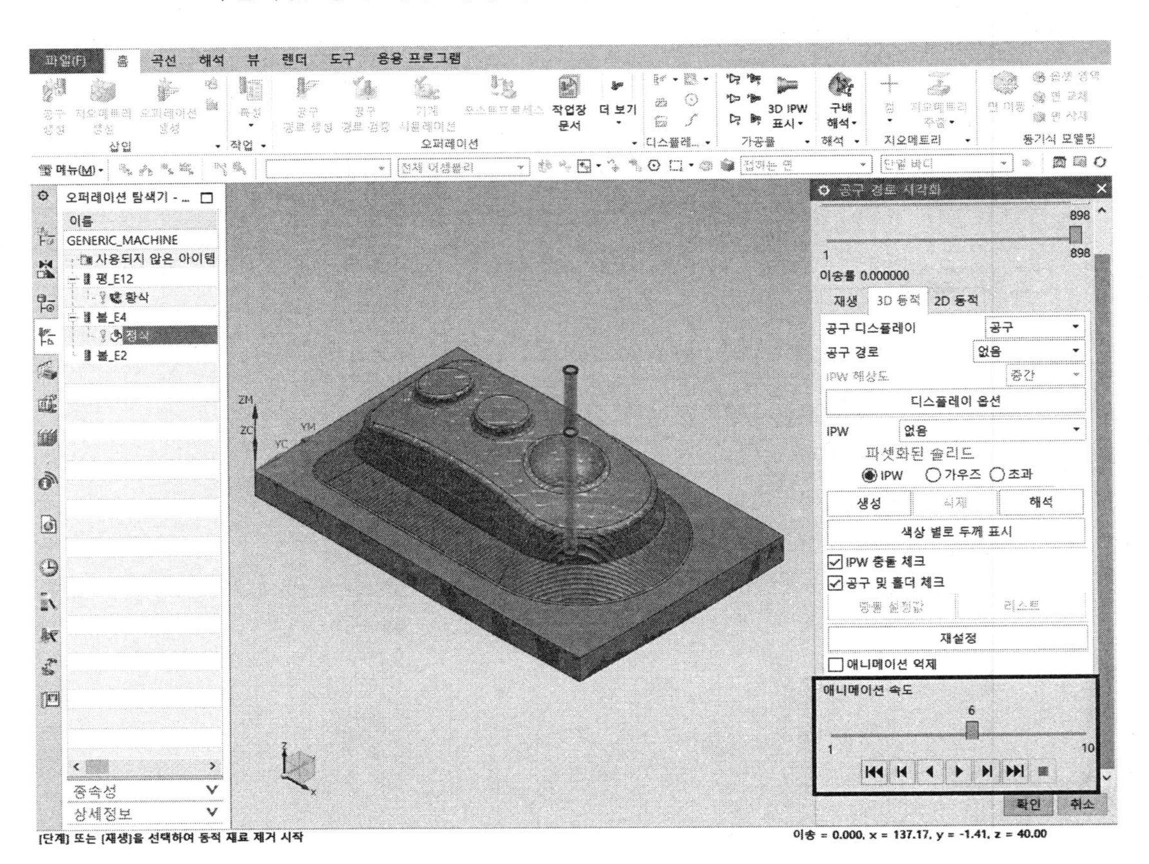

□ 잔삭

1 오퍼레이션 생성 아이콘을 클릭한다.

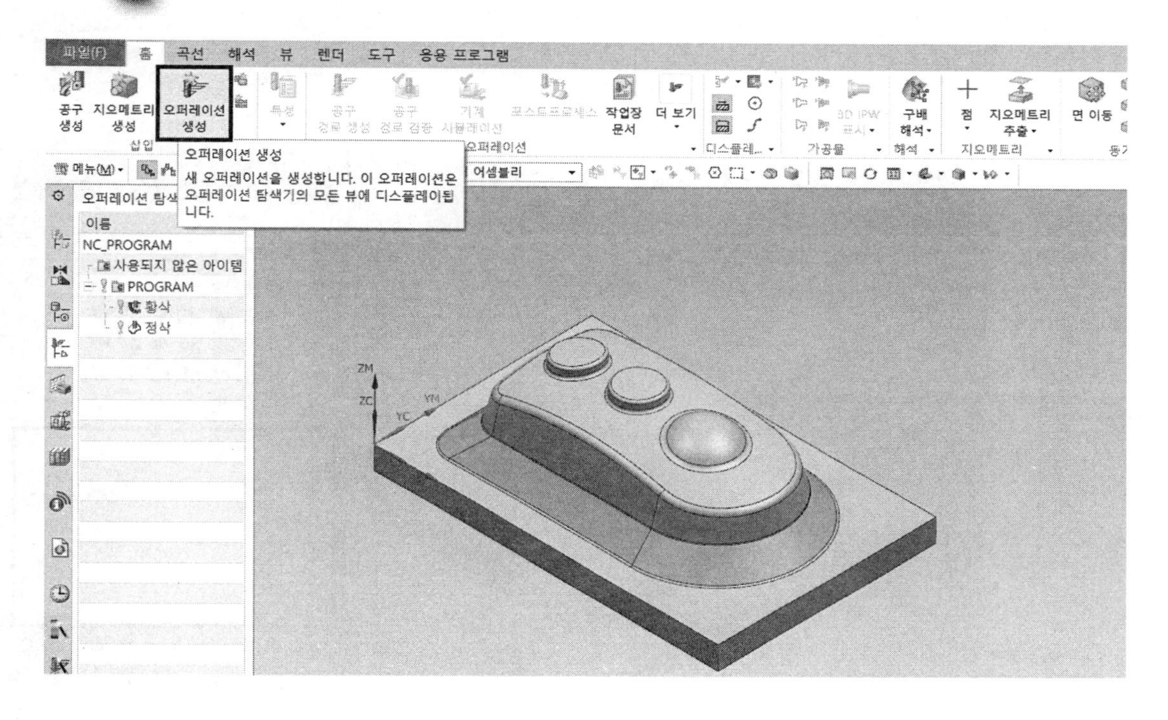

2 오퍼레이션 생성 박스에서 유형; mill_contour 선택 → 오퍼레이션 하위 유형; 플로우컷 단일 아이콘을 클릭한다.

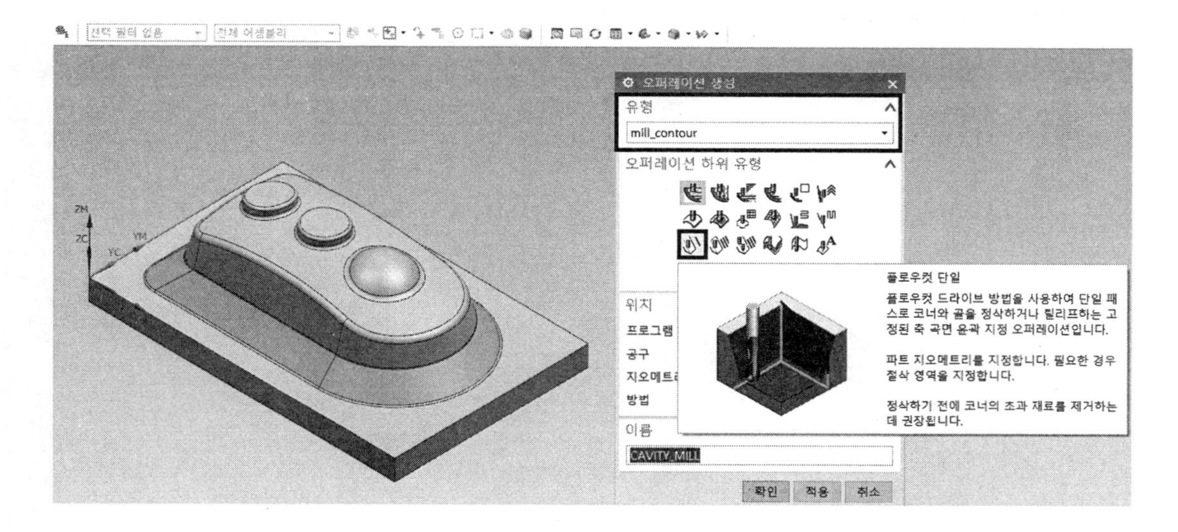

3 위치/프로그램; PROGRAM 선택 → 공구; 볼_E2 선택 → 지오메트리; WORKPIECE 선택 → 방법; METHOD 선택 → 이름/잔삭을 입력 → 확인 버튼을 클릭한다.

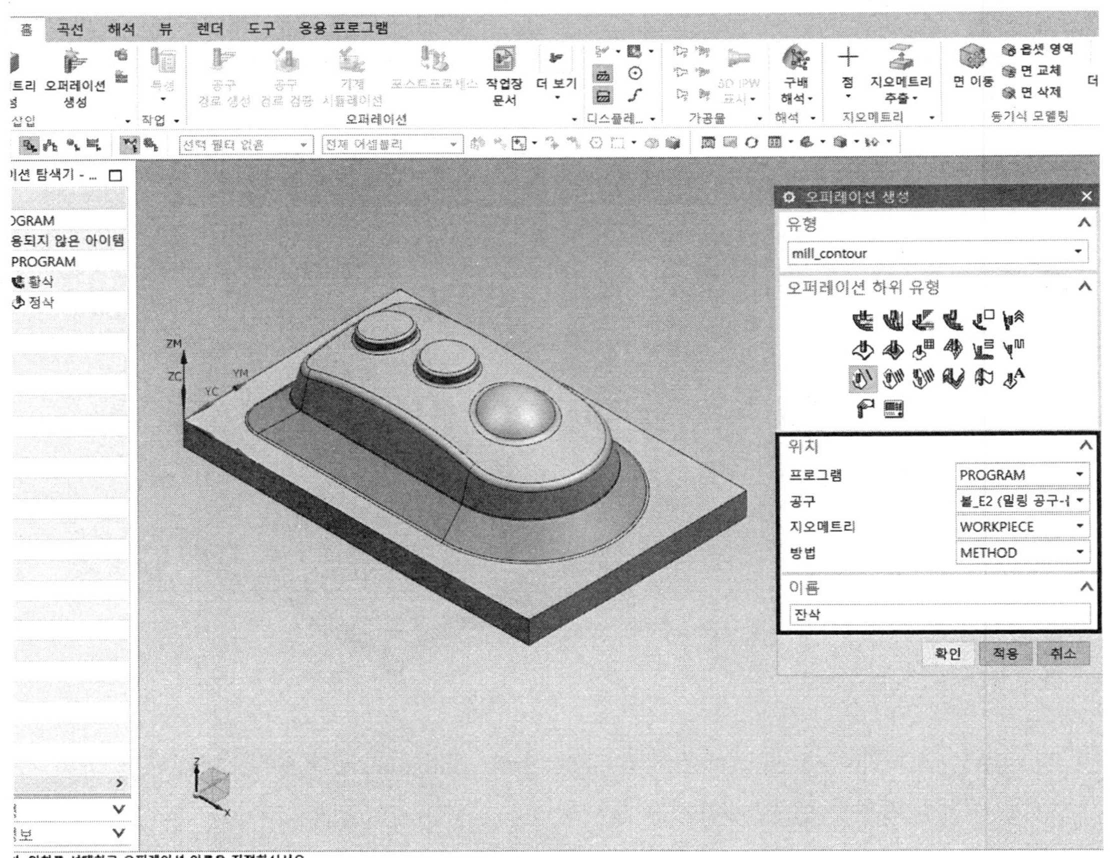

4 플로우컷 단일-[잔삭] 박스에서 경로 설정값/이송 및 속도; 우측의 이송 및 속도 아이콘을 클릭한다.

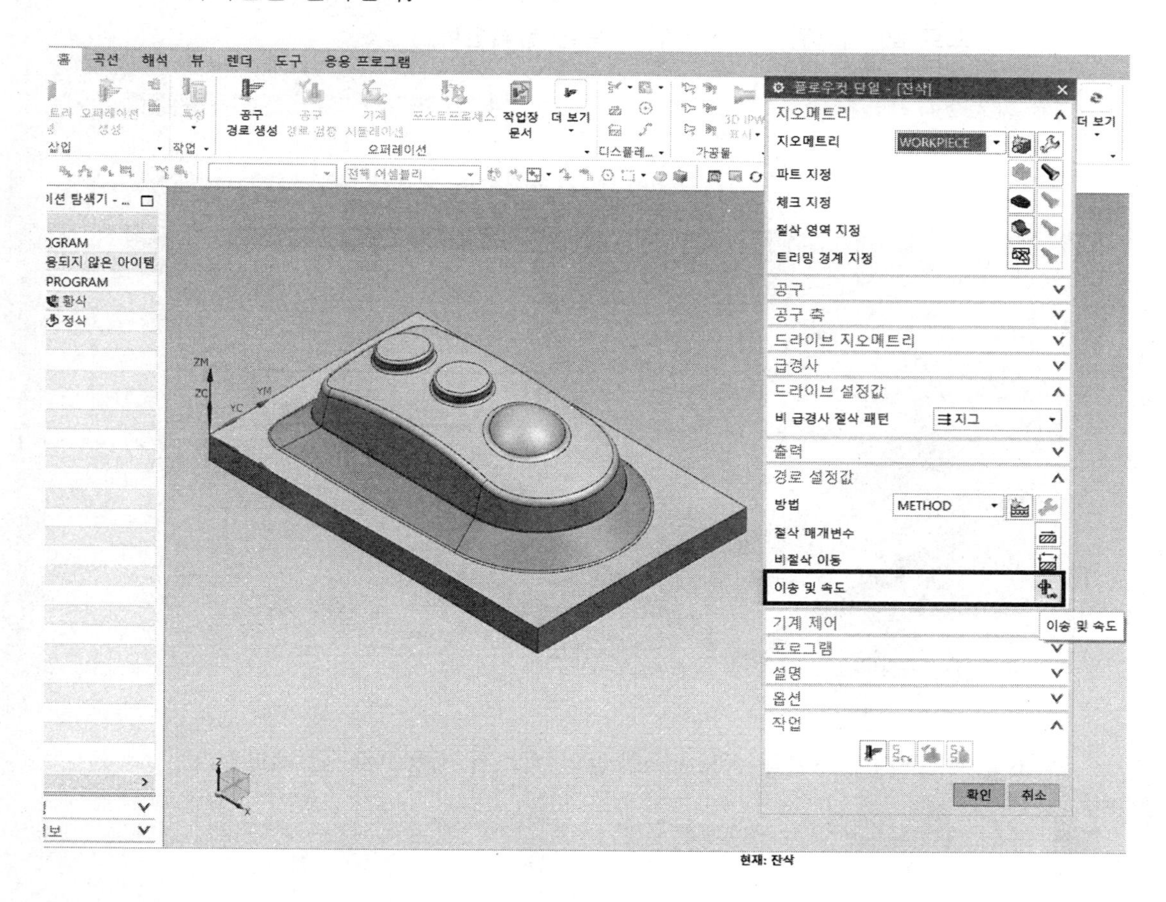

5 이송 및 속도 박스에서 스핀들 속도(rpm); 3700으로 입력하면 우측의 계산기가 활성화 된다. 계산기를 클릭하면 좌측의 □ 스핀들 속도(rpm) 앞의 박스가 자동으로 ☑ 체크된다. → 확인 버튼을 클릭한다.

6 우측의 □ 스핀들 속도(rpm) 앞의 박스가 자동으로 ☑ 체크된다.

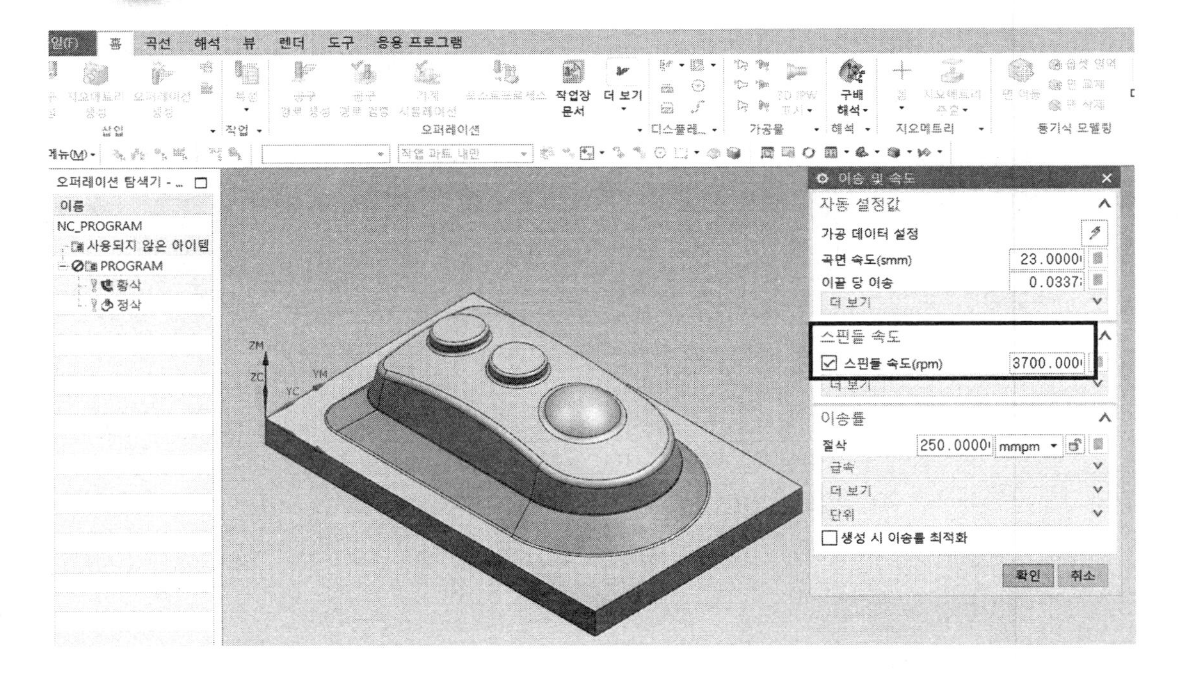

7 이송 및 속도 박스에서 이송률/절삭; 이송속도 80을 입력하고 엔터한다. 우측의 계산기를 누른다.

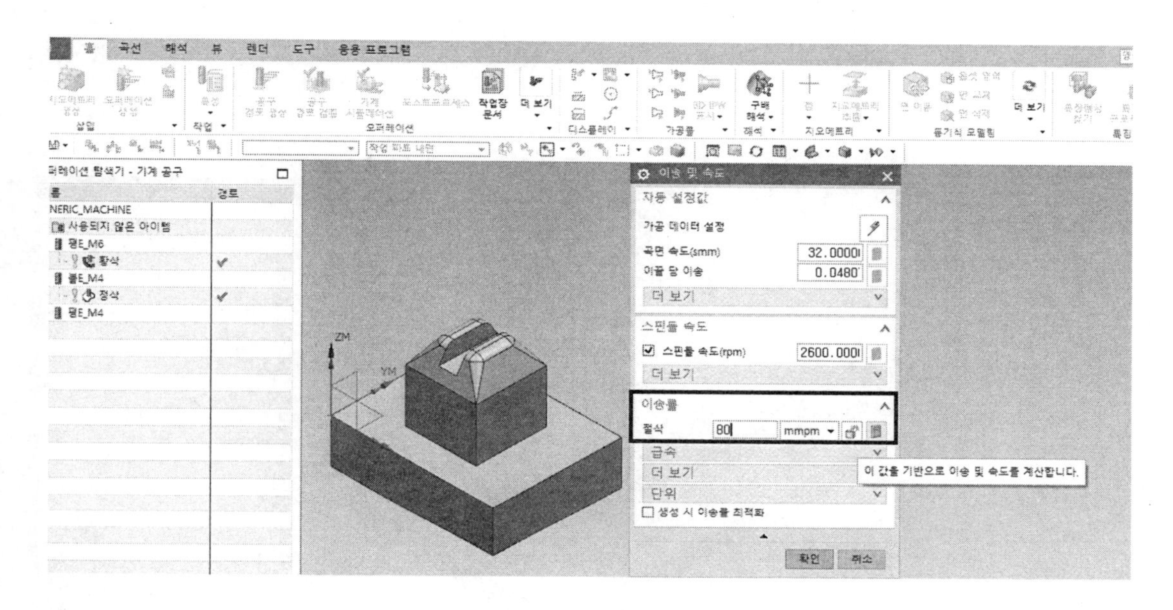

8 확인 버튼을 클릭한다.

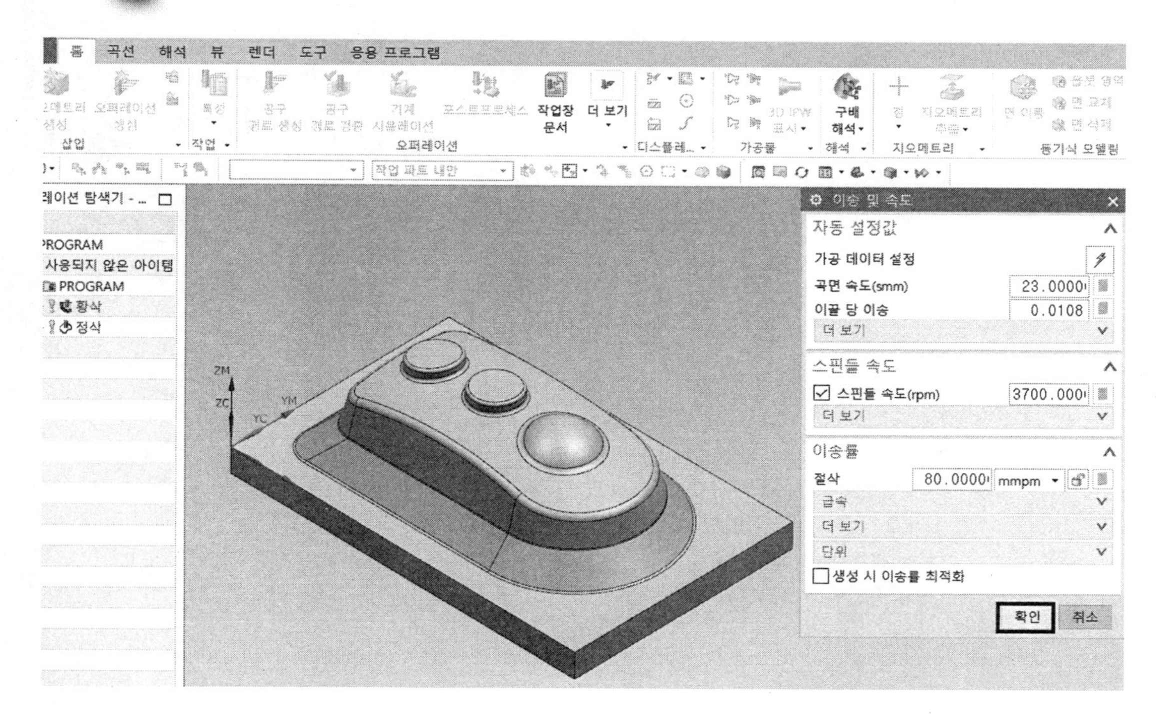

9 플로우컷 단일-[잔삭] 박스에서 제일 아래의 생성 버튼을 클릭한다.(화면의 그림에 커서를 올리면 생성이라는 글자가 나타난다.)

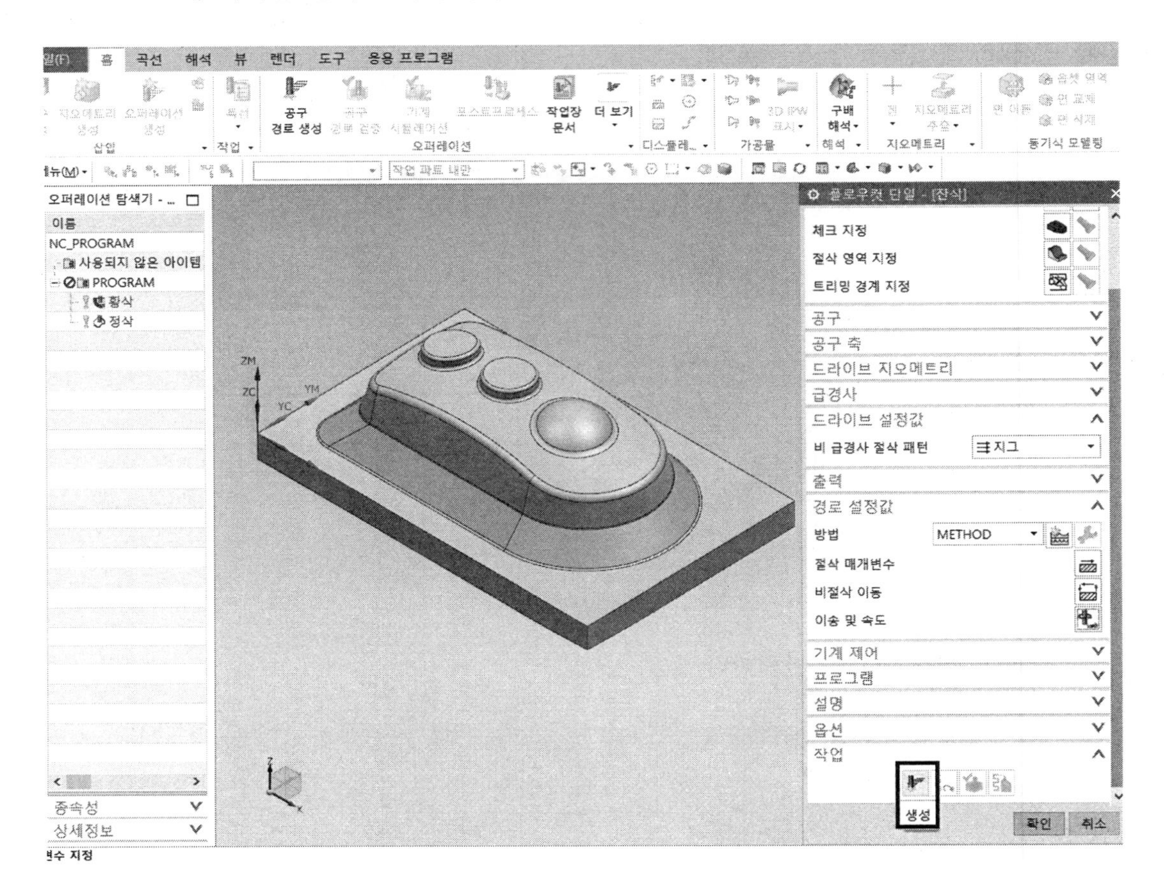

10 좌측 tree에 잔삭 툴패스가 생성된 후 화면에 구현된 형상이다.

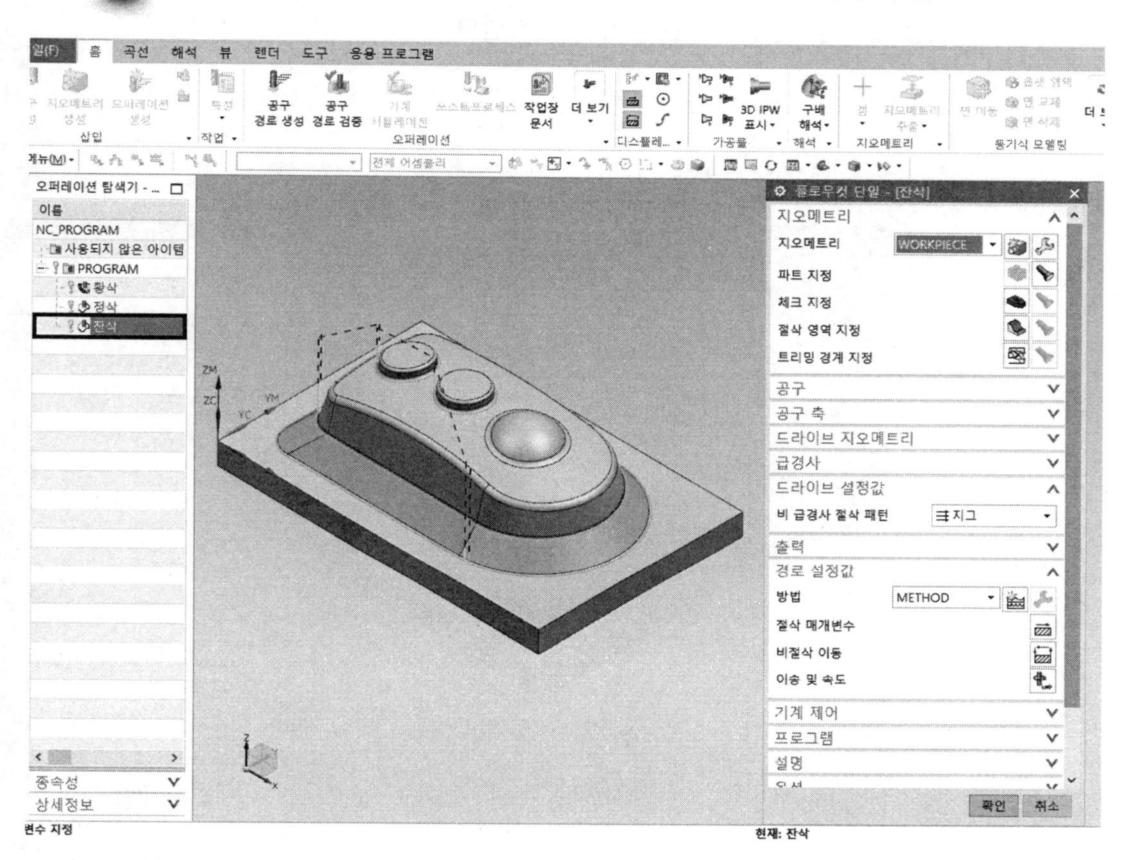

11 플로우컷 단일-[잔삭] 박스에서 하단의 검증 버튼을 클릭한다.(화면의 그림에 커서를 올리면 생성이라는 글자가 나타난다.)

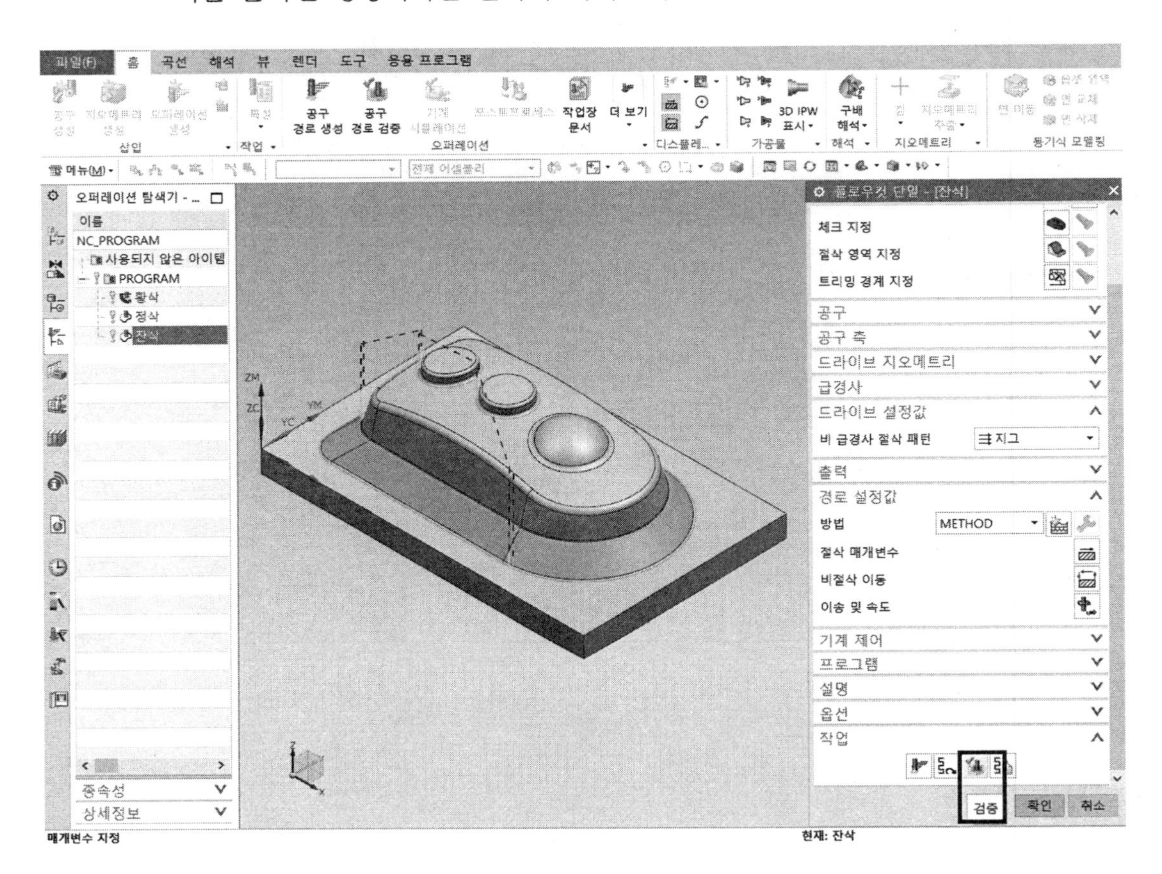

12 공구 경로 시각화 박스에서 3D 동적 탭/애니메이션 속도를 6에 놓고 재생한다.

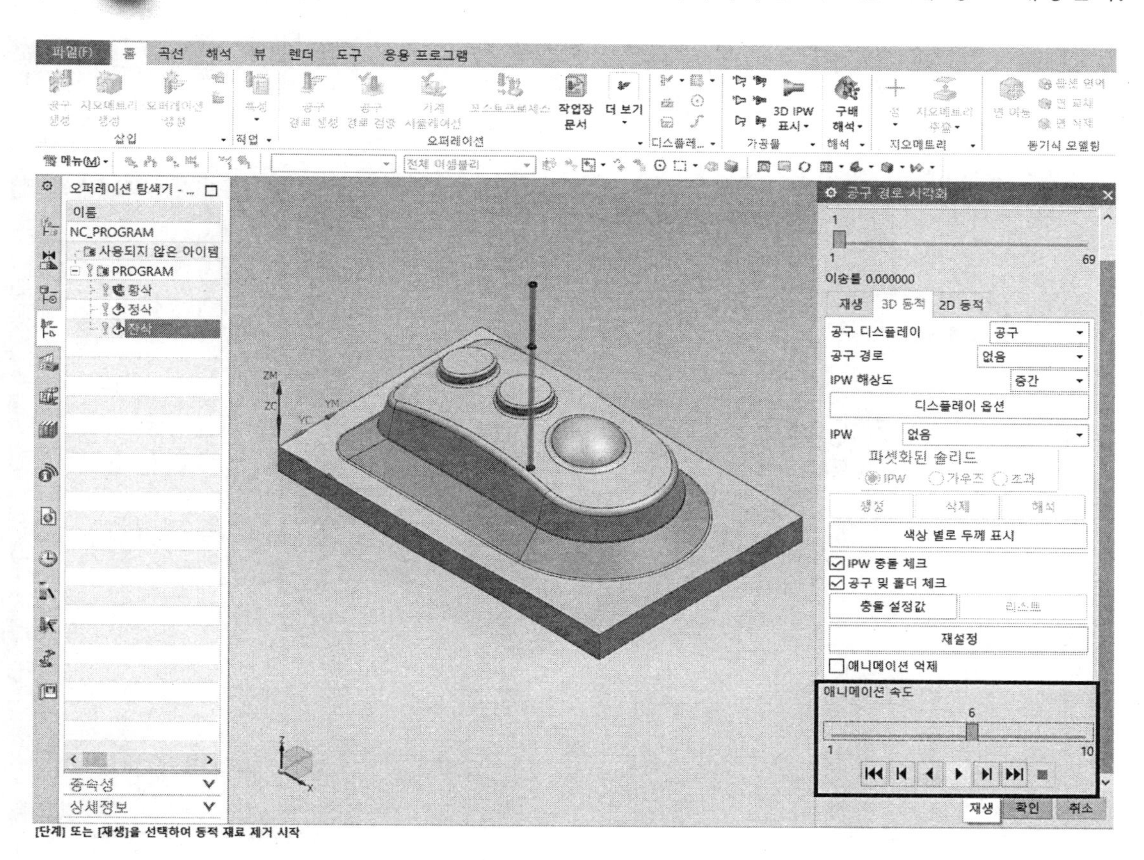

13 화면처럼 잔삭 가공 형상이 된다.

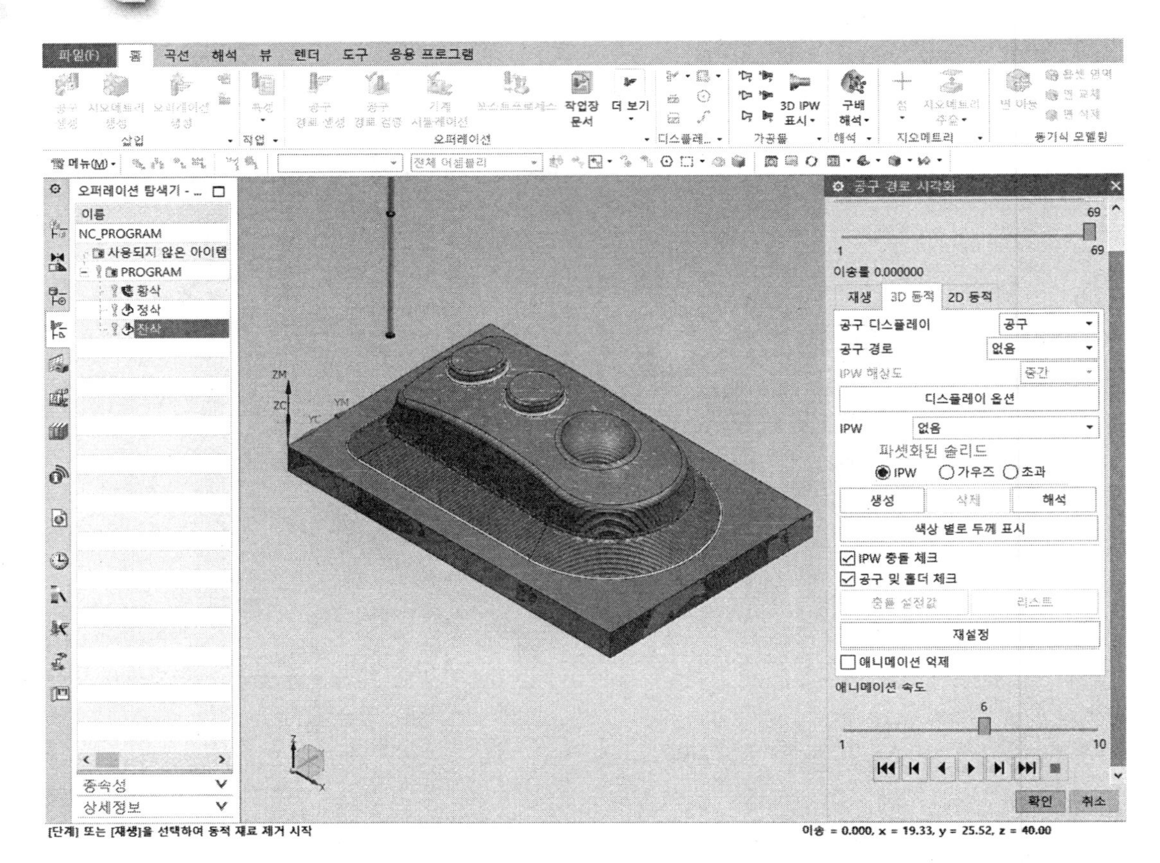

14 확인 버튼을 클릭한다.

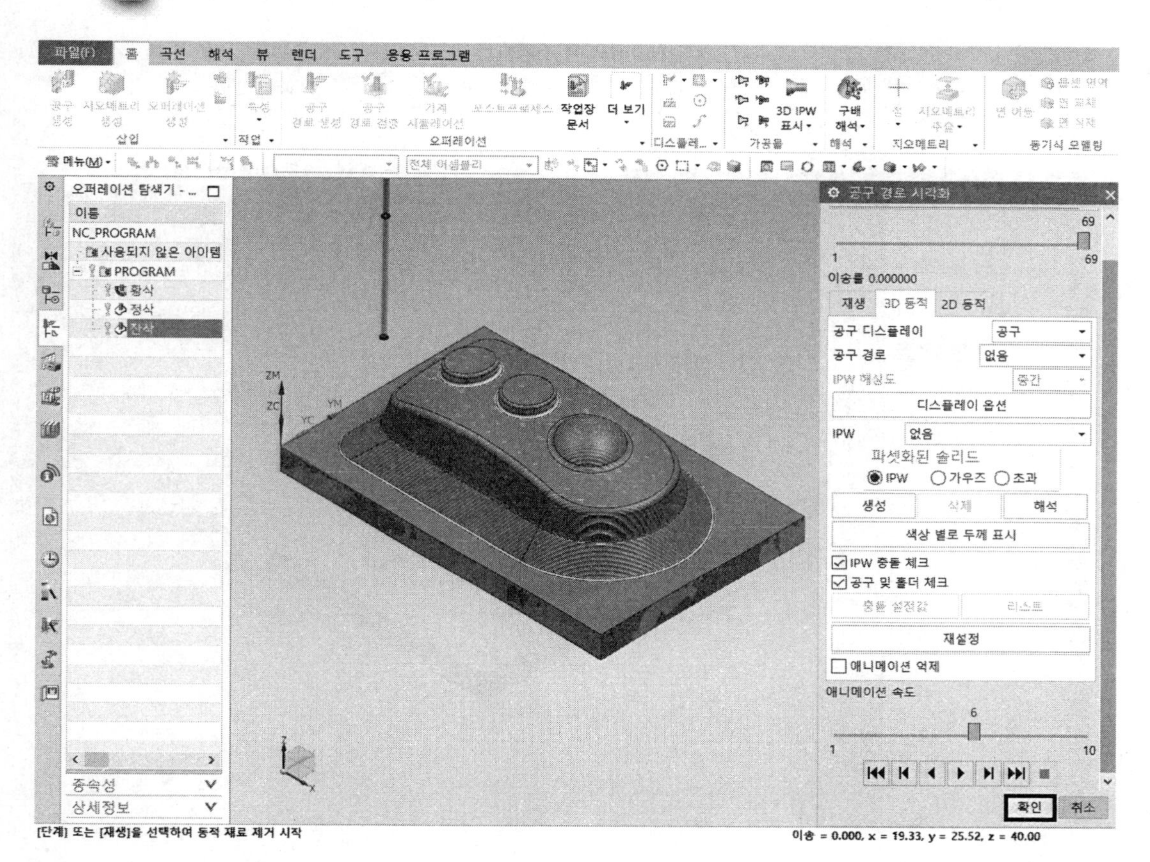

15 화면처럼 잔삭 오퍼레이션이 완성되었다.

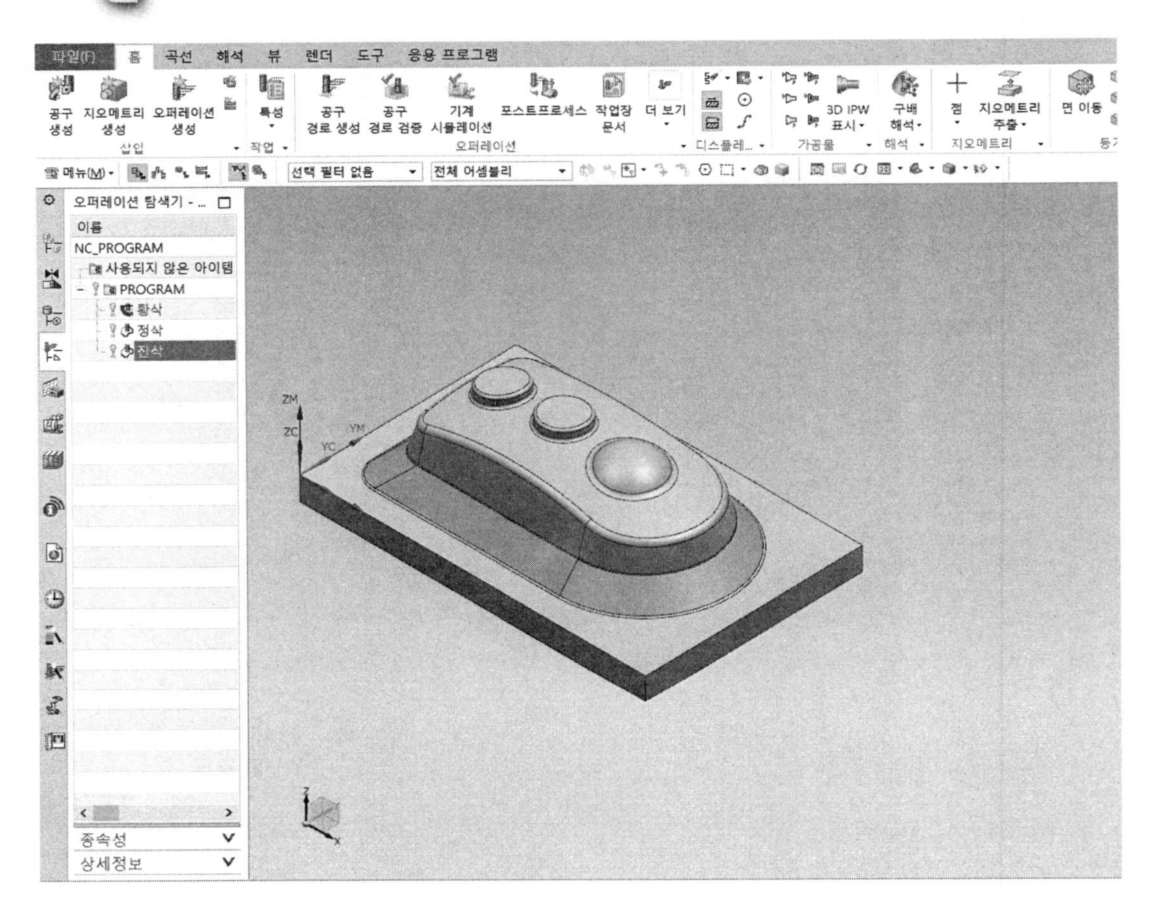

1.6 NC DATA 출력하기

1 좌측 tree의 황삭에서 오른쪽 마우스 클릭 → 포스트프로세스를 클릭한다.

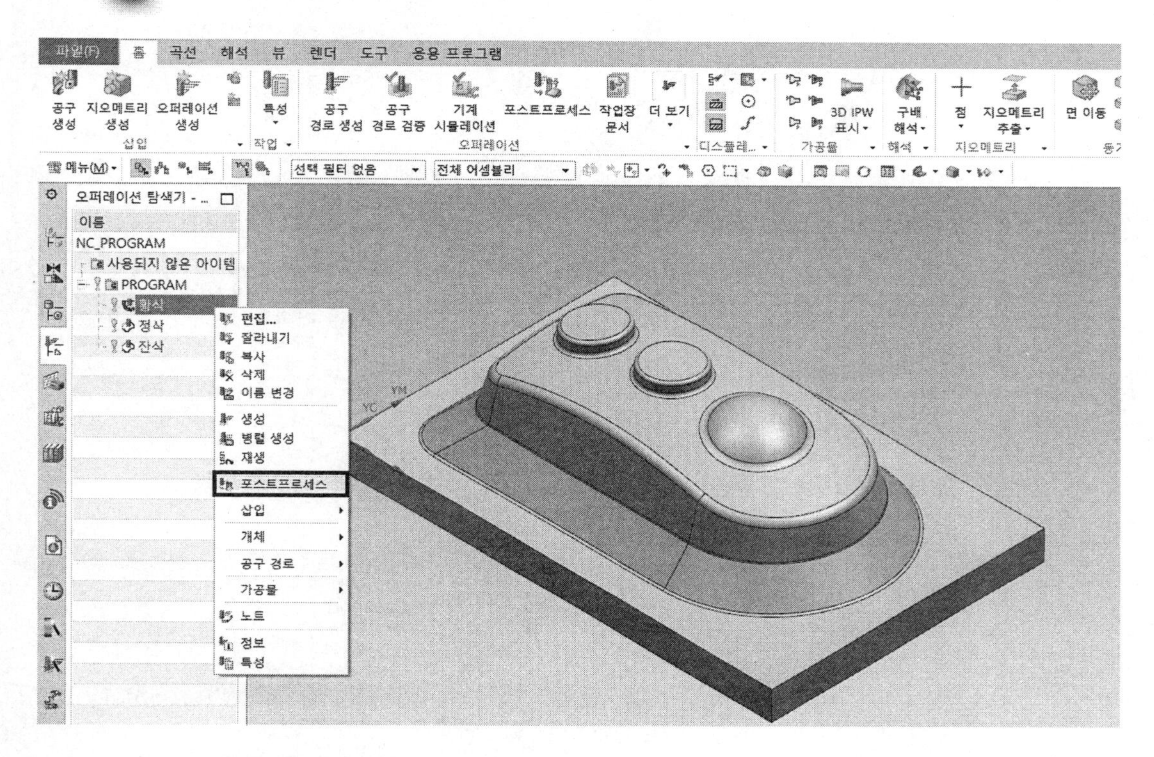

2 포스트프로세스 박스에서 MILL_3_AXIS를 선택한다.

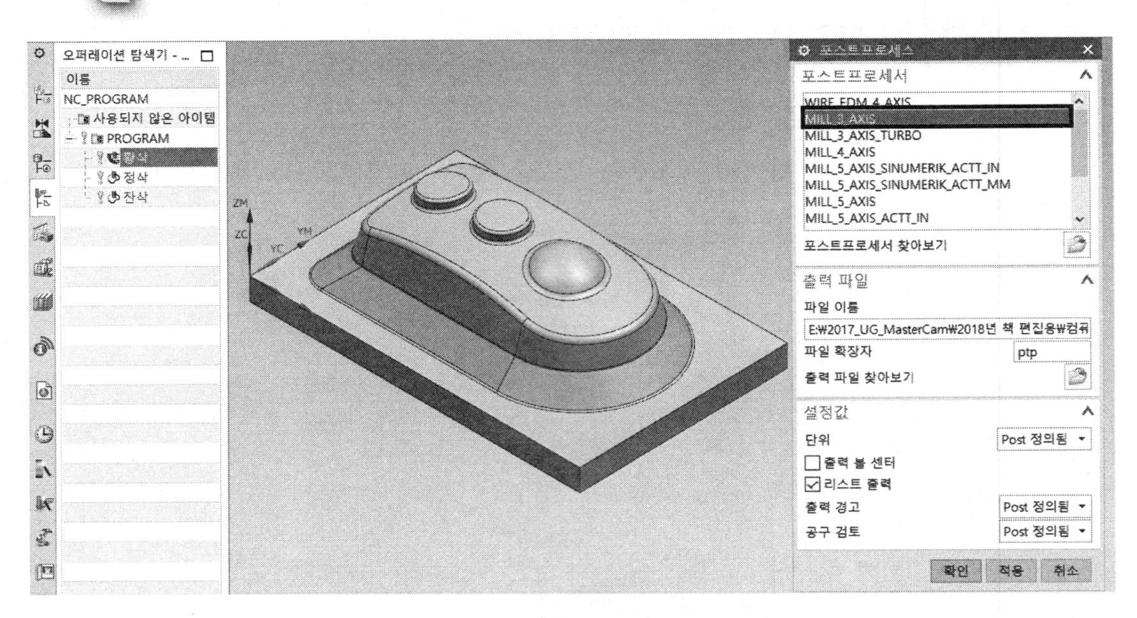

3 출력 파일; 출력 파일 찾아보기 아이콘을 클릭한다.

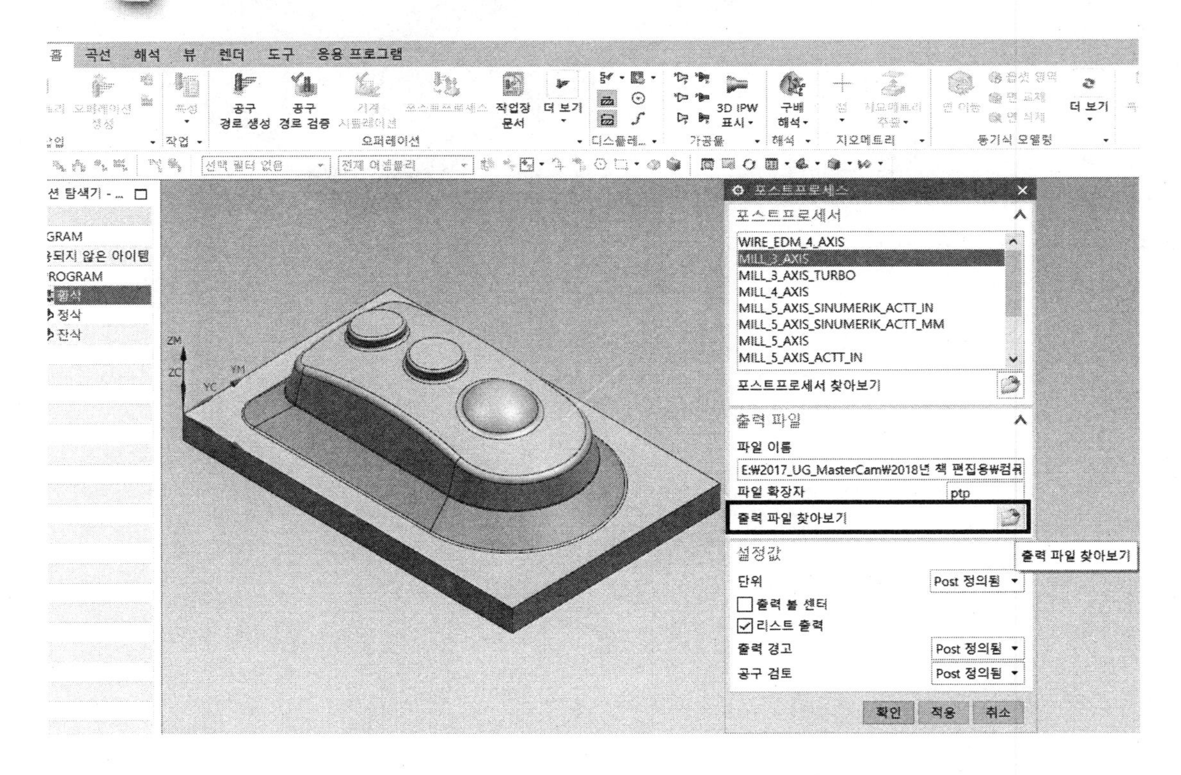

4 NC 출력 명세 박스에서 바탕화면/새 폴더 만들기를 클릭한다.

5 새 폴더 이름을 홍길동으로 변경한다. → 홍길동 폴더를 더블클릭한다.

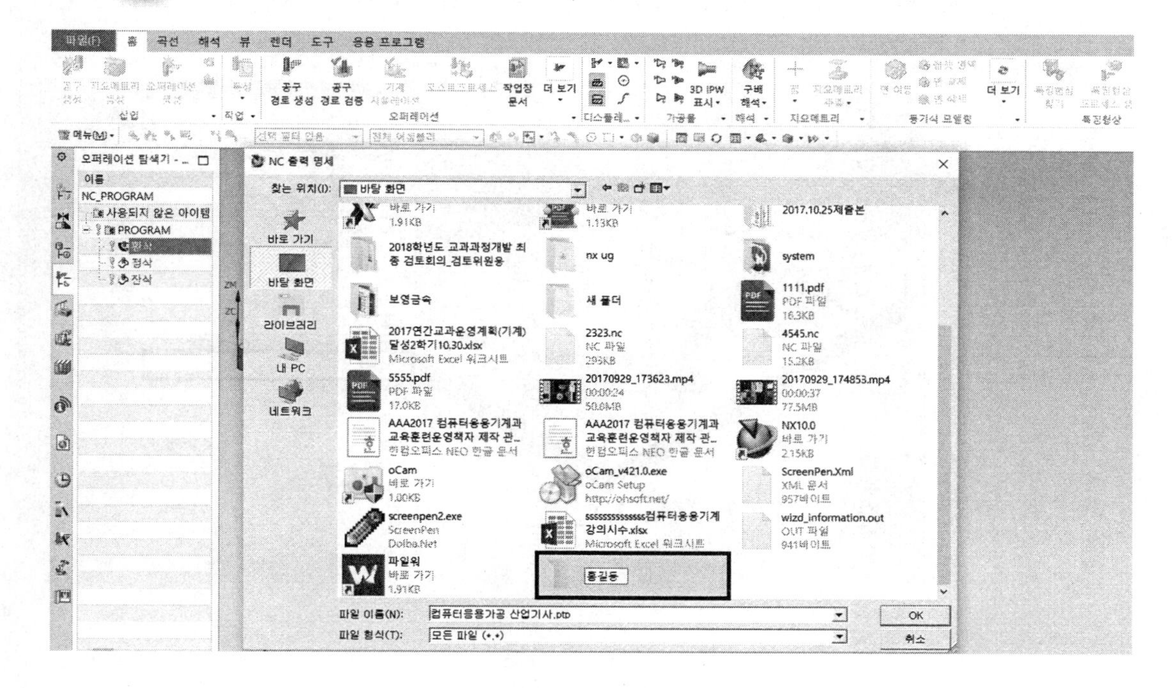

6 파일 이름(N)에 O2501.NC를 입력한다. → 파일 형식(T)은 모든 파일(*.*)을 선택한다. → OK 버튼을 클릭한다.

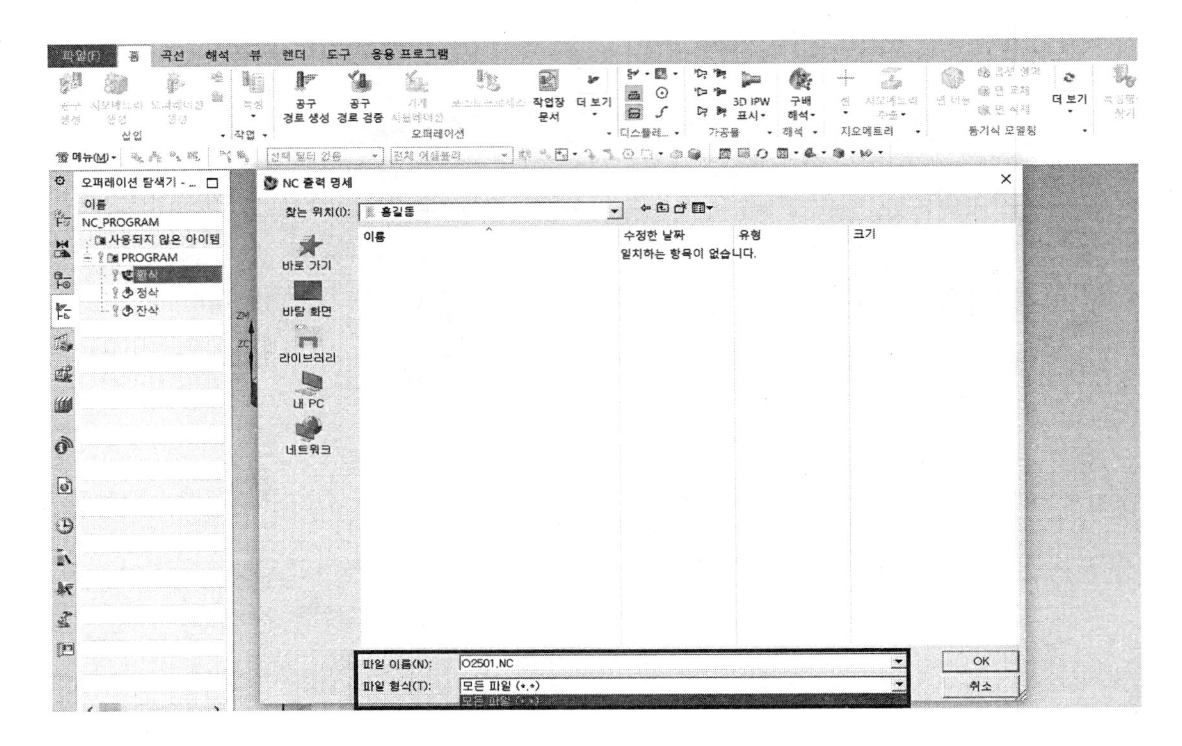

7 포스트프로세스 박스에서 파일 확장자가 ptp → NC로 변한다.

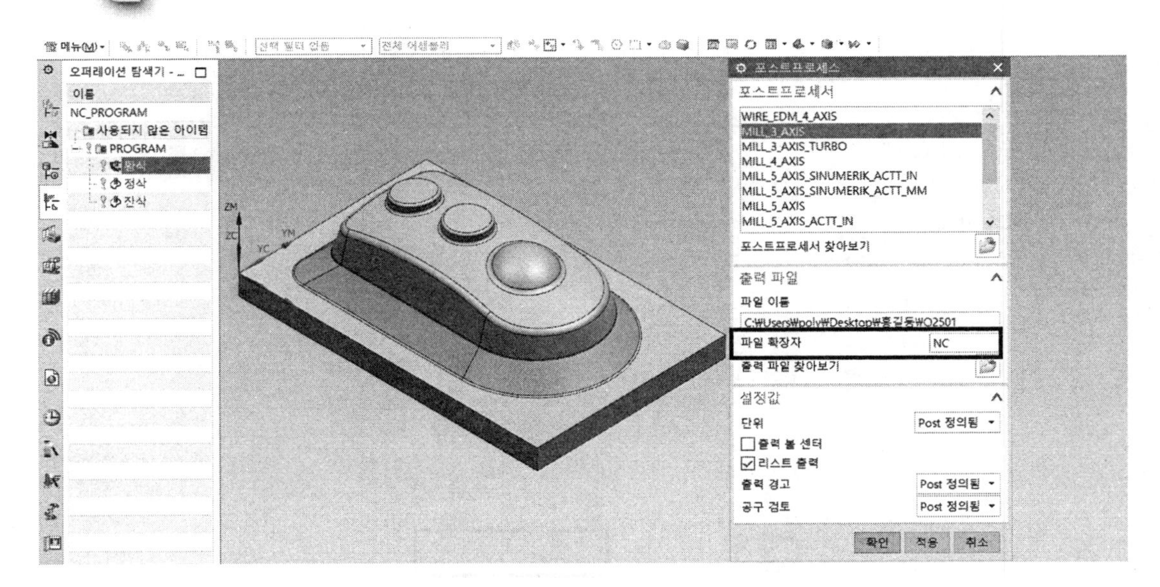

8 설정값/단위에서 미터법/파트를 클릭한다.

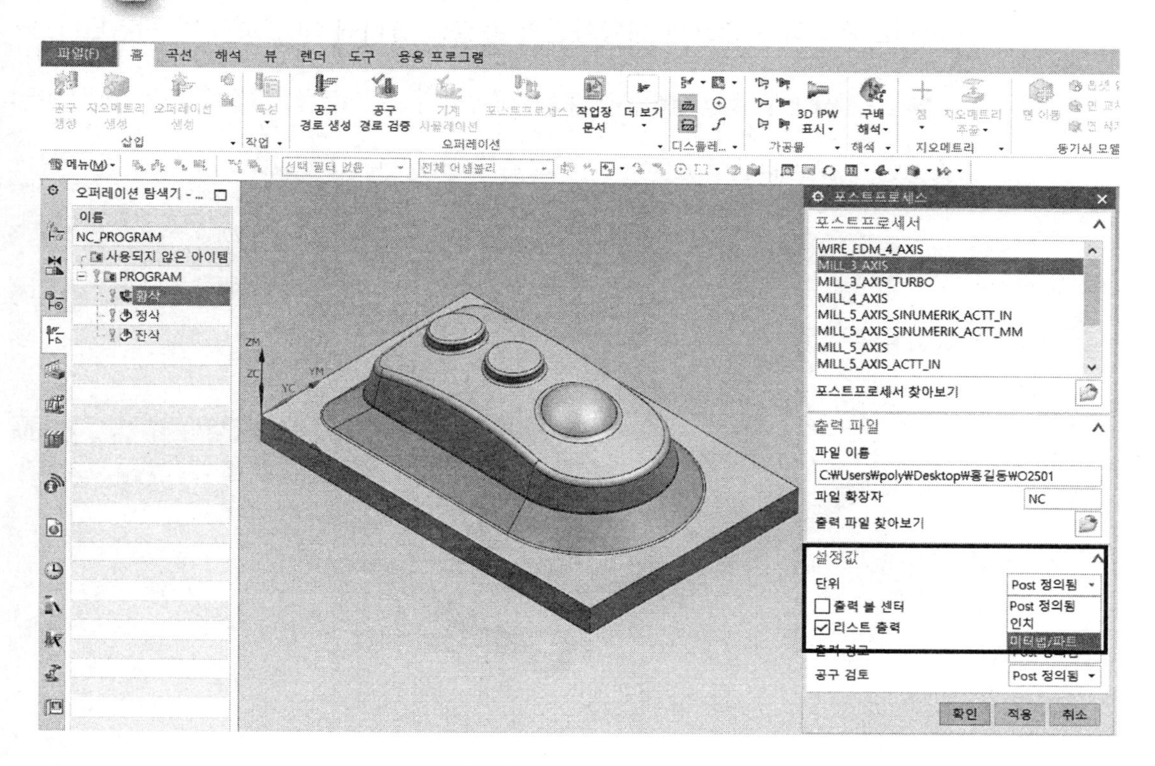

9 ☐ 리스트 출력에서 ☑을 체크한다. → 확인 버튼을 클릭한다.

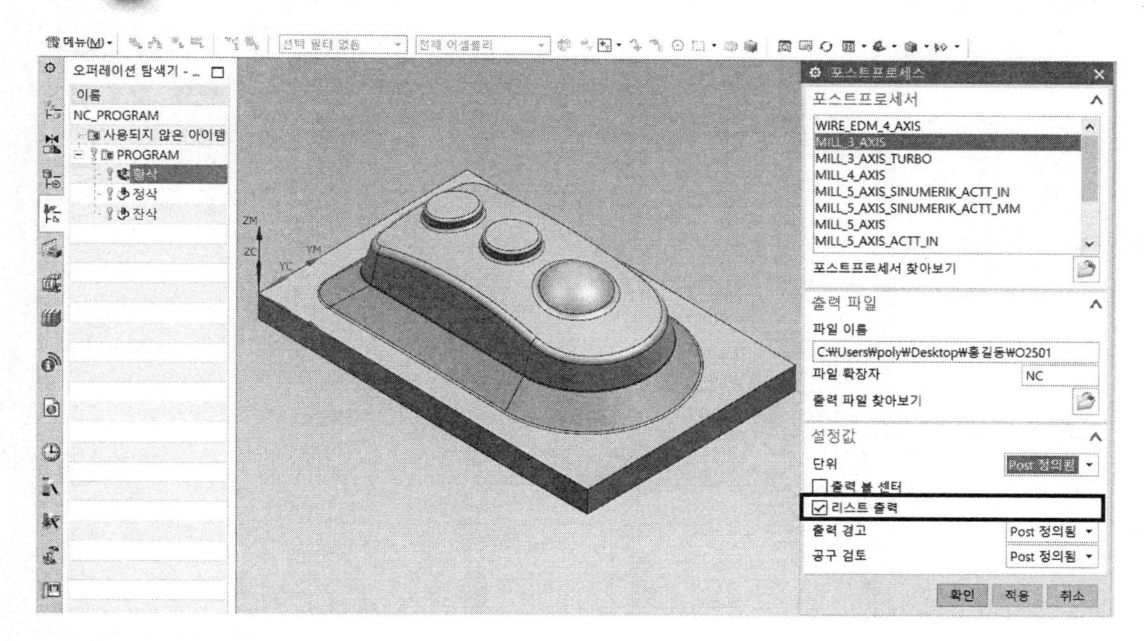

10 ☐ 리스트 출력을 ☑ 체크하였기 때문에 NC DATA가 바로 나타난다. 리스트 출력을 ☑ 체크하지 않으면 바탕화면의 홍길동 폴더에 NC DATA가 나타난다.

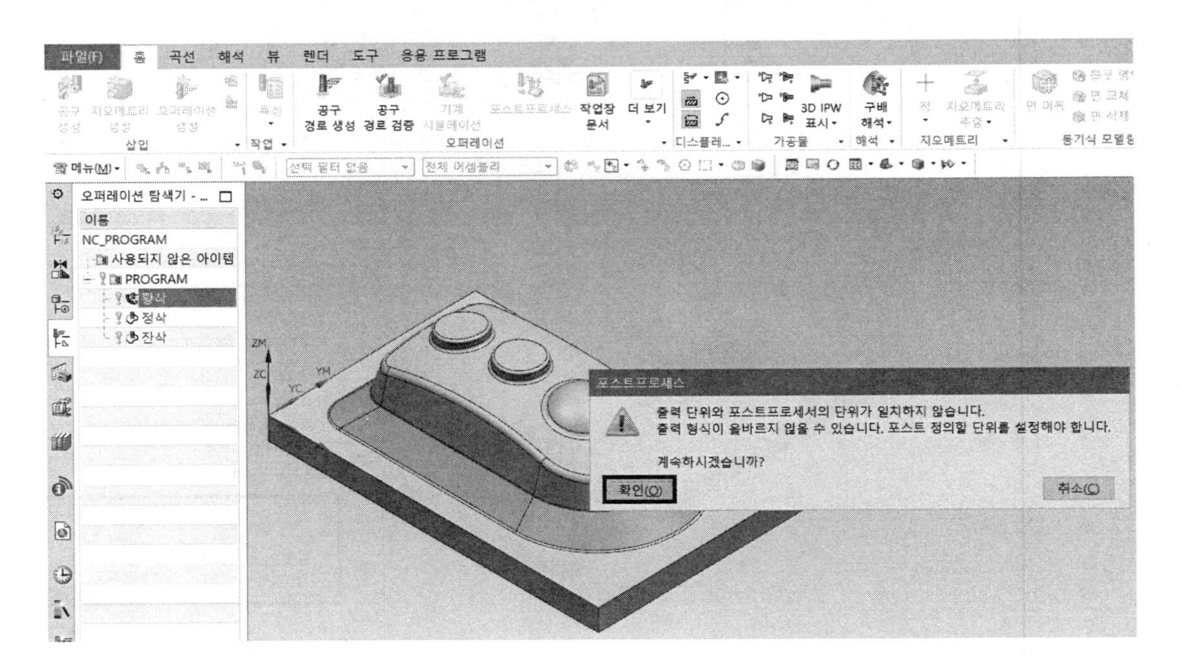

11 NC DATA가 생성되었다. → X로 닫는다.

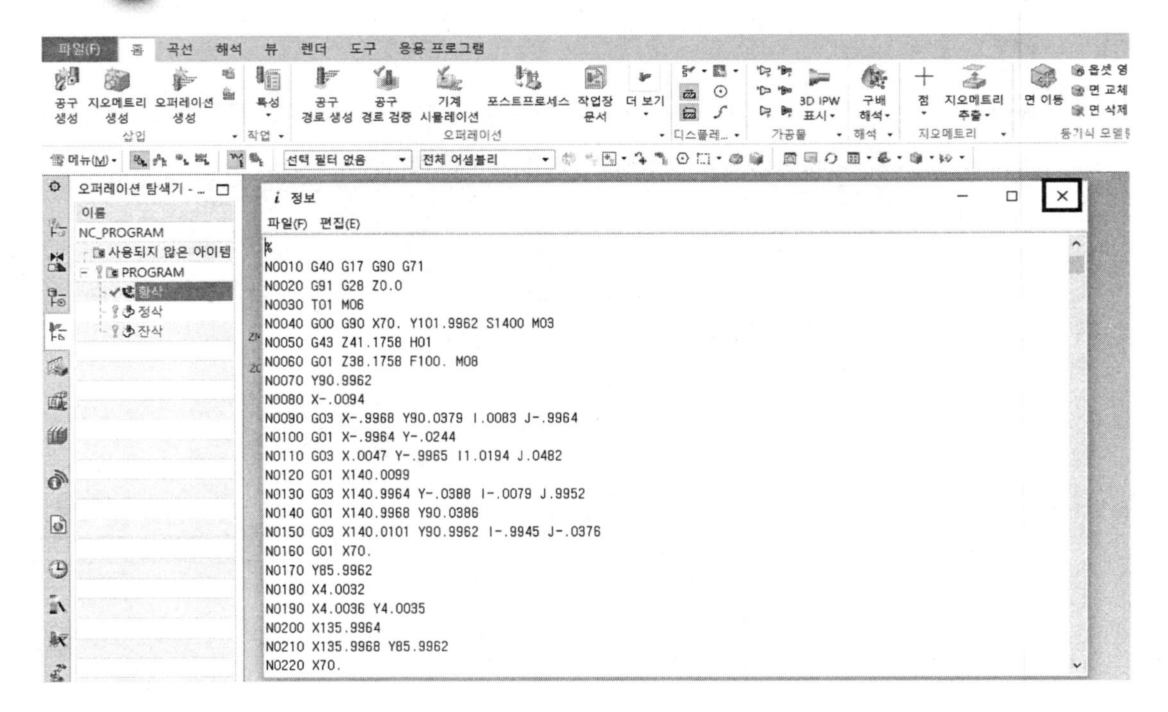

12 바탕화면으로 이동하면 홍길동 폴더 안에 NC. DATA가 생성되어 있다.

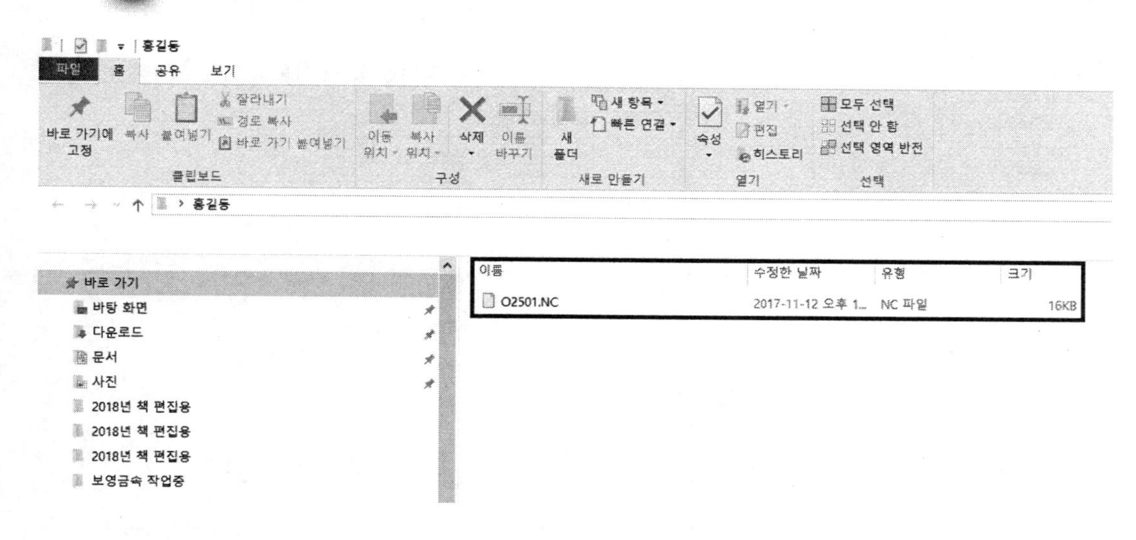

13 O2501.NC를 더블클릭한다. → **추가 앱↓** 을 클릭한다.

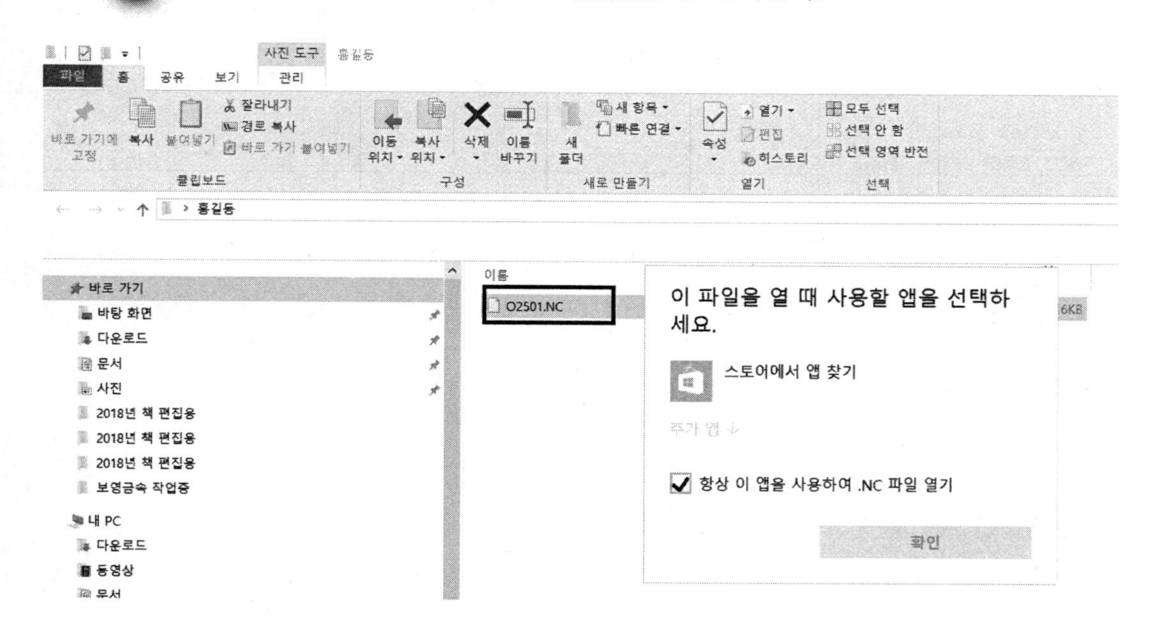

14 메모장을 클릭한다. → 확인 버튼을 클릭한다.

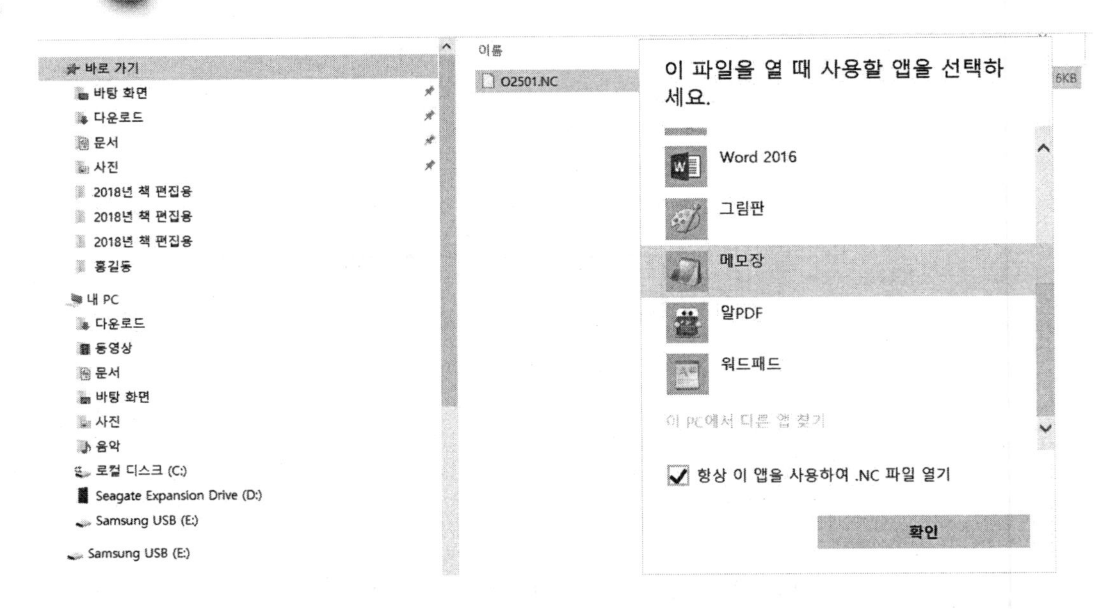

15 원하는 출력형태로 편집한다.

O2501.NC - 메모장

파일(F) 편집(E) 서식(O) 보기(V) 도움말(H)

```
%
N0010 G40 G17 G90 G71
N0020 G91 G28 Z0.0
N0030 T01 M06
N0040 G00 G90 X70. Y101.9962 S1400 M03
N0050 G43 Z41.1758 H01
N0060 G01 Z38.1758 F100. M08
N0070 Y90.9962
N0080 X-.0094
N0090 G03 X-.9968 Y90.0379 I.0083 J-.9964
N0100 G01 X-.9964 Y-.0244
N0110 G03 X.0047 Y-.9965 I1.0194 J.0482
N0120 G01 X140.0099
N0130 G03 X140.9964 Y-.0388 I-.0079 J.9952
N0140 G01 X140.9968 Y90.0386
N0150 G03 X140.0101 Y90.9962 I-.9945 J-.0376
N0160 G01 X70.
N0170 Y85.9962
N0180 X4.0032
N0190 X4.0036 Y4.0035
N0200 X135.9964
N0210 X135.9968 Y85.9962
N0220 X70.
N0230 Y80.9962
N0240 X9.0032
N0250 X9.0035 Y9.0035
N0260 X130.9965
N0270 X130.9968 Y80.9962
N0280 X70.
N0290 Y75.9962
N0300 X14.0033
N0310 X14.0035 Y14.0035
N0320 X125.9965
N0330 X125.9967 Y75.9962
N0340 X70.
N0350 Y70.9962
N0360 X19.0033
N0370 X19.0035 Y19.0035
```

16 아래 메모장이 NC DATA 출력 원본이다.

O2501.NC - 메모장

파일(F) 편집(E) 서식(O) 보기(V) 도움말(H)

```
%
N0010 G40 G49 G80
N0020 G91 G30 Z0. M19
N0030 T01 M06
N0040 G00 G90 G54 X70. Y101.9962 S1400 M03
N0050 G43 Z41.1758 H01
N0060 G01 Z38.1758 F100. M08
N0070 Y90.9962
N0080 X-.0094
N0090 G03 X-.9968 Y90.0379 I.0083 J-.9964
N0100 G01 X-.9964 Y-.0244
N0110 G03 X.0047 Y-.9965 I1.0194 J.0482
N0120 G01 X140.0099
N0130 G03 X140.9964 Y-.0388 I-.0079 J.9952
N0140 G01 X140.9968 Y90.0386
N0150 G03 X140.0101 Y90.9962 I-.9945 J-.0376
N0160 G01 X70.
N0170 Y85.9962
N0180 X4.0032
N0190 X4.0036 Y4.0035
N0200 X135.9964
N0210 X135.9968 Y85.9962
N0220 X70.
N0230 Y80.9962
N0240 X9.0032
N0250 X9.0035 Y9.0035
N0260 X130.9965
N0270 X130.9968 Y80.9962
N0280 X70.
N0290 Y75.9962
N0300 X14.0033
N0310 X14.0035 Y14.0035
N0320 X125.9965
N0330 X125.9967 Y75.9962
N0340 X70.
N0350 Y70.9962
N0360 X19.0033
N0370 X19.0035 Y19.0035
```

17 다음과 같이 수정해야 한다.

```
%
N0010 G40 G49 G80
N0020 G91 G30 Z0. M19
N0030 T01 M06
N0040 G00 G90 G54 X70. Y101.9962 S1400 M03
N0050 G43 Z41.1758 H01
N0060 G01 Z38.1758 F100. M08
N0070 Y90.9962
```

(황삭, 정삭, 잔삭 모두 조건에 맞아야 함)
틀린 1개소 당 4점 감점

MEMO

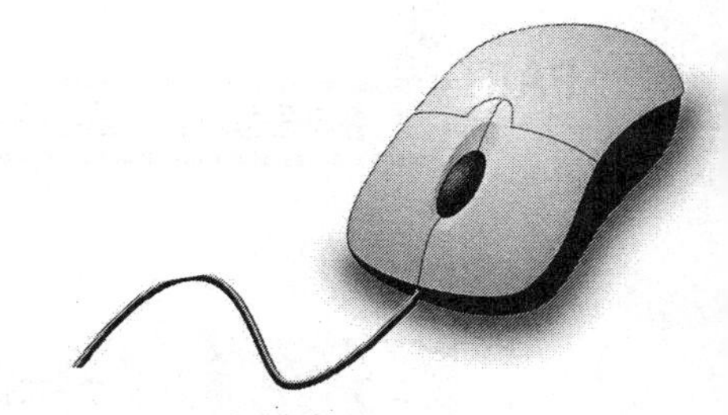

CATIA CAM 따라 하기

2.1 파일 열고 다른 이름으로 저장

1. 바탕화면의 CATIA V5R21 더블클릭한다. → Product1 화면은 닫는다. → 파일 → 열기 → Otigin.CATPart 더블클릭한다. → 현재의 화면 상태이다.

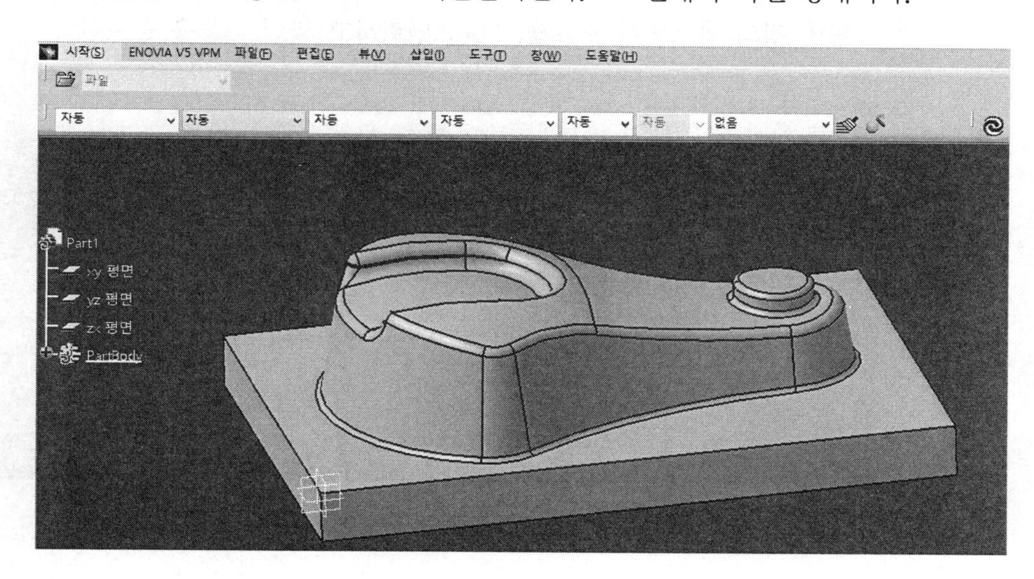

2. 다른 이름으로 저장한다. → 파일 → 다른 이름으로 저장(파일 이름 : test1.CATPart, 파일 형식 : CATPart(*.CATPart)) → 저장한다.

2.2 안전높이 지정

1. Reference Element/Plane → 레퍼런스에서 우측공간을 활성화 한다.

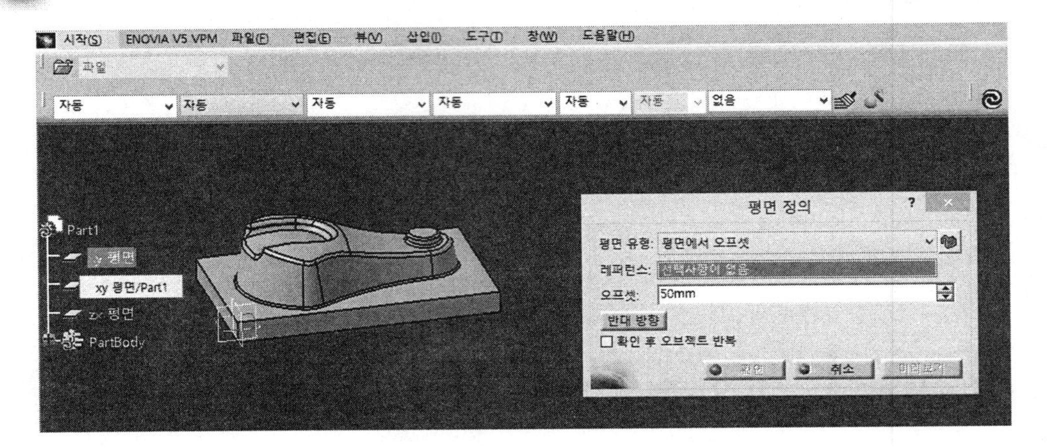

2. Part1에서 xy평면을 클릭한다.

3. 평면 정의 박스에서 오프셋; 50을 입력하고 확인 버튼을 클릭한다.

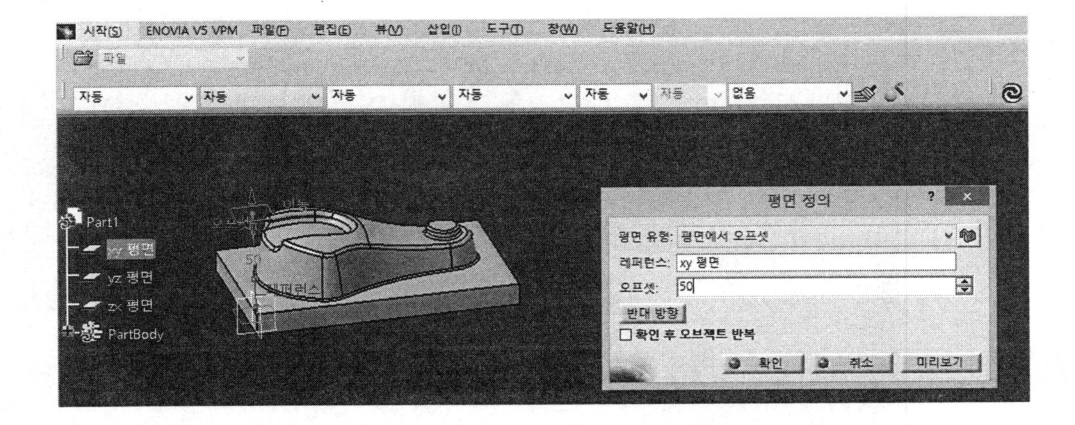

4 좌측의 PartBody 밑에 안전 평면이 생성된다.

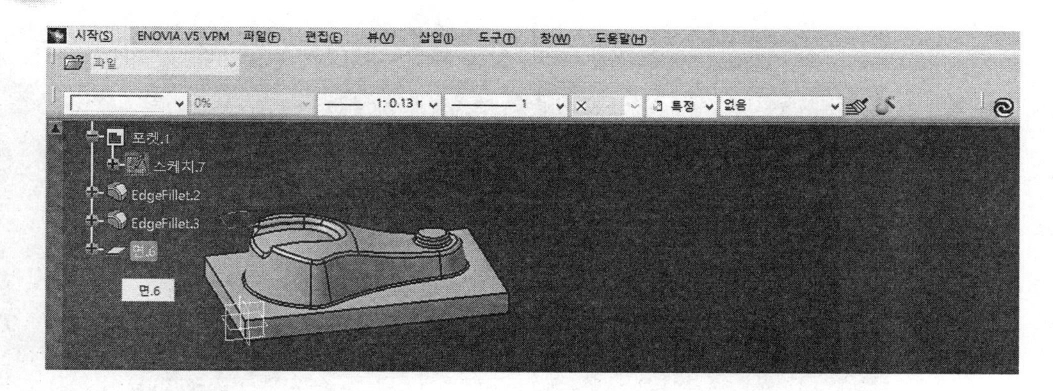

2.3 NC code를 생성해야 하므로 Produc를 변경

1 시작(S) → 기계 → Surface Machining을 클릭한다.

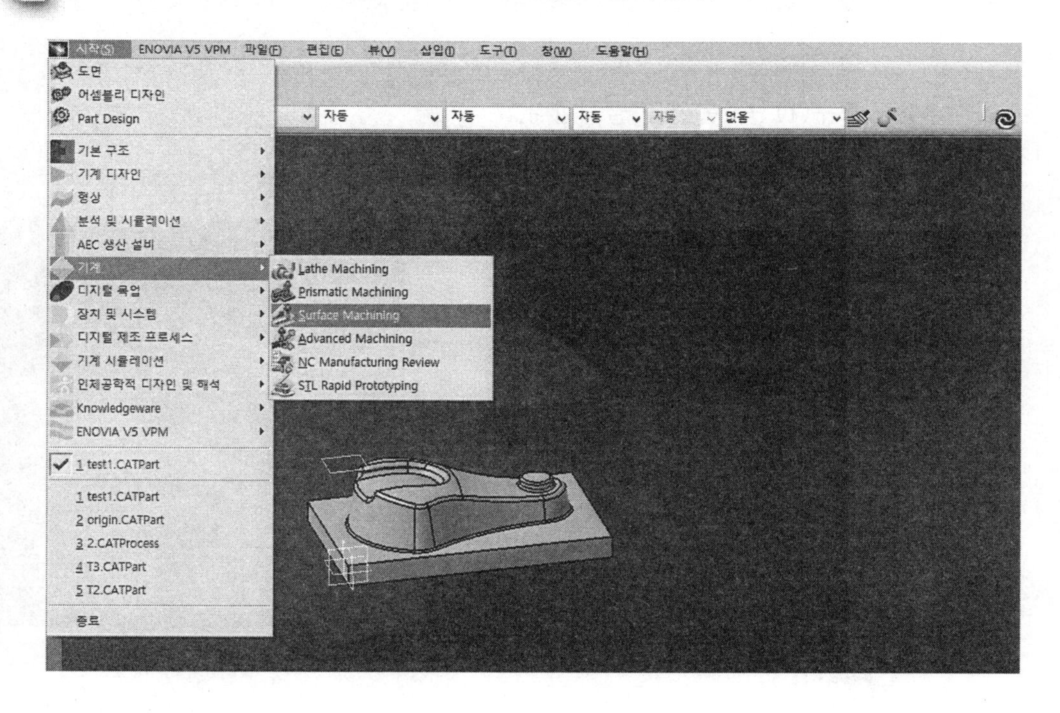

2 Machining의 작업공간으로 변경되었다.

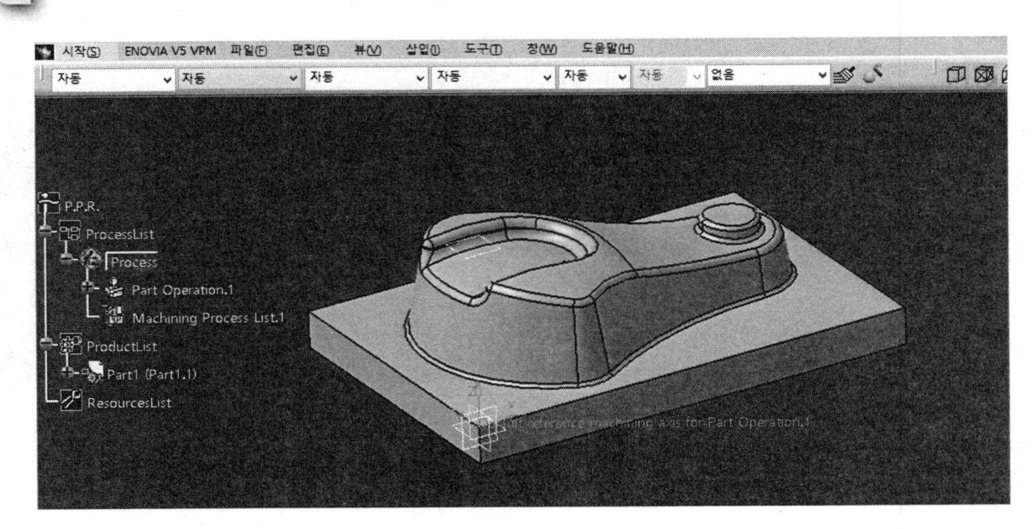

2.3 작업환경 Setting

1 도구(T) → 옵션을 클릭한다.

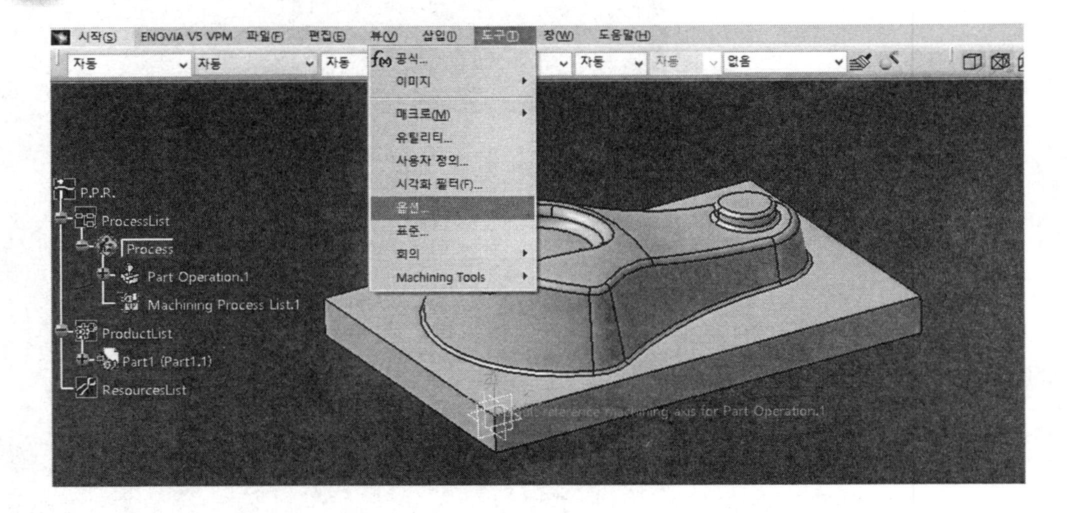

2 기계/output탭에서 Post Processor and Controller Emulator Folder에서 ●IMS_지정한다.(← 이렇게 하면 CATIA 자체 post processor가 나타난다.)

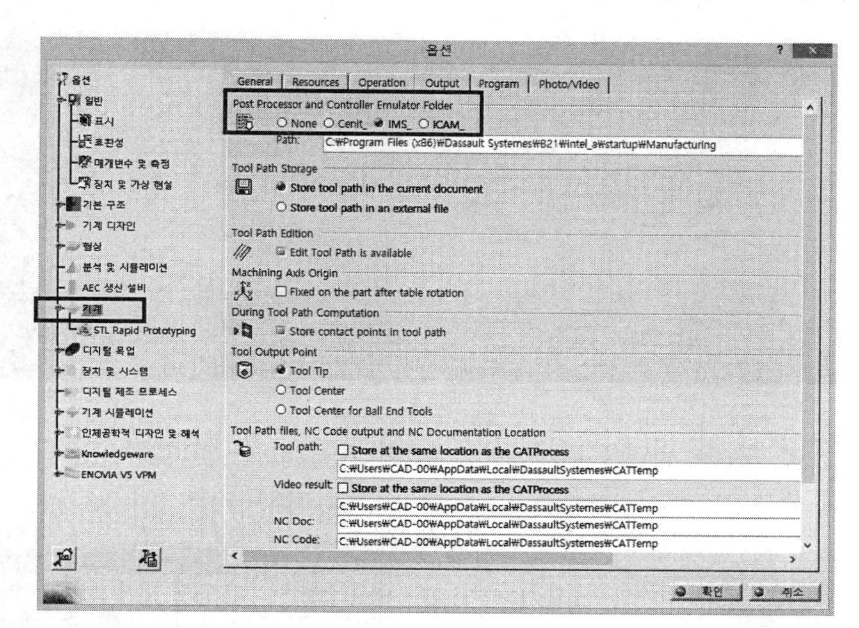

3 오른쪽의 스크롤바를 내려서 Tool Path file, NC Code output and NC Documentation Loation에서 Extensiond의 우측을 NC로 입력 → 확인을 클릭한다.

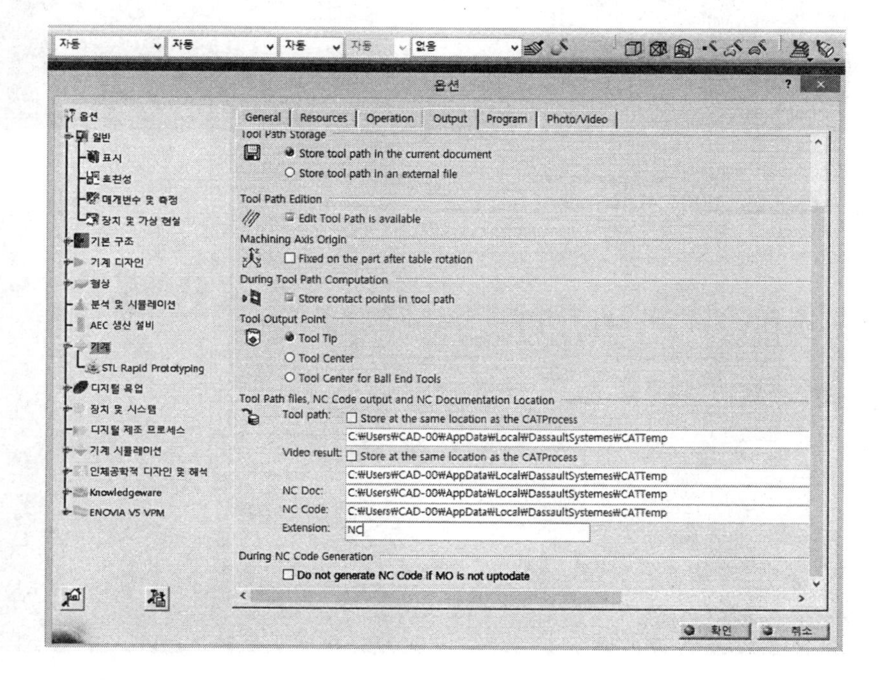

4 좌측의 Tree화면을 +를 −로 하여 다음과 같이 바꾼다.

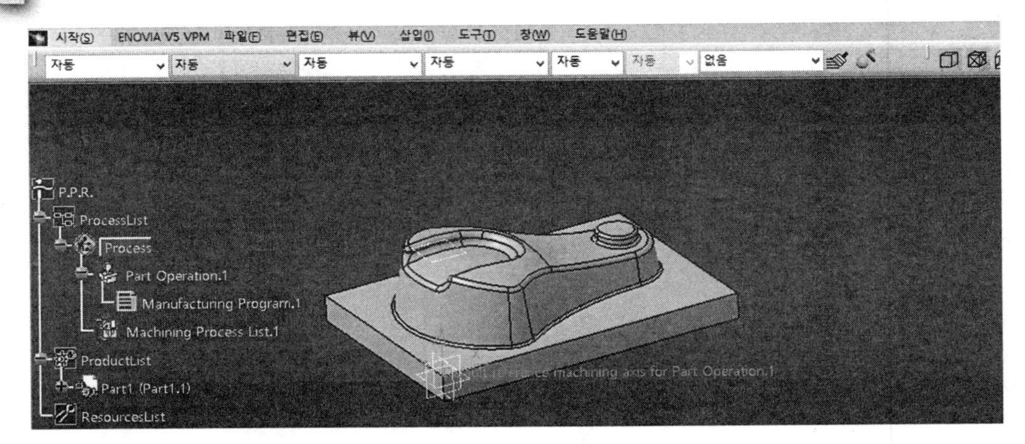

5 NC DATA 출력을 하기 위해 필요한 Toolbar를 정리한다.

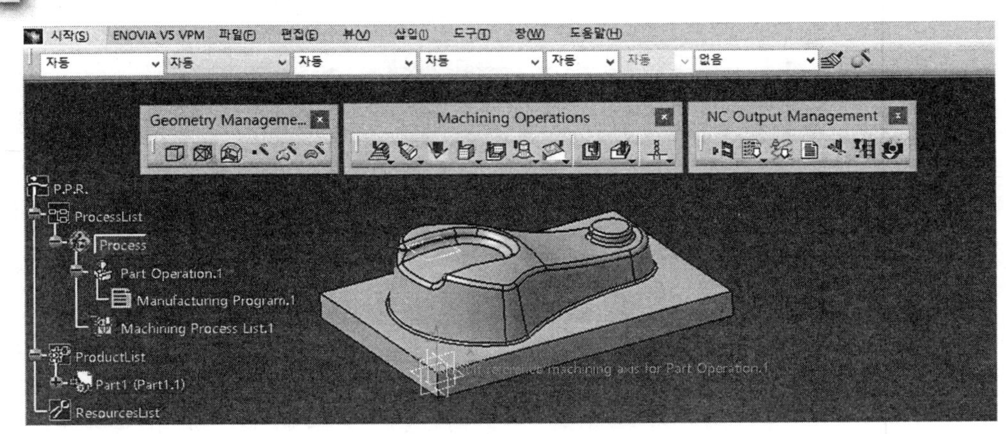

6 다음과 같이 정리한다.

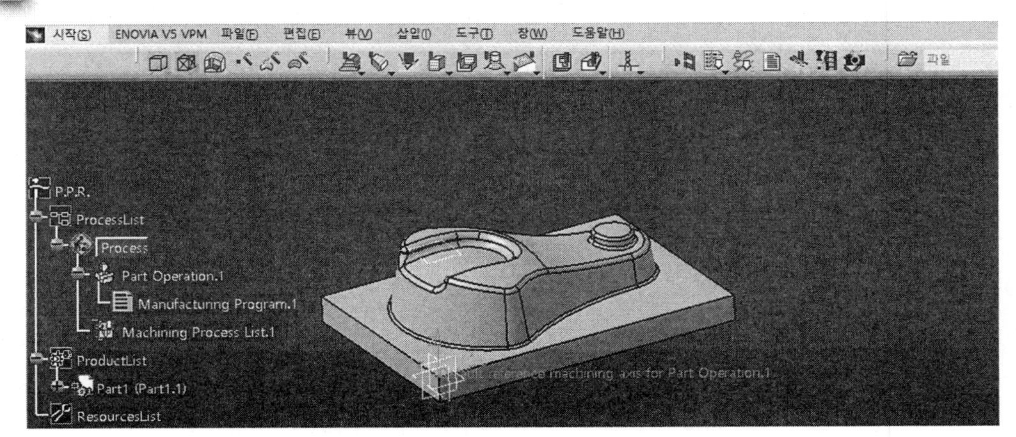

2.4 소재 만들기

1. Creates rough stock을 클릭한다.

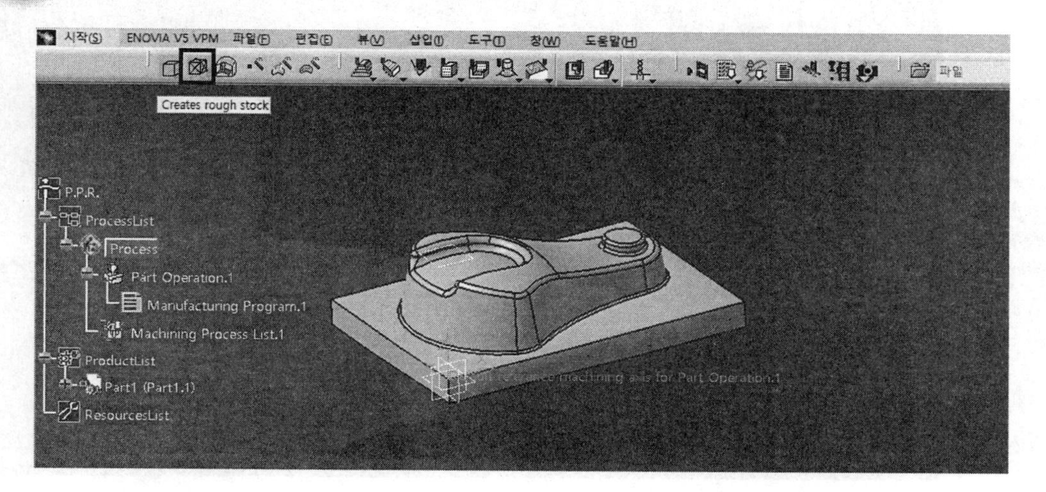

2. Rough Stock 박스에서 Destination 오른쪽을 클릭한다.

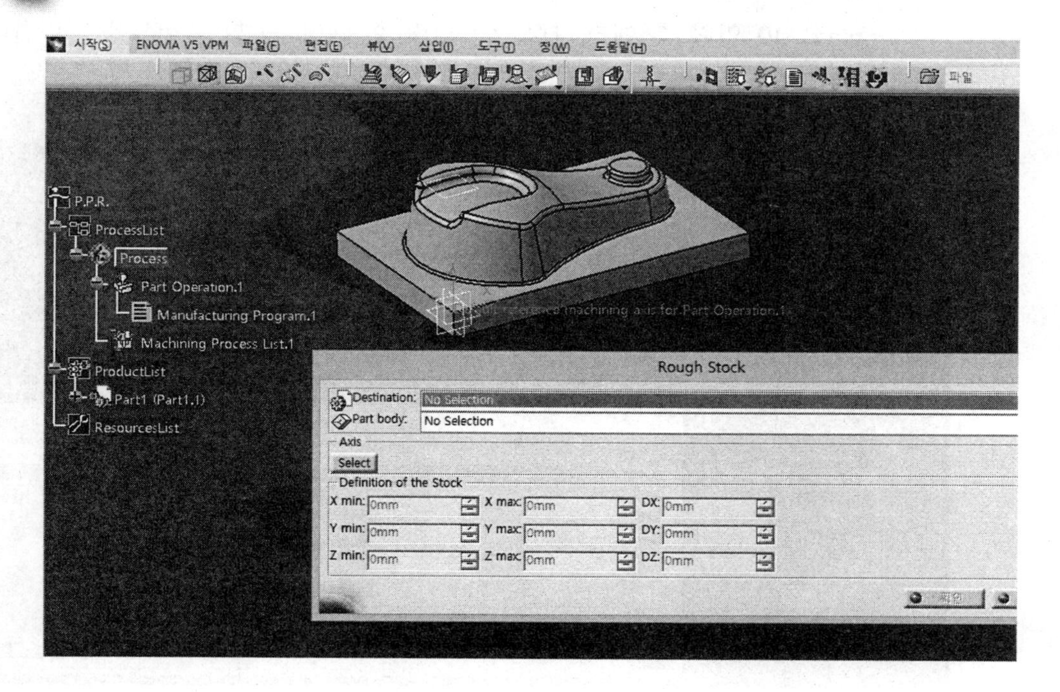

3 Tree의 Part1을 클릭 또는 화면의 모델을 선택한다. → 예(Y) 선택 → Part Body 오른쪽을 클릭 → 모델 더블클릭한다.

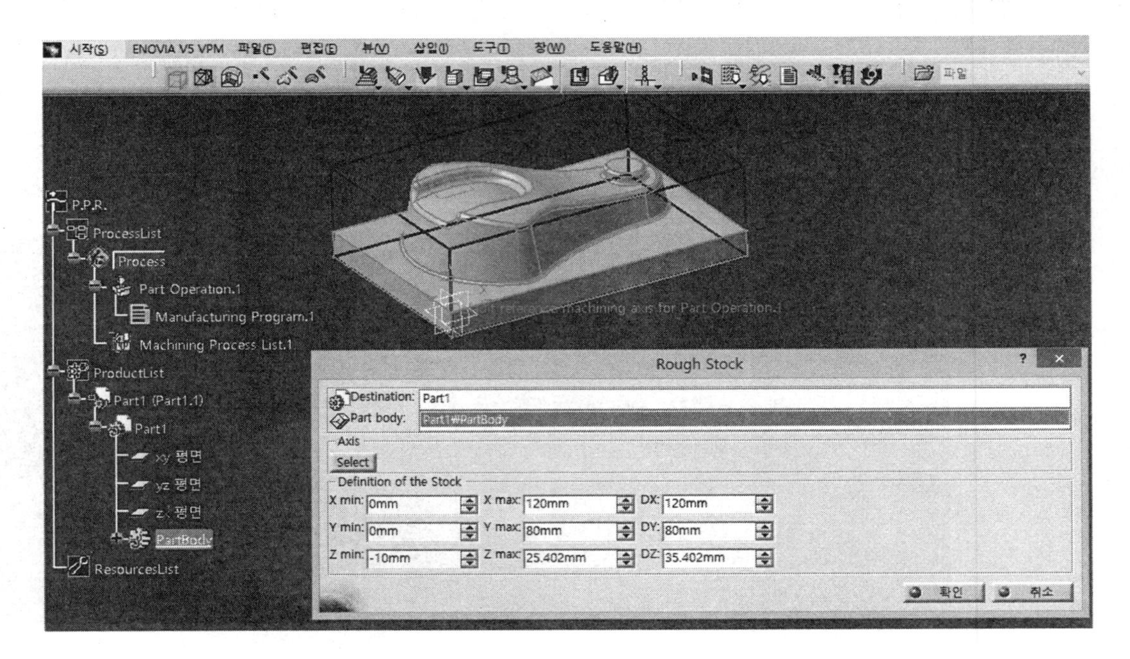

4 Rough Stock박스에서 Definition of the stock/Z min; 0 입력 후 엔터, Z max; 40 입력 후 엔터, DZ; 40 입력 후 엔터 → 확인 버튼을 클릭한다.

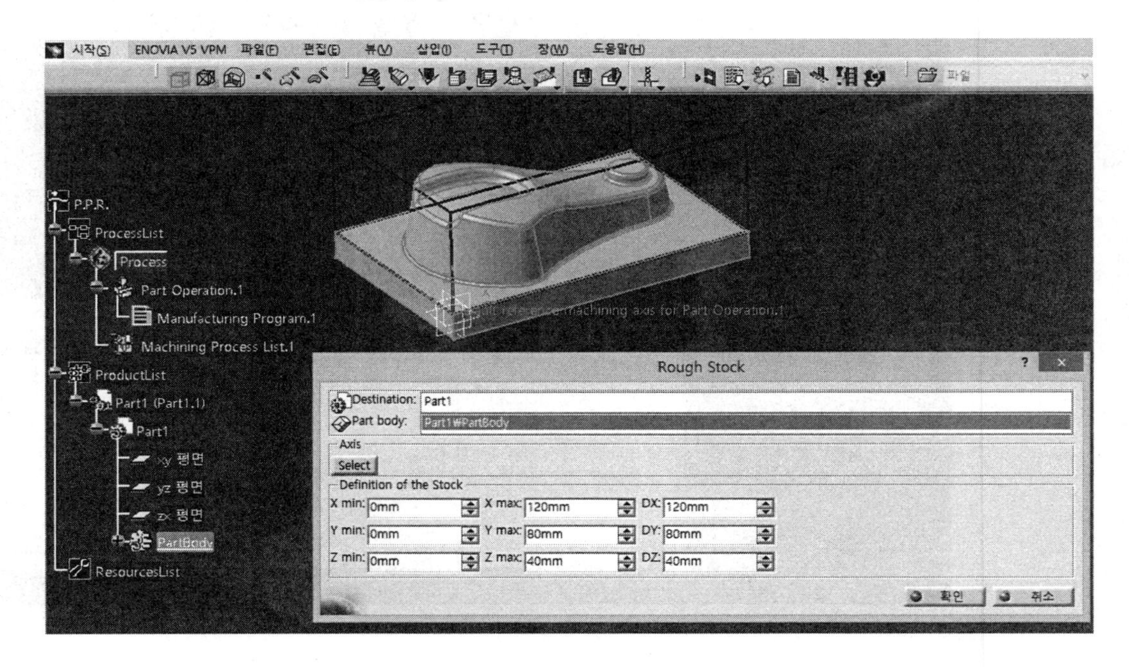

5 tree에서 왼쪽 하단에 Rough stock.1이 생성되었다.

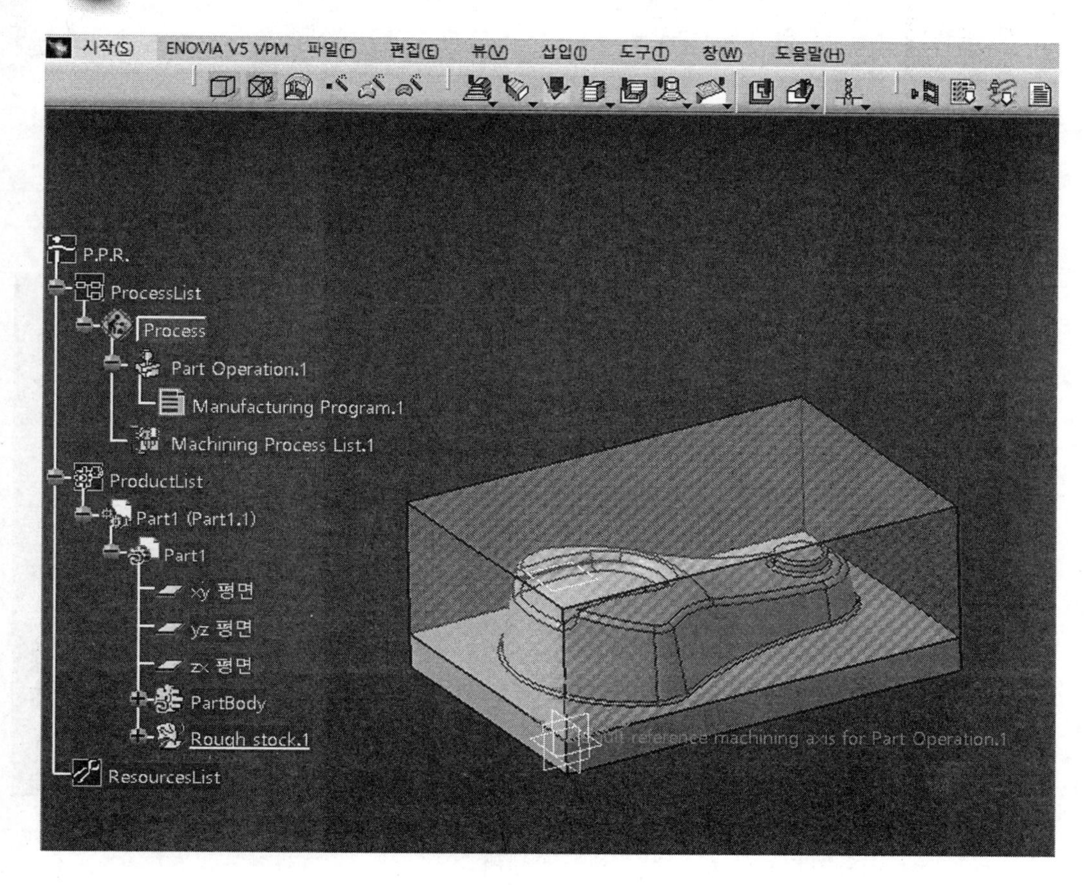

6 모델 좌표계가 잘 보이도록 방향을 조정한다.

2.5 기계 Setting

1 왼쪽 Tree에서 Process 밑의 Part Operation.1을 더블클릭한다.

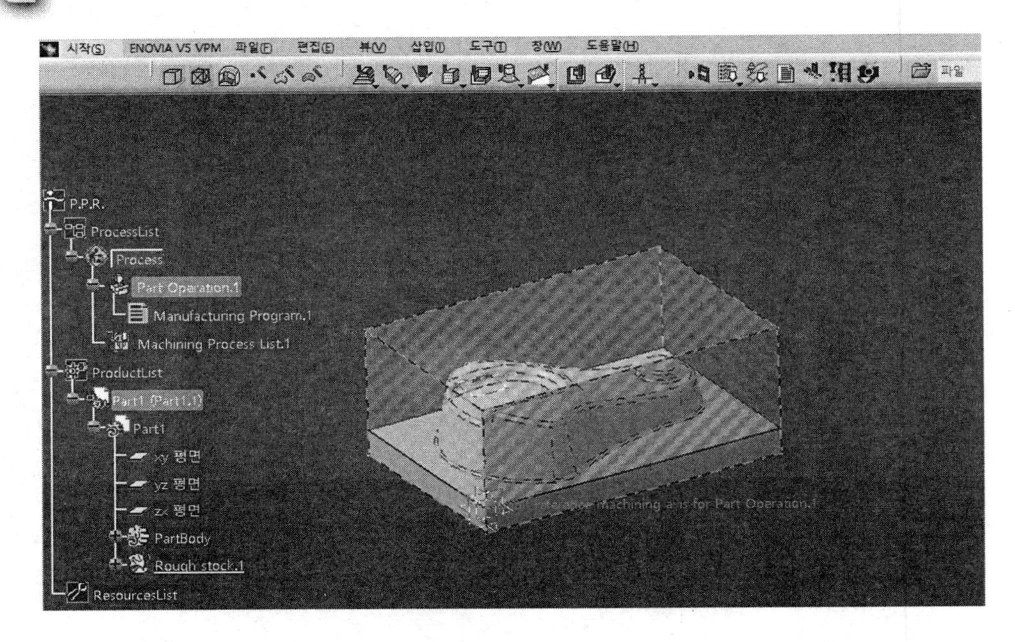

2 첫 번째 아이콘 Machine을 클릭한다.

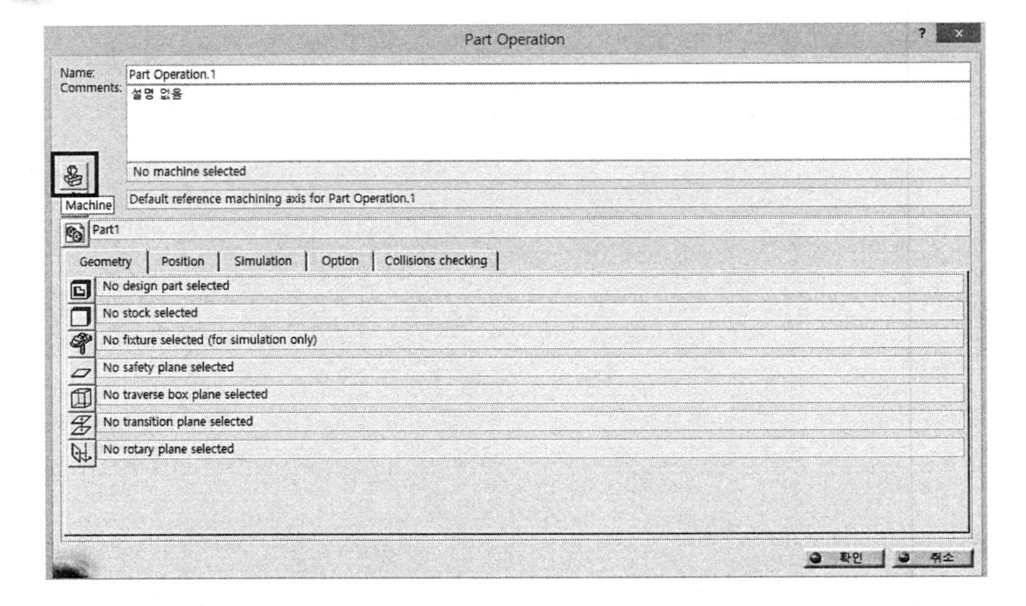

3 Name 오른쪽에 3-axis Machine.1로 설정한다.

4 Numerical Control 밑의 Post Processor에서 Fanuc0.lib로 설정 → 확인 버튼을 클릭한다.

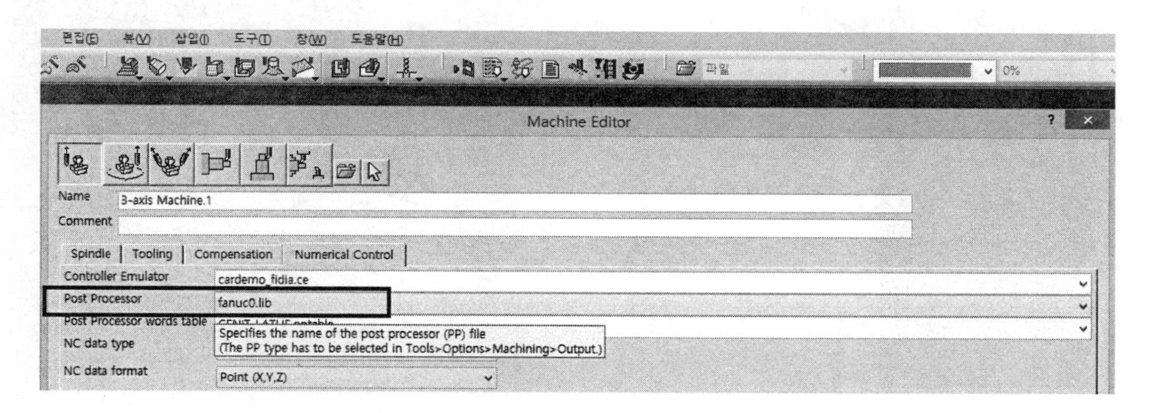

5 Reference machining axis system 아이콘을 클릭한다.

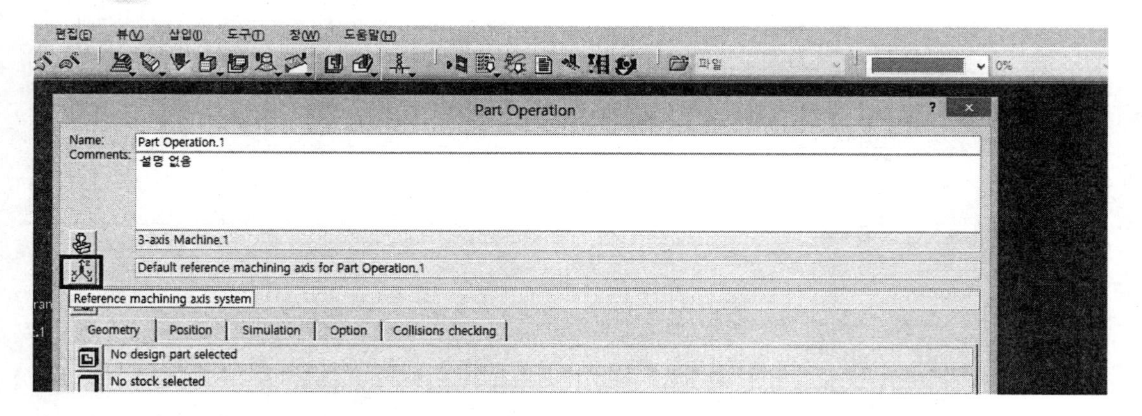

6 기계 Setting : 모델링 좌표가 작업자가 원하는 좌표계와 일치하면 추가로 다시 기계원점좌표는 설정할 필요가 없다. → 확인 버튼을 클릭한다.

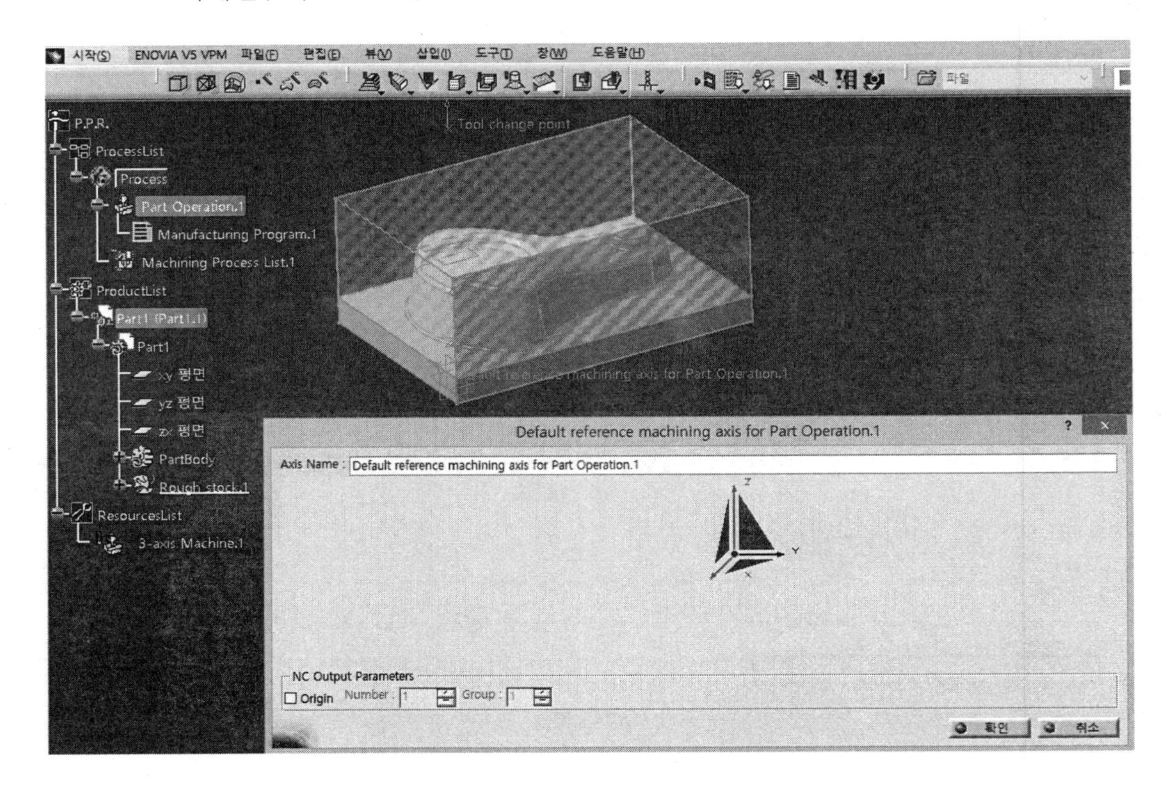

7 Design part for simulation 아이콘을 클릭한다.

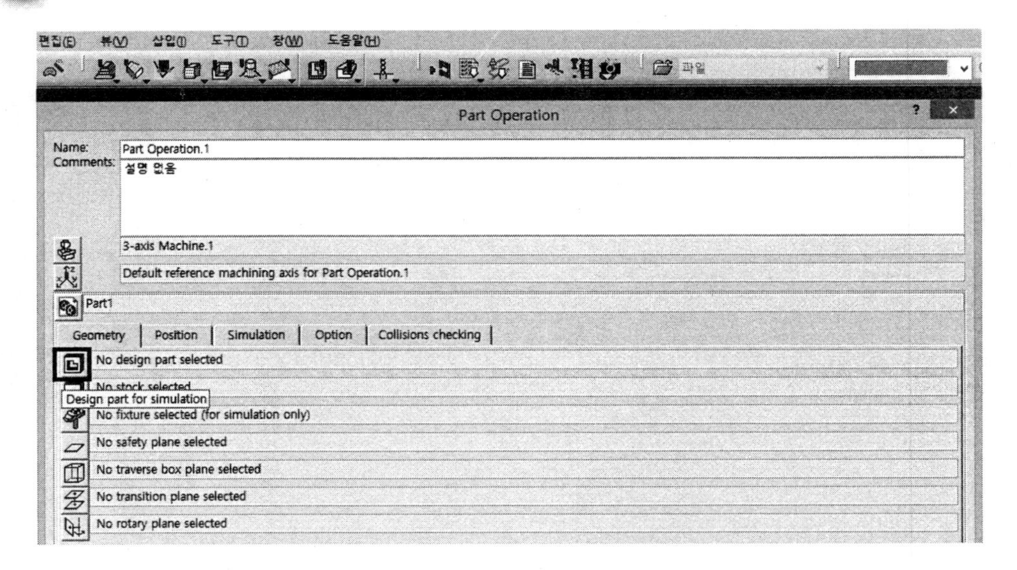

8 모델링 형상을 설정하기 위하여 Tree의 PartBody 더블클릭한다.

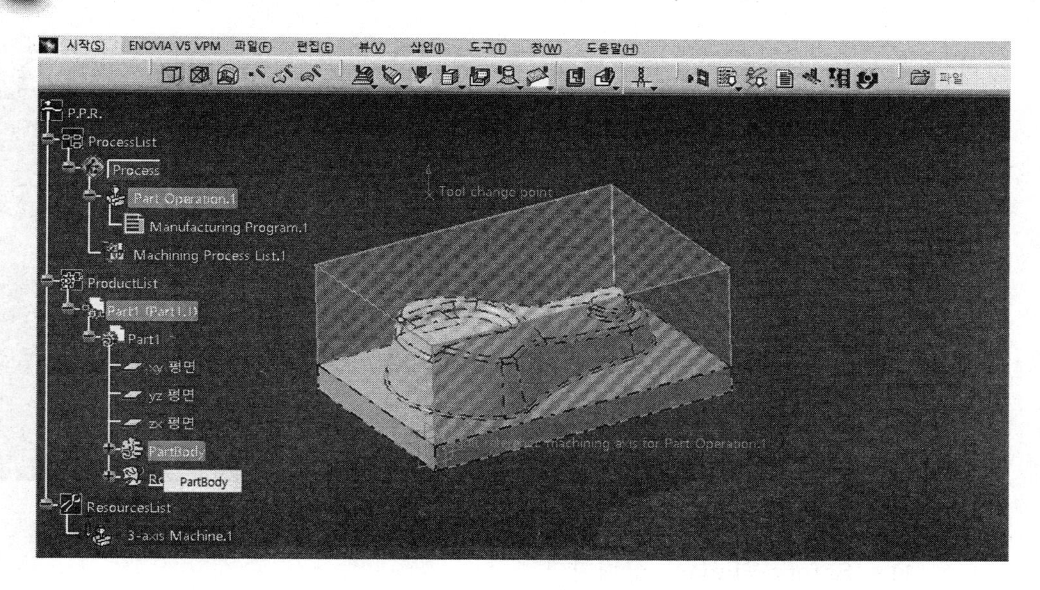

9 Stock을 클릭한다.

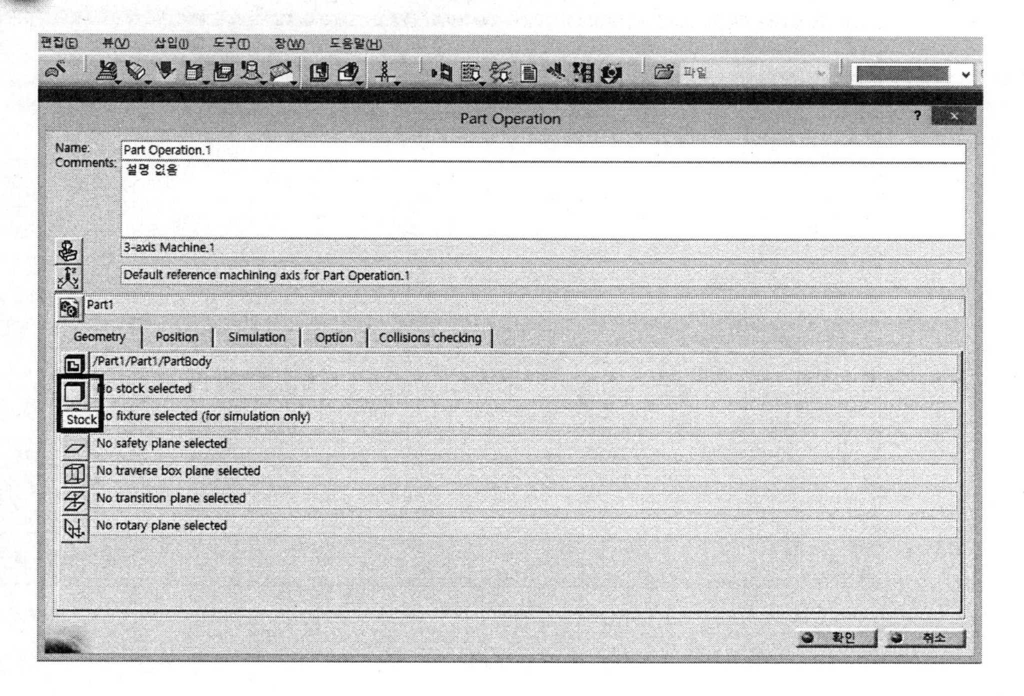

10 소재 규격을 인식시키기 위해 Tree의 Rough Stock.1을 더블클릭한다.

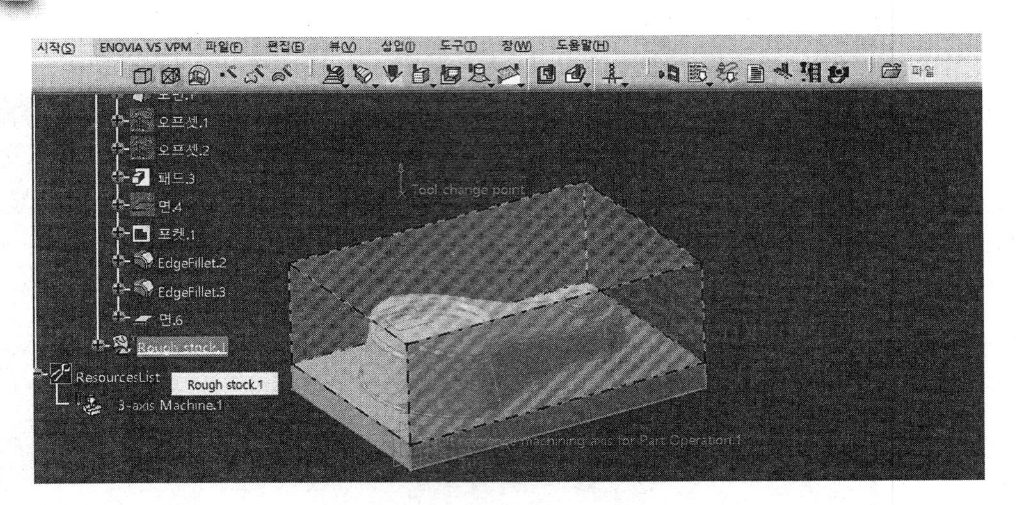

11 Safety Plane을 클릭한다.

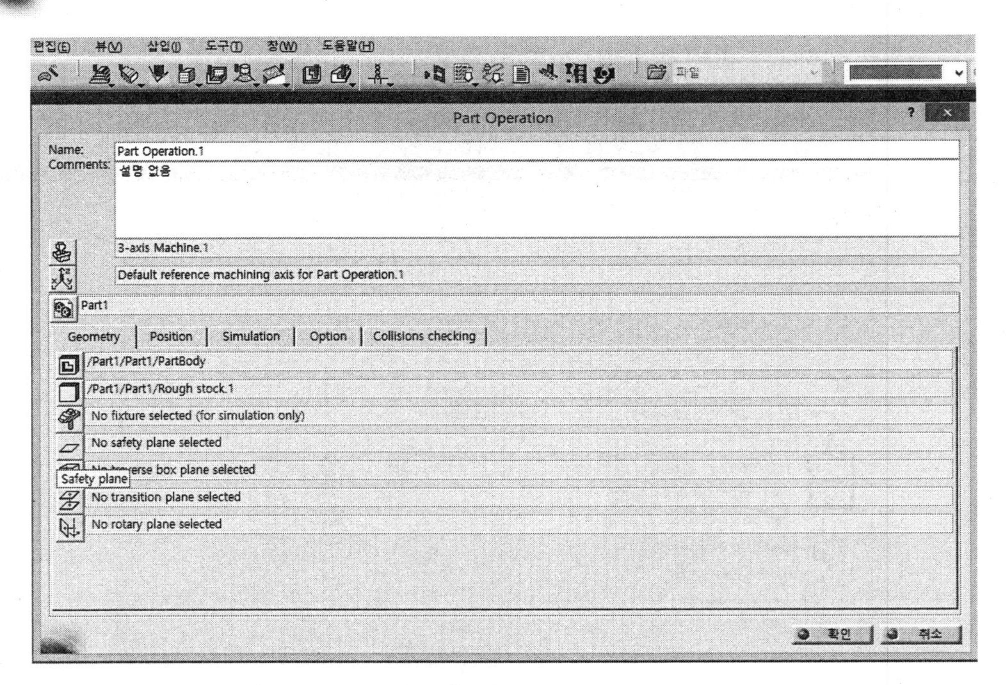

12 바탕화면의 안전 높이면 클릭한다. → 확인 버튼을 클릭한다.

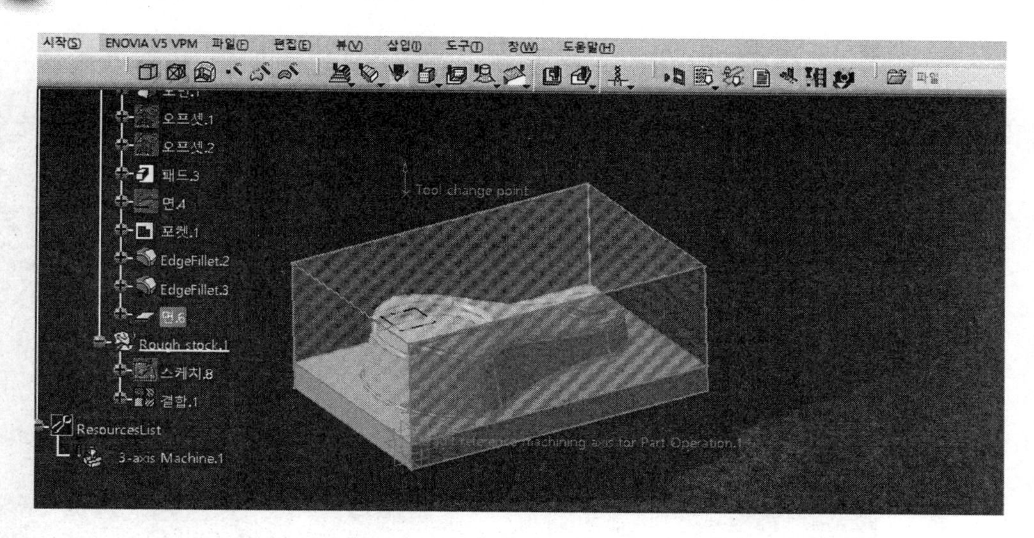

2.6 황삭 Setting

1 Tree의 Manufacturing Program.1을 클릭한다.

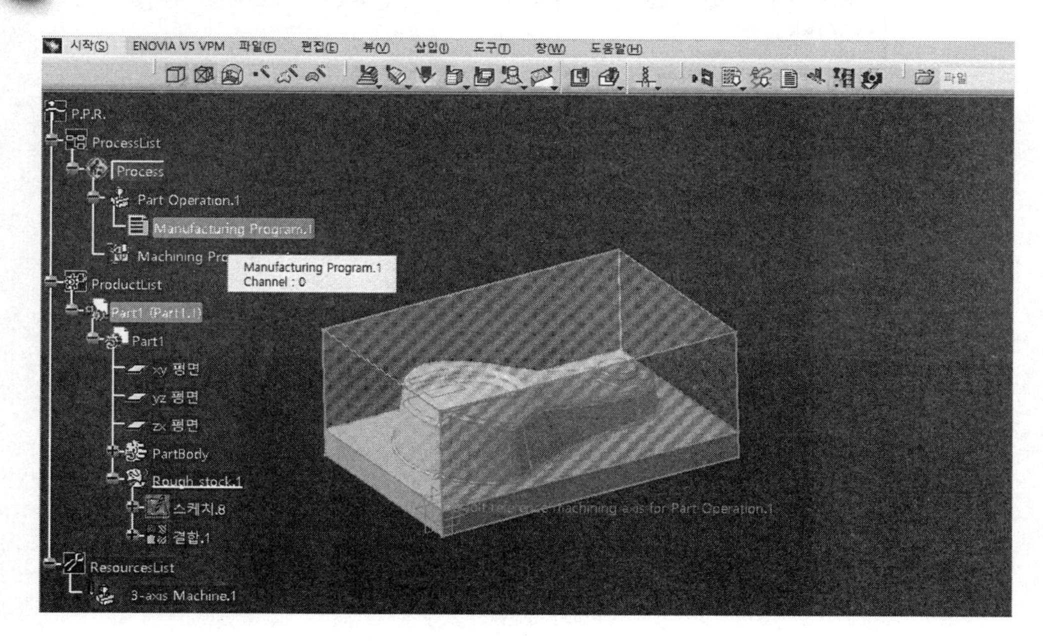

2 상단 아이콘 메뉴에서 Machining Operations의 Roughing을 클릭한다.

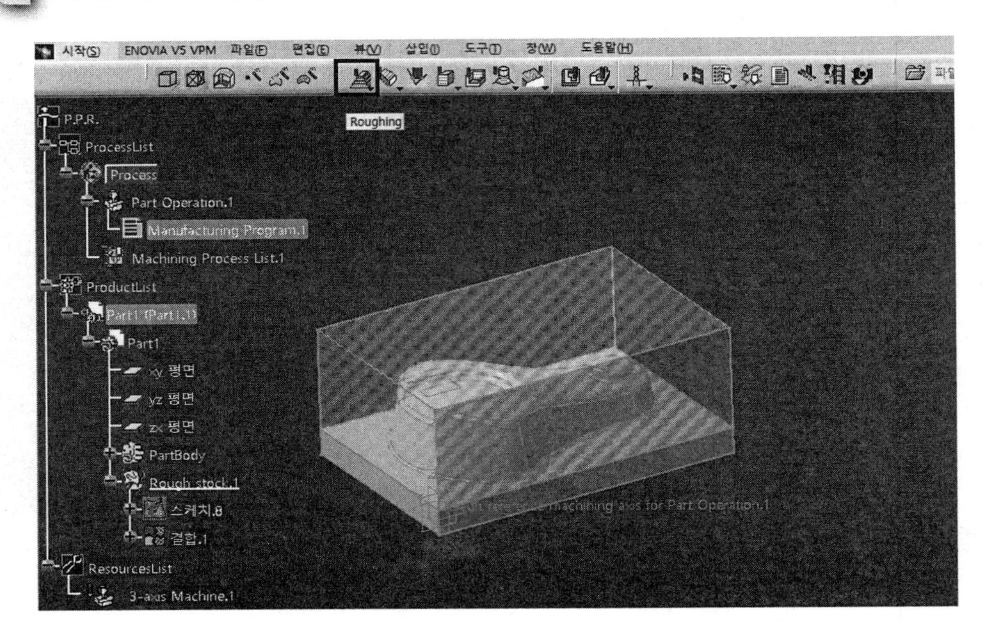

3 황삭 화면의 두 번째 아이콘 화면이다.

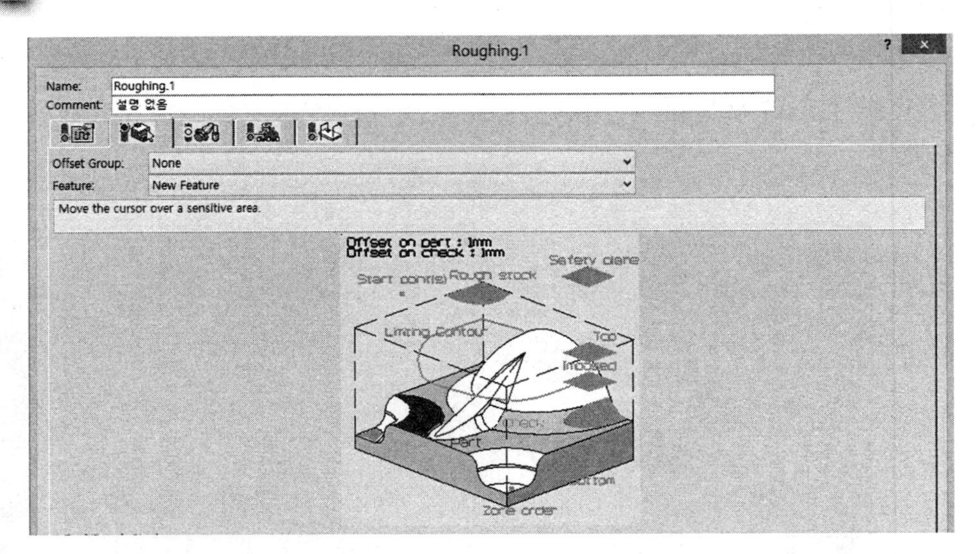

(1) 화면의 황삭 잔량 셋팅한다.

① off set on part를 더블클릭하고 0.5를 입력한 후 엔터한다.

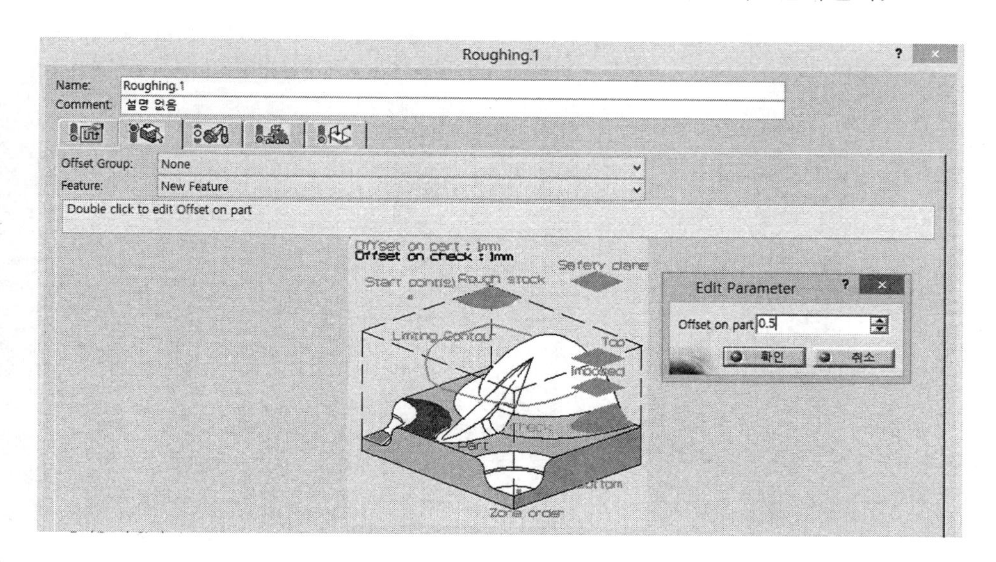

② off set on check를 더블클릭하고 0.5를 입력한 후 엔터한다.

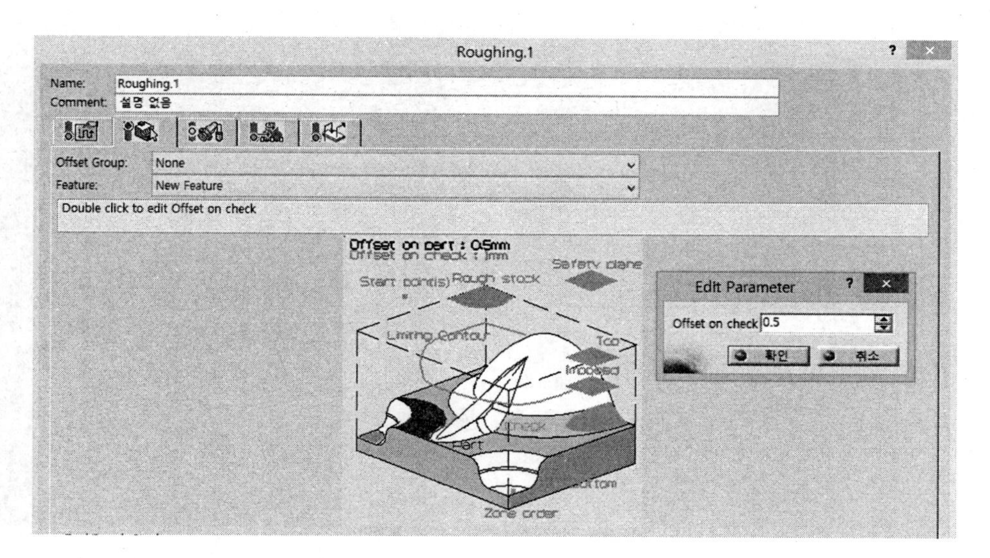

(2) 안전높이를 셋팅한다.

① Safety Plane을 클릭한다.

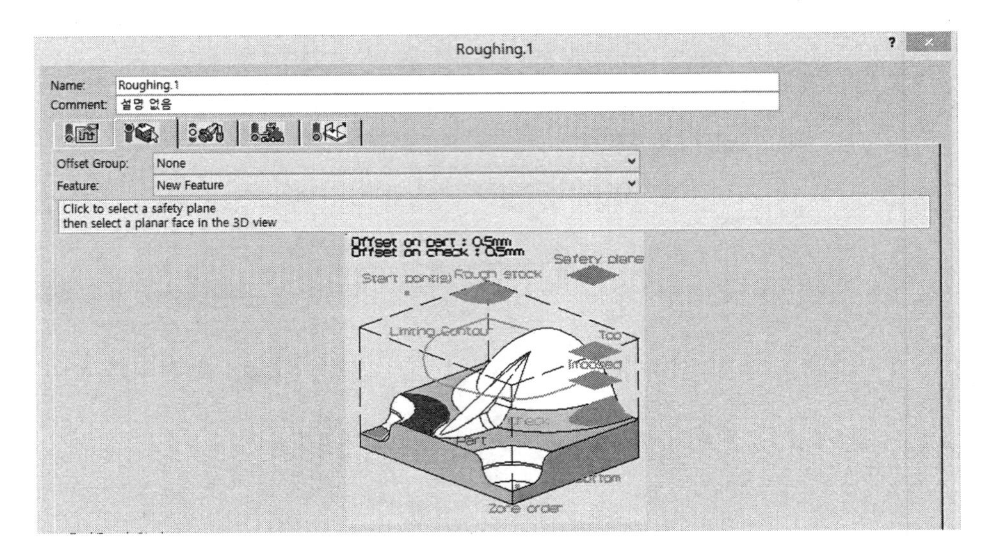

② 바탕화면의 안전높이면 클릭한다.

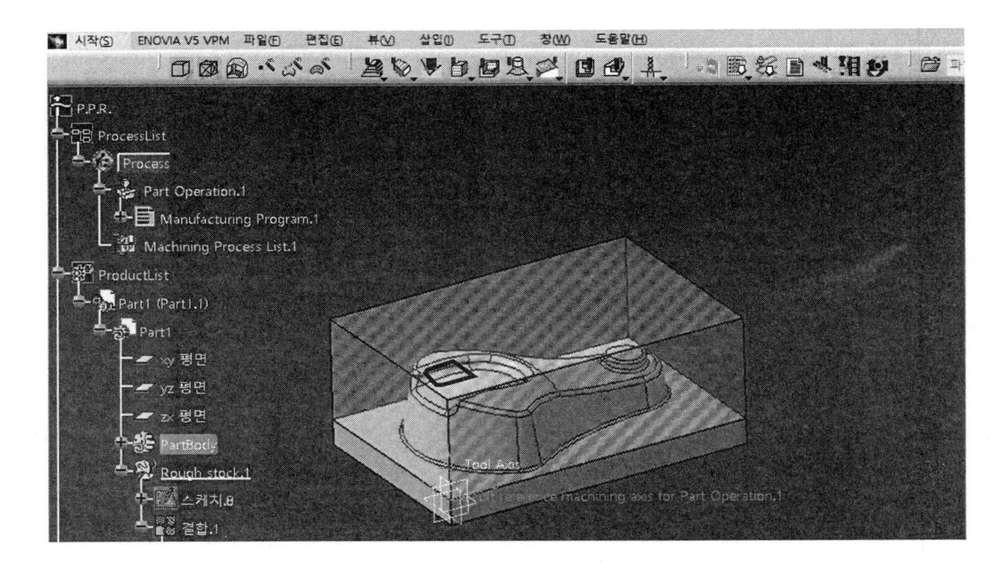

(3) Rough Stock 아이콘을 클릭한다.

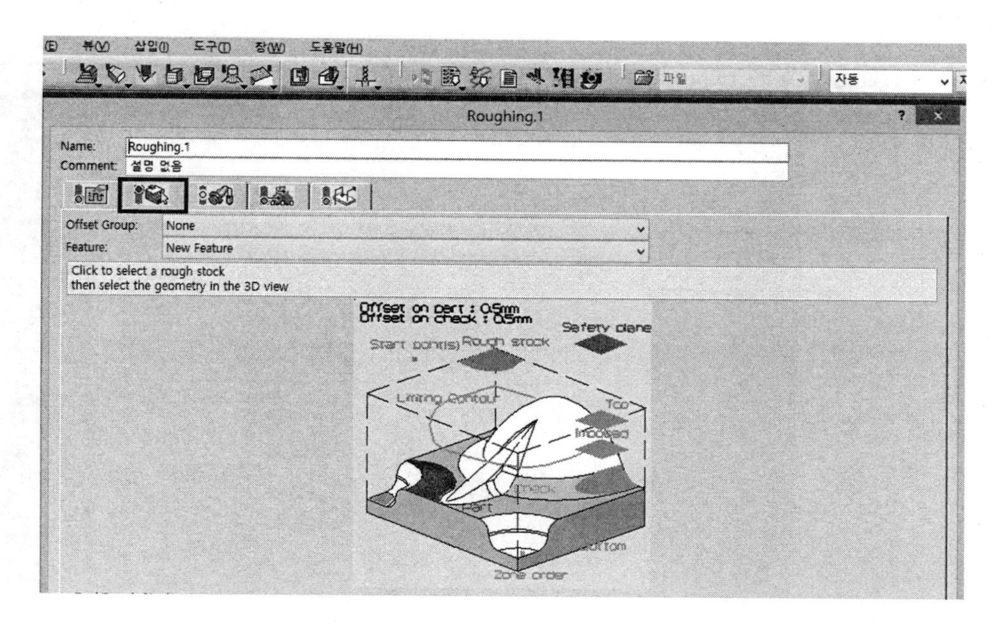

① 왼쪽 tree에서 Rough stock.1을 클릭한다.

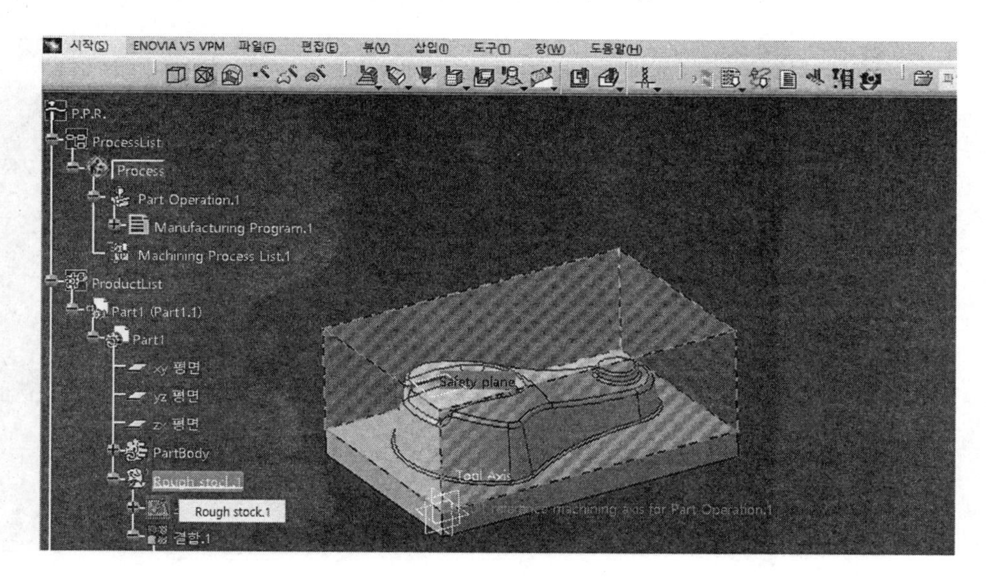

(4) Part을 클릭한다.

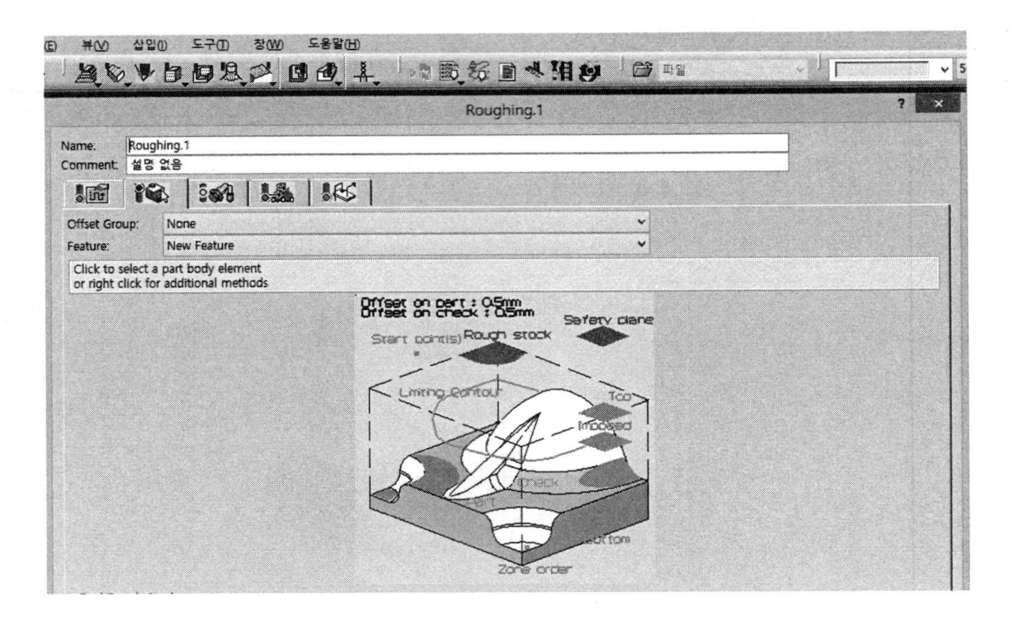

① Tree의 PartBody을 클릭한다.

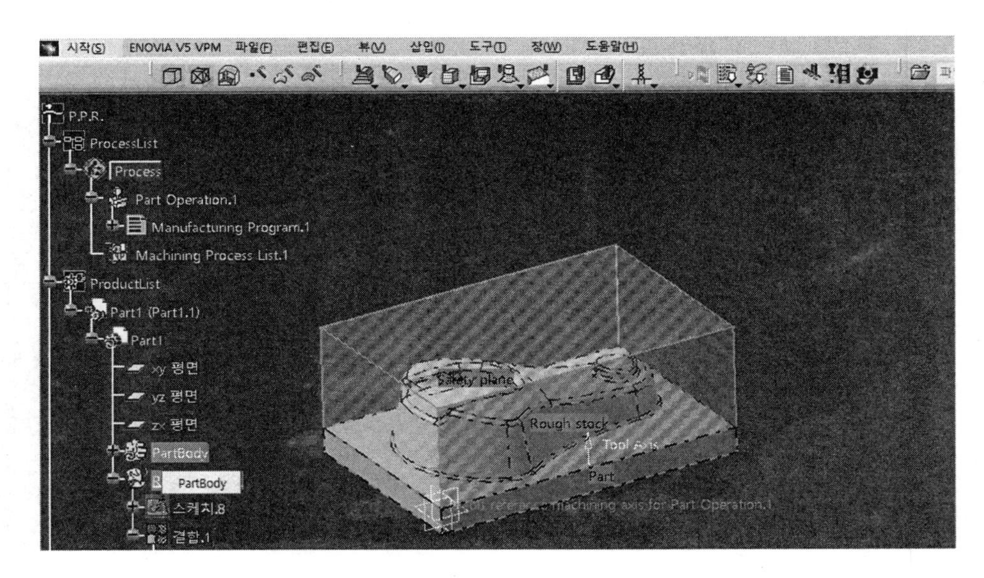

(5) 다음과 같이 되어야 한다.

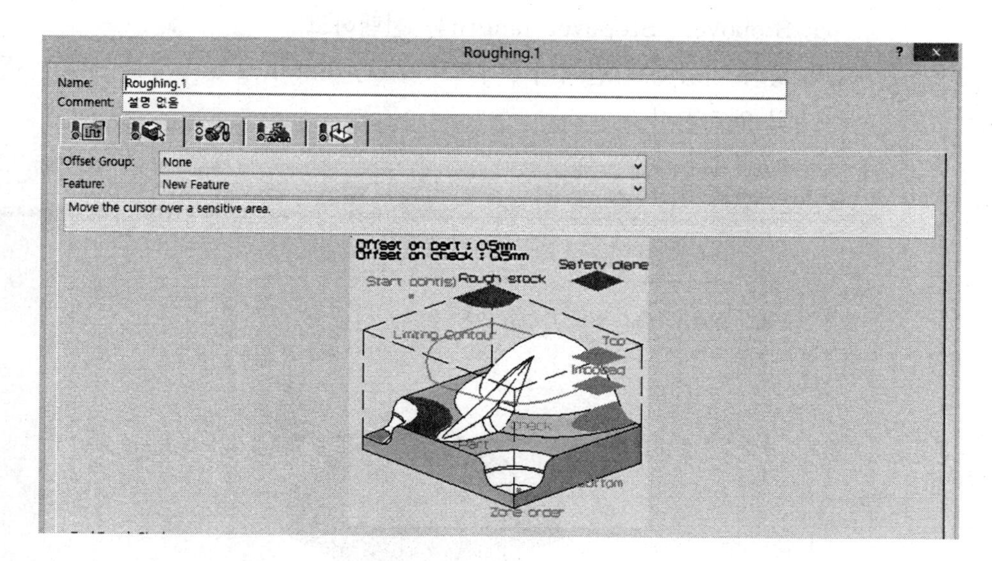

4 첫 번째 아이콘을 클릭한다.

(1) Machine에서 다음과 같이 설정한다.

① Tool path style(공구경로); Sprial을 선택한다.

② Distinct style in pocket; Sprial을 선택한다.

③ Machining tolerance; 0.01을 입력한다.

④ Cutting mode; Climb를 선택한다.

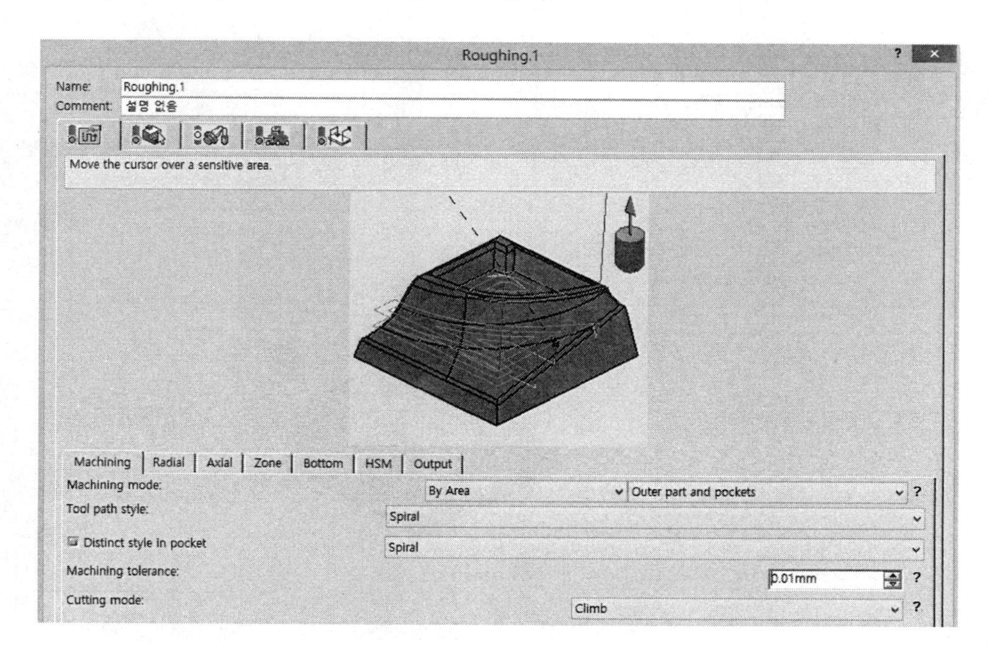

(2) Radial에서 다음과 같이 설정한다.

① Stepover; Stepover length을 선택하고

② 황삭 가공경로 간격이 5이므로 Max. distance between pass; 5를 입력하고 엔터한다.

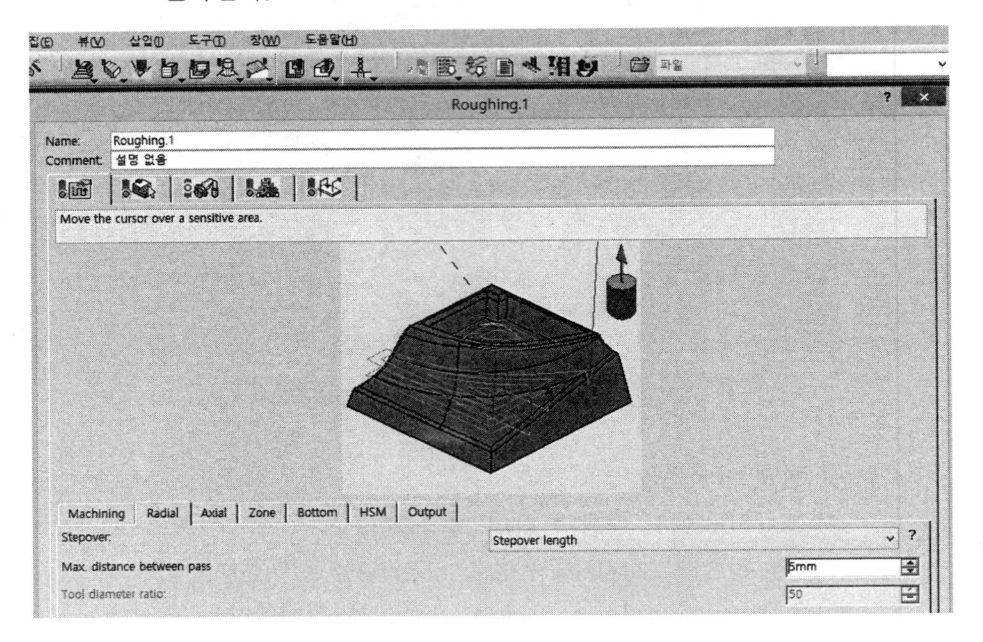

(3) Axial에서 다음과 같이 설정한다.

① 절입량이 6mm이므로

② Maximum cut depth; 6을 입력하고 엔터한다.

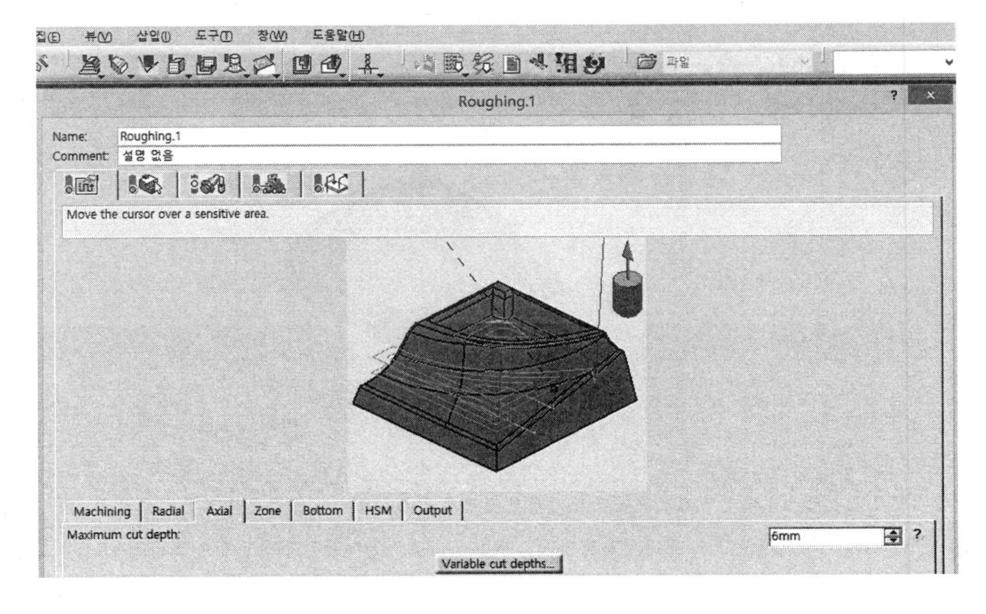

5 세 번째 아이콘을 클릭한다.

(1) Name; F12를 입력하고 엔터한다.

(2) Tool number; 1을 입력한다.

(3) Ball-end tool 앞 체크를 해제한다.

(4) Rc 더블클릭 0을 입력하고 엔터한다.

(5) D 더블클릭 12를 입력하고 엔터한다.

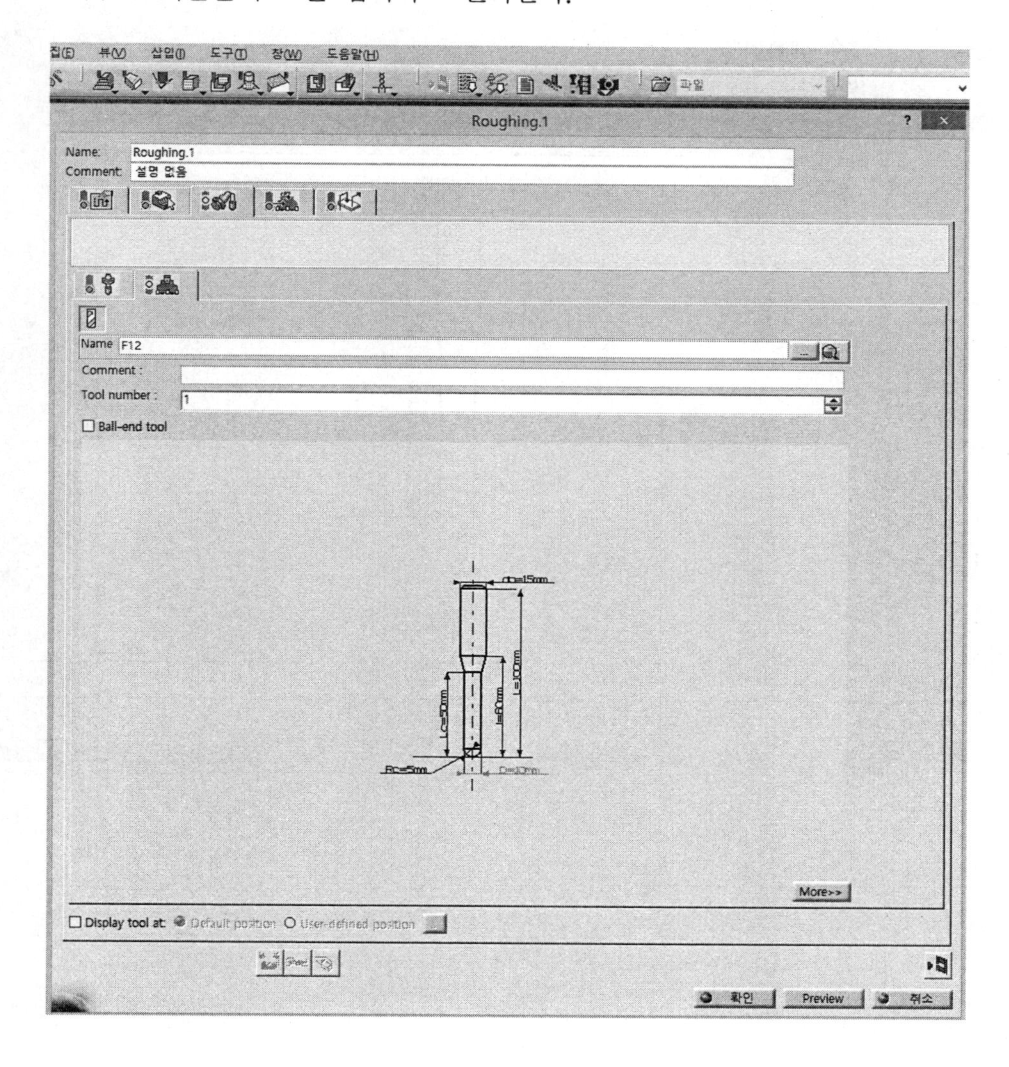

(6) 다음과 같이 설정한다.

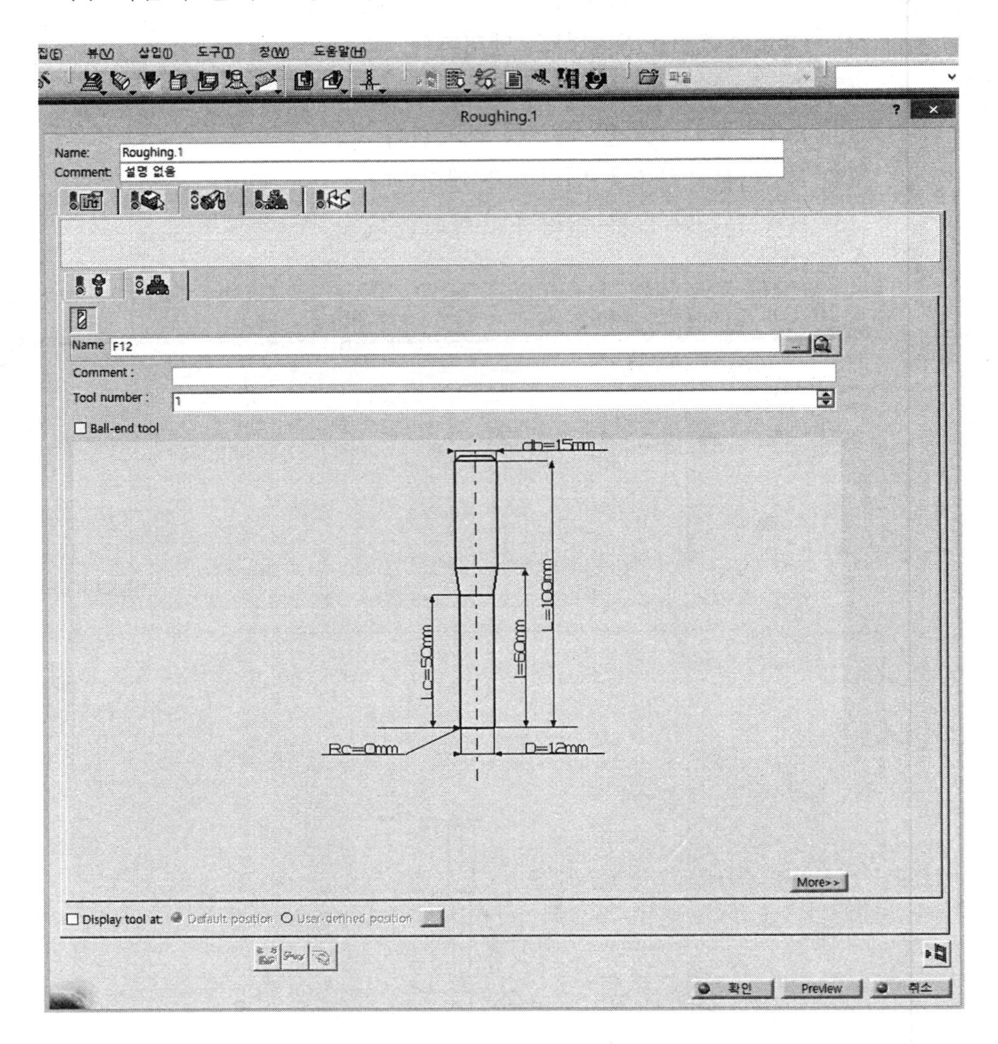
Roughing.1
Name: Roughing.1
Comment: 설명 없음
Name F12
Comment :
Tool number : 1
Ball-end tool
db=15mm
L=100mm
l=60mm
Lc=50mm
Rc=0mm
D=12mm
More>>
Display tool at: Default position User-defined position
확인
Preview
취소

6 네 번째 아이콘을 클릭한다.

(1) Feedrate에서 황삭 이송을 변경하기 위하여

① 해제함. Automatic Compute from tooling Feeds and Speeds

② Machining; 100을 입력하고 엔터한다. → Retract; 100을 입력하고 엔터한다.

(2) 해제함. Automatic Compute from tooling Feeds and Speeds

① Machining; 1400을 입력하고 엔터한다.

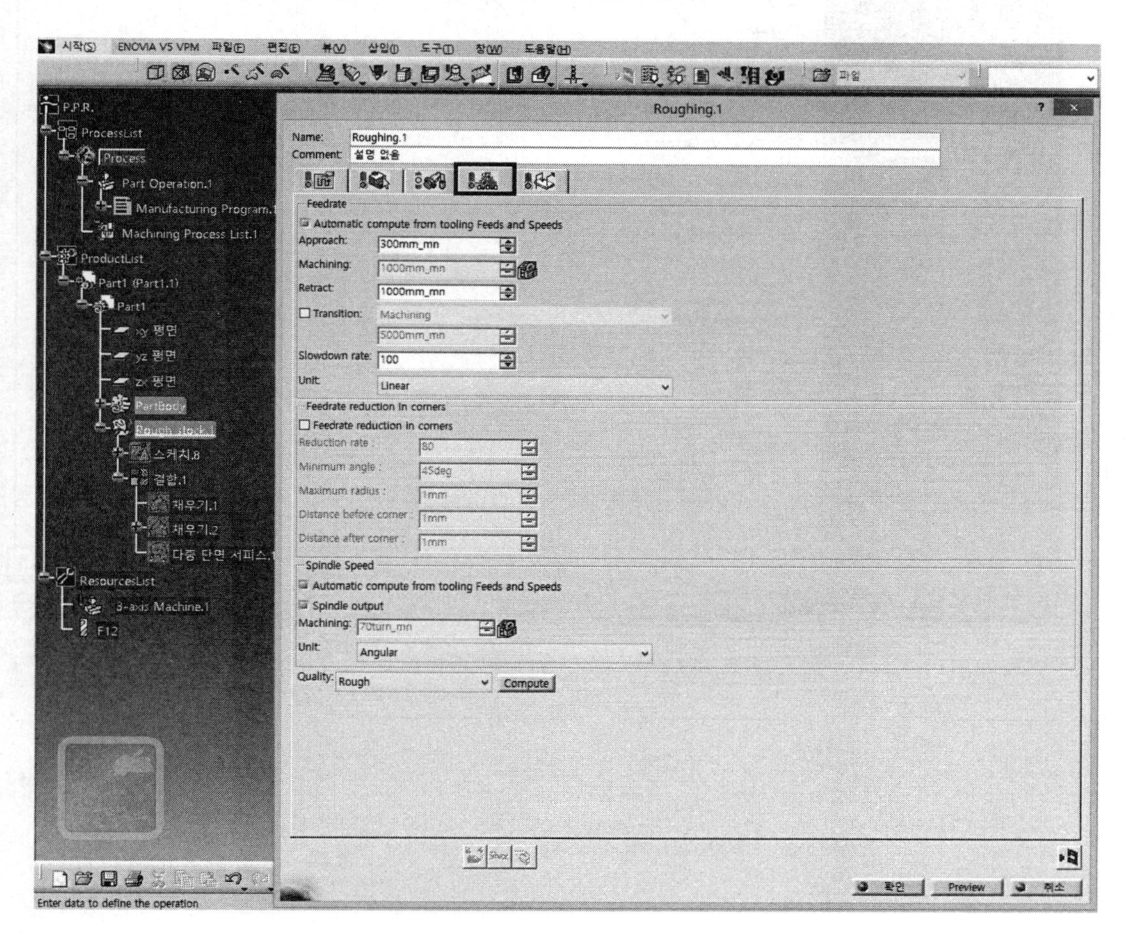

(3) 오른쪽 아래의 Tool path Replay을 클릭한다.

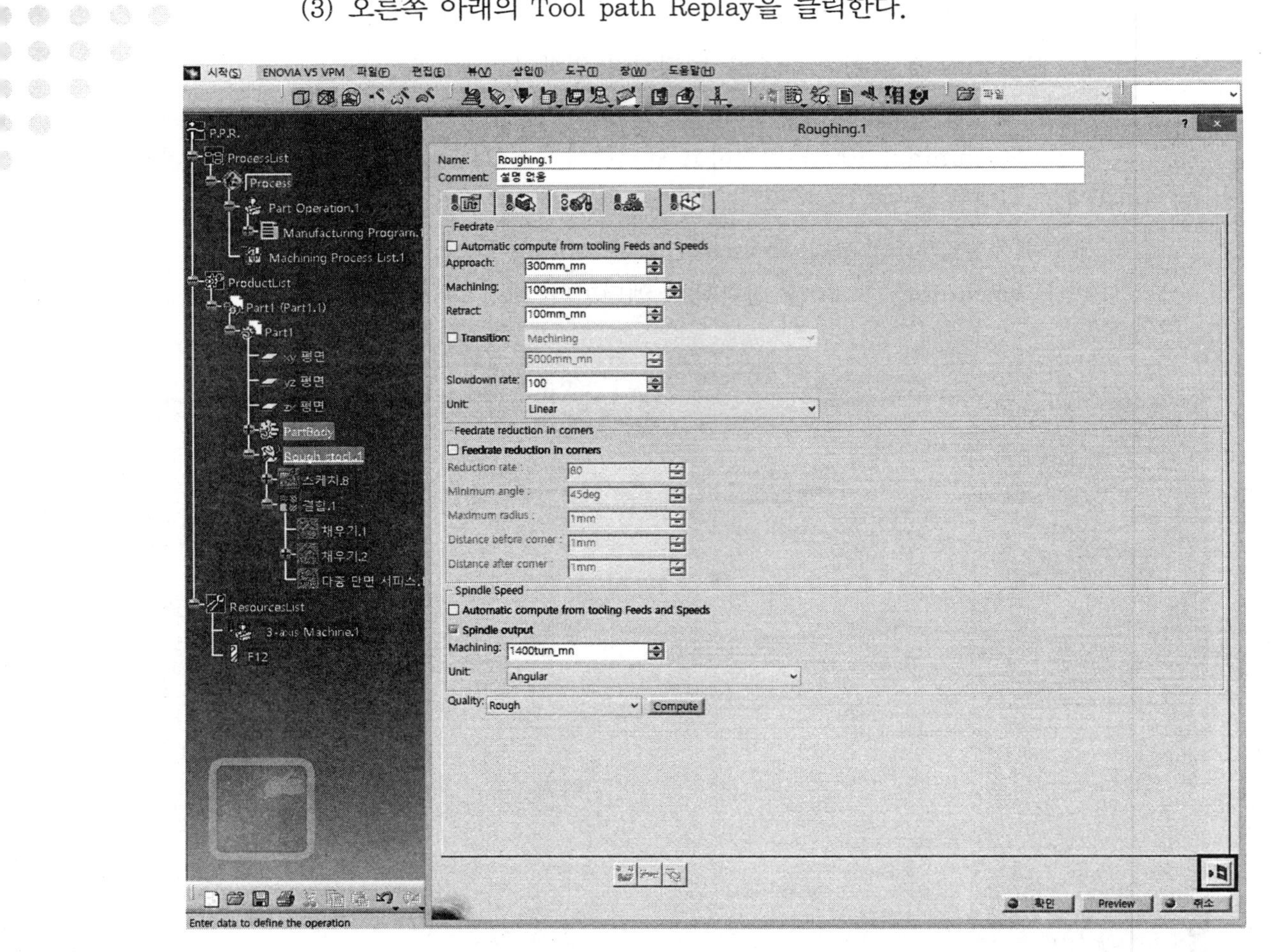

(4) 다음과 같이 황삭 툴패스가 생성되어야 한다.

(5) 애니메이션을 확인한다.

① video from last saved result 아이콘을 클릭한다.

② 아래의 화면 상태에서 forward replay(F7)을 클릭한다.

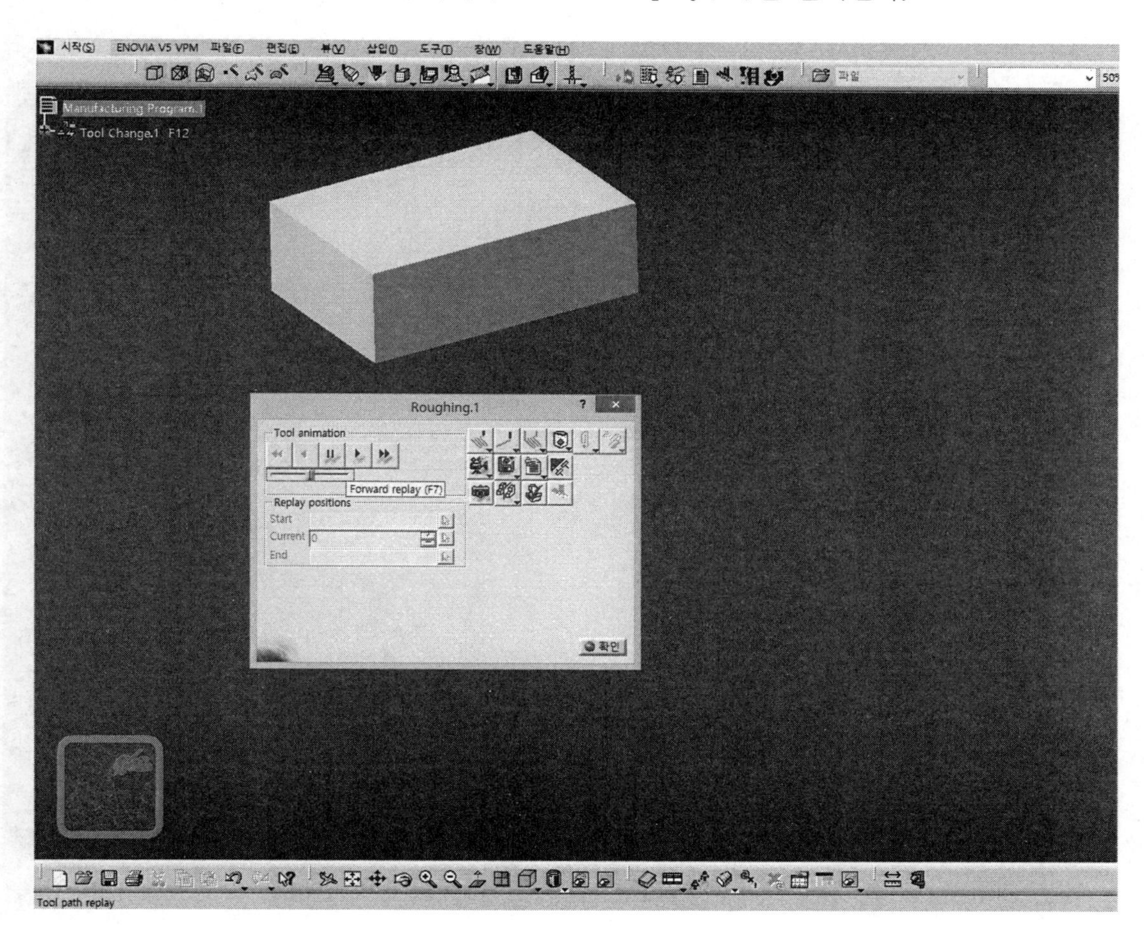

(6) 황삭 가공 후의 형태이다. → 확인 버튼을 클릭한다.

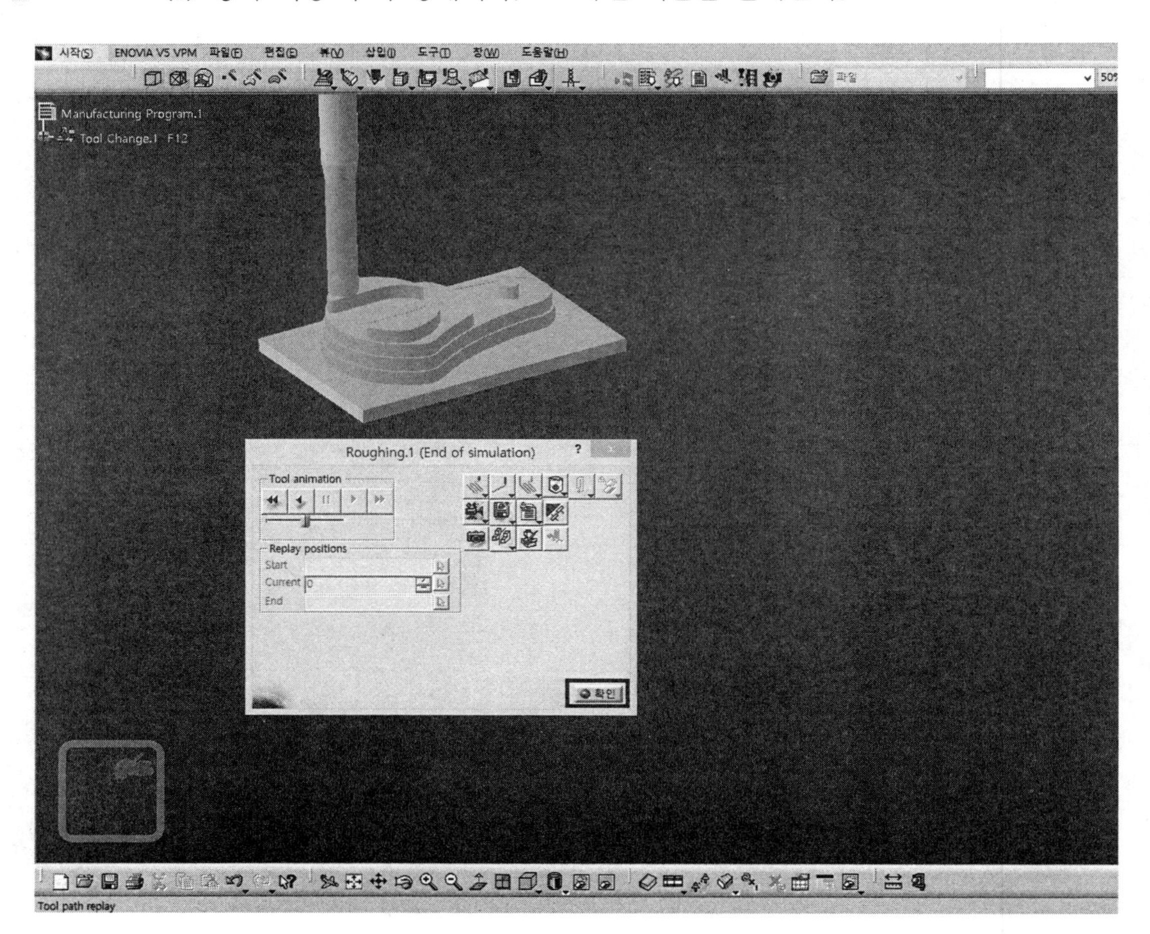

(7) 다음과 같이 황삭 Tool path가 생성되었다.

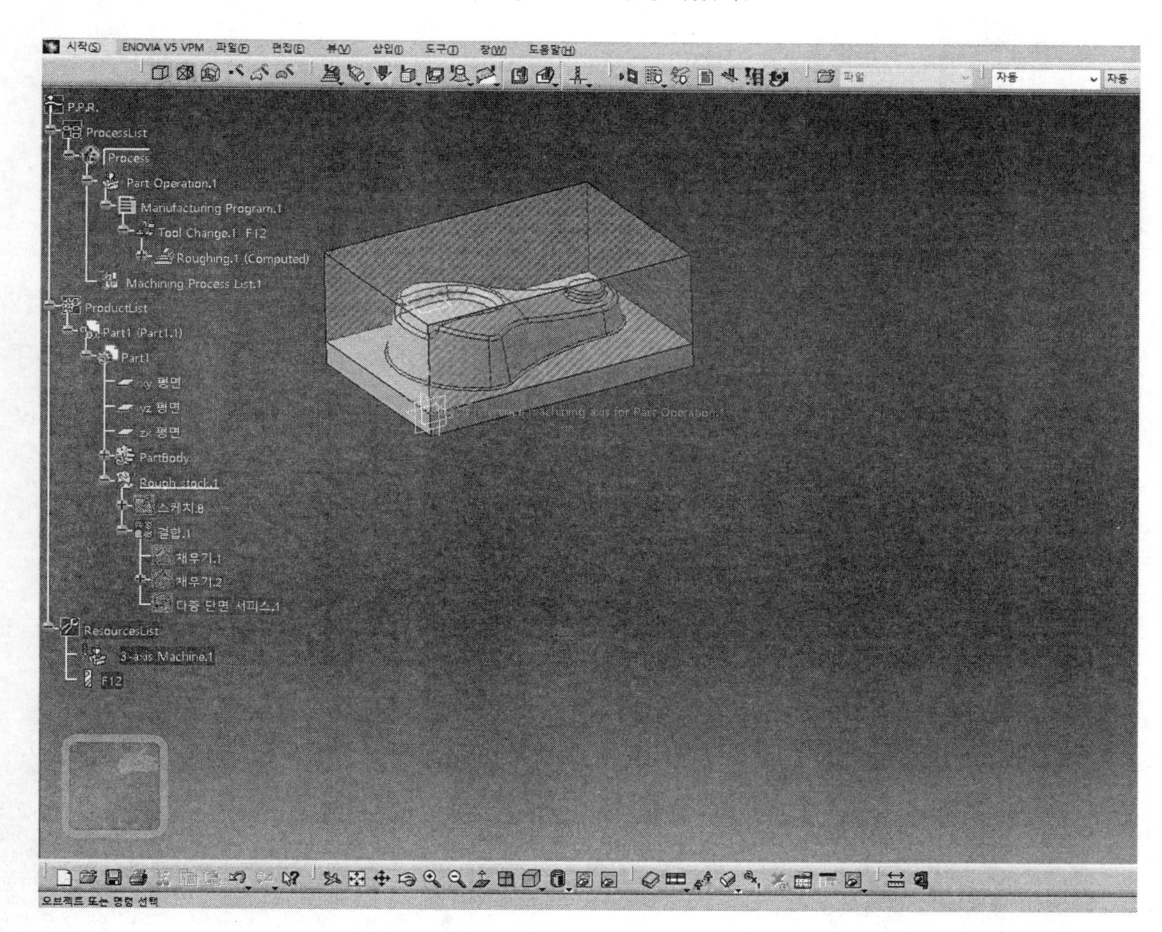

2.7 정삭 Setting

1 좌측 tree에서 Roughing.1(computed)를 클릭한다.

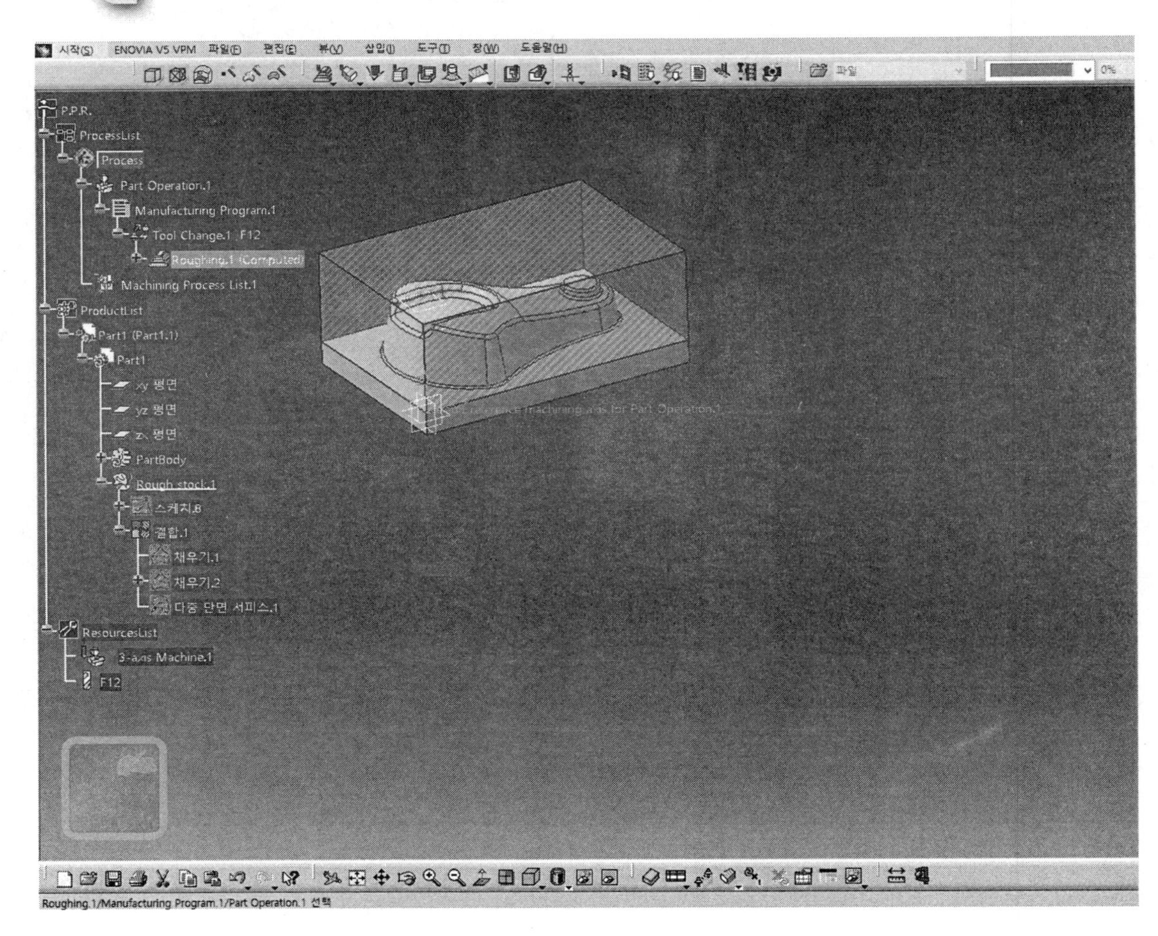

2 Machining Operations의 Sweeping 아이콘을 클릭한다.

3 바탕화면의 좌측 tree에서 stock을 숨기기 한다.

4 정삭 화면의 2번째 아이콘이다.

(1) 정삭에는 잔량이 없으므로

① off set on part 더블클릭, 0을 입력하고 엔터한다.

② off set on check 더블클릭 0을 입력하고 엔터한다.

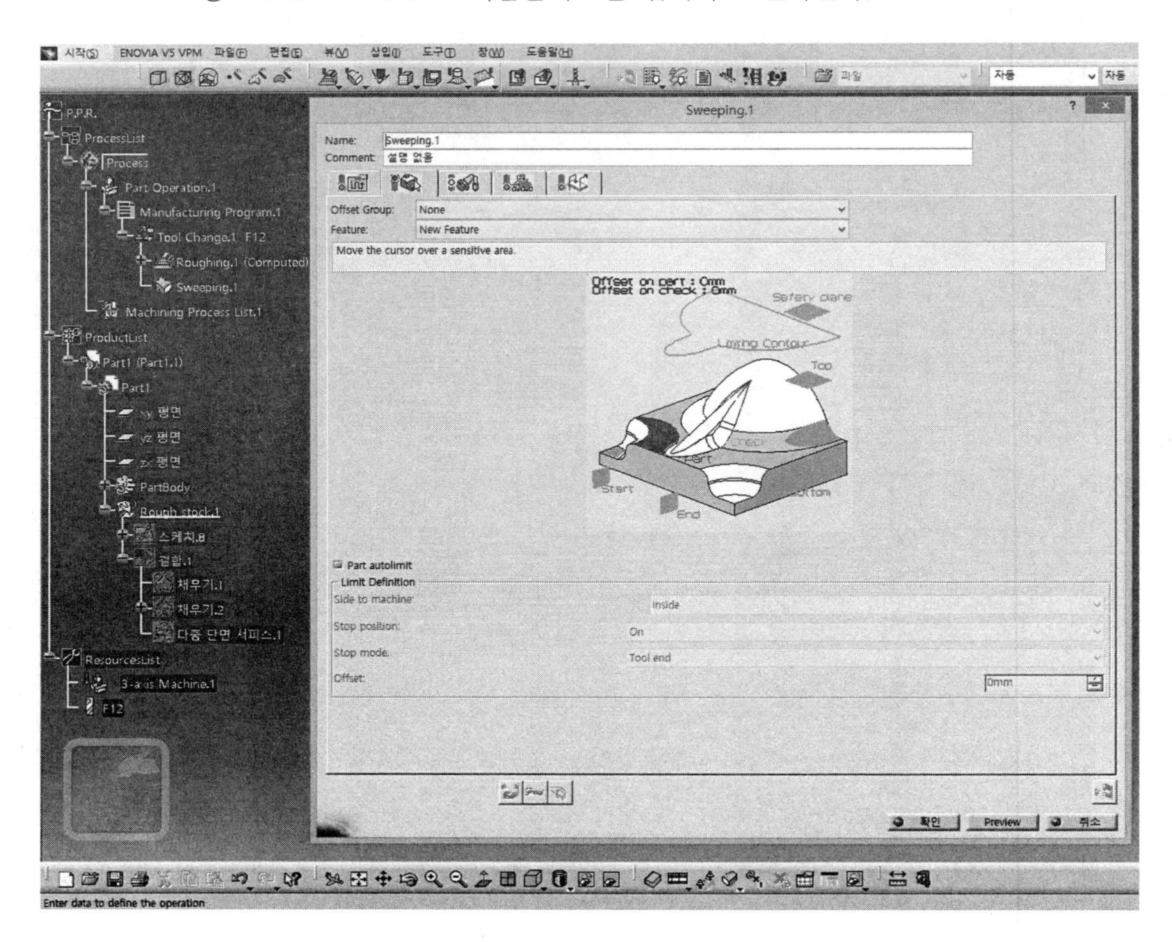

(2) 안전높이를 셋팅한다.

① Safety Plane을 클릭한다.

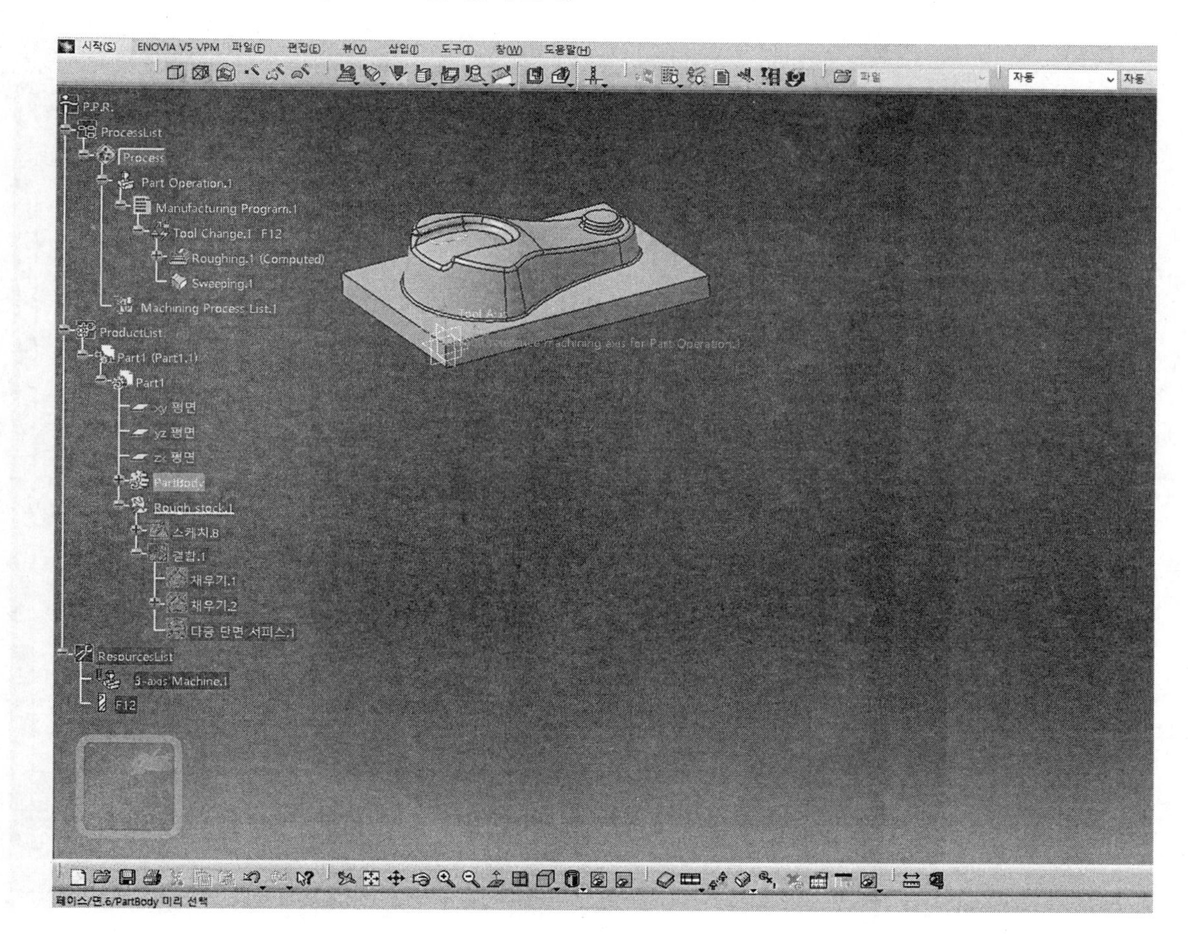

② 바탕화면의 안전 높이면 클릭한다.

③ Safety Plane이 초록으로 변한다.

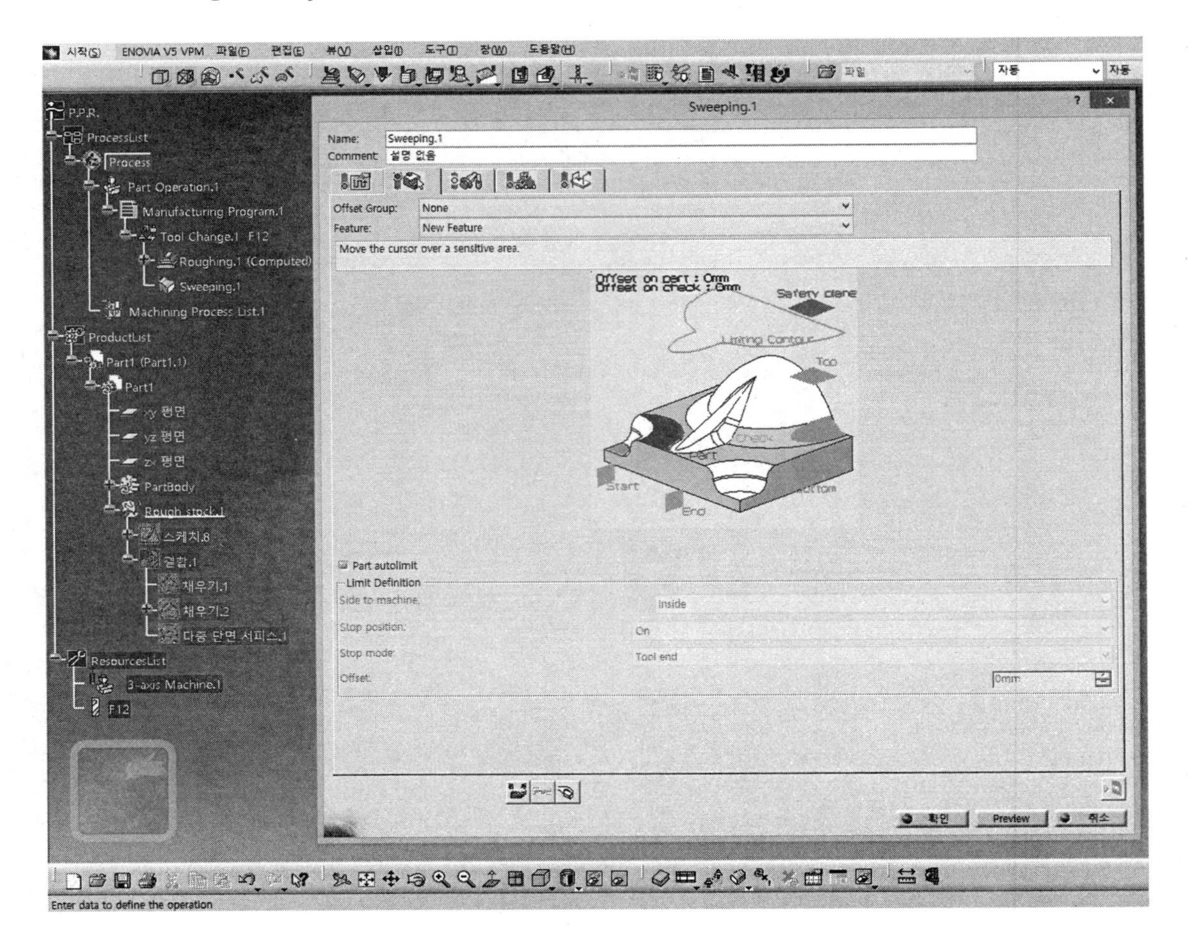

(3) part을 클릭한다. → Tree의 PartBody을 클릭한다.

(4) 다음과 같이 되어야 한다.

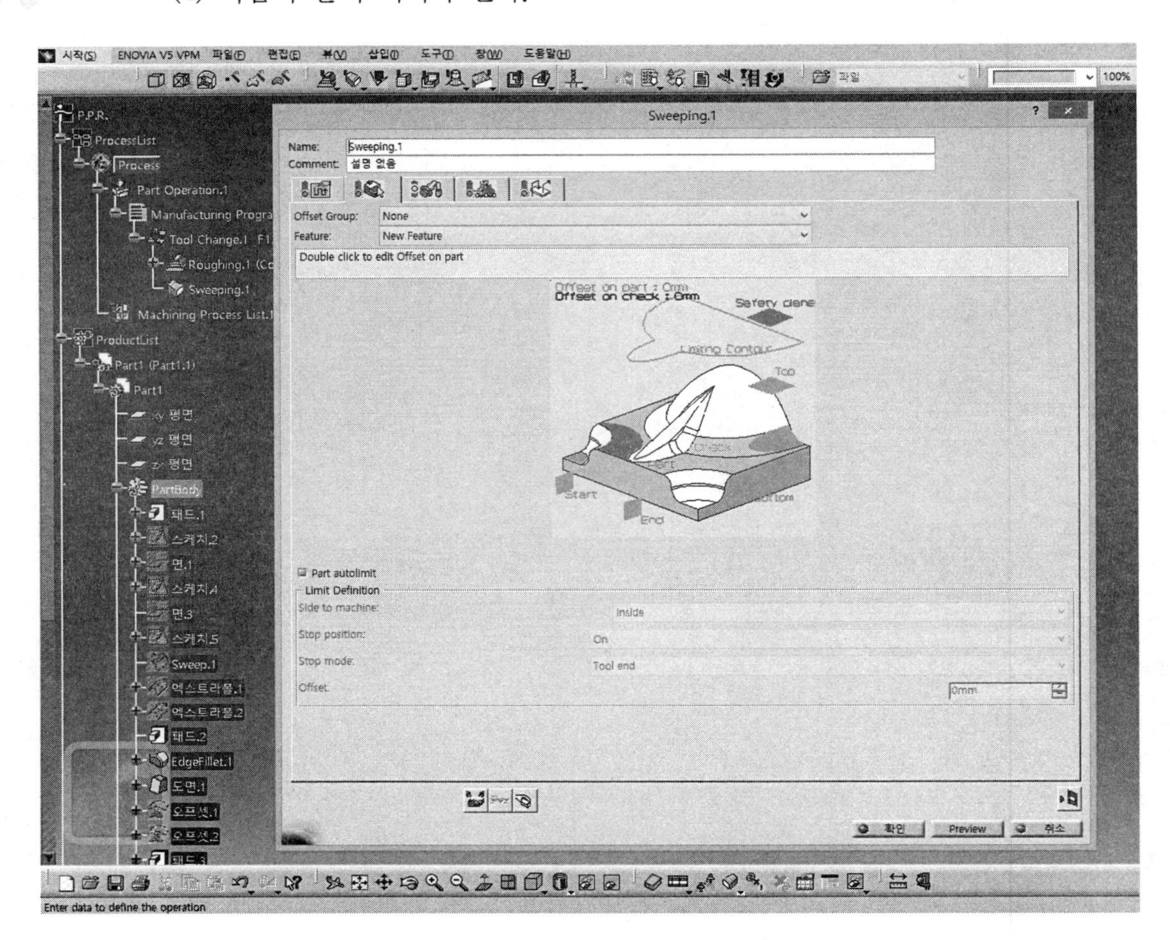

5 첫 번째 아이콘을 클릭한다.

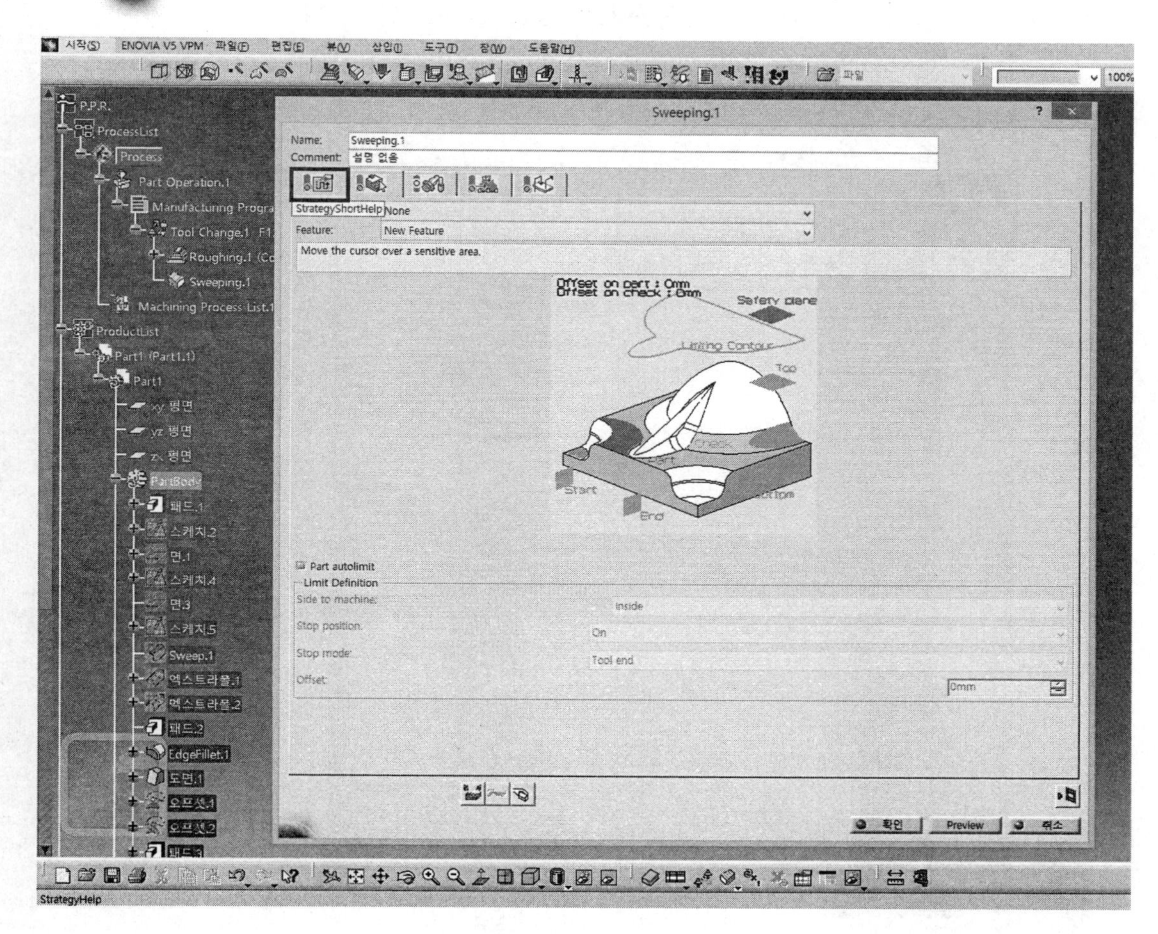

(1) Machine에서 다음과 같이 설정한다.

① Tool path style(공구경로); Zig-zag를 선택한다.

② Machining tolerance; 0.01mm를 입력한다.

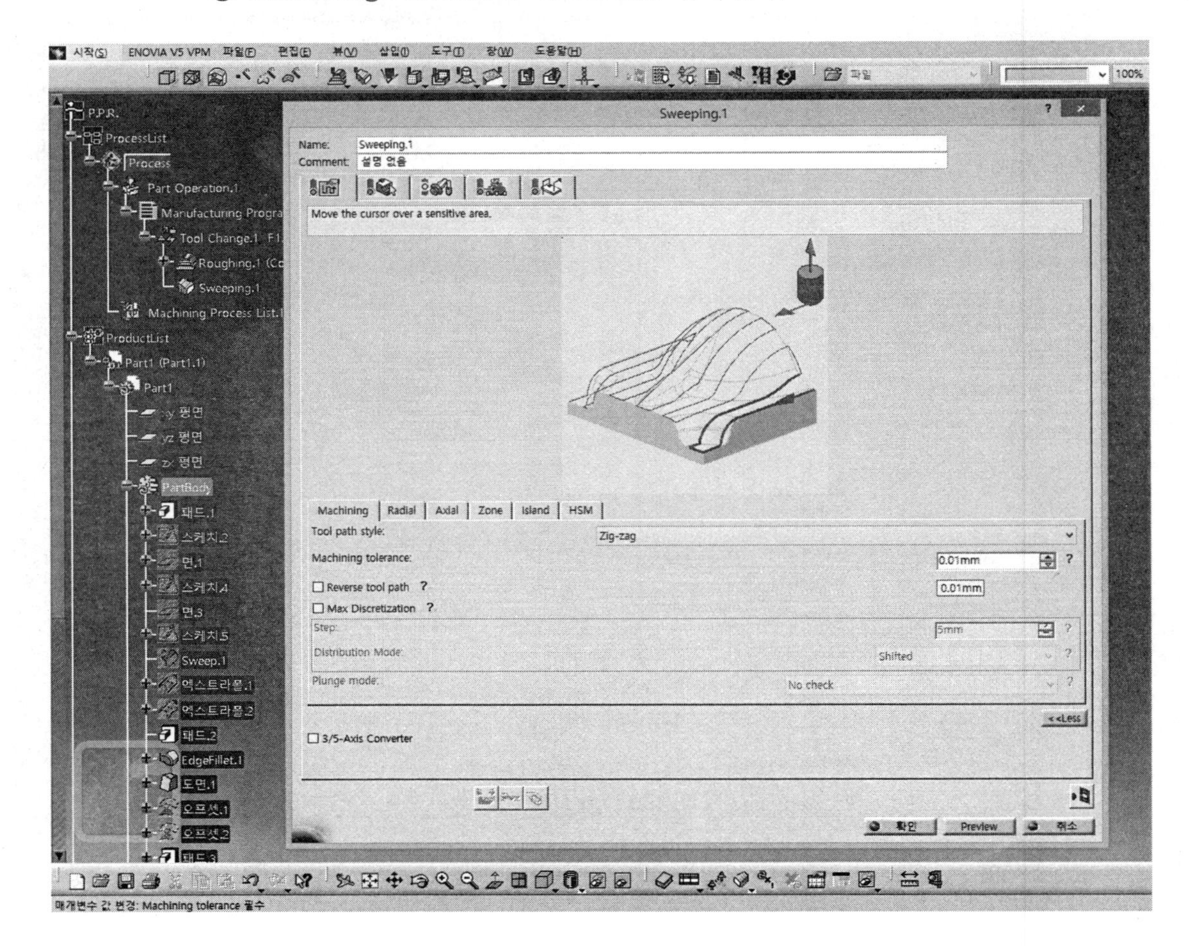

③ 여기서 45도 대각선 방향으로 가공하기 위하여 화살표를 클릭한다.

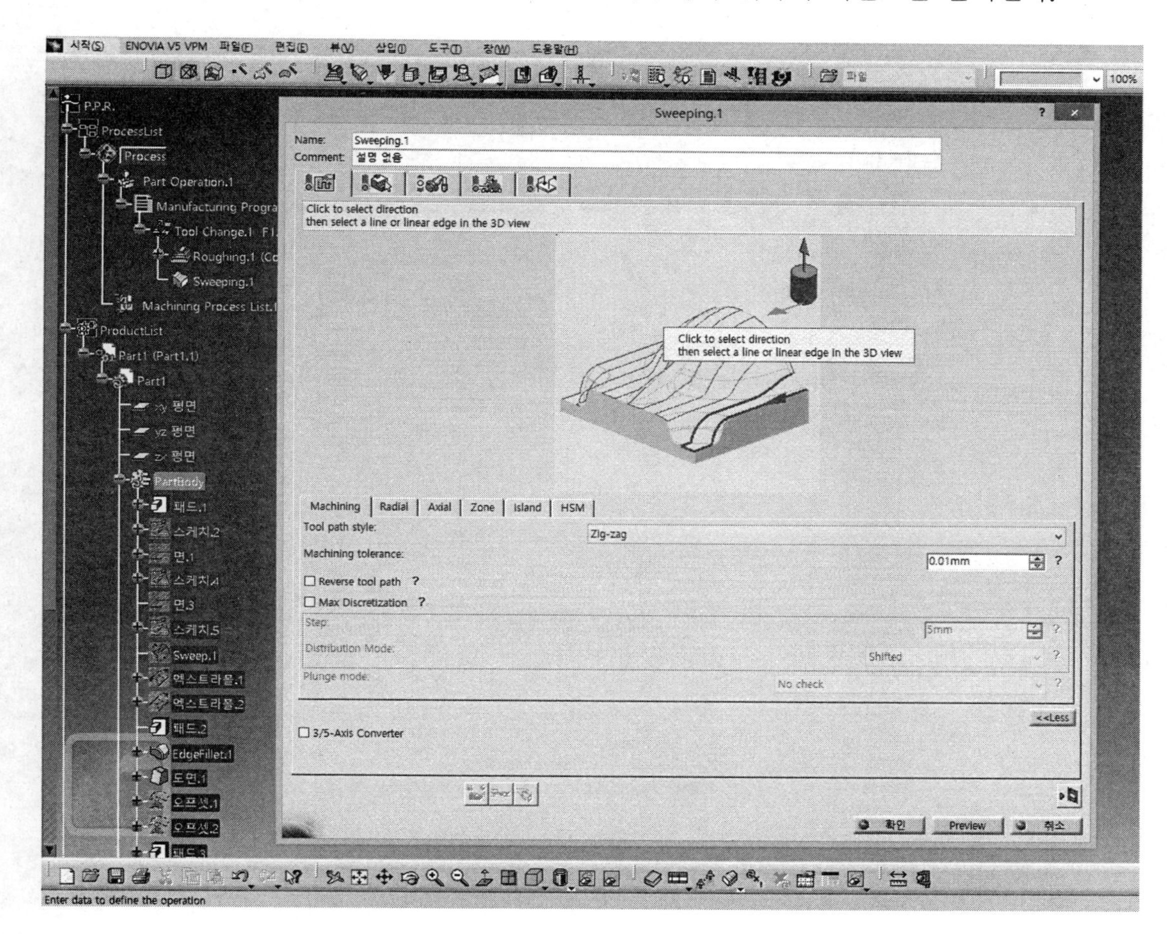

④ Machining 박스에서 Angles1 45deg → Angles2 90deg → 확인한다.

(2) Radial에서 다음과 같이 설정한다.

① Stepover Constant를 선택한다.

② 황삭 가공경로가 1이므로

③ Max. distance between pass; 1을 주고 엔터한다.

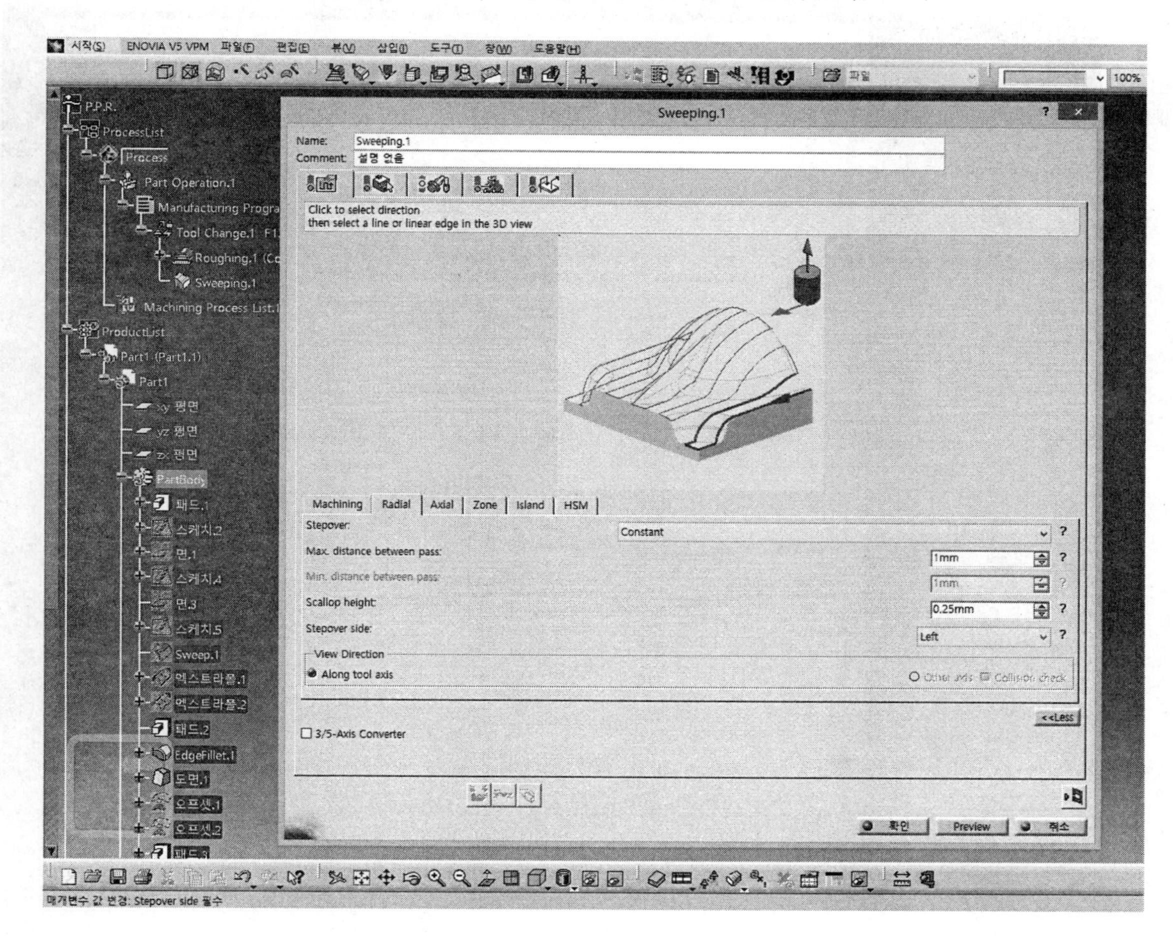

(3) 절입량이 없으므로 axil 통과한다.

6 세 번째 아이콘을 클릭한다.

(1) Name; B4을 주고 엔터한다.

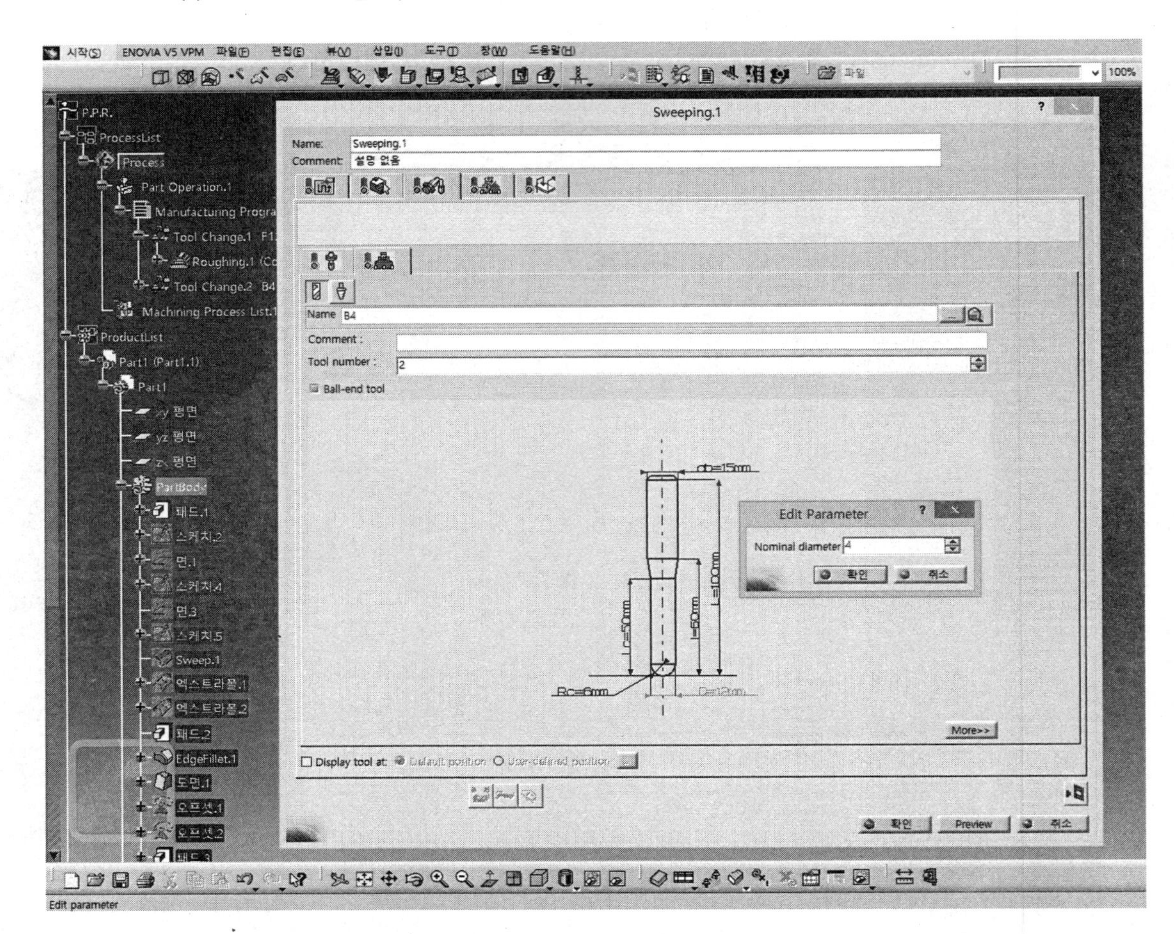

(2) Tool number; 2을 입력한다.

(3) Ball-end tool을 ☑체크한다.

(4) D=12 더블클릭하여 4를 입력하고 엔터하면 Rc는 자동으로 2가 된다.

① 다음과 같이 설정한다.

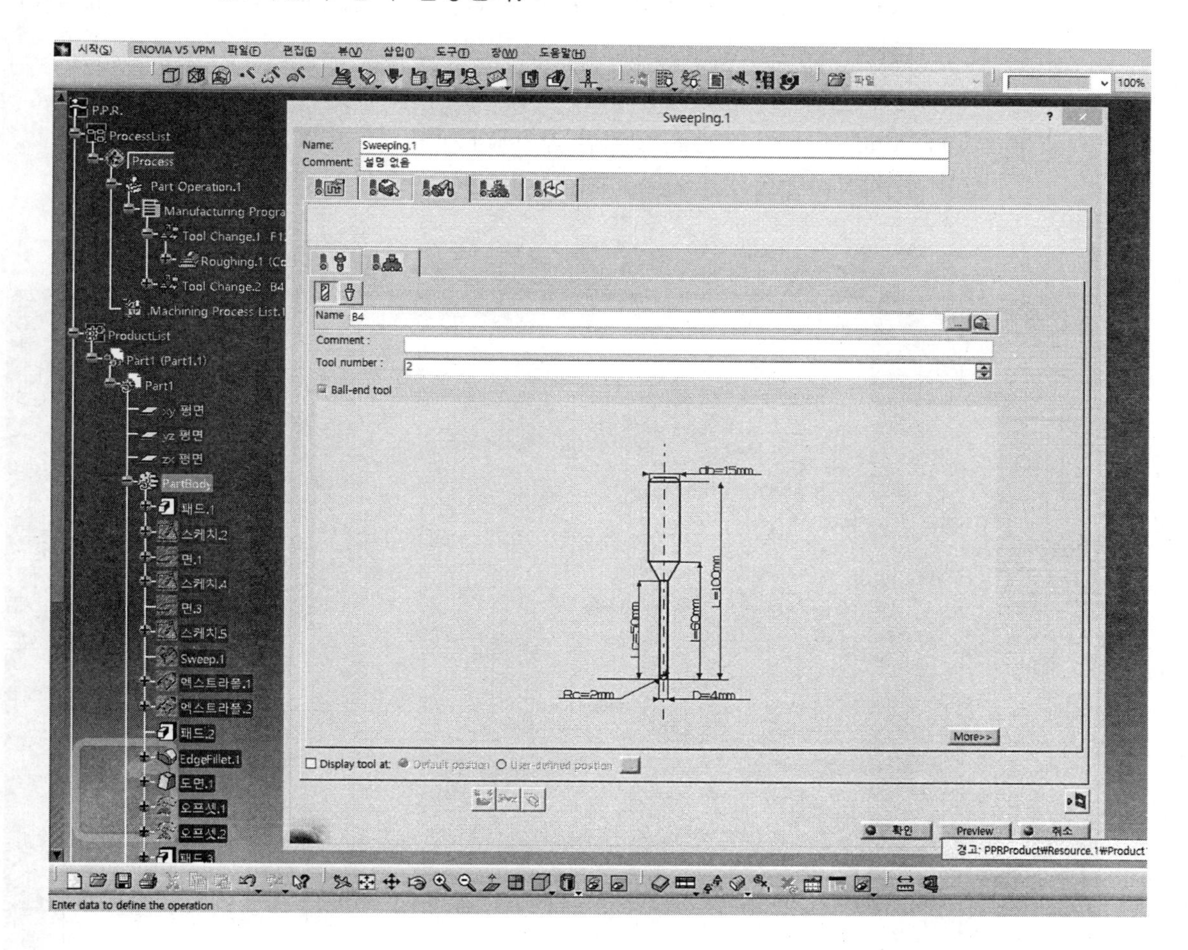

7 네 번째 아이콘을 클릭한다.

(1) Feedrate에서 황삭 이송을 변경하기 위하여

① 해제함. Automatic Compute from tooling Feeds and Speeds

② Machining; 90을 입력하고 엔터한다. → Retract; 90을 입력하고 엔터한다.

(2) 해제함. Automatic Compute from tooling Feeds and Speeds

① Machining; 1800을 입력한 후 엔터한다.

(3) 오른쪽 아래의 Tol path Replay을 클릭한다.

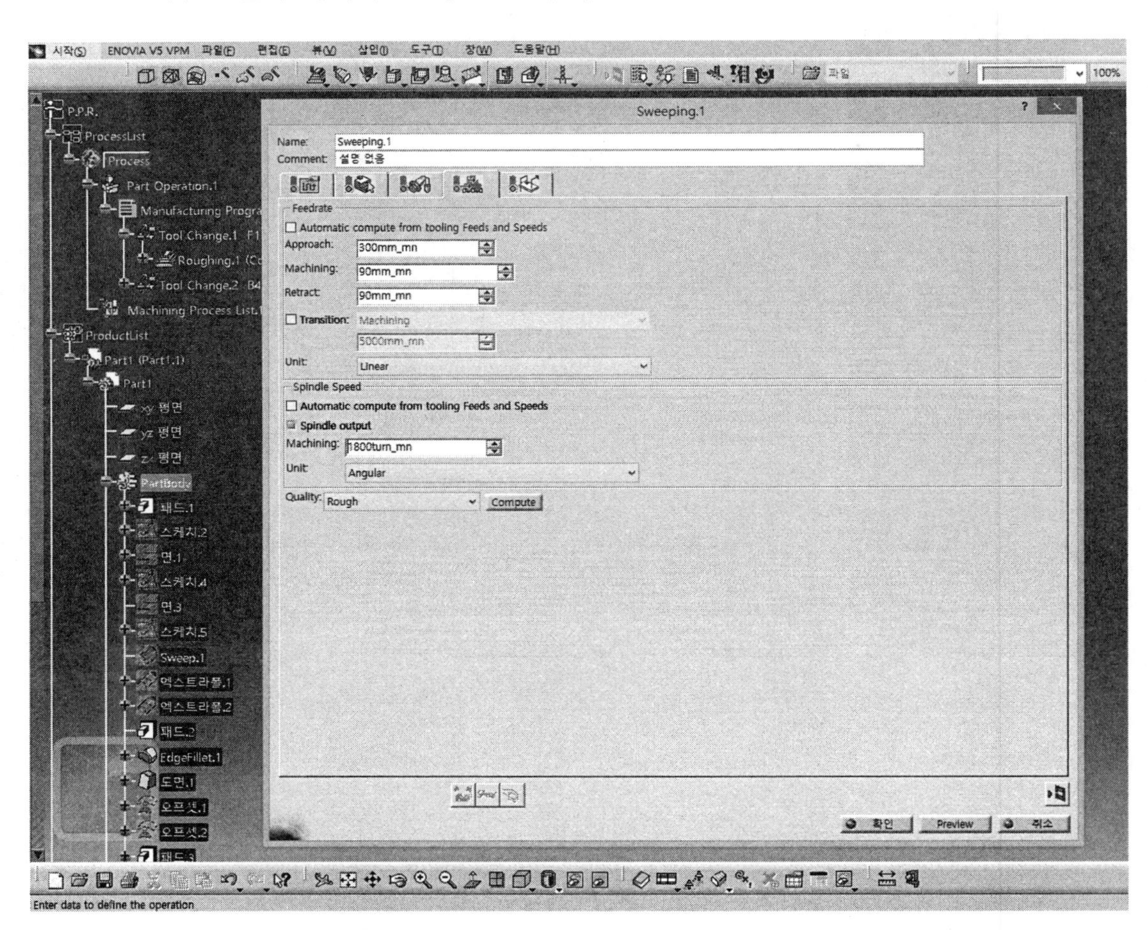

(4) 다음과 같이 정삭 툴패스가 생성되어야 한다.

(5) 애니메이션을 확인한다.

① video from last saved result을 클릭한다.

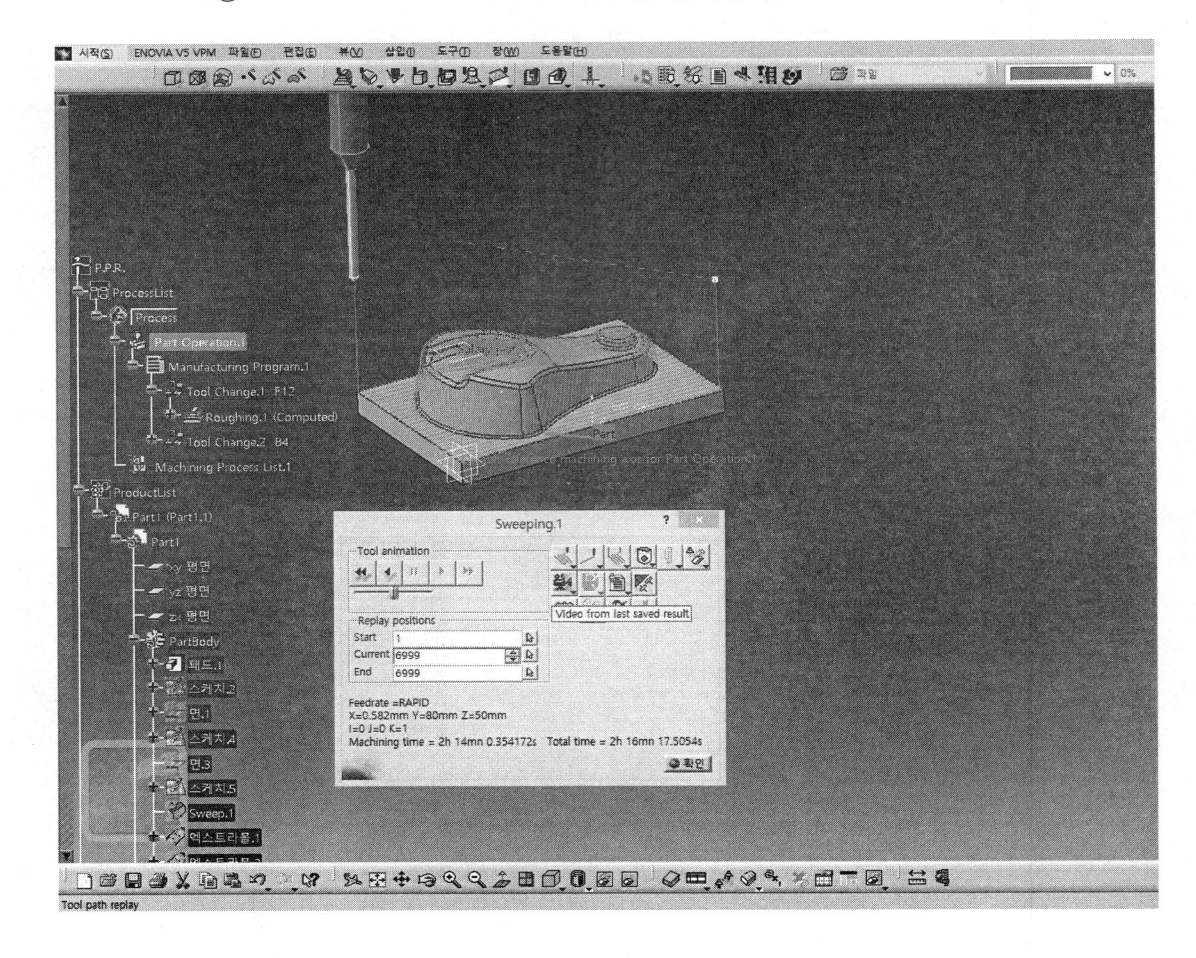

② 아래의 화면 상태에서 forward replay(F7)을 클릭한다.

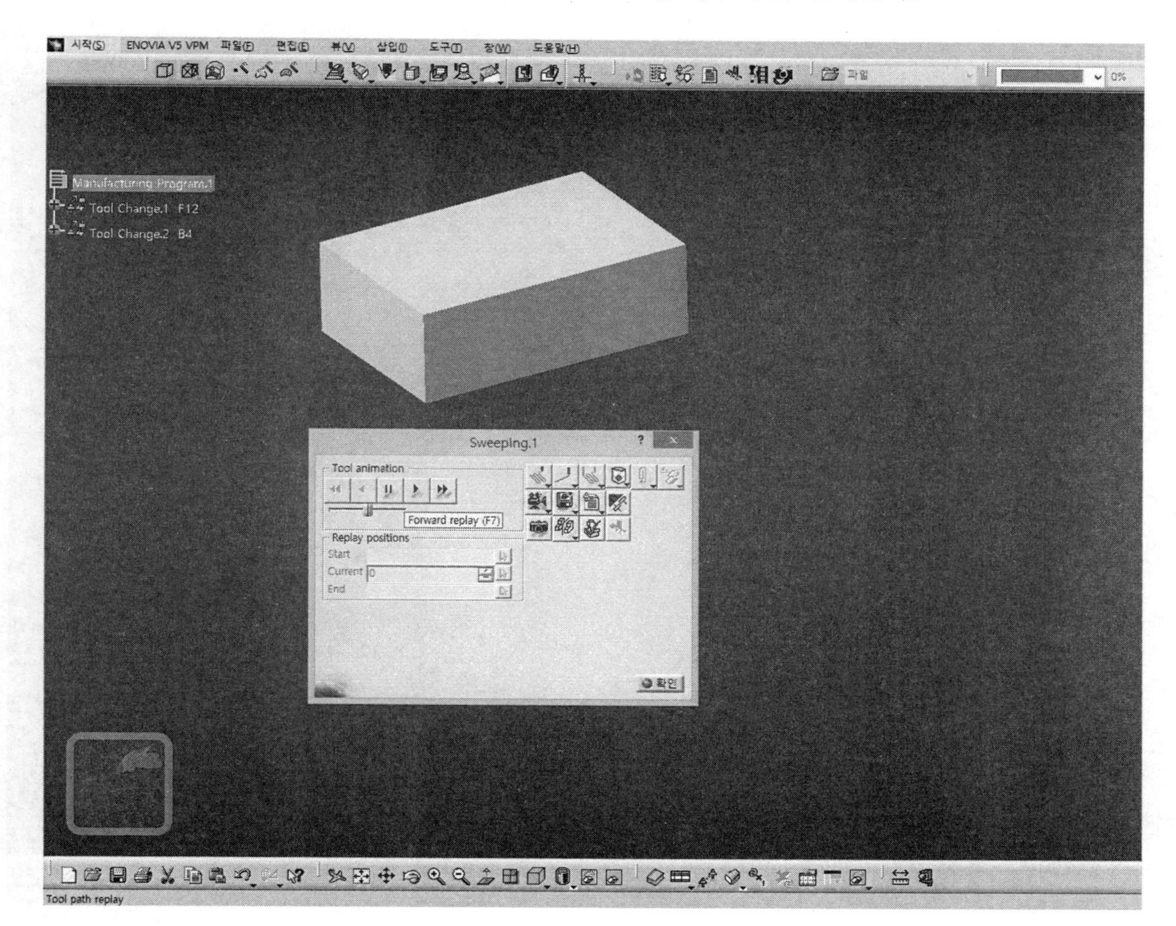

(6) 황삭 가공 후의 형태이다. → 확인 버튼을 클릭한다.

(7) 다음과 같이 정삭 Tool path가 생성되었다.

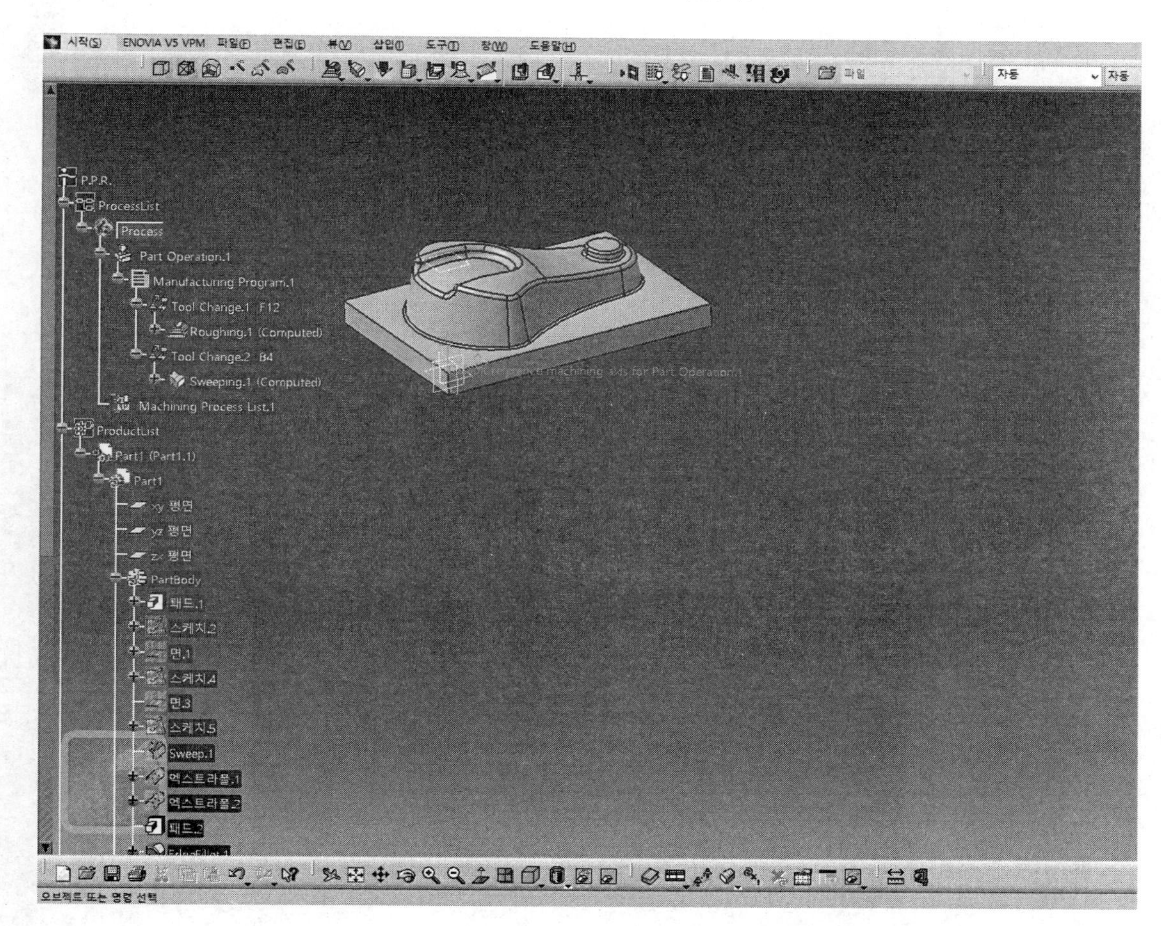

2.8 잔삭 Setting

1. Tree의 Sweep.1(computed)을 클릭한다.

2. Machining Operations의 Pencil 아이콘을 클릭한다.

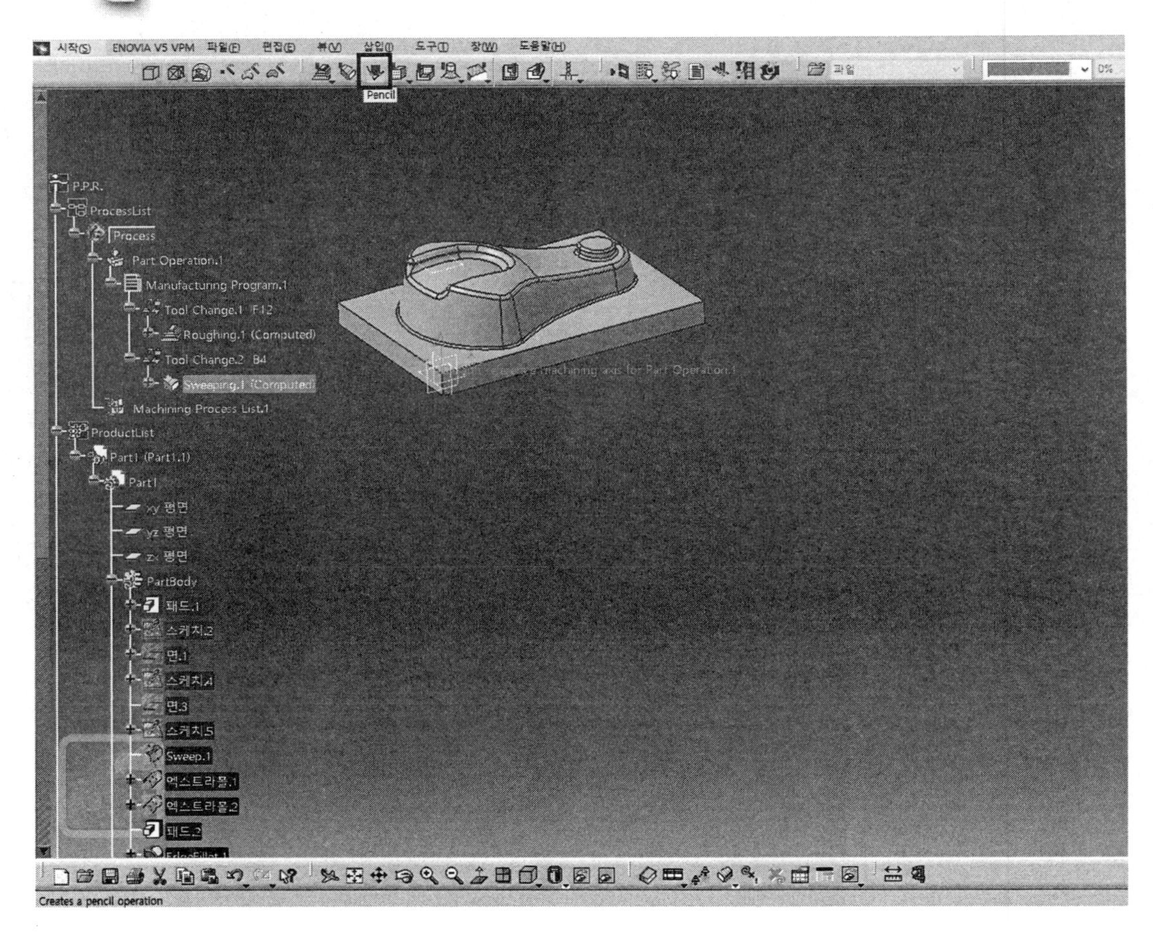

3 잔삭 화면의 두 번째 아이콘 화면이다.

(1) 안전높이를 셋팅한다.

① Safety Plane을 클릭한다.

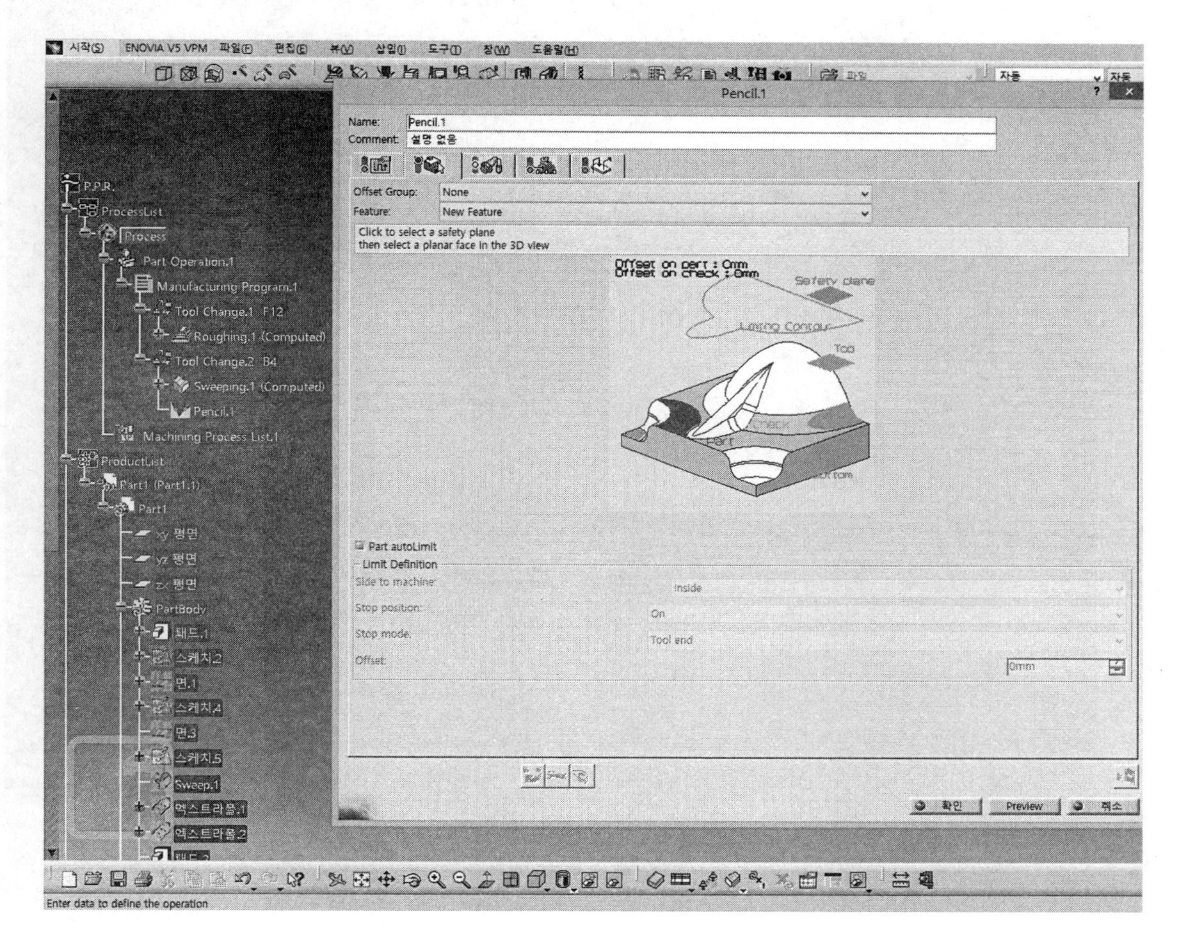

② 바탕화면의 안전 높이면을 클릭한다.

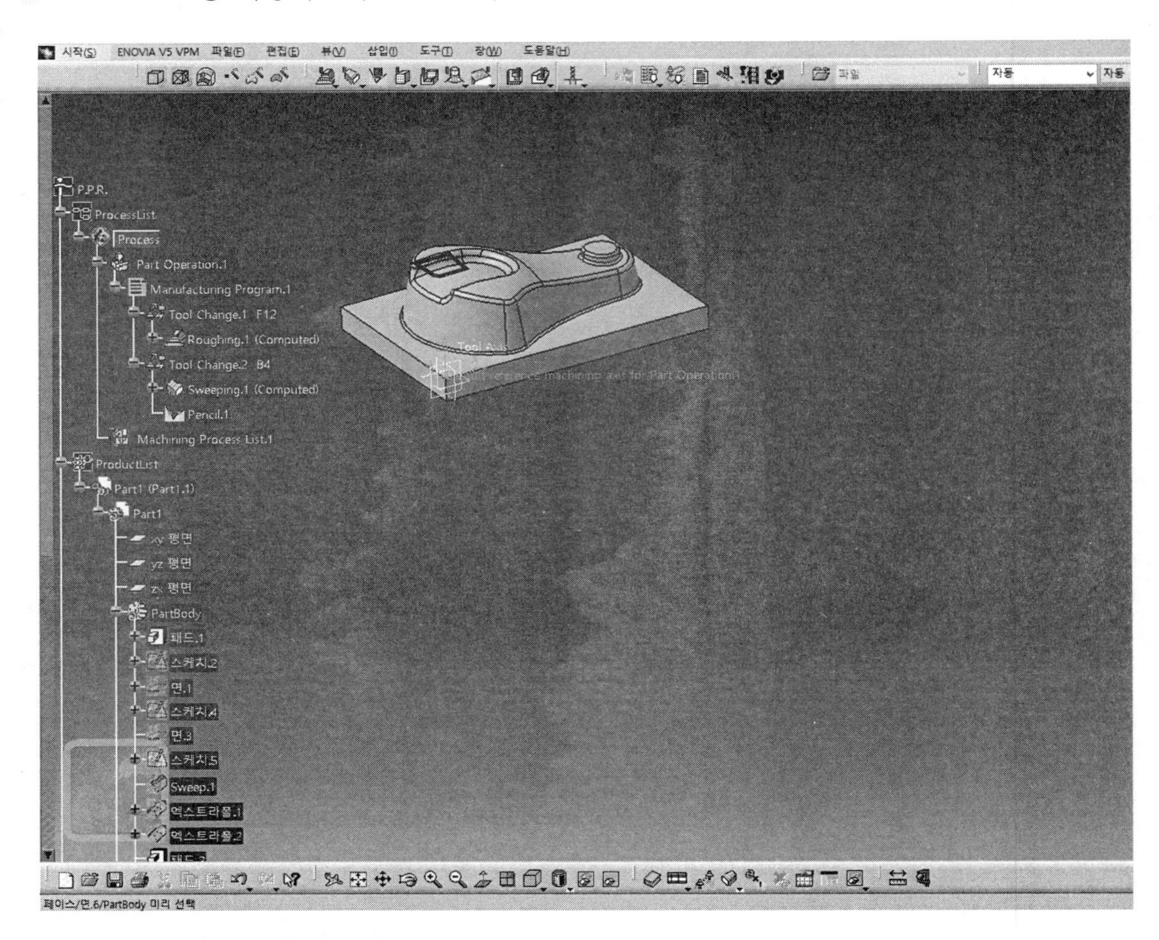

(2) part를 클릭한다.

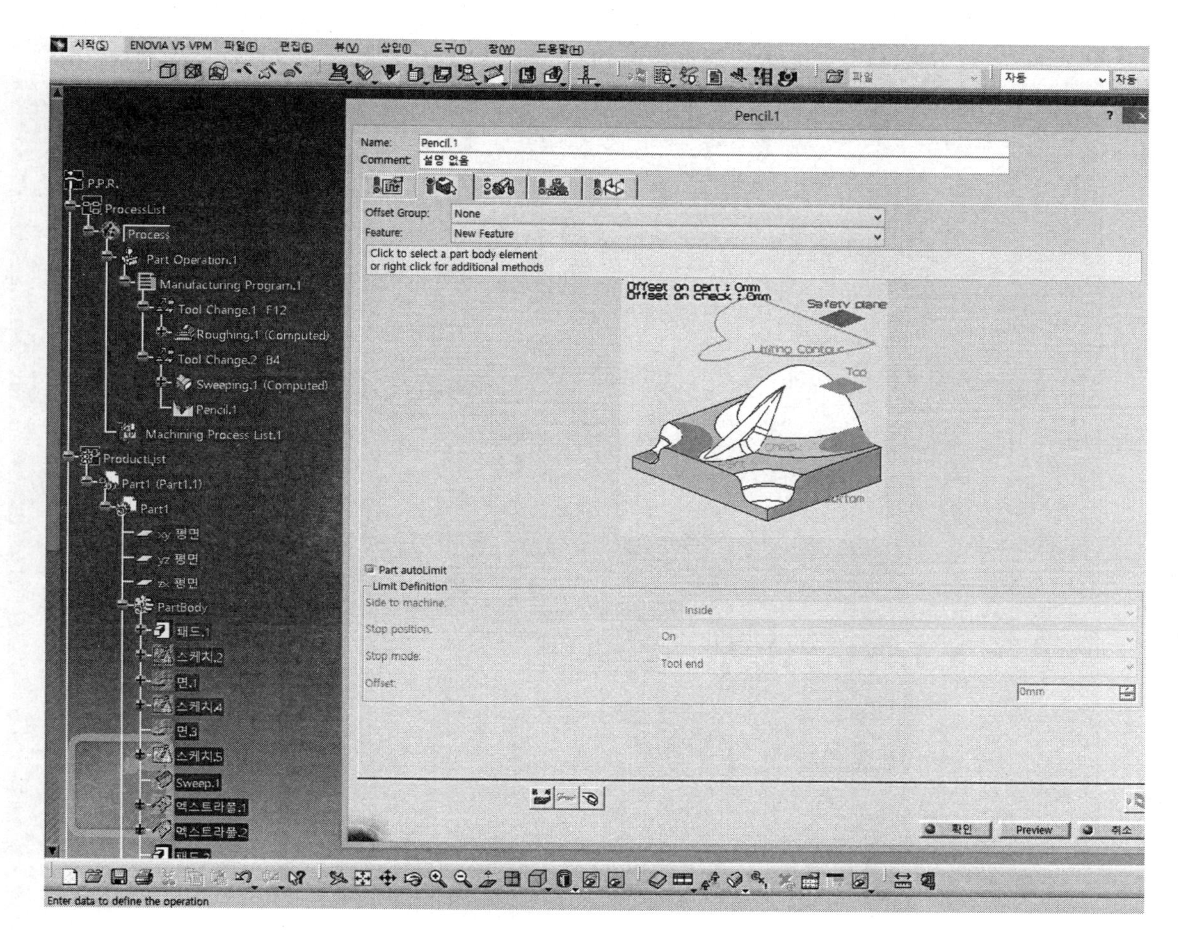

① tree에서 PartBody를 클릭한다.

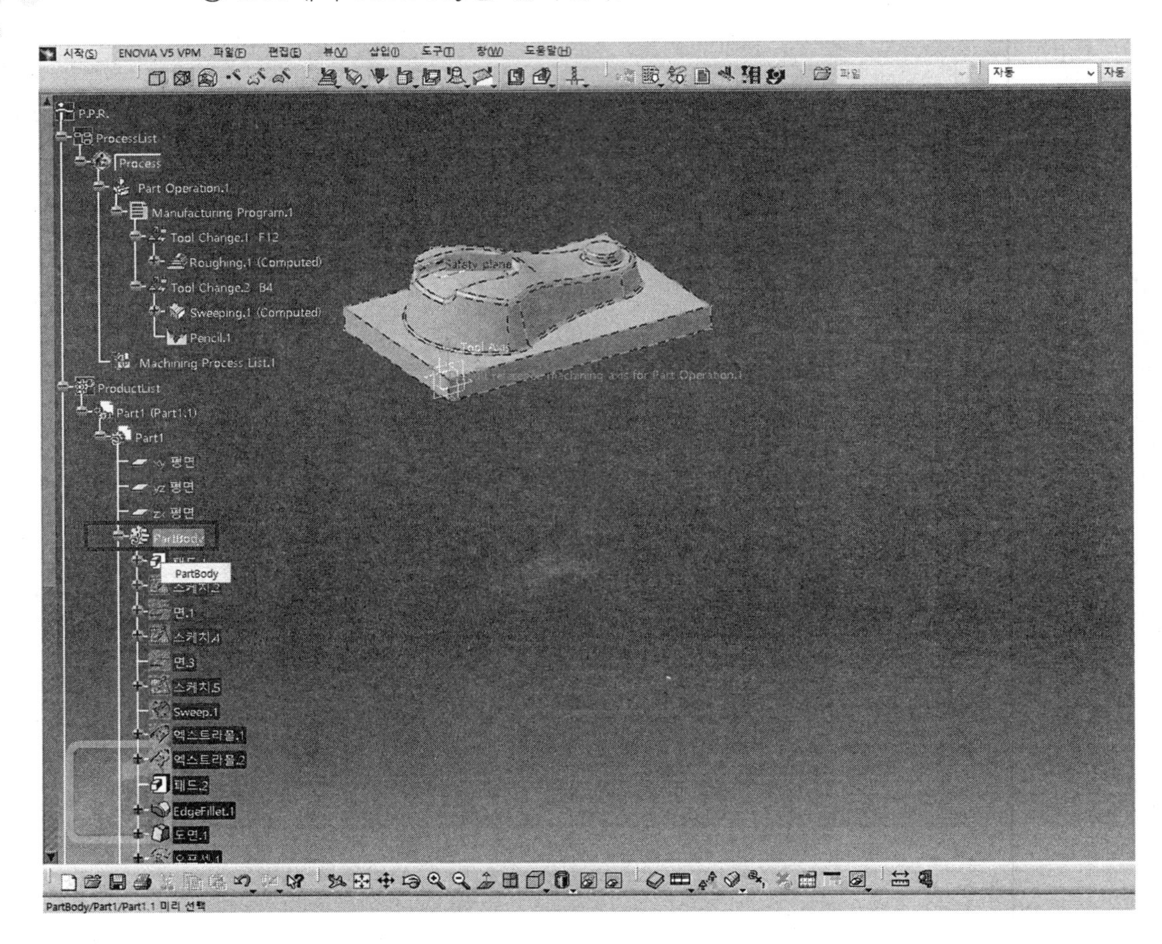

(3) 다음과 같이 되어야 한다.

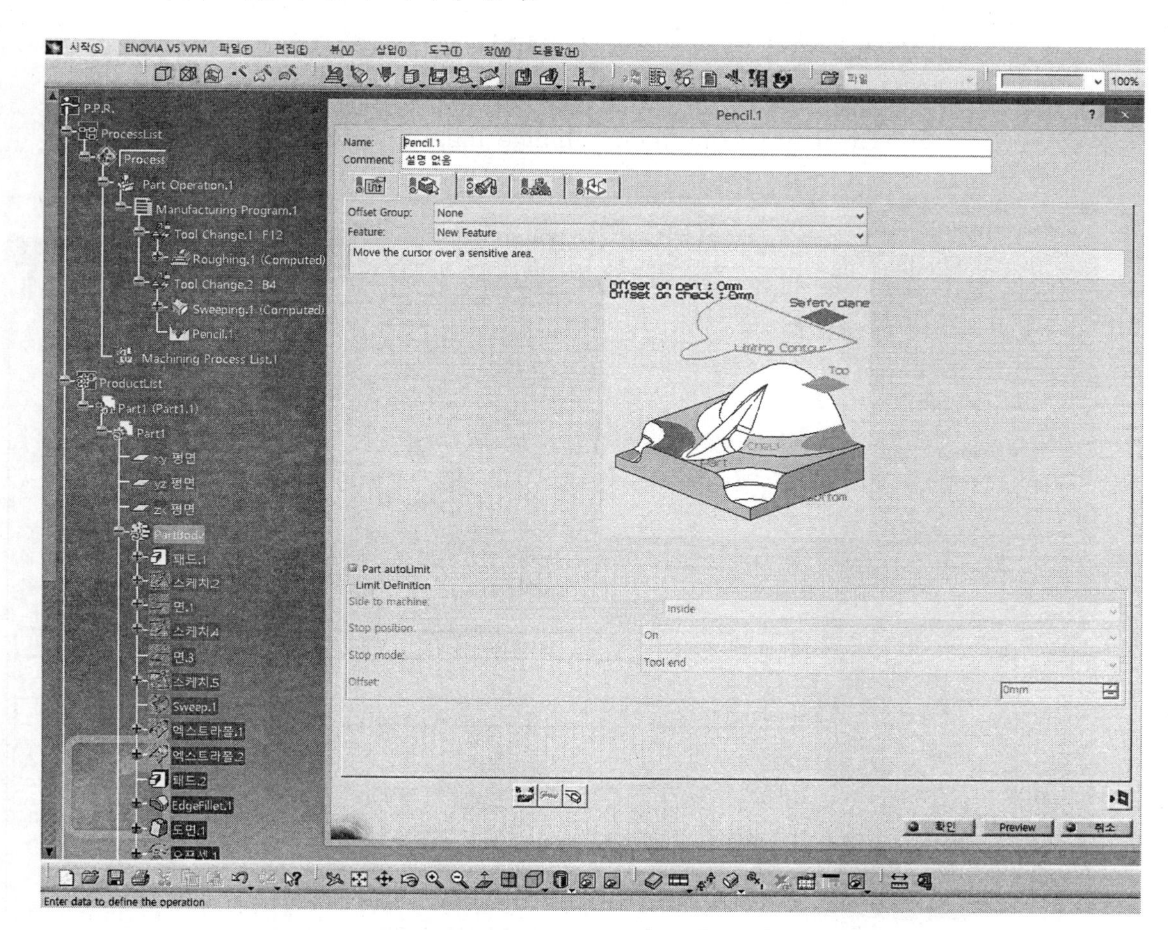

4 첫 번째 아이콘을 클릭한다.

(1) Machine에서 다음과 같이 설정한다.

① Machining tolerance; 0.01mm을 입력한다.

② Axil strategy/minimum change length; 5mm 입력한다.

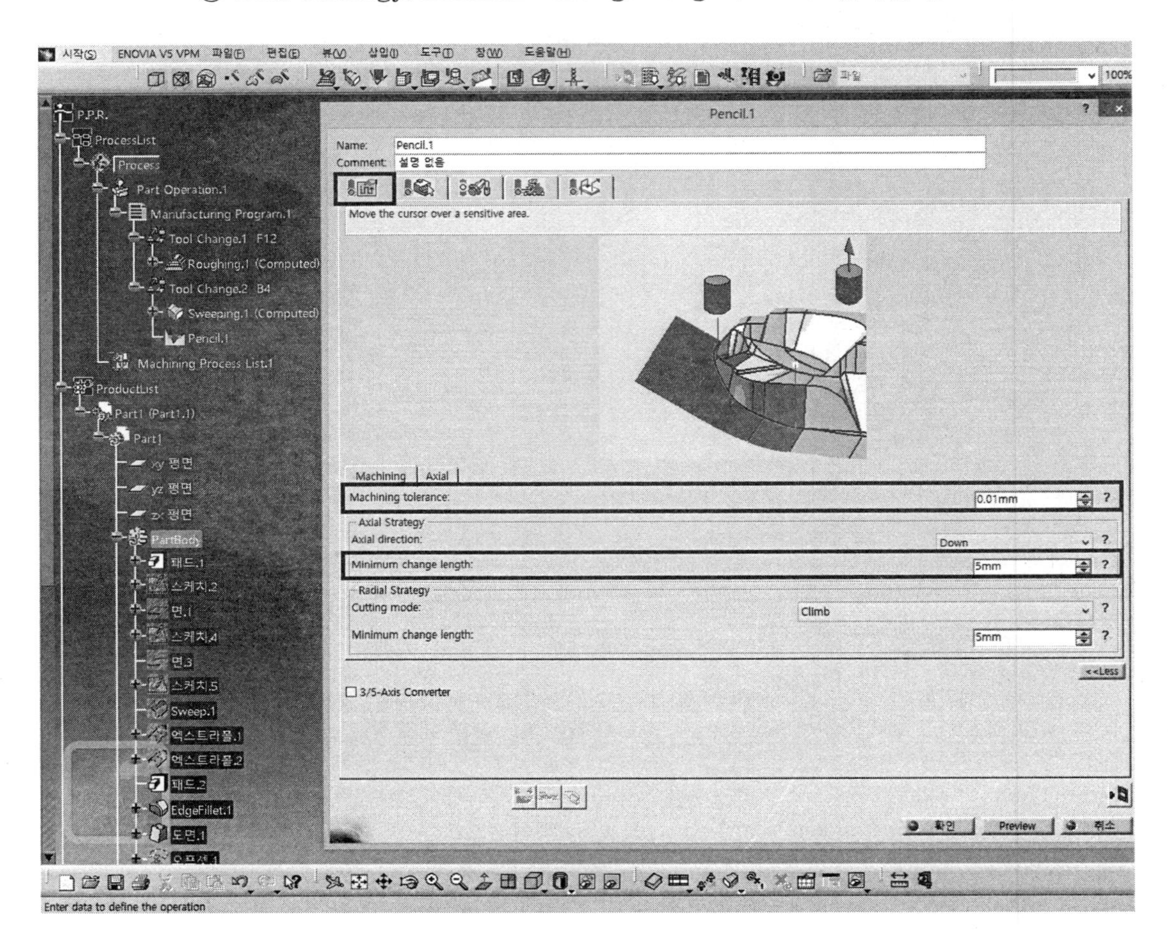

5 세 번째 아이콘을 클릭한다.

(1) Name; B2를 입력하고 엔터한다.

(2) Tool number; 3을 입력한다.

(3) Ball-end tool을 ☑ 체크한다.

(4) D=4 더블클릭, 2를 입력하고 엔터한다. Rc는 자동으로 1이 된다.

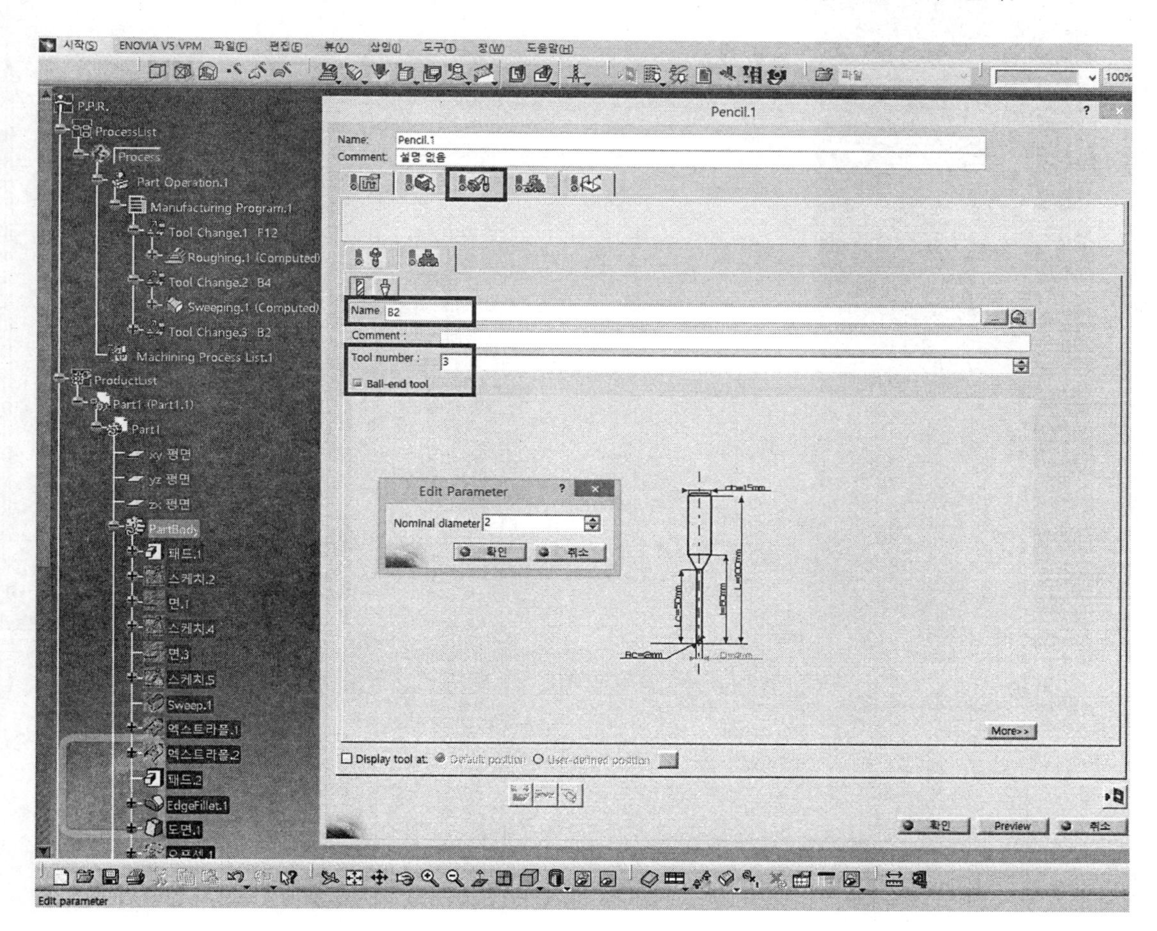

(5) 다음과 같이 설정한다.

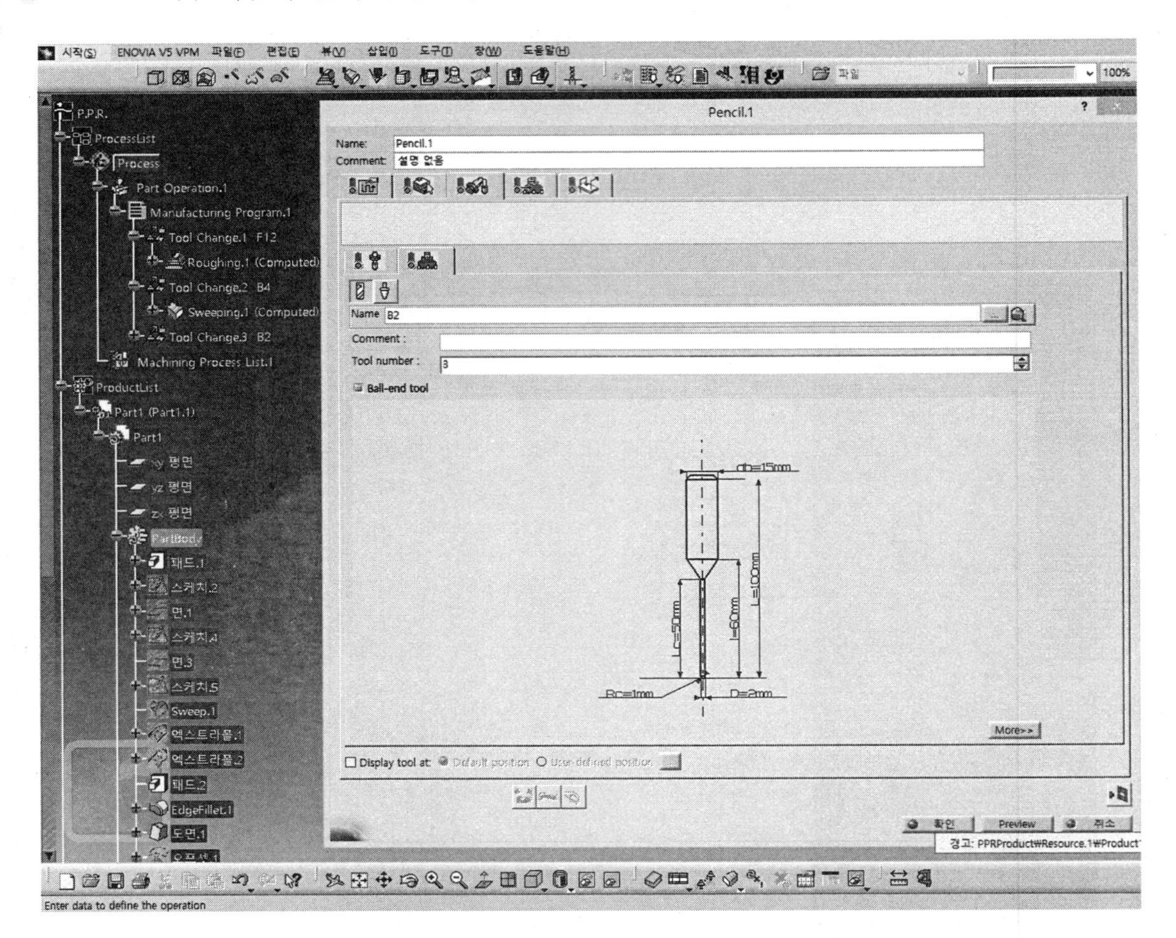
Pencil.1
Name: Pencil.1
Comment: 설명 없음
Name B2
Comment :
Tool number : 3
Ball-end tool
db=15mm
L=100mm
l=60mm
Lc=50mm
Rc=1mm
D=2mm
More>>
Display tool at: Default position Use-defined position
확인
Preview
취소
P.P.R.
ProcessList
Process
Part Operation.1
Manufacturing Program.1
Tool Change.1 F12
Roughing.1 (Computed)
Tool Change.2 B4
Sweeping.1 (Computed)
Tool Change.3 B2
Machining Process List.1
ProductList
Part1 (Part1.1)
Part1
xy 평면
yz 평면
zx 평면
PartBody
패드.1
스케치.2
면.1
스케치.4
면.3
스케치.5
Sweep.1
엑스트라폴.1
엑스트라폴.2
패드.2
EdgeFillet.1
도면.1
Enter data to define the operation

6 네 번째 아이콘을 클릭한다.

(1) Feedrate에서 황삭 이송을 변경하기 위하여

① 해제함. Automatic Compute from tooling Feeds and Speeds

② Approach; 300을 확인한다.(300보다 크면 300을 입력한 후 엔터한다.)

③ Machining; 80을 입력한 후 엔터한다. → Retract; 80을 입력한 후 엔터한다.

(2) 해제함. Automatic Compute from tooling Feeds and Speeds

① Machining; 3700을 입력한 후 엔터한다.

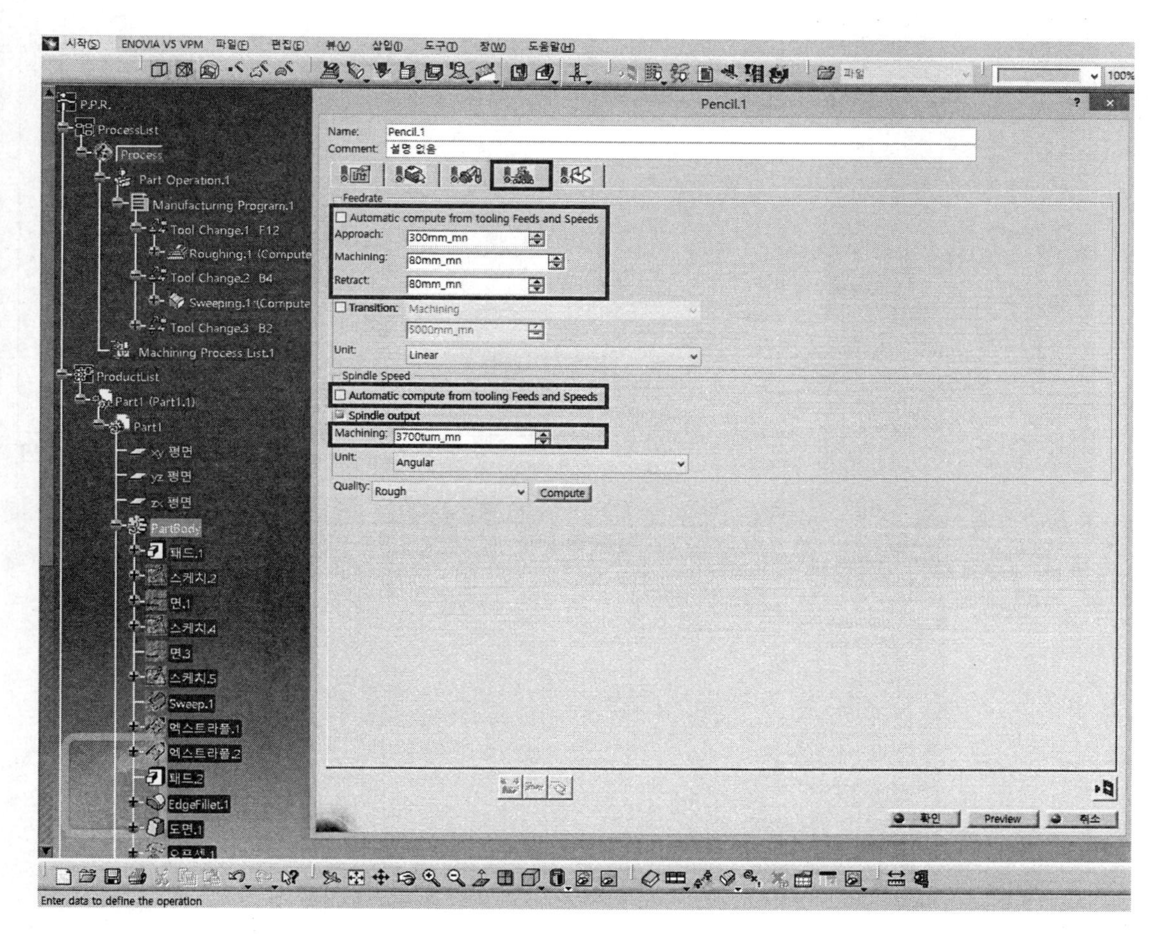

(3) 우측 아래의 Tool path Replay를 클릭한다.

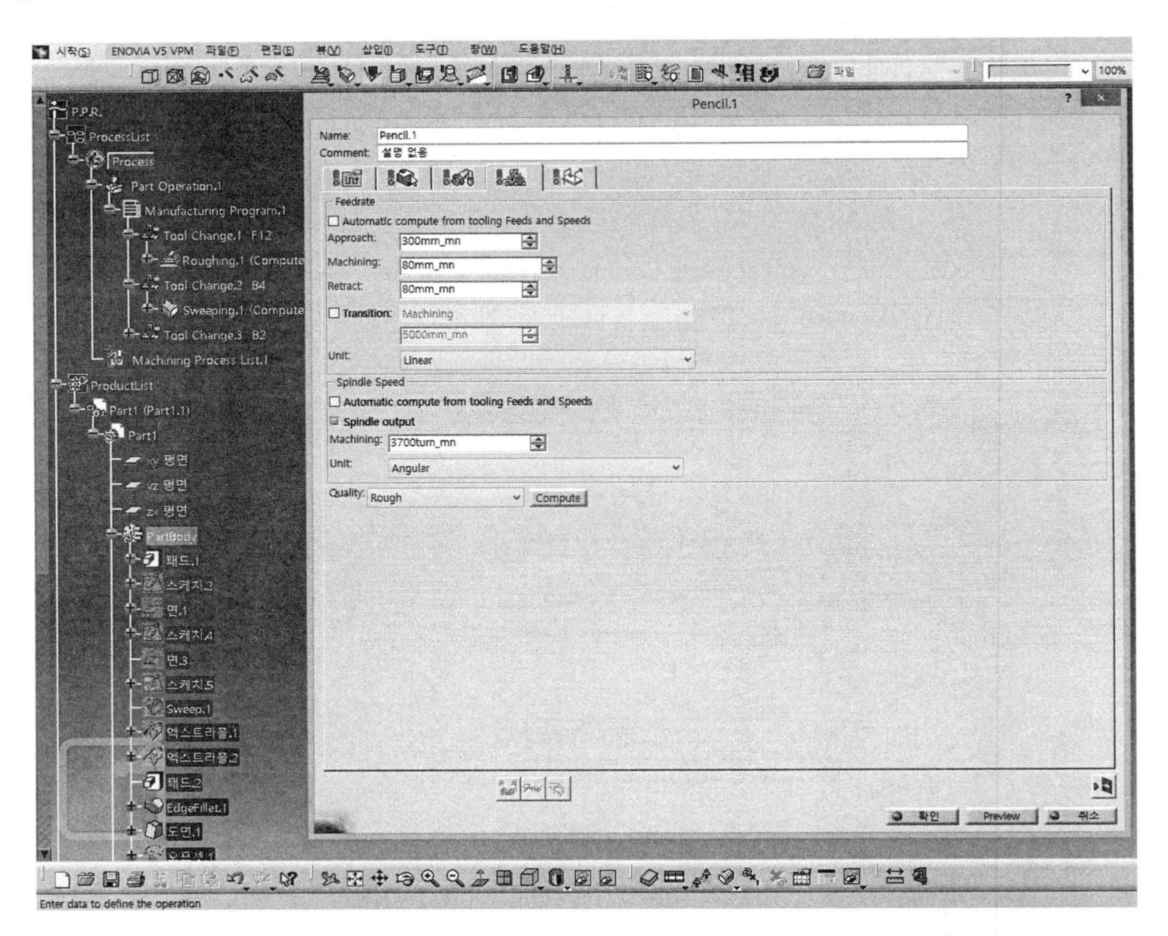

(4) 다음과 같이 잔삭 툴패스가 생성되어야 한다.

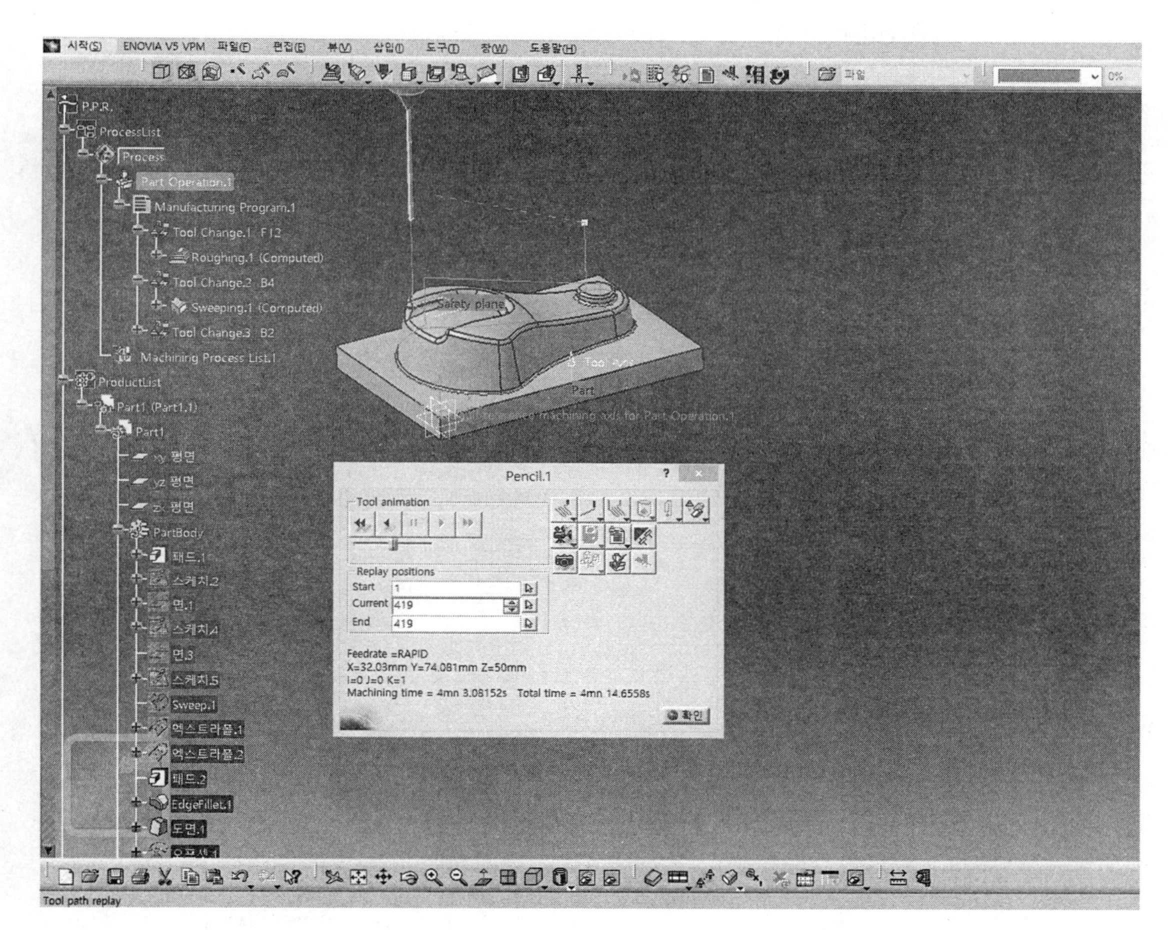

(5) 애니메이션을 확인한다.

① video from last saved result을 클릭한다.

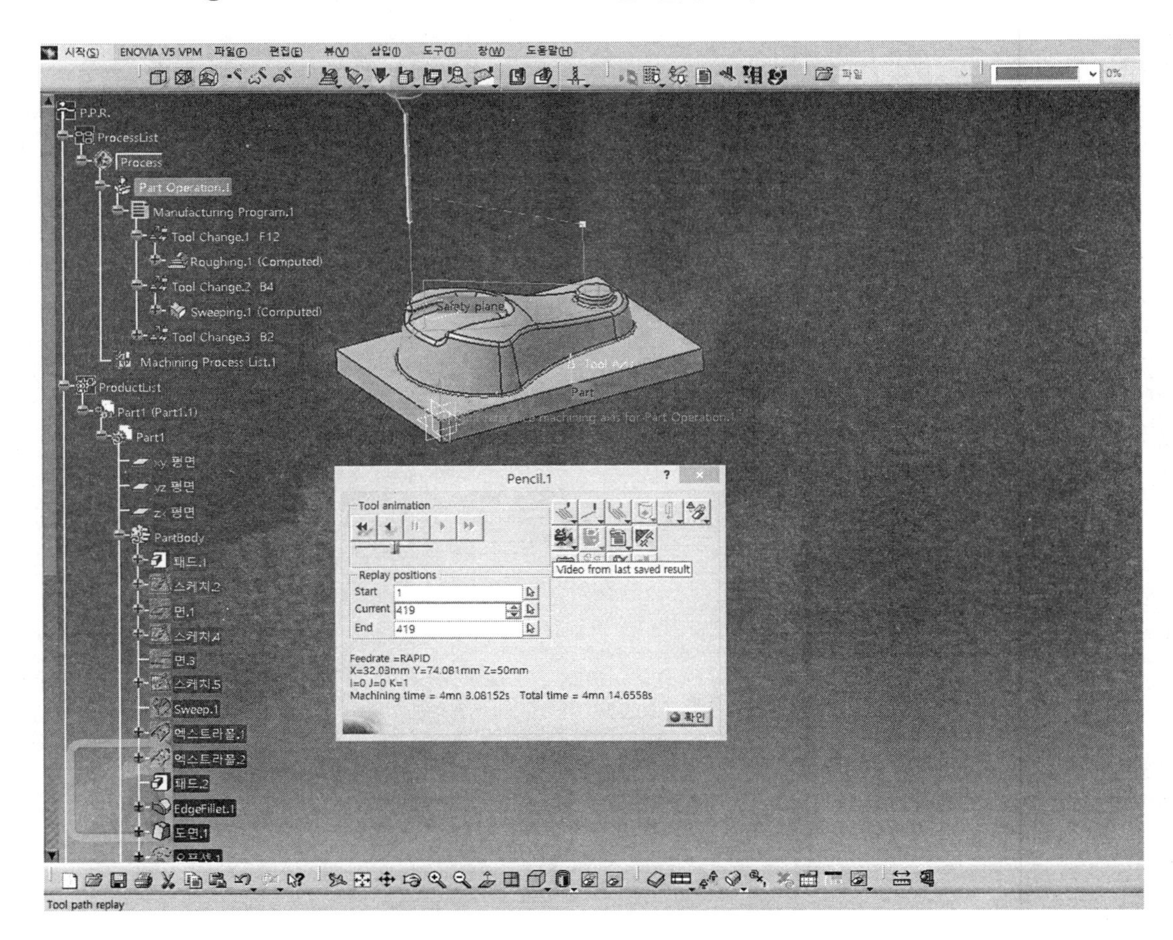

② 아래의 화면 상태에서 forward replay(F7)을 클릭한다.

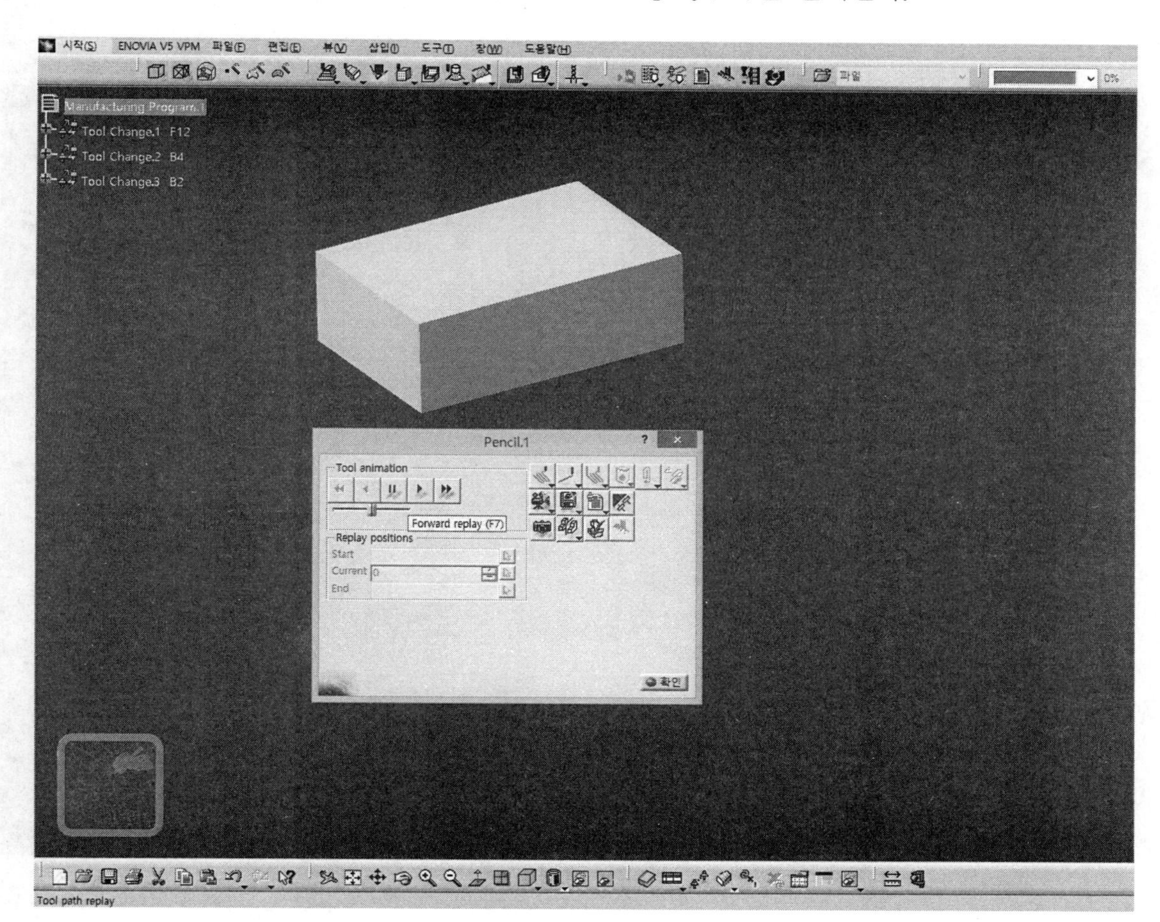

(6) 잔삭 가공 후의 형태이다. → 확인 버튼을 클릭한다.

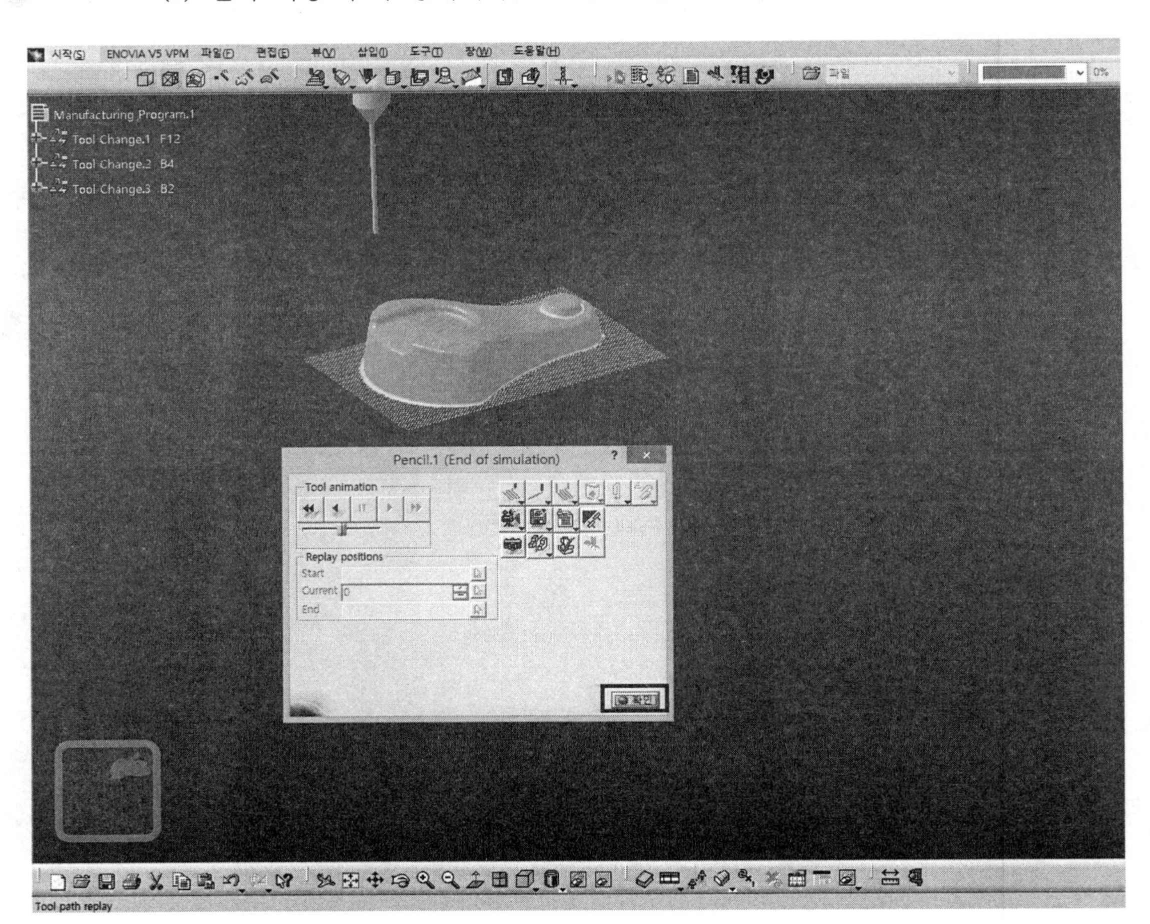

(7) 다음과 같이 잔삭 Tool path가 생성되었다.

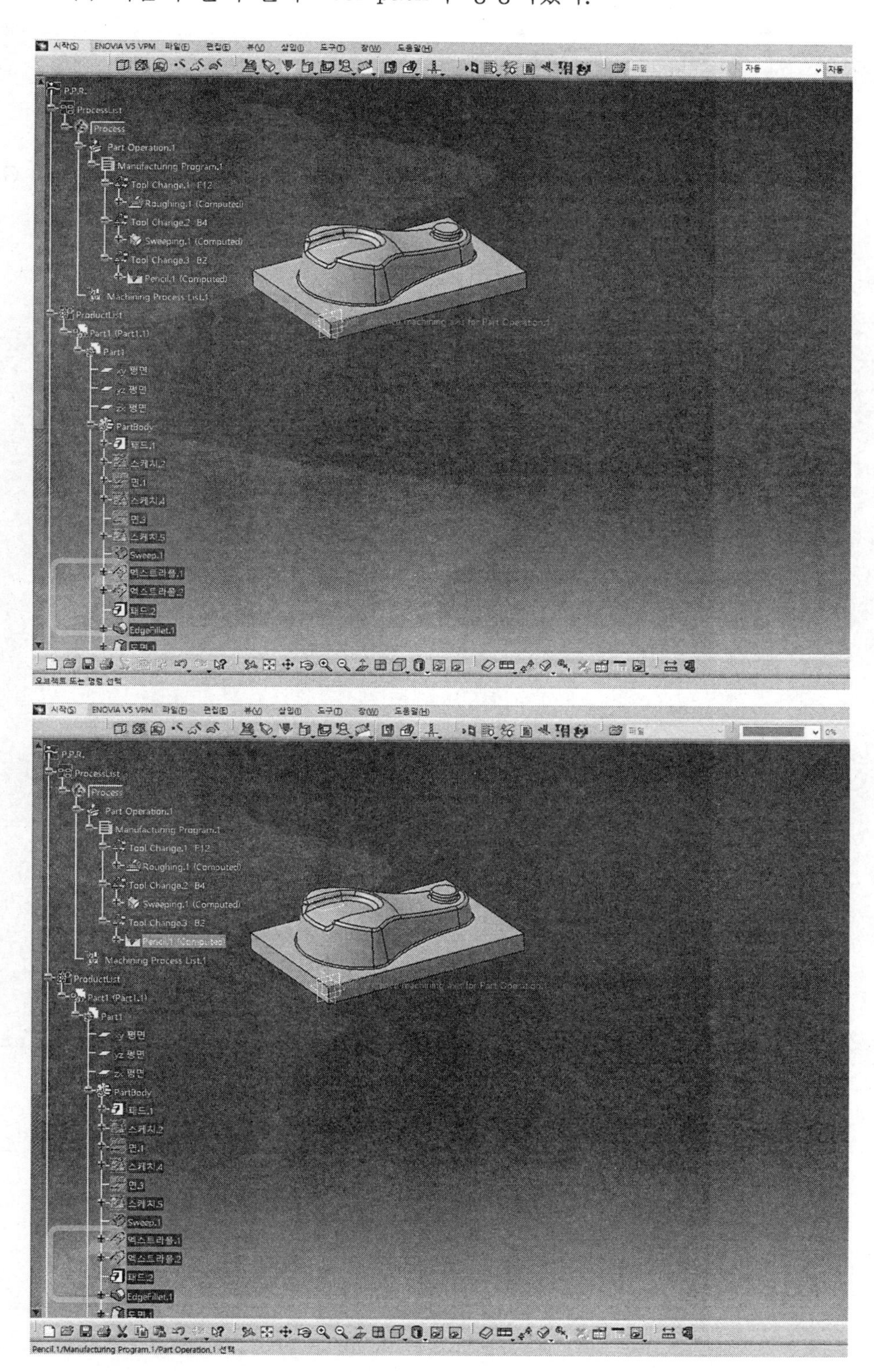

2.9 NC DATA출력

1 NC Output Management에서 Generate NC Code in Bath Mode의 Generate NC Code Interactively를 클릭한다.

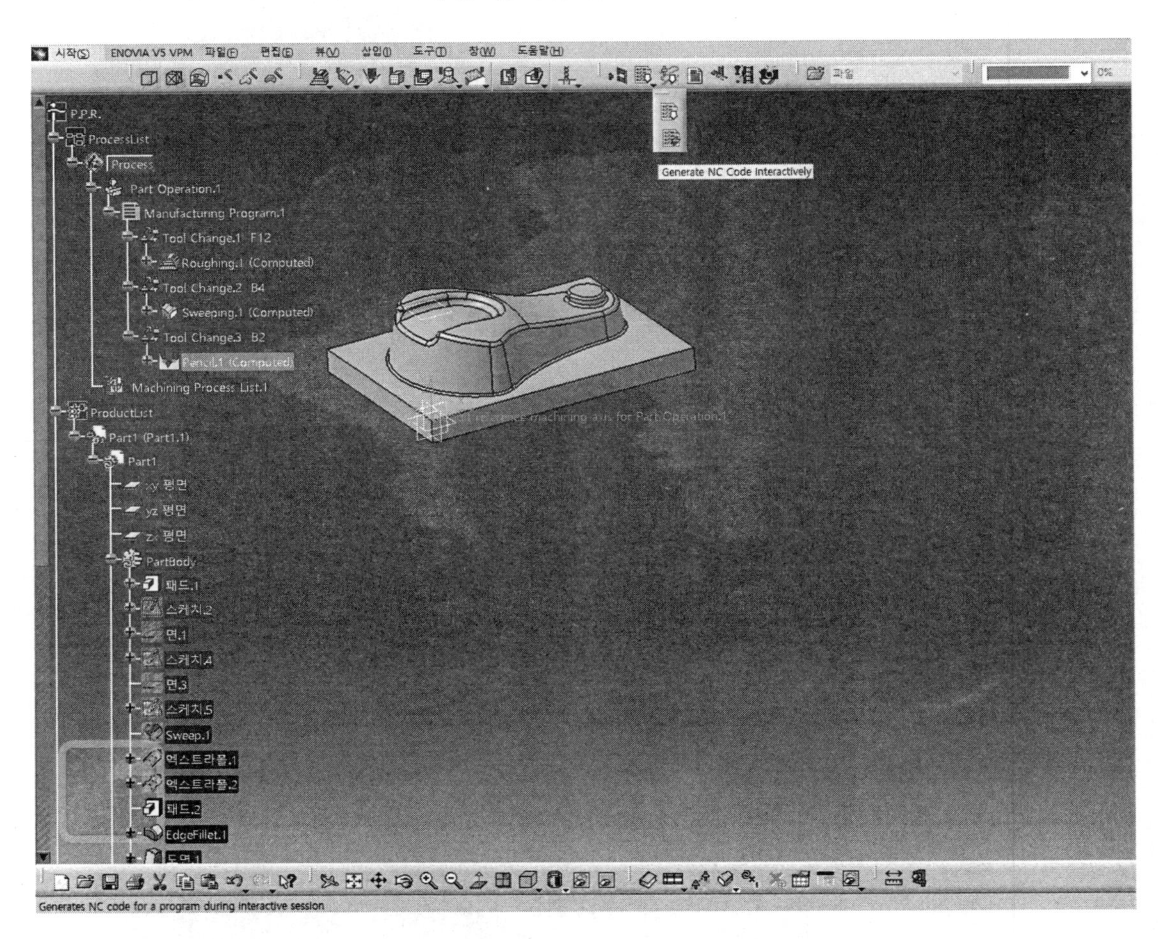

2 In/Out의 Resulting NC Data의 NC data type : NC Code을 클릭한다.

(1) One file.../●by machining operation을 선택한다.

(2) Output File의 오른쪽 아이콘을 클릭한다.

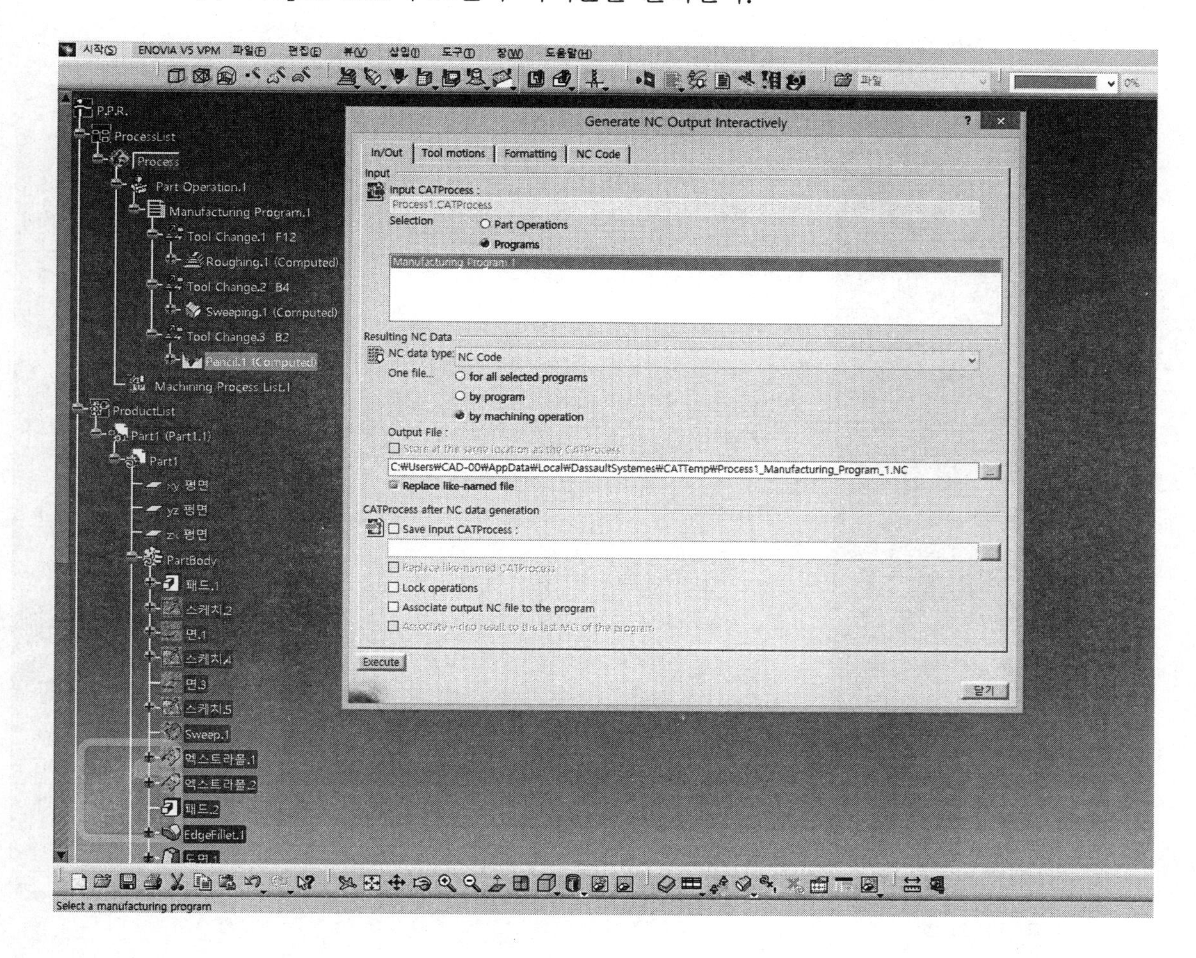

3 바탕화면에 01 폴더를 아래와 같이 1개 만들어 저장(S)한다.

(1) 파일 이름(N): O0001.NC

(2) 파일 형식(T): NCFile(.nc)

(3) 저장(S)

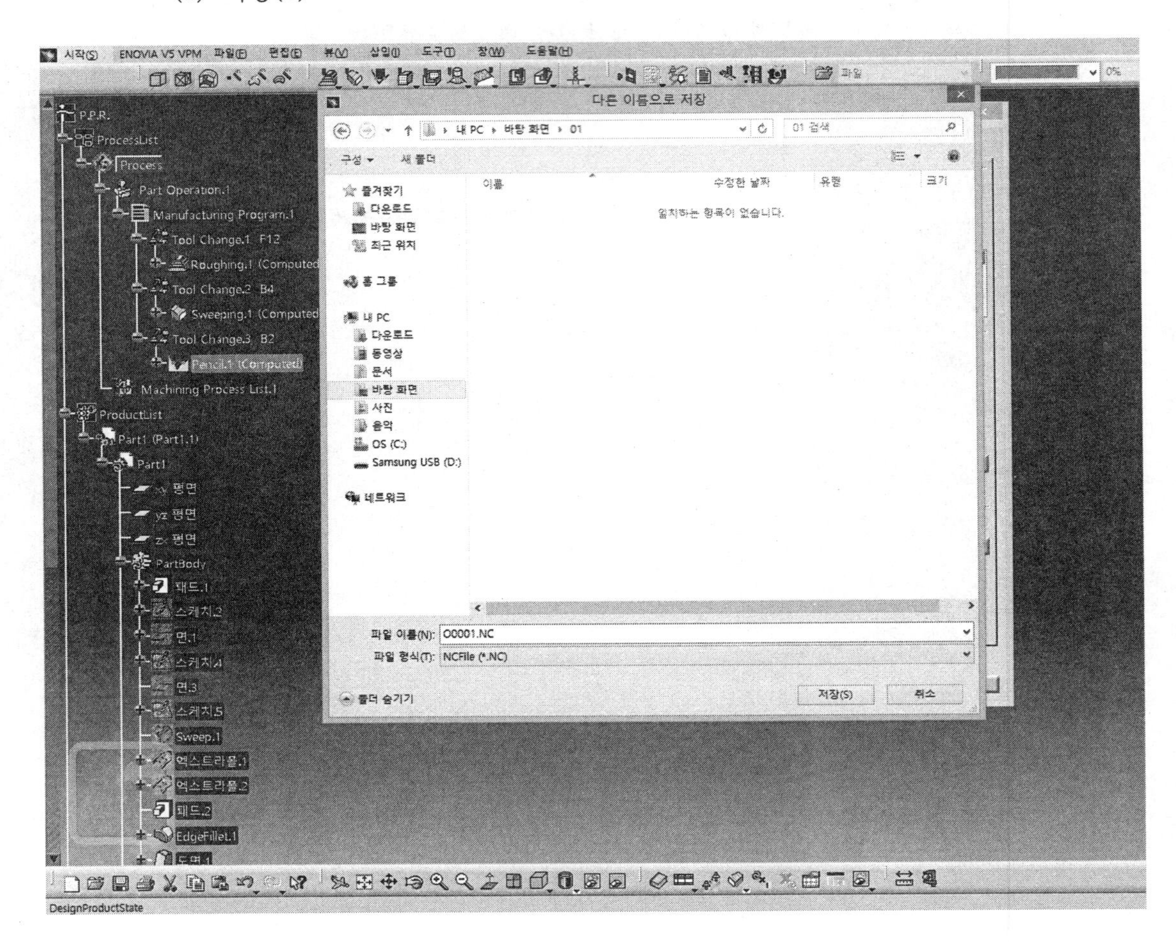

4 Execute을 클릭한다.

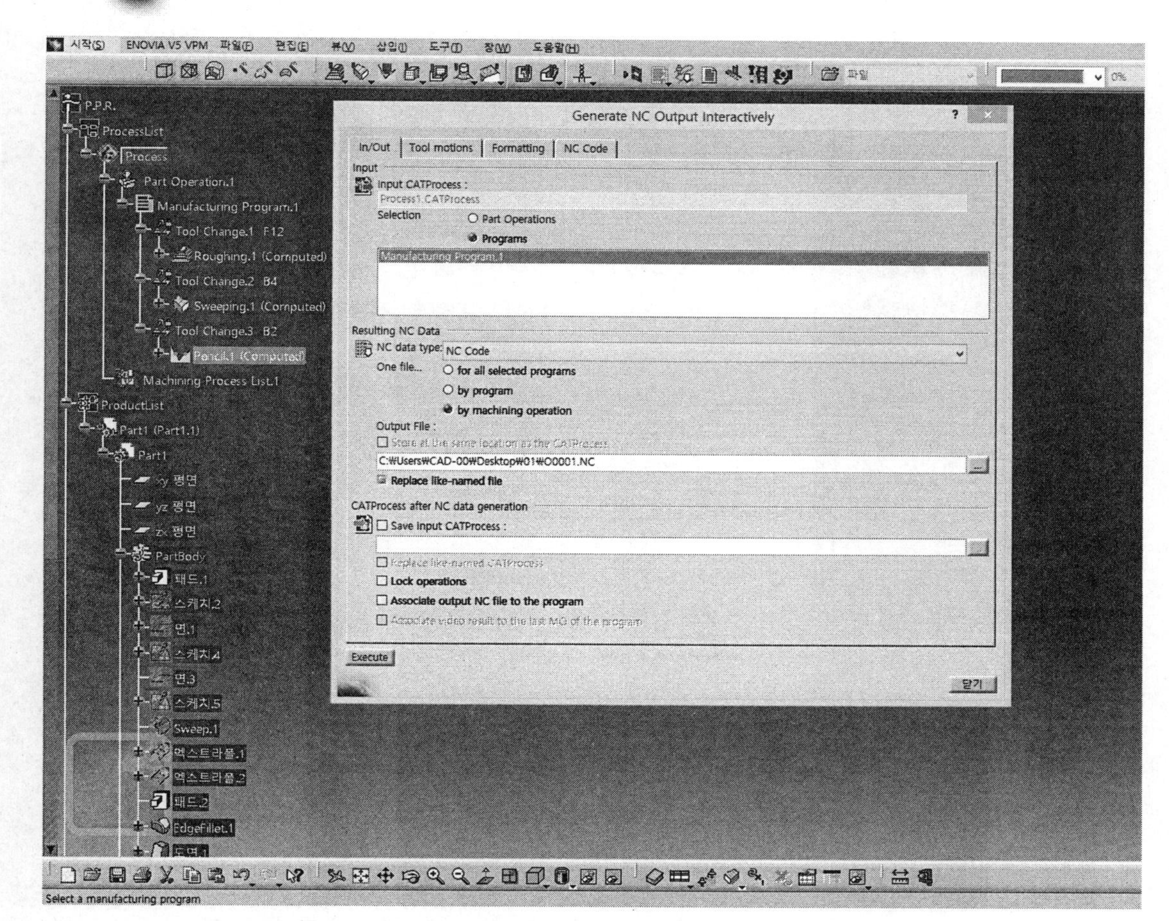

5 다음의 상태에서 3번 누른다. → Continue 클릭, Continue 클릭, Continue 클릭한다.

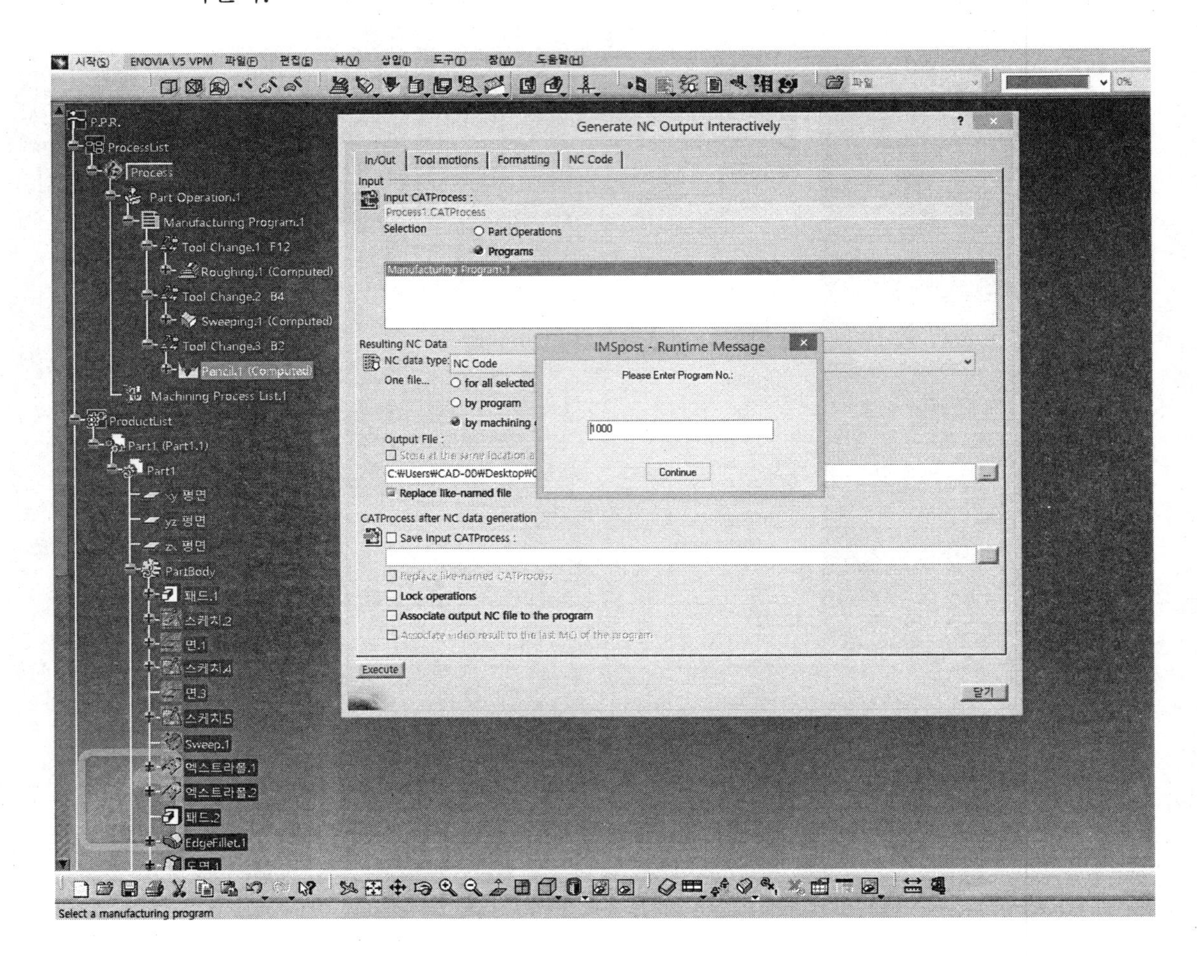

6 확인 버튼을 클릭한다. → 닫기 버튼을 클릭한다.

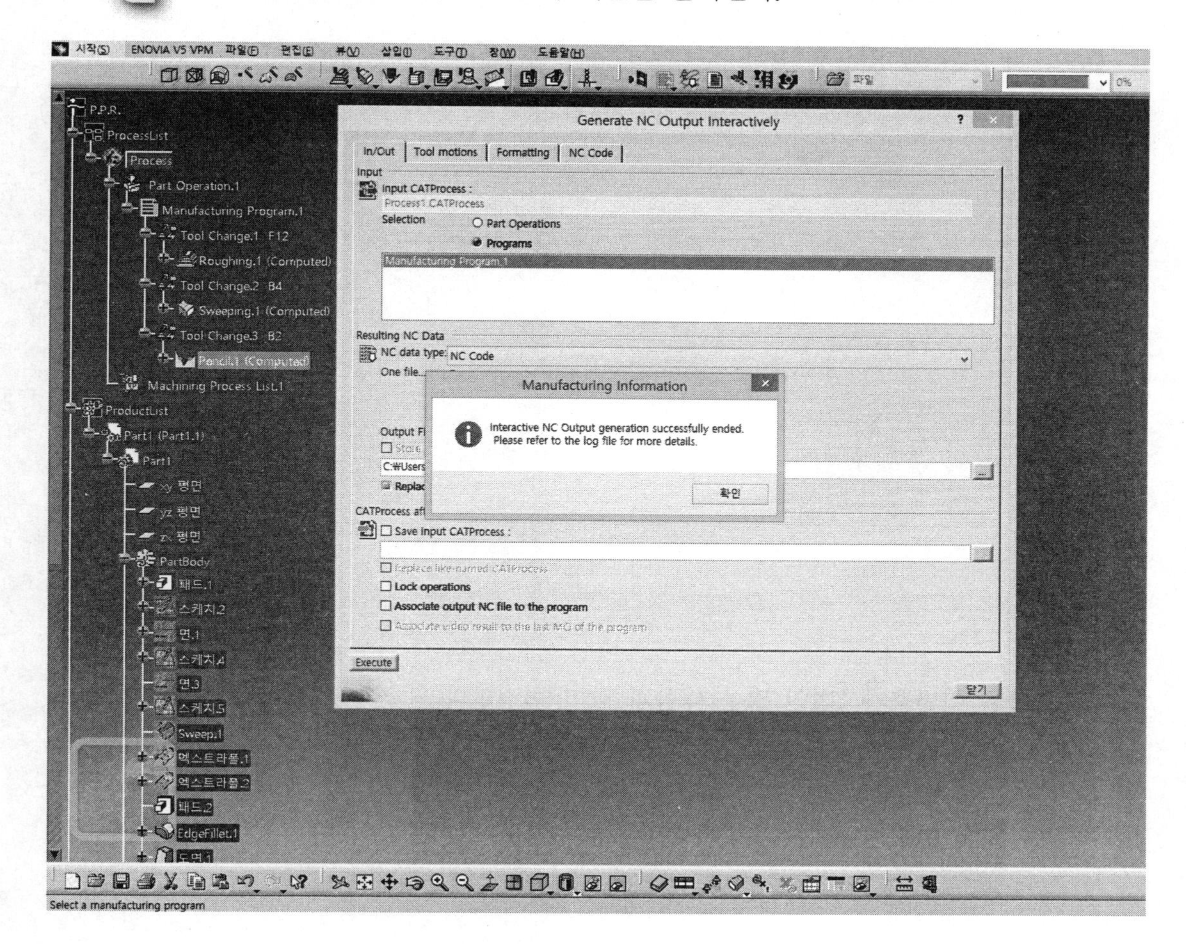

7 저장위치에 가보면 다음과 같이 출력되어 있다.

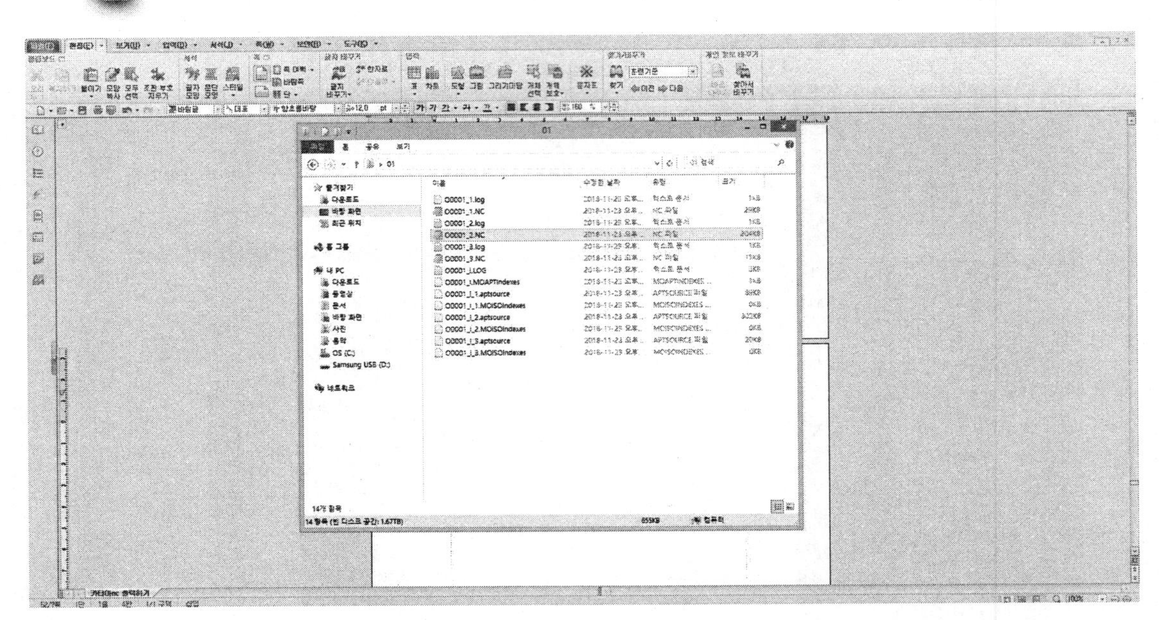

8 비번호가 1번인 경우 다음과 같이 변경한다.

- 01황삭.nc
- 01정삭.nc
- 01잔삭.nc

9 파일들을 열어서 요구대로 수정한다.
예) 즉 시작 부분을 다음과 같이 수정한다.

■ 산업기사의 경우

01황삭.NC

```
%
O0001
N1 G90 G80 G40 G49 G17
N2 G91 G30 Z0. M19
N3 T01 M6
N4 G0 G54 G90 X36. Y-9.01 S1400 M3
N5 G43 Z50. H1
N6 Z44.286
N7 G1 G94 Z34.286 F300.
N8 Y0
N9 X0 F100.
```

01정삭.NC

```
%
O0001
N1 G90 G80 G40 G49 G17
N2 G91 G30 Z0. M19
N3 T02 M6
N4 G0 G54 G90 X118.99 Y5.796 S1800 M3
N5 G43 Z50. H2
N6 Z1.553
N7 G1 G94 Y0 Z0 F300.
N7 Y79.999 F90.
```

01잔삭.NC

```
%
O0001
N1 G90 G80 G40 G49 G17
N2 G91 G30 Z0. M19
N3 T03 M6
N4 G0 G54 G90 X23.028 Y11.204 S3700 M3
N5 G43 Z50. H3
N6 Z1.556
N7 G1 G94 X22.271 Y11.821 Z1.294 F300.
N8 X21.545 Y12.45 Z1.037
N9 X21.127 Y12.823 Z.887
N10 X20.241 Y13.664 Z.559
N11 X19.523 Y14.386 Z.286
N12 X18.945 Y14.995 Z.061
N13 X18.798 Y15.157 Z.003
N14 X18.945 Y14.995 F80.
```

■ 기능장의 경우

01황삭.NC

```
%
O0001
N1 G40 G49 G80 G17
N2 G91 G30 Z0. M19
N3 T01 M6
N4 G0 G54 G90 X36. Y-9.01 S1400 M3
N5 G43 Z50. H1
N6 Z44.286
N7 G1 G94 Z34.286 F300.
N8 Y0
N9 X0 F100.
```

01정삭.NC

```
%
O0001
N1 G40 G49 G80 G17
N2 G91 G30 Z0. M19
N3 T02 M6
N4 G0 G54 G90 X118.99 Y5.796 S1800 M3
N5 G43 Z50. H2
N6 Z1.553
N7 G1 G94 Y0 Z0 F300.
N8 Y79.999 F90.
```

01잔삭.NC

```
%
O0001
N1 G40 G49 G80 G17
N2 G91 G30 Z0. M19
N3 T03 M6
N4 G0 G54 G90 X23.028 Y11.204 S3700 M3
N5 G43 Z50. H3
N6 Z1.556
N7 G1 G94 X22.271 Y11.821 Z1.294 F300.
N8 X21.545 Y12.45 Z1.037
N9 X21.127 Y12.823 Z.887
N10 X20.241 Y13.664 Z.559
N11 X19.523 Y14.386 Z.286
N12 X18.945 Y14.995 Z.061
N13 X18.798 Y15.157 Z.003
N14 X18.945 Y14.995 F80.
```

실제 산업현장에서의 가공 형태는 다음과 같이 하면 안정적이다.

01황삭.NC

```
%
O0001
N1 G40 G49 G80 G17
N2 G91 G30 Z0. M19
N3 T01 M6
N4 G0 G90 G54 X36. Y-9.01 S1400 M3
N5 G43 Z150. H1
N6 Z50.
```

01정삭.NC

```
%
O0001
N1 G40 G49 G80 G17
N2 G91 G30 Z0. M19
N3 T02 M6
N4 G0 G90 G54 X118.99 Y5.796 S1800 M3
N5 G43 Z150. H2
N6 Z50.
```

01잔삭.NC

```
%
O0001
N1 G90 G80 G40 G17
N2 G91 G30 Z0. M19
N3 T03 M6
N4 G0 G90 G54 X23.028 Y11.204 S3700 M3
N5 G43 Z150. H3
N6 Z50.
```

부 록

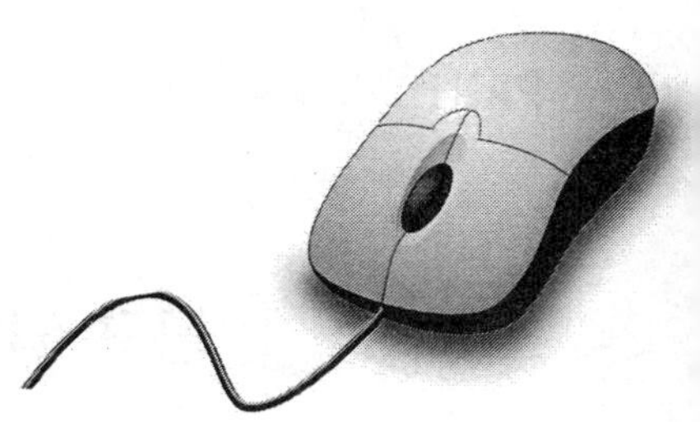

머시닝센터 FAUNC 시스템 조작법

01 전원 공급

- 전원 스위치 ON ⇒ AIR 밸브를 연다. ⇒ POWER ON ⇒ 비상 스위치를 푼다.
  ※ 공기압이 5~6kg/cm^2인지 확인, 작동유가 있는지 확인한다.

02 수동원점 복귀

- EMG ALM발생 ⇒ EMERGENCY STOP S/W 누르면서 시계 방향으로 돌린다.
- 모드(M. P. G) ⇒ 테이블이 중앙에 위치하도록 X축, Y축, Z축을 이동
- X100에 놓고 (−방향으로 3바퀴) ⇒ 모드(REF. RETURN) ⇒ [Z+], [X+], [Y+]을 동시에 누르고 원점 표시가 점멸되다가 멈출 때까지 기다린다.(3개가 동시에 원점복귀됨)
- 전부 누른다. 기계좌표 X0 Y0 Z0, 상대좌표, 절대좌표는 같다.

03 공작물 고정 및 좌표계 설정

- 공작물을 바이스에 견고하게 고정
- 윗면을 가공하기 위해서 정면커터 호출 및 회전
- 모드(M. D. I) ⇒ [PROG] ⇒ G91 G30 Z0. M19 [EOB] [INSERT]
  ⇒ T05 M06 [EOB] [INSERT]
  T05 M06; 커서가 ;에 있음 ⇒ [CYCLE ST] 공구 교체됨.

04 공구 회전

- 모드(M. D. I) ⇒ PROG
  S1000 M03 EOB INSERT 현재의 화면상태
  S1000 M03 ; 커서가 ;에 있음 ⇒ CYCLE ST 공구 회전됨.
- 모드(M. P. G) ⇒ 이동용 핸들조작기를 사용하여 윗면까지 이동한다.
  윗면을 치수에 맞게 가공한다.

05 공구 정지

- 모드(M. P. G) ⇒ STOP
  또는 ⇒ 모드(M. D. I) ⇒ PROG M05 EOB INSERT
  M05; 커서가 ;에 있음 ⇒ CYCLE ST 공구 정지됨.

06 좌표계 설정을 위해서 기준 공구(T01)를 호출 및 회전

- 모드(M. D. I) ⇒ PROG G91 G30 Z0. M19 EOB INSERT
- T01 M06 EOB INSERT CYCLE ST
- S1000 M03 EOB INSERT
  S1000 M03; 커서가 ;에 있음 ⇒ CYCLE ST 공구 회전됨.

X축 설정

⇒ 모드(M. P. G) ⇒ 공작물 X축 측면을 터치(가까이에서는 X10(0.01)으로 터치)
⇒ 전부 누른다.
⇒ OFFS/SET
⇒ 좌표계
⇒ G54로 가서
⇒ X축에 커서를 이동하여
⇒ X-5. ⇒ 측정을 누른다.
X-275.240이 X-270.240로 된다.

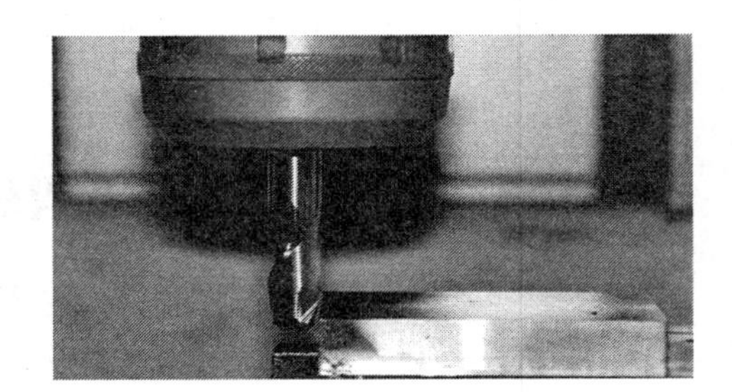

▲ 정면에서 본 그림
(X측면에 엔드밀이 접촉된 상태)

Y축 설정

⇒ 모드(M. P. G) ⇒ 공작물 Y축 측면을 터치(가까이에서는 X10으로 터치)
⇒ OFFS/SET
⇒ 좌표계
⇒ G54로 가서
⇒ Y축에 커서를 이동하여
⇒ Y-5. ⇒ 측정을 누른다.
Y277.874이 Y272.874로 된다.

▲ Y 방향에서 본 그림
(Y측면에 엔드밀이 접촉된 상태)

Z축 설정

⇒ 모드(M. P. G) ⇒ 공작물 Z축 윗면을 터치(가까이에서는 X10으로 터치)
⇒ OFFS/SET
⇒ 좌표계
⇒ G54로 가서
⇒ Z축에 커서를 이동하여
⇒ Z0. 측정 ⇒ 측정을 누른다.
Z358.262는 그대로 변하지 않는다.

▲ 정면에서 본 그림
(Z상면에 엔드밀이 접촉된 상태)

07 공구 길이 보정

- 공구 길이 보정 설정을 위해서 나머지 공구를 호출 및 보정 입력
  ⇒ 모드(M. D. I) ⇒ PROG ⇒ G91 G30 Z0. M19 EOB INSERT
  ⇒ T02 M06 EOB INSERT CYCLE ST
  ⇒ 모드(M. P. G) ⇒ 공작물 Z축 상면에 접촉 ⇒ OFFS/SET ⇒ 보정
  ⇒ 001은 무조건 0.000이어야 함, 0이 아니면 0.000을 입력한다.
  해당 공구번호(002) 커서 이동 ⇒ 우측 위의 상대좌표 Z값을 값만 +,
  또는 -로 입력한다. ⇒ 입력 누른다.
  ※ 이때 센터드릴과 공작물의 사이에 빳빳한 복사용 종이를 이용하여 세팅하면 세팅이 정밀하면서 한결 편하게 할 수 있다.
  ※ 드릴(T03)도 위와 같은 방법으로 길이 보정한다.

08 공구경 보정

- 공구경 보정 설정 입력
  ⇒ 모드(M. P. G) ⇒ [OFFS/SET] ⇒ [보정] ⇒ 해당 공구번호(001) 커서 이동
  ※ 공구(엔드밀)의 반경 값을 입력한다. ∅10이면 5.를 입력한다.

09 자동 운전

- 모드(AUTO) ⇒ 커서를 프로그램의 선두에 위치시킨다.
  ⇒ 싱글 블록으로 하고
  ⇒ 절삭유 레버는 Manual Off로 하고 Cancel은 On하였다가 가공이 시작되면 Cancel Off로 한다.
  ⇒ [CYCLE ST] 또는 [자동개시] 누른다.

10 공구가 바뀌면 ⇒ 다시 회전 명령을 주어야 한다.

- 센터 드릴에서 S1400M03한 후 드릴 교체하면
- 드릴에서도 모드(M. D. I) ⇒ [PROG]
- S800 M03 [EOB] [INSERT] 현재의 화면 상태
- S800 M03 ; 커서가 ;에 있음 ⇒ [CYCLE ST] 공구 회전됨.

11 공구번호 보기

- M. P. G → SYSTEM → PMC → PMCPRM → DATA → G. DATA → Tool No 확인한다.

12 공구 제거 및 고정하기

- 모드(CHECK)

13 공구의 제거

- 공구를 견고히 잡은 상태에서 [unclamp] 스위치를 누르고 공구를 제거한다.

14 공구의 고정

- 공구를 잡고 주축의 키와 툴 홀더의 키홈이 일치하도록 맞추고 [unclamp] 스위치를 눌러 고정되면 스위치에서 손을 뗀다.

15 프로그램 전송

- 모드(MDI) ⇒ [OFFSET] (I/O chanel(0) 확인)
- 기계의 상태는 다음과 같이 한다.
  ⇒ 모드(EDIT) ⇒ [PROG] ⇒ 조작 ⇒ [▷] ⇒ READ ⇒ 실행(LSK 점멸 상태)
- 컴퓨터의 상태는 다음과 같이 한다.
  ⇒ DNC 프로그램 실행 ⇒ [편집기] ⇒ 프로그램 열기
  ⇒ 프로그램의 앞, 뒤(제일 끝) %넣기 ⇒ 저장
  ⇒ [그래픽] ⇒ 자동 ⇒ 실행 ⇒ [송신]

16 프로그램 불러오기

- 모드(EDIT) ⇒ [PROG] ⇒ DIR ⇒ 프로그램 번호 입력 ⇒ 검색 ⇒ 프로그램 번호 확인

MEMO

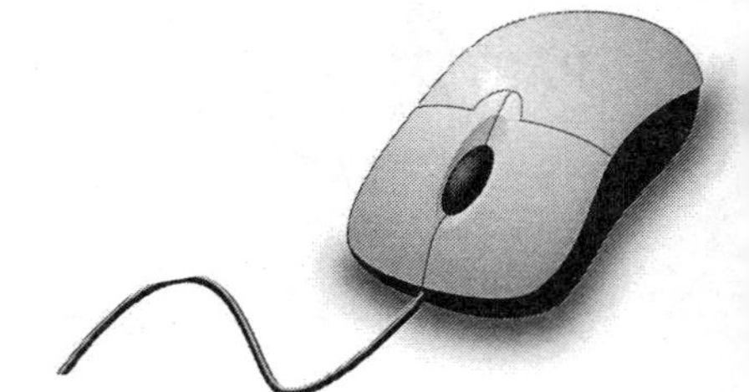

툴 프리셋을 이용하여 공구 길이 보정하기

1 툴 프리셋에 주축의 기준점을 잡기 위하여 주축의 공구를 모두 제거하고 그림과 같은 상태로 한다.

2 공작물 위에 툴 프리셋을 놓고 마그네틱을 잠근다.
마그네틱 부착 전에 공작물의 표면은 사전에 밀링으로 가공을 한다.
원치수대로 가공을 하든지, 두께를 여유를 두어도 관계없다.

3 핸들로 주축의 끝을 그림과 같이 툴 프리셋 위의 실린더에 가볍게 접근시킨다.

4 툴프리셋 위의 눌림 실린더를 눌러서 지침을 0에 오도록 한다.
단, 이때 1mm 눈금 안의 0점도 0에 오도록 한다.

5 0 상태에서 위치 선택(F1) → 상대좌표에서 Z0을 눌러 Z0.값으로 한다.

핸 들 운 전	이 송 속 도		기 계 좌 표	O0002 N0000	07/22 09.32

X 9.317
Y −64.099
Z 0.000

mm/pulse

□ 0.001 ■ 0.01 □ 0.1

+Z, −Z, +X, −X, +Y, −Y

RT2

MNL. ABS

위치 선택			X0	Y0	Z0		

6 주축을 그림과 같이 뒤로 조금 올리고 6상태에 레버를 원점에 놓고, 8을 누르고 → 4를 누르고 → 1을 눌러서 원점을 복귀시킨다. 또는 반자동에서 G91 G30 Z0. M19 ; 입력한 후 엔터하고 자동개시를 눌러도 원점이 복귀된다.

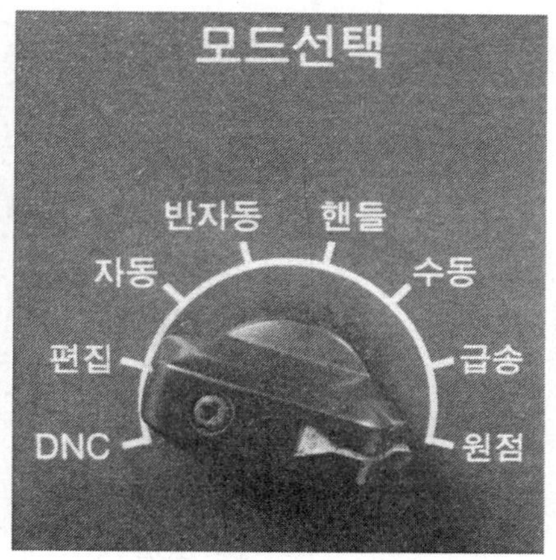

7 이때 원점7의 복귀 값 상대좌표 값 Z값을 기억해 두어야 한다.

X 272.584 Y 101.542 Z 433.607

핸 들 운 전	이 송 속 도		기 계 좌 표	O0002 N0000	07/22 09.32

X 272.584
Y 101.542
Z 433.607

X 3000 mm/min
Y 3000 mm/min
Z 3000 mm/min
mm/pulse
■ RT2 ■ RT1 □ RT0

+Z
−Y
+X
−X
+Y
−Z

RT2
MNL. ABS

위치 선택							

8 화면 → 보정(F5) → 워크(F2) → ←→↑↓를 이용하여 아래의 Z에 툴프리셋의 높이 100mm를 더하여 값을 기입한다.

NO. 1 (G54)
X −288.540
Y −162.357
Z 여기에 커서 놓고

화면 아래의 NO. 001 = −533.607 입력한다.

화면의 변화상태

NO. 1 (G54)
NO. 1 G54
X −288.540
Y −162.357
Z −533.607

Z측정값은 −433.607인데 툴 프리셋의 길이가 100mm이므로 더하여 준다.

핸 들 운 전	보 정	워 크	기 계 좌 표	O0002 N0000	07/22 09.32

NO. 0 (COMMON)		NO. 2 (G55)	
X	0.000	X	0.000
Y	0.000	Y	0.000
Z	0.000	Z	0.000
NO. 1 (COMMON)		NO. 3 (G55)	
X	−288.540	X	0.000
Y	−162.357	Y	0.000
Z	−533.607	Z	0.000

NO. 001 ■

RT2
MNL. ABS

일 반		←	↑	↑	↑	↓	

9 기준공구의 길이보정은 끝났다. 주축의 끝단PP선이 기준공구의 Z0점이 된다.

10 드릴을 장착한다. ATC에 의해서 자동교체 방법이 있는데 앞의 교체 법을 참고하길 바란다.

11 툴 프리셋 위의 눌림 실린더를 눌러서 지침을 0에 오도록 한다. 단, 이때 1mm 눈금 안의 0점도 0에 오도록 한다.

12 화면 → 보정(F5)을 누른다. 다음의 상태가 나타난다.

핸들 운전	보 정	상 대	기계 좌표	O0002 N0000	07/22 09.32

번호	DATA	번호	DATA
H001	201.581	D001	0.000
H002	0.000	D002	0.000
H003	0.000	D003	0.000
H004	0.000	D004	0.000
H005	0.000	D005	0.000

절대좌표	상대좌표
X 40.024	X − 21.672
Y 3.587	Y − 65.619
Z 295.638	Z −205.581

NO. H001가 설정됩니다(F2)

RT2

MNL. ABS

일 반	설정 입력					반자동	핸들 운전

H001에 커서 놓고 상대(F1) → 설정입력(F2)을 누른다.
다음과 같이 변한다.

번호	DATA
H001	**201.581**

13 엔드밀을 장착한다.

(1) 만약 ATC로 툴 체인지에 있는 엔드밀을 불러오기 한다면 다음과 같이 한다.
화면 ☞ 진단(F6) → PLC(F4) → 손 모양(F8) → DATA TABL(F4)에서 ↑ ↓ 을 이용하여 #002를 찾는다.

(2) 옆의 툴 체인지의 04에 엔드밀이 장착되어 있으므로
DATA TABLE GROUP #002의

번호	번지	DATA
004	D049	2

2번을 불러오면 된다.

(3) 엔드밀을 불러오기 명령은 다음과 같다.
반자동에서
G91 G30 Z0. M19
T02 M06
자동개시를 누른다.

14 툴 프리셋 위의 눌림 실린더를 눌러서 지침을 0에 오도록 한다.
단, 이때 1mm 눈금 안의 0점도 0에 오도록 한다.

15 핸들에서 화면 → 보정(F5) → 일반(F1) → 상대(F1)를 누른다.
다음의 상태가 나타난다.
H002에 커서를 놓고 → 설정입력(F2)을 누른다.

핸 들 운 전	보 정	상 대	기 계 좌 표	O0002 N0000	07/22 09.32

번호	DATA	번호	DATA
H001	201.581	D001	0.000
H002	**144.488**	D002	0.000
H003	0.000	D003	0.000
H004	0.000	D004	0.000
H005	0.000	D005	0.000

절대좌표	상대좌표
X 40.024	X − 21.672
Y 3.587	Y − 65.619
Z 295.638	Z − 205.581

NO. H002가 설정됩니다(F2)

RT2

MNL. ABS

일 반	설 정 입 력					반자동	핸 들 운 전

다음과 같이 변한다.

번호	DATA
H002	144.488

16 엔드밀로 공작물의 X좌표계, Y좌표계의 값을 구한다.(세팅 방법은 앞의 공작물 좌표계 설정 방법의 X, Y좌표계 잡는 방법대로 한다.)

17 드릴, 엔드밀의 공구길이 보정 후 보정값 상태는 다음과 같다.

번호	DATA
H001	**205.581**
H002	**144.488**
H003	0.000

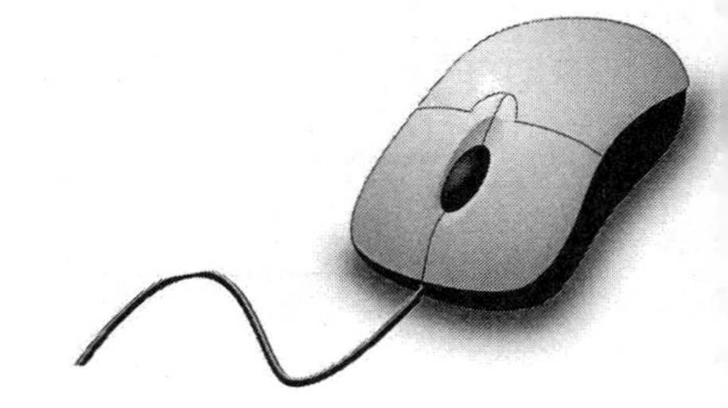

각 공구의 절삭조건표

부록에 추천하는 절삭조건표는 그대로 적용하면 제품의 사용 목적에 따라서는 조금씩 가감을 하여야 함을 알려 드리며, 각 제조사마다 조금씩 다르고 산업 현장에서도 다르므로 특수하고 정밀한 작업을 할 때에는 전문가의 조언을 참고하는 것이 좋다.
특히 교육 현장에서 사용할 시에는 작업 전에 반드시 시제품을 절삭한 후에 작업을 하여야 안전하므로 각별히 주의하여야 한다.

01 밀링 페이스 커터

(1) 밀링 페이스 커터(초경합금) 절삭조건

피 삭 재		작업 조건		
		절삭조건(V) (mm/min)	이송속도(fz) (mm/tooth)	비 고
탄소강	저 탄소강	150~250	0.2~0.5	
	중 탄소강	100~180	0.1~0.4	
	고 탄소강	90~150	0.1~0.3	
합금강	Annealer	100~160	0.1~0.3	
	Hardner	80~130	0.1~0.4	
공구강		50~90	0.1~0.2	

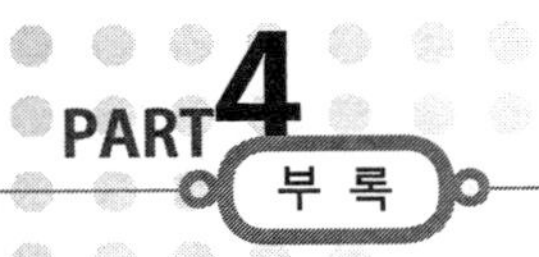

피 삭 재		작업 조건		
		절삭조건(V) (mm/min)	이송속도(fz) (mm/tooth)	비 고
주강	비합금	80~150	0.1~0.4	
	저 합금	70~130	0.1~0.4	
	고 합금	50~90	0.1~0.3	
스테인레스강	200, 300계	100~180	0.1~0.4	
	400, 500계	120~200	0.1~0.4	
회주철	저 인장	80~150	0.1~0.5	
	고 인장	60~100	0.1~0.4	
가단주철	짧은 칩	80~130	0.1~0.4	
	긴 칩	50~100	0.1~0.3	
구상흑연주철	펄라이트	70~120	0.1~0.4	
	페라이트	60~90	0.1~0.3	
칠드주철		10~20	0.1~0.2	
열처리 경강		10~15	0.1~0.2	

02 일반적인 드릴, 태핑 , 엔드밀, 리머. 센터드릴의 절삭조건표

(1) 드릴, 태핑

공구 및 작업의 종류			강		주 철		알루미늄	
	드릴 지름	재종	절삭속도 (m/min)	이송속도 (mm/rev)	절삭속도 (m/min)	이송속도 (mm/rev)	절삭속도 (m/min)	이송속도 (mm/rev)
드릴	5~10	HSS	25	0.1~10	22	0.2	30~45	0.1~0.2
		초경	50	0.15~10	42	0.2	50~80	0.25
	5~10	HSS	25	0.25	25	0.25	50	0.25
		초경	50	0.25	50	0.25	80~100	0.25
	5~10	HSS	25	0.3	25	0.3	50	0.25
		초경	50	0.3	50	0.3	80~100	0.3
태핑	일반탭		8~12		8~12			
	테이퍼 탭		5~8		5~8			

(2) 엔드밀 절삭조건

공구 재종 및 작업종류 \ 가공물 재료 및 조건			강		주철		알루미늄	
			절삭속도 (m/min)	이송속도 (mm/rev)	절삭속도 (m/min)	이송속도 (mm/rev)	절삭속도 (m/min)	이송속도 (mm/rev)
엔드밀	HSS	황삭	25~29	0.1~0.25	25~29	0.1~0.25	30~60	0.1~0.3
		정삭	25~29	0.08~0.12	25~29	0.08~0.15	30~60	0.1~0.12
	초경합금	황삭	30~50	0.1~0.25	42~46	0.1~0.25	50~80	0.15~0.3
		정삭	45~50	0.08~0.12	45~50	0.08~0.15	50~80	0.1~0.12

(3) 리머의 절삭속도

가공물 재질	절삭속도(m/min)
강	3~4
주강	3~5
가단주철	4~5
경질청동	5~6
청동	8~10
황동	10~12
알루미늄	12~15

(4) 리머의 이송량

리머의 지름 (mm)	가공물 재질에 대한 이송(mm/rev)	
	강, 주강, 가단주철, 경질청동	주철, 청동, 황동 알루미늄
1~5	0.3	0.5
6~10	0.3~0.4	0.5~1.0
11~15	0.3~0.4	1.0~1.5
16~25	0.4~0.5	1.0~1.5
26~60	0.5~0.6	1.5~2
61~100	0.6~0.75	2~3

(5) HSS 센터드릴의 절삭속도

피삭재	탄소강				주철			
직경 (mm)	절삭속도(m/min)	회전수 (rpm)	이송속도		절삭속도(m/min)	회전수 (rpm)	이송속도	
			mm/rev	mm/min			mm/rev	mm/min
1	25.1	8,000	0.03~0.06	240~480	25.1	8,000	0.05~0.09	400~720
1.5	21.2	4,500	0.04~0.07	180~315	21.2	4,500	0.06~0.11	270~495
2	25.1	4,000	0.05~0.09	200~360	25.1	4,000	0.07~0.13	280~520
2.5	25.1	3,200	0.06~0.11	192~352	25.1	3,200	0.08~0.14	256~448
3	25.4	2,700	0.07~0.13	189~351	25.4	2,700	0.10~0.16	270~432
4	25.1	2,000	0.08~0.14	160~280	25.1	2,000	0.11~0.18	220~360
5	25.1	1,600	0.10~0.16	160~256	25.1	1,600	0.14~0.25	224~400
6	24.5	1,300	0.11~0.18	143~234	24.5	1,300	0.15~0.25	195~325

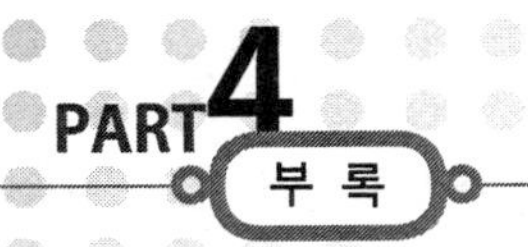

03 드릴 절삭조건

(1) HSS 드릴 절삭조건표

피삭재	탄소강(SM50C) 500~710N/mm^2			특수강,조질강(SKS11) 900~1060N/mm^2			알루미늄합금주철 (ADC, AC)		
절삭속도	22~23m/min			8~12m/min			63~100m/min		
직경 (mm)	회전수 (rpm)	이송속도		회전수 (rpm)	이송속도		회전수 (rpm)	이송속도	
		mm/rev	mm/min		mm/rev	mm/min		mm/rev	mm/min
1	8,000	0.03~0.05	240~400	3,000	0.03~0.05	96~160	20,000	0.06~0.09	1,200~1,800
2	4,000	0.06~0.09	240~360	1,000	0.06~0.09	96~144	10,000	0.12~0.18	1,200~1,800
3	2,800	0.10~0.13	280~364	6,000	0.10~0.13	106~138	10,000	0.20~0.28	2,200~2,800
4	2,100	0.11~0.15	231~315	800	0.11~0.15	88~120	7,500	0.24~0.34	1,200~2,550
5	1,000	0.12~0.18	192~288	630	0.12~0.18	76~113	6,300	0.28~0.40	1,200~2,520
6	1,000	0.13~0.19	172~251	530	0.13~0.19	69~101	5,000	0.34~0.48	1,200~2,400
8	1,000	0.17~0.24	170~240	400	0.17~0.24	68~96	4,000	0.38~0.53	1,200~2,120
10	800	0.20~0.28	160~224	320	0.20~0.28	64~90	3,150	0.45~0.63	1,200~1,985
12	670	0.24~0.34	161~228	270	0.24~0.34	65~92	2,650	0.53~0.75	1,200~1,988
13	610	0.26~0.36	159~220	240	0.26~0.36	62~86	2,400	0.56~0.79	1,200~1,896
14	570	0.28~0.39	160~222	230	0.28~0.39	64~90	2,250	0.57~0.81	1,200~1,823
16	500	0.30~0.43	150~215	200	0.30~0.43	60~86	1,950	0.61~0.85	1,200~1,658
18	440	0.34~0.49	150~216	180	0.34~0.49	61~88	1,750	0.63~0.90	1,200~1,575
20	400	0.36~0.50	144~200	160	0.36~0.50	58~80	1,550	0.68~0.98	1,200~1,519
22	360	0.40~0.55	144~198	150	0.40~0.55	60~83	1,400	0.73~1.06	1,200~1,484
24	330	0.41~0.60	135~198	135	0.41~0.60	55~81	1,300	0.77~1.13	1,200~1,469
26	310	0.42~0.65	130~202	120	0.42~0.65	50~78	1,200	0.81~1.20	9.72~1,440
28	290	0.45~0.70	131~203	110	0.45~0.70	50~77	1,100	0.84~1.26	9.24~1,686
30	270	0.48~0.75	130~203	105	0.48~0.75	50~79	1,000	0.87~1.32	870~1,320
32	250	0.51~0.80	128~200	100	0.51~0.80	51~80	950	0.90~1.38	855~1,311
40	200	0.60~0.95	120~190	80	0.60~0.95	48~72	750	1.00~1.60	750~1,200
50	160	0.75~1.20	120~192	65	0.75~1.20	49~72	600	1.00~2.00	600~1,200

1. 생크의 종류(BT 32, BT 40, BT 50)에 따라 회전수와 이송속도를 낮추어 사용한다.
2. 참고자료 : 한국 OSG(주)(안내서 : DRILL SERIES 98쪽)

(2) 초경 드릴 절삭조건표

피삭재	탄소강, 합금강(S50C) ~1,060N/mm^2			스테인레스강 (SUS300, SUS400계열)			특수강, 조질 강(SKD11) H$_R$C43~48		
절삭속도	63~100m/min			25~40m/min			32~45m/min		
직경 (mm)	회전수 (rpm)	이송속도		회전수 (rpm)	이송속도		회전수 (rpm)	이송속도	
		mm/rev	mm/min		mm/rev	mm/min		mm/rev	mm/min
2	11,00	0.06~0.08	660~880	4,700	0.03~0.06	141~282	6,000	0.06~0.08	360~480
3	8,000	0.09~0.12	720~960	3,200	0.05~0.09	160~288	4,000	0.09~0.12	360~480
4	6,300	0.10~0.15	630~945	2,400	0.06~0.10	144~240	3,000	0.10~0.15	300~450
5	5,000	0.12~0.18	600~900	1,900	0.08~0.12	152~228	2,450	0.12~0.18	294~441
6	4,200	0.14~0.20	588~840	1,600	0.09~0.15	144~240	2,050	0.14~0.20	287~410
8	3,200	0.16~0.24	512~768	1,200	0.12~0.20	144~240	1,550	0.16~0.24	248~372
10	2,550	0.18~0.27	459~689	950	0.13~0.23	124~219	1,250	0.18~0.27	225~338
12	2,100	0.20~0.30	420~630	800	0.14~0.24	112~192	1,050	0.20~0.30	210~315
14	1,800	0.22~0.35	396~630	700	0.15~0.26	105~182	880	0.22~0.33	194~308
16	1,600	0.25~0.36	400~576	600	0.16~0.26	96~156	770	0.25~0.36	193~277
18	1,400	0.28~0.38	392~532	530	0.18~0.28	95~148	680	0.28~0.38	190~258
20	1,300	0.30~0.40	390~520	480	0.20~0.30	96~144	610	0.30~0.40	183~244

1. 생크의 종류(BT 32, BT 40, BT 50)에 따라 회전수와 이송속도를 낮추어 사용한다.
2. 참고자료 : 한국 OSG(주)(안내서 : DRILL SERIES 87쪽)

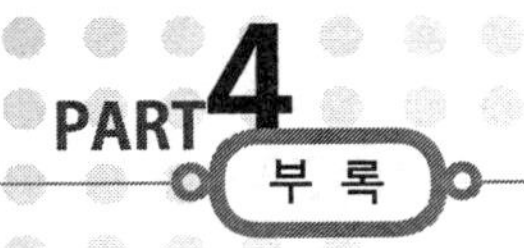

04 엔드밀 절삭조건

(1) HSS 황삭용 라핑 엔드밀

피삭재		저탄소강, 연강 (SM15C, SS400)		탄소강 (SM45C)		특수강, 조질 강 (SKD61,SKD11)		알루미늄	
경도		$H_RC43\sim48$		$H_RC43\sim48$		$H_RC43\sim48$		–	
강도		$\sim490N/mm^2$		$490\sim735N/mm^2$		$1000\sim1300N/mm^2$		–	
직경 (mm)	날수	회전수 (rpm)	이송속도 mm/min	회전수 (rpm)	이송속도 mm/min	회전수 (rpm)	이송속도 mm/min	회전수 (rpm)	이송속도 mm/min
6	4	2,000	85	1,500	63	850	25	4,500	265
8	4	1,400	100	1,060	75	600	30	3,150	315
10	4	1,120	112	850	85	475	34	2,500	350
12	4	900	125	670	95	675	38	2,000	400
14	4	900	132	600	100	335	40	1,800	425
16	4	710	140	530	106	300	42	1,600	450
18	4	630	150	475	112	265	45	1,400	475
20	4	560	170	425	128	236	48	1,250	500
22	5	500	150	375	112	212	45	1,120	475
25	5	450	140	335	106	190	42	1,000	500
28	5	400	132	300	100	170	40	900	425
30	6	400	170	300	125	170	50	900	530
32	6	355	160	265	118	150	48	800	500
35	6	315	150	236	112	132	45	710	475
40	6	280	140	212	106	118	42	630	450
45	6	250	132	190	100	106	40	560	425
50	6	224	118	170	90	95	36	500	375

1. 생크의 종류(BT 32, BT 40, BT 50)에 따라 회전수와 이송속도를 낮추어 사용한다.
2. 참고자료 : OSG CORPORATION(안내서 : ENDMILL SERIES 84쪽)

(2) HSS 2날 엔드밀(홈가공)

피삭재	저탄소강, 연강 (SM15C, SS400)		탄소강 (SM45C)		특수강, 조질 강 (SKD61, SKD11)				알루미늄	
경도	HV160		H_RC20		H_RC20~30		H_RC30~40		–	
강도	~500N/mm^2		500~800N/mm^2		800~1000N/mm^2		1000~1300N/mm^2		–	
직경 (mm)	회전수 (rpm)	이송속도 mm/min	회전수 (rpm)	이송속도 mm/min	회전수 (rpm)	이송속도 mm/min	회전수 (rpm)	이송속도 mm/min	회전수 (rpm)	이송속도 mm/min
2	7,300	50	6,000	40	5,000	40	2,900	20	16,000	210
3	4,500	70	4,200	60	3,300	50	2,100	25	14,000	330
4	3,600	90	2,900	70	2,300	60	1,400	40	10,000	380
5	2,900	115	2,300	90	2,100	80	1,200	45	8,200	400
6	2,300	115	2,000	105	1,600	80	1,000	50	7,300	400
8	1,800	130	1,400	115	1,200	90	730	60	5,000	510
10	1,400	130	1,200	115	1,000	105	600	60	4,000	520
12	1,200	145	1,000	130	800	105	500	65	3,300	500
14	1,000	145	900	115	700	105	450	65	2,800	450
16	900	145	700	115	600	90	360	60	2,600	450
18	800	130	650	115	500	90	320	60	2,300	450
20	730	130	600	115	500	90	300	60	2,100	420
22	650	130	600	115	450	90	280	60	1,800	390
25	600	120	500	105	400	80	230	48	1,600	360
28	500	105	450	90	350	70	210	40	1,400	350
30	450	90	400	80	320	65	210	40	1,400	350
32	450	90	360	70	280	60	180	40	1,300	310
36	400	80	320	65	260	50	160	30	1,200	280
40	360	80	280	65	230	50	140	30	1,000	260

1. 생크의 종류(BT 32, BT 40, BT 50)에 따라 회전수와 이송속도를 낮추어 사용한다.
2. 참고자료 : YG-1(주) (안내서 : END MILLS N67쪽)

(3) HSS 4날 엔드밀(측면가공)

피삭재	저탄소강, 연강 (SM15C, SS400)		탄소강 (SM45C)		특수강, 조질 강 (SKD61,SKD11)				알루미늄	
경도	HV160		H_RC20		H_RC20~30		H_RC30~40		–	
강도	~500N/mm²		500~800N/mm²		800~1000N/mm²		1000~1300N/mm²		–	
직경 (mm)	회전수 (rpm)	이송속도 mm/min	회전수 (rpm)	이송속도 mm/min	회전수 (rpm)	이송속도 mm/min	회전수 (rpm)	이송속도 mm/min	회전수 (rpm)	이송속도 mm/min
2	7,300	105	6,000	70	5,000	60	2,900	25	16,000	310
3	4,500	145	4,200	105	3,300	80	2,100	40	14,000	500
4	3,600	180	2,900	130	2,300	85	1,400	60	10,000	570
5	2,900	235	2,300	160	2,100	115	1,200	65	8,200	610
6	2,300	235	2,000	190	1,600	115	1,000	80	7,300	610
8	1,800	260	1,400	210	1,200	135	730	85	5,000	750
10	1,400	260	1,200	210	1,000	155	600	85	4,000	780
12	1,200	285	1,000	235	800	155	500	95	3,300	740
14	1,000	285	900	210	700	155	450	95	2,800	690
16	900	285	700	210	600	135	360	85	2,600	690
18	800	260	650	210	500	135	320	85	2,300	690
20	730	260	600	210	500	135	300	85	2,100	620
22	650	260	600	210	450	135	280	85	1,800	580
25	600	235	500	190	400	115	230	65	1,600	550
28	500	210	450	160	350	105	210	60	1,400	520
30	450	180	400	145	320	95	210	60	1,400	520
32	450	180	360	130	280	85	180	60	1,300	470
36	400	155	320	120	260	80	160	45	1,200	420
40	360	155	280	120	230	80	140	45	1,000	390

1. 생크의 종류(BT 32, BT 40, BT 50)에 따라 회전수와 이송속도를 낮추어 사용한다.
2. 참고자료 : YG-1(주) (안내서 : END MILLS N67쪽)

(4) 초경 2날 엔드밀(홈가공)

피삭재	탄소강, 주철 (SS400, SM55C, FC250)		합금강, 공구강 (SKD, SKS, SKT, SCM)		조질강,프리하든강 (NAK55, HPMI, SKD, SKF)		조질강,프리하든강 (SUS304, SKF, SKD, SKF)		조직강 초내열합금강	
경도	~H_RC20		H_RC20~30		H_RC30~38		H_RC38~45		H_RC45~55	
강도	~750N/mm^2		750~1000N/mm^2		1000~1200N/mm^2		1200~1500N/mm^2		1500~2079N/mm^2	
직경 (mm)	회전수 (rpm)	이송속도 mm/min	회전수 (rpm)	이송속도 mm/min	회전수 (rpm)	이송속도 mm/min	회전수 (rpm)	이송속도 mm/min	회전수 (rpm)	이송속도 mm/min
1,0	19,500	130	14,500	125	12,000	90	11,000	65	7,000	30
1,5	14,500	130	10,500	125	8,900	90	7,950	65	5,050	40
2	11,000	135	8,400	125	7,000	90	6,350	70	3,950	40
3	17,400	200	6,350	150	5,300	100	4,450	75	2,750	45
4	5,950	235	4,900	185	4,250	125	3,500	90	2,200	50
5	5,300	315	4,300	235	3,550	130	3,050	100	1,900	55
6	4,450	310	3,600	235	2,950	130	2,500	100	1,550	55
8	3,300	295	2,700	235	2,200	125	1,900	100	1,150	50
10	2,650	280	2,150	230	1,750	125	1,500	95	955	50
12	2,200	280	1,800	230	1,450	125	1,250	95	795	45
14	1,900	280	1,500	215	1,250	110	1050	95	680	40
16	1,650	260	1,350	200	1,100	100	955	85	595	35
18	1,450	230	1,200	180	990	90	845	75	530	30
20	1,300	205	1,050	155	890	80	760	65	475	30
22	1,200	190	980	145	810	70	690	60	430	25
24	1,100	175	900	135	740	65	635	55	395	25
25	1,050	165	865	130	710	65	615	55	380	20

1. 생크의 종류(BT 32, BT 40, BT 50)에 따라 회전수와 이송속도를 낮추어 사용한다.
2. 참고문헌 : 한국 OSG(주) (안내서 : 초경 ENDMILL Vo1.8 19쪽)

(5) 초경 4날 엔드밀(측면가공)

피삭재	탄소강, 주철 (SS400, SM55C)		합금강, 공구강 (SKD, SKS, SKT, SCM)		조질강,프리하든강 (NAK55, HPMI, SKD, SKF)		스테인레스강 (SUS304, SKD)		조직강 초내열합금강	
경도	~H_RC20		H_RC20~30		H_RC30~38		H_RC38~45		H_RC45~55	
강도	~750N/mm^2		750~1000N/mm^2		1000~1200N/mm^2		1200~1500N/mm^2		1500~2079N/mm^2	
직경 (mm)	회전수 (rpm)	이송속도 mm/min	회전수 (rpm)	이송속도 mm/min	회전수 (rpm)	이송속도 mm/min	회전수 (rpm)	이송속도 mm/min	회전수 (rpm)	이송속도 mm/min
2	13,000	310	11,000	280	7,000	110	6,350	100	3,950	60
3	8,900	505	7,400	355	5,300	125	4,750	110	2,750	60
4	6,650	530	5,550	370	4,250	135	3,700	115	2,200	70
5	5,300	620	4,450	425	3,550	140	3,150	125	1,900	75
6	4,450	615	3,700	425	2,950	145	2,650	130	1,550	70
8	3,300	590	3,750	420	2,200	145	1,950	130	1,150	65
10	2,650	590	2,200	420	1,750	145	1,550	130	955	65
12	2,200	590	1,850	420	1,450	145	1,300	130	795	60
14	1,900	575	1,550	415	1,250	145	1,100	125	680	50
16	1,650	550	1,350	415	1,100	130	995	115	595	45
18	1,450	540	1,200	405	990	115	880	105	530	40
20	1,300	520	1,100	370	890	105	795	95	475	35
22	1,200	480	1,000	340	810	95	720	85	430	30
24	1,100	440	925	315	740	85	660	75	395	30
25	1,050	420	890	300	710	85	635	75	380	30

1. 생크의 종류(BT 32, BT 40, BT 50)에 따라 회전수와 이송속도를 낮추어 사용한다.
2. 참고자료 : 한국 OSG(주) (안내서 : 초경 ENDMILL Vo1.8 21쪽)

05 탭 절삭조건

피삭재			탄소강(SM45C)			스테인레스강			알루미늄, 플라스틱		
절석속도			6~9m/min			5~8m/min			16~15m/min		
직경 (mm)	피치	드릴 직경	절삭 속도	회전수 (rpm)	이송속도 mm/min	절삭 속도	회전수 (rpm)	이송속도 mm/min	절삭 속도	회전수 (rpm)	이송속도 mm/min
M2	0.4	1.6	6.9	1,100	440	6	960	384	12.6	1,900	760
M3	0.5	2.5	7	740	370	6	640	320	14	1,280	640
M4	0.7	3.3	7	560	392	6	480	336	14	960	672
M5	0.8	4.2	6.9	440	352	6	380	304	14	760	608
M6	1	5	7	370	370	6	320	320	14	640	640
M8	1.25	6.8	7	280	350	6	240	300	14	480	600
M10	1.5	8.5	6.9	220	330	6	192	288	14.1	380	570
M12	1.75	10.2	6.8	180	315	6	160	280	14.3	320	560
M14	2	12	7	160	320	6	138	276	14	270	540
M16	2	14	7	140	280	6	120	240	14	240	480
M18	2.5	15.5	6.8	120	300	6	106	265	14.1	210	525
M20	2.5	17.5	6.9	110	275	6	96	240	1308	190	475
M22	2.5	19.5	6.9	100	250	6	86	215	14.5	170	425
M24	3	21	6.8	90	270	6	80	240	14.3	160	480

1. 생크의 종류 (BT 32, BT 40, BT 50)에 따라 회전수와 이송속도를 낮추어 사용한다.
2. 참고자료 : 한국 OSG(주) (안내서 : TAP SERIES 226쪽)

참고문헌 및 인용자료

❶ 김상현 · 이경부 · 김규태, CATIA V5를 이용한 CAD · CAM 파워트레이닝 (도서출판 월송, 2015)

❷ 한국OSG(주) 드릴(안내서), 탭(안내서), 엔드밀(안내서), 초경엔드밀(안내서)

❸ YG-1(주) 엔드밀(안내서)

CAM 알기 쉽게 따라하기

정가 ‖ 20,000원

지은이 ‖ 윤 경 욱
펴낸이 ‖ 차 승 녀
펴낸곳 ‖ 도서출판 건기원

2019년 4월 5일 제1판 제1인쇄
2019년 4월 10일 제1판 제1발행

주소 ‖ 경기도 파주시 산남로 141번길 59 (산남동)
전화 ‖ (02)2662-1874~5
팩스 ‖ (02)2665-8281
등록 ‖ 제11-162호, 1998. 11. 24

ISBN 979-11-5767-412-1 13560